高等教育规划教材

有机精细化学品及实验

第二版

钟振声　林东恩　主编

化学工业出版社

·北京·

本书编写内容包括：表面活性剂、塑料加工助剂、食品添加剂、香料、农药、涂料、胶黏剂、化妆品、洗涤剂、水处理化学品、纳米材料、医药中间体、油田用精细化学品、建筑用化学品、有机发光材料、其他精细化学品等 16 个门类、60 多个不同类型的精细化学品实验及典型的复配产品的制备实验。目的是使学生在掌握化学理论知识、熟悉物质化学结构与性能关系的基础上，获得从事精细化学品技术开发的实验技能以及化学应用的基础。书中收编的实验用原料易得，均经过编者反复实践完成，结果重现性好。

本书可作为高等院校化学、化工及应用化学、精细化工等专业的教材，也可作为精细化工科研、生产人员的参考用书。

图书在版编目（CIP）数据

有机精细化学品及实验/钟振声，林东恩主编. —2 版. —北京：化学工业出版社，2012.7（2025.1重印）
高等教育规划教材
ISBN 978-7-122-14432-4

Ⅰ．有… Ⅱ．①钟…②林… Ⅲ．①精细加工-化工产品-有机合成-高等学校-教材②精细加工-化工产品-实验-高等学校-教材 Ⅳ．TQ072

中国版本图书馆 CIP 数据核字（2012）第 112911 号

责任编辑：何 丽　　　　　　　　　　　　文字编辑：李 瑾
责任校对：宋 玮　　　　　　　　　　　　装帧设计：关 飞

出版发行：化学工业出版社（北京市东城区青年湖南街 13 号　邮政编码 100011）
印　　装：北京科印技术咨询服务有限公司数码印刷分部
787mm×1092mm　1/16　印张 20½　字数 537 千字　2025 年 1 月北京第 2 版第 9 次印刷

购书咨询：010-64518888　　　　　　　　售后服务：010-64518899
网　　址：http://www.cip.com.cn
凡购买本书，如有缺损质量问题，本社销售中心负责调换。

定　　价：56.00 元

前　言

不知不觉中，《有机精细化学品实验》一书出版发行已经有 15 个年头了。1997 年，蔡干、曾汉维、钟振声三位作者根据多年在精细化学品制备与应用方面的科学研究成果和资料积累，在本课程教学讲义的基础上编写了《有机精细化学品实验》，由化学工业出版社正式出版发行，供全国高等院校作为教材选择使用。第一版出版后受到读者的欢迎，到 2010 年8 月已经重印 6 次。根据精细化工的发展及教学要求，已经不能满足读者持续的需求，各方面对新版有着迫切的期待。在此背景下，我们启动了本书第二版的编写工作。

精细化学品不但种类繁多，而且更是日新月异，发展非常迅速。从本书第一版出版到现在这短短 15 年间，新技术、新产品不断涌现，精细化学品的门类越来越多，而且很多已经从传统产业升级到高新技术的领域，成为科技产业发展的推动力。一些原来不被认为是精细化学品应用的领域，例如建筑工程、废水处理、电子工业等也异军突起，迅速成长为精细化学品的重要应用范围。为了反映上述新变化，本书第二版的编写工作除了对原版做出必要的修改以外，增补的内容主要介绍新技术产品。全书新增水处理化学品、油田化学品、建筑用精细化学品、医药中间体、有机发光材料和纳米材料等六章。同时，为了配合新的教学实验仪器的使用，新编了精密实验仪器使用方法一章，介绍几种电脑操控检测设备的原理和使用方法。第二版新增实验 20 个，使全书实验总数达到 67 个，增加各类学校、各个专业教学实验的选择余地。

由于某些精细化学品的制备需要经过多个步骤和繁复的操作，需要有较长的时间才能完成，与各学校精简学时数的改革方向存在矛盾。作为一种解决方案，本书在实验编写上做了折中，合成实验不追求高产率，通过缩减化学反应时间和简化某些操作步骤来缩短整体实验时间。尽管不完美，但是也还是能总体展现整个制备过程，让学生得到训练。某些特别的试剂、效果特别好的催化剂或专用的实验装置在市场不一定能买到，为此在编写实验操作步骤的时候也做了改动，降低一点效率，尽量改用通常的实验用品替代。作为另外一种解决方案，在实验教学中请教材使用者自行对实验内容作出取舍，或安排开放性、综合性实验，或巧妙穿插在同一课时内安排做两个实验，或安排学生课外科技活动，或集中在以实践教学为主的短学期做实验等，解决课时限制问题。

如果单单作为指导教学实验操作的教材，本书恐怕只需要三分之一的篇幅就足够了，或许还能减轻一点读者购书的负担。但是，作为一种教育理念，作者始终认为授人以"渔"比授人以"鱼"更有意义。做一个课堂实验可能只需要几个小时，指导实验的文字仅仅占用一页纸。然而，课前实验准备和课后撰写实验报告期间，学生需要花时间查阅文献，收集背景资料，学习相关的理论知识才能对学习内容有真正的了解。更进一步，学生在学习期间不但要掌握课堂知识，通过眼前的"考试关"，更要学习科学前沿知识，接触社会工程实际，开阔视野，了解本专业以及相关领域的发展状况，提高自己分析问题和解决问题的能力，提高科学素养，为毕业以后从事专业技术工作或技术管理工作打下坚实基础。为此，编者从第一版开始就有意识把本书编写成为有机精细化学品方面的参考书，腾出相当的篇幅，直接从大量最新的原始科技文献资料中收集信息，在每一章中都简要介绍该类精细化学品的分类、特性、功能、制备方法、典型产品及应用等方面的内容，力图让学生在课余时间通过阅读本书增加信息量，扩大知识面。如果读者能够从中了解到精细化学品的历史、现状和进展，那我们的目的就达到了。

我们要向本书第一版的编者蔡干教授和曾汉维教授致意。由于年事的原因，两位老教授已经离开教学岗位很多年了，但是他们的学术思想以及对本书编写的贡献是不随时间而磨灭的。

我们要向本书中引用到的科学文献的作者致意。在每一章书前半部分的精细化学品分类、特性、功能、制备方法、典型产品及应用内容介绍中，引用了最近几年公开发表的文献资料，有若干个实验是直接借鉴公开发表的研究论文改编而来的。限于编写教材的简洁性要求，也仅限于教学目的而引用，本书只能在每章书的后面简要列出参考文献的来源信息，没有在每一个引用处都一一注明参考文献的出处，请相关文献的作者予以谅解。

感谢华南理工大学化学与化工学院对本书编写的大力支持。学校不但在教材编写方面给予鼓励，而且为本书中各实验的编写和教学验证提供了教学实践的场地和实验经费，使本书的内容得以不断完善。感谢本校有机化学课程教学团队的大力支持。林汉枝、郭世骚、张逸伟和兰州大学谭镇等老师先后参加了本书的编写或实验复核工作，为本书的反应方程式和图表绘制付出了辛勤劳动。感谢化学工业出版社的鼓励和帮助，责任编辑在本书编写过程中提供了很好的指导意见和建议。

不能以时间紧迫为理由，主要是编者的学术水平和文字功底有限，虽然已经三易其稿，书中一定还存在错误和不当之处，敬请读者及时指正，帮助我们不断提高本书的质量，不胜感谢。

编者　钟振声　林东恩
2012 年 3 月于广州华南理工大学

第一版前言

在日常生活中，人们越来越离不开精细化学品。在工农业生产和科学研究中，常常需要能满足其技术要求的精细化学品作为配套原材料使用。新的精细化学品的开发与应用，可促进相关技术的进步和工业产品的更新换代，同时提高精细化工生产的经济效益。掌握化学理论知识、熟悉物质的化学结构与性能关系，并具有较强的实验技能的化学工作者，在精细化学品的研究和开发中可以充分发挥他们的专业才能。然而，他们还应掌握基本的精细化学品知识，才能较顺利地研制出具有特定功能的、符合用户要求的精细化工产品。目前，高等学校的化学、应用化学和化工类的许多专业的学生，对精细化学品课程很感兴趣，实际上他们以后可能会有较多的机会从事精细化学品的研制和开发工作。鉴于上述情况，部分高等学校已开设《精细化学品合成》或《精细化工概论》之类的课程，需要一本较为适用的实验教材，本书就是为满足这种需要而编写的。

本书简明地阐述了精细化学品的基本知识，编写了十余个门类50多个不同类型的精细化学品实验。通过使用本书进行教学，学生可获得从事精细化学品技术开发所需的初步训练，化学应用意识将得到进一步的启发和加强。

本书也是为加强精细有机合成实验技能的训练而编写的。本书所选的实验，多数在反应类型和实验方法方面，是基础实验课程中未曾实践过的。例如，有机磷化合物、有机硫化合物、有机锡化合物、乙炔基卤化镁、氨基酸衍生物、有机叠氮化合物、催化加氢、卡宾反应以及使用烃类溶剂的格氏（Grignard）反应等。

为了适于各校选用，本书既选编了一些难度较高、条件控制要求严格的实验，也选编了一些可熟练基本实验技术、难度不高的实验。由于精细化学品的特点之一是它的应用性，所以本书的许多实验，除了合成之外，还注重其应用效果。此外，还选编了一些复配产品的制备实验。这对于学习和实践精细化学品的典型配方技术是十分重要的。

精细化学品的种类繁多，专用性和保密性很强，所用原料大多难以直接从试剂商店购买到。产品性能的检测通常要使用专门设备。因此，本书在选材受到各种限制的情况下，选编了一些在学时安排、原料供应、设备条件等方面均属教学普遍可行的典型实验。这些实验均是编者们在教学和科研工作中经过反复实践完成的，结果的重现性是好的。

本书除适用高等学校的学生之外，还适用于从事精细化工技术工作的人员使用。

参加本书实验复核和编写的有华南理工大学钟振声、曾汉维、林汉枝、郭世骏、蔡干和兰州大学谭镇等。全书由蔡干、曾汉维、钟振声统稿和主编。由于编者水平的有限，错误和不当之处敬请读者指正。

编　者
1997 年 1 月于广州华南理工大学

目　录

第 1 章　精细化学品概述

1.1　精细化学品的涵义、范畴和特点

化工产品无数，它们在国计民生中起着非常重要的作用。随着科学技术的进步，化学品的品种与日俱增。1967 年 10 月，日本《化学经济》杂志刊出了"精细化学品工业的课题"专辑，首次提出将化学工业分为重化学工业（Heavy Chemical Industry）和精细化学工业（Fine Chemical Industry）两种。随后十多年，日、美、欧各国有关人士对同类课题进行了广泛的讨论，提出过其他类似的分类法和各种类名。迄今为止，尚未对精细化学品的涵义和范畴形成完全一致的共识，未有一个公认的简明定义。

在较早出版的一些化工工具书中，精细化学品的定义是"产量较少，价值较高的化学品"或"生产量少，纯度较高的化学品"。这些释义与当今化工界所认为的精细化学品的涵义不一致。

1981 年，日本《精细化工年鉴》认为，精细化学品是具有以下特点的化工产品：①不是作为化学物质，而是作为具有功能的产品进行交易的；②以商品名的形式进行交易，重视技术服务；③在应用技术方面，制造方需具有与用户同等的或更多的知识；④要求不断进行新产品的技术开发；⑤大多为混合型产品，配方等技术决定产品性能；⑥为定制型产品；⑦价格高，利润高；⑧品种多，产量小，以分批方式生产。自 20 世纪 80 年代以来，我国加强发展精细化工，已有许多书刊论述了精细化学品的涵义、范畴和特点，其内容基本上采用了日本的观点，以罗列一系列特点的方式给出精细化学品的概念。可以认为，精细化学品就是产量较少而技术垄断性较强的、具有专用性能或特定功能的化工商品。精细化学品最基本的要素是它的为应用对象所特需的专用性能与功能，这是它在生产制造、技术开发和商业经营等方面具有特点的基本原因。

通用化学品也具有一定的功能。如苯作为溶剂使用时，具有溶解、稀释、传热、控制反应温度（回流时）以及非极性溶剂所起的作用等功能，但是这些功能对于许多反应都是广泛通用的。与通用化学品相比，精细化学品的应用范围则比较窄，它具有为专门应用对象所特别需要的专用性能与功能。作为最终用途的产品，如医药、涂料、印刷油墨、香精、化妆品、感光材料、采矿浮选剂、水质处理剂、工业防菌防霉剂等，直接使用就显出它们的特殊功效。功能性精细化学品如有机颜料、抗氧剂、紫外线吸收剂、阻燃剂、偶联剂、催化剂等，当它们被添加到主体物料中而被应用时，同样显出它们的特定功能，或赋予有关产品某些特殊性能，或改善加工生产过程，提高生产效率。

由于人民生活水平的提高、新兴产业的发展和商业的需要，精细化学品需要不断进行产品的更新换代，这就要求不断进行新产品的技术开发，以满足高性能产品的要求。通用化学品的技术开发，主要是改革技术路线、改善生产工艺和设备，不存在更新品种的问题。近年来，精细化工新产品的技术开发难度越来越大，研究费用越来越多，研究周期越来越长，所以精细化工被认为属于技术密集型的产业。

由于强调专用性能和追求完美的功能，精细化学品的新品种和新牌号逐年快速增加。

为了调节专用性能，许多精细化学品是以多种辅助成分配合主要活性成分加工而成的。

配方技术成为这些产品的关键。不同厂家生产的同类产品牌号不同，其应用性能互有差别。通用化学品则不同，是具有一定的化学式和物理常数的，不同厂家生产的产品，只要规格相同，均可通用于同一用途。由此可见，精细化学品的技术垄断性很强。

开发精细化工新产品时，研究的目标是为了获得预期功能的产物，这些功能往往要在最佳的应用技术条件下才能充分发挥出来。因此，应用技术的研究，必然是新产品技术开发的重要组成部分。当新产品与传统产品的应用方法不同时，推销新产品要配以应用技术服务，是精细化学品商业经营上的特点。

由于市场变化的需要，精细化学品的更新周期较短，品种多而产量少，因此，要求不断改变制备工艺和技术。通常采用高质量的中、小型多功能反应器间歇式生产。适销的精细化学品都具有投资少和经济效益显著的特点。

以上所述是精细化学品的基本特点，但有时并不能借此将精细化学品与非精细化学品（大宗化学品、通用化学品）严格地区别开。例如，尿素主要是一种具有肥料功能的商品，除试剂级尿素外，由于它的生产规模大和技术开发属石油化工类型，因此，通常不认为尿素属于精细化学品；合成洗涤剂和某些增塑剂的产量也很大，但人们根据其应用对象而明确将它们列为精细化学品；苯甲酸被作为食品防腐剂销售时属精细化学品，而作为化工原料使用时属通用化学品。并不是所有精细化学品都是以配方技术复配制成的产品，例如实验试剂，电子工业用超高纯气体、食品抗氧剂、食品防腐剂、高分子材料助剂以及合成香料等，由于它们具有明显的精细化学品属性和功能，其单一的化合物是典型的精细化学品。

1.2　　精细化学品的门类

关于精细化学品包括的范围，各国的见解和定义不很一致。精细化学品的行业和品种在不断增加。1985 年 3 月 6 日，化学工业部发出通知，规定（部属企业）精细化工产品包括以下 11 类（见 1986 年 5 月 20 日《中国化工报》）：农药、染料、涂料（包括油漆和油墨。油漆和印刷油墨虽然有一些共性，但技术要求差别很大，可将其分为两类）、颜料、试剂和高纯品、信息用化学品（包括感光材料、磁性材料等能接受电磁波的化学品）、食品和饲料添加剂（可细分成"食品添加剂"和"兽药与饲料添加剂"两类）、黏合剂、催化剂和各种助剂、化学合成药品（原料药）和日用化学品、高分子聚合物中的功能性高分子材料（包括功能膜、感光材料等）。其中，催化剂和各种助剂又包括下列产品。

（1）催化剂　炼油用催化剂、石油化工用催化剂、各种化学工业用催化剂、环保用（如尾气处理用）催化剂及其他用途催化剂。

（2）印染助剂　净洗剂、分散剂、匀染剂、固色剂、柔软剂、抗静电剂、各种涂料印花助剂、荧光增白剂、渗透剂、助溶剂、消泡剂、纤维用阻燃剂、防水剂等。

（3）塑料助剂　增塑剂、稳定剂、润滑剂、紫外线吸收剂、发泡剂、偶联剂、塑料用阻燃剂等。

（4）橡胶助剂　硫化剂、硫化促进剂、防老剂、塑解剂、再生活化剂等。

（5）水处理剂　絮凝剂、缓蚀剂、阻垢分散剂、杀菌灭藻剂等。

（6）纤维抽丝用油剂　涤纶长丝用油剂、涤纶短丝用油剂、锦纶用油剂、腈纶用油剂、丙纶用油剂、维纶用油剂、玻璃丝用油剂。

（7）有机抽提剂　吡咯烷酮系列、脂肪烃系列、乙腈系列、糖醛系列等。

（8）高分子聚合添加剂　引发剂、阻聚剂、终止剂、调节剂、活化剂。

（9）表面活性剂　除家用洗涤剂以外的阳离子型、阴离子型、非离子型和两性离子型表面活性剂。

（10）皮革助剂　合成鞣剂、加脂剂、涂饰剂、光亮剂、软皮油等。

（11）农药用助剂　乳化剂、增效剂、稳定剂等。

（12）油田用化学品　泥浆用化学品、水处理用化学品、油田用破乳剂、降凝剂等。

（13）混凝土添加剂　减水剂、防水剂、速凝剂、缓凝剂、引气剂、泡沫剂等。

（14）机械、冶金用助剂　防锈剂、清洗剂、电镀用助剂、焊接用助剂、渗碳剂、渗氮剂、汽车等机动车辆防冻剂等。

（15）油品添加剂　分散清净添加剂、抗磨添加剂、抗氧化添加剂、抗腐蚀添加剂、抗静电添加剂、黏度调节添加剂、降凝剂、抗爆震添加剂、液压传动添加剂、变压器油添加剂等。

（16）炭黑　高耐磨、半补强、色素等各种功能炭黑。

（17）吸附剂　稀土分子筛系列、氧化铝系列、天然沸石系列、活性白土系列。

（18）电子工业专用化学品（不包括光刻胶、掺杂物、MOS 试剂等高纯物和特种气体）　显像管用碳酸钾、氟化物、助焊剂、石墨乳等。

（19）纸张用添加剂　施胶剂、增强剂、助留剂、防水剂等。

（20）其他助剂。

以上是化工部辖下企业的精细化工产品门类，除此之外，轻工、医药等系统还生产一些其他精细化学品，如医药、民用洗涤剂、化妆品、单提和调合香料、精细陶瓷、生命科学用材料、炸药和军用化学品、范围更广的电子工业用化学品和功能高分子材料等。今后随着科学技术的发展，还将会形成一些新兴的精细化工行业。

1.3　精细化学品在国民经济中的地位和作用

精细化学品的产量虽小，但品种繁多，用途广，几乎渗透到一切领域。可以说，国民经济各部门，现代工业的一切产品，人们的食、衣、住、用，现代国防和高、新科技，环境保护、医疗保健等都与精细化学品有关。新型精细化学品的技术开发，不仅直接产生经济效益，而且能提高有关工业产品的竞争能力。

在农业生产中，施用农药以防治病、虫、草害是保证农业丰收的必要手段，但化学农药因对人、畜的安全和对环境的污染又受到日益严格的管制。而一种农药施用过久，则病菌、害虫和杂草会对其产生抗药性，因此，需要不断开发高效低毒的、能自然降解为无毒物质的新农药。近数十年来，农用杀菌剂、杀虫剂和除草剂的不断推陈出新，增效的、缓释长效的新剂型不断推出，功效卓越的植物生长调节剂的更新换代，为农业发展提供了必要的条件。

在轻纺、电子等工业生产中，几乎都要使用精细化学品作为辅助性原材料。如轻纺工业产品需经使用涂料、染料、印刷油墨或电镀助剂的加工过程，才能成为美观耐用的产品。由棉纱或化纤制造纺织品的过程中，许多工序需要使用各种助剂，例如用柔软剂整理可使织物手感丰满柔滑，媒染剂可使染料易染到织物上，固色剂可使染色牢度大大提高；用不同的优质助剂进行染整，才能制出花色品种各异的纺织品。又如，坯皮至少要经过用鞣革剂、涂饰剂、加脂剂等皮革化学品的处理，才能制成皮革。聚氯乙烯树脂必须用稳定剂、增塑剂和其他化学品加工，才能制成各种塑料制品。纸浆要用施胶剂、助留剂、增强剂等加工，才能制成不同用途的纸张。

精细化学品还广泛应用于食品加工、建材、选矿、冶金、化工、石油开采、油品加工、交通、文教、司法、环保等部门。

利用精细化学品的特定功能，可使各种产品的性能适合于不同的特殊用途。例如，在混凝土中掺入速凝剂，可使其初凝和终凝时间分别缩短在 5min 和 20min 以内，使其适用于隧道、地下巷道、补漏抢修等工程；在混凝土中加入缓凝剂则可使其初凝和终凝时间大大延长，因而适用于大体积混凝土施工和预拌混凝土长距离输送等工程。用阻燃剂处理加工制得的塑料和涂料在火场中具有自熄性，这种材料对于防火具有重要意义。以动态防水剂处理过的皮鞋既能防水，鞋内水蒸气又能穿透皮革散发出鞋外，这种皮鞋特别适合于某些作业人员使用。

精细化学品对于科学技术和国防建设的发展起着重要的作用。当精细化学品的应用技术取得重大突破时，常可攻克相关科技的某些难关，使之跃升到一个新的水平。例如，感光材料及其应用技术的突破，促进了印刷技术、医疗诊断技术、电子技术的发展。感光材料在遥感技术领域中的应用，已成为勘探测量的强有力的手段，在植物资源调查，森林树木死亡率分析，地下、地质和石油矿藏勘查等方面均有重要的应用。在国防建设中，涂料有重要的应用，宇宙飞船和导弹的表面必须有隔热涂层的保护，才能耐受在大气中高速飞行时产生的几千摄氏度的瞬时高温而不至于熔化和烧毁。宇宙飞船、人造卫星、弹道火箭等需有结构胶黏剂才能制造。如果没有光致抗蚀剂（光刻胶）和特纯气体电子封装材料等作为其元、器件的辅助材料，电子计算机的制造就不可能实现。精细化学品在科学技术开发中的作用实例不胜枚举。

1.4　精细化学品的研究方法

精细化学品的技术开发与通用化学品不同。后者是解决现有产品存在的问题，通常谋求以尽可能低的消耗（原料、工时、能源的消耗），获得最高产率和高纯度产品的工艺方法。精细化学品的技术开发则是解决用户需求的问题，通常是针对用户对产品性能的新要求而开发的新系列、新一代或新领域、售价是用户可以接受的产品。为此目的，通常须完成以下研究内容。

（1）合成和筛选具有特定功能的目标化合物　着手研究之初，应切实了解产品的技术要求和产品在应用过程中所要经受的物理和化学条件。应在掌握了该类化学品的基本知识和阅读了有关专著和综述文章的基础上进行文献查阅，然后运用化学理论设计并合成一系列目标化合物，再通过性能或有关性质的检测从中筛选出相对理想的产物。在实践中往往不能在一轮筛选中达到理想的目的，这时还需跟踪已发现的构效规律做较深入的研究，最后筛选出目标产物。

当产物功能的作用机制和干扰因素不太复杂时，按上述步骤常可较快地筛选出较佳性能的产品。例如，邻苯二甲酸二辛酯作为增塑剂使用时，尚嫌其挥发性较高且耐抽出性和迁移性（见第三章"塑料加工助剂"部分）不够理想。按化学理论，这些"耐久性能"显然是随着增塑剂的相对分子质量的增加而改善的，但相对分子质量过高又可能影响塑料的加工性能，于是有人根据这些考虑，合成了一系列己二酸与二元醇的缩聚物。根据应用效果的比较结果，从己二酸与二元醇的缩聚物中筛选出两个耐久性能极佳的产品，分别是相对分子质量为1000~8000的聚己二酸-1,2-丙二酯和聚己二酸-1,3-丁二酯。它们更适于用作高温电缆绝缘层和室内装修材料的聚氯乙烯增塑剂（前者成本较低而后者耐寒性较好）。

具有某种生物化学功能的精细化学品，有关作用机制的资料往往比较缺乏，开发这类化学品的初期，常模拟已知功能的天然产物的结构，合成一系列类似物并测试比较其功能，从中筛选出功效满意而经济效益较高的产物，或取得有关构效关系的信息以进行深入的研究，逐步逼近目标。例如，20 世纪 20 年代确定了有高效杀虫力的除虫菊花中两种主要活性成分除虫菊素Ⅰ和Ⅱ的化学结构之后，合成了多种结构类似物，并从中筛选出许多比除虫菊素Ⅰ和Ⅱ更加高效低毒，而合成成本较低、物化性能更优、杀虫谱广的拟除虫菊酯，为植物保护和家居卫生提供了一大类优于其他农药的杀虫剂。用类似的研究方法，人们在研究麝香酮和灵猫酮结构类似物的香气的基础上，开发出多类麝香型香料，分别在高、中档化妆品用的香精调香时使用。

(2) 配方研究　合成单一化合物常不能兼备用户所需的各种性能，大多数精细化学品是以多种成分复配制成的。配方按明确的目标而设计。例如为了发挥主要活性成分的功能，同时赋予产物其他功能或抑制其不良性能，为了调节产物的性状和物理性质以方便使用，为了增加产物的储存稳定性等目的而选用适当的配方原料。但是，即使选料正确，各原料的用量配比和配制工艺条件都会对产品性能有很大的影响。某种原料的用量不当，还将对产品性能产生不良的作用。因此，配方研究需做大量的工作，研究时应尽量参考前人类似配方中积累的经验和文献上有关的基础性研究成果。进行改进型配方研究时，在现有产品成熟配方的基础上，集中研究要解决的关键问题，常可获得满意的结果。

(3) 产品性能的检验　在有机合成研究工作中，产物是否达到要求是以结构分析和纯度测量的结果来衡量的。研制精细化学品时，其结果则以产品的性能，即它的应用效果来衡量。精细化学品中允许存在的杂质含量也是以它对产品性能的影响大小而定的。因此，研制新型精细化学品时，化学分析结果不能作为筛选产物的依据，最终产物的优劣，要从它的应用效果来评定。例如，开发新型食品防腐剂时，产品应做抗菌试验，测定其在一定条件下，抑制若干种霉菌和酵母菌增殖的数据；做防腐保鲜试验，测定其在一定条件下，使若干种食品不变质的保藏时间。当上述试验取得满意数据，所研制的产物对食品的色、香、味无不良影响，且其应用条件实际可行时，还要通过各阶段的毒性试验（急性毒性试验，蓄积毒性、致突变试验，亚慢性毒性试验，慢性毒性试验），才能认为所研制的产品在性能上全面达到可以生产的水平。

对于仿制的精细化学品来说，研制阶段可以根据化学分析数据来评估阶段性结果，但最终仍要进行应用性能的全面测试，并与其他厂家的样品测试数据及其技术指标相比较。当该产品受到国家的有关安全法规制约时，即使同种产品已在许多其他国家被允许使用，并有安全性的证据，但仍须进行初阶段的毒性试验（如急性毒性试验）。在确证所研制产物的理化性质、纯度、杂质成分及含量以及初阶段的毒性试验结果与国外相同产品的标准相符时，才可免做进一步的毒性试验。

性能检测通常要使用专用设备，按标准的操作程序进行。因此，有机化学工作者从事精细化学品的新产品研制时，必须有应用部门或相关的研究单位的协作，这是选题时应注意到的。

(4) 应用技术研究　精细化学品要以适当的技术操作应用在合适的对象上，才能充分发挥它的功能，否则甚至毫无效果。例如，胶黏剂的胶接强度与被粘材料的种类、表面处理情况、胶层厚薄、固化温度和时间、环境湿度、施工压力等因素有关，在最佳操作条件下才能得到满意的胶接强度。因此，开发精细化工新产品应结合应用技术的研究，才能最终将产品变成商品。

(5) 工艺路线的选择和优化　研制的产品具备满意的性能以后，还要使其成本和售价达到生产厂家和用户可以接受的程度。因此要对合成路线和工艺条件进行优化研究，其研究方法与一般化工新产品的技术开发基本相同。

第2章 表面活性剂

2.1 表面张力与表面活性剂

表面张力 在液相与其他物相（气相，另一液相，固相）接触的界面上，液体表面层的分子受到液相内同种分子的吸引力，常大于与另一相的不同分子的吸引力，否则两相会互溶为一体。在这种受力不平衡的情况下，液体有自动向内收缩而尽量减小其表面积的本能。作用于每单位长度边缘使液体表面积缩小的力称为界面张力。在气液界面上，液体的界面张力称为表面张力，其单位为 $10^{-5}N/cm$。按热力学观点，缩小液体表面积是使体系能量降低的过程，如要使其表面积增加，则需对它做功，功（A）的大小应与新增面积（ΔS）成正比：

$$-A = \sigma \Delta S$$

当 ΔS 为 1cm 时，则 $-A = \sigma$，式中 σ 是在等温条件下每增加 1cm 新表面所需的可逆功，即单位面积的表面能，其单位为 $10^{-7}J/cm^2$。单位面积的表面能和表面张力是相同的。

接触角 由于界面张力的影响，在暴露于空气中的固体表面上，液滴形成如图 2-1 所示的形状。

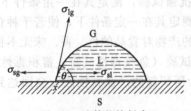

图 2-1 液体的接触角

S—固相；L—液相；G—气相；θ—接触角；
x—三相接触线上的任一点；σ_{sg}—固-气界面张力；σ_{sl}—固-液界面张力；
σ_{lg}—液体表面张力

液滴形状如球冠，液-固界面为圆形，液-固-气三相接触于这个圆的圆周。在此圆周上任一点 x 作切线 σ_{lg}（此线在固体表面上的投影或延线应通过固-液接触面的圆心），σ_{lg} 与固-液接触面的夹角 θ 称为接触角。接触角反映出界面张力的情况，是表征液体表面性质的一个重要指标。若 $\theta \geqslant 90°$，可以说固体是不润湿的；当 $\theta < 90°$ 时，其值愈小，说明固体被润湿的程度愈大，液体向毛细管渗透的能力愈强。

表面活性剂 液体的表面张力可因溶入某些溶质而发生改变。少量地溶入液体中就能显著降低液体的表面张力和界面性质的化合物称为表面活性剂。表面活性剂在分子结构上的特点，是同时含有很强的亲水性和疏水性（或称憎水性、亲油性）基团。当表面活性剂溶于水后，分子的取向是无规则的，但在溶液的表面层则不同，表面活性剂的亲水基团被水强烈地溶剂化而浸没在水相中，其疏水部分则因妨碍水分子间的缔合被排斥，定向伸入气相中。疏水基相对于水分子来说，与空气分子的吸引力较强，因此这种定向排列可降低溶液的表面张力。按能量最低原则，溶液内部的表面活性剂分子会自动迁移到表面层，直到与按相反方向移动的扩散作用相平衡时为止。平衡时表面活性剂在溶液表面层的浓度比在溶液内部高得多。表面活性剂在溶液界面上浓集的现象称为界面吸附，上述现象又称为正吸附（图 2-2）。

有些含亲水性极性基的有机物如羧酸、胺、醇、酮等，结构与表面活性剂相似，但由于分子中亲水基和亲油基的能力较弱，其水溶液的表面张力只略低于纯水，需要足够的浓度才有显著降低表面张力的效果。另一些化合物如氯化钠、蔗糖、氨基丙酸之类，整个分子与水发生强烈的溶剂化作用，溶质在溶液表面层的浓度低于在溶液内部的浓度，这种现象则称为负吸附。

临界胶束浓度　表面活性剂水溶液在很低的浓度范围内是以单个有机离子或分子分散的。从某一浓度开始，加入的表面活性剂则以由多个离子或分子缔合而成的胶束分散于水中。表面活性剂开始形成胶束的浓度为临界胶束浓度，简称 CMC。当溶液浓度低于 CMC 时，由于表面活性剂分子的界面吸附和在界面上定向排列，溶液的表面张力随浓度的增高而迅速降低，其

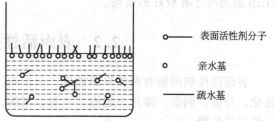

图 2-2　表面活性剂在溶液表面的定向排列和界面吸附

使用性能亦相应地提高。直至达到 CMC 时，表面活性剂已在溶液的界面上排列成单分子膜，此时表面张力降至最低点。此后活性物浓度的增高对于表面张力和使用性能的影响不大，如图 2-3 所示。因此 CMC 是反映表面活性剂性质的一个重要指标。

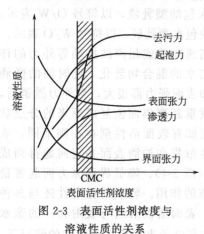

图 2-3　表面活性剂浓度与溶液性质的关系

胶束的结构可为球形，即多个活性物的疏水基溶集在一起而形成亲水基向外的球形胶束；也可以是层状，即多个活性物的疏水基与疏水基、水合的亲水基与亲水基交替排列而形成层状（圆柱状）胶束。表面活性剂的临界胶束浓度都很低，例如表 2-1 的阴离子型表面活性剂的 CMC 多在 $0.01\%\sim0.3\%$（质量/体积），非离子型表面活性剂的 CMC 还要小得多。显然，在亲水基相同时，CMC 会随疏水基的增大而降低。

表 2-1　阴离子表面活性剂的临界胶束浓度

碳原子数	CMC/(g/L)			碳原子数	CMC/(g/L)		
	RCOONa	RSO_3Na	$ROSO_3Na$		RCOONa	RSO_3Na	$ROSO_3Na$
C_{12}	6	3	2	C_{16}	0.8	0.4	0.2
C_{14}	2	0.8	0.5	C_{18}	0.5	0.3	0.1

亲水亲油平衡值 HLB　表面活性剂的应用性能取决于分子中亲水和亲油两部分的组成和结构，这两部分的亲水和亲油能力的不同，就使它的应用范围和应用性能有差别。表面活性剂分子中亲水基的强度与亲油基的强度之比值，称为亲水亲油平衡值，简称 HLB 值。HLB 值的表示方法有两种：一种是以数值表示，数值为 0 的亲水性最小（亲油性最强），数值为 40 的亲水性最强，大多数表面活性剂的 HLB 值在 20 以下；另一种则粗略地以符号表示，以 HH、H、N、L、LL 等分别表示其亲水性强、较强、中等和亲油性较强、亲油性强等性质。HLB 值极高和极低，对降低表面张力的作用是有限的，但对调配乳化体系有影响，这将在本书第 9 章讨论。HLB 值越大，其水溶性越好。一般情况见表 2-2。

表 2-2　HLB 值与水溶性

HLB	与水混合状态	HLB	与水混合状态
1~4	完全不溶、不分散	8~10	可成稳定的乳状液
3~6	粗粒状分散	10~13	成近乎透明状微乳液
6~8	剧烈搅拌下分散成乳状液	13 以上	透明状分散

在实际应用中，应根据不同的使用场合和不同的体系来选用表面活性剂，而且只有当其

HLB 适当时才有较好的效果。

2.2　表面活性剂的应用性能

表面活性剂因能对两相界面性质产生影响，在实际应用中能显示出各种优异的功能，如乳化、分散、润湿、渗透、起泡、消泡、增溶、去污、柔软、抗静电等。现简要地讨论其中几种应用性能。

乳化　一种液体以微滴状态均匀分散在另一液相所成的物系称为乳（浊）液。分层的液体混合物变成乳液的现象称为乳化。讨论乳化时，通常把不溶于水的有机液体称为"油"，乳液是油分散于水或水分散于油所成的物系，前者称为水包油型乳液，以符号 O/W 表示；后者称为油包水型乳液，以符号 W/O 表示。

通过高速搅拌或超声波振动等外力的作用可使油与水的混合物乳化，此时油的微滴的比表面和表面张力都很大，当外力撤销后，油滴很快就重新聚集而恢复成原来的分层状态。乳化时如有表面活性剂存在则不同，表面活性剂会浓集在油滴表面并定向地排列成单分子膜（图 2-4），降低界面张力而起着稳定乳化状态的作用。乳液的稳定性还与多种因素有关，表面活性剂（与吸附物）的亲水

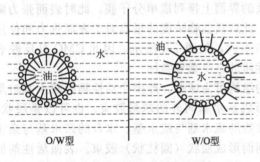

图 2-4　表面活性剂在乳液的液滴表面上的定向排列

基水合后产生的双电层，可阻止液体粒子的重新合并；在高分子表面活性剂存在的情况下，吸附在液滴表面的高分子膜因空间阻碍同样可阻止液滴的合并凝聚；此外，溶液的黏度、电解质含量、pH 值、浓度、温度、两相密度差以及搅动情况等也会影响乳液的稳定性。为了获得稳定的乳液，首要的是根据体系内的组成情况选用适当 HLB 值的表面活性剂，使油-水间的界面张力降低至最低值。对此本书将在化妆品部分做进一步的讨论。

乳化可使物料分布均匀并充分地接触，因此在化妆品、洗涤剂、食品、医药、纺织、印染、农药、水性涂料、高分子合成等方面有广泛而重要的应用。

分散　按分散相和分散介质的不同，分散体系有多种类型，见表 2-3 所列。但在表面活性剂的工业应用领域，"分散"常指固体以微粒状态稳定地分散于液体介质的现象。

表 2-3　分散体系的类型

分散介质	分 散 相		
	气 相	液 相	固 相
气 体	/	雾	气 溶 胶 烟
液 体	泡沫	乳浊液	悬浮液，胶体溶液

在一般情况下，固体微粒是难以稳定地分散在液体介质中的，因为微粒一旦形成，很快就缔合成较大的粒子。例如，将固体有机物的溶液用不良溶剂稀释，常常只得到沉淀而得不到胶体溶液；当没有表面活性剂或偶联剂存在时，无论怎样将氧化铁粉在介质中研磨，也不能获得作为高效能的记录材料所要求的细小磁粉。

能使固体以悬浮状态稳定地分散在液体介质中的表面活性剂称为分散剂（在染整工业中又称为扩散剂）。如以水为介质时，分散剂首先使其水溶液能充分润湿固体微粒的表面并向

微粒内部孔隙渗透，于是表面活性剂分子吸附在整个微粒表面并采取定向排列，它的亲水基形成双电层（如阴离子型表面活性剂形成水合的有机阴离子与抗衡离子的双电层），使微粒具有水溶性而又难于与带同性电荷的其他微粒缔合。按上述历程，分散剂水溶液破坏了固体微粒的内聚力，使它能稳定地分散在水中。当以油为分散剂，这时它在微粒表面形成具有位阻屏蔽作用的吸附膜，也阻止微粒的缔合。

分散剂在一些工业生产中是不可缺少的助剂，如染色时必须将染料分散，生产涂料和印刷油墨时必须把颜料分散，在制取农药可湿性粉剂、可清除积炭和油泥的内燃机润滑油等产品时也必须使用表面活性剂作分散剂。

增溶 有些物质在水中很难溶解，当添加适当的表面活性剂后就能溶于水中，成为有一定浓度的透明溶液，这种现象称为增溶。增溶用的表面活性剂在溶液中的浓度必须高于临界胶束浓度，难溶物的溶解度随增溶剂浓度的增加而升高。增溶剂在浓度高于 CMC 时，形成大量的胶束。由于难溶物与胶束内部的疏水基有较大的亲和力，使一定量的难溶物溶入胶束中，形成一个由表面活性剂的亲水基所覆盖的增溶胶束。增溶胶束是水溶性的，而且由于颗粒太小以致不能用肉眼观察到其存在，因此增溶胶束是透明的。

增溶剂能把脂溶性物质制成水剂或水溶性软膏，在医药、化妆品、家用和工业用洗涤剂等工业上有广泛的应用。

表面活性剂的其他应用性能，留待后面有关部分讨论。

表面活性剂的 HLB 值与应用性能的关系，如图 2-5 所示。

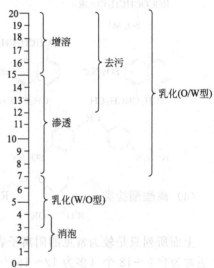

图 2-5 表面活性剂的 HLB
值与性能的关系

2.3 表面活性剂的分类

表面活性剂可根据它能否在水中电离生成离子而分为离子型和非离子型表面活性剂，又可按电离后生成的离子对中具有表面活性的是带负电荷、正电荷还是带正、负两种电荷而把离子型表面活性剂进一步分为阴离子型、阳离子型和两性离子型表面活性剂。

2.3.1 阴离子型表面活性剂

最常见的阴离子型工业用表面活性剂有以下类型。

(1) 脂肪酸盐类（肥皂）：$RCOO^- M^+$ （M^+ 为金属离子）

(2) 硫酸酯盐类：

$ROSO_3^- M^+$	脂肪醇硫酸盐（FAS）
$R(OCH_2CH_2)_{\overline{n}}-OSO_3^- M^+$	脂肪醇聚氧乙烯醚硫酸盐（AES）
$R-\!\!\!\bigcirc\!\!\!-(OCH_2CH_2)_{\overline{n}}-OSO_3^- M^+$	烷基酚聚氧乙烯醚硫酸盐
$RCONHCH_2CH_2OSO_3^- M^+$	烷醇酰胺硫酸盐

(3) 磺酸盐类：

$R-\!\!\!\bigcirc\!\!\!-SO_3^- M^+$ 烷基苯磺酸盐（LAS）

$$\underset{R'}{\overset{R}{\diagup}}CHSO_3^- \ M^+$$ 仲烷基磺酸盐（SAS）

$$RCH=CHCH_2SO_3^- \ M^+$$ α-烯烃磺酸盐（AOS）

$$\underset{OH}{RCHCH_2CH_2SO_3^- \ M^+}$$ 羟烷基磺酸盐

$$RCOOCH_2CH_2SO_3^- \ M^+$$ 羟乙基磺酸盐的脂肪酸酯

$$RCON\diagdown \overset{CH_2CH_2SO_3^- \ M^+}{CH_3}$$ 2-(N-甲基脂肪酰胺基)乙磺酸盐

$$\underset{SO_3^- \ M^+}{ROCOCHCH_2COOR}$$ 磺化琥珀酸二烷酯盐（二辛酯盐又称渗透剂 T）

拉开粉

扩散剂 NNO

（4）磷酸酯盐类： $R' = M^+$，R；$R=$ 烃基，烃氧聚氧乙烯基

上面所列只是较为常见的阴离子表面活性剂品种类型。概括地说，上面所举各通式中，R 通常为含 8～18 个（多为 12～18 个）碳原子的直链烷基，苯环上的 R 多为 9 个左右碳原子的烷基。表示聚乙二醇链中氧化乙烯单元数的 n 一般在 4～20 之间，M^+ 一般为 Na^+，也可以是 NH_4^+、$HOCH_2CH_2\overset{+}{N}H_3$、$(HOCH_2CH_2)_2\overset{+}{N}H_2$、$(HOCH_2CH_2)_3\overset{+}{N}H$ 等离子。改变产品类型以及 R、M、n 等结构因素可得到很多品种。制成不同品种的表面活性剂的原因，一方面是由于使用不同的原料（一般为石油化工和油脂化工产品），另一方面是为了得到各种不同应用性能，更适于各种不同用途的产品。

阴离子型表面活性剂当然必须在碱性条件使用才有效，一般情况下它也不能与阳离子型表面活性剂配伍使用，否则往往会沉淀下来。这类表面活性剂在低温下很难溶解，当升温至某一温度（因不同品种而异）时，它在水中的溶解度会突然大大增加，这一温度称为克拉夫特温度（Krafft temperature）。显然，表面活性剂的克拉夫特温度越低越有利于实用。

2.3.2 非离子型表面活性剂

这类表面活性剂在分子中不含离子键，它的亲水性是靠多个聚氧乙烯链节 $+CH_2CH_2O+_n$ 或多个羟基以及酰胺基等基团的作用。当分子中含聚氧乙烯链时，在油-水界面上，聚氧乙烯链采取能量最低的构象：每个 $-CH_2CH_2-$ 链节伸入油相，每个氧原子伸入水相中。常见的非离子型表面活性剂有以下类型。

（1）聚乙二醇型

$$R+OCH_2CH_2\xrightarrow{}{}_nOH$$ 脂肪醇聚氧乙烯醚（AEO）

如 R 为 C_{18} 烷基，$n=15～20$，称为平平加，是一种可作为匀染剂、扩散剂等有多种用途的印染助剂；R 为 C_{12} 烷基，$n=22$ 的称为匀染剂 O；R 为 $C_7～C_9$ 的烷基，$n=5$ 的称为渗透剂 JFC 等。

$$R-\!\!\!\!\!\!\!\!\bigcirc\!\!\!\!\!\!\!-(OCH_2CH_2\xrightarrow{}{}_{\overline{n}}OH$$ 烷基苯酚聚氧乙烯醚

如 R 为 C_{12} 烷基，$n=10$ 的称为 OP，有乳化、匀染、助溶、净洗等功能；R 为 C_8 烷基，$n=10$ 的称为 Tx-10，有净洗、乳化等功能。

$$R-\overset{O}{\underset{\Vert}{C}}-(OCH_2CH_2\cdots)_{\overline{n}} OH \qquad 脂肪酸聚乙二醇单酯$$

$$R-\overset{O}{\underset{\Vert}{C}}-(OCH_2CH_2\cdots)_{\overline{n}} O-\overset{O}{\underset{\Vert}{C}}-R \qquad 脂肪酸聚乙二醇双酯$$

脂肪酸可以是月桂酸、硬脂酸或油酸等高级羧酸。对于单酯，要求 $n=2\sim200$；对于双酯，要求 n 约等于 400。

聚乙二醇类非离子型表面活性剂的水溶性随温度升高而降低，这种反常的水溶性可用"浊点"来表示：将浓度为 1% 的透明溶液慢慢升温至开始混浊，此时的温度即为该活性物的浊点。这类表面活性剂的水溶性是靠多个—CH_2CH_2O—链中的氧原子与极化了的水分子形成微弱的氢键而产生的，当分子的热运动增强时，氢键被削弱，所以溶解度随之降低。浊点反映出不同结构的聚乙二醇类非离子型表面活性剂的溶解度特性。

（2）多元醇酯类

$$RCOOCH_2\underset{\underset{OH}{\vert}}{C}HCH_3 \qquad 单脂肪酸-1,2-丙二醇酯$$

R 为 C_{11} 和 C_{13} 者常用于化妆品中。

$$RCOOCH_2\underset{\underset{OH}{\vert}}{C}HCH_2OH \qquad 单脂肪酸甘油酯 \quad R=C_{12}\sim C_{18}$$

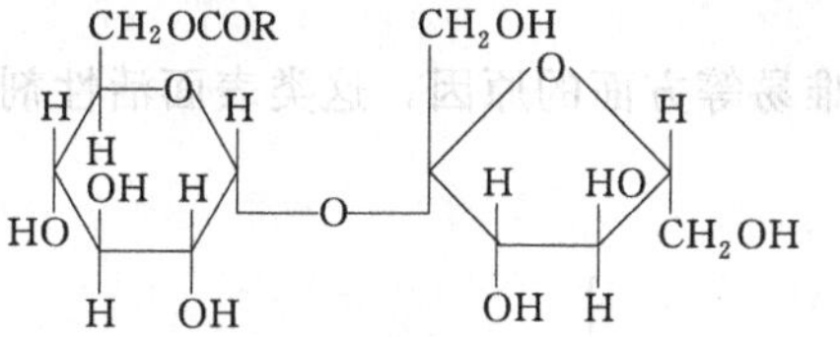

单脂肪酸蔗糖酯

用一般酯交换法制得的单脂肪酸甘油酯或蔗糖酯含有太多的二酸酯等杂质，用高真空分子蒸馏法可分离得到较纯的甘油单酯，在食品、化妆品等各方面用途很广。

（3）失水山梨醇酯类

失水山梨醇由山梨醇加热脱水而成，是多种成分的混合物，主要成分有：

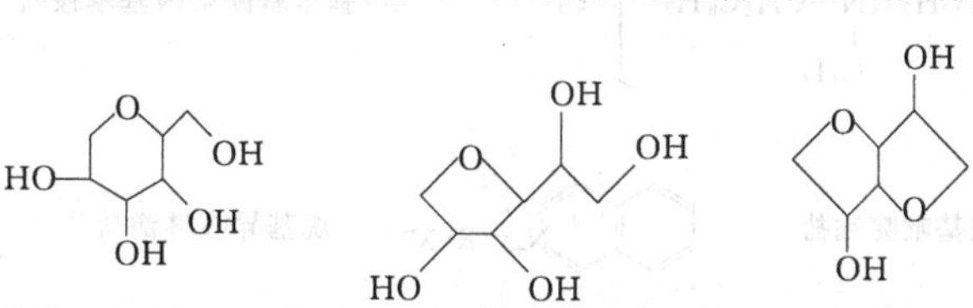

在工业生产中，脂肪酸失水山梨醇酯是由山梨醇和脂肪酸在酸催化下加热，发生失水环化和酯化反应而成。脂肪酸失水山梨醇酯的成分更加复杂，可以是以上表示的某一失水山梨醇成分的单脂肪酸酯或双脂肪酸酯，甚至是三脂肪酸酯。改变脂肪酸的品种和含量，可形成一系列品种，称为司盘（Span）系列（表 2-4）。使司盘类产品与环氧乙烷加成，可制得含不同链节数和聚氧乙烯系列衍生物，称为吐温（Tween）系列（表 2-5）。

司盘系列示例 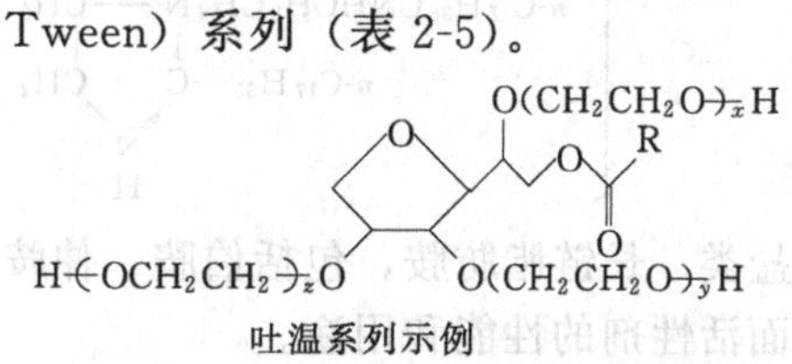   吐温系列示例

表 2-4 司盘系列非离子型表面活性剂

成酯脂肪酸（摩尔数）	商品名	HLB	成酯脂肪酸（摩尔数）	商品名	HLB
月桂酸（1）	司盘 20	8.6	硬脂酸（3）	司盘 65	2.1
棕榈酸（1）	司盘 40	6.7	油 酸（1）	司盘 80	4.3
硬脂酸（1）	司盘 60	4.7	油 酸（3）	司盘 85	1.8

表 2-5 吐温系列非离子型表面活性剂

成酯脂肪酸（摩尔数）	商品名	HLB	成酯脂肪酸（摩尔数）	商品名	HLB
月桂酸（1）	吐温 20	13.3	硬脂酸（3）	吐温 65	10.5
月桂酸（1）	吐温 20	16.7	油 酸（1）	吐温 80	15.0
棕榈酸（1）	吐温 40	15.6	油 酸（1）	吐温 81	10.0
硬脂酸（1）	吐温 60	9.6	油 酸（3）	吐温 85	11.0
硬脂酸（1）	吐温 60	14.9			

在吐温系列中，同一商品名有不同的 HLB 值，这与不同厂家的产品含不同的 $-(OCH_2CH_2)-$ 单元数有关，一般含有 4～8 个、12～15 个、16～20 个氧乙烯单元的不同产品。吐温系列的水溶性大于司盘系列。

（4）烷醇酰胺类

$$R-\overset{\overset{\displaystyle O}{\|}}{C}-N\begin{matrix}CH_2CH_2OH\\CH_2CH_2OH\end{matrix} \qquad 二乙醇脂肪酸酰胺$$

2.3.3 阳离子型表面活性剂

因性能、原料来源、合成反应难易等方面的原因，这类表面活性剂常见如下类型。

（1）季铵盐类

$$[RN(CH_3)_3]^+Cl^-$$

$$\left[\begin{matrix}CH_3\\|\\R-N-CH_2C_6H_5\\|\\CH_3\end{matrix}\right]^+ Cl^- \qquad R 为 C_{16}～C_{18} 烷基，也包括三乙基苄基季铵盐$$

$$\left[RCONH(CH_2)_3-\overset{\overset{\displaystyle CH_3}{|}}{\underset{\underset{\displaystyle CH_3}{|}}{N}}-CH_2C_6H_5\right]^+ Cl^- \qquad 二甲基苄基酰氨丙基季铵盐$$

（2）吡啶鎓盐类

$$\bigcirc\!\!\!\!N^+-R\cdot Cl^- \quad 烷基吡啶鎓盐 \qquad \bigcirc\!\!\!\!\bigcirc\!\!\!\!N^+-R\cdot X^- \quad 烷基异喹啉鎓盐$$

（3）咪唑啉类　在氮气氛中，将 N-氨乙基乙醇胺或二亚乙基三胺与长链脂肪酸共热可失水生成酰胺，进一步升温至 200℃以上，则进一步失水闭环而生成咪唑啉类阳离子表面活性剂，这类产品可作为纤维柔软剂或破乳剂使用。例如：

$$\left[\begin{matrix}\overset{\displaystyle O}{\|}\\n\text{-}C_{17}H_{35}CNHCHCH_2N-CH_2\\ \qquad\qquad | \qquad\quad |\\ n\text{-}C_{17}H_{35}-C \qquad CH_2\\ \qquad\quad \diagdown N \diagup\\ \qquad\qquad |\\ \qquad\qquad H\end{matrix}\right]^+ CH_3COO^- \qquad 柔软剂 IS$$

（4）铵盐类　长链脂肪胺，包括伯胺、仲胺和叔胺的铵盐及其多羟基衍生物也具有类似季铵盐类表面活性剂的性能和用途。

（5）叔胺的 N-氧化物，如：

$$R-\overset{+}{\underset{\underset{O^-}{|}}{N}}(CH_3)_2$$

不属典型的阳离子型表面活性剂。它在酸性介质中具有阳离子型表面活性剂的性能，在中性介质中与非离子型表面活性剂相似，有很好的起泡性能，在洗涤剂中有重要的应用。

2.3.4　两性型表面活性剂

常见的两性型表面活性剂有以下类型。

（1）氨基酸类型

$$RNH_2CH_2COO^- \qquad N\text{-烷基甘氨酸}$$

$$RNH_2CH_2CH_2COO^- \qquad N\text{-烷基-}\beta\text{-丙氨酸}$$

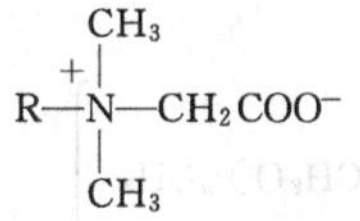

$$R-\overset{\overset{\displaystyle CH_3}{|}}{\underset{\underset{\displaystyle CH_3}{|}}{N}}{}^{+}-CH_2COO^- \qquad \text{烷基甜菜碱}$$

$$n\text{-}C_{17}H_{33}CON\underset{\underset{\displaystyle CH_3}{|}}{CH_2CH_2SO_3Na} \qquad N\text{-油酰-}N\text{-甲基牛磺酸钠（胰加漂 T，依捷邦 T）}$$

（2）咪唑啉类型

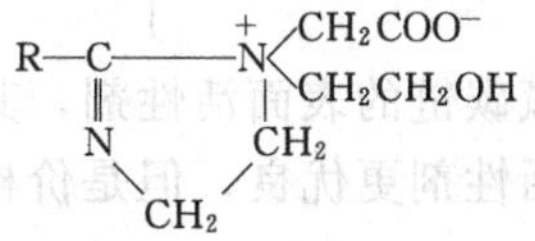

$$\text{烷基咪唑啉甜菜碱}$$

两性型表面活性剂在碱性介质中显阴离子型的性质，在酸性介质中显阳离子型的性质，在等电点时显非离子型表面活性剂的性质。这类表面活性剂一个突出的特点是对皮肤刺激性很小。

2.3.5　其他表面活性剂

除上述类型外，还有一些表面活性剂，它们与普通表面活性剂比较，亲水基是大同小异或相同的，但结构比较特殊。

（1）高分子表面活性剂　普通表面活性剂的相对分子质量一般为几百，高分子表面活性剂则在数千以上。和普通表面活性剂的不同之处是高分子表面活性剂一般不形成胶束，其渗透力和降低表面张力的能力不强，但分散、絮凝等能力却突出。该类表面活性剂如：

A. 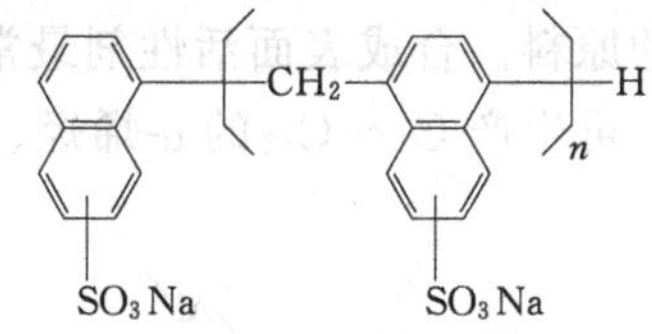 萘磺酸甲醛缩合物

B. 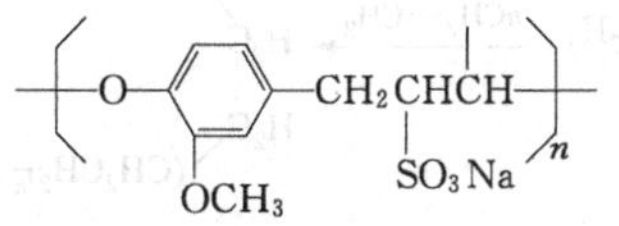 木质素磺酸钠

C.　$HO(CH_2CH_2O)_m-(\underset{\underset{\displaystyle CH_3}{|}}{CHCH_2O})_n-(CH_2CH_2O)_p-H$　　聚氧乙烯-聚氧丙烯二醇

A 是萘磺酸经用福尔马林与之缩合，并用碱中和后所得的产物；B 是将亚硫酸盐法造纸废液以石灰等使之沉淀、分离、烘干等过程所得的产物，两者都是用途广泛的分散剂。例如使染料、农药等易分散，降低石油钻井泥浆黏度，作为混凝土减水剂等方面都有应用（减水

剂能通过覆盖水泥微粒表面，而抑制水泥的急剧水合反应以降低泥浆黏度，达到减少加水量以增强混凝土强度的目的）；C 是低聚丙二醇与环氧乙烷加聚的产物，调节两种单体摩尔比及反应条件，可得相对分子质量为 1100～15000、HLB 值为 3.5～30 的一系列产物。这系列产品的毒性极微，可分别作为消泡剂、乳化剂、分散剂等广泛用于金属加工、清洗剂、造纸、纺织品整理、石油、医药等工业部门。

（2）有机硅表面活性剂　有机硅表面活性剂价格较贵，但其降低表面张力、润湿、柔软、稳定泡沫等性能大大优于普通表面活性剂，作为纤维柔软剂、聚氨酯泡沫稳定剂、化妆品配方成分等方面已有广泛用途。典型产品如：

$$(C_2H_5)_3Si(CH_2)_nCOONa \qquad \text{阴离子型}$$

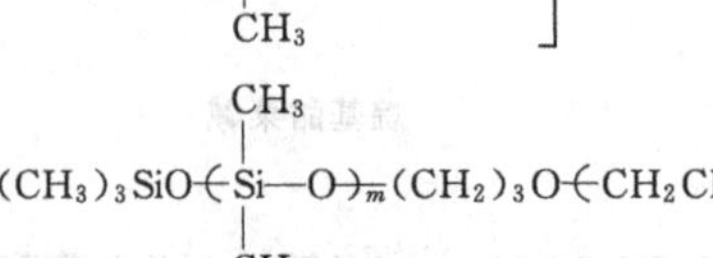

$$\left[(C_{18}H_{37}-\underset{CH_3}{\overset{CH_3}{N}})_2 Si(C_2H_5)_2 \right]^{2+} 2Cl^- \qquad \text{阳离子型}$$

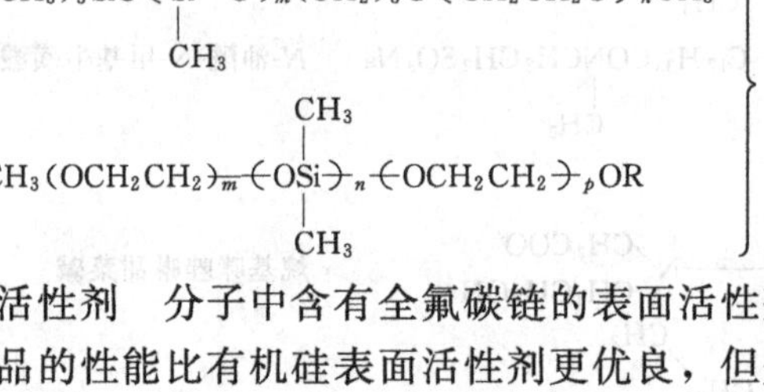

$$(CH_3)_3SiO(\underset{CH_3}{\overset{CH_3}{Si}}-O)_m(CH_2)_3O(CH_2CH_2O)_nCH_3$$

$$CH_3(OCH_2CH_2)_m(\underset{CH_3}{\overset{CH_3}{OSi}})_n(OCH_2CH_2)_pOR \qquad \text{非离子型}$$

（3）有机氟表面活性剂　分子中含有全氟碳链的表面活性剂，其降低水的表面张力的性能和耐热、耐化学药品的性能比有机硅表面活性剂更优良，但是价格昂贵，只在必要时才选用。典型产品如：

$$[C_8F_{17}SO_2NHCH_2CH_2CH_2\overset{+}{N}(CH_3)_3]I^- \qquad \text{阳离子型}$$

$$C_6F_{13}(CH_2CH_2O)_nH \qquad \text{非离子型}$$

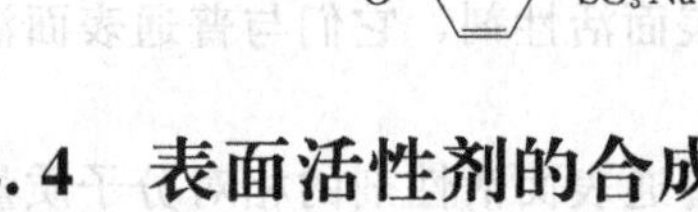

$$[(CF_3)_2CF]_2C=\underset{CF_3}{\overset{CF_3}{C}}-O-\text{⟨苯环⟩}-SO_3Na \qquad \text{阴离子型}$$

2.4　表面活性剂的合成

2.4.1　合成表面活性剂最常用的原料

精细化学品的生产，尽可能使用价廉易得的原料。合成表面活性剂最常用的原料多数是由大型石油化工厂生产的，例如以乙烯为原料，可生产 $C_8 \sim C_{18}$ 的 α-烯烃、直链高碳醇、环氧乙烷及乙醇胺、二乙醇胺、三乙醇胺等。

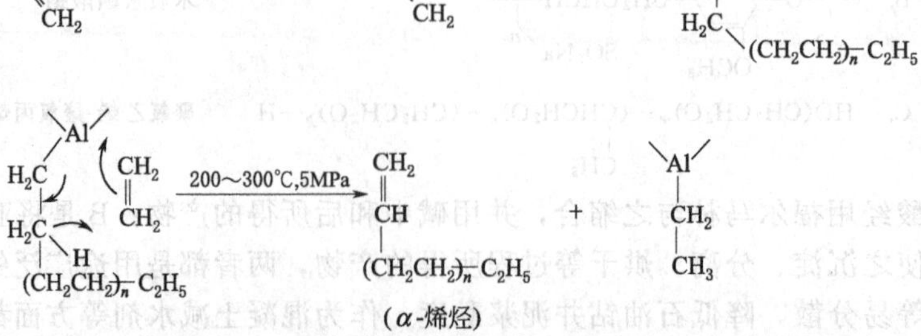

（α-烯烃）

　　用适当馏程的石油馏分进行直接催化脱氢或单氯化-脱氯化氢反应，也可生产高碳数烯烃，但所得产物分子的烯键一般不在末端。

　　在酸催化下使 C_3 或 C_4 烯烃加聚成为三聚物、四聚物或多聚物，则得到带支链的高碳烯烃。

　　$C_{12}\sim C_{18}$ 直链高碳醇（偶碳数伯醇）通常是以脂肪酸（油脂水解产物）或乙烯为原料生产的：

$$RCOOH \longrightarrow RCOOCH_3 \xrightarrow[\text{加热，加压}]{H_2,\ \text{催化剂}} RCH_2OH + CH_3OH$$

$$Al[(CH_2CH_2)_{\overline{n}}\,C_2H_5]_3 + 1\tfrac{1}{2}O_2 \longrightarrow Al[O(CH_2CH_2)_{\overline{n}}\,C_2H_5]_3 \xrightarrow{3H_2O} 3CH_3(CH_2CH_2)_nCH_2OH + Al(OH)_3$$

　　高碳仲醇及其他带支链的醇可通过烷烃（适当沸程的石油馏分）的部分氧化等方法制得。

　　上述各种用于表面活性剂合成的原料都是在含一定碳原子数范围内的同系物混合物。生产这些原料的经济效益与生产规模的大小有关，因此一般由少数大型工厂生产供应。

2.4.2　阴离子型表面活性剂的合成

　　高碳醇硫酸酯盐一般是用无水硫酸、三氧化硫或氯磺酸在低温下与高碳醇反应，再经中和、浓缩而制得。产物中含有少量未转化的高碳醇和副产物芒硝或其他硫酸盐，这些杂质在一定的范围内并不降低产物的功能。制备含聚氧乙烯链的硫酸酯盐时，应先在催化剂（如 NaOH、$NaOCH_3$ 或 BF_3）存在下，加压将环氧乙烷分多次压入加热了的高碳醇中进行加聚反应，制成烷基聚氧乙烯醚，再进行硫酸化等操作。

　　仲烷基磺酸盐类是以控制二氧化硫和空气的量与石油馏分进行自由基反应而制得的：

$$\begin{matrix}R\\[-2pt]R'\end{matrix}\!\!\!> CH_2 + SO_2 + \tfrac{1}{2}O_2 \longrightarrow \begin{matrix}R\\[-2pt]R'\end{matrix}\!\!\!> CHSO_3H \xrightarrow{\text{中和}} \begin{matrix}R\\[-2pt]R'\end{matrix}\!\!\!> CHSO_3^- M^+$$

　　α-烯烃磺酸盐由 α-烯烃与三氧化硫或其他磺化剂反应制得，但同时有一部分原料转化成羟烷基磺酸盐，生成了多种化合物的混合物。例如：

$$RCH_2CH{=}CH_2 \xrightarrow{SO_3} \begin{cases} RCH{=}CHCH_2SO_3H \xrightarrow{NaOH} RCH{=}CHCH_2SO_3Na \\[6pt] \underset{\underset{SO_2}{|}}{RCHCH_2CH_2} \xrightarrow{NaOH} \underset{\underset{OH}{|}}{RCHCH_2CH_2SO_3Na} \end{cases}$$

　　丁二酸双酯磺酸盐可通过亚硫酸氢钠与丁烯二酸酯进行亲核加成制得：

$$\begin{matrix} ROC{-}CH \\ \underset{O}{\|}\\ ROC{-}CH \\ \underset{O}{\|} \end{matrix} + NaHSO_3 \longrightarrow \begin{matrix} ROCCHSO_3Na \\ \underset{O}{\|}\\ ROCCH_2 \\ \underset{O}{\|} \end{matrix}$$

　　磷酸酯盐类通常是将五氧化二磷或磷酰氯与高碳醇反应，生成以 O,O-二烷基磷酸酯或 O-烷基磷酸酯为主的产物，再中和成盐。

2.4.3　非离子型表面活性剂的合成

　　聚乙二醇型表面活性剂是在碱或酸催化下使高碳醇、酚或脂肪酸与环氧乙烷反应而合成的，例如：

$$RCOOH + \underset{\underset{O}{\diagdown\diagup}}{CH_2CH_2} \xrightarrow{BF_3} RCO(OCH_2CH_2)_{\overline{n}}\,OH$$

　　多元醇酯类表面活性剂一般用脂肪酸酯与甘油或蔗糖等多羟基化合物在碱催化下通过酯交换反应来合成。

失水山梨糖醇酯一般通过直接酯化法合成。可将山梨糖醇与脂肪酸加热酯化，同时脱水，也可以先将山梨糖醇脱水制成失水山梨糖醇，经精制后再行酯化。

烷醇酰胺的合成见实验二。

2.4.4 阳离子型表面活性剂的合成

从高碳醇出发可制得各种阳离子型表面活性剂。一般方法是，在适当加压下使醇和氨发生催化胺化反应，调节摩尔比可得到以伯胺或仲胺为主的产物。用同样方法将醇与二甲胺反应可得叔胺，叔胺进一步烃基化可制得季铵盐。这一反应的难易和转化率高低与反应物的活泼性和体积大小有关。一般用甲基化剂和氯化苄进行烃基化；用硫酸二甲酯进行烷基化，可使伯、仲、叔胺较完全地转化为季铵盐；用氯甲烷同样可达到目的，但需在加压下进行。

吡啶鎓盐类是用卤代烷与吡啶反应而制得的。用过氧化氢与叔胺反应可制得其 N-氧化物。

2.4.5 两性型表面活性剂的合成

一般用脂肪胺与氯乙酸钠反应，合成氨基酸型两性表面活性剂，如：

$$RN(CH_3)_2 + ClCH_2COONa \longrightarrow R\!-\!\overset{\overset{\displaystyle CH_3}{|}}{\underset{\underset{\displaystyle CH_3}{|}}{N^+}}\!-\!CH_2COO^- + NaCl$$

或用脂肪胺与丙烯酸加成的方法，制取 β-丙氨酸型两性表面活性剂：

$$RNH_2 + CH_2\!=\!CHCOOR' \xrightarrow{\ H_2O\ } RNHCH_2CH_2COOH$$

$$RNH_2 + 2CH_2\!=\!CHCOOR' \xrightarrow{\ H_2O\ } RN(CH_2CH_2COOH)_2$$

在食品中广泛用作乳化剂的大豆卵磷脂（如下式）是提炼大豆油时的副产品。一般用正己烷提取大豆油，将提取物的溶剂蒸发除去，再吹入水蒸气，使磷脂沉淀分离。将沉淀分离得到的黄色乳浊液脱水后，在 60℃ 下减压干燥再精制成干品或加少量植物油调制成浆状产品供使用。

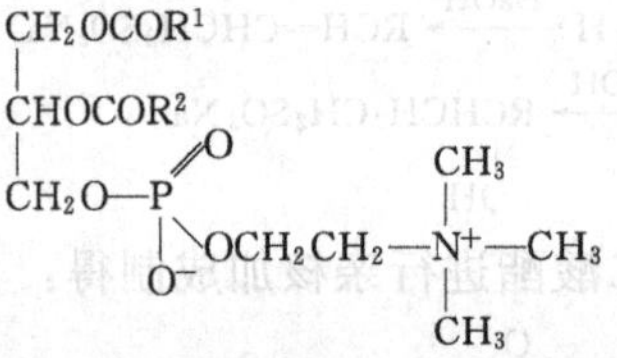

$$
\begin{array}{l}
CH_2OCOR^1 \\
CHOCOR^2 \\
CH_2O\!-\!\overset{\overset{\displaystyle O}{\|}}{\underset{\underset{\displaystyle O^-}{|}}{P}}\!-\!OCH_2CH_2\!-\!\overset{\overset{\displaystyle CH_3}{|}}{\underset{\underset{\displaystyle CH_3}{|}}{N^+}}\!-\!CH_3
\end{array}
$$

R^1COOH 和 R^2COOH 为 $C_{12} \sim C_{22}$ 的饱和或不饱和脂肪酸，其中不饱和酸占大多数

咪唑啉类两性表面活性剂的合成一般是将 N-取代的乙二胺与脂肪酸在约 180℃ 反应，脱水生成酰胺，再进一步减压升温至 250℃，使酰胺脱水闭环成为咪唑啉衍生物，然后用氯乙酸钠使咪唑啉环上一个氮原子季铵化，具体实例如下。

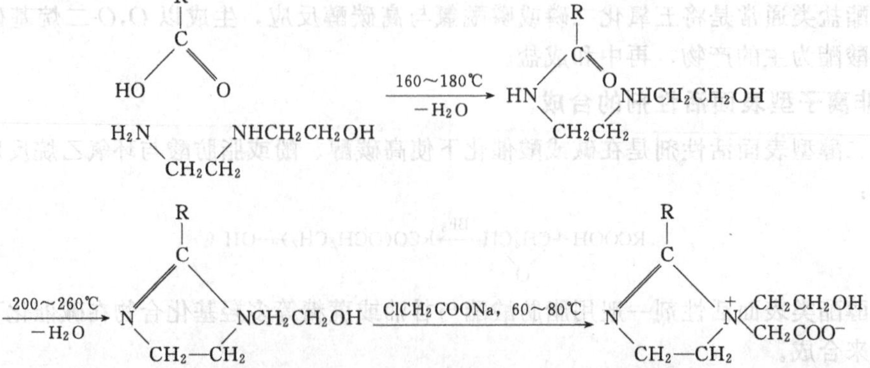

实验一　阴离子型表面活性剂　十二醇硫酸钠

脂肪醇硫酸酯盐又称为脂肪醇硫酸盐，通式为 $ROSO_3M$，其中 R 为 C_8～C_{20}，但以 C_{12}～C_{14} 者最为常见。虽然在化妆品配制中也常用三乙醇胺的盐和镁盐等，但这类产品通常以钠盐溶液使用。

脂肪醇硫酸钠的水溶性、发泡力、去污力和润湿力等使用性能与烷基碳链结构有关。当烷基碳原子数从 12 增至 18 时，它的水溶性和低温下的起泡力随之下降，而去污力和在较高温度（60℃）下的起泡力都随之有所升高，至于润湿力则没有规律性的变化，其顺序为 C_{14}＞C_{12}＞C_{16}＞C_{18}＞C_{10}＞C_8。

十二醇硫酸钠又称月桂醇硫酸钠，具有优良的发泡、润湿、去污等性能，泡沫丰富、洁白而细密。它的去污力优于烷基磺酸钠和烷基苯磺酸钠，在有氯化钠等填充剂存在时洗涤效能不减，反而有些增高。由于十二醇硫酸镁盐和钙盐有相当高的水溶性，因此十二醇硫酸钠可在硬水中应用。它还较易被生物降解，无毒，因而具有对环境污染较小的优点。

十二醇硫酸钠主要用于家用和工业用洗涤剂、牙膏发泡剂、纺织油剂、护肤和洗发用品（常用三乙醇胺的盐）等的配方成分。

十二醇硫酸钠的制法，可用发烟硫酸、浓硫酸或氯磺酸与十二醇反应，首先进行硫酸化反应，生成酸式硫酸酯，然后用碱溶液将酸式硫酸酯中和。硫酸化反应是一个剧烈放热反应，为避免由于局部高温而引起的氧化、焦油化、成醚等种种副反应，需在冷却和加强搅拌的条件下，通过控制加料速度来避免整体或局部物料过热。十二醇硫酸钠在弱碱和弱酸性水溶液中都是比较稳定的，但由于中和反应也是一个剧烈放热的反应，为防止局部过热引起水解，中和操作仍应注意加料、搅拌和温度的控制。

本实验以十二醇和氯磺酸为原料，反应式如下：

$$CH_3(CH_2)_{11}OH + ClSO_3OH \longrightarrow CH_3(CH_2)_{11}OSO_3H + HCl$$

$$CH_3(CH_2)_{11}OSO_3H + NaOH \longrightarrow CH_3(CH_2)_{11}OSO_3Na + H_2O$$

一、实验目的

了解阴离子型表面活性剂的结构、性能和一般制法。

二、原料

氯磺酸　使用前先蒸馏一次，取沸程 151～152℃的馏分密封备用。

氯磺酸（硫酸的单酰氯）　像 $SOCl_2$、$POCl_3$、PCl_3 等活泼的其他无机酰氯一样，遇水发生剧烈分解，释出大量氯化氢气体和反应热，与水或醇大量混合时发生爆炸性分解，因此，使用时要特别小心。反应器排空口必须连接氯化氢气体吸收装置，操作时应绝对防止因气体吸收造成负压而导致吸收液倒吸入反应瓶的现象发生。

十二醇

氢氧化钠（20％水溶液）

双氧水（30％ H_2O_2）

三、实验操作

1. 在装有搅拌器、温度计、恒压滴液漏斗和尾气导出吸收装置的三口烧瓶内加入 19g（0.1mol）月桂醇❶。开动搅拌器，瓶外用冷水浴（温度 0～10℃）冷却，然后通过滴液漏

---

❶　所用的仪器必须经过彻底干燥，装配时要确保密封良好。

斗慢慢滴加 13g（0.11mol）氯磺酸❶，控制滴加的速度，使反应保持在 30～35℃的温度下进行❷。加完氯磺酸后继续在 30～35℃下搅拌 60min。结束反应后可用水喷射泵轻轻抽去反应瓶内残留的氯化氢气体。得到的酸式硫酸酯密封备用。

在烧杯内加入 18mL 30％氢氧化钠水溶液❸，杯外用冷水浴冷却，搅拌下将以上制得的酸式硫酸酯慢慢加入其中。中和反应控制在 50℃以下❹进行并使反应液保持在碱性范围内❺。加料完毕 pH 值应为 8～9，必要时可用 30％的氢氧化钠溶液调整溶液的酸碱性。加入约 0.5g30％双氧水搅拌漂白，得到稠厚的十二醇硫酸钠浆液❻。

将上述浆液移入蒸发皿，在蒸汽浴上或烘箱内烘干，压碎后即得到白色颗粒状或粉状的十二醇硫酸钠约 33g，收率约 110％❼。

2. 实验时间 3.5h。

四、产品检验

纯的十二醇硫酸钠为白色固体，能溶于水，对碱和弱酸较稳定，在 120℃以上会分解。本实验制得的产品和工业品一样，为不纯物。工业品的控制指标一般为：

活性物含量 ≥80％		水分 ≤3％
高碳醇 ≤3％		无机盐 ≤8％
pH 值（3％溶液）8～9		

判断反应完全程度的简单定性方法是取样溶于水中，溶解度越大和溶液越透明表明反应越完全（脂肪醇硫酸钠溶于水中形成半透明溶液，相对分子质量越低溶液越透明）。

活性物含量的测定可参考 GB 5173—85《洗涤剂中阴离子活性物的测定》。

无机盐含量可按一般灰分测定法测出。

水分含量，可通过加热至恒重的一般方法测出。

参 考 文 献

[1] 梁梦兰. 表面活性剂和洗涤助剂制备、性质、应用. 北京：科技文献出版社，1990.
[2] 李宗石，徐明新. 表面活性剂合成与工艺. 北京：轻工业出版社，1990.
[3] [日] 北原文雄编，毛培坤译. 表面活性剂分析和试验法. 北京：轻工业出版社，1988.

实验二　非离子型表面活性剂　烷醇酰胺

由脂肪酸与二乙醇胺、一乙醇胺或类似结构的氨基醇缩合而生成的酰胺俗称烷醇酰胺。实际上通常使用的是以椰子油酸、十二酸、十四酸、硬脂酸或油酸与二乙醇胺为原料制得的酰胺（N,N-二羟乙基脂肪酰胺）。这是一类非离子型的表面活性剂，商品名为净洗剂 6501 或 6502。烷醇酰胺的亲水基是羟基，相对于庞大的疏水基团，两个羟基的亲水

---

❶ 氯磺酸也可以用 98％的浓硫酸或含游离 SO₃ 的发烟硫酸代替，操作不变。但由此得到的产物收率偏低，质量也较差。

❷ 温度高时酸式硫酸酯可能分解。

❸ 氢氧化钠用量不宜过多，以防产物 pH 值过高，宁可以后再补充。

❹ 避免酸式硫酸酯在高温下发生水解。

❺ 产物在弱酸性和弱碱性介质中都是比较稳定的，由于在碱性条件下具有较好的使用性能，因此必须保证中和完全。

❻ 实验可以到此暂告一段落，将浆状产物铺开自然风干，留待下次实验时再称重。省去后续操作。

❼ 由于中和前未将反应混合物中的 ClSO₃H、H₂SO₄ 及少量的 HCl 分离出去，最后产物中混有 Na₂SO₄ 和 NaCl 等杂质，造成收率超过理论值。这些无机物的存在对产品的使用性能一般无不良影响，相反还起到一定的助洗作用。微量未转化的十二醇也有柔滑作用。

性是很小的，因此由等摩尔的脂肪酸与二乙醇胺制成的烷醇酰胺（1∶1 型）的水溶性很差。在实用中烷醇酰胺通常由脂肪酸与过量一倍的二乙醇胺制成（1∶2 型），所得产物是等摩尔酰胺与二乙醇胺的缔合物，具有良好的水溶性。由于二乙醇胺的存在，1∶2 型烷醇酰胺的水溶液的 pH 值约为 9。若往此溶液中加酸使 pH 值降至 8 以下，就会出现混浊。

烷醇酰胺具有良好的去油、净洗、润湿、渗透、增稠、起泡和稳定泡沫的性能，对金属也有一定的防锈作用。常用作纺织品、皮肤、毛发和金属等方面清洗剂的配方成分。

在工业上，烷醇酰胺的制法通常有两种：①将植物油（如椰子油、棕榈油）水解所得混合脂肪酸制成甲酯（或乙酯）再与二乙醇胺反应，这种方法由于植物油价廉和反应副产物少而较常使用；②脂肪酸直接与二乙醇胺缩合。本实验采用后一种方法制备 N,N-二羟乙基月桂酰胺，反应式如下：

$$n\text{-}C_{11}H_{23}\overset{O}{\overset{\|}{C}}\text{—OH} + 2HN(CH_2CH_2OH)_2 \xrightarrow{-H_2O} n\text{-}C_{11}H_{23}\overset{O}{\overset{\|}{C}}N(CH_2CH_2OH)_2 \cdot HN(CH_2CH_2OH)_2$$

一、实验目的

学习烷醇酰胺类非离子型表面活性剂的基本知识和一般工业制法。

二、原料

脂肪酸　本实验选用月桂酸为原料，含量在 98％以上。

二乙醇胺　化学纯试剂，浅黄色。

三、实验操作

1. 在电磁搅拌器和恒温油浴上装一个 100mL 的圆底烧瓶并安装成蒸馏装置，用橡胶管使接引管的出气口与水流喷射泵连接起来❶。向圆底烧瓶中加入 20g（0.1mol）月桂酸和 21g（0.2mol）二乙醇胺，投入电磁搅拌子。

开动电磁搅拌器和水流喷射泵，加热并控制油浴温度在 130℃左右反应 2h❷，直至没有水蒸出为止。停止加热并撤去油浴，烧瓶内物料冷却至接近室温后，解除减压状态❸。将瓶内物料取出，称重❹，得浅黄色黏稠状液体，即为可供应用的产物，约 37～39g。

取少许样品滴入清水中，搅匀后应能完全溶解，否则反应仍未达到终点。

2. 实验时间约 3.5h。

四、产品性能检验

本实验的产品为混合物，pH 值 9～10，常温黏度约 160s（涂-4 杯黏度计），10％水溶液澄清透明，5min 泡沫高度为 130mm 以上。产品中月桂酰二乙醇胺的含量为 60％～70％，游离二乙醇胺含量为 30％～35％。

产品纯度的分析可参考文献［2］介绍的资料，用气相色谱法可测出烷醇酰胺的总含量及其中脂肪酰基的组成以及游离二乙醇胺的含量。

产品应用性能的检验操作如下。

① pH 值。直接取样用精密 pH 试纸检测。

② 水溶性。称取样品 1g，放入小烧杯中，加入蒸馏水 9mL，搅匀后静置观察溶解情况。

---

❶　在常压下，羧酸铵盐脱水生成酰胺的反应温度一般在 160～190℃之间才能反应完全。本实验采用减压脱水的方法，目的是加速反应和减轻胺被空气氧化变色的程度。如不抽气减压，可用通氮气赶水的方法代替，但需延长反应时间。

❷　130℃是较佳的反应温度。提高温度虽然能使反应加快，但产物颜色可能因此而加深。

❸　在高温下产物容易被空气氧化变色，故应在产物冷却后才与大量的空气接触。

❹　在有机合成中，为求得较准确的产量数据，通常预先称量用于盛装产物的容器，操作完成后再称量盛有产物的容器总质量，两个质量之差即为产量。

③ 常温黏度。测定标准方法见 GB/T 1723—93《涂料黏度测定法》。取适量的样品装入涂-4 杯黏度计内直至超过上沿，用一根直玻璃棒沿杯的上边刮去溢出的部分。使样品从杯的底部流出，同时立即开启秒表计时，至液体流完的一刻立即停表，读取秒数。在 25℃时，产品黏度约为 160s。读数会因温度改变而有所变化。

④起泡力测定　按 GB/T 13173.6—2000《洗涤剂发泡力的测定》。

参 考 文 献

［1］ 梁梦兰. 表面活性剂和洗涤剂制备、性质、应用. 北京：科技文献出版社，1990.

［2］ 钟雷，丁悠丹. 表面活性剂及其助剂分析. 杭州：浙江科技出版社，1986. 420.

［3］ 赵迪麟主编. 化工产品应用手册·有机化工原料卷. 上海：上海科技出版社，1988.

［4］ 李宗石，徐明新. 表面活性剂合成与工艺. 北京：轻工业出版社，1990.

［5］ ［日］北原文雄编，毛培坤译. 表面活性剂分析和试验法. 北京：轻工业出版社，1988.

实验三　非离子型表面活性剂　硬脂酸单甘酯

硬脂酸单甘酯又称甘油单硬脂酸酯或单硬脂酸甘油酯，是甘油分子的三个羟基中只有一个羟基与硬脂酸酯化生成的产物，属非离子型表面活性剂。由于甘油可以用伯醇基或仲醇基与硬脂酸生成酯，所以硬脂酸单甘酯有 α 和 β 两种异构体，熔点分别为 81.5℃ 和 74.4℃。一般制品的熔点约为 56～57℃，d_4^{20} 0.908，碘值约 3～4，pH 值（25℃）为 9.3～9.7（3%），在冷水中不溶，可分散于热水中，能溶于乙醇、植物油和矿物油中。硬脂酸单甘酯对人体没有毒性，主要作为乳化剂广泛应用于食品、医药、化妆品和纺织等行业中。

硬脂酸单甘酯有多种工业制法，例如：

（1）直接酯化法

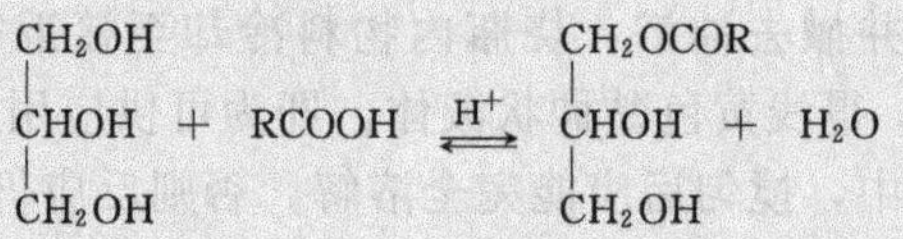

$$R=CH_3(CH_2)_{16}，下同$$

（2）醇解法

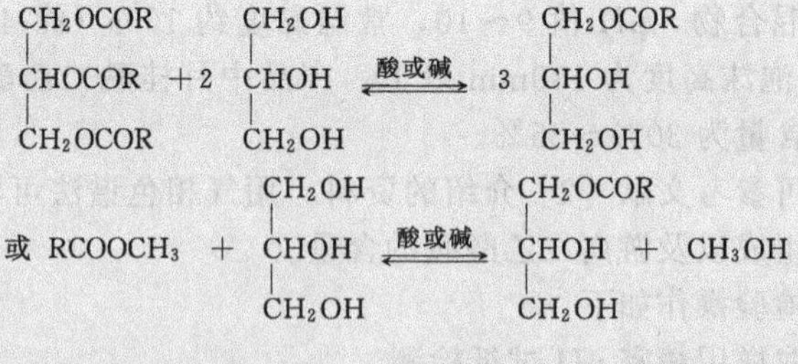

以上两种方法工艺成熟，但产物中除了单甘酯（40%～60%）外，尚含较多的（35%～40%）二酯（二硬脂酸甘油酯）和少量（5%～15%）三酯。要获得高含量（90%～95%）的单甘酯产品，则需要使用投资较大的分子蒸馏设备进行分离。

（3）官能团保护法

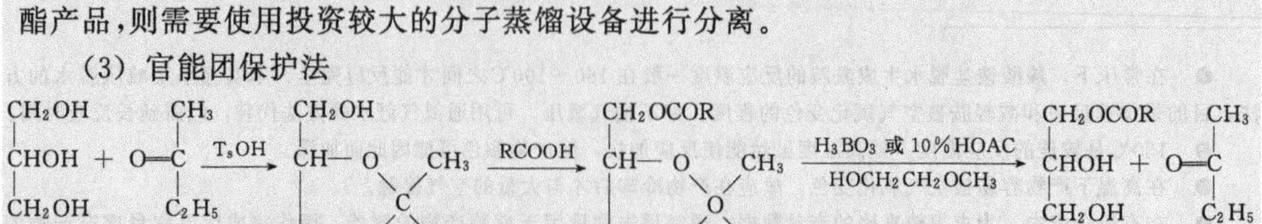

此法的优点是产物纯度高;缺点是反应步骤多,成本高,工业化有困难。

（4）缩水甘油法

$$\begin{array}{c}CH_2OH\\|\\CH\diagdown\\\quad O\\|\diagup\\CH_2\end{array} + RCOOH \xrightarrow[\text{②酸化}]{\text{①碱,}} \begin{array}{c}CH_2OH\\|\\CHOH\\|\\CH_2OCOR\end{array}$$

此法也有单甘酯含量高的优点,但原料缩水甘油来源困难,也难以实现工业化。

本实验采用环氧氯丙烷法:

$$\begin{array}{c}CH_2\diagdown\\\quad O\\CH\diagup\\|\\CH_2Cl\end{array} + RCOONa \xrightarrow{PTC} \begin{array}{c}CH_2OCOR\\|\\CH\diagdown\\\quad O\\|\diagup\\CH_2\end{array} \xrightarrow{H^+ 或 OH^-} \begin{array}{c}CH_2OCOR\\|\\CHOH\\|\\CH_2OH\end{array}$$

此法分两步反应:第一步是在相转移催化剂（如 TBAB）存在下进行,生成硬脂酸缩水甘油酯,其反应历程如下:

$$RCOO^-Na^+(固相) + Bu_4N^+Br^-(有机相)$$

$$\downarrow$$

$$RCOO^-\overset{+}{N}Bu_4(有机相) + NaBr(固相)$$

$$\downarrow \begin{array}{c}CH_2-CHCH_2Cl\\\diagdown O \diagup\end{array}$$

$$[RCOOCH_2 \underset{\diagdown O^-\diagup}{CHCH_2}-Cl]\overset{-}{N}Bu_4 \longrightarrow RCOOCH_2CH\underset{\diagdown O \diagup}{-}CH_2 + Bu_4\overset{+}{N}Cl^-$$

第二步是开环水解反应,形成硬脂酸单甘酯。

本法的优点是,由于环氧基的相对活泼性高,是不可逆反应,反应定量进行而且反应条件温和,因此单酯含量高,原料环氧氯丙烷价廉易得（它是合成甘油的原料）。从生产角度考虑,硬脂酸钠可用皂基（混合脂肪酸钠）代替,以制备混合脂肪酸单甘酯。

一、实验目的

学习多元醇类非离子型表面活性剂的知识及合成路线选择,掌握固液相转移条件下的亲核取代反应和环氧键开环水解反应的实验操作。

二、原料

环氧氯丙烷	硬脂酸钠	溴化四丁铵（TBAB）
甲苯	硫酸（0.05mol/L）	

三、实验操作

1. 硬脂酸缩水甘油酯的制备

在装有电动搅拌器、温度计和回流冷凝管的三口瓶中,加入 15.3g（0.05mol）硬脂酸钠、9.25g（0.1mol）环氧氯丙烷、1.61g（0.005mol）溴化四丁铵和 30mL 甲苯,在 110℃油浴上剧烈搅拌 2h。冷却后滤去固体❶,滤液用 50mL 水分三次洗涤❷,经无水硫酸钠干燥,蒸出未

---

❶　固体物主要是卤化钠。

❷　第一次洗涤水中,富含催化剂卤化四丁铵,可用以下方法回收:分三次、每次用 20mL 氯仿萃取水溶液,合并,蒸去氯仿,得到催化剂 1.2～1.3g,回收率 80%。

反应的环氧氯丙烷和甲苯，得到硬脂酸缩水甘油酯粗品 16～17g[①]。

2. 硬脂酸单甘酯的制备

在同上的装置中加入制得的硬脂酸缩水甘油酯粗品和 30mL（0.05mol/L）的硫酸水溶液[②]，在 80℃下剧烈搅拌 2h。置冷，分出有机相，水洗，晾干，得淡黄色固体 15～16g[③]。两步反应的总产率 83.7%～84.2%，熔点 58～59℃。

3. 实验时间(4+3)h。

实验四　阳离子型表面活性剂　氯化二乙基苄基油酰氨乙基铵

氯化二乙基苄基油酰氨乙基铵属季铵盐类阳离子表面活性剂，表面活性大，起泡力强。它是能溶于水的晶体，洗净力差，不能作洗涤剂使用。该表面活性剂能与阴离子性纤维作用而形成吸附膜，与阴离子性染料牢固结合而产生固色效果。此外，它对碱性染料有缓染作用，对黏胶长丝和短纤维有柔软和增加鲜艳度的效果。因此，在印染工业中，本品主要用作染料的固色剂、纤维的柔软剂、湿润剂和抗静电剂。

本实验从油酸开始，先制成油酰氯，再与 N,N-二乙基乙二胺作用，得到 N,N-二乙基-N'-油酰基乙二胺。后者进一步与苄氯反应，得到产物季铵盐。反应式如下：

$$3n\text{-}C_{17}H_{33}COOH+PCl_3 \longrightarrow 3n\text{-}C_{17}H_{33}COCl+H_3PO_3$$

$$n\text{-}C_{17}H_{33}COCl+H_2NCH_2CH_2N(C_2H_5)_2 \longrightarrow n\text{-}C_{17}H_{33}CONHCH_2CH_2N(C_2H_5)_2+HCl$$

$$n\text{-}C_{17}H_{33}CONHCH_2CH_2N(C_2H_5)_2+ClCH_2C_6H_5 \longrightarrow \left[n\text{-}C_{17}H_{33}CONHCH_2CH_2\underset{\underset{C_2H_5}{|}}{\overset{\overset{C_2H_5}{|}}{N}}CH_2C_6H_5 \right]^+ Cl^-$$

一、实验目的

学习季铵盐类阳离子表面活性剂的基本知识；掌握制备脂肪酰氯和季铵盐的实验方法。

二、原料

油酸	三氯化磷	苯
N,N-二乙基乙二胺	氢氧化钠（10%溶液）	苄基氯

三、实验操作

1. 在 250mL 三口瓶上安装搅拌器、回流冷凝管和↓形连接管。后者分别与滴液漏斗和温度计连接，温度计下端浸入液面。冷凝管上端连接导管至碱液吸收装置。向反应瓶加入 28g（0.1mol）油酸，搅拌下慢慢滴加 6.9g（0.05mol）三氯化磷。控制滴加速度，使反应温度保持在 25～33℃，滴加完毕，在 50～55℃下搅拌反应 4h。静置过夜。反应混合物

[①] 经测定，该硬脂酸缩水甘油酯粗品的熔点为 50℃，环氧乙烷氧为 3.9%～4.0%，含氯量约 0.9%。

环氧乙烷氧（Oxirane oxygen）表示产物含环氧基 CH₂—CH— 中氧的百分含量。纯硬脂酸缩水甘油酯的环氧计算值
　　　　　　　　　　　　　　　　　O

为 16÷340.56×100%=4.70%，即粗品中含硬脂酸缩水甘油酯 83%～85%。

除主产物外，粗品中尚含有少量的原料环氧氯丙烷和副产物 $n\text{-}C_{17}H_{35}COOCH_2CHOHCH_2Cl$ 和 $ClCH_2CHOHCH_2Cl$ 等。含氯量越高，副产物含量越多。

[②] 也可在 0.1mol/L 的氢氧化钠水溶液中，于 80℃下剧烈搅拌 2h，进行环氧键的开环水解。无论酸性或碱性水解，都要注意控制好反应条件，以尽量避免酯基的水解。

[③] 经测定，产物中含硬脂酸单甘酯 95%左右。

移入分液漏斗，分去下层，上层的液体是中间产物油酰氯[1]，约 33g。

将以上制得的油酰氯重新放回反应瓶中，搅拌升温至 60℃，慢慢滴加 10.8g（0.09mol）N,N-二乙基乙二胺溶于 130mL 苯中的溶液。控制加热和滴加速度，使反应在 60~70℃ 间进行。滴加完毕，保温搅拌反应 1h。冷至室温，用 10% 氢氧化钠溶液中和至中性。将反应装置改为蒸馏装置，回收苯，残液主要含 N,N-二乙基-N'-油酰基乙二胺。

将蒸馏装置改回原来的搅拌回流装置。搅拌升温至 65℃ 时滴加 12.7g（0.1mol）苄基氯。滴加完毕，升温至 75℃ 搅拌反应 2h。趁热倾出，得到含水的阳离子型表面活性剂氯化二乙基苄基油酰氨乙基铵[2]。

2. 实验时间 10~12h。

实验五　两性型表面活性剂　十二烷基甜菜碱

烷基甜菜碱是指甜菜碱分子中的其中一个甲基被长链烷基取代后的产物。

$$
\underset{\text{甜菜碱}}{CH_3-\overset{\overset{\displaystyle CH_3}{|}}{\underset{\underset{\displaystyle CH_3}{|}}{N^+}}-CH_2COO^-}
\qquad\qquad
\underset{\text{烷基甜菜碱}}{R-\overset{\overset{\displaystyle CH_3}{|}}{\underset{\underset{\displaystyle CH_3}{|}}{N^+}}-CH_2COO^-}
$$

式中 R 为 C_{12}~C_{18} 的长链烷基。本实验从十二烷基胺开始，与甲醛和甲酸发生还原氨基化反应（Leuckarti 反应），生成二甲基十二烷基胺，后者再与氯乙酸钠进行季铵化反应，生成产物十二烷基甜菜碱。

$$n\text{-}C_{12}H_{25}NH_2 + 2CH_2O + 2HCOOH \longrightarrow n\text{-}C_{12}H_{25}N(CH_3)_2 + 2CO_2 + 2H_2O$$

$$n\text{-}C_{12}H_{25}N(CH_3)_2 + ClCH_2COONa \longrightarrow n\text{-}C_{12}H_{25}\overset{\overset{\displaystyle CH_3}{|}}{\underset{\underset{\displaystyle CH_3}{|}}{N^+}}-CH_2COO^- + NaCl$$

本实验制得的产品是浅黄色透明水溶液，活性物含量约 30%，对酸、碱有良好的稳定性，泡沫多，去污力强，有可贵的增稠特性。

一、实验目的

学习两性型表面活性剂的基本知识；掌握还原氨基化反应和季铵化反应的实验方法。

二、原料

十二烷基胺	乙醇（95%）	甲酸（≥85%）
甲醛（37%）	氢氧化钠	氯乙酸
无水硫酸钠		

三、实验操作

1. 二甲基十二烷基胺的制备

向装置有电动搅拌、滴液漏斗和温度计的三口瓶中加入 18.5g（0.1mol）十二烷基胺

---

[1]　通过真空蒸馏可得到较纯的油酰氯。由于分层后的油酰氯直接用于下步反应已能符合要求，故可省去真空蒸馏操作。

[2]　如果反应不完全或者苄基氯过量，则产物因苄基氯的存在而具有刺激性。此时，可以在出料前进行减压蒸馏，将未反应的苄氯蒸出。

和 25mL 95％乙醇，搅拌溶解。在不高于 30℃的温度下滴加 26mL（0.58mol）85％甲酸❶。然后升温至 40℃并保持在该温度下滴加 21mL（0.2mol）37％甲醛溶液❷。滴加完毕，慢慢升温至回流温度，反应至没有 CO_2 气体释出为止。冷却，用 10％氢氧化钠溶液调节反应混合物至略偏碱性❸。加入约 20mL 水，将物料移入分液漏斗，分层。有机层用适量水洗涤一次，经无水硫酸钠干燥后称重❹，得到浅黄色油状产物 17～18g，产率 80％～84％。

2. 十二烷基甜菜碱的制备

反应装置同本实验操作1。加入 7.5g（0.08mol）氯乙酸❺，在冷却和搅拌下慢慢滴入由 3.2g（0.08mol）氢氧化钠和 45mL 水配成的溶液❻，然后滴入以上制得的二甲基十二烷基胺。升温至 70～80℃搅拌反应 3h，得到浅黄色、黏稠的十二烷基甜菜碱溶液，其中活性物含量约 30％。

3. 实验时间 7～8h。

参 考 文 献

[1] 化学工业部科学技术情报研究所编. 世界精细化工手册. 续篇. 北京：化学工业部科学技术情报研究所编辑出版，1986：703.

[2] 李宗石，徐明新. 表面活性剂合成与工艺. 北京：轻工业出版社，1990：243.

---

❶ 酸碱中和是放热反应，高温促使胺的氧化。若有必要，瓶外用冷水冷却。

❷ 滴加甲醛过程中释出二氧化碳气体，要控制滴加速度，避免突然放出大量气体而将物料冲出。

❸ 由于甲酸大大过量，所形成的叔胺成为叔胺甲酸盐。加碱的目的是使叔胺游离出来，氢氧化钠的量以叔胺析出完全为度。

❹ 下一步的反应是在有水存在下进行的，在此用无水硫酸钠干燥的目的是为了较准确地称量产物，以确定本实验操作2中其他反应物的量，使反应在基本上等摩尔比的情况下进行。

❺ 注意安全，参阅本书第150页脚注❶。

❻ 若本实验操作1制得的二甲基十二烷基胺的量有变，则应调整氢氧化钠、水和氯乙酸的量，使反应在基本上等摩尔比的情况下进行。

第3章　塑料加工助剂

在橡胶、塑料等高分子材料的生产和加工过程中，通常需要添加各种功能性化学品，这些化学品一般称为助剂。高分子材料用的助剂可分为合成用助剂和加工用助剂两大类。前者又进一步分为催化剂、引发剂、分散剂、乳化剂、阻聚剂、调节剂、终止剂等；后者也分成许多类别。合成用助剂的作用是加速和控制反应，保证聚合的进行以及所制得的聚合物具有一定的性能。本书只讨论塑料加工用的有机助剂。

3.1　增　塑　剂

能使高聚物增加塑性（高分子材料在应力作用下发生永久变形的性质，称为塑性或可塑性）和易于加工的添加剂称为增塑剂。增塑剂通常是难挥发的液体或低熔点固体，将其添加入高聚物后，可使其融熔温度、融熔黏度、柔软温度降低，因而使高分子材料易于加工成型，并能改善制品的柔软性、弹性、黏着性等性能。

理想的增塑剂应具有多项优良的性能。首先，它应与主体高聚物有良好的相容性，能将较多的增塑剂加入高聚物中并形成稳定和均一的体系。这种相容性取决于增塑剂分子的极性以及它与聚合物之间的结构相似性。其次，增塑剂应具有良好的耐久性能，包括有足够小的挥发性，抵抗水、油或溶剂的抽出，难于从塑料内部迁移至与塑料接触的其他材料上，对光、热和气候有较好的稳定性等。此外，它的增塑效率、电绝缘性、耐寒性、毒性、气味和色泽都应符合要求。实际上，要求一种增塑剂具备以上全部优良性能是不可能的。为满足不同用途的要求，增塑剂的类别和品种很多，而且在使用时常常将两种甚至更多种的增塑剂混合使用。

关于增塑剂的作用机理，一般认为是由于增塑剂削弱了高聚物大分子链间的引力而导致高聚物塑性的增加。例如，带有极性基的高聚物聚氯乙烯，由于大分子中的极性基之间存在较强的偶极引力而使各大分子链之间紧密地聚集起来。由于链间引力的牵制，使分子链的热运动相当困难，致使高聚物保持着坚硬而难于变形的性质。增塑剂分子通常具有极性基团（如酯基、氯原子等）和非极性部分（一般为长碳链烷基），当它与高聚物混合并于较高温度下被混炼时，分子的剧烈运动使它能穿入大分子链之间。通过增塑剂分子与大分子的极性基团间的相互吸引，使增塑剂与高聚物形成稳定的均一体系。增塑剂的非极性部分则阻碍着大分子链段间的互相接近，从而削弱了大分子链间的引力，大分子链的热运动就变得较为容易，因此高聚物的加工性能、柔软性和弹性得到了改善。

增塑剂的品种很多，归纳起来主要有以下类型。

（1）邻苯二甲酸酯类

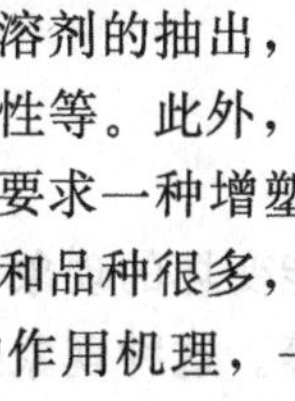

$$R^1, R^2 = C_4 \sim C_{13} \text{ 的烷基，环己基，苯基，苄基等}$$

（2）脂肪族二元酸酯类

$$R^1OOC(CH_2)_nCOOR^2$$

$n = 2 \sim 11; R^1, R^2 = C_4 \sim C_{11}$ 的烷基或环己基；分子的总碳原子数在 $18 \sim 26$ 之间，以保证增塑剂的低挥发性及其与高聚物间具有良好的相容性

（3）磷酸酯类

$$O=P \begin{array}{c} OR^1 \\ OR^2 \\ OR^3 \end{array} \quad R^1, R^2, R^3 = C_4 \sim C_8 \text{ 烷基}, C_6 \sim C_7 \text{ 芳烃基}$$

（4）环氧增塑剂　代表性产品为环氧大豆油。

$$\begin{array}{c} CH_2OCOR^1CHCHR^2 \\ | \\ CHOCOR^1CHCHR^2 \\ | \\ CH_2OCOR^1CHCHR^2 \end{array} \quad R^1 \text{ 与 } R^2 \text{ 的碳原子数之和约为15}$$

这一类的常见产物还有其他环氧脂肪酸酯、4,5-环氧四氢邻苯二甲酸二辛酯等。

（5）其他增塑剂　如多元醇酯类、多元酸酯类、磺酸酯类、氯化物类和低聚物类等。

分子中极性基种类和碳链结构对增塑剂性能有重要影响。例如，邻苯二甲酸酯类的相容性和增塑效果较好，脂肪族二元酸酯类的耐寒性优良，烷基中碳链较长者耐寒性较好，但当碳原子数超过12则相容性和增塑效能下降。环氧脂肪酸甘油酯类的耐久性以及与聚氯乙烯的相容性都好，而且无毒。磷酸酯类和氯化物类增塑剂具有阻燃性。

此外，还有一类属于反应型的增塑剂，其分子中含有活泼的、易发生聚合反应的 $\diagup C = C \diagdown$ 基团，在聚合物加工过程中能与聚合物反应而形成共价键，成为一种永久性结构。反应型增塑剂的代表性品种如邻苯二甲酸二烯丙酯和乙二醇二（α-甲基丙烯酸酯）等。

增塑剂可按常规的有机合成方法进行制备。

3.2　抗　氧　剂

高分子材料在加工、贮存和使用过程中，经常会出现性能变坏的现象。例如，塑料发生脆裂、硬化、变黄、绝缘性能下降；橡胶发黏、硬化、龟裂等。这种现象通常称为老化。发生老化的原因很多，聚合物受到氧和臭氧的作用（特别是在受热和光照条件下），发生氧化、降解和交联等是导致老化的最主要原因。抗氧剂的作用是延缓氧化过程，使聚合物因氧化而受到的损害大大减轻。因此，抗氧剂是高分子材料加工及制品的贮存、使用过程中不可缺少的助剂。

高分子材料的氧化是自由基链式反应过程。一般来说，自由基反应分为以下三个阶段。

链的引发　即使在普通条件下，高聚物分子（RH）中某些较弱的C—H键由于受到光、热和氧的作用，也会缓慢地断裂，产生微量的大分子自由基（R·）

$$RH \longrightarrow R \cdot + H \cdot \tag{1}$$

$$RH + \cdot \overset{..}{O} - \overset{..}{O} \cdot \longrightarrow R \cdot + \cdot OOH \tag{2}$$

$$H \cdot + \cdot \overset{..}{O} - \overset{..}{O} \cdot \longrightarrow \cdot OOH \tag{3}$$

$$\cdot OOH + RH \longrightarrow R \cdot + HOOH \tag{4}$$

链的增长　R·一旦产生，高聚物就连续不断地被空气中的氧所氧化，生成大分子过氧化氢，至链反应终止为止。

$$R \cdot + O_2 \longrightarrow ROO \cdot \tag{5}$$

$$ROO \cdot + RH \longrightarrow ROOH + R \cdot \tag{6}$$

链的终止　当两个活泼的自由基相遇时会互相结合而同时终止（消灭），称为双基终止。

双基终止是链终止的其中一种形式，其结果是产生高分子交联产物。

$$R\cdot + R\cdot \longrightarrow R-R \tag{7}$$

$$R\cdot + ROO\cdot \longrightarrow ROOR \tag{8}$$

$$ROO\cdot + ROO\cdot \longrightarrow ROOR + O_2 \tag{9}$$

大分子过氧化氢和过氧化物也会缓慢分解，产生活泼的自由基。

$$ROOH \longrightarrow RO\cdot + \cdot OH \tag{10}$$

$$ROOR \longrightarrow 2RO\cdot \tag{11}$$

$$2ROOH \longrightarrow ROO\cdot + RO\cdot + H_2O \tag{12}$$

$RO\cdot$ 和 $\cdot OH$ 也引发链式反应：

$$RO\cdot + RH \xrightarrow[-ROH]{} R\cdot \xrightarrow{RH} \cdots\cdots \tag{13}$$

$$HO\cdot + RH \xrightarrow[-H_2O]{} R\cdot \xrightarrow{RH} \cdots\cdots \tag{14}$$

$RO\cdot$ 还会引起降解反应并产生新的自由基：

$$\sim\!\!\sim\!\! CH_2CH\!+\!CH_2\!\sim\!\!\sim\!\! \longrightarrow \sim\!\!\sim\!\! CH_2CHO + \cdot CH_2\!\sim\!\!\sim\!\! \tag{15}$$

实际的反应是很复杂的，例如下列反应的活化能很低，结果生成更易被氧化的大分子烯烃和另一自由基：

$$\sim\!\!\sim\!\! CH\!-\!CH\!+\!O_2 \longrightarrow \sim\!\!\sim\!\! CH\!=\!CH + HOO\cdot \tag{16}$$

$HOO\cdot$ 按反应（4）、（5）、（6）引起链式反应。

　　由于自动氧化生成了裂解、交联、深度氧化等反应的产物，导致高分子材料各种性能变坏。

　　抗氧剂有自由基抑制剂和过氧化物分解剂两大类型。前者称为主抗氧剂，后者称为辅助抗氧剂。主抗氧剂一般为芳胺和酚类化合物。当把主抗氧剂添加到高聚物中以后，活泼自由基即优先与抗氧剂反应，转变为相对惰性的化合物，抗氧剂则转变成较稳定的、不能参与链增长反应的自由基，从而将链增长反应（5）和（6）截止下来。若以 AH 表示主抗氧剂，则它的作用可表示如下：

$$R\cdot + AH \longrightarrow RH + A\cdot$$

$$RO\cdot + AH \longrightarrow ROOH + A\cdot$$

显然，A 的稳定性是由于单电子与芳环大 π 键共轭，这种自由基不能进攻高聚物的 C—H 键，却能再接受一个自由基，从而有效地截止链式反应。例如：

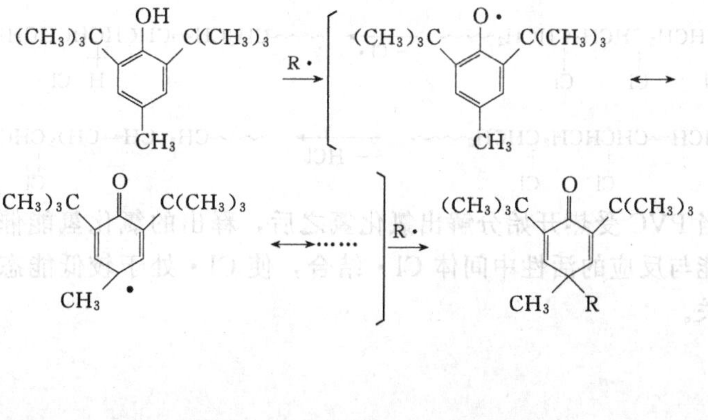

胺类和酚类抗氧剂都各有一系列品种。进行分子设计时一般要考虑以下因素：相对分子质量应适当，使它既有尽可能低的挥发性，与聚合物又有较好的相容性；在酚羟基和氨基的邻、对位引入一些能与苯环共轭的基因，使抗氧剂在与链自由基反应后所生成的抗氧剂自由基处于能量更低的状态；在酚羟基和氨基的邻位引入位阻作用大的基团，使抗氧剂不易被氧化消耗掉。带有邻位位阻基因的胺和酚分别称为受阻胺和受阻酚。

上例所举的 2,6-二叔丁基-4-甲基苯酚，商品名称：抗氧剂 264，简称 BHT，是重要的通用型酚类抗氧剂之一。BHT 可用作多种塑料制品和浅色无污染橡胶制品的抗氧剂，优点是价廉、热稳定性好和不易与金属离子反应而呈色。BHT 也应用于食品加工中，以延缓食品中油脂的酸败。它的缺点是挥发性较大，而且一般不能防护高分子材料与臭氧作用而引起的老化。由于酚类的毒性低于芳胺类，故在塑料加工中通常使用酚类作抗氧剂。

酚类抗氧剂的合成，通常是从苯酚或烷基酚出发，通过烷基化（以烯烃或醇为烷基化剂，硫酸或氧化铝为催化剂）和缩合（与醛或二氯化硫等缩合）等反应完成的。

胺类抗氧剂的抗氧化效果比酚类的好，但是毒性较大，一般在橡胶制品中应用。

使用主抗氧剂时，通常要配合使用能分解过氧化物的辅助抗氧剂。辅助抗氧剂是与高分子树脂相容性良好的有机还原剂，主要有硫代二羧酸酯系列和亚磷酸酯系列。当它们与过氧化物作用时，能一起转化为无害物质。例如：

$$S(CH_2CH_2COOC_{18}H_{37})_2 + ROOH \longrightarrow O{=}S(CH_2CH_2COOC_{18}H_{37})_2 + ROH$$
$$P(OC_6H_5)_3 + ROOH \longrightarrow O{=}P(OC_6H_5)_3 + ROH$$

3.3　热稳定剂

高聚物受热时会加速老化。聚氯乙烯（以下简称 PVC）树脂在 120～130℃就开始分解释放出氯化氢，颜色逐渐加深，产物的物理机械性能变坏。由于 PVC 要加热到 160℃才能塑化成型，欲将 PVC 加工成各种塑料制品，必须解决它的热稳定性问题。能使高聚物（PVC 及氯乙烯共聚物等）提高热稳定性，使其能顺利加工成高质量制品的添加剂，称为热稳定剂。热稳定剂除应具有上述功能外，还应与高聚物很好地相容，并在挥发性、耐抽出性、毒性、气味以及对制品的颜色和透明度的影响等方面，符合最终产品的使用要求。

热老化反应比较复杂，对它的机理还没有详细确切的解释。对 PVC 树脂来说，脱氯化氢的分解反应是导致树脂变色、老化的主要原因。

氯乙烯在聚合时，由于存在链转移、歧化、交联等反应，因而在聚氯乙烯分子中，含有一些支链和双键。与叔烷基或烯丙基相连的氯原子都是比较活泼的，无论按自由基型或离子型的反应机理，这些结构的 C—Cl 键都较易断裂。在 PVC 加工条件下，C—Cl 键的断裂导致发生脱氯化氢反应，产生共轭双键结构（又称"聚烯"结构）。例如：

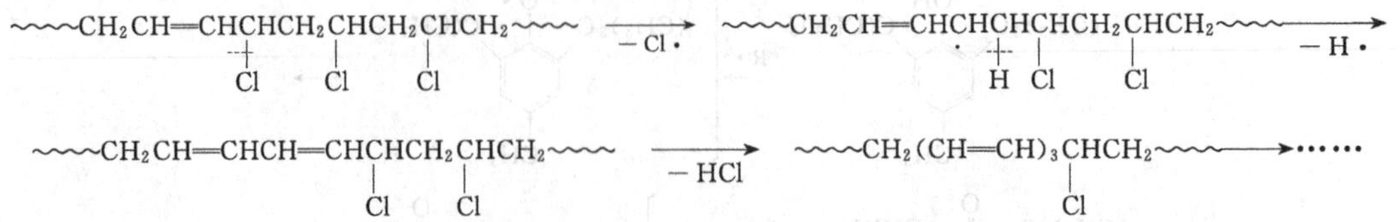

已经知道，当 PVC 受热开始分解出氯化氢之后，释出的氯化氢能催化加速分解。这可能与氯化氢分子能与反应的活性中间体 Cl· 结合，使 Cl· 处于较低能态，因而降低了分解反应的活化能有关。

$$\sim\!\!\text{CH}\!=\!\text{CHCHCHCH}\!\sim \quad \sim\!\!\text{CH}\!=\!\text{CHCHCHCH}\!\sim \quad \sim\!\!\text{CH}\!=\!\text{CHCH}\!-\!\text{CHCH}\!\sim +2\text{HCl}$$

因此，脱氯化氢反应一旦开始，就会自动进行下去，聚烯结构不断扩大。当聚烯结构中含有的共轭双键多于 10 个时，其吸收光波的波长进入可见光范围，树脂开始发黄。树脂变色也与电子转移络合物的形成有关。

聚烯结构比饱和碳链更易自动氧化，生成含羰基的氧化产物并进一步发生降解和交联，结果是颜色加深，聚合物老化。

因此，热稳定剂应具有以下功能：①能结合脱出的氯化氢；②能置换活泼的氯原子（烯丙基氯类型的氯原子）；③能与聚烯结构进行双烯加成反应，使共轭双键变成孤立双键；④能抑制自动氧化反应。事实上，一种稳定剂未必全面具备上述所有功能。因此，通常是与抗氧剂和光稳定剂等联用。热稳定剂有以下几个类型。

3.3.1　金属皂类稳定剂

金属皂即脂肪酸皂，一般是用高级羧酸的钠盐与金属的可溶性盐（如 $BaCl_2$、$CdSO_4$ 等）进行复分解反应制得的。

$$2\text{RCOONa}+\text{M}^{2+}\longrightarrow \begin{array}{c}\text{RCOO}\\ \text{M}\downarrow\\ \text{RCOO}\end{array}+2\text{Na}^{+}$$

RCOOH 通常为 $C_8\!\sim\!C_{18}$ 羧酸，M 为 Pb、Cd、Zn、Ba、Ca。

钙皂和钡皂的初期稳定作用弱，但长期稳定作用好；镉皂和锌皂则相反，它们在初期稳定作用好，但长期稳定作用差，所以常将两类金属皂配合使用。钙皂和锌皂无毒，铅皂、镉皂和钡皂有毒。铅皂多用于硬质制品和不透明制品。金属皂类是通过置换活泼的氯原子和吸收氯化氢而起作用的。

$$2\sim\!\!\text{CH}_2\text{CH}\!=\!\text{CHCHCH}_2\text{CHCH}_2\!\sim +(\text{RCOO})_2\text{M}\longrightarrow$$

$$2\sim\!\!\text{CH}_2\text{CH}\!=\!\text{CHCHCH}_2\text{CHCH}_2\!\sim +\text{MCl}_2$$

$$(\text{RCOO})_2\text{M}+2\text{HCl}\longrightarrow 2\text{RCOOH}+\text{MCl}_2$$

当使用镉皂或锌皂时，置换反应所生成的氯化镉或氯化锌有催化分解作用。当有钙皂或钡皂存在时，可将它们转变为无害的氯化钙和氯化钡并再生出镉皂和锌皂，有明显的协同作用。

近年来，在研究协同作用的基础上，已开发出多种复合型金属皂类高效稳定剂。

3.3.2　盐基性铅盐稳定剂

这类稳定剂是由过量的一氧化铅与硫酸、亚磷酸、硬脂酸、邻苯二甲酸或马来酸等作用的生成物，有优良的耐热性、耐候性和电绝缘性，生产成本低。缺点是有毒、易受硫化氢污染、分散性差和透明性差。

3.3.3　有机锡稳定剂

这类稳定剂的结构，可用下列通式表示：

$$\begin{array}{c}\text{R}\quad\text{Y}\\ \diagdown\!\diagup\\ \text{Sn}\\ \diagup\!\diagdown\\ \text{R}\quad\text{Y}\end{array}$$

现在常用的品种有：R 是丁基和辛基；Y 是 $C_{11}H_{23}COO\!-$，$C_4H_9OCOCH\!=\!CHCOO\!-$ 和 $i\text{-}C_8H_{17}OCOCH_2S\!-$ 等。在实验九中将做进一步的介绍。

有机锡稳定剂的作用，是将 PVC 分子中的活泼氯原子置换成不易分解脱出的基团。反应过程中，PVC 分子链上的氯原子与有机锡化合物配位，当有氯化氢存在时，配位络合物脱出，分子链上的氯原子被有机锡分子中的 Y 基置换，从而抑制了分解反应。

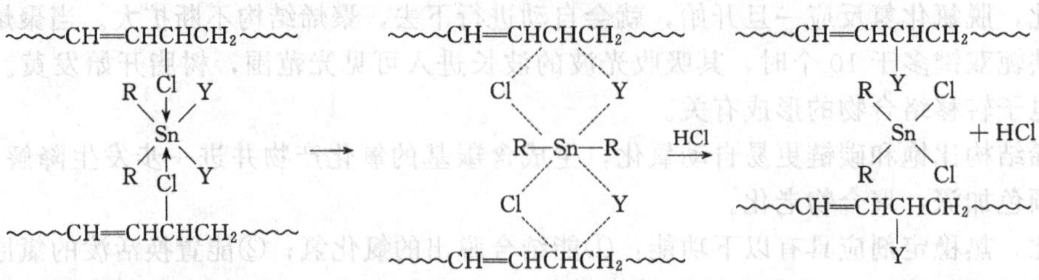

马来酸酯盐型的有机锡稳定剂还能与共轭二烯结构进行双烯加成，隔断共轭多烯键，结果就抑制了聚烯结构的扩展，使 PVC 的颜色不致变为深色。

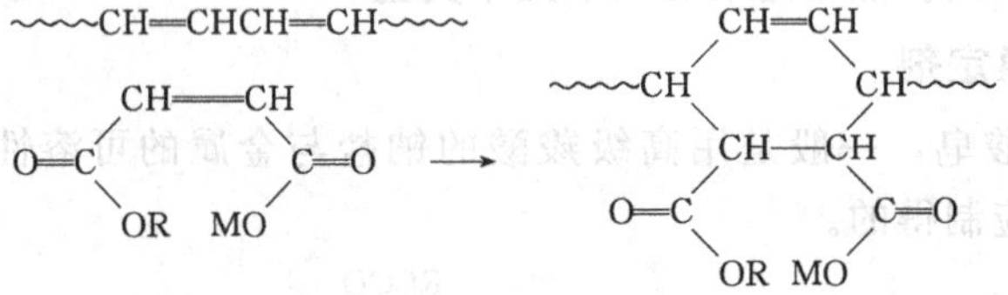

有机锡系列稳定剂主要用于透明产品，有些品种有毒，有些无毒。

3.3.4 有机辅助稳定剂

这类稳定剂的热稳定作用较小，但当它们与金属皂类或有机锡类稳定剂并用时，则可发挥良好的协同作用。有机辅助稳定剂主要有环氧化合物和亚磷酸酯两种类型。

（1）环氧化合物　环氧大豆油、环氧脂肪酸酯等不仅有增塑功能（见 3.1），而且分子中的环氧基还很容易与氯化氢反应而将后者除去，起到阻止 PVC 分解的作用。

（2）亚磷酸酯类　这类化合物既是辅助抗氧剂（见 3.2）又能与金属离子生成螯合物。当金属皂类稳定剂与氯化氢作用生成对 PVC 的分解有催化作用的金属氯化物 $CdCl_2$、$ZnCl_2$ 时，亚磷酸酯能与这些盐生成无催化活性的螯合物。同时，所生成的螯合物与 PVC 的相容性比金属盐好得多，可以改善塑料制品的透明性。

由两种或多种金属皂及亚磷酸酯等辅助剂加溶剂配成的液体复合稳定剂可以充分发挥各组分的协同作用，目前已研制出一些高效、低毒的新品种。

3.4　光稳定剂

太阳光穿过地球外围的臭氧层抵达地面时，只有波长大于 290 nm 的紫外光和可见光。少数聚合物能够直接吸收这一波段的光能。例如顺式聚异戊二烯，吸收光能后双键旁的碳氢键断裂，生成结构较稳定的自由基。

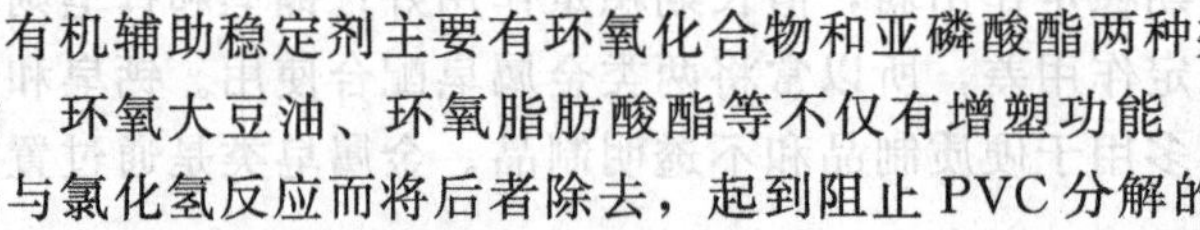

有些聚合物，如聚甲基丙烯酸甲酯生成的自由基稳定性较小，会发生歧化而使碳链断裂。

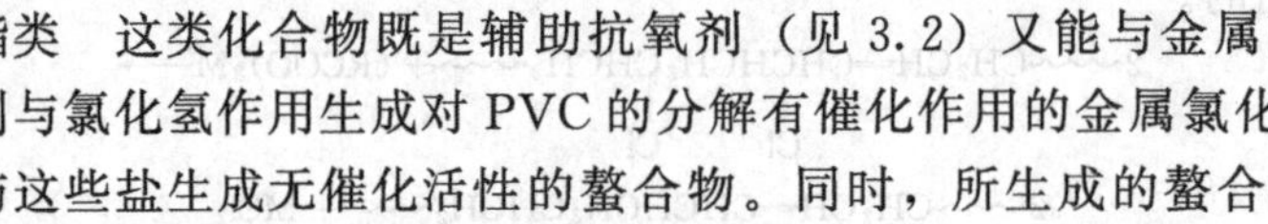

理论上，聚乙烯、聚丙烯等聚烯烃不吸收波长大于 290 nm 的光，但实际上它们像绝大

多数其他高分子化合物一样，在大气中受到光的辐射会迅速老化，出现泛黄、变脆、龟裂等现象，机械性能和电性能下降，以致最终失去使用价值。聚烯烃等聚合物的光老化可归因于其所含杂质（如由于自动氧化形成的酮、醛、过氧化物等）的诱发。例如，当高分子链含有羰基时，在光作用下可发生 Norisch Ⅰ 式的光裂解反应（二芳基酮不发生此反应）：

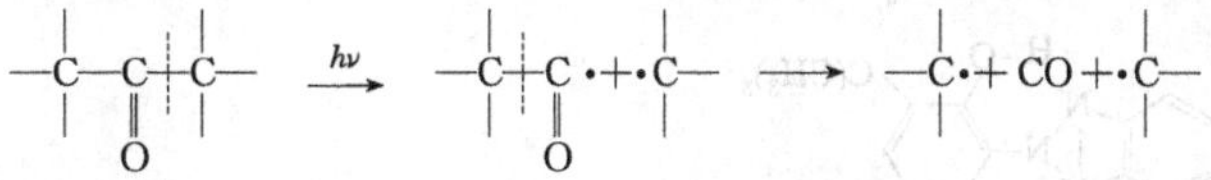

$$-\overset{|}{\underset{|}{C}}-\overset{O}{\overset{\|}{C}}-\overset{|}{\underset{|}{C}}-\quad\xrightarrow{h\nu}\quad-\overset{|}{\underset{|}{C}}-\overset{O}{\overset{\|}{C}}\cdot+\cdot\overset{|}{\underset{|}{C}}-\quad\longrightarrow\quad-\overset{|}{\underset{|}{C}}\cdot+CO+\cdot\overset{|}{\underset{|}{C}}-$$

如果连接羰基的碳链较长，则发生 NorischⅡ式反应（芳环上羰基的邻对位有强供电子基的烷基芳基酮不发生此反应）：

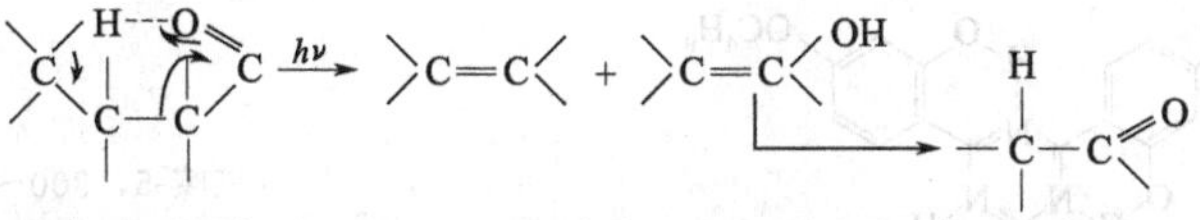

这些光裂解反应所产生的自由基，立即引发一系列光氧化、降解、交联等复杂反应，导致高分子材料的老化变质。

光稳定剂是用于保护高分子材料使其免受紫外线伤害的添加剂。用作光稳定剂的化合物除了要具有良好的防护效能外，它本身必须对光、热和化学物品具有足够的稳定性，而且还应具备作为高分子材料助剂所应具有的一般性能。

按作用机理的不同，光稳定剂分为以下几种类型。

3.4.1　光屏蔽剂

光屏蔽剂是靠它们对紫外线的反射和遮挡而对高分子材料起保护作用的。碳黑、氧化锌、镉黄和钛白粉等无机颜料，酞菁蓝和酞菁绿等有机颜料，都可用作光屏蔽剂。在聚乙烯中加入 1% 的碳黑，其使用寿命可达 30 年以上。

3.4.2　紫外线吸收剂

紫外线吸收剂能够强烈地吸收使高分子材料老化的波长范围的紫外线，并以辐射热等形式把吸收的能量释放出来，从而使高分子材料不致受到光的引发而老化。紫外线吸收剂主要有水杨酸酯类、二苯酮类、苯并三唑类、苯并三嗪类等。下面列举这些系列中的典型产品（括号中的英文简写为商品名，数字表示该产品的以纳米为单位的最大吸收波长）。

（1）水杨酸酯类

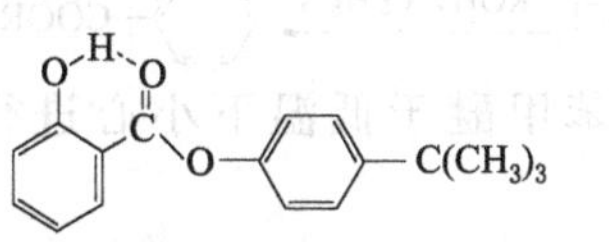

（TBS，290～330）

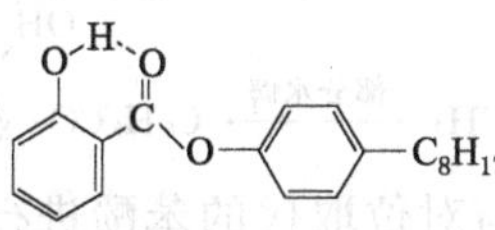

（OPS，290～330）

（2）二苯酮类

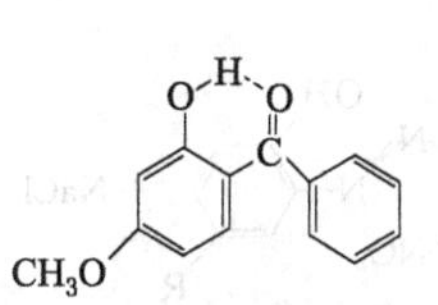

（UV-9，280～340）

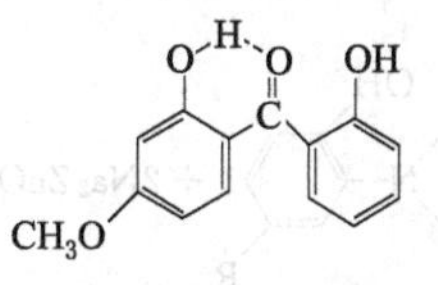

（2,2'-二羟基-4-甲氧基二苯甲酮，330～370）

（3）苯并三唑类

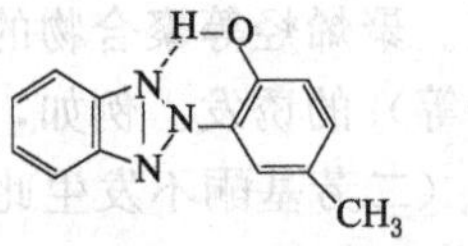

(UVP，340)

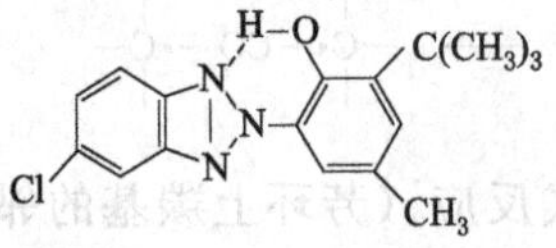

(UV-326，350)

（4）苯并三嗪类

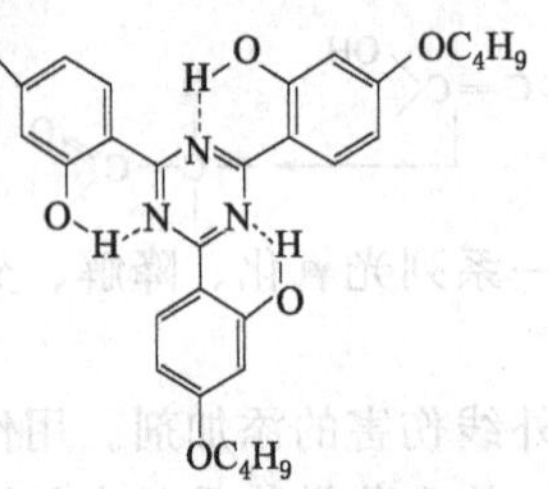

(三嗪-5，300～380)

上述紫外线吸收剂由于结构上的特点，能强烈吸收波长在 280～400 nm 之间某段范围的紫外线。它们都存在分子内氢键和在此氢键作用下很容易发生的互变异构。例如二苯酮类存在烯醇式（酚式）-酮式（烯酮式）的互变异构。在基态时烯醇式较稳定，在激发态时则酮式较为稳定：

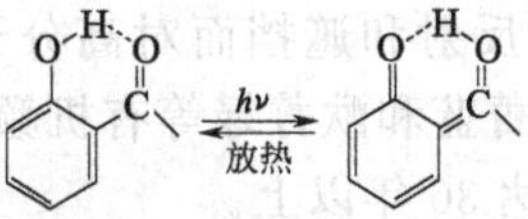

当分子受光激发后，由于互变异构的关系，高能态的电子占据酮式反键轨道，再以辐射热的方式释放能量，回到基态烯醇式的成键轨道上，过程中不产生自由基，因而能够有效地避免发生共价键的裂解和导致老化的一系列反应。

上述紫外线吸收剂都是按常规的合成反应的方法制成的。例如，水杨酸酯类由水杨酰氯与酚反应制得。

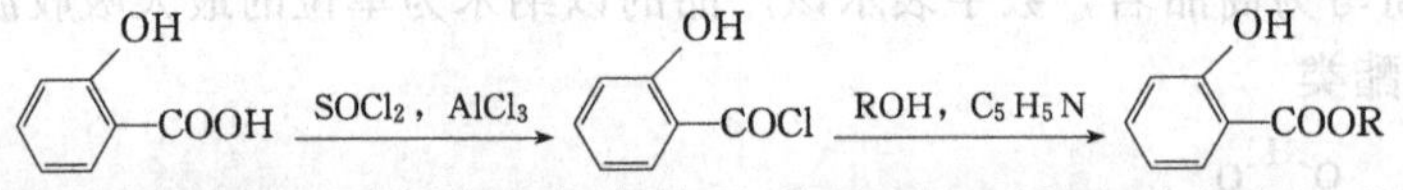

二苯酮类一般是用苯甲酰氯与间位取代的苯甲醚于低温下小心进行傅-克（Friedel-Crafts）反应制得。

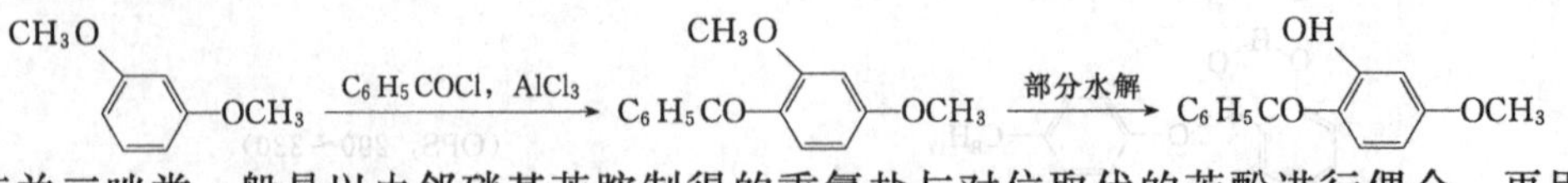

苯并三唑类一般是以由邻硝基苯胺制得的重氮盐与对位取代的苯酚进行偶合，再用锌粉在碱性条件下还原而制得的。

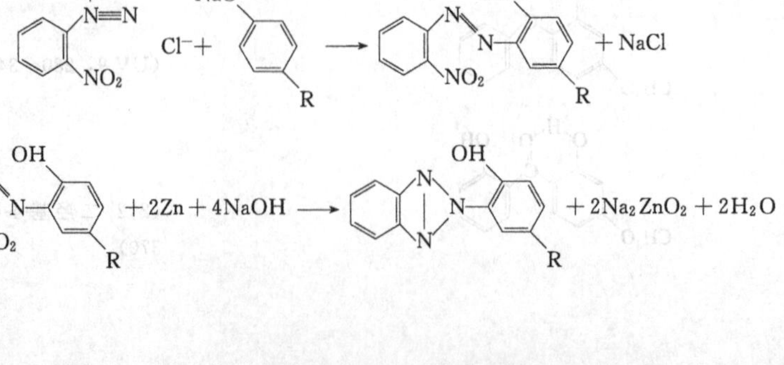

三嗪-5 按以下方法合成：三聚氯氰先与间苯二酚缩合，缩合产物再与溴丁烷在碳酸钠存在下使三个对位羟基转化为丁氧基。

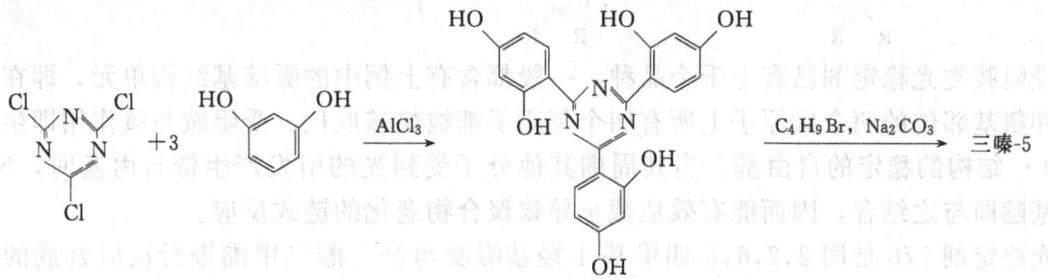

在工业品的三嗪-5 中混有部分对位含有羟基的缩合物。

3.4.3 能量转移剂（猝灭剂）

这类光稳定剂本身几乎不吸收紫外线，但它能非常迅速地从周围已吸收紫外线的激发态分子中吸取能量，使它们回复到基态。能量转移剂变成激发态后，立即以物理方式把能量散发掉，自身又回到基态。整个能量转移过程并不发生光化学反应，因而使聚合物得到保护。

能量转移剂是一些二价镍的有机螯合物，主要有下列几类。

（1）硫代双酚类

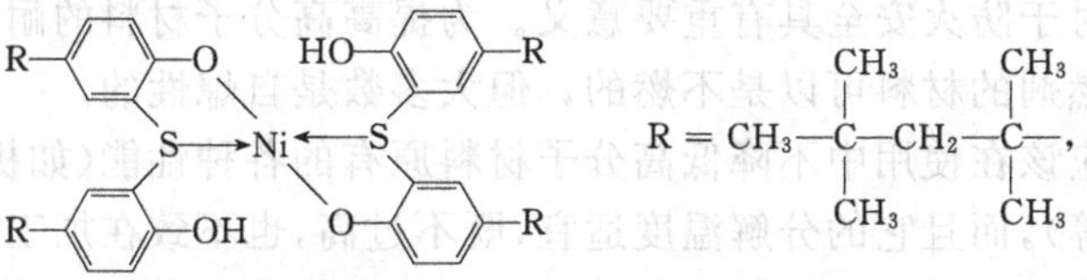

$$R = CH_3 - CH_2 - C(CH_3)_2 - CH_2 - C(CH_3)_3, \text{商品名：AM-101}$$

由二聚异丁烯与苯酚发生烷基化反应制成叔辛基苯酚，后者与二氯化硫缩合，生成硫代双对叔辛基苯酚，生成物再与醋酸镍在二甲苯中回流即可得 AM-101。本品的光稳定性能优良，兼有抗氧剂的作用，缺点是颜色（绿色）较深。

（2）二硫代氨基甲酸类

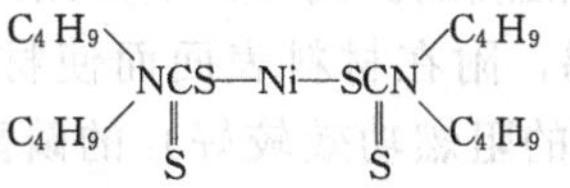

$$\begin{array}{c} C_4H_9 \\ | \\ N-CS-Ni-SCN-N \\ | \quad\quad\quad | \\ C_4H_9 \quad S \quad S \quad C_4H_9 \end{array} \quad \text{商品名：NBC}$$

由二丁胺与二硫化碳在碱液中反应，生成的二丁基二硫代氨基甲酸钠与二价镍离子络合，即可制得 NBC。第一步的反应式如下：

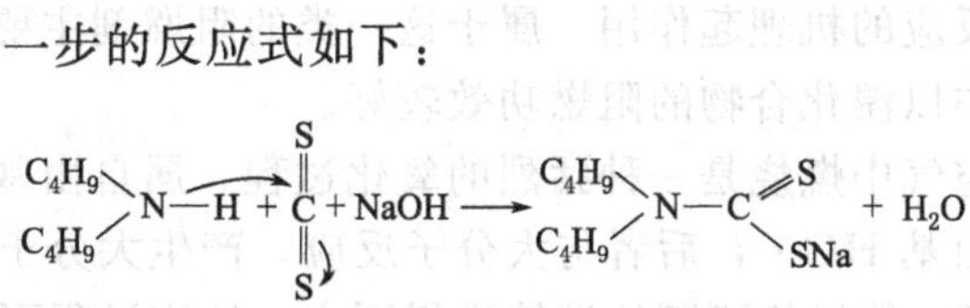

$$\begin{array}{c} C_4H_9 \\ | \\ N-H \\ | \\ C_4H_9 \end{array} + \overset{S}{\underset{S}{C}} + NaOH \longrightarrow \begin{array}{c} C_4H_9 \\ | \\ N-C \\ | \quad\quad SNa \\ C_4H_9 \end{array}\overset{S}{} + H_2O$$

光稳定剂 NBC 有优良的光稳定作用，也具有抗臭氧作用，用于聚丙烯薄膜和丁苯、氯丁等橡胶制品中，缺点是使产品带黄绿色。

（3）膦酸单酯类 光稳定剂 2002 的光稳定性能很好，用途甚广。光稳定剂 2002 有多种合成路线，限于篇幅，在此不做介绍。

3.4.4 自由基捕捉剂

这类光稳定剂能及时将它周围的由于光引发而产生的自由基转化为惰性化合物，因此可使聚合物避免发生各种自由基链式反应。具有这种功能的自由基捕捉剂主要有受阻胺类，例如双(2,2,6,6-四甲基哌啶基)癸二酸酯（商品名：光稳定剂 770）：

$$
\text{HN}\underset{R\ R}{\overset{R\ R}{\bigg\langle}}\text{—OCO(CH}_2)_8\text{COO}\underset{R\ R}{\overset{R\ R}{\bigg\rangle}}\text{NH}
\qquad R\text{为CH}_3\text{时,商品名:光稳定剂 }770
$$

受阻胺类光稳定剂已有上千个品种，一般都含有上例中的哌啶基结构单元，即在哌啶环上与仲氨基邻位的两个碳原子上所有四个氢原子都被烷基取代。受阻胺与氧作用即生成具有 N—O· 结构的稳定的自由基。当其周围其他分子受到光的引发产生链自由基时，N—O· 自由基随即与之结合，因而能有效地截止导致聚合物老化的链式反应。

光稳定剂 770 是用 2,2,6,6-四甲基-4-羟基哌啶与癸二酸二甲酯进行反应合成的。以丙酮为原料，经以下三步反应可合成中间体 2,2,6,6-四甲基-4-羟基哌啶：

$$
3\text{CH}_3\text{COCH}_3 + 2\text{NH}_3 \xrightarrow[-\text{H}_2\text{O}]{} \quad \xrightarrow{\text{NH}_4\text{Cl, H}_2\text{O}} \quad \xrightarrow{\text{催化加氢}}
$$

3.5　阻　燃　剂

在现代的建筑物、交通运输工具和电气设施中，大量使用塑料和其他合成材料。解决高分子材料的耐燃性问题，对于防火安全具有重要意义。为提高高分子材料的耐燃性而使用的助剂称为阻燃剂。含有阻燃剂的材料可以是不燃的，但大多数是自熄性的。

有实用价值的阻燃剂应该在使用中不降低高分子材料原有的各种性能（如机械性能、电性能、耐寒性能、耐热性能等等），而且它的分解温度适宜，既不过高，也不致在加工温度下分解。

目前对阻燃机理还不是十分清楚，但按一般的理解，阻燃剂主要有以下两种作用机理。

（1）以遮盖聚合物表面来隔绝它与空气的接触而起到阻燃作用　有些阻燃剂，在燃烧温度下，能熔化成或生成一种不燃性液态物质或分解产生一种气态物质，它们能遮盖聚合物的表面，使材料因不能与空气中的氧接触而熄灭。属于这一类的有硼砂、碳酸钙、氧化铝、铵盐及三氧化锑与卤化物的混合物等无机阻燃剂。例如，当并用三氧化二锑与卤化物时，它们在高温下反应，生成高沸点的三卤化锑，附在材料表面而使材料隔绝空气。在有机阻燃剂中，含卤素（溴或氯，其中以溴化合物的阻燃功效较好）的磷酸酯类在燃烧时产生偏磷酸，后者能进一步聚合生成非常稳定的不燃性多聚体，它能附在材料表面起着保护膜的作用。

（2）按截止自由基反应的机理起作用　属于这一类的阻燃剂主要是卤素含量很高的含溴或氯的有机化合物。其中以溴化合物的阻燃功效较好。

一般认为，塑料在空气中燃烧是一种猛烈的氧化过程，属自由基链式反应。在燃烧过程中，产生大量的羟基自由基 HO·，后者与大分子反应，产生大分子自由基。当有氧存在时又产生 HO·，如此循环，使燃烧不断地继续进行下去。反应过程可表示如下：

$$
\sim\sim\text{CH}_2\text{CH}_2\sim\sim + \cdot\text{OH} \longrightarrow \sim\sim\text{CH}_2\text{CH}\sim\sim + \text{H}_2\text{O}
$$

$$
\sim\sim\text{CH}_2\text{CH}\sim\sim + \text{O}_2 \longrightarrow \sim\sim\text{CH}_2\underset{\overset{|}{\text{O}-\text{O}\cdot}}{\text{CH}}\sim\sim
$$

$$
\sim\sim\text{CH}_2\underset{\overset{|}{\text{O}-\text{O}\cdot}}{\text{CH}}\sim\sim \longrightarrow \sim\sim\text{CH}_2\underset{\overset{\|}{\text{O}}}{\text{C}}\sim\sim + \text{HO}\cdot
$$

实际上，大分子自由基还不断发生各种裂解反应，产生易燃易挥发的低分子产物。在整个燃烧反应中，影响燃烧速度的决定性因素是高能量的 HO· 浓度。

当有溴化合物阻燃剂存在时，则在燃烧温度下分解而产生溴自由基 Br·，Br· 可按下面所示的链增长反应，连续不断地把HO·自由基除去，使燃烧速度减慢，直至火焰熄灭。

$$RH + Br\cdot \longrightarrow R\cdot + HBr$$
$$HBr + HO\cdot \longrightarrow H_2O + Br\cdot$$

通常按使用方法的不同把阻燃剂分为添加型和反应型两类。添加型阻燃剂是在塑料加工成型时掺混进去的，因此，它一般用于热塑性塑料的阻燃。反应型阻燃剂是在分子中含有能参与共聚、缩聚等反应的基团，在合成高分子化合物时，作为一个组分加进反应混合物中。下面分别列举一些含磷和含卤素阻燃剂的实例。

3.5.1 有机卤化物阻燃剂

(1) 氯化石蜡　是用氯气将石蜡氯化的产物，含氯量要达到70%。它是价廉而用途广泛的阻燃剂，常与三氧化二锑并用。一般在100份高分子材料中，70%氯化石蜡的用量达15份。

(2) 四溴邻苯二甲酸酐　是反应型阻燃剂，作为二元酸的单体成分之一参加缩聚反应，可用于制成聚酯、不饱和聚酯、环氧树脂和聚氨酯等阻燃性高聚物。聚合之前，四溴邻苯二甲酸酐本身的毒性较高。

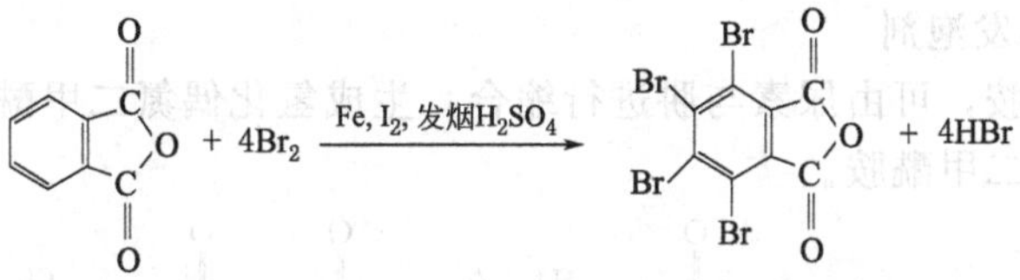

(3) 四溴邻苯二甲酰亚胺　是一种用途广泛、性能优良的新型的添加型阻燃剂。

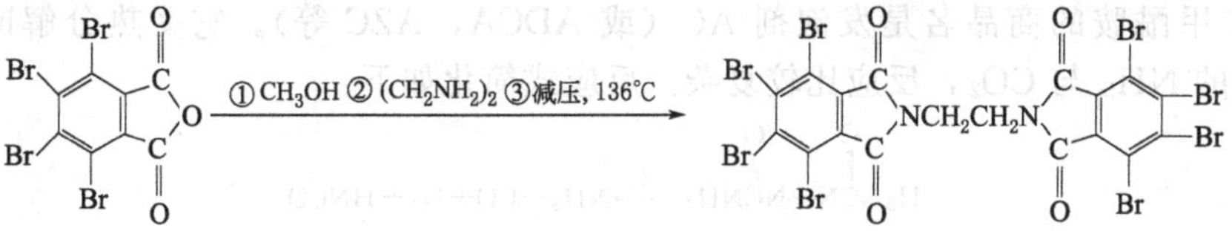

3.5.2 含卤磷酸酯阻燃剂

例如磷酸三(2,3-二溴丙酯)：

$$CH_2{=}CHCH_2OH \xrightarrow{Br_2,\ 10\sim15^{\circ}C} \underset{Br\quad Br}{CH_2CHCH_2OH} \xrightarrow{POCl_3,\ AlCl_3,\ 40^{\circ}C} \left(\underset{Br\quad Br}{CH_2CHCH_2O}\right)_3 PO$$

磷酸三(2,3-二溴丙酯)属添加型阻燃剂，常与三氧化二锑或过氧化二异丙苯并用，阻燃效能优良，适用于多种树脂、纤维及合成橡胶。缺点是稳定性较差，易使制品变黄。

3.6 发 泡 剂

泡沫塑料有质轻、绝热、吸音、防震等特殊性能，泡沫橡胶更具有柔软性和弹性。高分子泡沫材料可作为飞机、船艇的轻质材料，商品防震包装材料，工业管道、容器的保温材料，建筑物隔音材料以及作为椅垫材料等，用途甚广。制造这类材料，通常是在加工成型过程中加入发泡剂。当含有发泡剂的橡胶或塑料受热时发泡剂分解而释出气体，后者以泡沫形式均匀分散于材料中，材料固化成型后形成细孔或蜂窝状结构。

原则上，凡是不与高分子材料发生化学反应，并能在特定的条件下产生足量无害气体的化学品，都可用作发泡剂。用于高分子泡沫材料的发泡剂通常是能在材料加工过程产生气体的有机物。有实际工业用途的发泡剂应是无毒或低毒，有适宜的分解温度，放出气体的速度快而又可以控制，发孔率高而且在材料中易于分散。有时，在一种发泡剂中还要加入一种适当的发泡助剂，以利于发泡剂的分散，或提高发气量，或调整降低发泡剂的分解温度。

发泡剂主要分三大类。

1. 亚硝基化合物类发泡剂

例如 N,N'-二亚硝基五亚甲基四胺，商品名是发泡剂 H 或 DPT，由六次甲基四胺进行亚硝化反应制得：

$$\text{（六次甲基四胺结构）} + 2NaNO_2 + H_2SO_4 \longrightarrow O=N-N\begin{array}{c}CH_2-N-CH_2\\CH_2-N-CH_2\end{array}N-N=O + HCHO + Na_2SO_4 + H_2O$$

DPT

发泡剂 DPT 受热分解时放出氮气：

$$2DPT \xrightarrow{\triangle} 4N_2 \uparrow + 4CH_2O + (CH_2)_6N_4$$

发泡剂 DPT 的发气量大（200～250 mL/g），泡沫气孔细微，适合使用这种发泡剂的高分子材料很多。缺点是单独使用时分解温度过高（210～220℃）和分解产物有臭味。加入尿素或其他发泡助剂可使其分解温度降至 130℃。

2. 偶氮化合物类发泡剂

例如偶氮二甲酰胺，可由尿素与肼进行缩合，生成氢化偶氮二甲酰胺，然后在酸性介质中通氯气氧化为偶氮二甲酰胺。

$$H_2N\overset{O}{\underset{}{C}}-NH_2 + H-NHNH-H + H_2N-\overset{O}{\underset{}{C}}NH_2 \xrightarrow[-2NH_3]{H^+,\triangle} H_2N\overset{O}{\underset{}{C}}NHNH\overset{O}{\underset{}{C}}NH_2 \xrightarrow[-2HCl]{Cl_2} H_2N\overset{O}{\underset{}{C}}N-N\overset{O}{\underset{}{C}}NH_2$$

偶氮二甲酰胺的商品名是发泡剂 AC（或 ADCA，AZC 等）。它受热分解时产生 N_2、CO 和少量的 NH_3 与 CO_2，反应比较复杂。反应式简化如下：

$$H_2N\overset{O}{\underset{}{C}}N-N\overset{O}{\underset{}{C}}NH_2 \xrightarrow{\triangle} NH_3 + CO + N_2 + HNCO$$

发泡剂 AC 的发气量很大（250 mL/g），分散性好，用它制得的泡沫材料无气味、不变色、不污染。它的分解温度可通过选择不同的发泡助剂（如脂肪酸金属盐、金属氧化物、尿素等）在较大范围内调节。适用于橡胶、聚氯乙烯、聚乙烯、聚丙烯、ABS 树脂等的发泡。

3. 磺酰肼类发泡剂

例如 4,4'-氧双苯磺酰肼，商品名是发泡剂 OBSH，可由 4,4'-双氯磺酰二苯醚与肼反应制得：

$$\text{（二苯醚）} \xrightarrow[-2H_2SO_4,\ -2HCl]{4ClSO_3H} ClO_2S-\text{（苯环）}-O-\text{（苯环）}-SO_2Cl$$

$$\xrightarrow{2H_2NNH_2} H_2NNHO_2S-\text{（苯环）}-O-\text{（苯环）}-SO_2NHNH_2$$

这种发泡剂受热分解产生氮气和水蒸气（发气量是 313 mL/g）。

$$nH_2NNHO_2S-\text{（苯环）}-O-\text{（苯环）}-SO_2NHNH_2 \xrightarrow{\triangle} 2nN_2 + 2nH_2O + P_1 + P_2$$

其中　$P_1 = \left(S-\text{（苯环）}-O-\text{（苯环）}-S\right)_{n/2}$，　$P_2 = \left(S-\text{（苯环）}-O-\text{（苯环）}-SO_2\right)_{n/2}$

发泡剂 OBSH 的分解温度为 150～160℃，添加铅、镉、锌盐可降低其分解温度。用其加工得到的制品，具有细小而均一的气孔，不污染制品，可供聚乙烯、聚氯乙烯、氯丁橡胶等多种高分子材料使用。

实验六　增塑剂　邻苯二甲酸二正辛酯

邻苯二甲酸二正辛酯（DnOP）是一种无毒增塑剂。它与目前用途最广、产量最大的增塑剂邻苯二甲酸二（2-乙基）己酯（DOP，又称邻苯二甲酸二辛酯）相比，一般性能相近，电绝缘性稍差，但耐寒性、耐候性较佳。

本品的工业制法可套用 DOP 等增塑剂的一般生产方法。在硫酸催化下，由邻苯二甲酸酐与正辛醇进行减压酯化制得。酯化后需经纯碱中和、水洗、减压蒸馏回收过量的醇、脱色、压滤等后处理过程。

本实验以氧化二正丁基锡为催化剂（其用量仅为邻苯二甲酸酐质量的 0.1%～0.2%），通过酯化反应制取增塑剂 DnOP。反应后只需进行减压蒸馏脱醇，而毋需进行其他后处理，即可获得较纯的增塑剂 DnOP。产品中夹杂微量的邻苯二甲酸二正丁基锡，对于大多数用途并无害处。

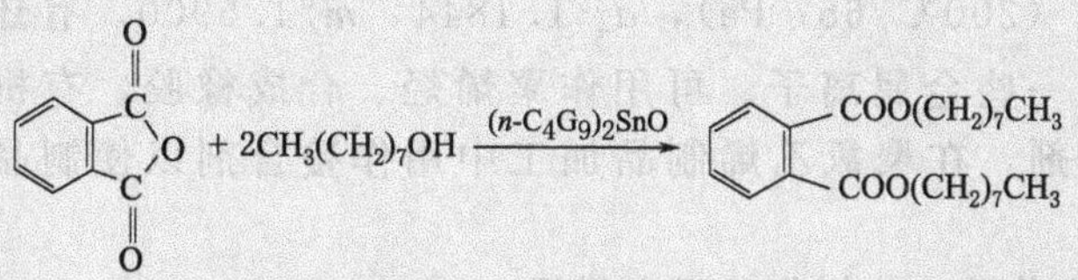

$$\text{邻苯二甲酸酐} + 2CH_3(CH_2)_7OH \xrightarrow{(n\text{-}C_4H_9)_2SnO} \begin{array}{l} COO(CH_2)_7CH_3 \\ COO(CH_2)_7CH_3 \end{array} + H_2O$$

一、实验目的

学习增塑剂的基本知识；掌握酯类增塑剂之一的 DnOP 制备的实验方法。

二、原料

氧化二正丁基锡　可按以下方法自制：将二碘二正丁基锡（实验九的中间产物）与 8% 的氢氧化钠水溶液于 50℃ 下水解，滤集白色的氧化二正丁基锡，用水彻底洗净、干燥、密封、贮存备用。

邻苯二甲酸酐（可用优质工业品或试剂）。

正辛醇（可用优质工业品或试剂）。

三、实验操作

1. 在三口烧瓶上装上温度计和分水器。分水器上装接回流冷凝管。在分水器中加水至适当高度[❶]。在三口瓶中置入 14.8 g（0.1 mol）邻苯二甲酸酐、39 g（0.3 mol）正辛醇和 15～30 mg 氧化二正丁基锡。加入沸石 1～2 粒，用油浴加热使反应混合物升温至约 128℃，约 20 min 后，固体邻苯二甲酸酐消失。继续升温，使瓶内物在 1 h 内上升至 220℃，保温反应至分水器中的水量不再增加为止[❷]，整个反应约需 3 h。将反应装置改装成减压蒸馏装置，用流水喷射泵减压蒸馏回收过量的正辛醇，直至不再有液体馏出，瓶内物料温度达到 210℃ 时为止。残留在三口瓶中的产物为淡黄色黏稠液体，产量约 38～39 g（理论产量是 39.0 g）。为估计产物的质量，可测定其酸值、折射率及密度。当本实验操作正常时，大致结果如下：

项　　目	实验产物	纯 DnOP
n_D^{22}	1.4830～1.4834	1.483～1.485
d_4^{20}	0.9810	0.9801
酸值	0.09	

---

❶　为避免有过多的反应物被水带出而滞留在分水器上，应于反应前在分水器中加入适量的水以填充其多余的体积，但加水量不宜过多，应使分水器保留有足够的空体积以容纳可能在反应中带出的最大水量。

❷　当反应瓶内物料温度上升至 200℃ 以上时，反应一般在 30min 以内达到终点。

2. 实验时间 4.5 h。

四、产品检验

邻苯二甲酸酯类增塑剂产品的质量检验，一般参照化工部标准 HG 2—466—78。检验的指标包括外观、色泽（铂-钴比色）号、酯含量%、相对密度（d_{20}^{20}）、酸值、加热减量%（125℃，3 h）、闪点℃（开杯）、体积电阻系数（Ω·cm）等项。

产品检验方法亦可参照上海市化工轻工供应公司、上海化工采购供应站技术室编的《化工商品检验方法》，1199 页，化学工业出版社，1988 年。

实验七 抗氧剂 亚磷酸三苯酯

亚磷酸三苯酯是无色透明液体，能与醇、醚、苯等多种溶剂互溶，不溶于水。熔点 25℃，沸点 360℃（200℃/667 Pa），d_4^{20} 1.1844，n_D^{20} 1.5900。有还原性，能分解过氧化物，又能螯合一些金属离子。可用作聚烯烃、合成橡胶、有机硅及环氧树脂的稳定剂和辅助抗氧剂，在聚氯乙烯制品加工中用作螯合剂以使制品保持其透明度和抑制颜色变化。

亚磷酸三苯酯可由苯酚与三氯化磷反应制得。

$$3 \diagbox{}{}\!-OH + PCl_3 \longrightarrow \left(\diagbox{}{}\!-O \right)_3 P + 3HCl$$

一、实验目的

学习高分子材料抗氧剂的基本知识；掌握亚磷酸三苯酯的合成方法和实验技术。

二、原料

三氯化磷 使用前重新蒸馏一次。

苯酚

三、实验操作

注意！本实验必须在通风橱中进行，操作时要穿戴橡胶手套[❶]。

1. 在用电磁搅拌器加热的油浴上，装置一个配备有温度计、恒压滴液漏斗和蒸馏弯头的三口烧瓶。弯头接直形冷凝管、尾接管和圆底烧瓶，并将其接引管的排气支管依次与氯化钙干燥管（或塔）和气体吸收装置连接[❷]。向三口烧瓶加入 25g（0.266mol）苯酚[❸]，在滴液漏斗中加入11g（0.08mol）三氯化磷。在激烈搅拌下慢慢滴加三氯化磷，控制滴加速度使反应混合物保持在 50℃ 以下（约需 20min 加完），继续保持瓶内温度在 50～60℃ 间反应 1h。然后拆除气体吸收装置，使接引管出气支管与流水喷射泵相连。开动水泵抽气减压至 52kPa，并迅速升温至120～150℃，反应 4h。

---

❶ 本实验的原料和产品均有毒。三氯化磷腐蚀性很强，遇到空气中的水蒸气即能水解，产生氯化氢酸雾，与大量的水或其他含活泼氢物质（醇、酚等）或碱性物质混合即发生猛烈反应，甚至爆炸和着火。产品亚磷酸三苯酯是不可燃的，但具有刺激性气味，对皮肤也有刺激性——可灼烧皮肤或引起皮肤过敏，长期接触人体可使心跳加速。若不慎触及此物，应用大量水冲洗。因此本实验必须在良好的通风橱中进行，操作时注意配带防护用具。

❷ 下面的气体吸收装置是很有效的。在排水盆上，装置一支向下垂直的空气冷凝管，管的上口连接一个 Y 形管，Y 形管的上面两个管口分别用带短玻璃管的胶塞塞紧，并分别与气体来源和自来水龙头连接起来。让气体和自来水（流速较慢）水流同时流过空气冷凝管，把 HCl 气体基本完全地溶入水流中，从空气冷凝管下口出来，排至下水道，不致发生吸收液倒吸的现象。

❸ 用温水加热盛苯酚的容器，使苯酚熔化，称量便可顺利进行。

反应完毕，将反应装置改为减压蒸馏装置❶，用真空油泵进行减压蒸馏，蒸出过量的苯酚。残留物即为产品，产量约 22g。

2. 实验时间 6～7h。

四、产品的分析检验

对合成所得产品可进行含磷量的测定，从实测值计算产品的含量，测定方法见实验八。

参　考　文　献

[1]　李述文，范如霖编译. 实用有机化学手册. 上海：上海科技出版社，1986.

实验八　抗氧剂　二亚磷酸季戊四醇二异癸酯

二亚磷酸季戊四醇二异癸酯是一种辅助性抗氧剂。它的挥发性很低，加工性能好，用量很少即能配合主抗氧剂发挥协同作用，抑制塑料制品的变色、变脆老化。

二亚磷酸季戊四醇二异癸酯是无色透明液体，相对分子质量 496.61，磷含量 12.47%，$d_{15.5}^{25}$ 1.020～1.040，n_D^{25} 1.4710～1.4740，在甲醇和苯中约可溶解 3%，不溶于水。

本品有两种合成路线，一种是从亚磷酸三苯酯出发，分步进行酯交换制得；另一种是由三氯化磷与异癸醇反应，制成亚磷酸三异癸酯，再与季戊四醇进行酯交换来合成。本实验采取后一种制法，反应式如下：

$$PCl_3 + 3i\text{-}C_{10}H_{21}OH + 3C_5H_5N \longrightarrow P(OC_{10}H_{21}\text{-}i)_3 + 3C_5H_5N \cdot HCl$$

$$2P(OC_{10}H_{21}\text{-}i)_3 + C(CH_2OH)_4 \xrightarrow{KOH} i\text{-}C_{10}H_{21}OP \underset{OCH_2 \quad CH_2O}{\overset{OCH_2 \quad CH_2O}{\diagup C \diagdown}} POC_{10}H_{21}\text{-}i + 4i\text{-}C_{10}H_{21}OH$$

一、实验目的

学习高分子材料用抗氧剂的基本知识；熟悉亚磷酸酯类化合物的制备方法和有关实验技术；通过实验进一步熟悉酯交换反应的实验方法。

二、原料

三氯化磷　新鲜蒸馏并收集 75～78℃馏分。

吡啶❷　用氢氧化钾干燥 24h 以上，用分馏柱蒸馏，收集 114～116℃馏分。

石油醚（30～60℃）、异癸醇、季戊四醇、氢氧化钾。

三、实验操作

注意！本实验必须在通风橱中进行，操作时要穿戴橡胶手套❸。

1. 亚磷酸三异癸酯的制备

在三口瓶上分别装配机械搅拌器（接口注意密封）、回流冷凝管和丫形二口连接管。在连接管的一个口上装接恒压滴液漏斗；另一个口上装接带胶塞的较长的温度计，并伸到三口瓶内反应物的液面下。在冷凝管上管口通过胶塞、短玻璃管和橡胶管将反应系统与气体吸收装置连通起来。

向三口瓶加入 23.7g（0.15mol）异癸醇，12.64g（0.16mol）吡啶和 120mL 石油醚

---

❶　为避免氯化氢及其他酸性物质腐蚀真空泵，在油泵系统之前应接冷阱（至少以冰盐混合物冷却）及氢氧化钠固体吸收塔。

❷　吡啶有难闻的气味，吸入其蒸气时会引起恶心、头晕，伤害肝、肾，大量吸入时能麻痹中枢神经系统。吡啶对皮肤有刺激作用，可引起湿疹。因此，使用时要注意，要在通风橱中进行操作。

❸　参考第 38 页脚注❶和❷。

（30～60℃），同时在滴液漏斗中放入6.9g（0.05mol）新蒸馏的三氯化磷和40mL石油醚（30～60℃）。用冰水浴冷却三口烧瓶，在激烈搅拌下将三氯化磷石油醚溶液滴加入三口瓶中，控制滴加速度，使反应温度保持在5～10℃之间，约需60min滴加完毕。随后将反应混合物加热，使之在回流温度下反应3～4h。反应完毕，冷至室温，滤除沉淀物，并分三次、每次用10mL石油醚洗涤固体。合并滤液和各次洗涤液，用无水硫酸钠干燥。将滤除干燥剂的溶液用水浴加热蒸馏，石油醚蒸去后，进一步用水流喷射泵减压蒸馏除净低沸物，然后用油泵减压蒸馏收集亚磷酸三异癸酯（纯品沸点是180℃/13.332Pa），产率约65%。产物为无色透明液体，$d_{25.5}^{25}$0.884～0.904，n_D^{25}1.4530～1.4610，溶于大多数普通有机溶剂，不溶于水。

2. 二亚磷酸季戊四醇二异癸酯的制备

在三口烧瓶上装配机械搅拌器和上配氯化钙干燥管的回流冷凝管。向瓶内依次加入25.1g（0.05mol）亚磷酸三异癸酯，3.4g（0.025mol）季戊四醇和0.046g氢氧化钾。在搅拌下将混合物加热至125～130℃并在此温度下反应2h。随后反应装置改成减压蒸馏装置，在减压下将异癸醇不断蒸出。当收集的异癸醇接近理论量时，终止蒸馏。残留物为产物二亚磷酸季戊四醇二异癸酯。产率接近100%。

3. 实验时间（7+5）h。

四、磷含量的测定

1. 原理

将含磷有机物用浓硫酸和浓硝酸混合物分解，使磷变成磷酸根离子，然后转化为磷钼酸铵沉淀后称量。

2. 仪器

50mL克氏烧瓶，吸滤装置。

3. 药品

硝酸-硫酸混合物　把210mL浓硝酸倒入290mL蒸馏水中混匀，搅拌下向硝酸溶液加入15mL浓硫酸。

钼酸铵试剂　溶解50g硫酸铵于500mL浓硝酸中，将溶液倒入一只1L容量瓶中。另用一只烧杯溶解150g粉状钼酸铵于400mL热蒸馏水中。当该溶液冷至室温后，缓慢地倒入硫酸铵溶液中，振摇容量瓶使之混合均匀，用水稀释到刻度并摇匀。静置三天，然后滤入一棕色试剂瓶中备用。

4. 操作步骤

称取20～200mg样品于50mL克氏烧瓶中，加入2mL浓硫酸和1mL浓硝酸。将混合物温和加热，然后煮沸使棕色的氮氧化物消失。如溶液仍显混浊，再加入0.5mL浓硝酸继续煮沸。若混合物加热煮沸20min后仍不显清亮，可加入30%的过氧化氢数滴以促进分解。

反应液澄清后，冷却，用吸量管加入8mL硝酸-硫酸混合物。将溶液倒入250mL烧杯中，分五次、每次用10mL的水淋洗克氏烧瓶，淋洗液收集于烧杯中。将溶液加热至刚好沸腾，移去火焰，沸腾停止后，趁热加入60mL钼酸铵试剂，搅拌均匀，溶液静置6h使沉淀完全。吸滤，烧杯中的沉淀物反复用硝酸铵和95%乙醇洗入漏斗中，再用无水乙醇洗一遍，用丙酮洗二遍，在干燥器中干燥30min后称量。

5. 分析结果计算

样品中磷含量的计算公式为：

$$P = \frac{沉淀质量 \times 0.014524}{样品质量} \times 100\%$$

参 考 文 献

[1]　吕世光. 塑料助剂手册. 北京：轻工业出版社，1986.

实验九　热稳定剂　二月桂酸二正丁基锡（直接法制备）

有机锡热稳定剂最突出的优点是使加工制成的 PVC 制品具有高度的透明性。其系列品种中最常见者如：

Ⅰ　$(n\text{-}C_4H_9)_2Sn(OCOC_{11}H_{23}\text{-}n)_2$　　　　　二月桂酸二正丁基锡

Ⅱ　$(n\text{-}C_8H_{17})_2Sn(OCOC_{11}H_{23}\text{-}n)_2$　　　　二月桂酸二正辛基锡（无毒）

Ⅲ　$(n\text{-}C_4H_9)_2Sn(OCOCH=CHCOOC_4H_9\text{-}n)_2$　二马来酸单丁酯二正丁基锡

Ⅳ　$\left[\begin{array}{c} C_4H_9\text{-}n \\ | \\ -Sn-O-CCH=CHCO- \\ | \\ C_4H_9\text{-}n \end{array}\right.\begin{array}{c} O\ \ \ \ \ \ \ \ \ O \\ \| \ \ \ \ \ \ \ \ \| \\ \\ \ \ \end{array}\left.\vphantom{}\right]_n$　马来酸二正丁基锡聚合物

Ⅴ　$(n\text{-}C_8H_{17})_2Sn(SCH_2COOC_8H_{17}\text{-}i)_2$　　二（巯基乙酸异辛酯）二正辛基锡（无毒）

上述各产品互有优缺点。例如，Ⅰ、Ⅱ的耐热性稍差，但加工性能优良；Ⅲ、Ⅳ初期色相好，长期耐热性和透明性也好，耐候性是有机锡中最好的，但Ⅲ有催泪性；Ⅴ长期耐热性和透明性都很好，但耐候性稍差且有臭味。添加了有机锡稳定剂加工制成的 PVC 制品呈高度透明且无毒，可以取代其他价格较昂贵的塑料制品，用于食品包装行业。

有机锡系列稳定剂的工业制法，包括合成二卤二烷基锡和最终产品两个主要步骤。二卤二烷基锡的合成是技术关键，有三种主要路线。

烷基铝法：　　　　$2R_3Al + 3SnCl_4 \longrightarrow 3R_2SnCl_2 + 2AlCl_3$

格氏法：　　　　　$2RMgCl + SnCl_4 \longrightarrow R_2SnCl_2 + 2MgCl_2$

直接法：　　　　　$2RX + Sn \longrightarrow R_2SnX_2$

烷基铝法和格氏法需要在高度无氧无水的苛刻条件及对防火防爆要求极高的条件下操作，反应产物中又含有一烷基三氯化锡和三烷基一氯化锡（剧毒），需加以分离且较困难。直接法的步骤、设备和技术都比较简单，它又分为碘代烷法和氯代烷法两种方法。氯代烷法的经济价值很大，但尚处于开发阶段[●]；碘代烷法是成熟的，工艺条件仍在不断改进，此法需要有回收碘的配套工艺才有经济价值。本实验采用碘代烷直接法，合成有机锡稳定剂中的常用品种二月桂酸二正丁基锡[❷]。包括碘丁烷的制备在内，本合成由以下三步反应完成：

$$6n\text{-}C_4H_9OH + 3I_2 + 2P \longrightarrow 6n\text{-}C_4H_9I + 2P(OH)_3$$

$$2n\text{-}C_4H_9I + Sn \xrightarrow{\text{催化剂}} (n\text{-}C_4H_9)_2SnI_2$$

$$(n\text{-}C_4H_9)_2SnI_2 + 2n\text{-}C_{11}H_{23}COONa \longrightarrow (n\text{-}C_4H_9)_2Sn(OCOC_{11}H_{23}\text{-}n)_2 + 2NaI$$

一、实验目的

学习热稳定剂的基本知识；掌握直接法合成二烷基二卤化锡及制备有机锡稳定剂的实验方法。

二、原料

正丁醇（≥98%），红磷（>97%），碘（>98%）。

---

❶　1991 年，华南理工大学率先完成氯代烷直接法合成有机锡稳定剂的小试研究，通过了技术鉴定。

❷　采用本实验的方法，可合成无毒的二正辛基锡类热稳定剂。

金属锡　取含量在 99.9% 以上的 1 号精锡，加工制成锡箔或锡粉，锡箔厚度≤0.1mm。

催化剂　可以选用各种常用的季铵盐，以 TBAB（溴化四丁铵）为佳。

氢氧化钠　20% 水溶液。

月桂酸　含量≥98%。

三、实验操作

1. 1-碘丁烷的制备

本实验用碘-磷法制备碘丁烷，此法具有反应快速和产率高的优点。

在装有搅拌器、回流冷凝管和温度计的三口烧瓶内，放置 2.0g（0.065mol）红磷和 13.5g（0.18mol）正丁醇[●]。搅拌，水浴加热至 80℃ 左右，停止加热[❷]。撤去水浴，将 19g（0.075mol）碘分成十几批从冷凝管顶部投入反应瓶中。反应因放热而自行升温，要控制投碘的数量和速度，使反应温度保持在 90~100℃ 之间[❸]，约在 30~60min 内将碘加完。随后慢慢升温至回流温度，反应 2h，直到反应混合物由紫红色变为无色或浅棕色为止。

停止加热，待温度下降到 90℃ 左右，加入 50mL 水。将反应装置改为蒸馏装置，重新升温进行蒸馏。碘丁烷随水一起被蒸出后沉集在接收瓶的底部。当蒸馏进行到不再有碘丁烷蒸出后停止操作[❹]。将馏出物移入分液漏斗中，分去水层。油层转入小三角瓶中，加入少许无水硫酸钠干燥至澄清。滤去干燥剂，得到无色透明液体碘丁烷约 28g[❺]，此产物可直接用于下一步的合成，应装入棕色玻璃瓶中密封并置于暗处保存，留作下次实验用。

2. 二碘二正丁基锡的制备

将 6g（0.05mol）锡箔或锡粉、23g（0.12mol）碘丁烷和 1g 季铵盐加入 100mL 三口瓶中，装置回流冷凝管、搅拌器和油浴。开动搅拌[❻]，加热油浴，升温至 130℃ 左右[❼]并保温反应 3~4h，至绝大部分或全部的锡反应完毕为止[❽]。降温，若有未反应完的锡残渣存在，可将反应液倾倒出来，把反应瓶内的锡清除干净，然后反应液重新放回瓶中。

加入 30mL10% 盐酸，加热至 60~70℃ 搅拌 10min[❾]，然后改装成蒸馏装置，提高油浴温度将未反应的碘丁烷与水一同蒸出回收，至完全无油珠蒸出为止。降温，残余物移入分液漏斗中静置分层。分去酸层后得到主要含二碘二正丁基锡的显红棕色的液体，约 20~

[●]　加料时应尽量将红磷放到烧瓶底部，不要让它积在瓶壁或瓶口。用正丁醇将其充分润湿后才开始搅拌，这样会较安全些。

[❷]　保持在 80℃ 开始反应是适宜的。当引发的温度过低时，则初期反应过慢，使较多的碘积聚起来，反应一旦开始，由于大量放热而使反应过于剧烈，以致无法控制温度。

[❸]　当温度升高时，应尽可能不用冷水冷却降温，应让其自然冷却。目的是让碘能充分反应而不致因过度冷却使碘积聚起来。

[❹]　蒸馏瓶内的残渣仍含有少量未反应的红磷，应集中回收，统一处理。

[❺]　所得产物仍含少量正丁醇。但只要按步骤严格操作，产物中碘丁烷含量都能达 96% 以上，能满足下一步反应的要求。折纯计算，这一步实验的产率一般为 98%。

产品检验：做含量分析（气相色谱法），测定沸点、折光率和密度（纯品的这些数据分别为 130.5℃，d_4^{20} 1.6154，n_D^{20} 1.5001）。

[❻]　如用锡箔只需中速搅拌；若使用锡粉则需要高速搅拌，尽量使之悬浮。

[❼]　提高温度可以缩短反应时间，但同时使副产物增加，二烷基锡的产率下降。

[❽]　反应开始 1~2h 内反应速度较快，锡的量明显减少，以后反应逐渐减慢。如受实验时间限制，可缩短反应时间。即使只有 70%~80% 的锡转化，所得产物也能顺利地进行下一步反应。

[❾]　酸洗的作用主要是清除残留的锡微粒和锡的无机化合物，使之转化为可以溶于水的 $SnCl_2$，同时也将水溶性的单烷基锡分离出来。

22g，产率82%～90%❶。

3. 二月桂酸二正丁基锡的制备

将3.4g（0.084mol）氢氧化钠溶解于14mL水中，备用。

在装配有搅拌器、温度计和回流冷凝管的100mL三口烧瓶内，加入16g（0.08mol）月桂酸，用油浴加热至60℃左右，搅拌使之熔化成液态。慢慢加入氢氧化钠溶液，加完后保持60℃搅拌反应30min。加入19.5g（0.04mol）二碘二丁基锡，升温至90℃左右继续反应2h。静置降温，让碘化钠结晶析出。小心地把粗产物油相倾出，移入分液漏斗内用适量的水洗涤1～2次，分去水层❷。

油层放入100mL圆底烧瓶内，在水流喷射泵减压下加热脱水。当油浴保持在120℃而再没有水和低沸点物蒸出时可以停止操作。得到浅黄色的油状产物❸，约25～26g，产率80%左右❹。

4. 实验时间 （5+6+5） h。

四、产品的简单检验方法

产品二月桂酸二正丁基锡应符合以下的企业标准。

外观：浅黄色透明液体；

色度：<5（碘号）；

锡含量（%）：18.6±0.6；

相对密度：$d_{20}^{20}1.025～1.065$。

简单的检测方法如下。

① 色度检查用直观比色法。将产品装入比色管，与标准色板比较。

② 锡含量检测采用灰分法。准确称取样品置于坩埚内，高温灼烧至恒重，得到SnO_2。根据SnO_2的量计算Sn含量。

③ 相对密度用密度瓶法或韦氏天平法检测。

实验十　辅助抗氧剂　硫代二丙酸二月桂酯

硫代二丙酸二月桂酯的商品名称为防老剂TP和抗氧剂DLTP，分子式$C_{30}H_{58}O_4S$，相对分子质量514.82。硫代二丙酸二月桂酯的学名是3,3'-硫代双（丙酸十二烷酯），是白色絮片状结晶固体，熔点38℃以上，难溶于水，易溶于有机溶剂。是优良的辅助抗氧剂，具有分解过氧化物、阻止氧化的作用，可作为聚乙烯、聚丙烯、聚氯乙烯及ABS树脂等的抗氧剂和稳定剂。与酚类抗氧剂并用可产生协同效应，有优良的抗屈挠龟裂性。由于它不着色和非污染性，所以适用于白色或艳色制品，也可作为油脂、肥皂、润滑油脂的抗氧剂。

工业上合成硫代二丙酸二月桂酯的方法是用硫化钠先与丙烯腈加成，生成硫代二丙

---

❶　直接法制备有机锡化合物时，除主产物外还存在单烷基锡和三烷基锡的卤化物。单烷基锡卤化物已在酸洗时除去，在此主要得到二烷基锡和少量三烷基锡的卤化物。含碘的反应物和产物遇光或受热时容易分解而使产物呈色，但不影响下一步的反应。

❷　碘或含碘的化合物价格昂贵，反应后所析出的碘化钠晶体及富含碘化钠的水洗液都必须回收。

❸　当月桂酸等原料不纯或残留有少量水时，产物可能会混浊，此时可以趁热滤去固体或分去水分即可得到澄清的产品。

❹　因产物不纯，所以实际产率约为80%。

腈。硫代二丙酸腈进行酸性水解，产生硫代二丙酸。后者与月桂醇在酸催化下进行酯化反应，形成目标产物硫代二丙酸二月桂酯。

$$CH_2=CHCN \xrightarrow{Na_2S, H_2O} S(CH_2CH_2CN)_2 \xrightarrow{H_2SO_4, H_2O} S(CH_2CH_2COOH)_2$$
$$\xrightarrow{C_{12}H_{25}OH, H^+} S(CH_2CH_2COOC_{12}H_{25})_2$$

一、实验目的

学习高分子材料抗氧剂的基本知识，掌握在缺电子烯键上进行亲核加成的实验方法。

二、原料

硫化钠、丙烯腈、硫酸、月桂醇、苯、无水硫酸钠、丙酮、乙醇（95%）。

三、实验操作

1. 硫代二丙腈的制备

三口瓶上装置电动搅拌、温度计和滴液漏斗，装置不要密封。加入 24g（0.1mol）的 $Na_2S \cdot 9H_2O$ 和等量的水，搅拌使之溶解。瓶外用冰水冷却，搅拌下滴加 10.6g（0.2mol）的丙烯腈，控制瓶内温度为 18~25℃。滴加完毕，搅拌保温 4h。反应完毕，冰冷至 5℃ 左右，瓶底有油状物或结晶析出，可根据具体情况按以下两种方法进行处理。

（1）油状物 分去水层，有机层水洗 2~3 次。

（2）结晶状 抽滤，水洗，抽干。

得硫代二丙腈 11~12g，产率 78%~86%。

2. 硫代二丙酸的制备

三口瓶上装置电动搅拌和回流冷凝管。加入 7.0g（0.05mol）硫代二丙腈和 50%~60% 的硫酸 10g，搅拌回流 1h。冷却，析出晶体，抽滤，少量多次地用冰水洗涤[1]，最后用少量丙酮洗涤，抽滤。烘干后得白色晶体硫代二丙酸 7.5~8.5g，产率 84%~95%，熔点 132~134℃[2]。

3. 硫代二丙酸二月桂酯的制备

在三口瓶上装置电动搅拌和分水器，分水器上口连接球形冷凝管。加入 5.3g（0.03mol）硫代二丙酸、11.2g（0.06mol）月桂醇、100mL 苯和 0.5mL 浓硫酸。搅拌回流分水至生成计量水时为止[3]。置冷，反应混合物倒入 50mL 水中，搅拌，用分液漏斗分去水层（下层），苯层用水洗至中性，用无水硫酸钠干燥。先常压后减压蒸出苯和未反应的月桂醇。向残余物[4]加入丙酮使刚好全部溶解。搅拌下逐滴加入 95% 乙醇至析出晶体，抽滤得第一批晶体。蒸出母液中的部分溶剂，可获得第二批晶体。晾干。熔点 38~39℃。产量 11~14g，产率 71%~91%。

4. 实验时间（6+3+6）h。

参 考 文 献

[1] 章思规主编. 精细有机化学品技术手册（上册）. 北京：科学出版社，1991：738.

---

❶ 硫代二丙酸易溶于水，所以用水洗涤时要注意水量要少，水温要低，否则损失太大。

❷ 硫代二丙酸极易吸潮，要彻底干燥才能获得高熔点的产物。

❸ 反应终点出水量约 1mL。分水器中较长时间无小水珠滴下，也是判断酯化到了终点的依据。

❹ 残余物被丙酮溶解之后，若颜色太深，需加入适量的活性炭脱色，然后才滴入乙醇使晶体析出。

实验十一 阻燃剂 四溴双酚 A

四溴双酚 A 是塑料制品的优良阻燃剂，能赋予各种塑料树脂优良的耐燃烧性，保障使用安全。它作为反应型的阻燃剂或添加型的阻燃剂均可发挥效能，所以被广泛应用于聚苯乙烯、聚碳酸酯、酚醛树脂、环氧树脂及 ABS 工程塑料等塑料制品中。

本产品可以用双酚 A 作原料，在常温下直接溴化制得❶。

$$HO-\bigcirc-\underset{CH_3}{\overset{CH_3}{C}}-\bigcirc-OH+4Br_2 \longrightarrow HO-\bigcirc-\underset{CH_3}{\overset{CH_3}{C}}-\bigcirc-OH+4HBr$$

一、实验目的

学习阻燃剂的基本知识；掌握直接溴代法制备四溴双酚 A 阻燃剂的实验方法。

二、原料

双酚 A 乙醇（95％） 溴（≥99％，无水）

三、实验操作

反应系统中存在挥发性的溴和溴化氢气体，它们是有毒、刺激性和强腐蚀性的物质，操作应该在通风橱内进行。要小心防护勿接触到皮肤！所用的仪器应该干燥，反应的尾气要用稀碱液进行吸收。

1. 在 100mL 三口烧瓶上安装搅拌器、回流冷凝管和二口连接管。后者分别与滴液漏斗和温度计连接，温度计下端没入液面。冷凝管上端连接导管至碱液吸收装置。

向反应瓶内加入 8g（0.035mol）双酚 A 和 30mL95％乙醇，搅拌溶解。控制物料温度在 25℃左右，在搅拌下慢慢滴加 24g（0.15mol）溴❷。加完后在 25℃反应 0.5h。反应瓶内仍留有红棕色的溴时，可以加入适量的饱和亚硫酸氢钠溶液使之脱色❸。静置使产物析出结晶❹。抽滤，产品用适量的水洗涤两次，抽干。干燥后得到白色或淡黄色晶状产物 14～16g，产率约 80％，熔点 180～181℃。

2. 实验时间 3h。

参 考 文 献

[1] 赵迪麟. 化工产品应用手册. 上海：上海科技出版社，1989.
[2] 李述文，范如霖编译. 实用有机化学手册. 上海：上海科技出版社，1981.

实验十二 发泡剂 苯磺酰叠氮

苯磺酰叠氮的分子式为 $C_6H_5N_3O_2S$，相对分子质量是 183.19，是无色透明液体，沸点 95～97℃/267Pa，分解温度约为 105℃，发气量为 130mL/g。热分解按下式进行❺。

---

❶ 工业生产中，为了充分利用溴以降低成本，在反应过程中通入氯气，将副产物溴化氢氧化成溴，重新参加反应。

❷ 加料过快可能会有未反应的溴蒸气逸出，故要适当控制滴加速度。

❸ 亚硫酸氢钠与剩余的溴发生氧化还原反应而将其除去。

❹ 必要时可以用冰水冷却结晶。

❺ 纯的苯磺酰叠氮在 105℃左右能平稳而迅速地分解。虽然是这样，叠氮化物应一律视为潜在的"炸药"，曾有人通过实验证明叠氮甲酸叔丁酯在加热时只见分解和炭化而不发生爆炸，也有人以每批数百克规模反复蒸馏该化合物未发现异常现象，却有人在蒸馏该化合物时，在接收瓶中发生过猛烈爆炸的情况。因此，为了安全，在处理和使用叠氮化合物时应注意避免使它受到沾污（这可能引入有起爆作用的杂质）、撞击、摩擦、过热的情况发生。

苯磺酰叠氮分解时，中间生成的氮烯 $C_6H_5SO_2\ddot{N}$ 能发生多种反应，因此苯磺酰叠氮又是有一定用途的有机合成中间体。

$$\text{—SO}_2\text{—}\overset{\cdot\cdot}{\text{N}}\text{—}\overset{+}{\text{N}}\text{≡}\overset{\cdot\cdot}{\text{N}} \longrightarrow \text{—SO}_2\text{—}\overset{\cdot\cdot}{\text{N}}\text{·} + \text{N}_2$$

$$2\text{—SO}_2\overset{\cdot\cdot}{\overset{\cdot\cdot}{\text{N}}} \longrightarrow \text{—SO}_2\text{N=NSO}_2\text{—}$$

$$\text{—SO}_2\text{N=NSO}_2\text{—} \longrightarrow \text{—N=N—} + 2\text{SO}_2$$

苯磺酰叠氮的分解温度较低，分散性能较好。它可作为硅橡胶和其他用过氧化物"硫化"的合成橡胶的发泡剂使用。用低温硫化的方法，用它可制取海绵橡胶。苯磺酰叠氮可由苯磺酰氯先制成苯磺酰肼，再与亚硝酸反应而得：

$$\text{—SO}_2\text{Cl} \xrightarrow[\quad]{\text{H}_2\text{NNH}_2,\ \text{NH}_3\cdot\text{H}_2\text{O}} \text{—SO}_2\text{NHNH}_2 \xrightarrow[-2\text{H}_2\text{O},\ -\text{Na}^+]{\text{NaNO}_2,\ \text{H}^+} \text{—SO}_2\text{N}_3$$

在实验中，可用叠氮化钠与苯磺酰氯反应，一步合成苯磺酰叠氮。

$$\text{—SO}_2\text{Cl} + \text{NaN}_3 \longrightarrow \text{—SO}_2\text{N}_3 + \text{NaCl}$$

一、实验目的

学习高分子材料用发泡剂的基本知识；掌握发泡剂苯磺酰叠氮的制备方法和危险化学品叠氮化钠的使用方法。

二、原料

叠氮化钠	苯磺酰氯	乙醇（95%）
乙醚	无水硫酸钠	

三、实验操作

注意！本实验要在通风橱中进行，操作时要戴上橡胶手套。

1. 在三口瓶上装置搅拌器和滴液漏斗。加入 2.2g（0.034mol）叠氮化钠❶。和 5mL 热水❷，搅拌使溶解。冷至室温，加入 95% 的乙醇 9mL，用冰-盐浴冷却。搅拌下从滴液漏斗慢慢滴加 4.5g（0.025mol）苯磺酰氯❸。随着反应的进行，可见到反应混合物由橙色变红色。继续在冷却下搅拌 30min，然后在室温下搅拌 30min，使红色消褪。反应完毕，将反应混合物移入分液漏斗中，加入 10mL 水稀释。静置，漏斗底部有清亮的油状液体析出。分出下层油状物（约 4~5g）。水层分三次、每次用 15mL 乙醚萃取。合并各次分出的有机液体，置入分液漏斗中，再分四次、每次用 20mL 水洗涤❹，再用无水硫酸钠干燥。过滤，用少许乙醚洗涤滤渣，洗出液并入滤液中。将滤液于 50℃ 水浴加热下（先在常压下，后在水流喷射泵减压下）蒸除乙醚，得到无色或淡黄色透明液体苯磺酰叠氮，约 3.5~4.0g，产率 76%~87%。

2. 实验时间 5h。

---

❶ 叠氮化钠是有剧毒的无色固体。它的性质不稳定，当受热、光照、与氧化剂接触或受到撞击和剧烈震动时，都可能发生猛烈爆炸，使用时应加以注意。另一方面，叠氮化钠与酸性物质作用能释出叠氮酸（叠氮酸在 25℃ 时，$k_a = 2.6 \times 10^{-5}$），后者是一种剧毒、易爆的危险品，沸点仅为 37℃。虽然叠氮酸水溶液比较稳定，但它遇光易分解，所以它的浓水溶液有爆炸危险。因此，使用叠氮化钠时，应防止它与酸的不必要的接触。当反应操作中有可能产生叠氮酸时，应在装置上采取适当的措施，把含叠氮酸的尾气引导经过吸收装置。使用叠氮化钠和叠氮酸的操作一律要在通风橱中进行，要戴橡胶手套。必要时还要使用护目镜和防护屏。

❷ 当实验规模扩大时，应改用冷水。溶解操作通过加热完成，此时在三口瓶上应加接一回流冷凝管，冷凝管的出气口应与气体吸收装置连接起来。

❸ 按使用一般酰氯的要求使用苯磺酰氯，盛装它的容器应是干燥的。

❹ 不纯的粗产物受热时可能发生爆炸，所以该粗产物的乙醚溶液在用水彻底洗涤之前，应绝对避开热源。即使少量的粗产物，也可能引起破坏性的后果。

参 考 文 献

[1]　黄枢等. 有机合成试剂制备手册. 成都：四川大学出版社，1988：27-28

[2]　Dermer OC, Edmision MT. *J. Am. Chem. Soc.*，1955，77：70.

[3]　Zalkow LH, OehlschlagerAC. *J. Org. Chem.*，1963，28：3303.

第4章 食品添加剂

食品添加剂的定义 据《中华人民共和国食品卫生法（试行）》第43条："食品添加剂：指为改善食品品质和色、香、味，以及为防腐和加工工艺的需要而加入食品中的化学合成或者天然物质。营养强化剂：指为增强营养成分而加入食品中的天然的或人工合成的属于天然营养素范围的食品添加剂。"也就是说，使用食品添加剂是为了提高食品品质，增强食品的感官性状，延长保存时间和满足食品加工工艺过程的要求。

食品添加剂不是食品的原有成分，而是随同食品一起被人所摄食的物质，如果使用不当，将对人体造成危害，所以国家对其生产和使用实行严格的管理。

食品添加剂的一般要求 从食品卫生出发，食品添加剂应首先是使用的安全性，然后才是其工艺效果。据此，对食品添加剂及其使用一般有如下要求。

① 食品添加剂本身应该经过充分的毒理学鉴定程序，证明在使用限量范围内对人体无害。

② 食品添加剂在进入人体后，能参加人体正常的物质代谢；或能被正常解毒过程解毒后全部排出体外；或因不被消化道吸收而全部排出体外；不能在人体内分解或与食品作用形成对人体有害的物质。

③ 食品添加剂在达到某种工艺效果后，若能在以后的加工烹调过程中消失或破坏而避免摄入人体，则更为安全。此要求不适合于食品添加剂范围的营养强化剂。

④ 食品添加剂对食品的营养效果不应有破坏作用，也不应影响食品的质量和风味。

⑤ 食品添加剂应有助于食品的生产、加工、制造、贮存和运输等过程，具有保持食品营养、防止腐败变质、增强感官性状和提高产品质量等作用，应在较低使用量的条件下具有显著的效果。

⑥ 价格低，来源充足，使用安全。为了便于管理监督，添加入食品后能被分析鉴定。

食品添加剂的卫生管理与安全使用 政府为保证食品卫生质量，防止食品中有害因素对人体的危害，采取了一系列卫生管理措施并制定了有关食品添加剂的卫生法规，对其生产和使用实行严格的卫生管理。从1954年开始公布了若干规定。1980年成立了国家标准总局领导下的专业性标准化技术组织——全国食品添加剂标准化技术委员会，此后国家标准总局在同年公布了《中华人民共和国国家标准——食品添加剂》（GB 1886～1909—80，1981年1月1日实施）；1981年公布了《中华人民共和国国家标准——食品卫生法》（GB 2707～2763—81，1982年1月1日实施），其中包括《食品添加剂使用卫生标准》（GB 2760—81）和《食品添加剂卫生管理办法》。1982年12月19日五届人大常委会通过了《中华人民共和国食品卫生法（试行）》，并于1983年7月1日公布试行。1983年1月8日卫生部发出了《食品安全性毒理学评价程序（试行）》的通知并在以后制定了许多具体规定。我国食品添加剂卫生管理的主要条款可归纳如下。

① 加强卫生管理防止污染。对一些具有毒性的食品添加剂应尽量不用或少用，必须采用时应严格控制使用范围和用量。积极开发无毒的天然食品添加剂。

② 生产食品添加剂必须经主管部门、卫生部门和有关部门共同批准并定点生产，出厂时要求小包装并注明品名、质量标准、规格、使用范围、生产厂名、批号和制造日期，并标明"食品添加剂"字样。有关部门必须加强监督并有权向生产和销售单位无偿抽样检查。

③ 经营和使用食品添加剂必须符合使用卫生标准和卫生管理办法的规定，不得经营使用不合格产品和非定点生产的产品。

④ 生产和使用新的食品添加剂，必须由生产和使用单位及其主管部门提交生产工艺、理化性能、质量标准、毒性试验结果、使用效果、使用范围和使用量等有关资料，经主管部门和卫生部门签署意见，呈全国食品添加剂标准化技术委员会审查，报国家标准总局审批。

⑤ 不允许以掩盖食品变质或伪造为目的而使用食品添加剂，不得销售和使用污染或变质产品，婴儿代乳食品不准使用色素、香料和糖精。

⑥ 除了既是传统食品又是药品以及作为调料或营养强化剂者外，食品中不得加入药物。

⑦ 进口或出口转内销的食品添加剂或含有食品添加剂的物品，必须符合我国《食品添加剂卫生管理办法》的规定。

食品添加剂的使用标准应包括允许使用的品种、使用范围、使用目的（工艺效果）和最大使用量。

食品添加剂应是对人体有益无害的物质，但有些食品添加剂，特别是化学合成品，往往有一定的毒性，因此要严格控制使用量。食品添加剂的毒性，不仅取决于其本身的化学结构和物化性质，而且与其有效浓度、使用时间、接触时间、接触部位、物质的相互作用和机体机能状态有关，故不论其毒性大小，对人体都有一定剂量与效应的关系问题，只有达到一定浓度或剂量时才显示出毒害作用。所以需对食品添加剂及其原料进行充分的毒理评价，以制定使用标准。

评价食品添加剂的毒性（或安全性），首要标准是 ADI 值（人体每日允许摄入量），它指人一生连续摄入某物质而不致影响健康的每日最大摄入量，以每日每千克体重摄入的毫克数表示，单位是 mg/kg。对小动物（大鼠、小鼠等）进行近乎一生的毒性试验，取得 MNL 值（动物最大无作用量），其 $1/100 \sim 1/500$ 即为 ADI 值。之所以取 MNL 值的 $1/100 \sim 1/500$ 作为人体摄入量的安全值（即系数为 $100 \sim 500$），是由于人和动物对物质毒性的感受程度不同，安全系数高比较可靠。例如糖精钠对小鼠的 MNL 值为 500mg/kg，1984 年 FAO（联合国粮农组织）和 WHO（世界卫生组织）规定其 ADI 值为 $0 \sim 2.5$mg/kg，安全系数为 200。假如成人体重以 60 kg 计，则每人每日允许摄入量为 150 mg。

评价食品添加剂安全性的第二个常用指标是 LD_{50} 值（半数致死量，亦称致死中量），它是粗略衡量急性毒性高低的一个指标。一般指能使一群被试验动物中毒而死亡一半时所需的最低剂量，其单位是 mg/kg（体重）。不同动物和不同的给予方式使同一受试物质的 LD_{50} 值均不相同，有时差异甚大。试验食品添加剂的 LD_{50} 值，主要是经口的半数致死量。动物的种系、性别、年龄和实验条件的差异都会影响 LD_{50} 值，所以同一受试物在不同的文献中会出现有差异的数据，但总的来说其数值比较稳定和具有代表性。

一般认为，对多种动物毒性低的物质，对人的毒性亦低，反之亦然。按经口 LD_{50} 值的大小，将受试物质的急性毒性进行粗略分级，参见表 4-1。

表 4-1　LD_{50} 值与毒性分级和对人的毒性对照

毒性程度	LD_{50}（大鼠经口）/(mg/kg)	对人致死推断量	毒性程度	LD_{50}（大鼠经口）/(mg/kg)	对人致死推断量
极大	<1	约 50 mg	小	$501 \sim 5000$	$200 \sim 300$g
大	$1 \sim 50$	$5 \sim 10$g	极小	$5001 \sim 15000$	500g
中	$51 \sim 500$	$20 \sim 30$g	基本无害	>15000	>500g

以下物质的 LD_{50} 值可供比较（括号内数值为 LD_{50} 值，单位是 mg/kg 体重）：氰化钾（2）；杀虫剂敌敌畏（$50 \sim 70$）；药物阿司匹林（$500 \sim 1000$）；化学品乙醇（$6000 \sim 8000$）；

食盐（8000～10000）；食品抗氧剂 BHA（2900）；食品防腐剂苯甲酸钠（2700）；尼泊金丙酯（＞8000）和山梨酸（10500）。LD_{50} 值小即毒性大的物质不能用作食品添加剂。

除进行急性毒性试验外，对动物的毒性试验还包括亚急性毒性试验和慢性毒性试验。亚急性毒性试验是在急性毒性试验的基础上进一步检验被试物质对动物重要器官或生理功能的影响，为慢性毒性试验做准备。亚急性毒性试验期一般约为 3 个月。慢性毒性试验是把少量被试的食品添加剂长期（两年左右）让受试动物食用，由此确定被试物质的最大无作用量和中毒阀剂量。慢性毒性试验的内容与亚急性毒性试验基本相似，但试验期不同。在慢性毒性试验中做一些特殊试验如繁殖试验、致癌试验和致畸试验等。

制定使用标准的依据是食品添加剂使用情况的实际调查和毒性学评价，制定程序一般如下：由 MNL 值推定 ADI 值，后者乘以人均体重可得每人每日允许摄入总量（A）。根据人群的膳食调查，搞清膳食中含该种食品添加剂的各种食品的每日摄食量（C），分别算出每种食品中含有食品添加剂的最高允许量（D），最后制定出该食品添加剂在每种食品中的最大使用量（E）。

食品添加剂的分类 按 GB 2760—86 标准，我国将食品添加剂分为防腐剂、抗氧（化）剂、发色剂、漂白剂、酸味剂、凝固剂、疏松剂、增稠剂、消泡剂、甜味剂、乳化剂、品质改良剂、抗结块剂、香料、营养强化剂、着色剂及其他共十七类。据来源不同，可把食品添加剂分为天然的与合成的两大类。前者是利用动植物或微生物的代谢产物等为原料经提取获得的天然物质，后者是通过化学反应制成的合成品。现择其主要者做一简介。

4.1 食品防腐剂

防腐剂是指能杀死微生物或抑制微生物增殖的物质。若依其对微生物作用的主要性质，又可具体地分为杀菌剂和狭义范围的防腐剂（或称保藏剂），前者指有杀菌作用的物质，后者指仅具有抑菌作用的物质。然而二者不易严格区分，物质的杀菌能力与其浓度，作用时间和作用对象有关。同一物质，相对高浓度时可以杀菌，相对低浓度时只能抑菌；作用时间长可以杀菌，时间短只能抑菌；对某种微生物有杀菌作用，而对另一种微生物可能仅起抑菌作用。因此，在食品保藏中往往统称防腐剂。

食品营养丰富而适于微生物生长繁殖，故此食品易腐败变质。防止食品变质的方法很多，在目前条件下，在食品中加入食品防腐剂，是一种简便、经济、有效的保藏食品的辅助手段，但随着速冻技术及其他保藏工艺的发展，防腐剂将逐渐减少使用。

防腐剂包括无机防腐剂和有机防腐剂两类，前者主要有亚硫酸及其盐、硝酸盐及亚硝酸盐、游离氯及次氯酸盐等；后者主要有苯甲酸及其盐、山梨酸及其盐、对羟基苯甲酸酯（尼泊金酯）和乳酸等。

4.1.1 苯甲酸及其盐

苯甲酸又称安息香酸，结构式是 ⬡—$\overset{\text{O}}{\underset{}{\text{C}}}$—OH ，是白色有荧光的鳞片或针状结晶，有微弱的安息香气味，易溶于乙醇，难溶于水，在 25℃的饱和水溶液中 pH 值为 2.8。使用苯甲酸时一般是先溶于适量乙醇，再添加入食品中，也可与适量的 Na_2CO_3 或 $NaHCO_3$ 混合溶于热水再使用。苯甲酸的 LD_{50} 值为 2000mg/kg（狗经口）和 2700～4440mg/kg（大鼠经口），ADI 值为 0～5mg/kg（FAO/WHO）。作为防腐剂，苯甲酸的杀菌力与介质的 pH 值有关。pH 值为 3.5 时，1％的溶液在 1h 内杀死葡萄球菌及其他菌种；pH 值为 5 时，5％的溶液杀菌力也不强，故本品仅对 pH 值在 4.5 以下的食品有防腐作用。

由于苯甲酸在水中难溶，使用不便，故食品生产中多使用其钠盐。苯甲酸钠是白色的结晶、味甜，微有安息香气味，易溶于水，其作用与苯甲酸类似，LD_{50} 值是 2100mg/kg（大鼠经口）。

卫生标准规定，苯甲酸及其钠盐在一些食品中的最大用量见表 4-2。

表 4-2　苯甲酸及其钠盐在一些食品中的允许最大用量

食品种类	允许最大用量/(g/kg)	食品种类	允许最大用量/(g/kg)
酱油、醋、果汁、果子露、罐头	1	果子汽水	0.4
葡萄酒、果子酒	0.8	低盐酱菜、面酱、蜜饯、果味露	0.5
汽酒、汽水	0.2	浓缩果汁	2

4.1.2　对羟基苯甲酸酯类

对羟基苯甲酸酯又称尼泊金酯，结构式是 HO—⟨benzene⟩—$\overset{O}{\overset{\|}{C}}$—O—R　（R＝烷基），常用者为丙酯（R＝$CH_3CH_2CH_2$—）和乙酯（R＝$CH_3CH_2$—），均为白色结晶，微涩，无臭，不潮解，微溶于水，易溶于乙醇和丙二醇中，抗菌能力强。对羟基苯甲酸酯的毒性低于苯甲酸，丙酯的 LD_{50} 值为 3700mg/kg（小鼠经口），ADI 值为 0～10mg/kg；乙酯的 LD_{50} 值为 8000mg/kg（小鼠经口），ADI 值为 0～10mg/kg。

对羟基苯甲酸酯以对羟基苯甲酸和对应的醇为原料，用浓硫酸作催化剂及苯为分水剂进行回流酯化合成，产率约 80%～85%。若以有机强酸代替浓硫酸作为催化剂，产率可提高至 90% 左右。

$$\text{HO—⟨benzene⟩—COOH} + \text{ROH} \xrightarrow[\text{回流分水}]{H^+,\ \text{苯}} \text{HO—⟨benzene⟩—COOR} + H_2O$$

4.1.3　山梨酸及其盐

山梨酸的学名是 2，4-己二烯酸，结构式是 $CH_3CH=CHCH=CHCOOH$，是稍带刺激性臭味的白色结晶。它易溶于有机溶剂而难溶于水，饱和水溶液的 pH 值为 3.6，其防腐能力随 pH 值的升高而降低，宜在 pH<6 时使用，抗菌能力强。由于水溶性小，故其使用方法同苯甲酸。

山梨酸钾是白色或浅黄色结晶，无臭，有弱刺激性气味，易溶于水（67.6g/100mL，20℃），1% 水溶液的 pH 值为 7～8，具有很强的抗菌能力。

山梨酸的 LD_{50} 值为 10500mg/kg（大鼠经口），钾盐的 LD_{50} 值为 5860mg/kg（小鼠经口），二者的 ADI 值（以山梨酸计）均为 0～25mg/kg，其毒性远低于其他防腐剂，已成为世界通用的食品防腐剂。

在工业上，山梨酸以巴豆醛和乙烯酮为原料合成：

$$CH_3CH=CH\overset{O}{\overset{\|}{C}}{\underset{H}{}} + CH_2=C=O \xrightarrow{\text{Lewis 酸}} CH_3CH=CHCH=CH\overset{O}{\overset{\|}{C}}{-}OH$$

用碳酸钾或氢氧化钾中和山梨酸即可制得山梨酸钾。

4.1.4　其他食品防腐剂

除以上三种外，较常用的食品防腐剂尚有丙酸及其盐和富马酸二甲酯等。丙酸及其盐的抑菌作用虽然较弱，但它是人体新陈代谢的正常中间物，故无毒性，其 ADI 值不加限制。丙酸及其盐多用于面包、糕点类的防霉，最大使用量规定为 5g/kg，其最小抑菌浓度在 pH 值为 5.0 时是 0.01%，pH 值为 6.5 时是 0.5%。

富马酸二甲酯是很有前途的食品防腐剂，防霉效果远比丙酸钙强。例如用于面包的防霉，在同样条件做保藏比较，加入富马酸二甲酯者保藏期达 475 天，而使用丙酸钙者保藏期为 30 天。富马酸二甲酯的缺点是对皮肤的刺激性较大，目前多采用单独透气包装置于食品包装盒内，利用其挥发产生的蒸气防霉。

4.2 食品抗氧剂

食品抗氧剂是能阻止或延迟食品氧化变质，以提高食品的稳定性和延长贮存期的物质。氧化是导致油脂及含油脂食品品质变劣的重要因素。油脂被氧化之后不仅出现难闻的气味、变色和破坏维生素、降低食品质量和营养价值，而且会产生有害物质甚至引起食物中毒。

经 FAO 和 WHO 批准使用的合成食品抗氧剂主要有丁基羟基茴香醚（BHA）、二丁基羟基甲苯（BHT）、没食子酸丙酯（PG）和 L-抗坏血酸（维生素 C），前三者属油溶性抗氧剂，后者属水溶性抗氧剂。

4.2.1 丁基羟基茴香醚

丁基羟基茴香醚又称叔（或特）丁基-4-羟基茴香醚或丁基大茴香醚，简称 BHA。它一般以对苯二酚和叔丁醇为原料，在磷酸催化下生成中间体叔丁基对苯二酚，然后再与硫酸二甲酯进行半甲基化反应而制得。

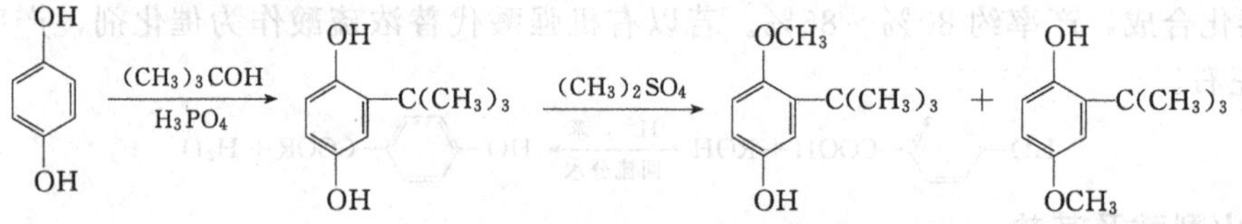

亦可先进行半甲基化反应生成对羟基苯甲醚，再与叔丁醇反应制得 BHA。

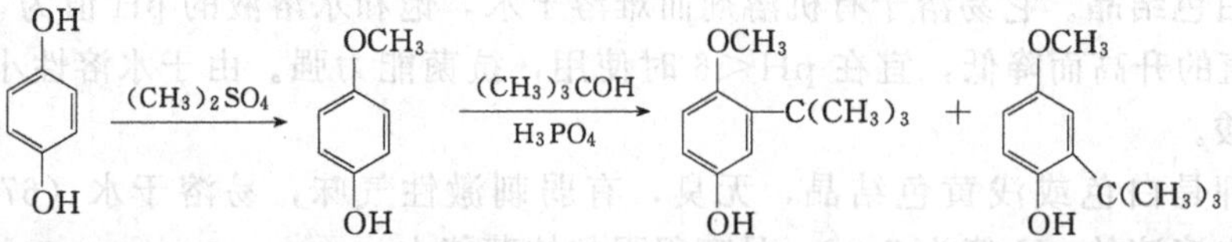

以上两种方法合成的 BHA，均为 2-BHA 和 3-BHA 两种异构体的混合物，使用时不加分离。BHA 是白色或微黄色蜡状固体，稍带刺激性气味，不溶于水，易溶于乙醇（25g/100mL，25℃）、丙二醇（50g/100mL，25℃）和各种油脂（30～50g/100mL，25℃）中。单独使用时 3-BHA 的抗氧化效果比 2-BHA 强，两者混合后有协同作用，故富含 3-BHA 的混合物，其效力几乎与纯 3-BHA 的效力相仿。除抗氧化作用外，它还有较强的抗菌作用。BHA 的 LD_{50} 值为 2900mg/kg（大鼠经口），ADI 值暂定为 0～0.5mg/kg。BHA 是广谱而高效的食品抗氧剂，油脂中含 0.1～0.2g/kg 的 BHA 就可达到很好的效果。但近年来怀疑它有弱的致癌作用，已有些国家对其实行禁用或限制使用。

4.2.2 二丁基羟基甲苯

二丁基羟基甲苯又称 2,6-二特丁基对甲苯酚，学名是 4-甲基-2,6-二叔丁基苯酚，简称 BHT。一般以对甲苯酚和异丁醇为原料，异丁醇经氧化铝脱水成为异丁烯，后者经硅胶通入含催化剂浓硫酸的对甲苯酚中加压反应 8h，反应生成物经中和、洗涤和乙醇重结晶，得食品级 BHT 精制品。

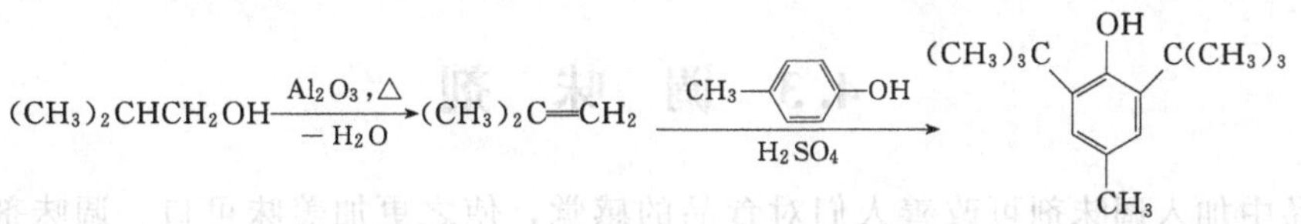

$$(CH_3)_2CHCH_2OH \xrightarrow[-H_2O]{Al_2O_3, \triangle} (CH_3)_2C=CH_2 \xrightarrow[H_2SO_4]{CH_3-\bigcirc-OH}$$

BHT 为白色结晶。不溶于水和甘油，能溶于乙醇和油脂中，抗氧化性和稳定性均较好，无臭无味，价格低廉。缺点是其毒性相对较高，LD_{50} 值为 1700～1970mg/kg（大鼠经口），ADI 值暂定为 0～0.5mg/kg。

4.2.3 没食子酸丙酯

没食子酸丙酯学名是 3,4,5-三羟基苯甲酸丙酯，简称 PG。通常它是以没食子酸和丙醇为原料在酸催化下发生酯化反应而合成的。传统方法是在回流温度下用浓硫酸作催化剂来进行的，这种方法会因硫酸氧化原料没食子酸和产物没食子酸丙酯而使产率偏低。改进的方法有：用非氧化性强酸——对甲基苯磺酸代替硫酸作催化剂，及使用有机分水剂进行酯化，可使产率提高至 90%。

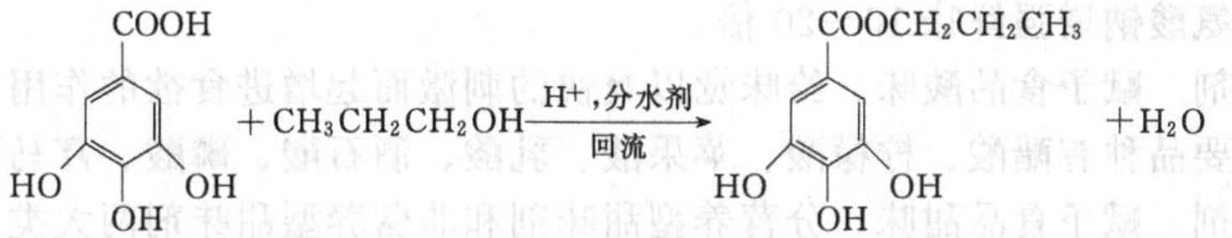

$$+ CH_3CH_2CH_2OH \xrightarrow[回流]{H^+, 分水剂} + H_2O$$

PG 是白色至淡褐色或乳白色结晶，无臭，稍有苦味，易溶于乙醇、丙酮、乙醚而难溶于水、氯仿和油脂。PG 对猪油的抗氧化作用强于 BHA 和 BHT，但总的来说稍比 BHA 和 BHT 差。PG 易与铜、铁等离子显色，加入柠檬酸等金属离子螯合剂则可避免或减轻显色。PG 的 LD_{50} 值为 3800mg/kg（大鼠经口），ADI 值暂定为 0～0.2mg/kg。

4.2.4 L-抗坏血酸

L-抗坏血酸又称维生素 C，结构式是 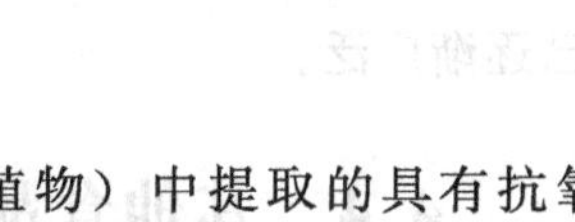 ，是白色或略带淡黄色结晶，无臭、味酸，遇光色渐变深，易溶于水，可溶于乙醇，不溶于苯和乙醚。易受光或热分解，碱性条件或重金属存在下分解加快。正常剂量的 L-抗坏血酸对人无毒性，ADI 值是 0～15mg/kg。L-抗坏血酸多使用在果汁、饮料、低度酒、罐头等富含水分的食品中，此外它还是天然食品抗氧剂生育酚的增效剂。

4.2.5 天然抗氧剂

天然抗氧剂是指从天然物（主要是植物）中提取的具有抗氧化作用的物质，如芝麻酚、谷维素（米糠素）、茶多酚、咖啡豆提取物以及从植物油不皂化物中分离得到的生育酚（维生素 E）。由于天然抗氧剂比合成品安全可靠，故国内外都提倡使用和发展天然抗氧剂。

天然维生素 E 含 α、β、γ、δ 等 7 种异构体，作为抗氧剂使用的生育酚是提取物的浓缩物。浓缩物是黄褐色的、几乎无臭的、澄清黏稠液体，溶于乙醇和油脂而不溶于水，属油溶性抗氧剂。$LD_{50} > 10000$mg/kg，ADI 值为 0～2mg/kg。

不论是天然或合成抗氧剂，不同品种间常有协同作用，往往是两种或多种抗氧剂按一定比例混合使用时可达到更好的效果。同时某些物质（如柠檬酸等）还能起增效作用。应利用以上两种作用，以使添加最少量的抗氧剂就能达到高的抗氧化效果的目的。

4.3 调味剂

在食品中加入调味剂可改善人们对食品的感觉，使之更加美味可口。调味剂包括鲜味剂、酸味剂、甜味剂、辣味剂、咸味剂和苦味剂等。舌头是味觉的主体，其不同部位对味觉分别有不同的敏感性。如舌尖对甜味最敏感；舌尖和边缘对咸味敏感；靠近腮的两侧对酸味敏感；根部对苦味敏感。

（1）鲜味剂 以谷氨酸钠（俗称味精）为主，是世界上除食盐以外用量最多的调味剂，世界年产量约 30 万吨。谷氨酸钠的结构式是 $HO_2CCHCH_2CH_2CO_2Na \cdot H_2O$，是具有强烈肉类鲜

味的白色或无色结晶，易溶于水。它在 150℃时失去结晶水，在 210℃时发生吡咯烷酮化而生成焦谷氨酸，约 270℃时进一步分解。谷氨酸的 LD_{50} 值是 16200mg/kg，在一般的用量条件下不存在毒性问题，ADI 值是 0～120mg/kg。近年来核苷酸类鲜味剂的发展十分引人注目，尤其是其中的肌苷酸钠。它与谷氨酸钠并用时有显著的协同增效作用，加入 1/8 量的肌苷酸钠可使谷氨酸钠增强鲜味 10～20 倍。

（2）酸味剂 赋予食品酸味，给味觉以爽快的刺激而起增进食欲的作用，又有一定的防腐效果，其主要品种有醋酸、柠檬酸、苹果酸、乳酸、酒石酸、磷酸、富马酸等。

（3）甜味剂 赋予食品甜味，分营养型甜味剂和非营养型甜味剂两大类。前者主要指蔗糖、葡萄糖和果糖等，由于它们供人体以能量，通常视作食品原料而不作为食品添加剂加以控制。非营养型甜味剂不（或少）提供能量，如糖醇、木糖、甜叶菊苷、甘茶叶素、二氢查尔酮、罗汉果和甘草提取物等天然甜味剂及糖精钠、天冬甜素等合成甜味剂。目前，国内使

用最多的合成甜味剂是糖精钠，其结构式是 NNa · 2H₂O，甜度是蔗糖的 300～500

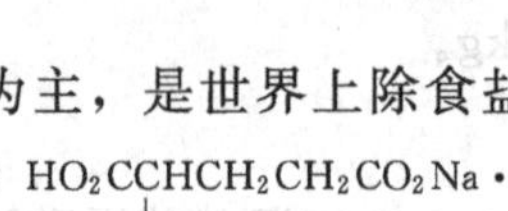

倍，LD_{50} 值为 17500mg/kg，ADI 值为 0～2.5mg/kg。国内外曾对糖精钠的食用安全性问题有过争议，但尚未定论。天冬甜素是一种二肽衍生物，学名是天冬氨酰苯丙氨酸甲酯，结构

式是 $H_2NCHCONHCHCOOCH_3$，无臭，甜味极似蔗糖，甜度为蔗糖的 100～200 倍，安全性高于糖精钠，ADI 值是 0～40mg/kg。近年来由于合成甜味剂（如糖精钠、天冬甜素）的安全性尚未十分肯定，而营养型甜味剂对肥胖症、高血压病和糖尿病等患者不利，故天然非营养型甜味剂甚受重视，使用已逐渐广泛。

4.4 其他食品添加剂

（1）增稠剂 又称糊料，其作用是增加食品的黏度，赋予食品以黏滑可口的感觉，又可作为乳化稳定剂。增稠剂的品种较多，大多从含多糖的植物或海藻类中提取或其再经化学改造的产物，属水溶性高聚物。常用者有变性淀粉、琼脂、果胶、海藻酸钠和羧甲基纤维素等。

（2）食用色素 依其来源可分为合成色素和天然色素。与后者相比，前者因其色彩鲜艳、着色力强、性质稳定、可任意调色、成本低和使用方便等优势而被广泛使用。但其中多数对人体有副作用，在代谢过程中可能产生有害物质，因此又重新发展天然食用色素。天然食用色素是直接从动植物组织提取或再经化学改造的产物，除藤黄有剧毒被禁用外，其余大多对人体安全，常用者有叶绿素铜钠、姜黄色素、红花黄色素、紫胶红色素、红曲色素、β

胡萝卜素、辣椒红素，甜菜红和酱色（焦糖）等。

在食品生产中广泛应用的乳化剂和食用香精，分别在表面活性剂及香料章节中另有专题讨论。由于篇幅所限，其余类别的食品添加剂在此不做介绍。

实验十三　食品防腐剂　尼泊金甲酯

尼泊金酯的学名是对羟基苯甲酸酯，由于具有毒性低，几乎无味、无刺激性以及在较宽的 pH 值范围内能保持较好的抗菌效果等优点，使其成为在食品加工中应用较广的食品防腐剂。尼泊金酯类防腐剂均为无色结晶或白色粉末，主要品种及其熔点如下：甲酯 126～128℃；乙酯 116～118℃；丙酯 95～98℃；丁酯 69～72℃。合成尼泊金酯的反应式如下：

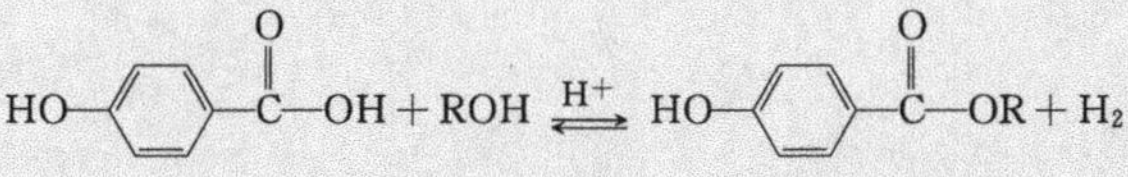

$$HO-\!\!\!\bigcirc\!\!\!-\overset{O}{\overset{\|}{C}}-OH + ROH \xrightleftharpoons{H^+} HO-\!\!\!\bigcirc\!\!\!-\overset{O}{\overset{\|}{C}}-OR + H_2O$$

$$R=CH_3, C_2H_5, n\text{-}C_3H_7, n\text{-}C_4H_9$$

本实验以对羟基苯甲酸和甲醇为原料，用浓硫酸作催化剂，进行经典的酯化反应来制备尼泊金甲酯。

一、实验目的

熟悉尼泊金酯类防腐剂的制备方法，掌握经典的酯化反应操作。

二、原料

对羟基苯甲酸	甲醇
浓硫酸	氢氧化钠（50%溶液）
碳酸氢钠（10%溶液）	

三、实验操作

1. 在装有搅拌器、回流冷凝管和滴液漏斗的 100mL 三口烧瓶中，放入 20.2mL（16g，0.5mol）甲醇，搅拌下由滴液漏斗缓慢滴入 1mL 浓硫酸❶，再加入 13.8g（0.1mol）对羟基苯甲酸，温热使固体全溶，再升温至保持轻微回流 6h。冷却至室温，用 50% 的氢氧化钠溶液调节 pH 至 6，蒸馏回收过量的甲醇。置冷，析出结晶，用 10% 的碳酸氢钠溶液调节 pH 至 7～8。抽滤，水洗结晶至洗涤液的 pH 值为 6～7，晾置，烘干，得无色结晶的尼泊金甲酯粗品约 13g，产率约 85%。

将尼泊金甲酯粗品放入带有回流冷凝管的圆底烧瓶中，加入适量的甲醇，使在加热时尼泊金甲酯能全溶。置冷后加入适量的活性炭微沸片刻，趁热过滤。滤液置冷结晶，抽滤，水洗，晾置，烘干，得到尼泊金甲酯精品❷约 12g，熔点 126～128℃，产率约 79%。

2. 实验时间 8h。

参 考 文 献

[1] 韩广甸，赵树纬，李述文等编译. 有机制备化学手册. 上卷. 北京：化学工业出版社，1980：269-270.
[2] 李述文，范如霖编译. 实用有机化学手册. 上海：上海科学技术出版社，1986：326-329.
[3] 天津轻工业学院食品工业教学研究室编. 食品添加剂. 修订版. 北京：轻工业出版社，1987：20-26.

---

❶ 除浓硫酸外，也可选用对甲基苯磺酸等有机强酸或强酸性阳离子交换树脂作催化剂。
❷ 采用此酯化操作，用乙醇、丙醇或丁醇代替甲醇，可分别制备尼泊金乙酯、丙酯、丁酯。

实验十四　食品防腐剂　丙酸钙

水溶性食品防腐剂丙酸钙是白色结晶，无臭，微溶于乙醇，易溶于水。虽其防腐作用较弱，但因它是人体正常代谢中间物，故使用安全。丙酸钙主要用于面包和糕点的防霉。

将丙酸与氧化钙或与碳酸钙反应即可制得丙酸钙，本实验按以下反应式制备：

$$CaO + H_2O \longrightarrow Ca(OH)_2$$

$$2CH_3CH_2COOH + Ca(OH)_2 \longrightarrow (CH_3CH_2COO)_2Ca + 2H_2O$$

一、实验目的

熟悉防腐剂丙酸钙的制备方法，掌握利用减压浓缩方法获得水溶性固体的操作。

二、原料

丙酸　氧化钙

三、实验操作

1. 在装有搅拌器、回流冷凝管和滴液漏斗的 100mL 三口烧瓶中，加入 6mL 蒸馏水和 5.6g（0.1mol）氧化钙，搅拌使反应完全，然后在搅拌下由滴液漏斗缓慢滴加 15g（0.2mol）丙酸。滴加完毕，取下滴液漏斗并装上温度计，温度计下端没入液面。升温至 80～100℃并保温反应 3～3.5h（当反应液 pH 值为 7～8 时即为反应终点）。趁热过滤，得到丙酸钙水溶液。

将丙酸钙水溶液移入圆底烧瓶中并组成减压蒸馏装置，加热减压浓缩至有大量细小晶粒析出为止，冷却，抽滤❶，烘干，得到白色结晶的丙酸钙约 15g，产率约 80%。

2. 实验时间 5h。

参考文献

[1] 廖耿，陈仪准. 广州化工，1987，（1）：38-40.

实验十五　食品抗氧剂　丁基羟基茴香醚

丁基羟基茴香醚简称 BHA，是油溶性食品抗氧剂之一，主要用于防止油脂及富含油脂食品的氧化变质。本品是 3-叔丁基-4-羟基茴香醚（3-BHA）和 2-叔丁基-4-羟基茴香醚（2-BHA）的混合物。商品 BHA 中 3-BHA 约占 90%，是无色或浅黄色蜡状固体，略有特殊气味，熔程 48～63℃。

BHA 的合成有两条路线，本实验按以下路线制备：第一步由对苯二酚与硫酸二甲酯反应，生成对羟基苯甲醚；第二步是将对羟基苯甲醚在磷酸催化下与叔丁醇发生反应，生成 3-BHA 和 2-BHA。

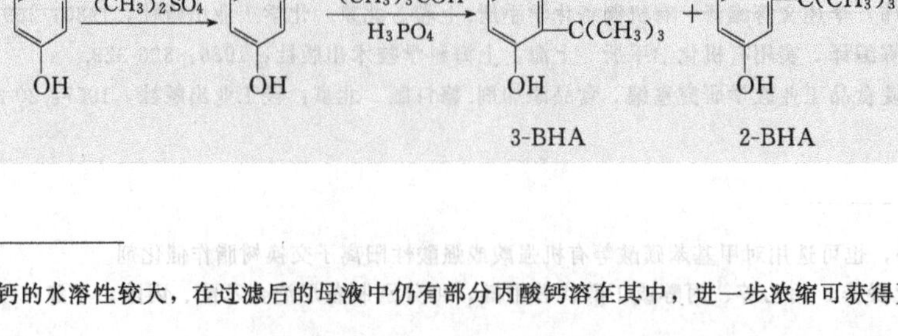

❶ 由于丙酸钙的水溶性较大，在过滤后的母液中仍有部分丙酸钙溶在其中，进一步浓缩可获得更多的产品。

一、实验目的

熟悉食品抗氧剂 BHA 的制备和性质，掌握在相转移催化剂存在下的醚化操作以及 Friedel-Crafts 反应操作。

二、原料

对苯二酚	硫酸二甲酯❶	甲苯
无水氯化钙	无水硫酸钠	盐酸
聚乙二醇-400	碳酸钠（10%）	磷酸（85%）
氢氧化钠（20%）	叔丁醇	氯仿

三、实验操作

1. 对羟基苯甲醚的制备

在 250mL 三口烧瓶上装置搅拌器、温度计及 Y 形管，Y 形管上端分别装置滴液漏斗和回流冷凝管。加入 15mL 蒸馏水、16.5g（0.15mol）对苯二酚和 8.25g 聚乙二醇-400❷，搅拌至固体全溶。升温至 30℃，先后由滴液漏斗滴加 16mL（21g，0.165mol）硫酸二甲酯以及由 6.6g（0.165mol）氢氧化钠配成的 20% 水溶液，使反应液保持在 pH 值 8～11 之间（约在 1.5h 内滴完）。然后在 30～35℃ 之间反应 2.5h 和在 90～95℃ 之间反应 1h。反应完毕，反应液冷至室温。加入盐酸酸化（控制 pH 值在 2～3 之间），静置，分出有机层。水层分 2 次，每次用 10mL 氯仿萃取。合并有机层，水洗 2 次后加入无水硫酸钠干燥。常压蒸除溶剂后再减压蒸馏，收集 120～122℃/2kPa 的馏分。得到对羟基苯甲醚 12.5g，产率 66%。对羟基苯甲醚为白色至淡褐色结晶，熔点 52～55℃。常压下的沸点为 242～245℃。

2. 丁基羟基茴香醚的制备

除回流冷凝管上端加装无水氯化钙管外，其余装置同本实验操作 1。加入 12.5mL（23g 0.2mol）磷酸❸和 15mL 甲苯，搅匀后加入 12.6g（0.1mol）对羟基苯甲醚，加热搅拌溶解。继续升温至回流，缓慢滴加 8.9g（约 0.12mol）叔丁醇和 15mL 甲苯的混合液（约 20min 滴完）。在 90～100℃ 间保温反应 4h。反应完毕，冷至室温，静置分层。有机层用 10% 碳酸钠溶液洗至 pH 值为 5～6 后再水洗三次，用无水硫酸钠干燥。常压蒸去甲苯后进行减压蒸馏，收集 132～136℃/2kPa 馏分，得到产品约 11g，产率约 61%。

3. 实验时间（6+6）h。

参 考 文 献

[1]　韩广甸，赵树纬，李述文编译.有机制备化学手册.上卷.北京：化学工业出版社，1980：257，264-266.

[2]　李述文，范如霖编译.实用有机化学手册.上海：上海科学技术出版社，1986：159-163.

实验十六　食品抗氧剂　没食子酸丙酯

没食子酸丙酯简称 PG，学名是 3,4,5-三羟基苯甲酸丙酯。分子式 $C_{10}H_{12}O_5$，相对分子质量 212.20。白色针状结晶，熔点 150℃，无臭，有苦味。没食子酸丙酯是通用的合

---

❶　硫酸二甲酯在临用前应当精制：将其置入分液漏斗中用冰水洗涤数次，然后蒸馏收集沸程为 186～188℃ 的馏分。因硫酸二甲酯有剧毒，在洗涤、蒸馏以及有硫酸二甲酯存在的反应操作中都必须在良好的通风橱中进行，后处理也应十分小心，以防中毒。

❷　聚乙二醇起相转移催化剂作用。

❸　85% 的磷酸作为连有活化基团的苯环发生亲电取代反应——Friedel-Crafts 反应的催化剂。

成食品抗氧剂之一，加入油脂量的万分之一即能有效地阻延油脂和油基食品的氧化变质，对猪油的抗氧化效果尤其突出。

制备没食子酸丙酯的方法很多。第一种是以没食子酸和丙醇为原料使用不同的催化剂进行合成。例如用浓硫酸脱水，产率 68%；氯化氢催化法，产率约 50%；用酸化了的阳离子交换树脂催化，产率 76%；用单宁酶催化，产率 41.4%。第二种是以单宁和丙醇为原料，浓硫酸脱水，产率 60%。第三种是以没食子酸钠盐和 1-溴丙烷为原料，用相转移催化反应制取，产率近 90%。

本实验以非氧化性强酸——对甲基苯磺酸为催化剂，用苯回流分水使没食子酸和丙醇酯化，产率近 90%。

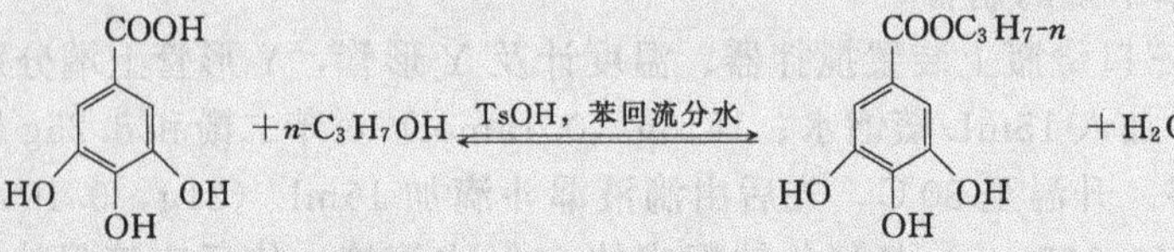

$$\text{（没食子酸）} + n\text{-}C_3H_7OH \underset{\text{苯回流分水}}{\overset{\text{TsOH，}}{\rightleftharpoons}} \text{（没食子酸丙酯）} + H_2O$$

一、实验目的
熟悉食品抗氧剂没食子酸丙酯的合成和性质，掌握恒沸分水操作。

二、原料

没食子酸	丙醇	苯
对甲基苯磺酸	活性炭	

三、实验操作

1. 在圆底烧瓶中加入 18.8g（约 0.10mol）含一结晶水的没食子酸、18g（约 0.30mol）丙醇，20mL 苯及 2～4g 对甲基苯磺酸。瓶口装置上端连接球形冷凝管的分水器。加热回流，分水至无明显的水分出时止●。反应完毕，混合物呈浅紫红色。先常压后减压蒸出过量的丙醇和苯。趁热将剩余物倒入烧杯，置冷。加入 50mL 水，搅拌，抽滤，水洗，活性炭脱色。用水重结晶。晾置，80℃下烘干，得白色针状结晶 17～19g，产率 80%～90%，熔点 147～148℃❷。

2. 实验时间 6h。

参 考 文 献

[1]　曾汉维. 华南理工大学学报（自然科学版），1992，20（2）：38-42.

实验十七　营养强化剂　DL-苏氨酸

DL-苏氨酸是 D-和 L-苏氨酸的外消旋混合物，学名是 DL-2-氨基-3-羟基丁酸，分子式是 $C_4H_9NO_3$，相对分子质量是 119.12。无臭的白色晶体，稍有甜味，约在 230℃时分解，易溶于水，难溶于乙醇、乙醚或氯仿等有机溶剂。L-苏氨酸是必需氨基酸，对人和动物有促进生长发育和抗脂肪肝的作用，是重要的营养强化剂之一，添加于食品中可提高蛋白质的营养价值。在医药上苏氨酸可用于氨基酸输液中。它还是重要的饲料添加剂。

● 约需 2h。

❷ 作为食品添加剂使用时，要求熔点在 146～150℃间即可。

苏氨酸的制备有发酵法和合成法。发酵法的产率太低，所以合成法是生产苏氨酸的主要方法。苏氨酸的合成有多条路线，其中路线短、产率高和具有工业化价值的是甘氨酸铜盐法。该法是以甘氨酸为起始原料，先与 Cu^{2+} 形成螯合物，再在碱性条件下与乙醛发生加成作用以合成 DL-苏氨酸。在由甘氨酸铜盐法制备 DL-苏氨酸的过程中，还可以采取不同的反应条件和操作。例如，先制成甘氨酸铜，再与乙醛在弱碱性介质中进行加成，然后经阳离子交换树脂处理以除去铜离子和其他无机盐而获得 DL-苏氨酸的分步法。此外，还开发了免去预先制成甘氨酸铜的一步法。分步法和一步法的反应原理和后处理过程都相同。前者工艺较成熟，但由于要预先制成干燥的甘氨酸铜晶体，因而耗时多；一步法节省了时间，但需要小心控制好反应条件。本实验分别介绍这两种操作方法。反应原理如下：

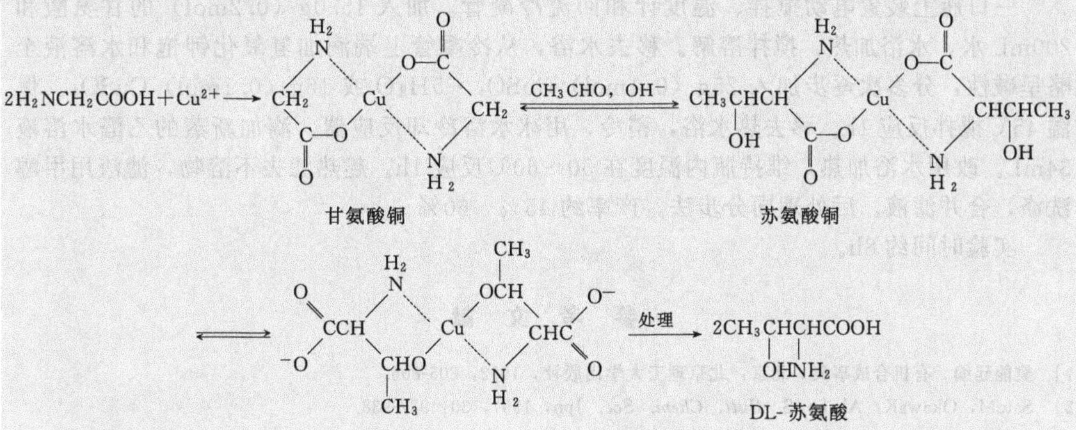

一、实验目的

熟悉羰基加成反应合成苏氨酸的实验方法，掌握利用离子交换树脂柱分离提纯有机物的操作。

二、原料

甘氨酸	乙醛水溶液	硫酸铜	氢氧化钠
氢氧化钾	浓氨水	甲醇	无水碳酸钠

三、实验操作

（一）分步法

1. 甘氨酸铜 $[(H_2NCH_2COO)_2Cu \cdot H_2O]$ 的制备

在烧杯中加入 15.0g（0.2mol）的甘氨酸和 8.0g（0.2mol）氢氧化钠饱和水溶液，搅匀。搅拌下将 25.0g（0.1mol）$CuSO_4 \cdot 5H_2O$ 或者 16g（0.1mol）$CuSO_4$ 饱和水溶液加入甘氨酸钠溶液中，即生成蓝色沉淀。抽滤，蒸馏水洗三次，抽干，晾置。80℃下烘干，得到约20g的甘氨酸铜（含一结晶水），产率约90%。

2. 离子交换柱的准备

把 732 聚苯乙烯型强酸性阳离子交换树脂（氢型）用湿法装柱（柱内直径 2～3cm，长30～40cm）。从柱上端加入浓度为 5mol/L 的氨水，控制流速为 1～2mL/min（下同），使树脂由氢型转变为铵型（此时树脂呈橙色），备用。

3. 苏氨酸的制备

三口瓶上装置电动搅拌器、温度计和回流冷凝管。加入 11.5g（0.05mol）研细的甘氨酸铜一水合物、16mL 新蒸的乙醛水溶液、30g 无水碳酸钠和37mL 蒸馏水。将烧瓶置于 75～80℃水浴上搅拌回流 2h。反应混合物呈墨绿色。稍冷，改为蒸馏装置，用水流喷射泵减压蒸出过量的乙醛。冷却，向烧瓶加入 70mL 浓氨水（约 15mol/L）和 100mL 蒸馏水。过滤，滤液通过铵型离子交换柱 ❶，用蒸馏水洗脱，收集能使茚三酮试剂显色之洗脱液。用水流喷射泵减压浓缩至原体积的二分之一左右。残液倒入烧杯，加入适量的活性炭微沸脱色 10min。趁热过滤，滤液呈很淡的蓝色。再次减压浓缩至刚析出晶体时 ❷ 加入 4 倍体积的甲醇，摇匀，结晶增多。瓶口加塞，置入冰箱中 ❸ 结晶 24h，使晶体析出完全。抽滤，甲醇洗涤数次，晾置，80℃下烘干，得到白色结晶的 DL-苏氨酸 ❹ 5～6g。浓缩母液又可得到 0.7～1g 产品，总产量约 5.7～7.0g，产率 48%～60%，熔点 226～227℃（分解）。

实验时间约 10h。

（二）一步法

三口瓶上装置电动搅拌、温度计和回流冷凝管。加入 15.0g（0.2mol）的甘氨酸和 200mL 水，水浴加热，搅拌溶解。移去水浴，从冷凝管上端滴加氢氧化钾饱和水溶液至略呈碱性，分多次逐步加入 25g（0.1mol）CuSO$_4$·5H$_2$O 或 16g（0.1mol）CuSO$_4$。保温 45℃搅拌反应 1h。移去热水浴，稍冷，用冰水浴冷却反应器，滴加新蒸的乙醛水溶液 34mL。改用水浴加热，维持瓶内温度在 50～60℃反应 1h。趁热滤去不溶物，滤渣用甲醇洗涤，合并滤液。后处理同分步法。产率约 45%～60%。

实验时间约 8h。

参 考 文 献

[1] 樊能廷编．有机合成事典．北京：北京理工大学出版社，1992，805-806.
[2] SatoM，OkawaK，AkaboriS．*Bull. Chem. Soc.* Jpn，1957，30：937-938.
[3] 丁学杰，卢显振，肖启慧，詹明珠．精细化工，1988，5（6）：37-39.

实验十八　多功能食品添加剂　D-葡萄糖酸-δ-内酯

D-葡萄糖酸-δ-内酯（简称葡萄糖酸内酯）是以葡萄糖为原料合成的多功能食品添加剂。葡萄糖酸内酯无毒，使用安全，主要用作牛奶蛋白和大豆蛋白的凝固剂。例如，用它制作的豆腐保水性好，细腻滑嫩可口。加入鱼、禽畜的肉中作保鲜剂，可使其外观保持光泽和肉质保持弹性。它又是色素稳定剂，使午餐肉和香肠等肉制品色泽鲜艳。它还可作为疏松剂用于糕点面包，改善口感和风味。此外它还是酸味剂。

本实验以市售的葡萄糖酸钙为原料，用草酸脱钙生成葡萄糖酸，浓缩结晶得到内酯。

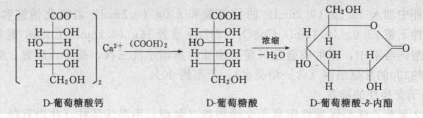

　　　　D-葡萄糖酸钙　　　　　　　　D-葡萄糖酸　　　　　　　D-葡萄糖酸-δ-内酯

---

❶ 主要目的是除 Cu^{2+}。Cu^{2+} 与氨形成铜氨络离子而吸附于树脂上。此步操作至关重要，若洗脱液中 Cu^{2+} 残留量较大，将很难获得白色的苏氨酸结晶。

❷ 至剩余 7～8mL 时若仍未见有晶体析出，可停止浓缩，加入甲醇。

❸ 亦可置入冰壶中用冰冷却。

❹ 产物的分子中含有 2 个手性碳原子，因此除了 DL-苏氨酸外，还存在另一对对映异构体 DL-异苏氨酸。不同制法乃至操作上的差异都可能得到不同比例的 DL-苏氨酸和 DL-异苏氨酸。本实验制得的产物，DL-苏氨酸约占 64%。含量的变化引起熔点（分解温度）的差异。

一、实验目的

了解 D-葡萄糖酸-δ-内酯的制备、性质和用途，掌握减压浓缩和细粒结晶的过滤操作。

二、原料

葡萄糖酸钙（≥95%）　　　　　　　　　　　草酸（≥98%）

D-葡萄糖酸-δ-内酯（作晶种用，要求高纯度）　　助滤剂（可选用硅藻土或微晶纤维素）

乙醇（95%）

三、实验操作

1. 200mL 烧杯中加入 35mL 水，加热至 60℃ 左右，搅拌下慢慢加入由 30g（0.07mol）葡萄糖酸钙和 9g（0.071mol）二水合草酸组成的混合物，加料完毕，在 60℃ 保温搅拌反应 2h。加入 2g 硅藻土搅拌❶，趁热抽滤，滤渣用适量的 60℃ 热水洗涤两次，抽滤，合并滤液和洗涤液。

将以上水溶液移入圆底烧瓶中并组成减压蒸馏装置，在不超过 45℃ 的温度下减压浓缩❷，直至剩余约 15~20mL 时暂停浓缩。加入 2g 葡萄糖酸内酯晶种❸，继续减压浓缩至瓶内出现大量细小晶粒为止，物料在 40~20℃ 下静置结晶❹。抽滤，用 95% 的乙醇 20mL 洗涤晶体，抽干，在不高于 40℃ 的温度下真空干燥得到产物。结晶后的母液仍含有内酯，可按上述方法重复操作得第二批产物，共约 16~18g，产率 64%~72%❺。

2. 实验时间 5h（不含静置结晶所需时间）。

四、产品的简单检验

纯净的 D-葡萄糖酸-δ-内酯为白色粉状结晶，有甜味，熔点 150~152℃，不溶于乙醇、乙醚和氯仿，溶于水且被水解为 D-葡萄糖酸。

产品纯度可用测熔点的方法进行评价。

参 考 文 献

[1]　陈骑声主编. 有机酸发酵生产技术. 北京：化学工业出版社，1991.

[2]　赵迪麟主编. 化工产品应用手册. 合成材料助剂·食品添加剂. 上海：上海科学技术出版社，1989：511-512.

---

❶ 反应产生的草酸钙沉淀颗粒很细，过滤困难，加入助滤剂硅藻土能加速过滤。

❷ 在较高温度下葡萄糖酸及其内酯可能会发生其他变化，影响产品的质量和产率。

❸ 葡萄糖酸内酯在水中结晶较困难，加入晶种可加速结晶。

❹ 最好能缓慢降温静置过夜，使晶体粗大和结晶完全。

❺ 由于内酯的水溶解度大且结晶困难，所以产率不稳定。

第5章 香 料

5.1 香料及其分类

香料是一类具有令人愉快的香气或香味的芳香物质，很早以前开始使用。早期使用的芳香物质来源于天然物——动物和植物，且主要是来源于植物。由于从芳香植物提取的芳香油（又称精油）产量小且受季节限制，价格昂贵又不能满足需要，从而诞生了合成香料。因此，根据香料的来源，可分为天然香料与人造香料两大类。进一步的分类和用途可简要表示如下：

```
                    ┌ 动物香料
        ┌ 天然香料 ─┤                      ┌ 食用香精
        │          └ 植物香料 ──── 香精 ──┤ 日用香精
香料 ───┤                                  └ 其他香精
        │          ┌ 单离香料
        └ 人造香料 ─┤
                    └ 合成香料
```

天然香料包括动物天然香料和植物天然香料，前者主要存在于动物的腺囊中。例如，从麝、灵猫、海狸、抹香鲸等动物的腺囊中分别可以提取出麝香、灵猫香、海狸香或龙涎香。这些提取物都是混合物，化学成分较为复杂，主要香气成分约占提取物的 $2\%\sim5\%$，其中麝香、灵猫香、海狸香或龙涎香的主要香气成分的化学结构已被确定。

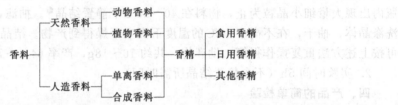

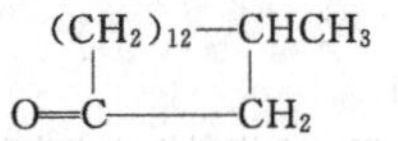

麝香酮（3-甲基环十五烷酮）

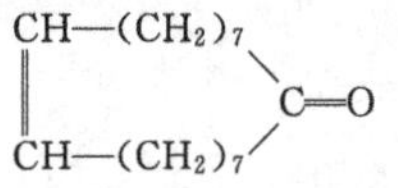

灵猫酮（9-环十七碳烯酮）

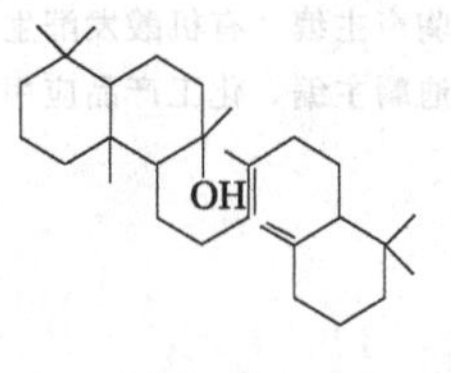

龙涎香醇

动物天然香料的香气持久优雅，常作为定香剂用于配制高级香精。

植物天然香料是从芳香植物的花、草、叶、枝、干、根、茎、皮、果实或树皮中提取的有机化合物的混合物，多数呈油状或膏状，少数呈树脂状或半固态。根据其形态和制法，常分别称为精油、浸膏、净油、香脂或酊剂。由于芳香气味主要来自挥发性的油状物，故有时把植物天然香料统称为精油。精油的成分和含量除了主要决定于植物的物种外，还随土壤成分、气候条件、生长季节和年龄、收割时间及贮运情况而异。植物天然香料的化学成分极为复杂，是由数十种乃至数百种有机化合物所组成的混合物。例如，现已查出保加利亚玫瑰油中含有多达 275 种成分。

植物天然香料有四种生产方法，即水蒸气蒸馏法、压榨法、浸提法和吸收法。前两种方法制取的植物天然香料通常是油状物，商品上称为精油；用挥发性有机溶剂（如石油醚、乙醇、丙酮、二氯乙烷等）浸提植物原料然后蒸出有机溶剂所得的产品，因含有植物蜡、色素、叶绿素和糖类杂质，通常为半固态膏状物，商品上称为浸膏；用非挥发性有机物吸收花的香气成分所得的产品称为香脂；浸膏或香脂用高纯度的乙醇溶解，滤去植物蜡等不溶性杂质再蒸出乙醇，这样所得的浓缩物称为净油。

从动物或植物天然香料中分离得到的单组分香料，称为单离香料。例如，从动物天然香料麝香分离得到的麝香酮，从植物天然香料百里香油或薄荷油中分别得到的百里香酚或薄荷醇，是单离香料的例子。

5.2 合成香料

合成香料指通过有机合成的方法得到的香料。由于天然香料受到自然条件的限制以及在提取加工过程中部分芳香物质遭受损失或被破坏，不仅产量不能满足市场需求，而且质量也不稳定。随着近代科学技术的不断发展，可以从天然香料中剖析、分离其主要香气成分，然后通过化学反应制成合成香料。合成香料的生产不仅可补充天然香料资源的不足和降低成本，而且还能合成一些具有使用价值的新的发香物质以及能把从天然香料分离出来的单离香料进行结构改造，使之成为价值更高的衍生物。

合成香料的原料非常丰富，农副产品、煤炭化工产品和石油化工产品均可作为原料。随着生产工艺的改善，合成香料的品种迅速增加，目前已超过 5000 种。合成香料可按所使用的原料、产品的香型或产品的化学结构特征等分类方法进行分类。为了方便学习，现按后一种分类法选择各类的典型代表做一简介。

5.2.1 烃类香料

主要有单萜类化合物柠檬烯和二苯甲烷。前者具有柠檬香气，是植物天然香料——柠檬油和橘子油的主要成分，在橘子油中柠檬烯的含量高达 90%。二苯甲烷具有橘似香气，存在于香叶油和橘子油中，容易由合成提供。

$$\text{C}_6\text{H}_5\text{—CH}_2\text{Cl} + \text{C}_6\text{H}_6 \xrightarrow{\text{AlCl}_3,\ \text{室温}} \text{C}_6\text{H}_5\text{—CH}_2\text{—C}_6\text{H}_5 + \text{HCl}$$

5.2.2 醇类香料

植物天然香料中大都含有醇类化合物，如玫瑰油和蔷薇油中均含有多种醇类香料。目前用于调香的醇类化合物大多由化学方法合成，而且它们又是合成其他单体香料的中间体。例如 β-苯乙醇，它广泛存在于玫瑰油、橙花油、白兰花油和风信子油等多种天然香料中，具有柔和、愉快、持久的玫瑰香气。用于调配玫瑰、茉莉、紫丁香、橙花等多种香精。β-苯乙醇的制法很多，我国主要采用以下路线合成。

$$\text{C}_6\text{H}_5\text{—CH=CH}_2 \xrightarrow[\text{H}_2\text{SO}_4]{\text{NaBr, NaClO}_3} \text{C}_6\text{H}_5\text{—CH(OH)CH}_2\text{Br} \xrightarrow{\text{NaOH, H}_2\text{O}} \text{C}_6\text{H}_5\text{—CH}\overset{\text{O}}{-}\text{CH}_2 \xrightarrow{\text{H}_2,\ \text{Ni}} \text{C}_6\text{H}_5\text{—CH}_2\text{CH}_2\text{OH}$$

芳樟醇、香叶醇和橙花醇也是重要的植物天然香料成分，它们互为同分异构体。芳樟醇是不饱和叔醇，是具有铃兰花香气的液体。香叶醇和橙花醇属不饱和伯醇，前者是 E-构型的无色或淡黄色液体，后者是 Z-构型的无色液体。二者均具有玫瑰香气，但后者香气更为柔和。以上三种醇均因分子中的一个烯键位置的不同而分别出现 α 和 β 异构体。而且在 α 和 β 芳樟醇的分子中，羟基连接的碳原子是手性碳原子，因而各又出现左旋体和右旋体两种旋光异构体。

α-芳樟醇(3,7-二甲基-1,7-辛二烯-3-醇)　　　　　β-芳樟醇(3,7-二甲基-1,6-辛二烯-3-醇)

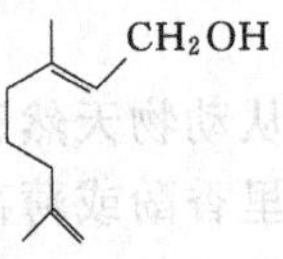

α-香叶醇(E-3,7-二甲基-2,7-辛二烯-1-醇)

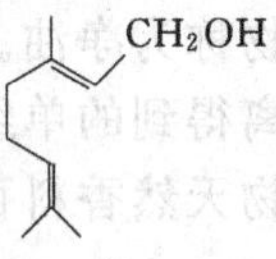

β-香叶醇(E-3,7-二甲基-2,6-辛二烯-1-醇)

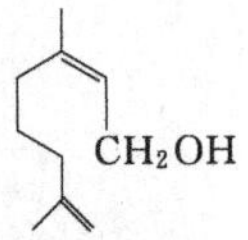

α-橙花醇(Z-3,7-二甲基-2,7-辛二烯-1-醇)

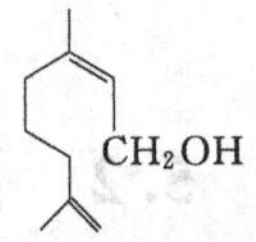

β-橙花醇(Z-3,7-二甲基-2,6-辛二烯-1-醇)

芳樟醇、香叶醇和橙花醇有多种合成法，其中一种路线是以β-蒎烯为起始原料，经高温裂解生成月桂烯，再与氯化氢加成生成多种含氯化合物，碱水解后得到芳樟醇、月桂烯醇、橙花醇和香叶醇的混合物，经精密分馏可获得各种成品。

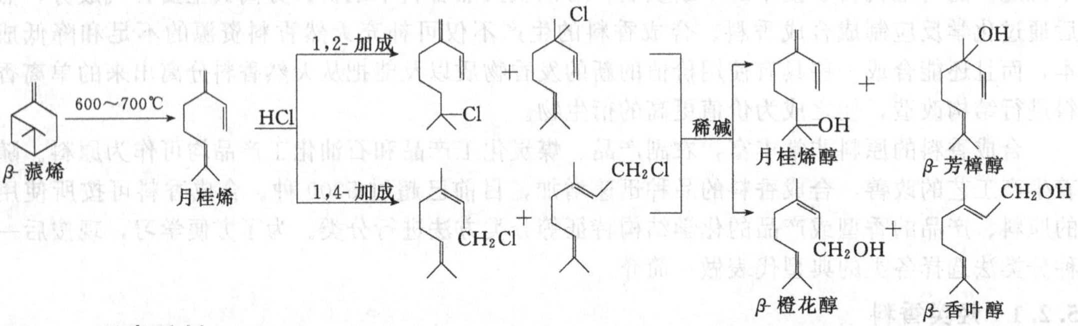

5.2.3　酚类香料

植物天然香料中含有许多酚类化合物，如丁香酚（2-甲氧基-4-烯丙基苯酚，具有丁香香气）、异丁香酚（2-甲氧基-4-丙烯基苯酚，具有康乃馨香气）、百里香酚（5-甲基-2-异丙基苯酚，具有百里草或麝香草香气）。

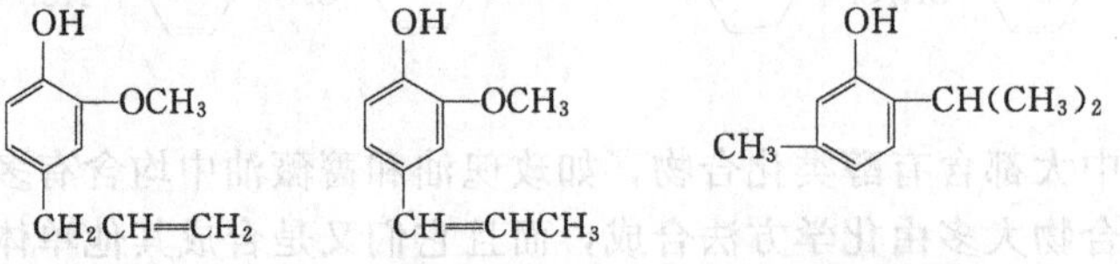

丁香酚　　　　　　异丁香酚　　　　　　百里香酚

以愈创木酚为起始原料与烯丙醇发生缩合反应是合成丁香酚的方法之一，丁香酚经碱催化异构化可转化为异丁香酚。

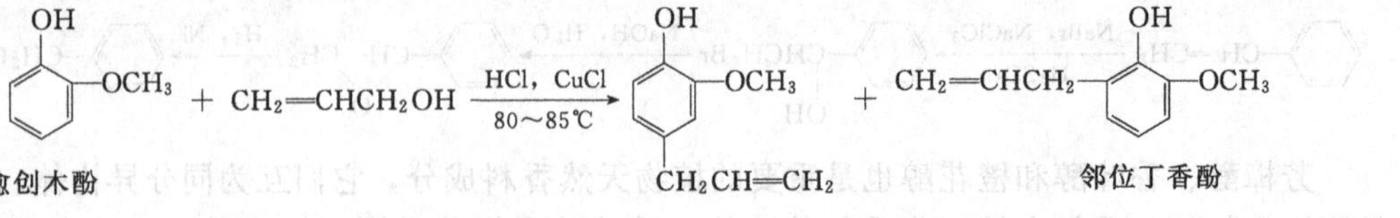

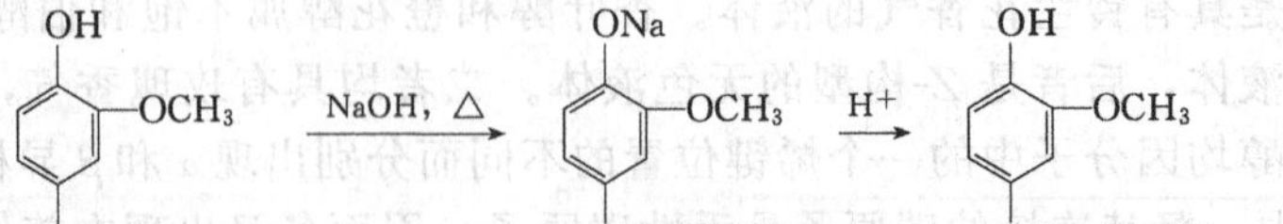

5.2.4　醚类香料

醚类化合物中有许多是香气质量极佳的香料。其中一些在植物精油中含量较高，如大茴香脑，学名是对丙烯基苯甲醚，具有略带甜味的强烈茴香香气；有些含量极低，如玫瑰醚，学名是 4-甲基-2-(2-甲基丙烯基) 四氢吡喃，具有玫瑰花香气；有些纯属合成品，在自然界中尚未发现其存在，如具有甜橙和洋水仙香气的二苯醚。

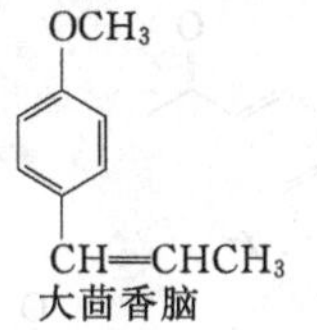

大茴香脑 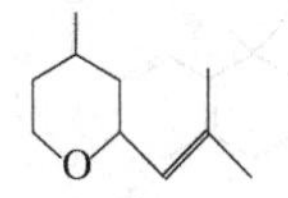 　　 玫瑰醚 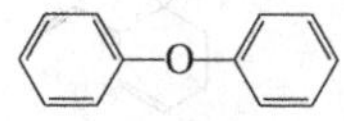 　　 二苯醚

在铜粉或氧化铜的催化下，使苯酚钾与氯苯发生 Williamson 反应，是合成二苯醚的工业方法，产率可达 $85\%\sim90\%$。

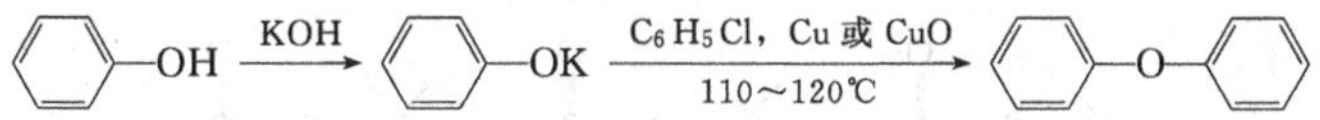

5.2.5　醛类香料

低级脂肪醛具有强烈刺鼻的气味；高级醛无气味；$C_{13}\sim C_{18}$ 的中级脂肪醛一般都具有果香气味，常作为香料应用。几乎所有的香精，包括化妆品香精、皂用香精和食用香精，都用到中级脂肪醛。在芳醛和萜烯醛中，常用作香料的化合物就更多。例如，具有香草香气的香兰素和乙基香兰素；具有菩提树花香气和铃兰花香气的羟基香茅醛；具有柠檬香气的柠檬醛以及具有葵花香气的洋茉莉醛等。

（1）月桂醛　学名是十二烷醛，香气强烈而持久，稀释后有紫罗兰花香的香韵，用于配制花香型香精，工业上由月桂醇催化脱氢制取。

$$CH_3(CH_2)_{10}CH_2OH \xrightarrow[60℃]{PtO_2,\,n\text{-}C_7H_{16}} CH_3(CH_2)_{10}CHO+H_2$$

（2）肉桂醛　又称桂醛，学名是 3-苯基-2-丙烯醛，是肉桂油和桂皮油的主要成分，含量约 $55\%\sim85\%$。肉桂醛具有强烈的桂皮香气和辛辣气味，是配制辛香型和东方型香精的主要香料，可由苯甲醛与乙醛在稀氢氧化钠溶液中发生醇醛缩合反应制备：

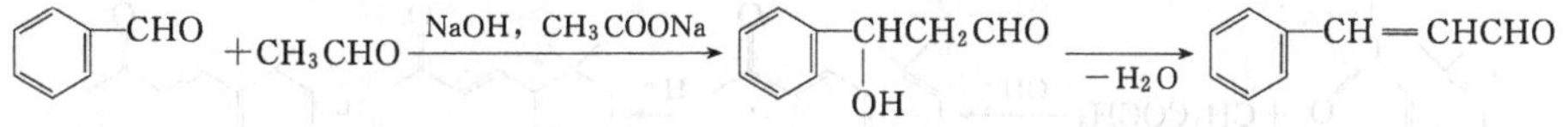

（3）新铃兰醛　具有细腻持久的铃兰香气，是一种新型香料，可由月桂烯醇与丙烯醛进行 Diels-Alder 反应制得。合成产品中含有两种异构体（不包括由手性碳原子引起的对映异构体）。

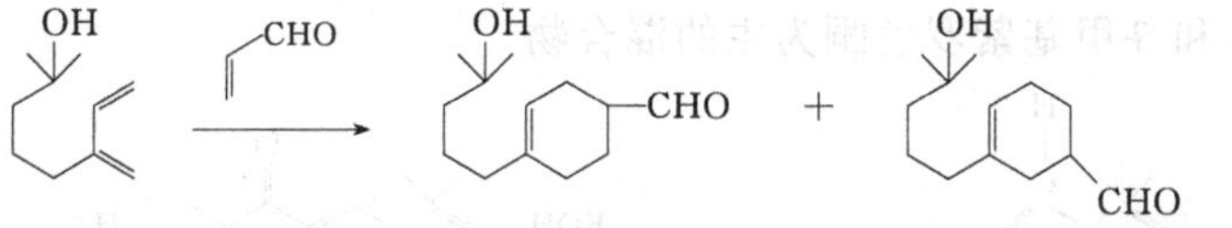

4-(4-甲基-4-羟基戊　　　3-(4-甲基-4-羟基戊
基)-3-环己烯甲醛　　　基)-3-环己烯甲醛

5.2.6　酮类香料

酮类化合物中，低级脂肪酮通常具有强烈而令人不感兴趣的气味。随着分子中碳原子数的增加，香气变得较为细腻但却微弱。所以，脂肪酮化合物中大多数不宜作为香料使用。许多芳香族酮类化合物具有令人喜爱的香气，其中很多可作为香料。例如，苯乙酮（具有类似苦杏仁和山楂香气）、对甲氧基苯乙酮（具有山楂花香气）、二苯甲酮（具有柔而甜的玫瑰花香气，自然界中尚未发现其存在）等。

酮类香料中最重要的是紫罗兰酮类香料。属于紫罗兰酮型的化合物很多，其中紫罗兰酮、甲基紫罗兰酮、异甲基紫罗兰酮和鸢尾酮等均为珍贵的香料。它们的结构特征是含有多甲基取代的不饱和六元碳环。

紫罗兰酮：

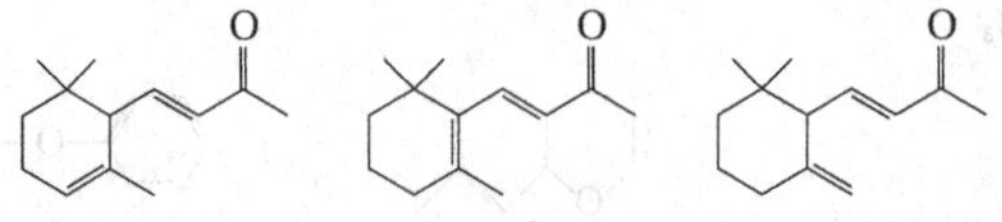

甲基紫罗兰酮：

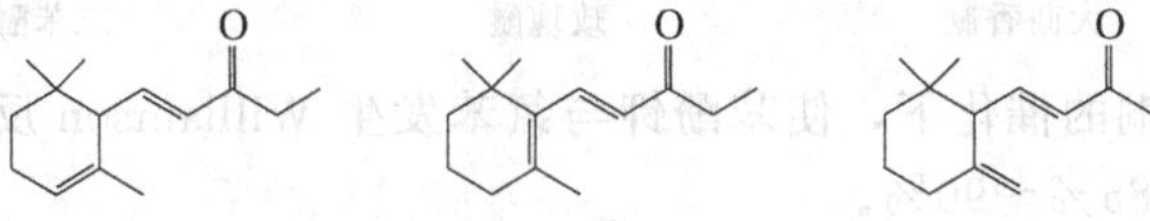

异甲紫罗兰酮：

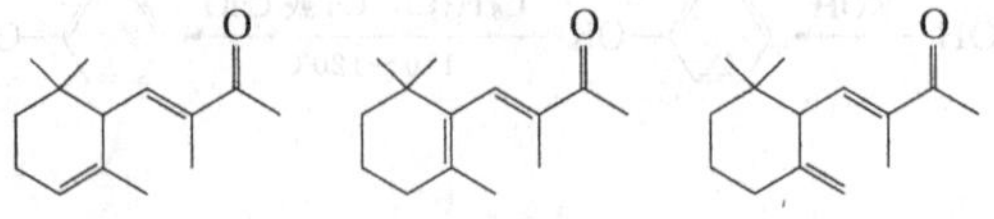

鸢尾酮：

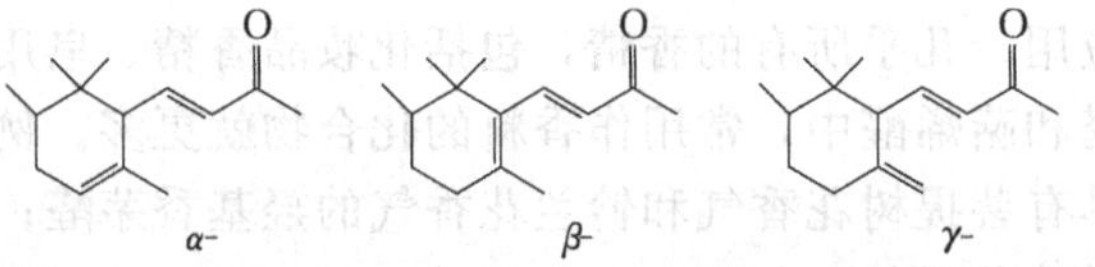

　　紫罗兰酮有 α、β 和 γ-三种异构体，存在于堇属紫色植物中。α-紫罗兰酮具有甜而强烈的香气，似鸢尾根；β-紫罗兰酮具有新鲜紫罗兰花的香气兼有柏木气息；γ-紫罗兰酮具有珍贵的龙涎香香气。由于紫罗兰鲜花价格昂贵且在种植过程中极易改变香型，故目前大都由人工合成。工业生产的紫罗兰酮是含 α 和 β-异构体混合物的淡黄色油状液体，除了作为紫罗兰香精的主体香料，还用于配制多种其他香精。制备紫罗兰酮有半合成法和全合成法两种方法，前者以柠檬醛为起始原料，先与丙酮缩合成为开链三烯酮（称为假紫罗兰酮），再经酸催化环化即获得含 α 和 β-紫罗兰酮的混合物。

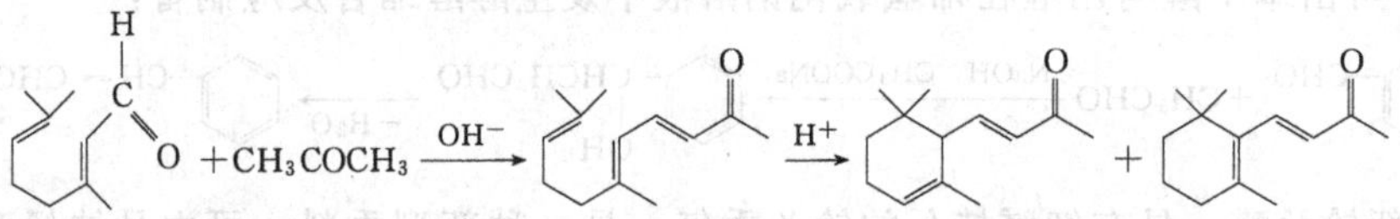

　　甲基紫罗兰酮和异甲基紫罗兰酮共有六种异构体，香气与紫罗兰酮相近，广泛用于调配紫罗兰、桂花、紫丁香等多种花香香精，是许多高级香精不可缺少的重要原料。甲基紫罗兰酮和异甲基紫罗兰酮全由合成法制取。例如，以丁酮代替丙酮，采取与合成紫罗兰酮相似的操作，可获得以 α-和 β-甲基紫罗兰酮为主的混合物。

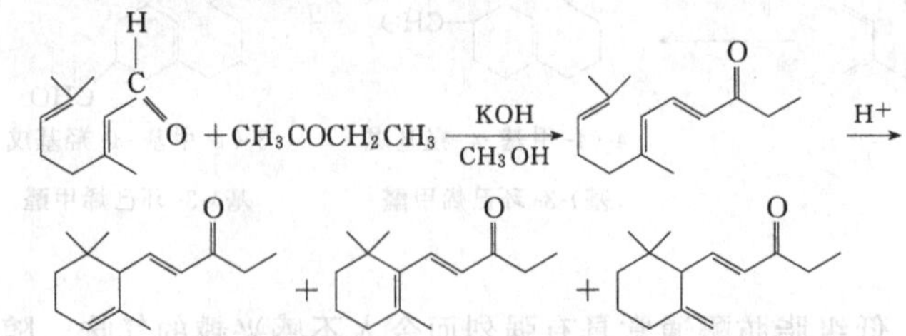

　　若以亚硫酸钠水溶液代替 KOH-CH$_3$OH 作缩合剂，则在丁酮分子中的亚甲基上发生缩合，生成以 α-和 β-异甲基紫罗兰酮为主的混合物。

　　鸢尾酮存在于从鸢尾根所得的精油中，是甲基或异甲基紫罗兰酮的同分异构体，是一类具有温柔的紫罗兰香气的新型香料。

5.2.7 缩羰基类香料

　　缩羰基（醛基或酮基）类合成香料发展很快，新品种不断增加。这是因为该类化合物的香气比缩羰基形成之前的醛或酮更加温和柔润，甚至改变至香型完全不同的程度，使之别具风格，香气优异而持久。该类香料的代表化合物如：

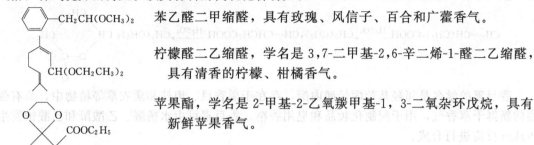

苯乙醛二甲缩醛，具有玫瑰、风信子、百合和广藿香气。

柠檬醛二乙缩醛，学名是 3,7-二甲基-2,6-辛二烯-1-醛二乙缩醛，具有清香的柠檬、柑橘香气。

苹果酯，学名是 2-甲基-2-乙氧羰甲基-1,3-二氧杂环戊烷，具有新鲜苹果香气。

在无水酸的催化下，由醛或酮与醇缩合或与原甲酸三乙酯反应，都可以制得缩羰基化合物。例如：

$$\text{C}_6\text{H}_5\text{—CH}_2\text{CHO} +2\text{CH}_3\text{OH} \xrightarrow{\text{HCl, 50~55℃}} \text{C}_6\text{H}_5\text{—CH}_2\text{CH(OCH}_3)_2 + \text{H}_2\text{O}$$

$$\text{CHO} + \text{HC(OC}_2\text{H}_5)_3 \xrightarrow{\text{TsOH}} \text{CH(OC}_2\text{H}_5)_2 + \text{HCOOC}_2\text{H}_5$$

5.2.8 羧酸酯类香料

羧酸酯类化合物广泛存在于植物中，其中大部分具有令人喜爱的香气。酯类化合物香气的类型、强度和特性与其结构之间有对应关系。由脂肪酸与脂肪醇所生成的酯，一般具有花、果、草香气。若组成酯的酸和醇之一属脂肪族而另一属芳香族，则一般具有花香气。由芳香族羧酸与芳醇所制得的酯，其香气一般较弱，且由于沸点较高并能促进香精成分的均匀蒸发，在调香中广泛用作定香剂。

乙酸芳樟酯存在于多种精油中，香气近似于香柠檬油和薰衣草油，可由芳樟醇与乙酸酐酯化制得。由于芳樟醇属叔醇，易发生脱水、环化、异构化等反应，故需使用不常见的乙酰化剂——由磷酸和乙酸酐制成的复合体进行酯化。

$$3(\text{CH}_3\text{CO})_2\text{O}+\text{H}_3\text{PO}_4 \longrightarrow (\text{CH}_3\text{CO})_3\text{PO}_4+3\text{CH}_3\text{COOH}$$

$$3 \quad \text{OH} + (\text{CH}_3\text{CO})_3\text{PO}_4 \xrightarrow{25~30℃} 3 \quad \text{OCOCH}_3 + \text{H}_3\text{PO}_4$$

苯甲酸（安息香酸）酯类存在于多种天然香精中，常见的有苯甲酸的甲酯、乙酯和苄酯。苯甲酸甲酯和乙酯有果香香气，其中乙酯的香气更为温和。苯甲酸苄酯具有弱的香脂香气和杏香，多用作配制香精时的定香剂，亦作为人造麝香的溶剂。苯甲酸酯类可按经典的酯化方法或酯交换法制取。例如：

$$\text{C}_6\text{H}_5\text{COOH}+\text{C}_2\text{H}_5\text{OH} \xrightarrow{\text{H}_2\text{SO}_4} \text{C}_6\text{H}_5\text{COOC}_2\text{H}_5 + \text{H}_2\text{O}$$

$$\text{C}_6\text{H}_5\text{COOC}_2\text{H}_5+\text{C}_6\text{H}_5\text{CH}_2\text{OH} \xrightarrow{\text{Na}_2\text{CO}_3} \text{C}_6\text{H}_5\text{COOCH}_2\text{C}_6\text{H}_5 + \text{C}_2\text{H}_5\text{OH}$$

5.2.9 内酯类香料

内酯类香料具有突出的果香香气，其中有些是植物天然香料的成分。内酯类香料还可细分为脂肪族羟基酸内酯、芳香族羟基酸内酯和大环内酯香料，而一般将后者放在麝香类香料内介绍。由于用来合成内酯的原料羟基酸的制备比较困难，所以内酯类香料的生产和应用受到限制。

γ-十一内酯具有似鸢尾的甜脂气息，稀释时有桃子香气，主要用于配制桃子香型香精。

它一般以 ω-十一碳烯酸为原料，在酸性介质中发生异构化和内酯化反应而制得。

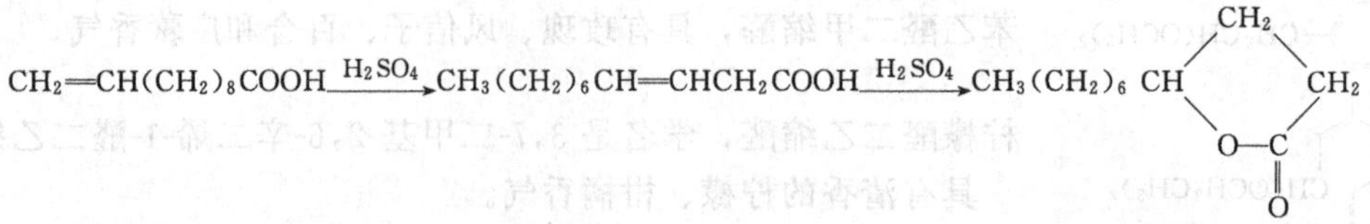

$$CH_2=CH(CH_2)_8COOH \xrightarrow{H_2SO_4} CH_3(CH_2)_6CH=CHCH_2COOH \xrightarrow{H_2SO_4} CH_3(CH_2)_6CH \underset{O-C=O}{\overset{CH_2-CH_2}{|}}$$

香豆素的学名是邻羟基苯丙烯酸内酯，存在于黑香豆、肉桂和薰衣草等植物中，具有强烈的新鲜干草香气，用于配制化妆品和皂用香精。香豆素可由水杨醛、乙酸酐和乙酸钠发生Perkin反应进行合成。

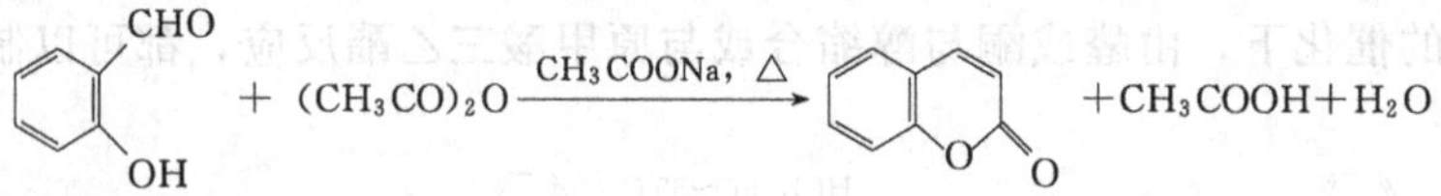

$$\text{（邻羟基苯甲醛）CHO OH} + (CH_3CO)_2O \xrightarrow{CH_3COONa, \triangle} \text{（香豆素）} + CH_3COOH + H_2O$$

5.2.10 麝香类香料

麝香的香气纯正浓郁、留香持久，是调配高级香精不可缺少的一种昂贵香料。但由于天然麝香来源稀少，近年来均用合成法制取具有麝香香气的化合物。具有麝香香气的合成香料品种较多，结构各异，主要有硝基麝香类、大环麝香类和多环麝香类。

目前，用于调香的硝基麝香化合物有以下数种。

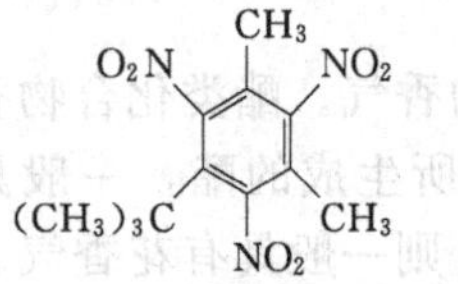

二甲苯麝香,学名是 2,4,6-三硝基-5-叔丁基-1,3-二甲苯

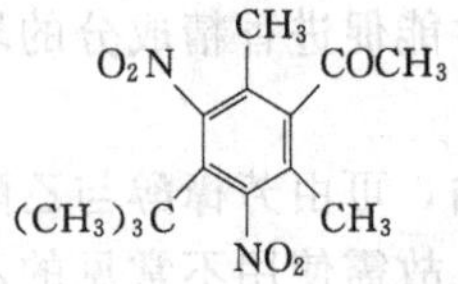

酮麝香,学名是 3,5-二硝基-2,6-二甲基-4-叔丁基苯乙酮

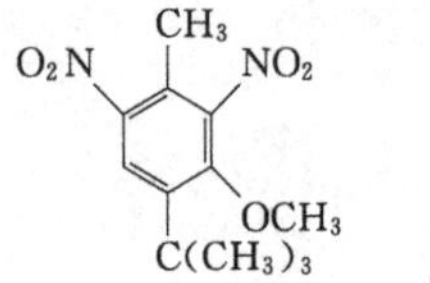

葵子麝香,学名是 2,6-二硝基-3-甲氧基-4-叔丁基甲苯

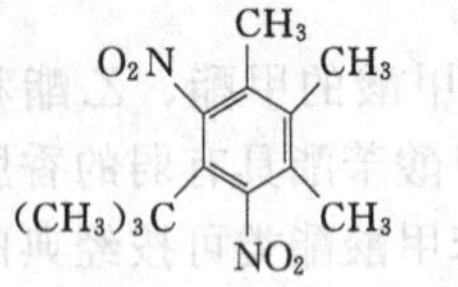

三甲苯麝香,又称西藏麝香,学名是 4,6-二硝基-5-叔丁基-1,2,3-三甲苯

硝基麝香的合成，一般是以适当的芳香族化合物为原料，先进行烷基化或酰基化反应，再发生硝化或其他反应来完成。例如：

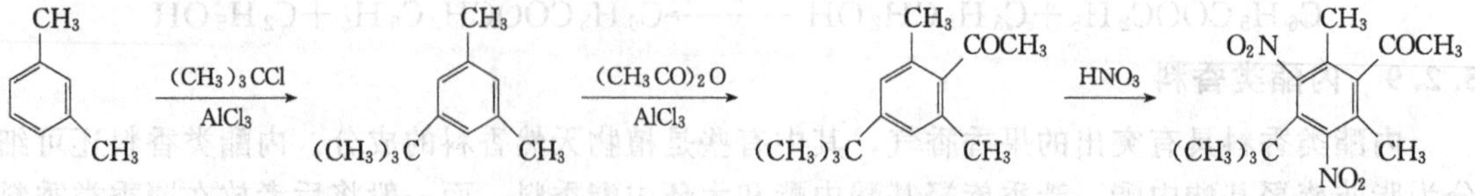

$$\text{（间二甲苯）} \xrightarrow[AlCl_3]{(CH_3)_3CCl} \xrightarrow[AlCl_3]{(CH_3CO)_2O} \xrightarrow{HNO_3}$$

大环麝香有许多系列，如大环酮、大环内酯、大环醚内酯和大环双酯等，品种很多。此类麝香的香气纯真、浓郁而细腻，定香效果最好。除了在本章开头介绍过的麝香酮和灵猫酮外，每一系列各选一例简述如下。

大环酮类：$CH_2(CH_2)_6$ $\,$C=O $\,$ $CH_2(CH_2)_6$　　　　　　　　环十五烷酮

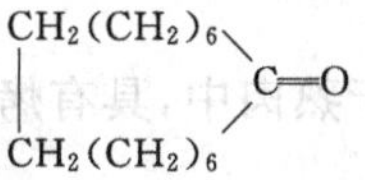

大环内酯类：$CH(CH_2)_5C=O$ $CH(CH_2)_8O$　　　　　　　7-环十六碳烯内酯

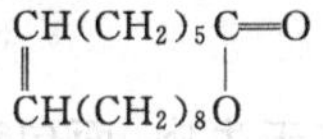

大环醚内酯类：$O \begin{matrix} (CH_2)_9C=O \\ (CH_2)_5O \end{matrix}$　　　　　　11-氧杂十六内酯

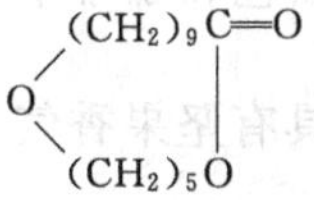

大环双酯类：$O=C(CH_2)_{10}C=O$ $OCH_2)_2O$　　　十二烷二羧酸环亚乙基酯

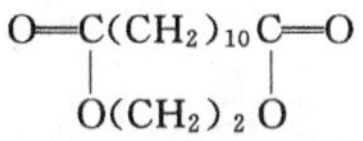

大环麝香的合成难度较大，反应步骤较多，以下是较易合成的例子：

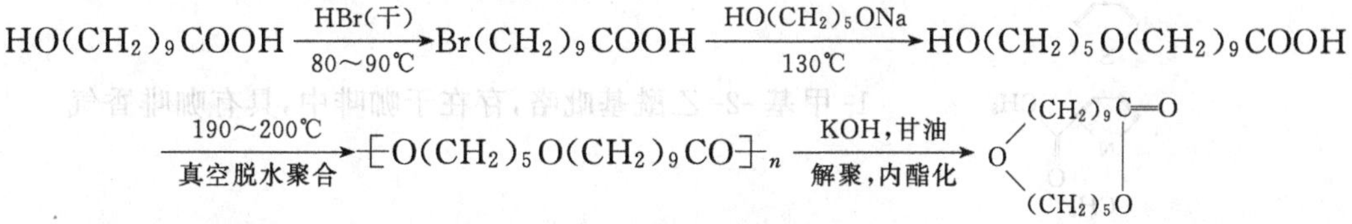

$$HO(CH_2)_9COOH \xrightarrow[80\sim90℃]{HBr(干)} Br(CH_2)_9COOH \xrightarrow[130℃]{HO(CH_2)_5ONa} HO(CH_2)_5O(CH_2)_9COOH$$

$$\xrightarrow[\text{真空脱水聚合}]{190\sim200℃} \{O(CH_2)_5O(CH_2)_9CO\}_n \xrightarrow[\text{解聚，内酯化}]{KOH,甘油} O\begin{matrix}(CH_2)_9C=O\\(CH_2)_5O\end{matrix}$$

多环麝香的香气比硝基麝香细腻,其中有些很接近大环麝香的香韵。它具有苯的衍生物的化学结构。例如：

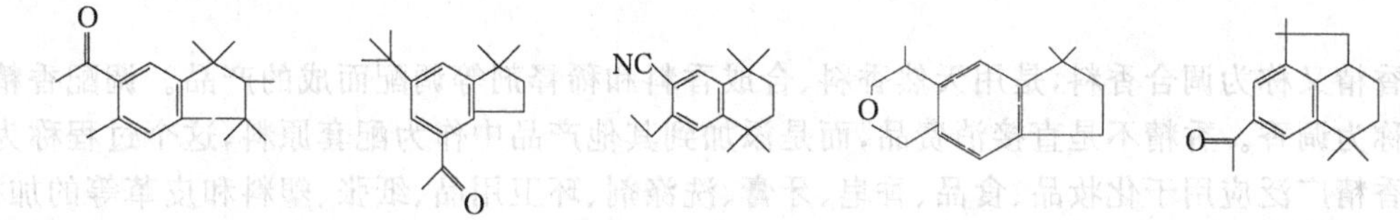

多环麝香有多种合成方法。例如:萨利麝香有数种制法,其中以如下的合成路线最简单易行。

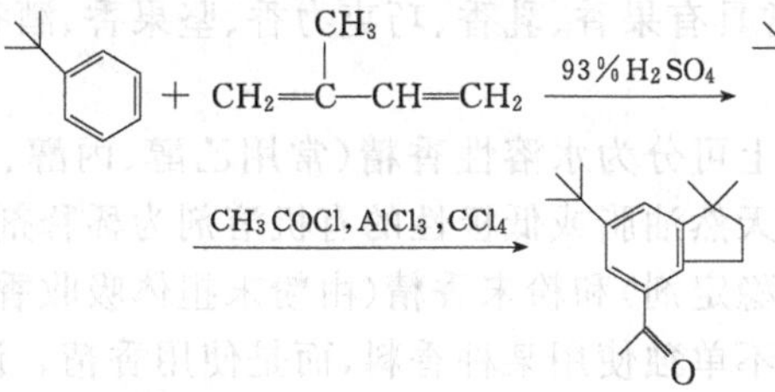

$$+ CH_2=\underset{CH_3}{\overset{CH_3}{C}}-CH=CH_2 \xrightarrow{93\%H_2SO_4}$$

$$\xrightarrow{CH_3COCl,AlCl_3,CCl_4}$$

5.2.11　含氮、含硫和杂环香料

随着分离、分析手段的进步,近年来鉴定出天然精油和食品中的许多微量成分,发现了不少含氮、含硫和杂环香料。据此,人们合成了其中一些香料及其类似物。例如：

含氮香料：

$CH_3(CH_2)_5OCH_2CN$　　己氧基乙腈,有花香香气

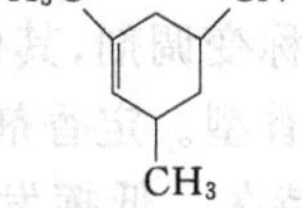

$\underset{CH_3}{\overset{H_3C\quad CN}{}}$　　　　3,5-二甲基-3-环己烯腈,具有花香、木香香气

含硫香料：

CH_3SCH_3　　　　　　二甲基硫醚,存在于牛肉、牛乳和萝卜中,具有青菜香气

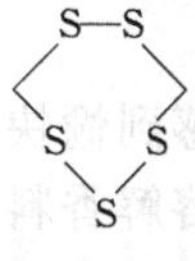

　　　　　　　　1,2,3,5,6-五硫杂环庚烷,存在于香菇中,具有蘑菇香气

杂环香料：

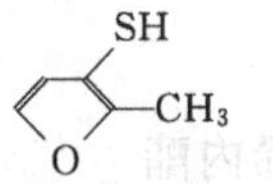

2-甲基-3-呋喃硫醇，存在于熟肉中，具有烤肉香气

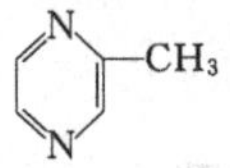

2-甲基吡嗪，存在于牛肉、面包和咖啡中，具有巧克力香气

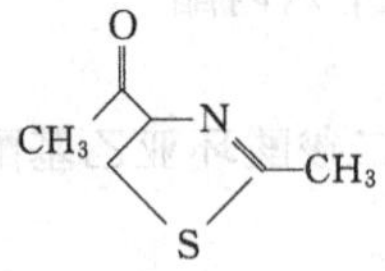

2-甲基-4-乙酰基噻唑，具有坚果香气

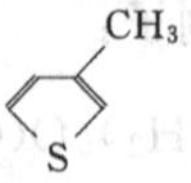

3-甲基噻吩，存在于洋葱中，具有炸葱香气

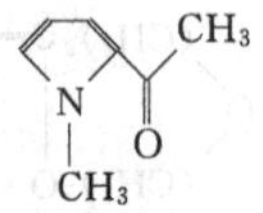

1-甲基-2-乙酰基吡咯，存在于咖啡中，具有咖啡香气

5.3 香　精

香精又称为调合香料，是用天然香料、合成香料和稀释剂等调配而成的产品。调配香精的过程称为调香。香精不是直接消费品，而是添加到其他产品中作为配套原料，这个过程称为加香。香精广泛应用于化妆品、食品、香皂、牙膏、洗涤剂、环卫用品、纸张、塑料和皮革等的加香。

日用化学品所用的香精，其香型主要为花香型、清香型、果香型、素心兰香型、馥奇香型、木香型和草香型等。食用香精通常具有果香、乳香、巧克力香、坚果香、酒香、肉香等香气，是重要的食品添加剂。

根据香精存在的形态，大体上可分为水溶性香精（常用乙醇、丙醇、丙二醇、丙三醇等的水溶液作稀释剂）、油溶性香精（以天然油脂或低极性的有机溶剂为稀释剂）、乳化香精（水作稀释剂，添加了少量的表面活性剂和稳定剂）和粉末香精（由粉末担体吸收香精制成）。

加香制品时，除极少数外都不单独使用某种香料，而是使用香精。调香是科技与艺术的结合，调香师必须嗅觉敏锐，记忆力强，能识别和记忆各种香气，还应具有丰富的创造力，能运用各种香料以设计并调配出人们喜爱的香型的香精。

作为调香原料的香料，据其在香精中的作用，可分为主香剂、和香剂、修饰剂和定香剂四种。主香剂是构成香精主体香气（香型）的基本原料。在香精中有的只用一种香料作主香剂，但多数用数种乃至数十种香料作主香剂。例如，调配玫瑰香精时，常用香叶醇、香草醇、苯乙醇和香叶油等数种香料作主香剂。和香剂又称协调剂，其作用是调和各种成分的香气，使主香的香气更加明显突出，所以它的香型应与主香剂的相似。修饰剂又称变调剂，其作用是使香精变化格调，使之别具风韵。用作修饰剂的香料应与主香剂不属同一香型。定香剂又称保香剂，其作用是使香精中各香料成分均匀挥发，防止快速蒸发，使香气更持久。低挥发度的麝香、灵猫香、香豆素、苯甲酸苄酯和乙酸芳樟酯等都是很好的定香剂。除以上四种主要成分外，为使香精的头香（最早嗅觉到高挥发度成分）突出而强烈，给使用者产生良好的第一印象，有时需添加一些易挥发扩散的香料，如辛醛和十一碳醛等。

香料或香精的香味极浓，直接嗅它时会感到香味过强，不易使人感到愉快和喜爱，反而会强烈刺激嗅觉器官，因此必须稀释。理想的稀释剂本身应无臭、极易溶解香料、稳定和使用安全。广泛使用的稀释剂有乙醇、丙二醇、苯甲醇和己二酸二辛酯等。

香精在刚调制出来时，香味粗糙，必须在暗处放置一段时间进行熟化，香精经熟化后才能成为圆润、甘美、醇郁的产品。熟化过程是多种成分进行复杂的化学反应的过程，会发生酯交换、形成缩醛或缩酮、氧化或形成席夫碱等反应。所以调香过程不仅涉及各种香料和助剂的品种及其配比，还与调配时加料的条件和顺序有关。

实验十九　羧酸酯类香料　乙酸异戊酯

乙酸异戊酯是无色透明液体，常称香蕉油，具有水果香气。它是香蕉、苹果等果实的芳香成分，也存在于酒等饮料和酱油等调味品中。在香精调配中，在许多水果型特别是梨香型香精中，大量使用乙酸异戊酯。乙酸异戊酯的分子式 $C_7H_{14}O_2$，相对分子质量 130.19，沸点 142℃，$d_4^{20} 0.8670$，$n_D^{20} 1.4000$。它更大量的应用是在涂料、皮革等工业中作为溶剂使用。

酯类化合物的合成条件和方法，因羧酸和醇的结构而异。在工业生产中，多数在催化剂的作用下通过酯化反应来完成。常用的催化剂是无机强酸、有机磺酸或强酸性阳离子交换树脂，亦可用其他固态或液态的酸性催化剂。由于酯化为可逆反应，当原料与产物的沸点适当时，可简便地用恒沸蒸馏法除去反应生成的水，使平衡右移以提高收率。本法以浓硫酸为催化剂，用恒沸蒸馏法和回流分水装置除水。

$$CH_3COOH+(CH_3)_2CHCH_2CH_2OH \overset{H^+}{\rightleftharpoons} CH_3COOCH_2CH_2CH(CH_3)_2+H_2O$$

一、实验目的
学习香料知识，掌握恒沸蒸馏操作制备酯的方法。

二、原料

冰醋酸	异戊醇	浓硫酸
无水硫酸镁	碳酸钠溶液（10%）	饱和氯化钙溶液
饱和食盐水		

三、实验操作

1. 在干燥的 100mL 圆底烧瓶中，加入 17.6g（约 0.20mol）异戊醇、18.0g（约 0.30mol）冰醋酸和 1mL 浓硫酸。放入数小粒沸石。瓶口装置分水器，分水器上端连接回流冷凝管。加热回流至无水分出时为止[❶]。反应完毕，冷却，放出分水器下层的水。上层有机物连同反应液倾入分液漏斗，用 15～20mL 水洗涤，再用 10% 碳酸钠溶液洗至弱碱性[❷]。然后用等体积的饱和氯化钙溶液洗涤，用饱和食盐水洗至中性[❸]。有机层倒入干燥的锥形瓶中，加无水硫酸镁干燥。

干燥过的有机层滤入 50mL 蒸馏瓶中，加数小粒沸石后，进行常压蒸馏。收集 138～142℃馏分，得到无色透明液体的乙酸异戊酯 16～20g，产率 61%～77%。

2. 实验时间 6h。

---

❶　约需 2h。馏出物主要是异戊醇-乙酸异戊酯-水三元恒沸混合物（沸点 108℃），质量百分比为 31.2：24.0：44.8。在蒸出的恒沸混合物中，因组分的不同可能出现不同的情况：a. 恒沸物中各组分互溶；b. 恒沸物静置后分为部分互溶的两相，在有机相中有显著量的水溶在其中；c. 恒沸物中两相几乎完全不互溶。在第一种情况下，恒沸带水法一般不适用。在第二种情况下，当两相分离速度太慢时，蒸出的恒沸物需经干燥剂脱水后才回流进反应瓶内。本法采用分水器直接分层后流回反应瓶的操作，分水效果相当满意。

❷　用碳酸钠水溶液洗涤要慢慢轻摇，防止因有机层中仍显强酸性时与碳酸钠剧烈反应，猛然放出大量二氧化碳而将物料冲出。

❸　氯化钙饱和液洗涤的主要作用是除去反应混合物中的异戊醇；使用饱和食盐水是为了降低酯在水中的溶解度以减少损失。

参 考 文 献

[1] 范有成. 香料及其应用. 北京：化学工业出版社，1990：207.

[2] Furniss BS, et al. Vogel's Textbook of Practical Organic Chemistry. 5th ed. Longman Scientific and Technical, 1989：695-705.

[3] Miller JA, Neuzil EF. Modern Experimental Organic Chemistry. D. C. Heach and Co, 1982：203-207.

实验二十　醛类香料　洋茉莉醛

　　洋茉莉醛又称胡椒醛，学名 3,4-亚甲二氧基苯甲醛。洋茉莉醛的分子式 $C_8H_6O_3$，相对分子质量 150.13，熔点 37℃，沸点 264℃。洋茉莉醛是具有光泽的白色或玉色结晶，暴露在空气中逐渐变为黄色。它具有类似香水草的葵花香气，带有非常甜润、温柔、轻微的辛香和极微弱的苦味。洋茉莉醛的香气持久而稳定，是调配洋茉莉花和紫丁香花香型香精的原料。

　　洋茉莉醛可以邻苯二酚或黄樟素为起始原料来合成。我国目前以黄樟素为原料生产洋茉莉醛。先从黄樟油中分离出黄樟素，在碱的作用下异构化为异黄樟素，将后者氧化即成为洋茉莉醛。氧化为洋茉莉醛的方法主要有臭氧解法和重铬酸钠氧化法。臭氧解法具有产率高和废水污染少等优点，但产品色泽较差且需有臭氧发生装置。重铬酸钠氧化法合成的产品色泽洁白，设备简单，但产率较低且需处理较大量的废液。本实验以黄樟素为原料，碱催化异构化并用重铬酸钠氧化以制备洋茉莉醛。

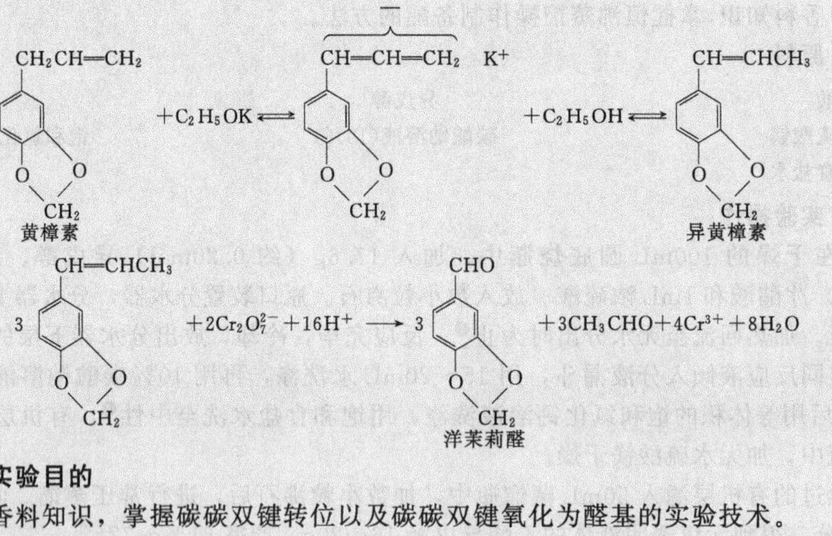

一、实验目的

学习香料知识，掌握碳碳双键转位以及碳碳双键氧化为醛基的实验技术。

二、原料

黄樟素	氢氧化钾	无水乙醇	重铬酸钠
硫酸（30%）	苯	碳酸钠（10%）	

三、实验操作

1. 黄樟素的异构化

在装有电动搅拌器、温度计和馏出装置的三口烧瓶中，加入 32.4g（0.32mol）黄樟素❶

---

　❶ 黄樟素是无色油状液体，相对分子质量是 162.19，沸点 232～234℃，d_4^{20}1.095，n_D^{20}1.5370。它是黄樟油的主要成分。将黄樟油精馏，收集合格馏分，即可作为异构化反应的原料。

和溶有 1.68g（0.03mol）氢氧化钾的乙醇饱和溶液[1]。搅拌下将乙醇蒸出，升温至（200±5）℃，搅拌反应至折射率恒定时为止[2]。冷却，静置，滤出清液。减压蒸馏，收集 127～128℃/2kPa 馏分，得到无色透明液体异黄樟素 23～26g，产率约 75%。

2. 异黄樟素的氧化

氧化剂溶液[3]的配制：向 29.8g（0.1mol）二水合重铬酸钠加入 30% 硫酸 150mL，搅拌溶解。

在装有电动搅拌器、温度计和回流冷凝管的三口烧瓶中，加入 24.3g（0.15mol）异黄樟素。从冷凝管上端加入 1/5 量的氧化剂溶液[4]。剧烈搅拌下升温至（50±5）℃，分批加入其余的氧化剂溶液。保温搅拌至反应液呈暗绿色时停止反应。冷却后分三次、每次用 30mL 的苯萃取。苯层分别用水和 10% 碳酸钠溶液洗涤，再用水洗至中性。无水硫酸镁干燥。常压蒸出苯。减压蒸馏收集 100～140℃/1.3kPa 馏分。馏出物用冰冷却结晶，抽滤，水洗，晾置。置入干燥器中干燥，得到无色或玉色晶体洋茉莉醛 12～15g。产率约 60%，熔点 35～36℃。

3. 实验时间（5+6）h。

参 考 文 献

[1] 龚隽芳译. 香料香精化妆品，1989，(3/4)：48.

[2] 鲍逸培. 香料香精化妆品，1991，(1)：18.

实验二十一 内酯类香料 香豆素

香豆素即邻羟基肉桂酸的内酯，学名是 2H-1-苯并吡喃-2-酮，或称为 1,2-苯并吡喃酮。

香豆素是能升华的无色片状结晶，相对分子质量 146.14，熔点 68～70℃，沸点 297～299℃（139℃/666 Pa），d_4^{20} 0.935。它可以溶于乙醇，易溶于氯仿和乙醚。1g 香豆素可溶于 400 mL 冷水或 50 mL 沸水中。

香豆素主要用于配制肥皂、洗涤剂用的香精。在金属电镀中，用它作为镀镍的光亮剂。过去曾使用香豆素作为食品添加剂和香烟用的香料，现因其毒性较高（大鼠口服，LD_{50} 为 680mg/kg）而被禁用。

香豆素的工业制法有以下三种。

①以水杨醛为原料，与醋酐在缩合剂醋酸钠的存在下进行缩合反应（Perkin 反应）来合成，也可使用催化量的喹啉、吡啶、氟化钾或碳酸钾作为缩合剂来制备。例如：

---

❶ 使用乙醇作为氢氧化钾的溶剂有两点好处：a. 所配成的 KOH-C$_2$H$_5$OH 溶液能溶解于黄樟素中，而 KOH 的水溶液则否。当乙醇被蒸出之后作为异构化反应催化剂的氢氧化钾和乙醇钾就能均匀地分布在其中了。b. 由于 KOH＋C$_2$H$_5$OH $\rightleftharpoons$ C$_2$H$_5$OK＋H$_2$O 平衡的存在，当蒸馏乙醇时水被共沸蒸出，同时也就生成了部分乙醇钾。乙醇钾是比氢氧化钾更强的碱，对异构化反应是更有力的催化剂。

❷ 异黄樟素有顺式和反式异构体。本反应的产物为反式异构体，是无色透明的液体，沸点 253℃，d_4^{20} 1.1206，n_D^{20} 1.5782。异构化反应进行至 n_D^{20} 1.573～1.574 左右即基本恒定，时间约 1.5～2h。也可用 45% 的氢氧化钾水溶液代替乙醇钾在 170℃下进行异构化反应，时间约需 7h。

❸ 该反应的氧化剂有多种组合。例如，向酸性的重铬酸钠溶液添加少量高锰酸钾或加入对氨基苯磺酸钠。加入后者可避免产物中的醛基被进一步氧化为羧基，因而可提高产率。

❹ 氧化过程有乙醛气体产生，大量制备时要注意及时排出，以免产生意外。

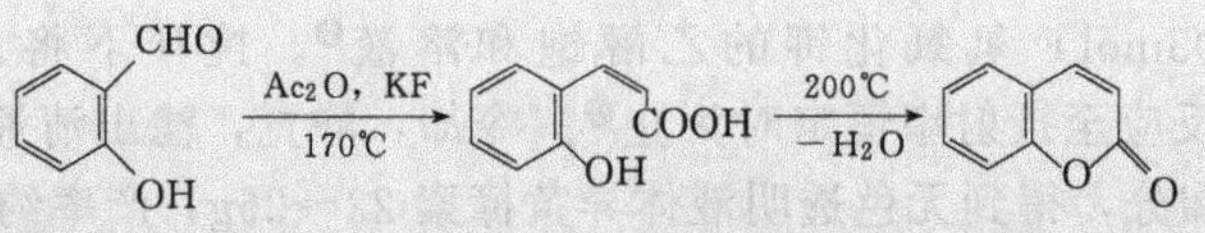

② 以邻甲苯酚为原料与磷酰氯作用，生成磷酸三邻甲苯酯。后者经侧链 α-氯代、缩合和闭环等反应，生成香豆素。

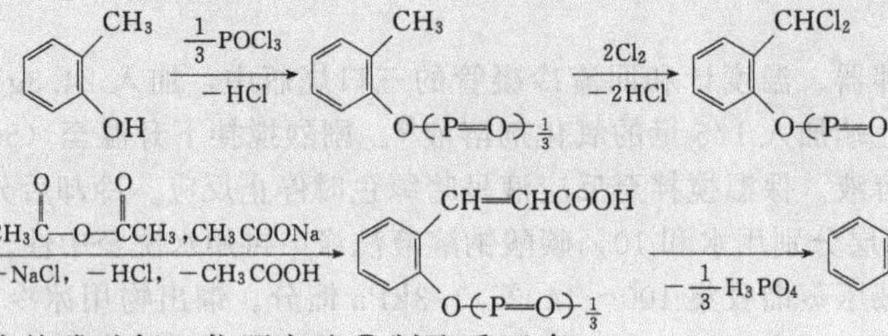

③以光气代替磷酰氯，仿照方法②制取香豆素。

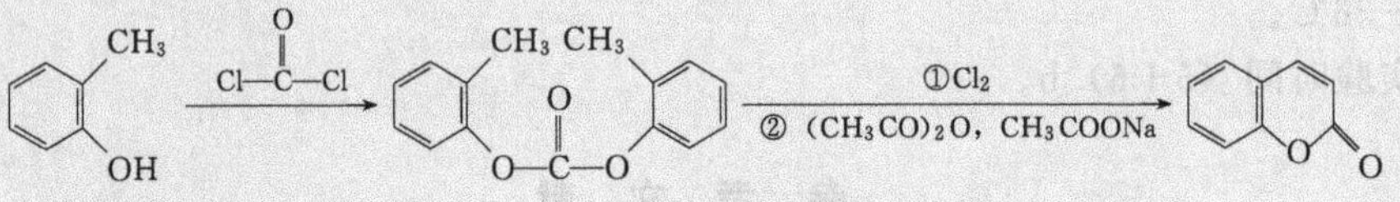

本实验采用第一种制法。

一、实验目的

学习合成香料的基本知识和用 Perkin 反应制备香豆素的实验方法。

二、原料

水杨醛　　　　　　　　　　　　　醋酐　　　　氟化钾　　　　　　　　　乙醇

三、实验操作

1. 将 12.2g（0.1mol）水杨醛、22.5g（0.22mol）醋酐及 1.5g 氟化钾依次加入装有温度计和韦氏分馏柱的 50mL 三口瓶中。在电磁搅拌下，用油浴加热反应混合物。当物料温度上升至约 180℃时，有醋酸缓慢蒸出。蒸完后继续搅拌反应 0.5h，整个反应时间约为 3h。最后反应温度可达 210～225℃。反应结束后，冷却物料，加入总量为 12mL 的热水，在不断搅拌下洗涤反应混合物，并于物料尚未凝固前全部转入 25mL 圆底烧瓶中，置于冰水浴中冷却数小时。细心倾滗出上层洗涤液。在盛固体物料的圆底烧瓶上，装置带有 2～3 束针爪的分馏头和直形冷凝管等接收装置。用油浴加热进行减压蒸馏，收集约 64～65℃/1.07kPa 的粗香豆素馏分。得到约 11g 白色固体，熔点 67～68.5℃，产率约为 76%。将粗香豆素用 60℃的 1:1 的乙醇-水溶解，趁热过滤后，不断搅拌下将滤液放在 −5℃的冰盐浴中冷却结晶。吸滤，用 3mL 乙醇洗涤晶体。按上述条件再结晶一次。晾干，得到白色片状香豆素产品。熔点不低于 69℃。

2. 实验时间 6h。

参 考 文 献

[1] И. Н. 勃拉图斯著. 香料化学. 刘树文译. 北京：轻工业出版社，1984：150-156，169.

实验二十二　酮类香料　紫罗兰酮

紫罗兰酮存在于多种花精油和根茎油中，分子式 $C_{13}H_{20}O$，相对分子质量 192.29。天然产物中存在三种双键位置不同的异构体。

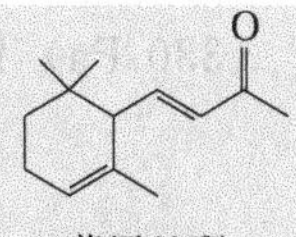

α- 紫罗兰酮
b. p. 121 ～ 122℃/1.3kPa
d_4^{20} 0.931
UV$_{max}$ 228.5nm
(ε = 14300)

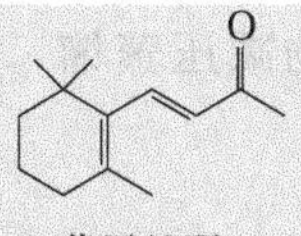

β- 紫罗兰酮
b. p. 128 ～ 129℃/1.3kPa
d_4^{20} 0.940
UV$_{max}$ 293.5nm
(ε = 8700)

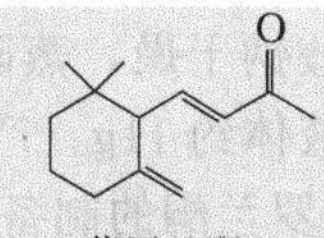

γ- 紫罗兰酮
b. p. 80℃/1.3kPa
d_4^{20} 0.942

α-紫罗兰酮在乙醇溶液中高度稀释时有紫罗兰香气；β-异构体的花香气较清淡，有柏木香气；γ-异构体具有质量最好的紫罗兰香气。它们都是液体，与绝对（无水）乙醇混溶，溶于2～3倍体积的70%乙醇、乙醚、氯仿或苯中，极微溶于水。

紫罗兰酮都是用合成方法得到的。市售的紫罗兰酮，几乎都是α-和β-体的混合物。所谓α-型紫罗兰酮，酮含量在90%以上，α-体在60%以上；β-型紫罗兰酮商品的酮含量在90%以上，β-体在85%以上。商品紫罗兰酮为淡黄色液体，是重要的合成香料之一，广泛用于调制化妆品用香精。β-紫罗兰酮的另一重要用途是用于制取维生素 A 的中间体。

紫罗兰酮的合成，是以柠檬醛为原料，首先与丙酮进行缩合，制成假紫罗兰酮（ψ-紫罗兰酮）。再用 60%的硫酸水溶液作催化剂，使假紫罗兰酮闭环，制得紫罗兰酮。由此制得的产物，含γ-异构体的量极微，基本上由α-与β-异构体组成，以α-体为主。

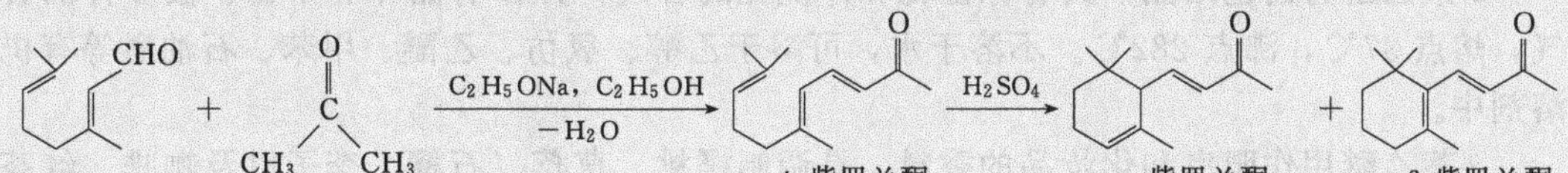

一、实验目的
学习香料基本知识，掌握交叉羟醛缩合的实验技术。

二、原料

柠檬醛[❶]（沸程 100～103℃/933Pa，含量 90%）	丙酮（经 K_2CO_3 干燥后重蒸）	金属钠
碳酸钠（15%）	无水乙醇	酒石酸
乙醚	无水硫酸钠	硫酸（60%）
甲苯		

三、实验操作

1. 假紫罗兰酮的制备

在装有搅拌器、滴液漏斗和温度计的 250mL 三口瓶中，加入 13.5g （15.3mL，0.08mol）的柠檬醛和 54g （66.7mL，0.93mol）丙酮。用冰-盐冷却至−10℃，搅拌下由滴液漏斗快速滴入事先已配制好的由 0.61g 金属钠与 13.3mL 无水乙醇反应得到的乙醇钠-乙醇溶液。控制反应温度在−5℃以下。加完后，继续搅拌 3min，然后再快速加入含有 2g 酒石酸的 13.5mL 水溶液。搅拌均匀后，蒸出丙酮及其他低沸物直到馏出液约 70mL 为止[❷]。残余物冷却后，分出油层，水层分两次，每次用 15 mL 的乙醚萃取。合并醚层，

---

❶ 柠檬醛本身也是单提香料，在柠檬草、山苍子等植物中都含有柠檬醛。例如野生植物山苍子（广泛分布在我国长江以南各省、台湾省以及东南亚）的果皮中含有大量的柠檬醛。特别是在 8 月采收的山苍子，其果皮含油量达 3%～4%。加工得到的果皮精油含柠檬醛 80%～90%，通过减压精密分馏即可得到柠檬醛。柠檬醛广泛用于人造柠檬油、柑橘油、水果香精、咖啡香精等的配制，还直接用作餐具洗涤剂的加香剂。

❷ 注意在蒸馏期间要使反应液保持微酸性。

用无水硫酸钠干燥，蒸除溶剂。残留物减压蒸馏，收集123～124℃（330 Pa）馏分，得到淡黄色液体约11g，产率约72%。

2. 紫罗兰酮的制备

在装有搅拌、滴液漏斗和温度计的50mL三口瓶中，放入12g、60%的硫酸溶液，搅拌下依次加入12g甲苯和滴加10g（0.052mol）假紫罗兰酮。保持反应温度在25～28℃间搅拌15min。反应结束后，加10mL水，搅拌，分出有机层。有机层用15%碳酸钠溶液中和后，再用饱和食盐水洗涤。常压下蒸除甲苯。残留物在4～5个理论塔板的分馏柱上，以3：（1～4）：1的回流比将粗制紫罗兰酮进行减压精馏，收集125～135℃/267Pa的馏分，得到浅黄色油状液体紫罗兰酮7～8g，n_D^{20} 1.499～1.504，产率70%～80%。

3. 实验时间12～14h。

参 考 文 献

[1] И. Н. 勃拉图斯著. 香料化学. 刘树文译. 北京：轻工业出版社，1984：293.

实验二十三　醚类香料　新橙花醚（β-萘乙醚）

β-萘乙醚为白色结晶，具有像橙花和洋槐花的香气，并伴有甜味和草莓、菠萝样的香气，熔点37℃，沸点282℃。不溶于水，可溶于乙醇、氯仿、乙醚、甲苯、石油醚等有机溶剂中。

β-萘乙醚用作肥皂和化妆品的香料，是调制樱桃、草莓、石榴、李子以及咖啡、红茶等香型的香精成分。

β-萘乙醚的合成，可按合成一般烷基芳基醚的通用方法进行，即由烷基化剂——溴乙烷或硫酸二乙酯与苯酚钠反应制得。也可以直接通过将β-萘酚、乙醇及催化量的浓硫酸共热的方法来制取。本实验采用后一种方法。

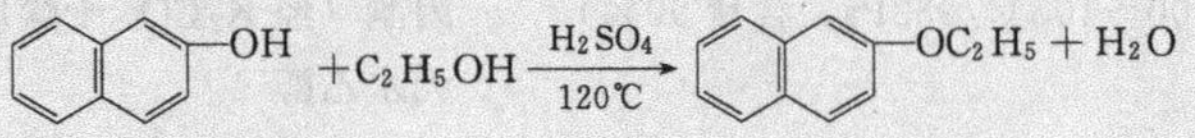

一、实验目的

学习香料的基本知识，掌握制备β-萘乙醚的实验技术。

二、原料

β-萘酚	无水乙醇
浓硫酸	氢氧化钠（5%）

三、实验操作

1. 在安装有回流冷凝管并置于油浴上的50mL圆底烧瓶中，加入5g（0.035mol）β-萘酚和6g（0.13mol）乙醇，加热溶解。小心滴加2g浓硫酸，摇匀。在120℃的油浴上加热6h。然后将热溶液小心地倾入盛有50mL水的烧杯中，搅拌，使析出结晶。倾去水层，剩余物用18mL、5%的氢氧化钠溶液充分洗涤，再分2次，每次用20mL的热水洗涤。洗涤时用玻璃棒激烈搅拌浮起的产物，每次皆用倾滗法分出洗涤的液体❶。用乙醇重结晶❷，得到白色片状晶体的产物约4g，产率约60%。非常稀的β-萘乙醚的溶液有类似橙花和洋

---

❶ 此步操作的目的是精制所得到的醚，以除去未反应的β-萘酚。在氢氧化钠作用下，后者转变为溶于水的萘酚钠。

❷ 用减压蒸馏的方法，也可得到精制的β-萘乙醚，沸点为140℃/1.6kPa。

槐花的气味。

2. 实验时间 8～10h。

参 考 文 献

[1]　韩广甸等编译. 有机制备化学手册. 上册. 北京：石油化学工业出版社，1977：261.

实验二十四　从植物中提取天然香料

天然香料大多数从植物中提取得到。上文已经提到，植物天然香料有四种提取方法，即水蒸气蒸馏、压榨、浸提和吸收等方法。

（1）蒸馏法　芳香成分多数具有挥发性，可以随水蒸气逸出，而且冷凝后因其水溶性很低而易与水分离。因此水蒸气蒸馏是提取植物天然香料应用最广的方法。但由于提取温度较高，某些芳香成分可能被破坏，香气或多或少地受到影响，所以，由水蒸气蒸馏所得到的香料其留香性和抗氧化性一般较差。

（2）压榨法　用压榨法可从果实（例如柠檬、柑橙等）中提取芳香油。此类果实的香味成分包藏在油囊中，用压榨机械将其压破即可将芳香油挤出，经分离和澄清可得到压榨油。压榨加工通常在常温下进行，香精油中的成分很少被破坏，因而可以保持天然香味。但制得的油常带颜色，而且含有蜡质。

（3）浸提法（萃取法）　适用于香组分易受热破坏和易溶于萃取溶剂的香料。目前主要用于从鲜花中提取浸膏和精油。通常是将鲜花置于密封容器内，用有机溶剂冷浸一段时间，然后将溶剂在适当减压下蒸馏回收，得到鲜花浸膏。这样得到的香料，其香气成分一般比较齐全，留香持久。但也含色素和蜡质，并且水溶性较差。必要时，萃取可在适当加热的条件下进行。

吸收法较不常用。

一、实验目的

学习香料的基本知识和提取天然香料的实验方法。

二、原料

所需药品取决于所选的实验内容，可根据实验确定。

三、实验操作

1. 蒸馏法提取姜油

称取生姜 100g，洗净后先切成薄片，再切成小颗粒，放入 500mL 圆底烧瓶中，加水 200mL 和沸石 2～3 粒。在烧瓶上装有恒压滴液漏斗，漏斗上装接回流冷凝管。将漏斗下端旋塞关闭，加热使烧瓶内的水保持较猛烈地沸腾，于是水蒸气夹带着姜油蒸气沿着恒压漏斗的支管上升进入冷凝管。从冷凝管回流下来的冷凝水和姜油落下，被收集在恒压滴液漏斗中，冷凝液在漏斗中分离成油、水两相。每隔适当的时间将漏斗下端旋塞拧开，把下层的水排入烧瓶中，姜油则总是留在漏斗中。如此重复操作多次，约经 2～3h 后，降温，将漏斗内下层的水尽量分离出来，余下的姜油则作为产物移入回收瓶中保存。

用松针、香芽草、胡椒、柠檬叶、桉叶等等代替生姜，可得到相应的精油，只是收率各不相同。

实验时间约 3.5h。

2. 冷榨法提取橙油

将新鲜的柑橘皮的里层朝外，晒干或晾干（1～2 天）备用。

取干柑橘皮 200g，切成小颗粒，放入研钵中研烂，尽量将油水挤出（有条件的可用小型压榨机）。将榨出物用布氏漏斗抽滤，滤渣用少量水冲洗 1～2 次，抽滤至干。合并所有油水混合物并将之移入试管中，用高速离心机进行离心分离。5min 后停机，将橙黄的油层用吸管吸出。残液在适当加水搅拌后，再重复上述操作，离心分离一次。将两次得到的橙油合并，得到粗橙油。为把粗橙油中所含的水分和蜡质分离，将其放入电冰箱中，于 5～8℃静置一星期。待杂质下沉后将上层清油吸出，得到质量较好的冷榨橙油。

实验时间 2～3h。

3. 浸提法提取茉莉花浸膏

取新鲜采摘的茉莉花在平面上铺开，风干一天备用。

称取 300g 茉莉花，装入 500mL 的三角瓶中，加入约 400mL 沸程为 30～60℃的石油醚至浸没全部茉莉花为止。盖上瓶塞后静置 24h 以上，然后将浸提液移入圆底烧瓶中，水浴加热回收溶剂。为降低蒸馏温度，可使用水流喷射泵适度减压进行蒸馏（最好在旋转蒸发器中蒸馏）赶走大部分溶剂后，降温，将残余物移入小烧瓶内，继续用水浴加热将溶剂完全蒸除。冷后可得到油状或软膏状产物。

新采摘的鲜花不经风干同样可用于浸提，但带入更多的水分。

实验时间 3～4h（不含静置浸提时间）。

第 6 章 农 药

农药是指用于防治农作物（包括树木和农林产物）病虫害的杀菌剂、杀虫剂、除草剂、杀鼠剂和植物生长调节剂。家居用的和非农耕地用的杀虫剂、杀鼠剂、除草剂及杀菌剂也都属于农药。

农药是农业生产必需品之一，因为即使采取各种措施使农业增产，如果不防治病虫草害，对作物实施有效的保护，就很难使收获增加。在家居卫生和公共卫生事业方面，农药用于消灭蚊、蝇、鼠等害物，对于保障人民的健康也起着重要的作用。例如，联合国从1955～1969 年组织扑灭疟蚊运动，平均每年用滴滴涕 6.8 万吨，已使 500 万人免于死亡，7 亿多人脱离病害。

能消灭病、虫、草害的化学物质很多，但可以作为农药使用的，必须是对人、畜、作物、水生生物和昆虫天敌是无害的，而且要使用方便、质量稳定、价格适宜。

6.1 农药的安全性

世界各地每年消耗的农药达数百万吨。在这些农药中，不到 10% 作用在害物身上，超过 90% 散失在作物、土壤、水和空气中。农药都有一定的生物活性。有些农药在阳光、土壤、微生物和水的作用下较易降解，失去原来的生物活性而变成无害物质。另一些农药则较难降解，会较长时间地残留在农产品和自然环境中，并通过生物界的食物链和由于人的呼吸、接触而进入人体，在人体内积集起来，危害人的健康。

20 世纪 70 年代以来，由于农药的残留污染，造成了多宗人畜中毒事故。一些大量生产和消费农药的国家，已十分重视农药安全性的问题。各国政府逐步地采取健全机构和修改、补充法例等措施，对农药的研制开发、生产、销售、使用等各个环节实施日益严格的管理。对于已生产、使用的农药，如果毒性或残留污染严重，则分别按其危害的程度作出本国的限禁措施，或禁止生产、使用，或限制使用，或指定要做进一步的安全评价。日本于 1969～1971 年间，因急性毒性、慢性毒性、残留等问题较严重，禁止了一六〇五、甲基一六〇五、特普、五氯酚（钠）、2,4,5-T（致畸）、六六六、滴滴涕、有机汞制剂等品种的生产和使用，因慢性、鱼毒过高等原因严格限制艾氏剂、狄氏剂、异狄氏剂、鱼藤酮等品种只能在很小的范围内使用。美国于 1971 年起，禁用了一批有机氯杀虫剂，1976 年公布了 100 种可能致癌的农药名单。其后又陆续公布了几十种有问题的农药，要求重新审查。对于农药安全性的评价和试验，也都规定了原则、办法、试验方法和负责的机构。新农药在注册登记时，必须提交一整套有关安全性的资料。以日本为例，申请注册登记时，必须提交以下资料。

（1）药效、药害试验结果必须提出 1 种作物 1 种害虫在三个地方 2 年以上（合计 6 地以上）的试验结果。

（2）毒性、代谢方面，要求提交：①2 种动物的经口、经皮、皮下（及肌内）、静脉（及腹腔）投药的急性毒性试验结果；②亚急性毒性试验结果；③2 种动物一生中大部分时间的经口投药的慢性毒性试验（同时进行致癌性调查）；④下一代所受影响的试验结果；⑤致突变试验结果；⑥农药在生物体内运转变化的试验结果；⑦为复查其他安全性而做的试验结果。

（3）残留试验方面，要求提交：作物残留试验结果；2 处 33 种作物的不同施药时间和次数的组合结果；2 处以上的田间试验及容器内试验（半衰期试验）结果。

（4）关于对环境的影响试验——对于鱼（鲤鱼、水蚤）、蜜蜂、鸟等的影响试验。

（5）制剂分析法及其研究结果。

（6）注册登记样品及样品检验书。

（7）关于化学成分的资料，包括原药及制剂的物理化学性状等。

由此可见，要达到安全性的要求，开发新品种农药，需要做大量的工作，而且需要有农学、生物、医学、化学、化工等多个学科的协作，才能完成。

6.2 杀 虫 剂

杀虫剂按其作用方式可分为胃毒剂、触杀剂、熏蒸剂和内吸性杀虫剂等四类。胃毒剂要待昆虫食后中毒死亡。触杀剂要在药剂（固体或乳液、悬浮液）与虫体接触时，才能将昆虫毒死。熏蒸剂应具有足够高的蒸气压，靠其蒸气将昆虫毒死。内吸性杀虫剂一般是相对分子质量不太高、水溶性足够大的药剂，它们能够从作物的叶、茎、根等的表面渗入作物体内，并被传导到害虫栖息的部位。当害虫以刺吸式口器吮吸汁液时就会中毒死亡。

按杀虫剂的结构分类，主要有氯代烃类、磷酸酯类、氨基甲酸酯类和拟除虫菊酯类等。

上述各类杀虫剂的毒理不尽相同，但都是通过破坏神经系统的生理机能而起作用的。例如磷酸酯类和氨基甲酸酯类能与胆碱酯酶反应，使胆碱酯酶失去原来的活性。众所周知，乙酰胆碱在传导神经波至末梢神经或随意肌中起重要作用。当副交感神经受到刺激时，末梢神经放出乙酰胆碱，使器官或肌肉受到感应。作用完后，乙酰胆碱在胆碱酯酶的催化下，水解失效，于是器官或肌肉恢复正常。当胆碱酯酶失活时，乙酰胆碱不能水解而积蓄起来，引起神经过度刺激，发生肌肉抽搐而死亡。在人和动物体内，都存在一种对杀虫剂有一定分解能力的解毒酶。当某种杀虫剂的结构适当时，人和高等动物体内的解毒酶对于该杀虫剂的解毒活性，就有可能比在昆虫体内的解毒酶高得多。因此可通过构效关系的研究和筛选试验，开发出高效低毒的杀虫剂。

自 20 世纪 40 年代开始使用有机合成杀虫剂以来，新开发的杀虫剂迅速增加。实际投放使用的杀虫剂品种逐步更新，有害健康或残留污染严重的品种被淘汰，高效、低毒、低残留或不残留的品种在杀虫剂总消费量中所占的比重不断上升。目前，经常使用的杀虫剂约有 200 多种。

不少杀虫剂在使用了一段时间之后，一定程度上会使昆虫产生"抗药性"，表现为药效下降。产生抗药性的原因之一，可能是在一个昆虫种群之中，对药剂抵抗力弱的个体，经连年施药后被淘汰，抵抗力强的个体则残存下来。它们互相交配，于是把它们的耐药能力遗传给下一代，使其后代体内的解毒酶的活性不断提高，抗药性也随之增强。采用轮换品种施药和使用复配剂等方法可在一定程度上解决抗药性问题。但在弄清抗药性机理、影响规律及找出有效解决办法之前，对付抗药性问题的权宜之计只能是不断提供新药。因此，无论从保护环境或是保护作物的角度来看，不断开发新的杀虫剂是很有必要的。

6.2.1 氯代烃类杀虫剂

氯代烃类杀虫剂主要是以苯或环戊二烯为原料合成的系列多氯化合物，也有用其他原料合成的多氯代烃。从 20 世纪 40 年代开始很长一段时间内，这类杀虫剂曾大量、广泛地被应用于作物保护和灭除害虫。其中最重要的品种有滴滴涕和六六六。

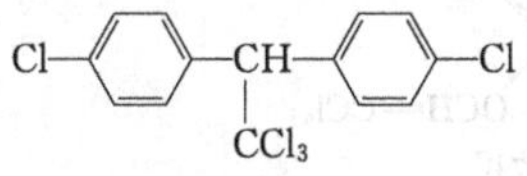

滴滴涕（DDT） 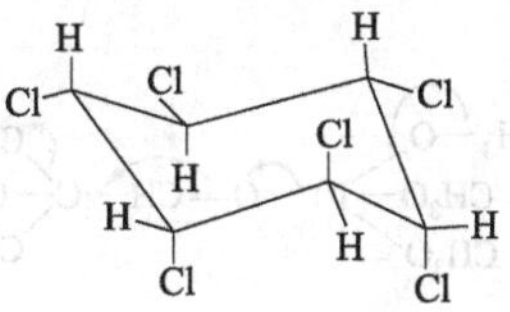　　　　　　　　　六六六丙体

　　六六六理论上有九个立体异构体，其中构型 Ⅱ 称为丙体。只有丙体才有杀虫药效，因此其合成产物必须经过多次萃取-结晶的分离步骤进行提纯。丙体含量在 99％ 以上的杀虫剂称为林丹（Lindane）。

　　若仅从应用的角度考虑，氯代烃杀虫剂具有价廉、持效久的好处。但后来发现其中许多品种的残留污染严重和有慢性毒性。许多有机氯杀虫剂都很难降解。以六六六为例，日本在连年成百万吨地倾入农田之后，通过食物链的扩散污染，甚至在吃奶的婴儿和北极的鱼类身体中都检出六六六。试验表明，这些杀虫剂都有慢性毒性。但滴滴涕的慢性毒性尚未取得证据。由于残留污染的原因，20 世纪 70 年代开始，各国陆续禁止这些品种的生产和使用。残留污染较小、现仍在使用的氯代烃类杀虫剂已为数不多，如硫丹、毒杀芬等（毒杀芬是非常复杂的混合物，由 177 种以上的 C_{10} 多氯衍生物组成）。

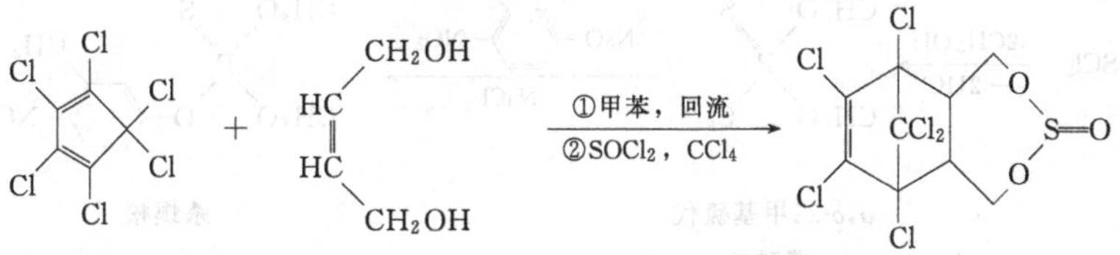

硫丹

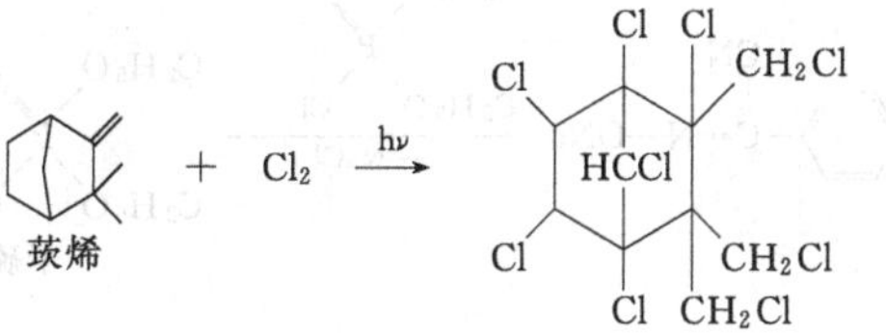

莰烯　　　　　　　　　　　　　　　　（毒杀芬的代表结构）

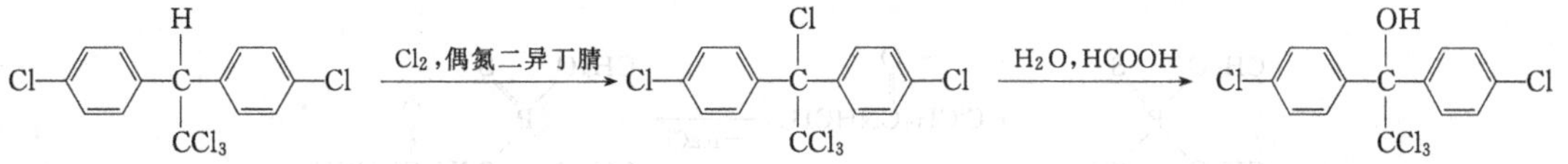

DDT　　　　　　　　　　　　　　　　　　　　　　三氯杀螨醇

6.2.2　磷酸酯类杀虫剂

　　早在 1936 年，德国的希拉德（G. Schrader）和他的同事就系统地研究了磷酸酯和硫代磷酸酯的结构与杀虫药效的关系，并且很快取得了成功。二次世界大战结束后，他们的实验资料被公开。从 1949 年起，全世界研制这类杀虫剂的工作蓬勃开展，目前，这类农药已有100 多种。

　　20 世纪 40 年代，滴滴涕等有机氯杀虫剂在防治水稻螟虫等农业害虫方面起着很重要的作用，但滴滴涕对于蚜虫和螨类防效很差，反而把这些害虫的天敌杀死，造成更严重的虫害。当时问世的磷酸酯类杀虫剂被认为是高效的新农药，对蚜虫和螨类（如棉蚜虫、红蜘蛛等）的防效也很好，很快就成为一大类广泛使用的杀虫剂。

　　在磷酸酯类杀虫剂中，不少品种的急性毒性仍然很高。由于这一类杀虫剂都含有可以水解的 C—O—P 键，所以残留污染相对较轻。

　　磷酸酯类杀虫剂有多种结构类型，现分别举例简介如下。

（1）磷酸酯类

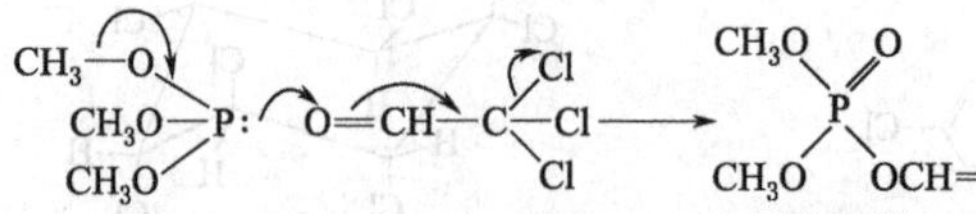

敌敌畏也可由敌百虫在碱性水溶液中水解制得。敌百虫对温血动物的毒性比敌敌畏高近十倍。

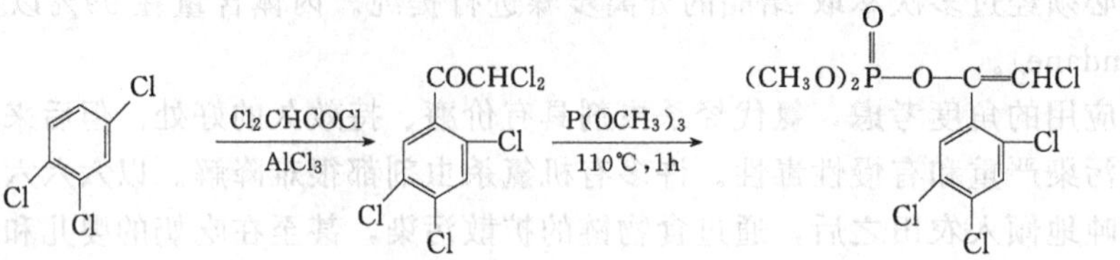

三氯苯可由六六六脱氯化氢制得。

（2）硫代磷酸酯类

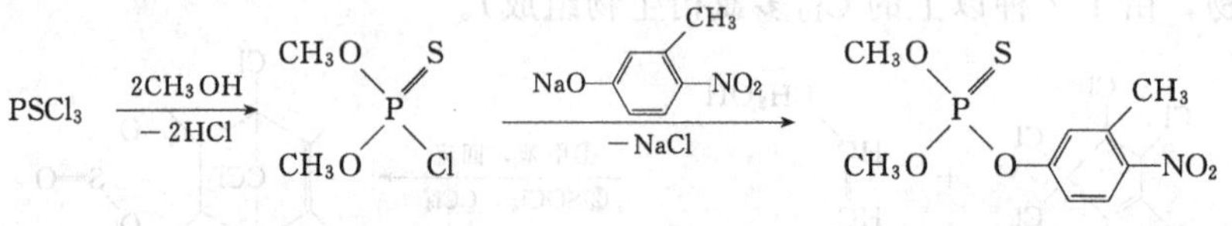

o,o-二甲基硫代　　　　　　　　　　　杀螟松
磷酰氯

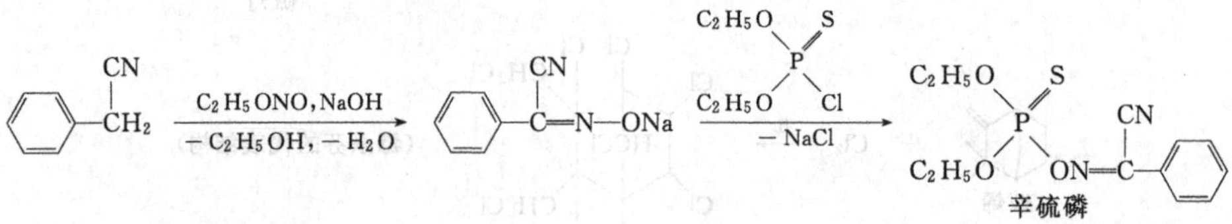

辛硫磷

（3）二硫代磷酸酯类

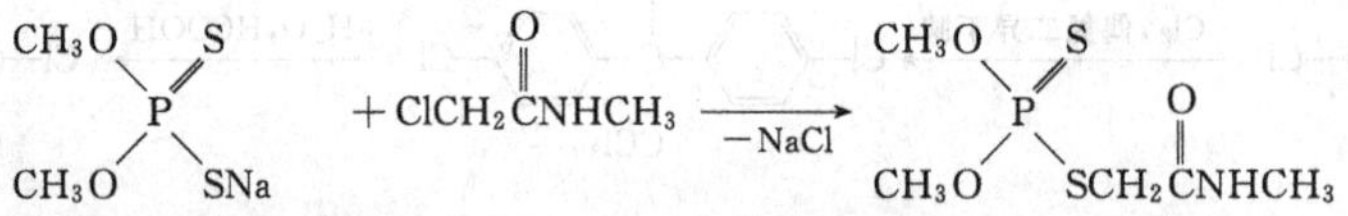

二甲基二硫代磷酸钠　　　　　　　乐果

所用的二甲基二硫代磷酸可由五硫化二磷与甲醇制得：

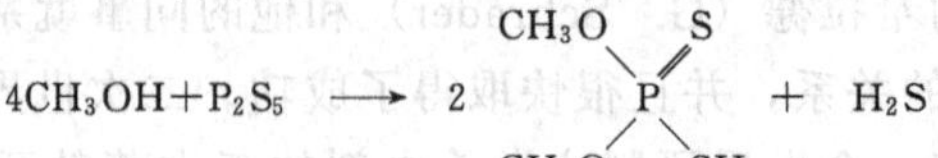

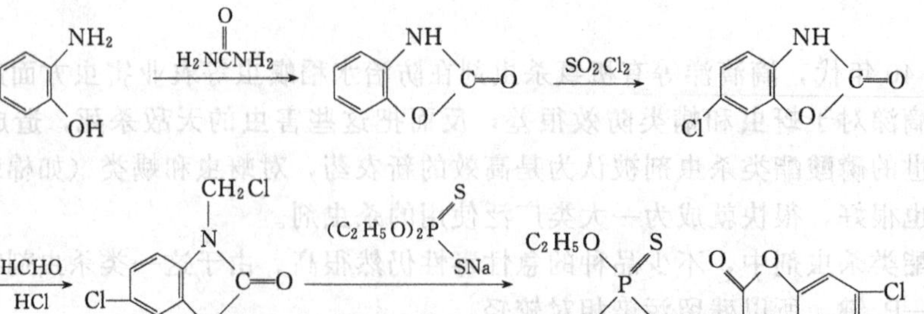

$$4CH_3OH + P_2S_5 \longrightarrow 2\ \underset{CH_3O}{\overset{CH_3O}{}} \!\!P\!\!\underset{SH}{\overset{S}{}} + H_2S$$

伏杀磷

（4）氨基磷酸酯类

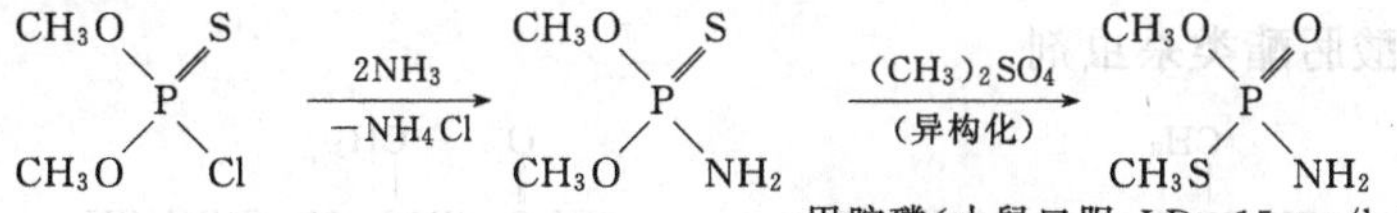

甲胺磷(小鼠口服,LD$_{50}$ 15 mg/kg)

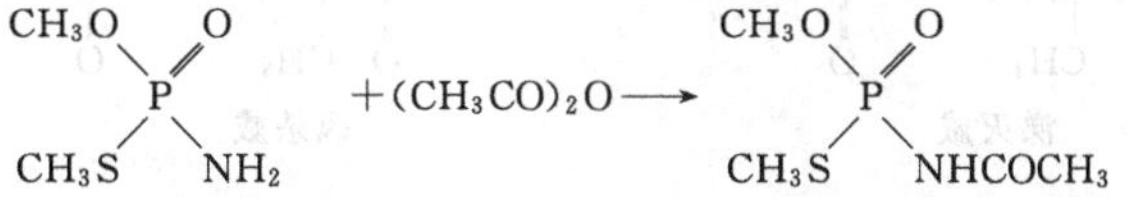

乙酰甲胺磷(小鼠口服,LD$_{50}$ 328 mg/kg)

（5）膦酸酯类

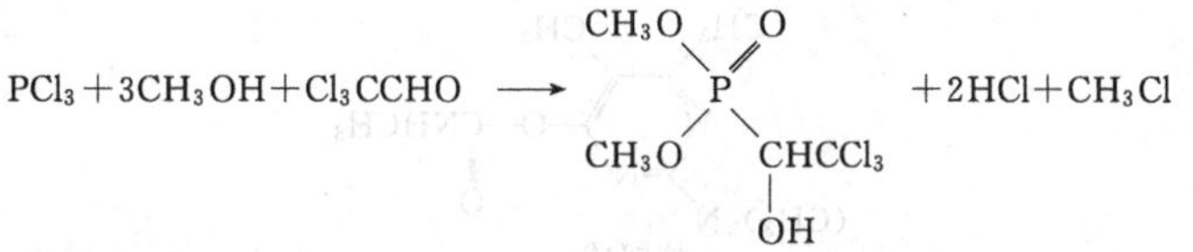

$$PCl_3 + 3CH_3OH + Cl_3CCHO \longrightarrow$$

$$+ 2HCl + CH_3Cl$$

敌百虫

6.2.3 氨基甲酸酯类杀虫剂

从产自西非的毒扁豆碱提取的毒性成分是一种氨基甲酸酯,称为毒扁豆碱。1930 年英格哈特（Engelhart）发现毒扁豆碱及其类似物具有抑制胆碱酯酶的作用。从 20 世纪 50 年代后期开始,人们陆续开发了一系列具有 N-甲基的氨基甲酸酯类杀虫剂。

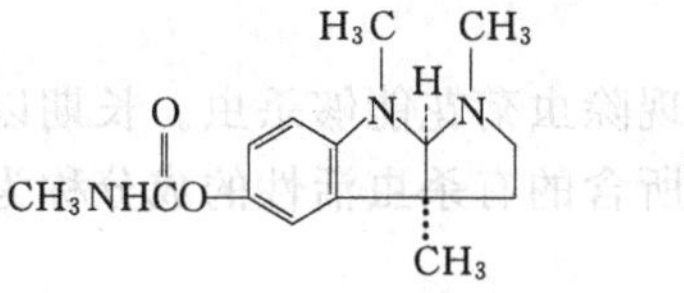

毒扁豆碱

氨基甲酸酯类杀虫剂主要有芳酯、肟酯和杂环酯等类型。

（1）氨基甲酸芳酯杀虫剂

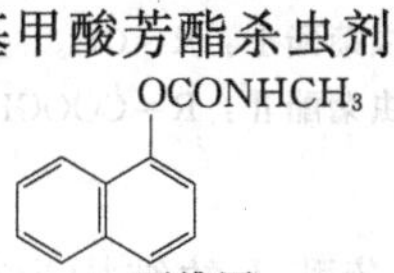

西维因 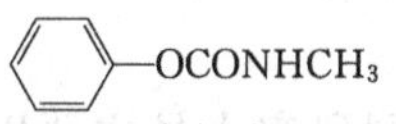　　　　　害扑威 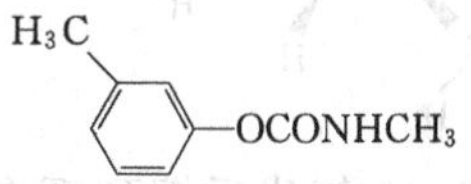　　　　　速灭威

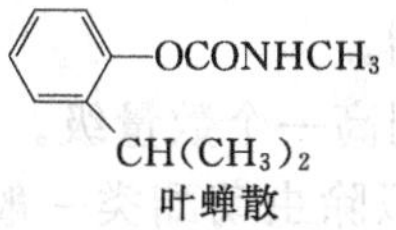

叶蝉散 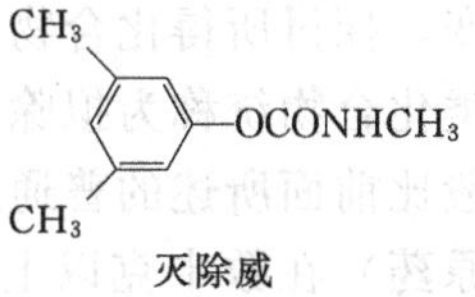　　　　　灭除威 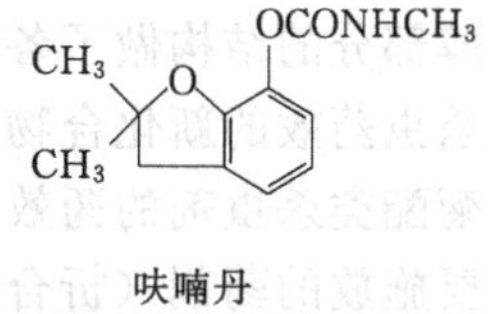　　　　　呋喃丹

上述杀虫剂一般是用光气的甲苯溶液与酚钠反应制成氯甲酸芳酯,后者再与甲胺反应制得。例如:

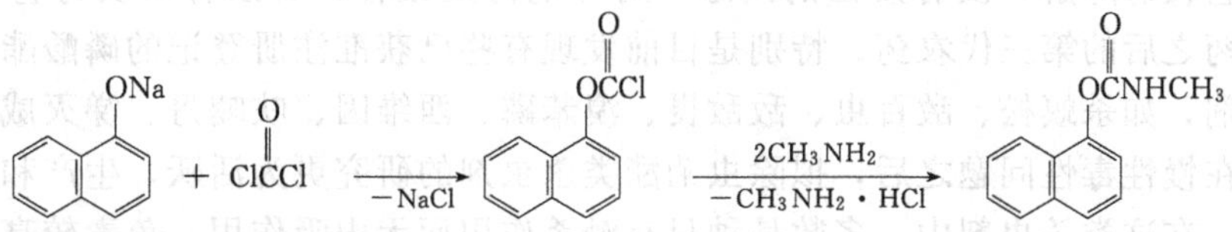

或用异氰酸甲酯与酚钠反应制取。

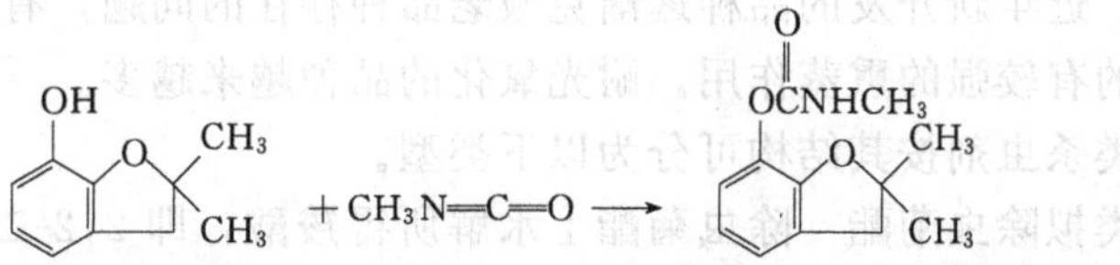

这类杀虫剂,当芳环上连有烷基、烷氧基或二甲氨基等供电子基团时,杀虫活性提高;而连有吸电子基时,则杀虫活性下降。因此,期望改变芳环上的取代基以发现更好的品种的

可能性不大。

（2）氨基甲酸肟酯类杀虫剂

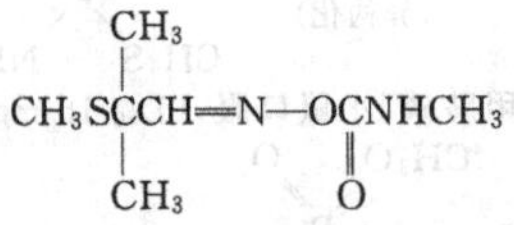

$$CH_3SCCH=N-OCNHCH_3$$
涕灭威

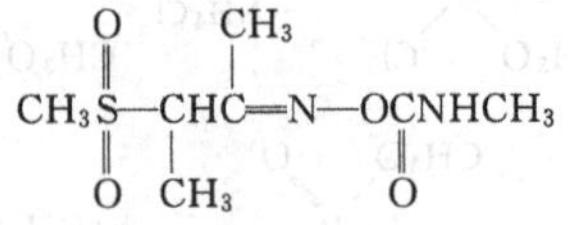

$$CH_3S-CHC=N-OCNHCH_3$$
砜杀威

它们都是由肟与异氰酸甲酯反应而制得。

（3）氨基甲酸杂环酯类杀虫剂

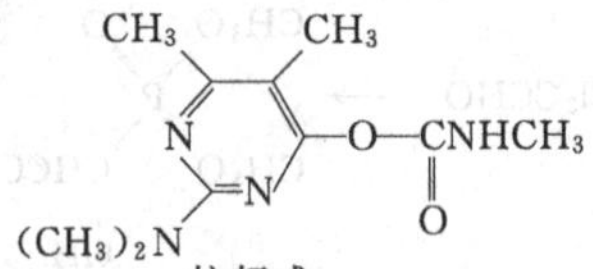

抗蚜威

（2）、（3）两类氨基甲酸酯类杀虫剂药效很高，但对人、畜有剧毒。若将甲氨基中氮原子上的氢用某些其他基团取代，则所得的药剂需经过在动物体内的活化才能起作用。由于昆虫与温血动物的活化能力有差别，结果能制得对温血动物较低毒而杀虫活性高的品种。

6.2.4　拟除虫菊酯类杀虫剂

早在 400 多年前，已经有人发现除虫菊花能够杀虫。长期以来，除虫菊被广泛应用于防治家居、畜舍、仓贮等的害虫。它所含的有杀虫活性的成分称为除虫菊酯Ⅰ和除虫菊酯Ⅱ。

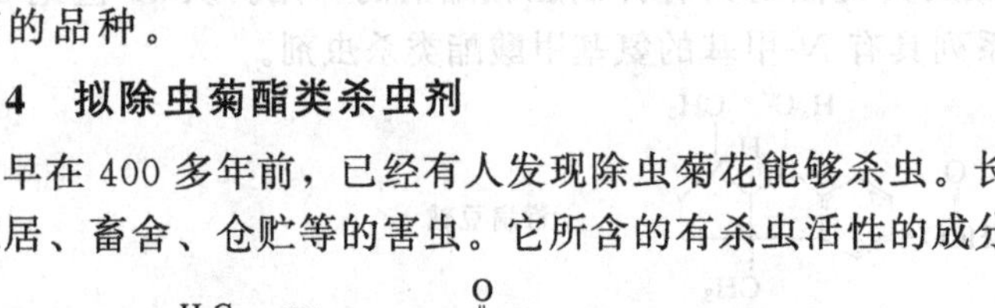

除虫菊酯Ⅰ：R＝CH₃
除虫菊酯Ⅱ：R＝COOCH₃

从 20 世纪 40 年代后期到现在，各国研究人员主要以除虫菊酯Ⅰ的结构为基础，对其中的酸部分和醇部分的结构做了各种改变，探讨所得化合物的结构与杀虫活性的关系，已开发出具有很高杀虫药效的新化合物。这类化合物统称为拟除虫菊酯。

拟除虫菊酯类杀虫剂的药效，一般比前面所述的普通杀虫剂高一个数量级。例如，普通杀虫剂每亩要施放的药剂（折合为纯原药）在数十克以上，而拟除虫菊酯类一般仅需数克。拟除虫菊酯对人畜的毒性一般很低，高的也只和普通杀虫剂相近，由于施药量小，故对人畜基本无害。它较易降解，没有残留的问题，对环境污染很轻，所以有人认为它是继无机农药、有机农药之后的第三代农药。特别是目前发现有些已获准注册登记的磷酸酯类和氨基甲酸酯类杀虫剂，如杀螟松、敌百虫、敌敌畏、溴苯磷、西维因、呋喃丹、涕灭威等数十种杀虫剂，也存在慢性毒性问题之后，拟除虫菊酯类杀虫剂的研究更为活跃，生产和消费量增加很快。但是，在这类杀虫剂中，多数品种只有触杀作用而无内吸作用，鱼毒较高，持效期过短，价格也较高。近年新开发的品种逐渐克服老品种存在的问题，有较强的杀螨功效，有的鱼毒性很低，有的有较强的熏蒸作用。耐光氧化的品种越来越多。

拟除虫菊酯类杀虫剂按其结构可分为以下类型。

（1）菊酸酯类拟除虫菊酯　除虫菊酯Ⅰ水解所得羧酸，即 2,2-二甲基-3-(2-甲基-1-丙烯基) 环丙烷甲酸，称为菊酸。由菊酸与各种醇制得的拟除虫菊酯，在空气中受光的作用分解很快，因此一般用作家居、畜舍、仓贮等除虫用。

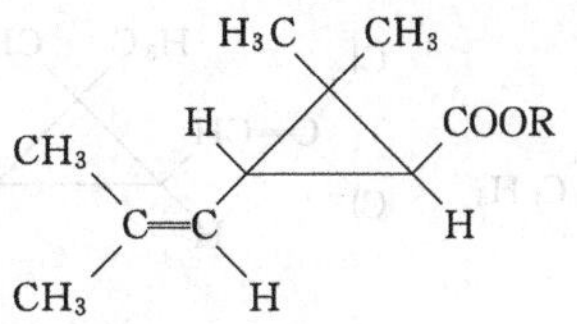

拟除虫菊酯

较早开发的品种用于与菊酸成酯的醇（R—OH）均含一个或两个碳环。例如当 R 是以下基团时，分别得到相应的拟除虫菊酯。

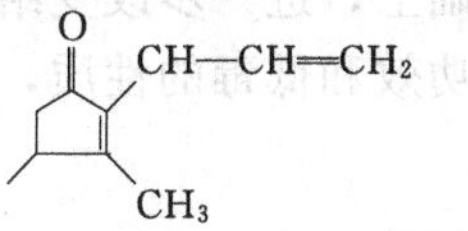

丙烯菊酯（烯丙菊酯） 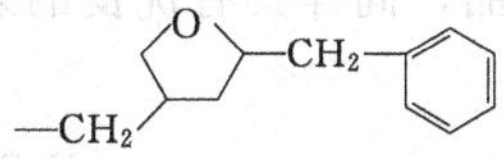　　　　　苄呋菊酯 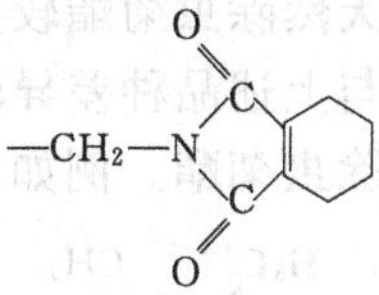　　　　　　　胺菊酯

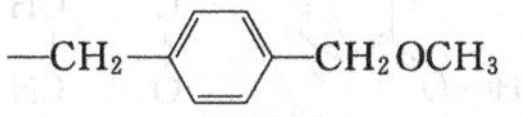

甲醚菊酯 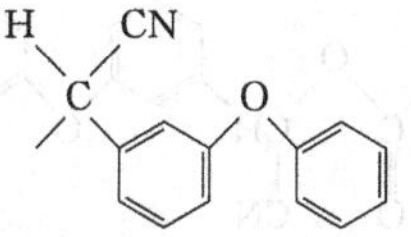　　　　　　　　　氰基苯醚菊酯

近年来也出现一些无环醇拟除虫菊酯类杀虫剂，例如：

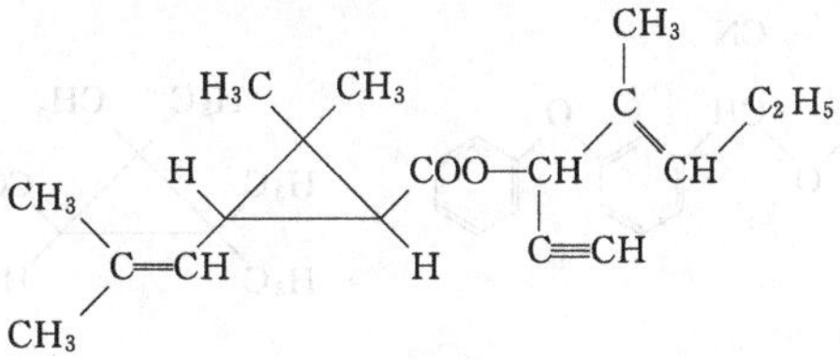

炔戊菊酯

炔戊菊酯比上述菊酯更加高效低毒，它在 25℃ 时的蒸气压（0.13Pa）比丙烯菊酯（0.053Pa）高得多，因而具有较强的熏蒸作用，更适合于作为杀灭蚊、蝇等家居害虫的药剂使用。

（2）含卤素基团的环丙烷羧酸酯类　这类拟除虫菊酯的耐光性能较好，主要用于防治农作物害虫。例如：

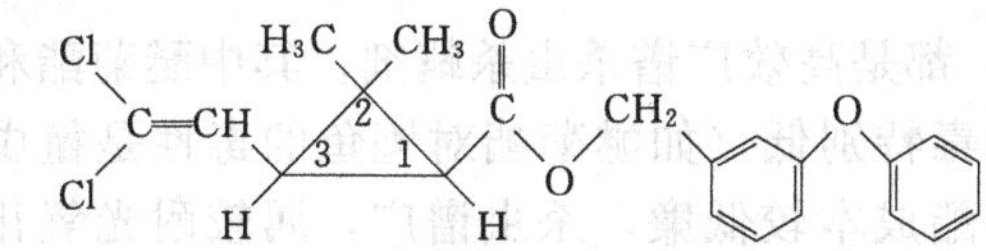

氯菊酯 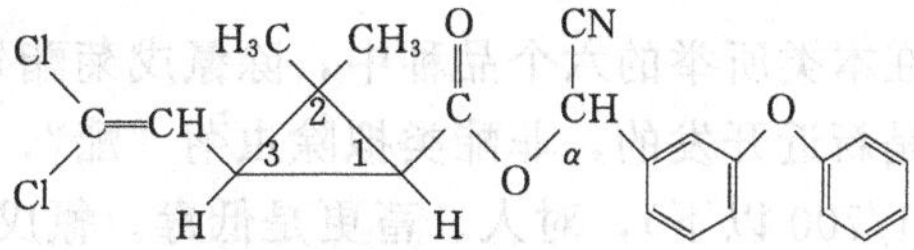　　　　　　　　　　　　　　　氯氰菊酯

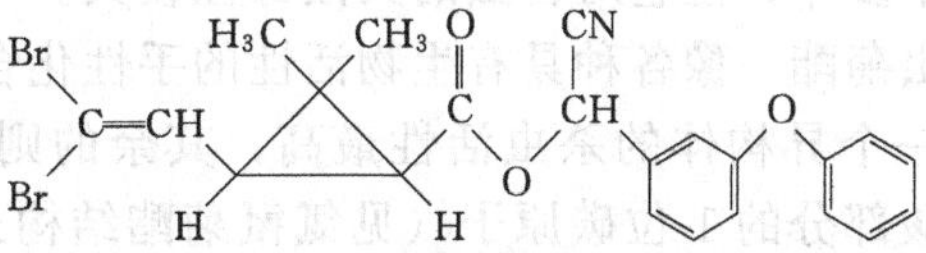

溴氰菊酯

上述品种的杀螨功效很差，下列含氟的菊酯则具有良好的杀虫杀螨药效。例如：

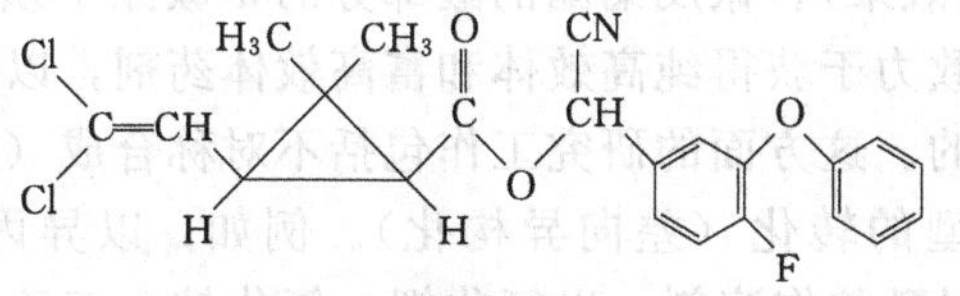

百治菊酯 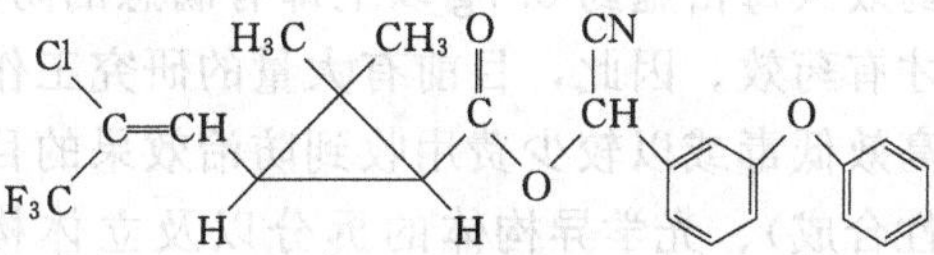　　　　　　　　　　　　　功夫菊酯

在这类拟除虫菊酯中，也包括一些无环醇的品种（它们的用途与炔戊菊酯相同）。例如：

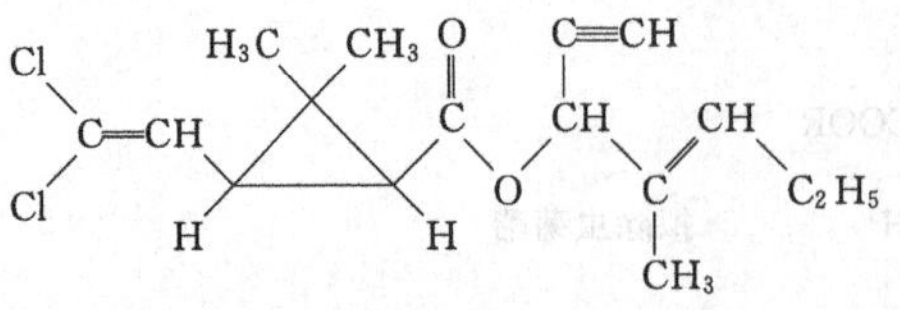

炔戊氯菊酯 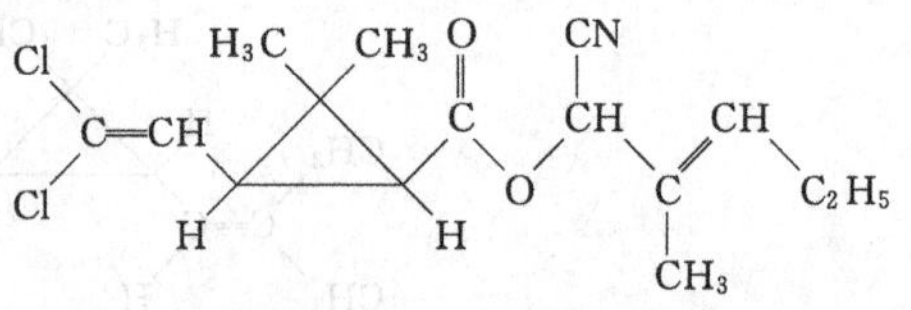　　　　　　　　　　　　　　　　　　JS-88

（3）非经典结构的拟除虫菊酯　以上所述的拟除虫菊酯属于烯基环丙烷羧酸的衍生物，结构上与天然除虫菊酯较类似。人们在研究上述品种的工作基础上，进一步改变结构，合成各种结构与上述品种差异较大的新产品，同样具有优良的杀虫功效和低毒的性质，这些产品也称为拟除虫菊酯。例如：

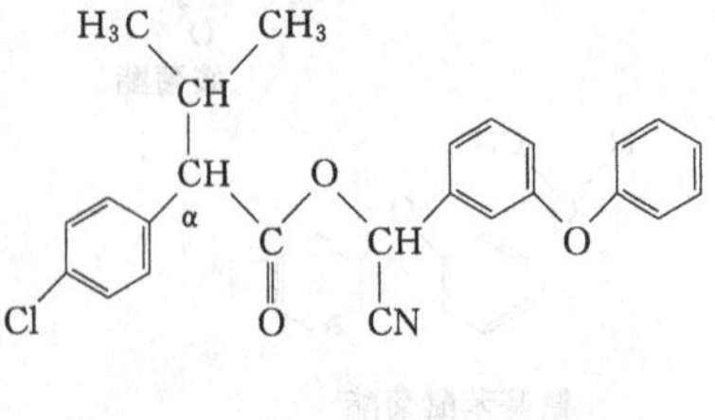

氰戊菊酯 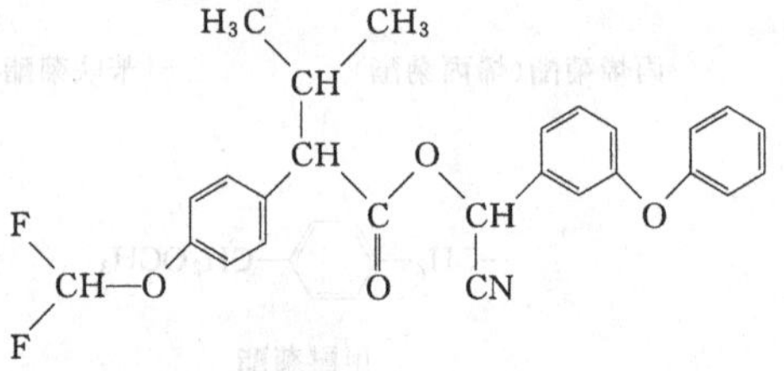　　　　　　　　　　　　　　　　　氟氰菊酯

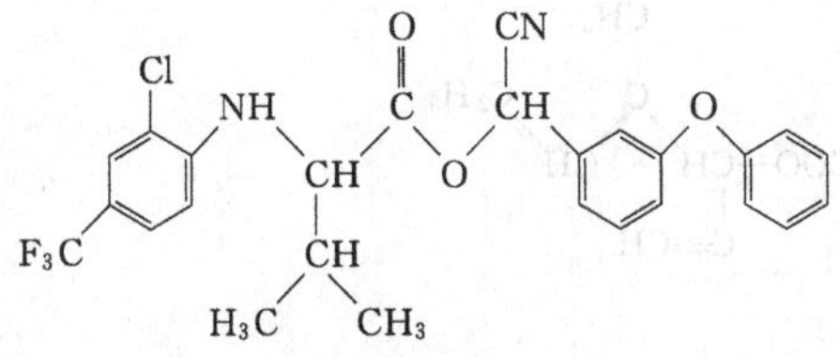

氟胺氰菊酯 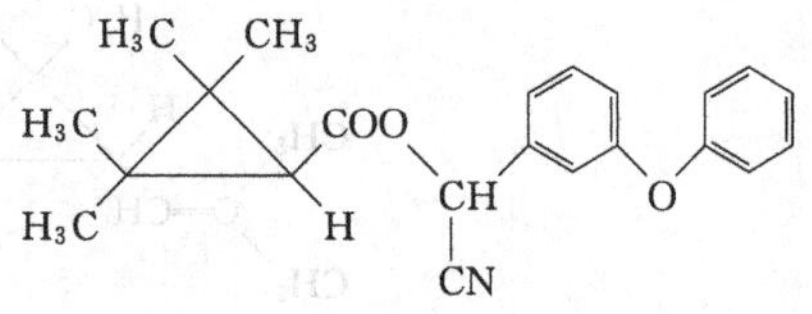　　　　　　　　　　　　　　　　甲氰菊酯

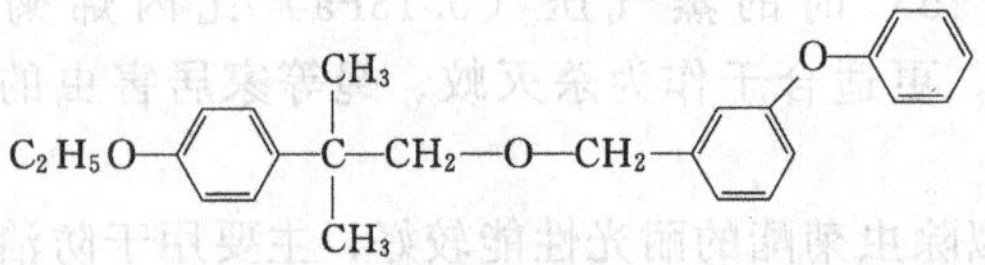

醚菊酯（MTI-500） 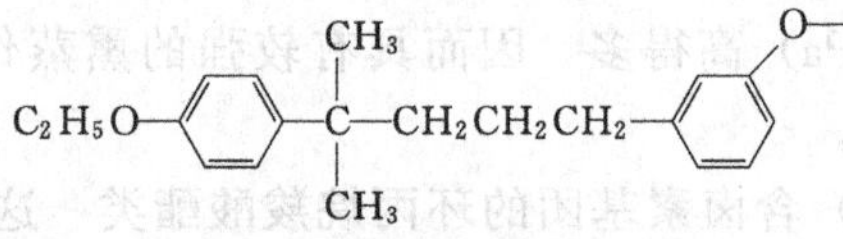　　　　　　　　　　　　烃菊酯（MTI-800）

在本类所举的六个品种中，除氰戊菊酯外，都是高效广谱杀虫杀螨剂。其中醚菊酯和烃菊酯是新近开发的，非酯类拟除虫菊"酯"，鱼毒特别低（如醚菊酯对鲤鱼的毒性是氰戊菊酯的 1/700 以下），对人、畜更是低毒。氰戊菊酯成本较低廉，杀虫谱广，属较耐光氧化的品种之一，已被广泛应用十多年，但它对害虫的天敌毒性较大。

（4）光学活性的拟除虫菊酯　像各种具有生物活性的手性化合物一样，当拟除虫菊酯有多个立体异构体时，只有一个异构体的杀虫活性最高，其余的则没有或只有较低的杀虫功效。如环丙烷羧酸酯类，酸部分的 1-位碳原子（见氯氰菊酯结构式）必须连有一个氢原子，而且是 R 构型，才有杀虫活性。溴氰菊酯有 8 个立体异构体，其中构型为 $1R,3S$-顺式的有最高药效（每亩施药 0.7g 以上即有满意的防治效果）。氰戊菊酯的酸部分的 α-碳原子须是 S 构型才有药效。因此，目前有大量的研究工作致力于获得纯高效体和富高效体药剂，以期达到更高效低毒或以较少费用收到防治效果的目的。这方面的研究工作包括不对称合成（立体选择性合成）、光学异构体的拆分以及立体构型的转化（差向异构化）。例如，以异丙醇、1,4-二噁烷、丙酮、苯、二甲基亚砜或二甲基甲酰胺作溶剂，以氟化钾、氟化铵、三乙胺或氢氧化四丁铵等作催化剂，于 0～20℃ 间使 3-R 构型的或外消旋的氯氰菊酯进行差向异构化，能得到 3-S 构型的氯氰菊酯，使药效成倍提高。

6.3 杀菌剂

农用杀菌剂是指对病原菌起抑菌或杀菌作用，能防治农作物病害的药剂。杀菌剂应对寄主植物无不良影响，对人畜无害，而且在日晒雨淋的自然条件下能保持一段时间的功效。

虫害较易被人及时发现，而病害是多种多样的，且在病害潜伏期间较易被人忽视。当作物发生严重病害时，不仅造成产量的巨大损失，而且使收获物的质量变坏，种子退化。为了防治各种病害，使用了多种多样的杀菌剂。

杀菌剂按其作用效果，可分为保护性杀菌剂、治疗性杀菌剂和铲除性杀菌剂。保护性杀菌剂的作用是抑制病原菌的生长。在病原菌侵入之前，先施药于寄主植物的表面以防感染。治疗性杀菌剂的作用是当病原菌侵入植物后，在病害潜伏期内施药，使菌体的繁殖中断或不能形成新的孢子。铲除性杀菌剂的作用是杀灭已形成的孢子或菌丝体。

杀菌剂又可按它渗入植物体内和传导到其他部位的性能，分为内吸性和非内吸性杀菌剂。内吸性杀菌剂具有内吸、传导的特点，对侵入作物体内或种子胚乳中的病害防治效果较好。但它易诱发抗性菌株，成本较高，对藻菌纲的真菌防效不佳。非内吸性杀菌剂不能或极少能被作物吸收或传导，一般对作物有保护作用或兼具疗效。这类抗菌剂不易产生抗性，价格较低廉。

杀菌剂的施药方法，因防治病害的部位和药剂的性能不同而异，例如可采用拌种、喷洒、沟施等方法。

商品杀菌剂有100多种以上，结构类型甚多。下面仅摘要举出几类。

1. 二硫代氨基甲酸盐（酯）类杀菌剂

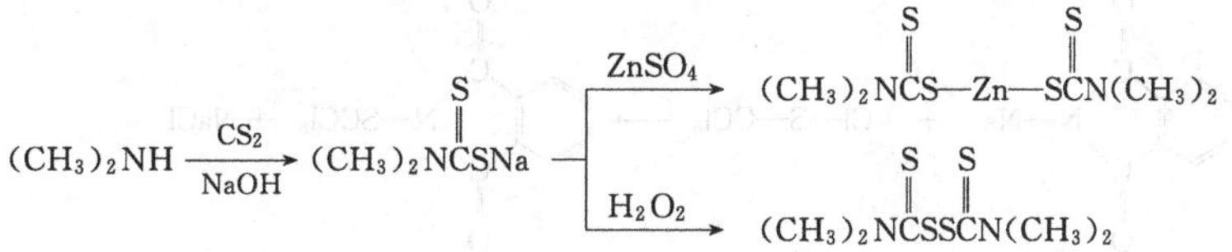

福美锌

福美双

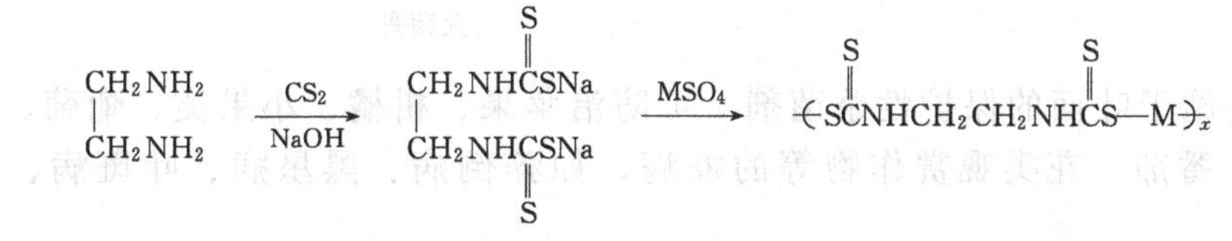

代森钠　　M=Zn或Mn　　代森锌(锰)

这是一类广谱的保护性杀菌剂，广泛用于防治水果、蔬菜的疫病和凋萎病。例如，用于防治大面积马铃薯、番茄等的疫情和葡萄球菌属病、霜霉病、锈病等病害。这类杀菌剂的活性基是 $—NH—\overset{\overset{\textstyle S}{\|}}{C}—S—$ 。代森锌和代森锰无论在水不溶性或药害方面都比代森钠好。但有报道说代森类杀菌剂在烹调中可生成对甲状腺有致癌性的亚乙基硫脲，已引起了研究人员的注意。

2. 有机氯杀菌剂

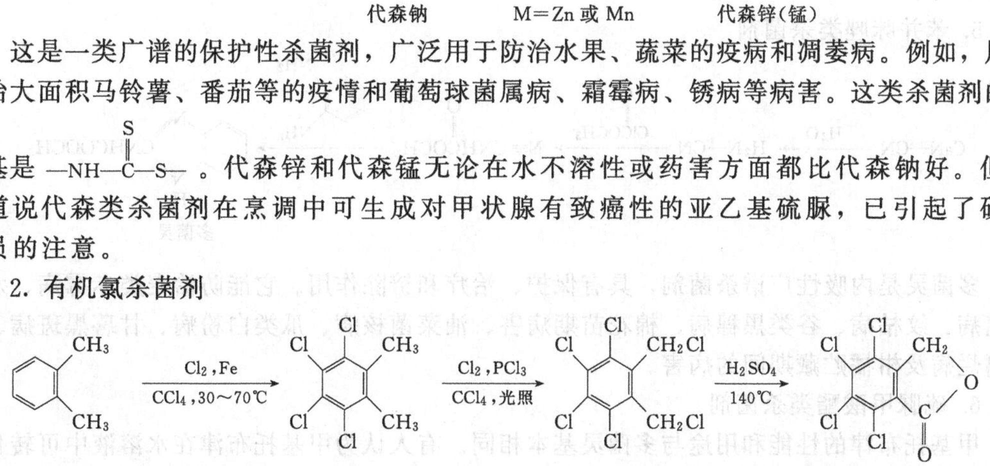

稻瘟酞

稻瘟酞是预防水稻稻瘟病效果优异的药剂。

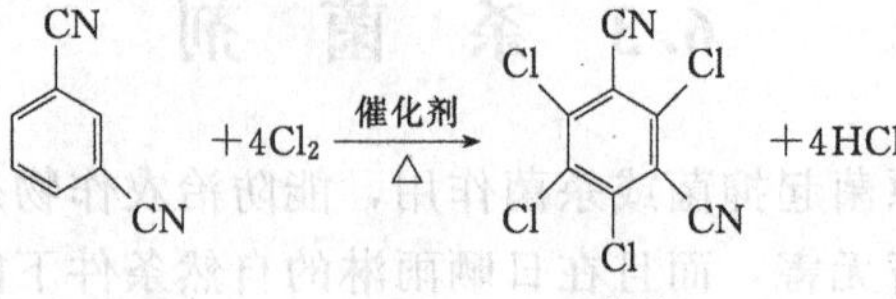

百菌清

百菌清是非内吸性的广谱杀菌剂，能防治蔬菜、果树等 60 多种作物的霜霉病、白粉病、炭疽病、锈病等，兼有预防和治疗效果。

3. 酰胺类杀菌剂

这类杀菌剂都含有取代丙烯酰胺的基团。

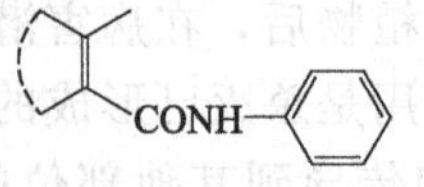

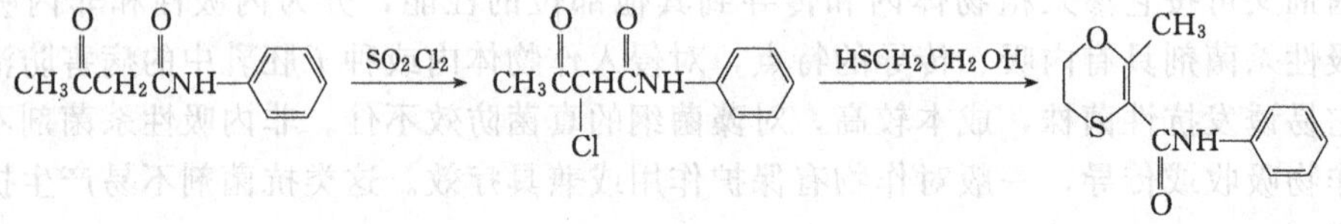

萎锈灵

萎锈灵是一种内吸性杀菌剂，可防治小麦叶锈病、大麦黑穗病、棉花立枯病、黄萎病等。它与其他杀菌剂混用，可防治大多数土壤传播的幼苗病害。

4. 酰亚胺类杀菌剂

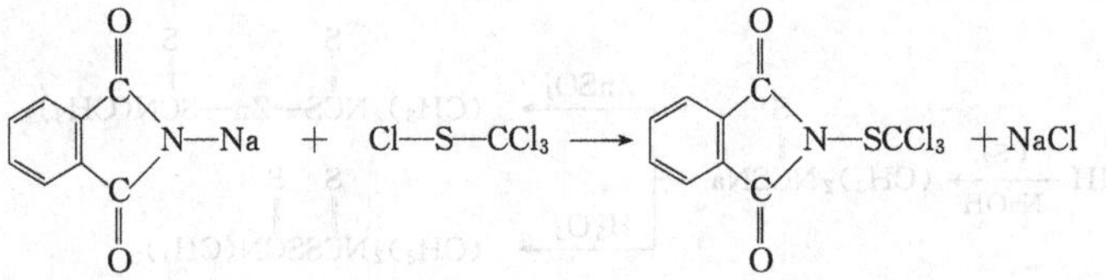

灭菌丹

灭菌丹是施于叶面的保护性杀菌剂。可防治苹果、柑橘、小果类、葡萄、黄瓜、鳞茎类、莴苣、番茄、花类观赏作物等的疫病，如猝倒病、黑星病、叶斑病、白粉病和霜霉病等。

5. 苯并咪唑类杀菌剂

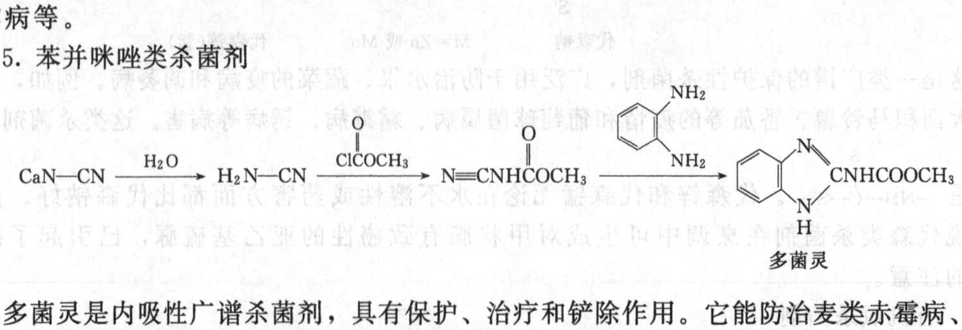

多菌灵

多菌灵是内吸性广谱杀菌剂，具有保护、治疗和铲除作用。它能防治麦类赤霉病、水稻稻瘟病、纹枯病、谷类黑穗病、棉花苗期病害、油菜菌核病、瓜类白粉病、甘薯黑斑病、苹果腐烂病及柑橘贮藏期间的病害。

6. 硫脲甲酸酯类杀菌剂

甲基托布津的性能和用途与多菌灵基本相同。有人认为甲基托布津在水溶液中可转化为多菌灵。

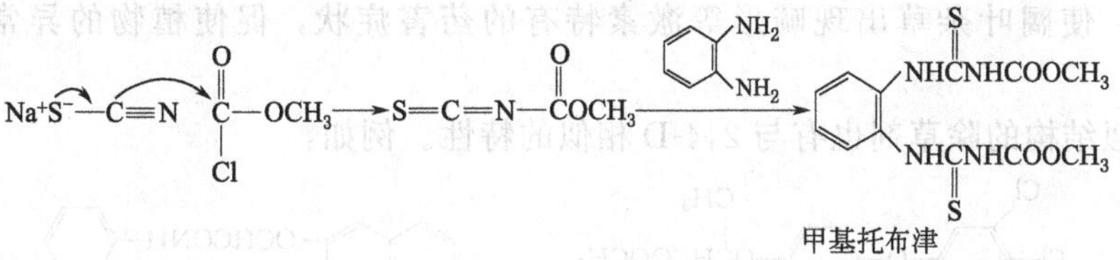

甲基托布津

7. 1,3-二硫-2-亚戊环基丙二酸二异丙酯类杀菌剂

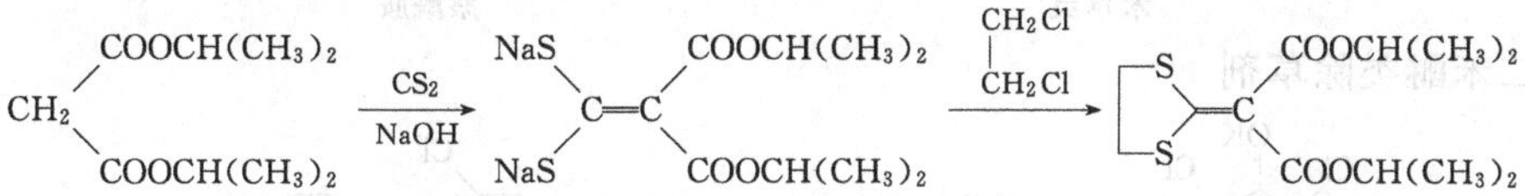

稻瘟灵（富士 1 号）

稻瘟灵是内吸性杀菌剂，对稻瘟病防效显著，用药量少，残效期长达 30 天以上。

6.4　除　草　剂

蔓生的杂草使农作物失去大部分的阳光和养分，对农业收成的危害不亚于病虫害。1941 年发现 2,4-二氯苯氧乙酸（2,4-D）具有杀草活性后，经十多年的研究，又陆续开发了一些选择性除草剂如 2-甲基-4-氯苯氧乙酸（简称 2 甲 4 氯）、敌稗、百草枯等。由于使用除草剂比用机械方法除草节省了大量的劳力，经济效益显著，故从 20 世纪 60 年代前后开始，除草剂的发展逐步加快。到 1979 年，除草剂实际应用的品种已在 260 种以上，全世界除草剂的销售量占各类农药销售总额的 40%，成为第一大类农药。

目前对除草剂的作用机理还了解得不够。但可以肯定，现有的除草剂一般是通过对植物的正常生长过程或对光合作用过程的干扰而起作用的。在开发一个新的除草剂时，应尽可能掌握动物和不同种属的植物的生理、代谢过程和细胞组分等方面的知识，利用有关对象生理上的差异，设计出供试验用的目标化合物。

多数除草剂的施药日期距收获期甚远，在环境中较易分解，因此使人畜中毒的危险性相对较低。虽然如此，某些长效除草剂的慢性毒性和残留污染的问题仍然存在。突出的例子是在越南战争期间，美军在越南撒下 240t 落叶剂[2,4,5-T（2,4,5-三氯苯氧乙酸）]。两年后发现当地婴儿畸形事件显著增多，这是由于工业产品 2,4,5-T 中含有剧毒的杂质 2,3,7,8-四氯二苯并二噁烷所致。现还发现了一些除草剂有问题，如灭草隆（致癌）、五氯苯酚（鱼毒太高）、阿特拉津、氟乐灵（对土壤有不良影响）、敌草隆（影响下一茬作物的产量）等。目前，为了达到更高效（由每亩施药量数十克以上降至数克）、更高选择性和更安全的目的以及为了解决少数杂草尚无药可除的问题，研制除草剂新品种的工作正在积极进行中。

目前实际应用的除草剂按化学结构可分为 20 多个类型，下面仅摘要介绍部分产品。

1. 苯氧乙酸类除草剂

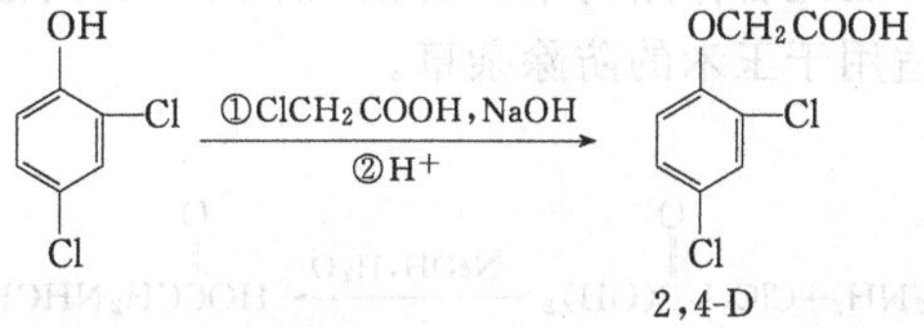

2,4-D

由邻甲苯酚与氯乙酸在碱性条件下缩合后再进行氯化，可制得 2 甲 4 氯（2-甲基-4-氯苯氧乙酸）。

苯氧乙酸类除草剂能杀除阔叶杂草而对禾本科植物无害。它的作用是在低浓度时能促进植物的生长，而在高浓度时则通过破坏植物体内激素的平衡，干扰 DNA（核糖核酸）和蛋白质合成等，使阔叶杂草出现畸形等激素特有的药害症状，促使植物的异常生长，直到死亡。

其他类似结构的除草剂也有与 2,4-D 相似的特性。例如：

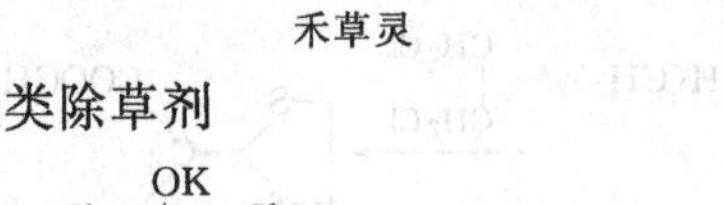

禾草灵 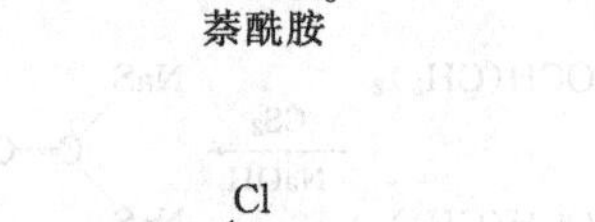　　　　　　　　　　　　　萘酰胺

2. 二苯醚类除草剂

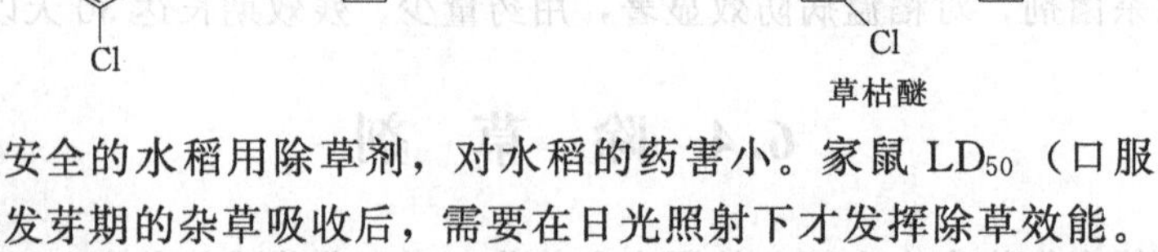

草枯醚

草枯醚是最安全的水稻用除草剂，对水稻的药害小。家鼠 LD_{50}（口服）11800mg/kg，对鱼低毒。它被发芽期的杂草吸收后，需要在日光照射下才发挥除草效能。

3. 酰胺类除草剂

早期开发的敌稗 $C_6H_5NHCOCH_2CH_3$ 是对稗草有触杀作用的速效除草剂，在水稻和土壤中易分解。但当同时施用磷酸类或氨基甲酸类杀虫剂时，则水稻不能分解敌稗而造成药害，因此敌稗的使用已大大减少。现在酰胺类除草剂最典型的品种是甲草胺（拉索）和丁草胺，属氯乙酰替苯胺类。甲草胺用于各种旱地作物的除草。丁草胺主要用于水田，也可用于部分旱地作物的除草。

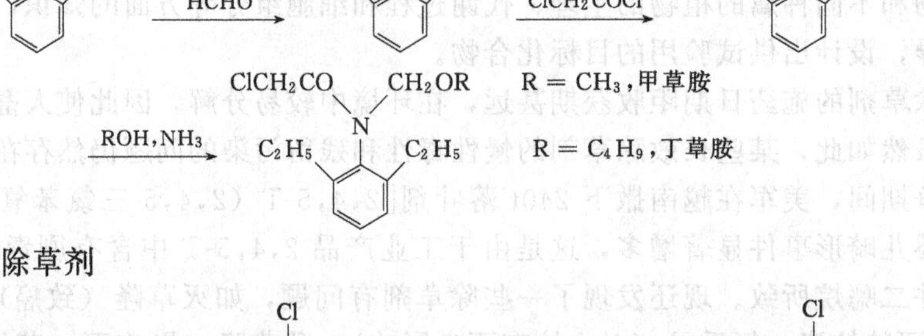

4. 均三嗪类除草剂

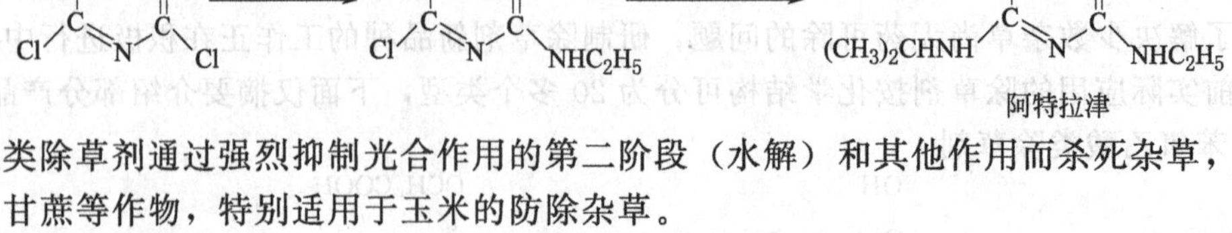

阿特拉津

这类除草剂通过强烈抑制光合作用的第二阶段（水解）和其他作用而杀死杂草，适用于高粱、甘蔗等作物，特别适用于玉米的防除杂草。

5. 有机磷类除草剂

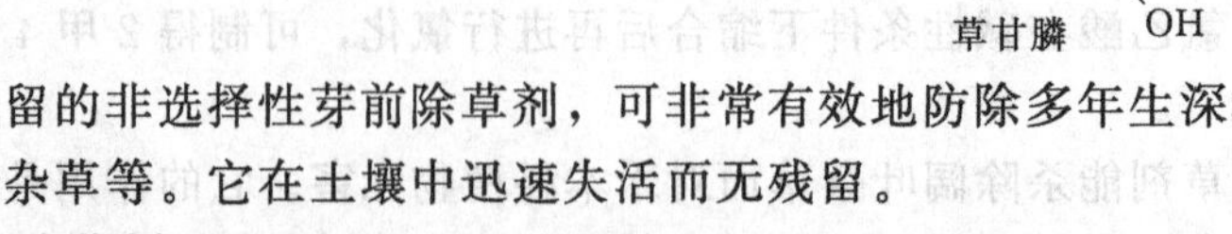

草甘膦

草甘膦是无残留的非选择性芽前除草剂，可非常有效地防除多年生深根杂草、一年生和二年生杂草、阔叶杂草等。它在土壤中迅速失活而无残留。

6. 联吡啶盐类除草剂

百草枯

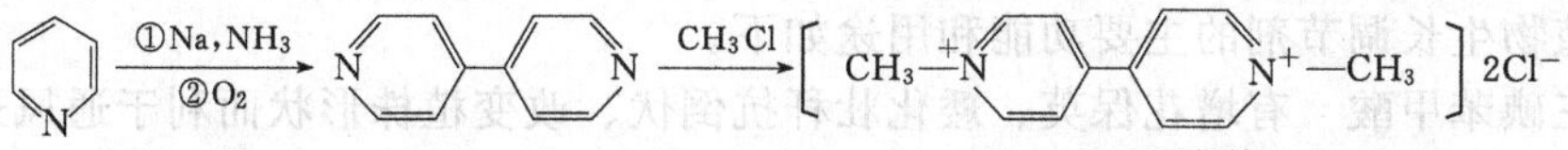

百草枯是非选择性的触杀型除草剂。它在日光和水的作用下被还原而生成自由基，再与空气中的氧分子反应，生成对植物组织是剧毒的过氧化物自由基，因而能迅速杀死长出地面的杂草。它与土壤接触即很快失活，可用于清茬、牧场更新、防除蔬菜行间杂草以及农场作物除草等。百草枯的急性毒性较高。

6.5 植物生长调节剂

植物生长调节剂具有调节植物某些生理机能、改变植物形态、控制植物生长的功能，最终达到增产、优质或有利于收获和贮藏的目的。因此，不同的植物生长调节剂作用于不同的作物可分别达到增进或抑制发芽、生根、花芽分化、开花、结实、落叶，或增强植物抗寒、抗旱、抗盐碱的能力，或有利于收获、贮存等目的。

植物生长调节剂的研制开发，一般先从天然产物入手，通过分离某种活性成分和确定化学结构，然后进行合成。或合成一系列结构与已知活性成分相似的化合物，从中筛选出优良的品种。

已经报道的植物生长调节剂的新品种很多，但其中已大规模商品化的却为数很少，除了由于生产成本过高之外，也由于它们在不同气候、土壤等自然条件下药效差别很大的缘故。尽管这样，利用新的植物生长调节剂使农业大幅度增产的潜力还是很大的。

下面摘要介绍一些植物生长调节剂的品种。

2,3,5-三碘苯甲酸

马来酰肼（抑芽丹）

矮壮素（稻麦立）

乙烯利

比久(B9)

亚乙基二膦酸

3-吲哚丁酸

$CH_3(CH_2)_{29}OH$

三十烷醇

助壮素

增甘膦

促叶黄

$(n\text{-}C_4H_9S)_3P=O$

脱叶磷

赤霉素A_3

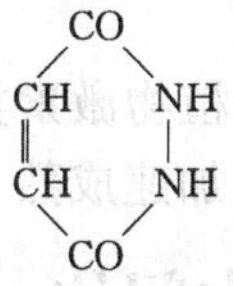

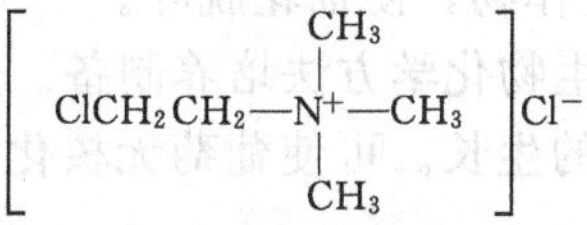

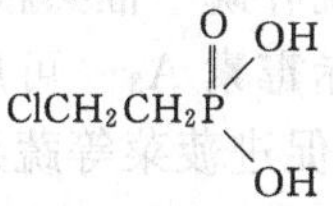

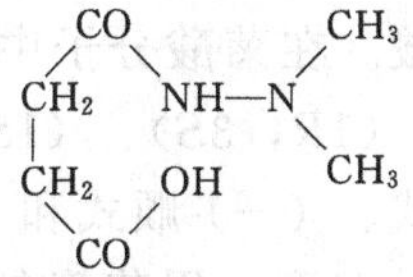

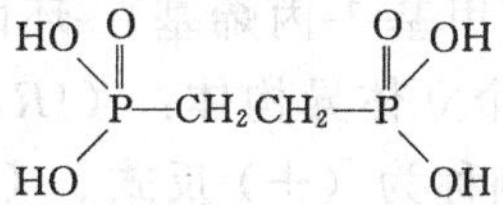

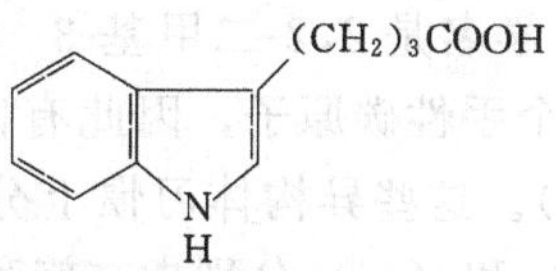

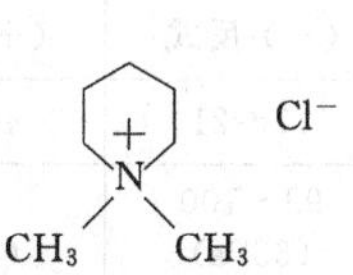

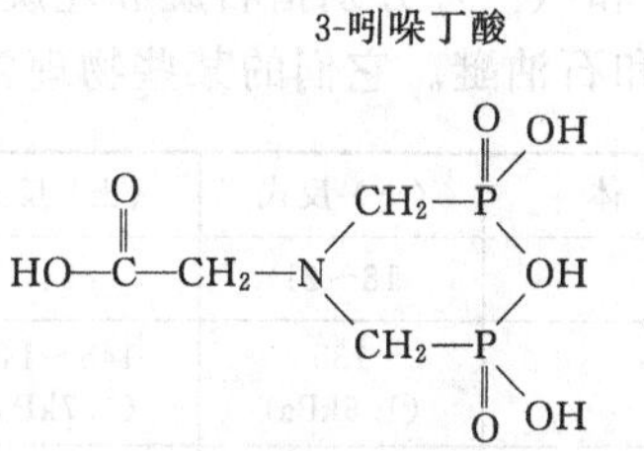

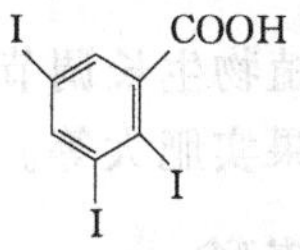

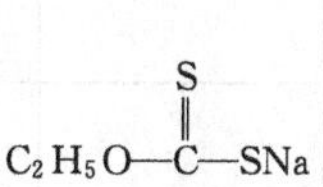

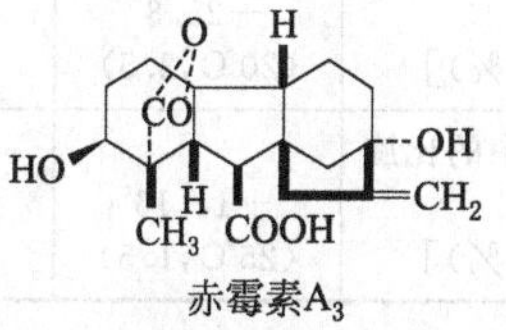

以下植物生长调节剂的主要功能和用途如下。

（1）三碘苯甲酸 有增花保英、矮化壮秆抗倒伏、改变植株形状而利于通风透光、促进早熟等作用，对大豆增产显著，也用于马铃薯、花生等。

（2）马来酰肼 防止烟草发生腋芽，提高烟草的品质；能抑制马铃薯、洋葱在贮存中萌芽。

（3）矮壮素 抗倒伏，促进作物生长，适用于棉花、小麦、水稻、玉米、烟草、番茄、果树和各种块根作物的促进生长。可用于盐碱或微酸性土壤。

（4）乙烯利 促进棉花早熟，用于香蕉、番茄、早稻等的催熟，烟叶落黄，调节菠萝开花等。能显著使天然橡胶增产。

（5）比久 抑制植物陡长，促使矮壮而不影响开花结实。能增加耐寒、耐旱能力，防止落花落果，促进结实增产。

（6）亚乙基二膦酸 被植物吸收后转化为乙烯及膦酸，作用与乙烯利相同。乙烯利在高浓度时对植物有不利影响，但亚乙基二膦酸则可在较宽的浓度范围使用。用它处理梨树可增产梨果一倍多。

（7）3-吲哚丁酸 用于茶、桑、树木等，促进生根，在农、林、园艺中作为插条的催根剂。以 $5\sim10mg/L$ 浓度施用于小麦，可增加芽长、每穗粒数、粒重和产量。

（8）三十烷醇 从蜂蜡等天然资源中可提取分离到三十烷醇，使用浓度在 $0.01\sim0.1mg/L$ 之间。对于不同作物，增产幅度在 $10\%\sim40\%$ 之间，并能提高稻谷的蛋白质含量。

（9）助壮素 可防止棉花徒长，使其株型利于通风透光，减少落铃、促进成熟和增产；能防止冬小麦倒伏；使柑橘增加糖度；使马铃薯增产；使观赏植物株型美观等。

（10）增甘膦 使甘蔗和甜菜增加糖分，使棉花脱叶。

（11）促叶黄 促使棉花脱叶和水稻、小麦、萝卜等作物干燥、催熟，也用作除草剂。

（12）脱叶磷 催熟粮食作物，使棉花脱叶。

（13）赤霉素 A_3 可用生物化学方法培养制备。属植物激素类植物生长调节剂，可促进芽的伸长，促进菠菜等蔬菜的生长。可使葡萄无核化、加速成熟、果实肥大等。

实验二十五　拟除虫菊酯中间体　菊酸

菊酸是天然除虫菊酯 I 水解生成的羧酸，分子式是 $C_{10}H_{16}O_2$，相对分子质量是 168.23。学名是 2,2-二甲基-3-（2-甲基-1-丙烯基)-环丙烷甲酸。在菊酸分子中，有 C_1 和 C_3 两个手性碳原子，因此有四个立体异构体：$(1R，3R)$、$(1R，3S)$、$(1S，3R)$、$(1S，3S)$。这些异构体习惯上分别称为（＋)-反式、（＋)-顺式、（－)-顺式和（－)-反式。（＋）和（－）分别指右旋和左旋。各异构体均易溶于乙醇、乙醚、甲苯等有机溶剂，难溶于水和石油醚。它们的某些物理常数见下表。

异　构　体	（＋)-反式	（±)-反式	（－)-反式	（＋)-顺式	（±)-顺式	（－)-顺式
熔点/℃	18～21	54	17～21	40～42	115～116	41～43
沸点/℃ （压力)	135 (1.6kPa)	145～146 (1.7kPa)	99～100 (33Pa)	95 (13Pa)		95 (13Pa)
在氯仿溶液中的比旋光度$[\alpha]_D$ [温度，含量(%)]	＋25.8° (20℃,2.5)		－25.8° (20℃,2.9)	＋83.3° (22℃,1.6)		－83.3° (19℃,1.6)
在乙醇溶液中的比旋光度$[\alpha]_D$ [温度，含量(%)]	＋14.16° (25℃,1.5)		－14.01° (25℃,1.5)			

　　菊酸是合成许多拟除虫菊酯的重要中间体。由它与各种结构的醇反应，可制出各种不同的拟除虫菊酯。用菊酸制得的拟除虫菊酯都对光和氧不稳定，在田间使用中很快就会失去杀虫活性。由于这种不稳定的性质，使得菊酸酯对于人和温血动物更为安全，因而更适于作为家居卫生杀虫剂使用。在这一系列的品种中，现在最常用于熏蒸杀虫（电热蚊香片）的是丙烯菊酯和甲醚菊酯。胺菊酯多用于喷雾杀虫。氰基苯醚菊酯除了也具有一般杀虫活性外，在驱杀蟑螂方面，不仅较其他低蒸气压的杀虫剂高效而且比丙烯菊酯也更为高效。蟑螂是匿藏很深、体形较大的害虫，有机磷类和氨基甲酸酯类杀虫剂对蟑螂是无效的。低蒸气压的拟除菊酯只有触杀作用而不能把它驱赶出来，加以杀灭。

　　虽然合成菊酸的实验室方法已多到不胜枚举，但是由斯陶定格（H. Staudinger）等人于 1924 年首次合成菊酸所采用的经典方法，至今仍在工业生产中占据重要地位。本实验采用的就是这种方法。

　　以甘氨酸为原料，经酯化、重氮化、成环、水解等四步反应制得菊酸。反应式如下：

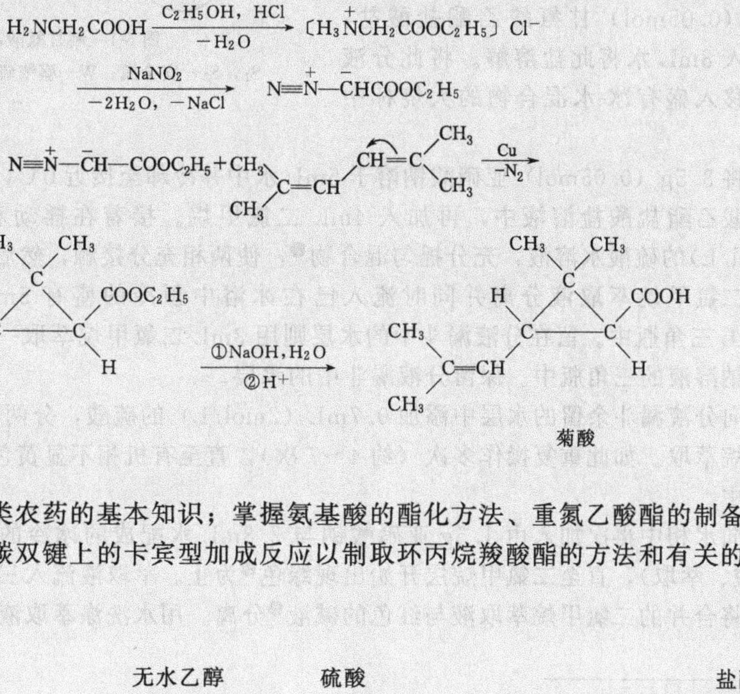

$$H_2NCH_2COOH \xrightarrow[-H_2O]{C_2H_5OH,\ HCl} [H_3\overset{+}{N}CH_2COOC_2H_5]\ Cl^-$$

$$\xrightarrow[-2H_2O,\ -NaCl]{NaNO_2} N\equiv\overset{+}{N}-\overset{-}{C}HCOOC_2H_5$$

一、实验目的

　　学习拟除虫菊酯类农药的基本知识；掌握氨基酸的酯化方法、重氮乙酸酯的制备方法以及重氮乙酸酯在碳碳双键上的卡宾型加成反应以制取环丙烷羧酸酯的方法和有关的实验技术。

二、原料

甘氨酸	无水乙醇	硫酸	盐酸
氯化钠	无水氯化钙	二氯甲烷	亚硝酸钠
碳酸钠	无水硫酸钠	乙醇（95%）	乙醚
硫酸铜	苯肼	2,5-二甲基-2,4-己二烯	

三、实验操作

1. 甘氨酸的酯化

　　按图 6-1 装置仪器。另安装氯化氢发生❶和氯化氢气体吸收装置❷。实验须在通风橱中进行。反应装置、洗瓶和安全瓶都要干燥。

---

　　❶　简单的装置是配有恒压滴液漏斗和回流冷气凝管的三口瓶。冷凝管上端装有一支导气管供导出氯化氢之用。在三口瓶中加入食盐和少量浓盐酸；在滴液漏斗中加入浓硫酸。通过控制硫酸滴加速度来控制氯化氢发生的速度。或参考其他制备氯化氢的方法。

　　❷　参阅本书第 38 页脚注❷。

在三口瓶中装入 7.5g（0.1mol）甘氨酸❶和 35mL 绝对乙醇❷。用水浴加热三口瓶内的混合物❸，同时快速从导管 E 通入干燥氯化氢气体。连续通入氯化氢和回流，至瓶内固体完全溶解❹，停止通入氯化氢，继续回流反应 1h。冷却，取出三口瓶，塞好，放入冰箱中冷藏 12h 以上，使结晶析出完全。快速滤集结晶❺。产物可直接作为制备重氮乙酸乙酯的原料使用❻。将母液浓缩可增加产量。

经CaCl₂干燥塔至吸收HCl装置

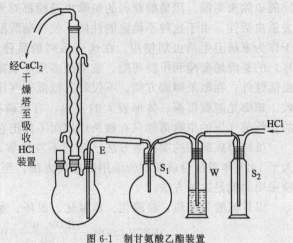

图 6-1　制甘氨酸乙酯装置
S₁，S₂—安全瓶；W—盛浓硫酸的洗瓶（干燥用）

2. 重氮乙酸乙酯的制备

在 50mL 短颈分液漏斗中置入 7.0g（0.05mol）甘氨酸乙酯盐酸盐，再加入 8mL 水将此盐溶解。将此分液漏斗移入盛有冰-水混合物的大烧杯中冷却。

将 3.5g（0.05mol）亚硝酸钠溶于 5mL 水中并冷却至接近 0℃，把所得的冷溶液加到甘氨酸乙酯盐酸盐溶液中，再加入 4mL 二氯甲烷。接着在摇动和冷却下滴加 0.7mL（2mol/L）的硫酸水溶液，充分摇匀混合物❼，使两相充分接触，然后静置分层。将下层黄色的二氯甲烷萃取液分离并同时流入已在冰浴中预冷的盛有 5mL10％碳酸钠溶液的 100mL 三角瓶中。留在分液漏斗中的水层则用 3mL 二氯甲烷萃取一次，将萃取液加入盛碳酸钠溶液的三角瓶中。保留分液漏斗中的水层。

向分液漏斗余留的水层中添加 0.7mL（2mol/L）的硫酸，分两次、每次用 3mL 的二氯甲烷萃取。如此重复操作多次（约 4～7 次），直至有机相不显黄色为止。萃取液流入三角瓶中。

向水相中再次加入由 1.5g 亚硝酸钠与 2.8mL 水配成的冰冷的溶液，重复上述操作（加酸、萃取），直至二氯甲烷层开始出现绿色❽为止。萃取液流入三角瓶中。

将合并的二氯甲烷萃取液与红色的碱液❾分离。用水洗涤萃取液。用无水硫酸钠干燥

---

❶　所有药品的含水量应尽可能少。

❷　可用无水乙醇代替，但产率有所降低。

❸　为避免因瓶内物料传热不好，加热时发生蹦跳而损坏烧瓶，可用破布之类的防冲击物品将瓶底与水浴锅隔开。

❹　在通入氯化氢前期的很长一段时间内，固体会保持在不溶状态。当发现固体开始溶解后，很快就会溶解完全。

❺　甘氨酸乙酯盐酸盐很容易吸湿潮解。使用潮解的产物不能准确计量，因此吸滤操作应快速完成。

❻　如将此产物用尽可能少的绝对乙醇重结晶，可得到很纯的甘氨酸乙酯盐酸盐，熔点为 143℃。不宜用中和、萃取、蒸馏的方法取得游离的甘氨酸乙酯，因为后者很容易发生酯水解、氨解和分子间胺解缩聚等反应。游离的甘氨酸乙酯在贮存时，很快就会发生缩聚而固化。

❼　在整个反应过程中，保持反应混合物处于低温是很重要的。当温度升高时，不仅重氮化合物和亚硝酸都会分解，而且酯的水解速度也加快。滴加硫酸时会大量放热，必须摇动混合物，加速物料的散热降温，以防局部过热。如果实验规模加大，切勿将分液漏斗的上口塞紧，以防内压过高而发生事故。

❽　亚硝酸溶液本身呈灰蓝色，溶液带黄色时显绿色。当水层中不存在氨基化合物时，加酸后产生的亚硝酸，因不被消耗便进入二氯甲烷层中。因此，二氯甲烷层显绿色可认为甘氨酸乙酯盐已转化完全。

❾　如碱液不显红色，则在分出有机相之后，再用 10％碳酸钠溶液 3mL 洗涤有机相一次。

约 30min。用水流喷射泵减压抽走溶剂（浴温 15～20℃），用少许二氯甲烷将残余物移入更小的圆底烧瓶中❶。用水流喷射泵减压抽走二氯甲烷（水浴温度不得高于 60℃）❷。

本试验如果操作快速和小心，重氮乙酸酯的产率可达 80%～90%。产物为黄色液体，沸点 43～44℃/1.47kPa。产物应置于阴凉处避光保存❸。

3. 菊酸的制备

在 25mL 三口梨形瓶上装置回流冷凝管、小分液漏斗和玻璃塞。在瓶内加入约 0.15g 铜粉❹、4.7mL 2,5-二甲基-2,4-己二烯和一小粒电磁搅拌子。在小分液漏斗内装入 4mL 2,5-二甲基-2,4-己二烯和 3.4g（0.03mol）重氮乙酸乙酯。用置于电磁搅拌器上的油浴加热混合物。

先把分液漏斗中的混合液滴加 10～15 滴到反应瓶中，开启搅拌，油浴升温至 100～125℃，至混合物开始放出大量氮气小泡后，慢慢滴加其余的重氮乙酸乙酯溶液，使释放的氮气平稳而连续❺。约 15～20min 内滴加完毕。当氮气停止释出后，停止加热和搅拌，拆卸装置。将反应混合物移入 25mL 圆底烧瓶中进行减压蒸馏，在 1.6kPa 和油浴温度为 75℃时将过量的二烯蒸除。残余物改用球管蒸馏❻，收集 95～115℃（空气浴温度）/1.6kPa 的馏分，即菊酸乙酯粗产物。球管蒸馏装置见图 6-2。

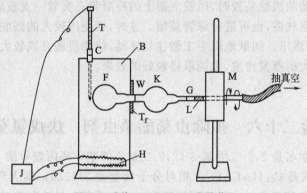

图 6-2　球管（Kugelrohr）蒸馏装置
B—空气浴箱；C—塞子；F—盛装被蒸馏物的圆底烧瓶；G—玻璃管；H—小电炉；J—继电器；K—球管；
L—真空橡胶管；M—转动系统；T—触点温度计；W—侧口（固定氟塑料板 T_f，支撑 F 的颈部）

❶　在微量实验中，切忌采用倾注法将液体转移至另一容器中。这样会在容器的内、外壁上损失大量的物料。正确的操作是用吸管经多次操作，将大部分的液体从大烧瓶移入小烧瓶。然后将 0.5～1mL 溶剂（二氯甲烷）加入大瓶内，用吸管吸取这点溶剂喷洗大瓶内壁各处。反复多次冲洗大瓶内壁后，吸取洗液加入小瓶中。如此重复三次，原来沾附在大瓶和吸管壁上的液体，可以近乎定量地转移入小瓶中。

❷　如温度再高，则重氮乙酸乙酯可能猛烈爆炸。因此，这一步操作要特别小心并配戴眼镜。

❸　在酸或某些过渡金属（如亚铜盐）存在下，或在日光照射下，都可能使重氮乙酸乙酯迅速分解。

❹　催化剂铜粉需自制。取 100mL 室温下饱和的硫酸铜溶液置入烧杯中，将混合物加热到 80℃，在搅拌下少量多次地加入 1～2g 经细筛过的锌粉，直至溶液由深蓝色转变为天蓝色时为止（需锌粉 10～15g）。倾出上面的液体，用水以倾滗法细心洗涤红色沉淀，然后在搅拌下加入 10%HCl 以除去痕量的锌（盐酸加入的量以溶液不再发生沸腾现象为度）。再用水以倾滗法洗涤沉淀物 1～2 次。最后，移入布氏漏斗抽滤，并在漏斗上用水洗至洗涤液呈中性。将留在漏斗的膏状物移入储瓶中，用甲醇、低沸点石油醚依次各洗两次。最后滗去大部分石油醚后，塞好储瓶。产物不必干燥，使用时用角匙挖取直接使用。这样制得的铜粉分解重氮盐的活性很高。

❺　活性铜粉和一价铜盐均能有效地催化重氮乙酸乙酯的分解。分解温度与催化剂的活性有关，因此应视分解情况来调节反应温度。在保证反应完全的条件下，应尽可能使反应在较低温度下进行。

❻　蒸馏很高沸点的物质，常有大量物料无法蒸出而在蒸馏头内冷凝下来，球管蒸馏则可解决这个难题。组分沸点相差足够大的高沸点物质可以顺利地通过球管蒸馏分离。在数十克（甚至数毫克）至 100 多克的规模内，只要物料能沸腾，沸腾蒸气能源源不断地进入球管并迅速在其中几乎没有损失地冷凝下来（有时需多串接一二个球管）。

用 25mL 95％乙醇将蒸馏收集的菊酸乙酯转移入 50mL 圆底烧瓶中，加入 2.0g 氢氧化钾和 2mL 水，用油浴加热使反应混合物回流 2h。然后减压蒸乙醇。残余物加水溶解，分两次、每次用 10mL 的乙醚洗涤水溶液。用稀酸将水溶液酸化（pH3 左右），再分三次、每次用 10mL 甲苯萃取析出的菊酸。将萃取液用水洗涤和用无水硫酸钠干燥后，用水流喷射泵减压回收甲苯。除净甲苯后进行球管蒸馏❶。收集 143℃/1.6kPa（空气浴温度）的馏分，产量约 3.2g，产率（以重氮乙酸乙酯为基础计）为 54％左右。

进行球管蒸馏时应注意以下几点：①必须先抽真空并调定压力，然后才开启转动装置和加热。切忌在不减压的情况下启动转动装置和加热，这时会由于转动和内压升高而导致烧瓶 F 从与球管连接处脱出，造成烧瓶损坏和物料损失；②当升温至接近物料沸腾温度时，升温速度要慢，至蒸气刚好进入球管时即止（可从球管明显变热感觉得出）。因为这种装置没有测量气液平衡的温度计，升温过快很容易由于过热而导致分离不好；③因为球管两端都是开口的，取出时要十分小心以防止产物失落。当冷凝产物是固体时，可简单地用低沸点溶剂将产物从球管中冲洗至接受瓶内，或将球管串接在倾斜的回流装置的冷凝管与圆底烧瓶之间，使回流的纯溶剂把球管内的产物冲洗进烧瓶内，然后按常规方法蒸溶剂以取出产物。

当缺乏往复转动的机械装置时，用铁支架上的冷凝管夹夹紧一支玻璃管代替转动装置，用铁皮罐头加工成空气浴，也可进行球管蒸馏。这时，要使用较大的圆底烧瓶盛装较少的被蒸馏物质，以防暴沸溅出。间歇地以手工做往复转动，使物质展开成较大面积的液膜铺布在瓶的内壁以保持较大的蒸发速度，也能取得较好的效果。

4. 实验时间（6＋4＋8）h。

实验二十六　拟除虫菊酯杀虫剂　炔戊氯菊酯

炔戊氯菊酯的学名是 2,2-二甲基-3-(2,2-二氯乙烯基) 环丙烷甲酸 (1-乙炔基-2-甲基-2-戊烯) 酯。分子式是 $C_{16}H_{20}Cl_2O_2$，相对分子质量是 315.24，属无环醇类拟除虫菊酯。它的杀虫药效与炔戊菊酯相近，优于丙烯菊酯，具有熏蒸、触杀和驱避等作用，是一种新型高效低毒的家用杀虫剂。合成炔戊氯菊酯的反应原理如下：

$$HC\equiv CH + RMgBr \longrightarrow HC\equiv CMgBr + RH$$

❶　此步反应中，主要的副产物是由于卡宾偶合而生成的 1,2,3,4-环丁烷四羧酸四乙酯和富马酸二乙酯。

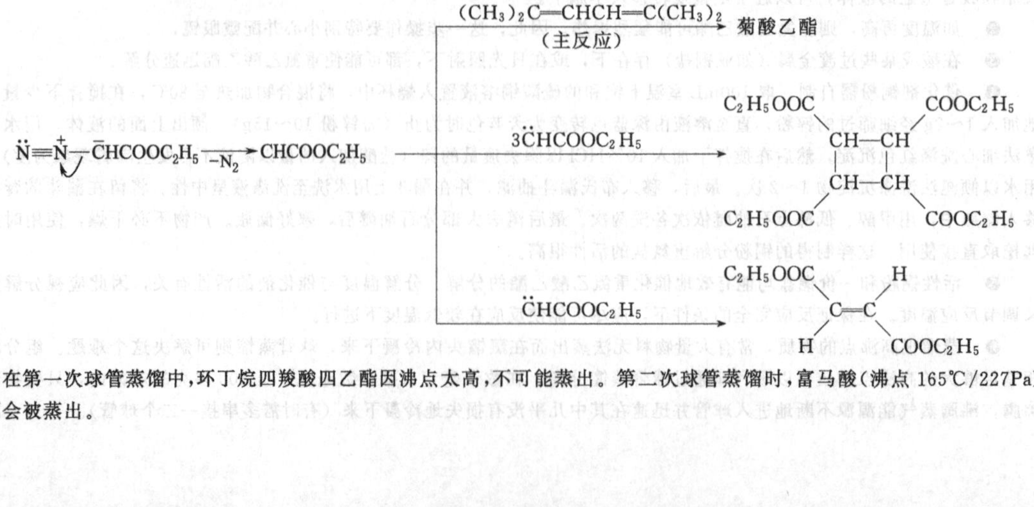

在第一次球管蒸馏中，环丁烷四羧酸四乙酯因沸点太高，不可能蒸出。第二次球管蒸馏时，富马酸（沸点 165℃/227Pa）也不会被蒸出。

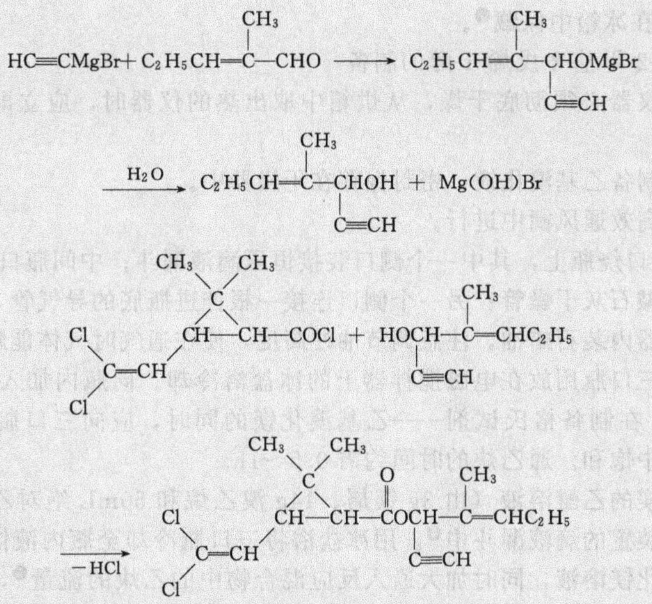

$$HC\!\equiv\!CMgBr + C_2H_5CH\!-\!\overset{\displaystyle CH_3}{\underset{\displaystyle |}{C}}\!-\!CHO \longrightarrow C_2H_5CH\!-\!\overset{\displaystyle CH_3}{\underset{\displaystyle |}{\underset{\displaystyle C\equiv CH}{C}}}\!-\!CHOMgBr$$

$$\xrightarrow{H_2O} C_2H_5CH\!-\!\overset{\displaystyle CH_3}{\underset{\displaystyle \underset{\displaystyle C\equiv CH}{|}}{C}}\!-\!CHOH + Mg(OH)Br$$

中间体 2-甲基-2-戊烯醛可由丙醛进行羟醛缩合来制备：

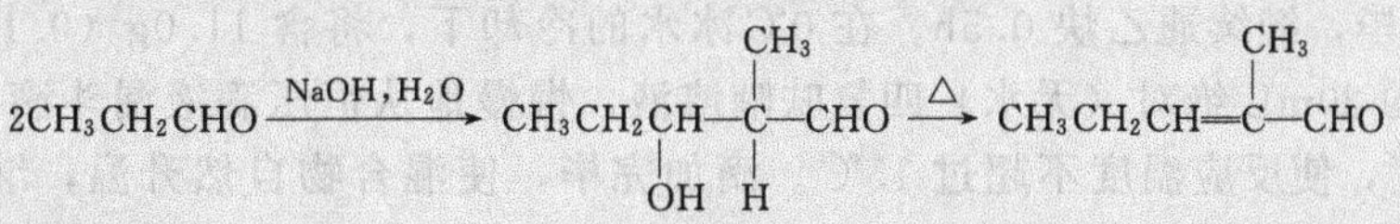

$$2CH_3CH_2CHO \xrightarrow{NaOH,H_2O} CH_3CH_2CH\!-\!\underset{\displaystyle \underset{\displaystyle OH}{|}}{C}\underset{\displaystyle H}{|}\!-\!CHO \xrightarrow{\triangle} CH_3CH_2C\!=\!\overset{\displaystyle CH_3}{\underset{\displaystyle |}{C}}\!-\!CHO$$

一、实验目的

学习拟除虫菊酯类杀虫剂的基本知识；掌握乙炔基镁的制备，及其在羰基上进行加成反应的实验技术，掌握羟醛缩合反应等实验操作技术。

二、原料

丙醛	氢氧化钠	无水硫酸钠
乙醚	溴乙烷	金属钠
镁	四氢呋喃	电石
硫酸	高纯氮气	氯化钙
4A 分子筛	氯化铵	二氯菊酸甲酯
氯化亚砜	正己烷	吡啶
甲苯		

三、实验操作

1. 2-甲基-2-戊烯醛的制备

在装置滴液漏斗、球形冷凝管和搅拌器的 100mL 三口瓶中，加入 13mL（1mol/L）的氢氧化钠溶液。球形冷凝管夹套通入流动的冰水作为冷却水❶。剧烈搅拌下加入 17.4g（0.30mol）新蒸馏的丙醛。瓶内反应物要用由接触点温度计和继电器控制温度的水浴加热，使浴温恒定在 59～61℃之间。反应 0.5h 后，迅速撤走热水浴，立即用冰浴将反应混合物冷却❷。用乙醚萃取产物，萃取液用冰冷的水洗涤一次后，用无水硫酸钠干燥。蒸去低沸物后，使用韦氏分馏柱蒸馏，收集 136～137℃（常压）的馏分。产物约 12g，产率约

---

❶　丙醛的沸点为 47℃，而反应温度达到 60℃。尽量减少丙醛的挥发损失是提高产率的关键之一。可使用微型抽水泵来输送循环冰水进行冷却。

❷　为了避免进一步缩合，又使反应进行完全，必须严格控制碱的浓度、反应温度和反应时间等反应条件。

为 80%。产物应在冰箱中保藏[1]。

2.1-乙炔基-2-甲基-2-戊烯-1-醇的制备

反应所用的仪器必须彻底干燥，从烘箱中取出热的仪器时，应立即塞紧，然后迅速安装。

按常规方法制备乙基溴化镁，密封保存在干燥器中。

本实验应在高效通风橱中进行。

在 250mL 三口烧瓶上，其中一个侧口装接恒压滴液漏斗；中间瓶口连接蛇形冷凝管，冷凝管上端装置碱石灰干燥管；另一个侧口连接一根伸进瓶底的导气管，导气管上端与通过计泡器（计泡器内装石蜡油，注意调节油柱高度，使在通气时气体能顺利鼓泡通过）的乙炔气源相连。三口瓶用放在电磁搅拌器上的冰盐浴冷却。向瓶内加入 120mL 绝对（无水）四氢呋喃[2]。在制备格氏试剂——乙基溴化镁的同时，应向三口瓶连续通入乙炔[3]，使其在四氢呋喃中饱和。通乙炔的时间约需 0.5~1h。

将乙基溴化镁的乙醚溶液（由 3g 镁屑、14g 溴乙烷和 50mL 绝对乙醚制得）以尽快的速度移入反应装置的滴液漏斗中[4]。用冰盐浴将三口瓶冷却至瓶内液体的温度为 -5℃。慢慢滴加乙基溴化镁溶液，同时加大通入反应混合物中的乙炔的流量[5]，并开动电磁搅拌器。反应时瓶内物料温度迅速上升，控制滴加速度使反应混合物的温度保持在 20℃ 以下[6]。滴加完毕，继续通乙炔 0.5h。在 0℃ 冰水的冷却下，将含 11.0g（0.112mol）2-甲基-2-戊烯醛的 20mL 绝对（无水）四氢呋喃溶液，慢慢地从恒压滴液漏斗滴入反应瓶中。控制滴加速度，使反应温度不超过 15℃。滴加完毕，使混合物自然升温，继续搅拌反应 4h。然后在搅拌下加入氯化铵饱和溶液。用乙醚萃取产物 3 次，合并有机相并用水洗涤，无水硫酸钠干燥。滤去干燥剂，常压蒸馏除去溶剂，最后减压蒸馏，收集 75~80℃/2.66kPa 的馏分，得到产物约 11g，产率为 80% 左右。

3. 二氯菊酸甲酯的水解

将 20.5g（0.09mol）二氯菊酸甲酯、10mL30%NaOH 水溶液和 25mL95%乙醇的混合物加热回流 4h，然后蒸去乙醇。向残余物加水 40mL，再加 20mL 乙醚。将混合物移入分液漏斗中充分摇荡，静置分层后分出水层。用 6mol/L 的盐酸酸化水层（pH2~3）。用分液漏斗分出油状物。分三次、每次用 20mL 的甲苯萃取水层。合并油状物和萃取液，用

---

[1] 不饱和醛很容易聚合和自动氧化，故应在低温下保存。当贮存期较长时，不饱和醛最好以亚硫酸氢钠加成物的形态保存。

[2] 取 180mL 分析纯四氢呋喃于三角瓶中，加入约 20g 活化过（预先于 380~400℃ 的马福炉中活化了 4h 以上）的 4A 分子筛，干燥 48h 后过滤。滤液与少量表面新鲜的钠丝或钠片及 0.2g 二苯甲酮在隔绝湿气的条件下回流，直至溶液显稳定的蓝色时为止。将混合物蒸馏，收集在反应用的三口瓶中（使用氯化钙干燥管隔湿!）。注意必须待液体颜色变蓝（二苯甲酮自由基显蓝色，当有微量水或醇存在时它即消失）才可蒸馏。蒸馏后的残余物按处理废弃的金属钠的方法进行处理，注意安全。

[3] 乙炔宜用电石来制取。在三口烧瓶中，装入敲碎了的电石。从滴液漏斗滴加水到电石中，产生的乙炔气依次导入安全瓶、两个串接的浓硫酸洗气瓶、安全瓶和填装片状氢氧化钠的干燥塔后，才进入反应系统中。

[4] 先将恒压滴液漏斗下部的塞子塞入另一小三口瓶的瓶口中，从三口瓶的另一瓶口通入氮气（三口瓶第三个瓶口塞紧），打开滴液漏斗的旋塞和上口，通氮气 10~15min 以赶净漏斗内的空气。关闭旋塞，在继续通氮下将格氏试剂迅速移入滴液漏斗，随即将滴液漏斗照原样安装在反应装置上。

[5] 当乙炔不足时，则乙炔与格氏试剂反应生成乙炔双溴化镁 BrMg—C≡C—MgBr，影响反应结果。因此必须快速通入乙炔。

[6] 温度在 15℃ 时长时间反应，或者高于 20℃ 时，都会使乙炔溴化镁发生歧化。

$$2HC{\equiv}C{-}MgBr \Longleftrightarrow BrMg{-}C{\equiv}C{-}MgBr + HC{\equiv}CH$$

水洗涤有机相至洗涤液显中性反应为止。液体用无水硫酸钠干燥后，蒸馏除净溶剂，余下17～18g 液态粗产物（二氯菊酸），产率约 90%～95%。粗产物不经进一步精制即可用于下一步实验。

4. 二氯菊酰氯的制备

取 3.0g（约 0.014mol）粗二氯菊酸、2.5g（0.021mol）重蒸过的氯化亚砜、一滴 N,N-二甲基甲酰胺和 20mL 己烷，置于干燥的圆底烧瓶中，装接一支顶端带有氯化钙干燥管的回流冷凝管。在通风橱中用 50℃ 的水浴加热反应 2h。用水流喷射泵减压蒸馏以除净溶剂和过量的氯化亚砜（最后用 90～100℃ 的水浴加热 10～15min）。用油泵减压蒸馏❶，收集 88℃/266Pa 馏分的无色液体产物，约 2.8g，产率在 86% 左右。产品应贮存于密封的容器中。

5. 炔戊氯菊酯的制备

在干燥的三口烧瓶上，安装上端连接氯化钙干燥管的回流冷凝管和滴液漏斗。瓶内加入 1.86g（0.015mol）1-乙炔基-2-甲基-2-戊烯-1-醇、2mL 吡啶和 10mL 甲苯。安装水浴和电磁搅拌。开动电磁搅拌并调节水浴温度在 10℃ 左右，从滴液漏斗中慢慢滴加含 3.4g（0.015mol）二氯菊酰氯的 10mL 甲苯溶液。控制滴加速度，使反应温度不超过 15℃。滴加完毕，在 15℃ 下搅拌 6h。用水将混合物洗涤至中性，用无水硫酸钠干燥。减压蒸去溶剂，得到粗产物 3.5～3.8g，产率约 80%❷。此粗产物在硅胶柱上用体积比为 9∶1 的石油醚/乙酸乙酯作洗提剂进行柱层析，蒸去溶剂后，可得到纯的炔戊氯菊酯，它是浅绿色的黏稠液体。

6. 实验时间 （4+7+6+4+10）h。

实验二十七　农药增效剂　胡椒基丁醚

20 世纪 50 年代初，美国专利发表了一类能提高许多杀虫剂的杀虫效果的物质，称为农药增效醚（Ⅰ）。

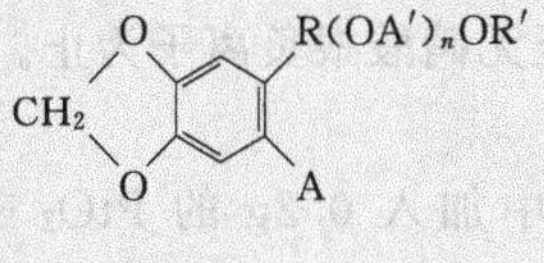

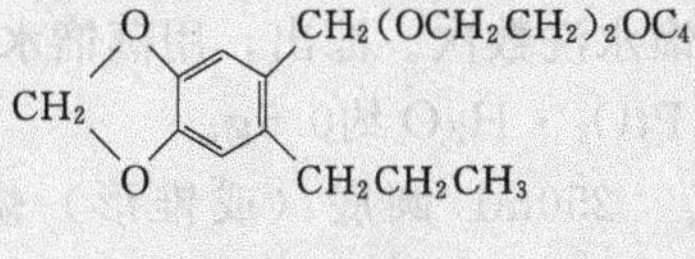

其中 A 是 H，烷基；R 是二价烷基；R′ 是烷基、环烷基、芳烃基、芳香取代烷基、杂环基；A′ 是含 1～3 个碳原子的二价烷基。

在已合成的许多类似物中，以（Ⅱ）的杀虫增效效果最佳。它能够提高除虫菊酯类、氨基甲酸酯类和有机磷类杀虫剂的杀虫效果。一般所谓的农药增效醚即指（Ⅱ）。它俗称胡椒基丁氧化物或胡椒基丁醚，学名是 3,4-亚甲基二氧基-6-丙基苄基、丁基一缩二乙二醇醚。（Ⅱ）是浅黄色至棕色油状物，分子式是 $C_{19}H_{30}O_5$，相对分子质量是 338.43，沸点 180℃/0.13kPa，$d_{20}^{20}1.04$～1.07，$n_D^{25}1.493$～1.495，不溶于水，溶于大多数有机溶剂。（Ⅱ）的合成路线如下：

❶　尽可能使用球管蒸馏，参阅实验二十五。
❷　如控制在 0℃ 下反应，本实验的产率可提高至 87% 左右。

$$\underset{\text{黄樟素}}{\overset{\text{CH}_2\text{—CH}=\text{CH}_2}{}} \xrightarrow[\text{（催化加氢）}]{\text{H}_2\text{，催化剂}} \underset{\text{二氢黄樟素}}{\overset{\text{CH}_2\text{CH}_2\text{CH}_3}{}}$$

$$\xrightarrow[\text{（氯甲基化）}]{\text{CH}_2\text{O，HCl 或 (CH}_2\text{O)}_n\text{，HCl}} \underset{\overset{|}{\text{CH}_2\text{Cl}}}{\overset{\text{CH}_2\text{CH}_2\text{CH}_3}{}} \xrightarrow[\text{（缩合）}]{\text{NaO(CH}_2\text{CH}_2\text{O)}_2\text{C}_4\text{H}_9\text{-}n} \quad (\text{II})$$

多种使碳碳双键加氢的催化剂，例如雷内镍（Raney Ni）或贵金属，都能把黄樟素氢化为二氢黄樟素。使用雷尼镍时，需在加压下加氢才能获得高产率。本实验以 PtO_2（在加氢时被还原为 Pt，实际上 Pt 才是真正的催化剂）为催化剂在常压下加氢。氯甲基化的方法很多，本实验以多聚甲醛和浓盐酸为氯甲基化试剂。本缩合反应属 Williamson 醚合成法，使用的试剂均为二甘醇单丁醚的钠或钾盐。不同的文献报道在进行缩合反应时，条件略有不同。

一、实验目的

学习农药增效剂的基本知识；掌握常压催化加氢、氯甲基化和 Williamson 醚合成法等实验操作。

二、原料

氯铂酸	硝酸钠	氢气	浓盐酸
多聚甲醛	无水氯化锌	苯	乙醇（95%）
氢氧化钠	二甘醇单丁醚		

三、实验操作

1. 二氢黄樟素的制备

（1）催化剂的制备[1]　在一小烧杯中放入 1g 氯铂酸和 3mL 蒸馏水。加入 10g 硝酸钠，小火蒸发至干。加大火焰，10min 内升温至 350～370℃。到 15min 时，反应物融熔并产生气体。升温至 400℃后，气体发生渐慢。到 20min 时，升温至 500～550℃，此时气体放出较温和。保持该温度 30min。冷却，加入 17mL 蒸馏水，搅拌，放置。倾去水液，留下棕色沉淀，再用蒸馏水洗数次。滤出，用蒸馏水洗至无硝酸根负离子为止。置入干燥器中干燥，得到催化剂 $PtO_2 \cdot H_2O$ 约 0.5g。

（2）催化加氢　250mL 圆底（或锥形）烧瓶中加入 0.2g 的 $PtO_2 \cdot H_2O$、32.4g（0.2mol）黄樟素和 80mL 95% 乙醇。放入磁搅拌子。连接常压加氢装置。反复数次抽气和通气排尽体系空气后，开动电磁搅拌[2]，在室温下通氢气至不吸收时为止[3]。滤出催化剂 Pt（循环使用或回收）。常压蒸乙醇。减压蒸馏，收集 98～100℃/0.7kPa 馏分。得到无色透明液体二氢黄樟素 26～29g，产率 79%～88%。

2. 二氢黄樟素的氯甲基化反应

在三口烧瓶上装置电动搅拌器、温度计和回流冷凝管。加入 6g（0.2mol，以甲醛计）多聚甲醛、2g 无水氯化锌和 36mL 浓盐酸。加热至 50℃，搅拌溶解。加入 24.6g（0.15mol）

---

[1]　催化剂的制备和还原的反应式如下：

$$H_2PtCl_6 \xrightarrow[\triangle]{NaNO_3} PtO_2 \xrightarrow{H_2O} PtO_2 \cdot H_2O$$

$$PtO_2 \cdot H_2O + 2H_2 \longrightarrow Pt + 3H_2O$$

[2]　必须排尽空气后才能开动搅拌，否则有发生爆炸的危险。搅拌前催化剂应被溶液覆盖。

[3]　约需 2h。

二氢黄樟素，在 50～60℃ 搅拌反应 5h。静置，分出油状液。水层分两次、每次用 20mL 的苯萃取，合并有机层，水洗 2～3 次[●]。有机层用无水硫酸镁干燥。蒸去苯，不必将氯甲基化物蒸出，直接供以下实验用。

3. 胡椒基丁醚的制备

三口烧瓶上装置电动搅拌器、温度计和上端连有球形冷凝管的分水器。加入 26.5g（大约 0.16mol）二甘醇单丁醚、4.2g（约 0.105mol）氢氧化钠和 30mL 苯，搅拌升温溶解。苯回流分水至无水蒸出为止[❷]。蒸去苯，改分水装置为球形冷凝管。从冷凝管上端缓慢加入以上制得的氯甲基化混合物。加料完毕，在 80℃ 反应 1h，再升温至 105～115℃ 反应 3～4h。反应完毕，用等体积的水洗 2～3 次。无水硫酸镁干燥。减压蒸馏，收集 175～185℃/0.13kPa 馏分[❸]，得到产物胡椒基丁醚 26～32g。氯甲基化和缩合反应两步的总产率约 51%～63%。

4. 实验时间 (6+8+8) h。

参 考 文 献

[1] 赵宝祥，于文伟. 农药，1990，29 (1)：41.
[2] Herman W. Brooklyn N Y. U. S. Pat, 2550737. 1951.

---

❶　水洗时间不能太长，温度稍低些为好，以避免苄基氯的水解。
❷　此步操作的目的是制备二甘醇单丁醚钠盐。
❸　其他压强下沸点：196℃/0.26kPa；215～220℃/(1.3～1.5)kPa。

第7章 涂 料

7.1 概 述

涂料是一种液态或粉末状材料，把它涂装在物体表面上，能形成牢固附着的涂膜，对物品起着保护、装饰、标志等作用。此外，它还可以具有特殊的性能，如防锈、防腐蚀、绝缘、导电、示温、防雷、防止海洋生物寄生等。

我国过去习惯把涂料叫作油漆，因为从前主要用桐油、生漆等作为涂料使用。现在的涂料大多以合成树脂为主要成分，直接使用生漆、桐油或其他植物油的情况越来越少，所以"油漆"一词逐渐少用。

涂料是一种复杂的混合物，一般由以下四类物料组成。

（1）成膜基料 成膜基料是决定涂膜性能的基本成分。为了能形成坚牢的涂膜，基料应是高聚合度的聚合物。为了能与其他配合物混配成稳定的、可以顺利涂装施工的涂料，基料的聚合度又应控制在一定范围以内，但它在涂装后，经过固化（干燥）期间的进一步聚合和交联反应，最终要能成为聚合度足够高的聚合物。

（2）分散介质 分散介质是使基料和各种配合物能配制成便于施工的溶剂型涂料或水性涂料的必要成分。分散介质必须选用得当，要在用量较少的条件下可以将各种物料溶解或均匀地分散，并能配制出黏度合适的涂料。它本身的挥发速度要适中，以免出现涂膜病态。为了达到全面的要求，溶剂型涂料常使用多种有机溶剂的混合物作分散介质，水溶性涂料则常在水中加入适当的助溶剂。

粉末涂料一般不需用液体分散介质。这种涂料是将固体成膜基料、颜料和添加剂均匀混合，制成有一定粒度范围的细小粉末。将被涂的物体加热后放入粉末涂料的流化床中或用静电喷涂的方法即可涂装。

（3）颜料 颜料是不溶于水和有机溶剂的有色粉末，具有着色、装饰作用。几乎没有遮盖力的白色颜料（又称为体质颜料）可作为填料，用以降低成本。颜料和填料兼起着改善涂膜性能的作用，例如能提高机械强度、增强附着力、防锈、耐光、耐候、防水等，甚至还能赋予涂膜某些特殊性能。

（4）助剂 助剂是为了使涂料有较好的性状、贮存稳定性、施工使用性能、干燥速度和涂膜质量而添加的化学品。如浸润分散剂、防沉降剂、增稠剂、防浮色剂、流平剂、黏弹性调整剂、消泡剂、催干剂、增塑剂、稳定剂、其他功能性添加剂等。助剂必须根据实际需要选用，品种选用不当或用量不当都可能造成不良效果。

涂料的分类方法很多，可按不同用途、施工方法、特殊功能、涂装对象、涂膜光泽、涂料性状、美术特征、固化方法等进行分类。类名大都可顾名思义，例如分为底漆、罩光漆、喷漆、烘漆、电泳漆、绝缘漆等。最能反映出涂料本质的是按成膜基料的分类法。下面按这种分类法简述各类涂料。

7.2 油基树脂涂料

油基树脂涂料是一种低档涂料，正在被其他合成树脂涂料迅速取代。但是由于这种涂料价廉且制法简单，现在仍有许多用途。多数合成树脂涂料品种除含有合成树脂成分外，还含有油基性涂料成分。

油基性涂料的主要原料是干性油，如桐油、亚麻油、梓油、苏籽油等。干性油须经过精制，去除卵磷脂、色素等杂质后才使用。将干性油在接近 300℃下加热，至达到适当黏度时迅速冷却，即得到聚合油。在加热熬炼过程中，油脂分子中的非共轭双键逐渐异构化，转变成共轭双键，并进而与另一分子的烯键发生 Diels-Alder 加成反应，聚合成一个较大的分子。

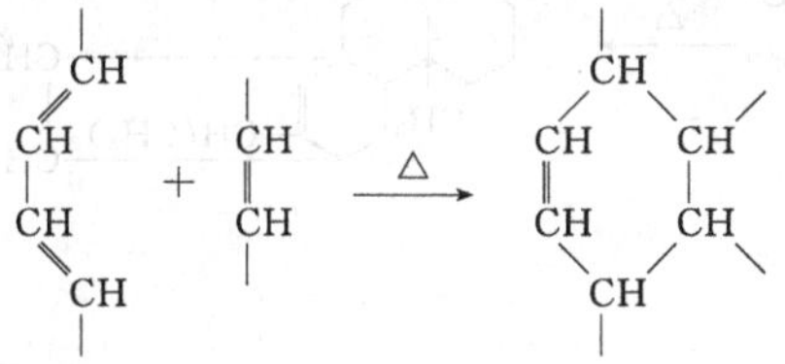

因此，随着反应的进行，黏度逐渐增加。

此外，也可能发生其他热聚合反应，如：

$$2-CHCH\!=\!CHCH\!=\!CH- \longrightarrow \begin{array}{c} -CHCH\!=\!CHCH\!=\!CH- \\ | \\ -CHCH\!=\!CHCH\!=\!CH- \end{array}$$

倘若在通入空气的条件下将油加热，则在 100 多摄氏度就发生由热氧化而引发的聚合反应。下面是热氧化的主要机理之一（式中 RH、R'H、R"H 分别表示不同的油分子）：

$$RH+O_2 \longrightarrow ROOH \longrightarrow RO\cdot + \cdot OH$$
$$RO\cdot + R'H \longrightarrow ROH + R'\cdot$$
$$\cdot OH + R''H \longrightarrow H_2O + R''\cdot$$
$$ROOH + ROOH \longrightarrow RO\cdot + RCOO\cdot + H_2O$$

RO·、R'·、R"· 等油分子自由基之间的结合，就产生相对分子质量较大的产物。由此制得的黏稠物称为氧化油。氧化油本身在加入催干剂之后可作涂料使用，称为清油或熟油。催干剂（如辛酸钴、环烷酸钴或其他脂肪酸盐）能催化加速氧化油和聚合油的进一步氧化聚合，即使在常温下也能使涂层较快地干燥成为坚固的涂膜。清油加颜料和填料制成的糊状物称为厚漆。厚漆须用清油调配到黏度适当时才能涂刷，这种调配好的可以直接使用的商品叫做调合漆（未加颜料的称为清漆；加了颜料后在涂装时可得到搪瓷般的漆膜，因此称为磁漆）。以厚漆调配而成的涂料，质量较差。为了得到硬度和光泽等性能都较好的涂料，可用聚合油加树脂熬炼的方法制取。油基涂料所用树脂主要有松香加工树脂和酚醛树脂。

7.2.1　松香树脂

松香的主要成分是松香酸（Ⅰ）及其异构体（双键位置有别）和不饱和程度不同的类似物。这些成分统称树脂酸。加热时，松香和它的大部分异构体可以互相转化，以异构平衡的混合物存在。

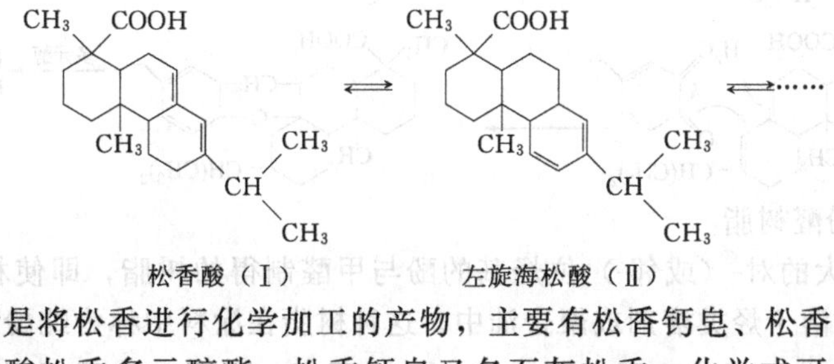

松香酸（Ⅰ）　　　　左旋海松酸（Ⅱ）

松香加工树脂是将松香进行化学加工的产物，主要有松香钙皂、松香甘油酯、松香季戊四醇酯和顺丁烯二酸松香多元醇酯。松香钙皂又名石灰松香，化学式可用（RCOO）₂Ca·xRCOOH 表示，式中 RCOOH 是树脂酸的简写（下同），x 约等于 2。松香甘油酯的结构式是（RCOOCH₂)₂CHOCOR。松香季戊四醇酯的结构式是（RCOOCH₂)₄C，由左旋海松酸（Ⅱ）与马来酸酐进行 Diels-Alder 反应，先生成马来松香（Ⅲ），Ⅲ与多元醇所成的酯即为顺丁烯二酸松香多元醇酯。

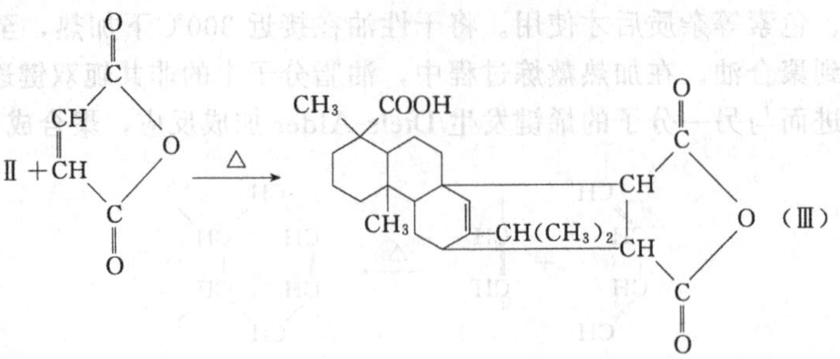

7.2.2 酚醛树脂

酚醛树脂是苯酚或烃基苯酚与甲醛在酸或碱催化下反应生成的缩聚物。当酚的摩尔数大于醛的摩尔数时，在适当的条件下可得到线型（热塑性）酚醛树脂。线型缩聚物的相对分子质量一般不会很高。当醛的摩尔数稍大于酚的摩尔数时，就有可能得到体型（热固性）的酚醛树脂。线型酚醛树脂在甲醛和催化剂存在下，亦可发生进一步的聚合和交联，成为体型树脂。因此，六亚甲基四胺（在反应中水解生成甲醛和氨）也可用作热塑性酚醛树脂的固化剂。

酚醛树脂的性能与酚的结构、酚与醛的摩尔比、pH 值和聚合程度等因素有关。当苯酚分子中羟基的三个邻、对位上没有取代基时，甲醛用量稍多就生成体型树脂。体型缩聚经历三个阶段：第一阶段生成可熔可溶的液态或固态产物，能溶于乙醇或丙酮中，称为可溶性酚醛树脂；第二阶段生成不熔不溶的脆性固体，但加热时可拉成长丝，在丙酮中有微小的溶涨，称为可凝性酚醛树脂；第三阶段生成相对分子质量和交联度更高的最终产物，为坚硬的不熔不溶的固体，具有较高的机械强度、电绝缘、耐酸碱和耐有机溶剂的性能，叫做已凝酚醛树脂。

醇溶性线型酚醛树脂虽然有较好的电绝缘和防腐蚀等性能，但不能与聚合油混合熬炼，因此，这种树脂在涂料中的用途很有限。用于制造油基性涂料的酚醛树脂主要有以下两种。

1. 松香改性酚醛树脂

将一定规格的体型酚醛树脂初聚物（由碱催化制得）或其未聚合的原料，加到松香热熔体中，随后再加多元醇将反应混合物酯化，就得到松香改性酚醛树脂。在这一过程中，酚醛树脂是在脱水后与烯键发生 1,4-加成反应而与松香缩合，最后生成缩合物的多元醇酯：

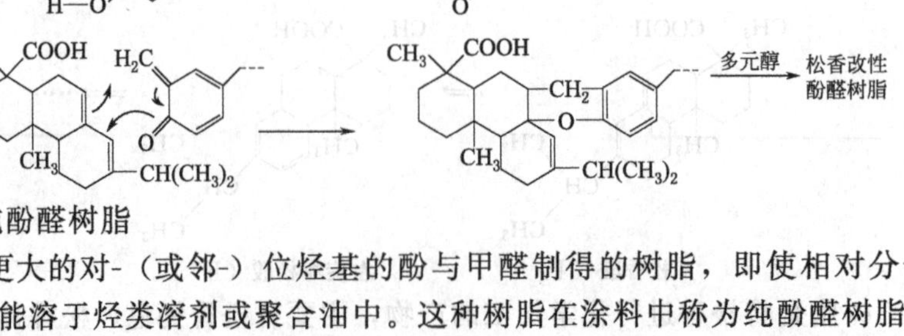

2. 油溶性纯酚醛树脂

由含 C₄ 或更大的对-（或邻-）位烃基的酚与甲醛制得的树脂，即使相对分子质量较大也是热塑性的，能溶于烃类溶剂或聚合油中。这种树脂在涂料中称为纯酚醛树脂，以区别于松香改性酚醛树脂。

此外由含大量不饱和成分的煤焦油馏分或石油馏分加工而得的树脂以及沥青，都可作为油基涂料的树脂。

上述各种树脂都能在高温下与聚合油反应，熬炼成漆料，再加催干剂和有机溶剂就制成清漆。清漆加了颜料即成为色漆（磁漆）。以不同树脂制得的品种，通常以树脂命名。例如，由石灰松香制得的称为钙酯漆；以松香甘油酯或松香改性酚醛树脂制成的称为酯胶漆；由纯酚醛树脂制造的色漆称为酚醛磁漆。在不同的油基涂料品种中，以由纯酚醛树脂制得的质量较高。这种涂料在油溶性、耐化学品性能、耐油、电绝缘、柔韧性、硬度、光泽等方面，都优于其他油基涂料。

涂料中油与树脂的质量比称为油度。油：树脂在 3 以上的称为长油度，在 2 以下的称为短油度，在 2～3 之间的称为中油度。对于同种油基涂料而言，长油度者漆膜干燥较慢，硬度、附着力、光泽、耐水性和耐化学品性均较差，贮存时结皮较多，但柔韧性、耐冲击强度、耐候等性能则较好。短油度产品的上述性能则正好相反。中油度产品的性能介于两者之间。

7.3 醇酸树脂涂料

醇酸树脂是由多元醇、多元酸和一元酸制成的缩聚物。一元酸的作用是调整多元醇的官能度（避免在缩聚时因线型缩聚物间的交联而致物料凝胶化），以及改善树脂的油溶性、混溶性、柔韧性等性能。改变原料结构和油度，以及与不同树脂并用，可在很大的范围内制出各种具有不同特点的树脂。因此醇酸树脂涂料的用途很广。醇酸树脂涂料大致有以下几类。

1. 干性脂肪酸改性醇酸树脂涂料

这种涂料的树脂一般用邻苯二甲酸酐（苯酐）、多元醇和干性脂肪酸为原料。将全部原料混合，于 200～250℃加热至达到一定的黏度和酸值，冷却后用溶剂（200 号溶剂油或二甲苯等芳烃溶剂）稀释，加催干剂或再加颜料，就得到清漆或磁漆。也可用油脂代替脂肪酸，但由于油脂与其他原料不互溶，须先将它与多元醇进行酯交换反应，再让生成的主要由 2 官能度成分组成的平衡混合物与苯酐缩聚。酯交换一般用 LiOH、Ca(OH)$_2$ 或 PbO 作催化剂。

长油度的醇酸树脂涂料常温下可在 5～24h 内干燥，得到在光泽、附着力、柔韧性、耐候性等性能方面很好的涂膜。中、短油度的涂膜可在 100～140℃或稍低的温度下烘干。在烘烤温度下，脂肪酸不饱和链间的热聚合加速，还会发生少量的链间羧基与羟基间的酯化缩合，使涂膜干燥并且性能更好。

变更原料可改变树脂的某些性能。例如，用间苯二甲酸代替苯酐时，树脂的耐热性、抗冲击性、干燥性较好；用己二酸作二元酸时，树脂的柔韧较好；用三羟甲基丙烷 [CH$_3$CH$_2$C(CH$_2$OH)$_3$] 作多元醇时，比用甘油制得的树脂有较好的干燥性、颜色、硬度、耐化学品和耐候的性能。

2. 不干性脂肪酸改性醇酸树脂涂料

用蓖麻油、椰子油等不干性油或其脂肪酸与苯酐及多元醇制得的醇酸树脂，在常温下不能干燥。这种树脂与氨基树脂合用配制而成的烘漆，其漆膜在光泽、保光性、保色性、硬度和附着力等方面的性能都很好，用于各种耐用美观的金属制品的涂装。它也常与硝酸纤维配合使用，可大大改善硝酸纤维涂料的附着力和装饰性能。

3. 无油醇酸树脂涂料

上述两种醇酸树脂涂料都含有起内增塑作用的脂肪酸侧链，使涂料具有适当的性能。无油醇酸树脂不使用一元脂肪酸作原料，而是通过改变多元酸和多元醇的化学结构来调整树脂的性能。例如，用油溶性和柔韧性好的二元酸和二元醇，如用己二酸代替部分苯二甲酸，用

1,6-己二醇、三甘醇 [HO(CH$_2$CH$_2$O)$_3$H]、新戊二醇[HOCH$_2$C(CH$_3$)$_2$CH$_2$OH]等二元醇及三羟甲基丙烷[CH$_3$CH$_2$C(CH$_2$OH)$_3$]为原料，按羟基有适当过量的配方加（或不加）少量的对叔丁基苯甲酸之类的一元酸调节三元醇的官能度，制得的树脂可配制成烘漆，其性能优于油改性醇酸树脂涂料。

4. 其他树脂改性的醇酸树脂涂料

① 酚醛改性醇酸树脂涂料。这是将对位烃基取代的酚与甲醛反应所得的初聚物，在200～240℃的温度下与缩聚至反应后期的醇酸树脂继续反应而得的树脂。这种树脂的附着力、耐水和耐化学品的性能良好，可作底层涂料使用。

② 乙烯基改性醇酸树脂涂料。干性油改性的或含丁烯二酸酯烯键的醇酸树脂，在引发剂存在下能与苯乙烯、丙烯酸酯或甲基丙烯酸酯等乙烯基单体共聚，由此可得到各种乙烯基改性的醇酸树脂。苯乙烯改性的树脂具有很好的漆膜硬度、光泽和耐化学品性能。丙烯酸酯改性的树脂具有优异的耐化学品性和耐候性。这些树脂制成的烘漆，广泛用于各种金属制品的涂装。

③ 有机硅改性醇酸树脂涂料。含 Si—OH 基的有机硅树脂，其活性基很容易与醇羟基发生反应。通过共缩聚制得的有机硅改性醇酸树脂，具有优异的耐热、耐紫外线、防水等性能。长油度有机硅醇酸树脂可用作保护建筑物的耐久性涂料；热固型有机硅醇酸树脂，当有机硅树脂含量约达到 20%时，可耐热至 200℃，作为耐热涂料使用。

此外，醇酸树脂还可以与多种其他树脂配合使用，制得各有特色的涂料品种。

7.4　氨基树脂涂料

含氨基的化合物与甲醛缩聚而生成的树脂统称氨基树脂。用于制取涂料的氨基化合物有三聚氰胺和尿素。它们与甲醛树脂缩聚的产物分别称为三聚氰胺树脂和脲醛树脂。初聚的氨基树脂亲水性很强，涂膜固化后开裂和老化现象严重，不适于配制涂料。用作涂料的氨基树脂是用醇类（常用丁醇）改性后，与醇酸树脂或其他树脂并用制成烘漆使用的。

三聚氰胺分子中共有 6 个活泼氢原子，在碱或酸的催化下与甲醛反应首先生成 N-羟甲基衍生物。在三聚氰胺的每个氨基氮原子上引入一个羟甲基后，进一步的羟甲基化变得比较困难。羟甲基化程度与甲醛的过量摩尔数有关。

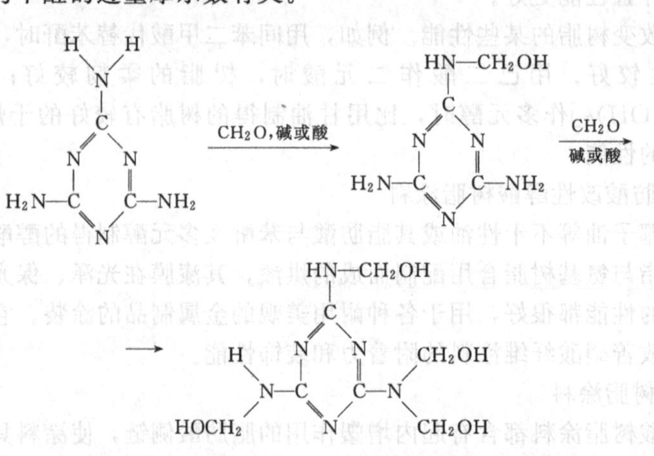

多羟甲基三聚氰胺在催化剂存在下还会进一步脱水缩聚。在酸催化下，还会发生羟基间的脱水醚化。

当把多羟甲基三聚氰胺(或三聚氰胺)、甲醛水溶液、丁醇及酸催化剂共热时,同时发生丁醚化和缩聚反应。产物的结构和性能与原料摩尔比、催化剂、反应温度和时间以及后期脱水的情况有关。典型产物的结构式如下:

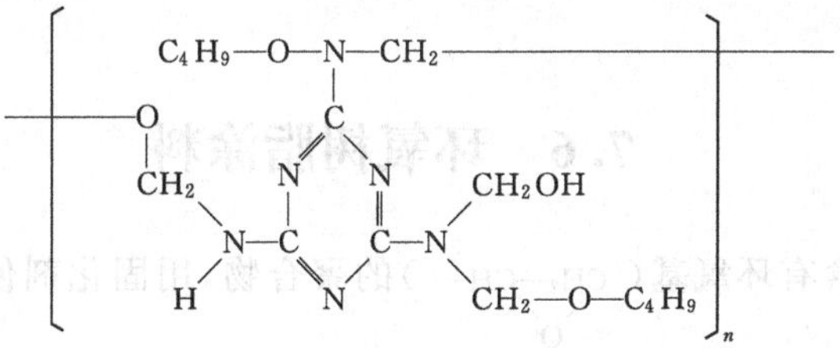

三聚氰胺树脂

与三聚氰胺的情况相似,尿素与甲醛和丁醇在酸或碱的催化下,光缩合生成二羟甲基脲,再在酸催化下丁醚化和缩聚成脲醛树脂。

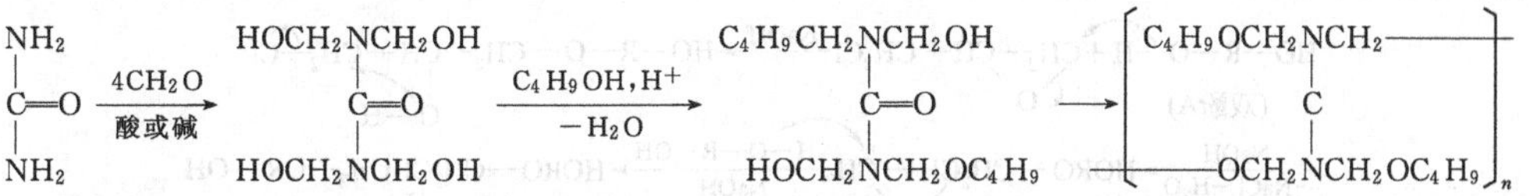

三聚氰胺树脂和脲醛树脂在制备条件和产品性能方面大致相同,但有差别。三聚氰胺分子中含有较多的活性氢原子,树脂的交联度可以较大,因此它的耐热性和硬度较好。碳氮双键的极性较碳氧双键的弱,导致三聚氰胺分子中氨基的反应活性比尿素的大,三聚氰胺与甲醛的反应速度、树脂的固化速度都较快。三聚氰胺树脂的抗水性、抗化学品性、户外耐久性和电绝缘性能也比脲醛树脂好。由于碳氧双键的极性较强,脲醛树脂有较强的附着力,与环氧树脂的相容性也较好。

氨基树脂与其他树脂并用制成的烘漆,广泛用于金属制品的涂装。为了能与其他树脂混溶,将树脂醚化改性是必要的。但醚化不能过度,否则会降低涂料的干性和涂膜的硬度。

7.5　丙烯酸酯涂料

这类涂料由丙烯酸酯或甲基丙烯酸酯与其他乙烯基单体生成的共聚树脂制成。树脂的性能与所用单体及其比例、链节的排列方式以及聚合度有关(按高分子化学原理,共聚物中各单体链节的比例,一般不等于各单体的投料比例,而主要与它们的竞聚率有关)。这类涂料一般都具有以下特点:浅色透明、长期保持原有的光泽和色泽,有良好的物性、硬度、耐化学品和耐候性能。

通常作为主要单体的是丙烯酸酯和甲基丙烯酸酯,包括它们的丁酯、乙酯和其他烷酯。对于丙烯酸的 C_8 以下的烷酯和甲基丙烯酸的 C_{12} 以下的烷酯而言,它们的聚合物的柔性、延伸性、耐寒性均随烷基碳原子数的增加而增强,而硬度、耐热性、抗油性等则随之降低。相同烷基的丙烯酸正烷酯和甲基丙基烯酸正烷酯相比较,前者聚合所得的树脂,在硬度、抗张强度、坚韧度和耐热性方面比后者强,而柔韧性、延伸率、耐寒性和附着力则比后者弱。选用和混用适当的单体,可调整树脂的性能。

溶剂型丙烯酸酯涂料可按其涂膜在固化后的性质,分为热塑性和热固性两种类型。

热塑性丙烯酸酯涂料是通过溶剂挥发而固化成膜的。由于其漆膜并未交联成三维网状结构,这类涂料在附着力、坚韧度、耐腐蚀、耐热性等方面,都不及热固性丙烯酸酯涂料,但有挥发自干、施工方便的优点。它的性能可通过选择不同共聚单体及其用量来调节。例如与苯乙烯共聚可提高树脂的硬度和耐水性;与甲基丙烯酸共聚可提高附着力,但其用量不能过多,以免降低耐水性。这类树脂常与其他树脂并用,此时需注意在配方和工艺上要使制成的丙烯酸酯树脂能较好地与其他树脂及颜料相容。这类树脂与硝酸纤维并用制成的涂料,有很好的保光性、耐候性和抛光打磨性能。

热固性丙烯酸酯涂料含有通过加热能起交联反应的官能团,有自交联型和固化剂交联型两类。

7.6　环氧树脂涂料

环氧树脂是含有环氧基（ CH_2-CH- ，带有 O ）的聚合物,用固化剂使之交联后即成为三维网状结构的树脂。通常使用的环氧树脂,实际上是相对分子质量不太高的预聚物。其中最早实现工业化而且目前其产量仍然很大的产品是由 2,2-双(4-羟基苯基)丙烷(简称双酚A)与环氧氯丙烷反应制成的。

$$HO-R-O-H + CH_2-CH-CH_2Cl \xrightarrow{NaOH} HO-R-O-CH_2-CH-CH_2-Cl$$
（双酚A）　　　　　　　　　　　　　　　　　　　　　　　　　　　OH

$$\xrightarrow[-NaCl,-H_2O]{NaOH} HORO-CH_2-CH-CH_2 \xrightarrow[NaOH]{H-O-R-OH} HORO-CH_2CHCH_2-OR-OH$$
　　　　　　　　　　　　　　　　O　　　　　　　　　　　　　　　　OH

$$\xrightarrow[(n-1)HO-R-OH,(n+1)NaOH]{(n+1)CH_2-CHCH_2Cl} CH_2-CH-CH_2 \left[ORO-CH_2CHCH_2 \right]_n ORO-CH_2-CH-CH_2$$
　　　　　　　　　　　　　　　　　O　　　　　　　　OH　　　　　　　　　　　O

双酚 A 环氧树脂

$$\left(R = \begin{array}{c} CH_3 \\ C \\ CH_3 \end{array} \right)$$

此外,环氧树脂还有其他品种,包括由其他多元醇、多元酚或多元胺与环氧氯丙烷合成的以及用过氧酸将环烯烃氧化制成的环氧树脂。

涂料中最常用的环氧树脂,其相对分子质量的平均值在 350～3750 之间,相当于上式中 $n=1～12$。相对分子质量的测定比较麻烦,但由于液态树脂的黏度和固态树脂的软化点与相对分子质量有关,所以一般可用黏度和软化点表示与环氧树脂的相对分子质量有关的规格。

环氧树脂的固化,可通过伯(或仲)氨基、醇(或酚)羟基、巯基、羧基或酸酐基与环氧基的反应以及羧基、酯基、活性羟甲基与醇羟基的反应来实现。含这些官能团的多官能度化合物(包括其他树脂)都可用作固化剂。交联反应可在常温或在加热下进行。固化剂与环氧基的反应通式如下:

$$2-CH-CH_2 + H-X-R-X-H \longrightarrow -CH-CH_2-X-R-X-CH_2-CH-$$
　　　O　　　　　　　　　　　　　　　　　　OH　　　　　　　　　　　OH

$$X = -NH-,\ -O-,\ -S-,\ -OCO- \text{ 等}$$

环氧树脂涂料大致分为以下类型。

1. 常温固化型双组分环氧树脂涂料

这类涂料以平均相对分子质量为900(国产牌号 E-20)的环氧树脂为基料,将基料(包括颜料、填料等配合物)和固化剂分别配成溶液(不能使用酯类溶剂),临用时才将两者混合。最简单的固化剂是多元胺(如三亚乙基四胺、乙二胺等)。为了克服多元胺所具有的毒性、臭味和吸水性强等缺点,可用多元胺的加成物(如相对分子质量较低的环氧树脂与过量多元胺的加成物)作固化剂。另一种是由二聚酸(或其甲酯)与亚乙基胺类制成的"聚酰胺"固化剂。二聚酸(酯)是桐油、亚麻油或豆油的脂肪酸(或其甲酯)经热聚合所得的,以二聚体为主成分的黏稠混合物。二聚酸与二亚乙基三胺反应生成的、含活性氨基的酰化产物，即是聚酰胺固化剂。使用聚酰胺固化剂可使环氧树脂涂料形成柔韧性和耐水性较好的涂膜。

2. 环氧酯涂料

用脱水蓖麻油酸或其他干性脂肪酸改性的环氧树脂，可制成不用固化剂的单组分涂料，也可与其他树脂并用。当树脂的酯化程度较高时，涂膜可在常温下干燥，否则须烘烤干燥。

3. 合成树脂固化的环氧树脂涂料

在相容性适当的条件下，选用相对分子质量较高的环氧树脂与酚醛树脂、氨基树脂或其他树脂并用，可制成这种涂料。涂膜的干燥是通过环氧树脂中的羟基与其他树脂的基团间的反应来完成的，因此需在较高温度（150～200℃）下烘烤固化。用多异氰酸酯作固化剂时，则属双组分涂料，可在常温下固化。

4. 高聚合度环氧树脂涂料

这种涂料使用相对分子质量高达 50000 以上的热塑性环氧树脂为基料，通过溶剂挥发而使涂膜干燥，或加入少量的氨基树脂制成烘漆，使树脂有适度的交联。这种涂料具有柔韧性好的特点。

此外，环氧树脂涂料还有其他品种，如非双酚 A 型的、其他元素改性的等等。

环氧树脂涂料在金属和其他材料上有很好的附着力，涂膜耐化学品性优良，电稳定性和电绝缘性较好，作为底层涂料或装饰用涂料，广泛用于汽车部件，造船、化工、电气、机械等工业的设备和器材以及地板的涂装。

7.7 聚氨酯涂料

聚氨酯涂料是指在其涂膜中含有相当数量的氨基甲酸酯（简称氨酯）键 —NHCOC— 的涂料。含氨酯键的物质通常由羟基化合物与异氰酸酯反应而获得。由于异氰酸酯是聚氨酯的关键性原料，故对其物化性质必须有充分的了解。

7.7.1 异氰酸酯和氨基甲酸酯的化学性质

异氰酸酯的化学性质很活泼，能发生许多化学反应，其中包括与水、醇、酚、胺、酰胺、脲、氨基甲酸酯、羧酸等含活性氢的化合物的反应，它也能自聚成三聚体或二聚体。

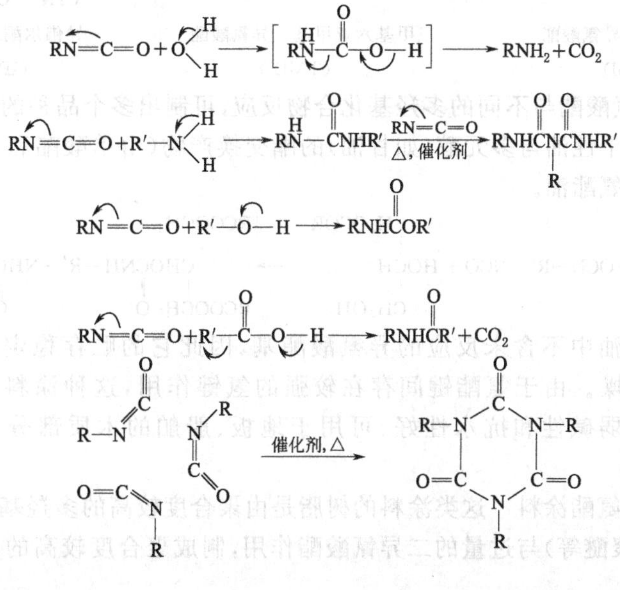

氨基甲酸酯的化学性质远不如异氰酸酯活泼。与涂料制造或涂膜固化有关的化学反应，主要有热裂解、水解、醇解、胺解等反应：

$$\mathrm{RNHCOAr}\ (\mathrm{C{=}O}) \xrightarrow{催化剂,\triangle} \mathrm{RN{=}C{=}O + HOAr}$$

$$\mathrm{RNHCOR'}\ (\mathrm{C{=}O}) \xrightarrow{H_2O,OH^-} [\mathrm{RNHCOOH}] + \mathrm{R'OH}$$
$$[\mathrm{RNHCOOH}] \longrightarrow \mathrm{RNH_2 + CO_2}$$

$$\mathrm{ArNHCOAr'}\ (\mathrm{C{=}O}) \xrightarrow{ROH,催化剂} \mathrm{ArNHCOOR + Ar'OH}$$

$$\mathrm{RNHCOR'}\ (\mathrm{C{=}O}) \xrightarrow{R''NH_2} \mathrm{RNHCONHR'' + R'OH}$$

在这些反应中，氨酯键（氧原子或氮原子）与强吸电子基或芳基相连的底物，相对于与烷基相连者有高得多的反应活性。与其他几种反应相比较，胺解反应最容易进行。

能加速异氰酸酯各种反应的催化剂很多，如叔胺、酚钠及各种碱性物质，三烷基膦，锡、铅、铁、锌、钴、锰等金属的羧酸盐，二丁基月桂酸锡等。由于异氰酸酯具有活泼的化学性质，所以在制造聚氨酯时所用的原料、溶剂和颜料，都要经过严格的分析或精制处理。例如，溶剂要达到一定的无水、无醇、无酸碱杂质等的要求。

有一定挥发性的异氰酸酯其毒性很大，使用时要注意遵守有关的安全规程。

7.7.2 聚氨酯涂料的品种类型

聚氨酯涂料的种类主要取决于异氰酸酯的类型，常用的异氰酸酯有：

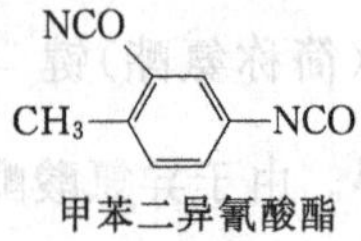

甲苯二异氰酸酯

（TDI）

二苯甲烷二异氰酸酯

（MDI）

$\mathrm{OCN(CH_2)_6NCO}$

己二异氰酸酯

（HMDI）

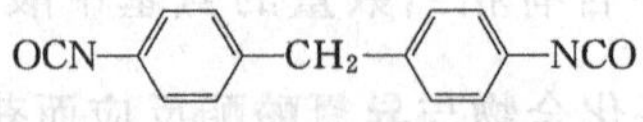

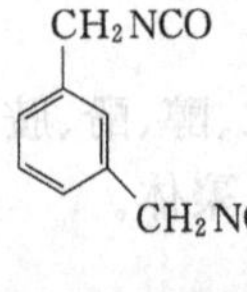

苯二甲基二异氰酸酯

（XDI）

三甲基六亚甲基二异氰酸酯

（TMDI）

异佛尔酮二异氰酸酯

（IPDI）

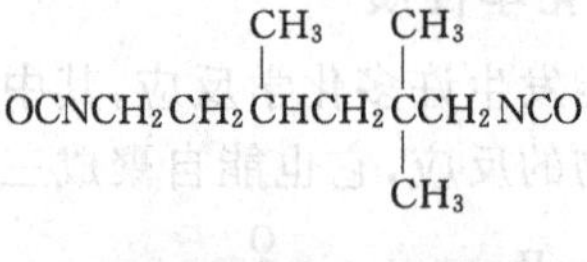

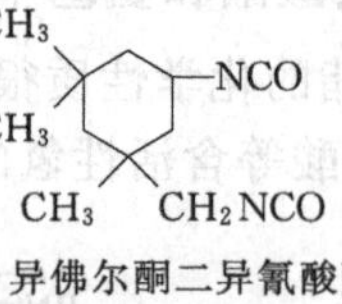

选用不同的异氰酸酯与不同的多羟基化合物反应，可制出多个品种的聚氨酯涂料。

(1)氨酯油　将干性油与多元醇（如甘油）的酯交换产物（由单酸酯和二酸酯组成）与二异氰酸酯反应，就得到氨酯油。

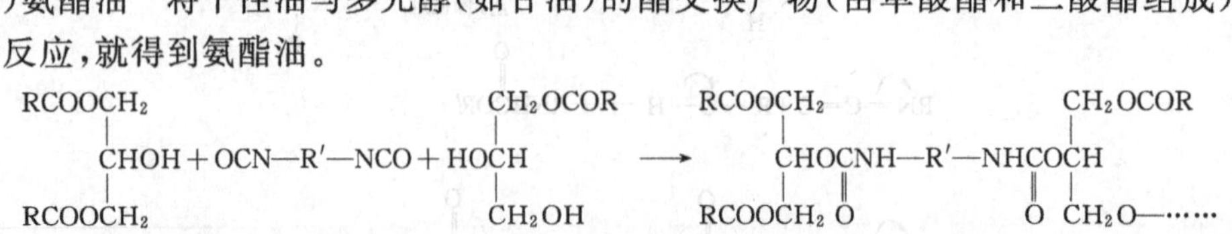

控制配方可使氨酯油中不含未反应的异氰酸酯基，因此它的贮存稳定性很好。氨酯油的涂膜可在常温下干燥。由于氨酯键间存在较强的氢键作用，这种涂料的硬度和耐磨性都很好，而且干性、抗弱碱性和抗水性好，可用于地板、船舶的木质部分、农机具等的涂装，属于单组分涂料。

(2)湿固化型聚氨酯涂料　这类涂料的树脂是由聚合度较高的多羟基化合物（如具有适当羟基含量的聚酯或聚醚等）与过量的二异氰酸酯作用，制成聚合度较高的、含游离异氰酸酯基的可溶性树脂。树脂中游离的异氰酸酯基吸收潮湿空气中的水分后水解成氨基,后者再与尚未水解的异氰酸酯基发生反应(主要是分子间反应),使树脂进一步聚合、交联而完成干燥、固化过程。这种单组分涂料同样具有良好的耐磨损、硬度和附着力等特点。可用于涂装家具、木制品和地板等。

(3)封闭型聚氨酯涂料　苯酚与异氰酸酯加成,即生成对热不稳定的氨基甲酸苯酯。在催化剂存在下,后者被加热至 $100℃$ 以上就裂解产生异氰酸酯。其他一些氨基甲酸衍生物也有类似的受热裂解产生异氰酸酯的性质。苯酚和其他能与异氰酸酯生成这类热不稳定加成物的试剂称为封闭剂。将含多个异氰酸酯基的化合物用封闭剂封闭,然后与多羟基化合物配制成涂料,这种涂料称为封闭型聚氨酯涂料。封闭型聚氨酯涂料在常温下稳定,当加热烘烤时,就分解出封闭剂和游离的异氰酸酯基,后者即与多羟基化合物分子中的羟基反应,使涂膜交联固化。这种涂料多作为绝缘漆使用。

(4)双组分聚氨酯涂料　这种涂料由分别装罐的异氰酸酯溶液与多元醇及配合料的溶液组成,使用时才按比例将两种溶液混合。为避免直接使用挥发性较大的异氰酸酯,通常先将原料二异氰酸酯与多元醇或二元胺反应,制成含游离异氰酸酯基的较大分子的加成物(为此,异氰酸酯应略过量)。多元醇组分可使用含游离羟基聚醚、聚酯、环氧树脂、蓖麻油的甘油醇解物或带部分羟基侧链的聚丙烯酸酯等。这类聚氨酯涂料用途甚广,在建材、汽车、机械、飞机、铁道车辆、船舶、化工贮罐、木器等方面都有广泛的应用。

7.8　不饱和聚酯涂料

不饱和聚酯涂料是一种常温固化的双组分涂料。双组分中,其一组分是含不饱和键的线型聚酯在活性稀释剂中的溶液(可在其中加入其他添加物),另一组分是引发剂(能引发不饱和聚酯进一步聚合、交联)与增塑剂(如邻苯二甲酸二辛酯)的混合物。两个组分使用时才混合。线型聚酯由二元酸和二元醇缩聚而成。制不饱和聚酯所用的二元酸必须是容易发生加聚反应的不饱和二元酸,如马来酸酐、富马酸、依康酸(亚甲基丁二酸)等;二元醇中较常用的是 1,2-丙二醇。活性稀释剂是容易与不饱和聚酯发生共聚反应的乙烯基单体,例如苯乙烯等。这种涂料所用的引发剂又称固化剂,通常是有机过氧化物,最常使用的如过氧化环己酮和过氧化甲乙酮。过氧化环己酮是以 1-羟基-$1'$-氢过氧基-二环己基过氧化物和 $1,1'$-二氢过氧基-二环己基过氧化物为主的混合物。它是不稳定的化合物,当局部受热、受摩擦或被杂质(尤其是还原性杂质、重金属盐等)污染时,就发生着火甚至爆炸。过氧化甲乙酮的危险性还要大得多,很容易发生爆炸。这两种引发剂须有活化剂(或称促进剂)的协同作用,才能在常温下起作用。常用的活化剂为钴盐,如环烷酸钴等。作用机理如下:

$$ROOH + Co(Ⅱ) \longrightarrow RO \cdot + Co(Ⅲ) + OH^-$$
$$ROOH + Co(Ⅲ) \longrightarrow ROO \cdot + Co(Ⅱ) + H^+$$
$$RO \cdot 引发聚合反应$$

当把涂料的两个组分混合后,聚酯分子间及聚酯与活性稀释剂间发生聚合、交联,使涂膜固化。

用饱和二元酸代替部分不饱和二元酸来制取聚酯,可降低涂膜的交联密度,而得到柔韧性较好、但硬度较低的涂膜。掺入长链脂肪酸和更改醇的品种,同样能调节涂膜的性能。

不饱和聚酯与空气接触的部分,因氧的阻聚作用而干燥得很慢(氧可使活性自由基转变成不能引发聚合的较惰性的自由基)。掺入少量石蜡于涂料中时,因蜡上浮至涂料表面形成隔离空气的液膜而能解决表面干燥太慢的问题。除了使用石蜡外还有其他方法,例如用含烯丙醚基的二元醇将树脂改性,可以解决涂膜表面的干燥问题。

不饱和聚酯涂料可作为腻子、底漆、面漆等材料，用于金属板材、木材等的涂装。

7.9 水 性 涂 料

水性涂料主要有水溶型和乳胶型两类。

7.9.1 水溶型涂料

能溶解于水中成为均一胶体溶液的树脂称为水溶性树脂。水溶型涂料是指用水溶性树脂制成的涂料。树脂能溶解于水的必要条件是含有足够的亲水基因。当树脂分子中含有一定数量的亲水性很强的基团时，它就能溶于水。如以强碱或氨中和的羧基、以强酸中和的氨基，都属于亲水性很强的基团。—OH、—OCH$_2$CH$_2$O—、—CONH$_2$ 等非离子型基团的亲水性相对地弱得多，这类基团也赋予树脂一定的亲水性，但只有当它们在树脂中占很大比例时，树脂才有水溶性。聚合度较小且分布较宽的聚合物较易制成水溶性树脂。当聚合物分子链之间存在大量氢键作用时，消除氢键以降低内聚力（例如将纤维素甲基化），也可增加树脂的水溶性。制造水溶性涂料时，应兼顾水溶性与涂料的其他性能（如耐水、耐腐蚀性能），为此应选用聚合度适当（最好能较大）和亲水基含量适宜（最好能较小）的树脂。水溶性涂料多数是用含羧基的树脂制成的。将树脂与助溶剂（例如丁醇）混合后，用碱中和（常用氨水或乙醇胺类）至 pH 为 7.5～8.5，就可用蒸馏水调配成树脂水溶液。

水溶性的油基树脂和各种有一定油度的树脂，一般可通过使用马来酸酐改性的方法制取。例如，将干性油与马来酸酐一起熬炼，在高温加热过程中，同时发生油分子的热聚合、共轭双键与马来酸酐双键的 Diels-Alder 反应和双键旁 α-碳氢键裂解所产生的自由基与马来酸酐的反应。后一个反应可表示如下：

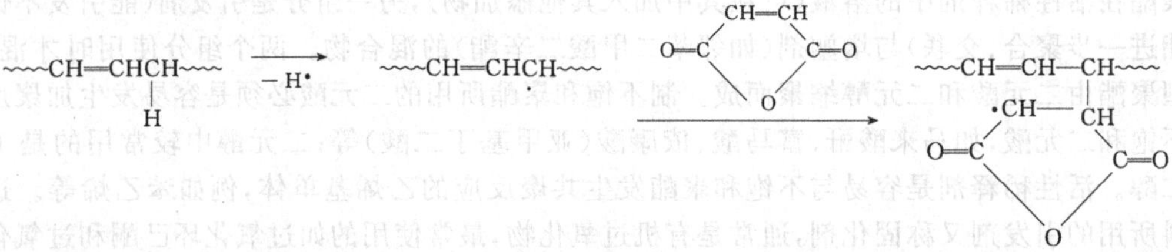

按适当的配料比，可制得酸值在 80 以上的改性聚合油。加助溶剂（丁醇）并用氨水中和后，就得到水溶性聚合油。后者可和颜料及体质颜料一起加工成涂料，适用于在电沉积法施工中作底漆使用。

干性油改性的其他树脂，如环氧酯、油改性醇酸树脂等，原则上都可用类似的方法制成水溶性树脂。

在制造醇酸树脂和聚酯树脂时，控制配方及多元醇与多元酸的缩聚反应工艺条件，可制出酸值较高（例如 60 以上）和聚合度较低的树脂。这种树脂在添加助溶剂及中和之后，就能溶解于水。在中和操作中可能会引起树脂中部分酯键的水解，酯键的水解会导致混合物的贮存稳定性等各种性能的严重变坏。在制备树脂时，应在原料选择和配料比等各方面控制好条件，使树脂的水解活性得到抑制。不宜单纯依靠提高酸值来获得水溶性。选用含醚键的二元醇（如多缩乙二醇）代替小部分普通二元醇，采用醇超量的配方，使用较高效的助溶剂（如丁基溶纤剂）都可增加水溶性。制备这类树脂时，常用少量的三、四官能度的羧酸（如偏苯三甲酸酐、均苯四甲酸酐）代替部分二元酸，用三羟甲基丙烷（其酯较难水解）代替部分二元醇。无油醇酸树脂涂料常用水溶性的三聚氰胺树脂，即六甲氧甲基三聚氰胺作固化剂（在约 150℃使涂膜交联固化）。

水溶性丙烯酸酯树脂可由丙烯酸酯与含羧基的单体（如丙烯酸、甲基丙烯酸、马来酸酐等）

共聚而得。

水溶性涂料可采用喷、浸、刷、滚、淋(流)以及电沉积等方法涂装。这类涂料在钢制家具、农机具、家用电器、预涂金属板、汽车外壳等的涂装中都有应用。

7.9.2 乳胶型涂料

树脂以微细粒子团(粒径 $0.1 \sim 2.0 \mu m$)的形式分散在水中形成的乳液称为乳胶。乳胶可分为分散乳胶和聚合乳胶两种。在乳化剂存在下靠机械的强力搅拌使树脂分散在水中而制成的乳液称为分散乳胶。由乙烯基类单体按乳液聚合工艺制得的乳胶称为聚合乳胶。用于制取水性涂料的聚合乳胶主要有醋酸乙烯乳胶、丙烯酸酯乳胶、丁苯乳胶以及醋酸乙烯与其他单体共聚的乳胶。

乳液聚合是在机械搅拌下,用乳化剂使单体在水中分散成乳液而进行的聚合反应。乳化剂可用阴离子型或非离子型表面活性剂,如十二烷基硫酸钠、烷基苯磺酸钠,乳化剂 OP 等。聚乙烯醇是醋酸乙烯聚合常用的乳化剂,它兼起着增稠和稳定胶体的作用。

乳液聚合所用的引发剂是水溶性的,如过硫酸盐。当溶液的 pH 值太低时,过硫酸盐引发的聚合速度太慢。因此乳液聚合要控制好 pH 值,使反应平稳,同时达到稳定乳胶液分散状态的目的。

要把乳胶进一步加工成涂料,必须使用颜料和助剂。基本的助剂有分散剂、增稠剂、防霉剂等。此外还按涂料的具体用途加入其他助剂。以下简介几种常用助剂及其功用。

(1)分散剂和润湿剂 这类助剂能吸附在颜料粒子的表面,使水能充分润湿颜料粒子并向其内部孔隙渗透,使颜料能研磨分散于水和乳胶中,分散了的颜料微粒又不能聚集和絮凝。使用无机颜料时,常用六偏磷酸钠或多聚磷酸盐等作分散剂,它们能使颜料在水中分散良好。多种表面活性剂可作为有机颜料的分散剂。

(2)增稠剂 能增加涂料的黏度,起到保护胶体和阻止颜料聚集、沉降的作用。如选用得当,还能改善乳胶漆的涂刷施工性能和涂膜的流平性。增稠剂一般是水溶性的高分子化合物,如聚乙烯醇、纤维素衍生物、聚丙烯酸铵盐等。

(3)防霉剂 加有增稠剂(尤其是添加了纤维素衍生物)的乳胶漆,一般容易在潮湿的环境中长霉,故常在乳胶涂料中加入防霉剂。常用的防霉剂有五氯酚钠(用量为涂料量的 0.2% 以上)、醋酸苯汞(用量为 0.05% ~ 0.1%)、三丁基氧化锡(用量为 0.05% ~ 0.1%)。三丁基氧化锡有剧毒且价格昂贵,但对于防止真菌的寄生很有效。使用防霉剂时均要注意防止中毒。

(4)增塑剂和成膜助剂 涂覆后的乳胶漆在溶剂挥发后,余下的分散粒子须经过接触合并,才能形成连续均匀的树脂膜。因此,树脂必须具有在低温下容易变形的性质。添加增塑剂(如 DOP 等)可使乳胶树脂具有较易成膜的性质,而且使固化后的漆膜有较好的柔顺性。成膜助剂则是有适当挥发性的增塑剂。成膜助剂在树脂和水的两相中都有一定的溶解度,它既可增加树脂的流动性,又可降低水的挥发速度,有利于树脂逐渐形成漆膜。用量适当时,成膜助剂还对涂料的其他性能有所改善。常用的成膜助剂有乙二醇、己二醇、一缩乙二醇、乙二醇丁醚醋酸酯等。

(5)消泡剂 涂料中存在泡沫时,在干燥的漆膜中会形成许多针孔。消泡剂的作用就是去除这些泡沫。磷酸三丁酯、$C_8 \sim C_{12}$ 的脂肪醇、水溶性硅油等是较常用的消泡剂。

(6)防锈剂 是防止包装铁罐的生锈腐蚀和钢铁表面在涂刷过程中产生锈斑的浮锈现象。常用的防锈剂是亚硝酸钠和苯甲酸钠。

使用乳胶漆可以节省大量的溶剂,具有节能和减少环境污染的意义,此外,还有安全、无毒、使用方便的优点。在建筑用涂料中,绝大部分是乳胶漆,其中以价廉的醋酸乙烯乳胶漆应用最多。丙烯酸酯乳胶漆与其他乳胶漆品种相比,有较好的耐候性、耐水性、抗磨损性和保色性,应用面也较广。乳胶漆在金属物表面上也逐渐有应用。

实验二十八　醋酸乙烯乳胶漆

醋酸乙烯乳胶漆是普遍使用的建筑物内表面涂料,具有价廉、使用简便、耐水性好等特点。

在本实验中,聚醋酸乙烯酯乳液的制备是以过硫酸铵为引发剂,以乳化剂 OP-10 和聚乙烯醇为乳化剂,按典型的乳液聚合方法制成的。

$$nCH_2=CH \xrightarrow[\text{聚乙二醇}]{K_2S_2O_8,OP-10} \quad +CH_2CH\pm_n$$
$$\quad | \qquad\qquad\qquad\qquad\qquad\qquad\qquad | $$
$$OCOCH_3 \qquad\qquad\qquad\qquad\qquad OCOCH_3$$

一、实验目的

学习涂料的基本知识;掌握醋酸乙烯乳胶漆的制法和实验技术。

二、原料

醋酸乙烯	聚乙烯醇❶	过硫酸钾❷
乳化剂 OP-10	邻苯二甲酸二丁酯	碳酸氢钠溶液(5%)
正辛醇	去离子水	羧甲基纤维素
聚甲基丙烯酸钠	六偏磷酸钠	亚硝酸钠
醋酸苯汞	滑石粉	钛白粉

三、实验操作

1. 聚醋酸乙烯酯乳液的制备

将 2.0g 聚乙烯醇和 36mL 去离子水❸置入 150mL 三口瓶中。三口瓶上装置电动搅拌器、回流冷凝管和一个接有温度计(水银球浸入液面下)及滴液漏斗的Ц形加料管。搅拌和加热混合物,升温至 85℃搅拌,使聚乙烯醇完全溶解❹。然后降温至 60℃以下,加入 0.4g 乳化剂 OP-10、0.1mL 正辛醇和 5g 醋酸乙烯酯。搅拌至充分乳化后,加入 3 滴❺由 0.07g 过硫酸钾与 1mL 去离子水新鲜配制的溶液。加热至瓶内温度达到 65℃时即撤去热源,让反应混合物自行升温和回流,直至回流减慢而温度达到 80~83℃时,按在 6~8h 内加完 31g 的速度滴加醋酸乙烯酯,同时每隔 1h 补加 1 滴过硫酸钾溶液。整个反应过程中应控制好反应温度在(80±2)℃的范围内,并不停搅拌❻。单体滴加完毕后,把余下的过硫酸钾溶液全部

---

❶ 宜选用平均聚合度在 1700 左右、醇解度约为 88%的聚乙烯醇。这种规格的聚乙烯醇对醋酸乙烯酯的乳化性能较好,制成的乳胶也有良好的防冻性能。

❷ 在小试管中将 $0.07K_2S_2O_8$ 溶解于 1mL 去离子水中配制而成。若不是立刻使用,应将此溶液置于盛冰水的小烧杯中冷却保藏。过硫酸钾的分解温度为 100℃,但潮湿的固体过硫酸钾,即使在室温下也会慢慢分解,因此应现配现用。应在聚乙烯醇溶解完全、首次加入的单体乳化后才配制此溶液。

过硫酸钾属强氧化剂,未经稀释时与有机物混合会引起爆炸。

❸ 制备乳胶漆通常使用去离子水,以保证分散体系有较好的稳定性。

❹ 聚乙烯醇能否顺利溶解,与实验操作有很大关系。应在搅拌下将聚乙烯醇分散地、逐步地加入温度不高于 25℃的冷水中,搅拌 15min 后,才逐渐升温,直至约 85℃。在此温度下搅拌,约 2h 就可完全溶解。不适当的操作可能导致聚乙烯醇结块而溶解困难。

❺ 引发剂不能一次加入太多,否则聚合速度太快,所放出的大量反应热来不及散发,使物料温度迅速上升,这又导致聚合速度更快,如此恶性循环,使反应不能控制。这种现象称为爆聚。发生爆聚时,轻则冲料,重则爆炸。为了使反应平稳,引发剂和单体都应逐步加入。

❻ 为了制得聚合度适当的产物和使反应能平稳地进行,控制反应温度是很重要的。由于反应大量放热,在一段时间内不宜采用加热或冷却的方法来控制温度,而是通过调节加料速度以使反应保持在一定的温度范围内。添加引发剂会使温度上升。添加单体可加快聚合速度,也导致温度上升,但由于它的沸点(72~73℃)低于反应温度,因而加大了回流量而使热量散失。因此,可根据温度和回流情况来调节加料速度。

加入,让瓶内温度自行上升至 95℃,并在此温度下继续搅拌 0.5h,冷却。当温度下降至 50℃时,加入 2mL5%碳酸氢钠溶液❶。最后再加 4g 邻苯二甲酸二丁酯并搅拌 1h 以上❷。冷后得到白色的聚醋酸乙烯酯乳液 75～80g。

2. 醋酸乙烯乳胶漆的制备

在烧杯中加入 43mL 去离子水、0.18g 羧甲基纤维素和 0.15g 聚甲基丙烯酸钠,在室温下搅拌至全溶。再加入 0.28g 六偏磷酸钠、0.55g 亚硝酸钠和 0.18g 醋酸苯汞,搅拌溶解。在强力搅拌下,依次逐渐撒入 15g 滑石粉和 48g 钛白粉。继续强力搅拌至固体达到最大限度的分散后,才将以上制得的聚醋酸乙烯酯乳液加入。充分调配均匀。最后加氨水调 pH 值至 8 左右,制得白色的醋酸乙烯乳胶漆。

按本实验制得的产品,在醋酸乙烯乳胶漆中属于质量优良的品种。按前面所述的配方原理,可以改用部分功能成分,制成颜料(填料)基料之比高出一倍以上的、较价廉的品种。产品质量可通过在墙壁上的涂刷试验进行简单的观察比较。对产品质量的检验可按国家标准 GB/T 1721—2008～GB 1726—79 的方法进行。

在工业生产中,颜料和填料在含分散剂及各种助剂的水中的分散操作,是使用球磨机或其他分散设备经几次研磨完成的。

3. 实验时间(10+3)h

不包括聚醋酸乙烯乳胶液的制备实验中,聚乙烯醇的溶解和加入增塑剂后的处理过程所需的时间。这两部分操作可分别在上一次实验和下一次实验中穿插进行。

实验二十九 聚乙烯醇-水玻璃内墙涂料

这是一类以聚乙烯醇和水玻璃为基料的内墙涂料。这类涂料的制法简单,原料易得,价格低廉,无毒无味,而且有阻燃作用。使用这类涂料时操作方便,施工中干燥快,大量用于住宅和公共场所的内墙涂装。由于内墙涂料的耐候性差,一般不适宜于外墙涂装。

制造这类内墙涂料时,除了聚乙烯醇和水玻璃外,还需添加表面活性剂、填(充)料和其他辅助材料,它们都是这类涂料的重要成分。

聚乙烯醇(PVA)是本涂料的主要成分,起成膜作用。它是白色至奶黄色的粉末固体,是由聚醋酸乙烯酯经皂化作用而成的高聚物。在工业上,使用碱(一般用氢氧化钠)皂化的甲醇醇解工艺来生产聚乙烯醇(同时得到醋酸乙酯),故该皂化作用又称为醇解。由聚醋酸乙烯酯转化为聚乙烯醇的程度,称为皂化度或醇解度。醇解度不同的聚乙烯醇在水中的溶解度差异很大。本实验使用的聚乙烯醇,要求醇解度在 98%左右,聚合度约为 1700。

水玻璃即硅酸钠,是无色或青绿色固体,其物理性质因成品中 Na_2O/SiO_2 的比例(称为模数)不同而异。在本实验中使用模数为 3 的品种。在涂料中,水玻璃所起的作用与聚乙烯醇相似,但膜的硬度和光洁度较好。

表面活性剂主要起乳化作用,能使有机物聚乙烯醇、无机物水玻璃及其他成分均匀地分散到水中,成为乳浊液。在本实验中,可选用的商品乳化剂有:乳化剂 BL、乳化剂 OP-10 和乳化剂平平加-O 等。

---

❶ 这段时间的反应可使未反应的残存单体减少到最低限度。因为醋酸乙烯酯较容易水解而产生醋酸(和乙醛),使乳液的 pH 值降低,影响乳胶的稳定性,故需加入碳酸氢钠中和。

❷ 必须让增塑剂深入渗透到树脂粒子团内部被牢固吸收,因此需要搅拌一段时间。

填料主要是各种石粉和无机盐，在涂料中起"骨架"作用，使涂膜更厚、更坚实，有良好的遮盖力。常用的填充料有如下几种。

钛白粉（TiO_2） 相对密度 4.26，是白度好且硬度大的粉末。具有很好的遮盖力、着色力、耐腐蚀性和耐候性，但成本较高。

立德粉（$BaSO_4 \cdot ZnS$） 又称锌钡白，相对密度约 4.2，白度好，但硬度稍差。可用来部分代替钛白粉以降低成本，但性能略差。

滑石粉 白色鳞片状粉末，具有玻璃光泽，有滑腻感，相对密度约 2.7。化学性质不活泼，用以提高涂层的柔韧性和光滑度。

轻质碳酸钙 白色细微粉末，体质疏松，相对密度约 2.7。白度和硬度稍差，但价格低廉，加入后可降低成本。

通常是把以上各种填充料按一定的比例混合使用，取长补短，以达到较高的性能/价格比。

其他成分如颜料、防霉剂、防湿剂、渗透剂等，可按涂料的要求适当添加。

本内墙涂料的制备和成膜原理，是利用表面活性剂的乳化作用，在剧烈搅拌下将聚乙烯醇和水玻璃充分混合并高度分散在水中，形成乳胶液。然后加入其他成分搅匀，成为产品。将涂料涂覆在墙面上，在水分挥发之后，可形成一层光洁的、包含有填充料和其他成分并起装饰和保护作用的涂膜。

一、实验目的

学习内墙涂料的基本知识；掌握聚乙烯醇-水玻璃内墙涂料的制备方法和实验技术。

二、原料

聚乙烯醇	水玻璃（模数＝3）	乳化剂 BL	钛白粉（约 300 目）
立德粉（300 目）	滑石粉（约 300 目）	铬黄或铬绿	轻质碳酸钙（约 300 目）

三、实验操作

1. 向装置有电动搅拌器、滴液漏斗和温度计的三口瓶中加入 128mL 水，搅拌下加入 7g 聚乙烯醇。用水浴加热，逐步升温至 90℃，搅拌至完全溶解，成为透明的溶液❶。冷却降温至 50℃，加入 0.5～1.0g 的乳化剂 BL，在 50℃以下搅拌 0.5h。再降温至 30℃，慢慢滴加 10g 水玻璃。滴加完毕，升温至 40℃，继续搅拌 0.5～1.0h❷，形成乳白色的胶体溶液。停止加热。

搅拌下慢慢加入 5g 钛白粉、8g 立德粉、8g 滑石粉、32g 轻质碳酸钙和适量的铬黄或铬绿颜料。充分搅拌均匀，即可得到成品约 200g❸，黏度 30～40s（涂-4 杯）。

本实验制得的内墙涂料可用来涂装内墙。涂装前，墙面要清扫干净。若有旧涂层，最好将其清除。若有麻面或孔洞，可用本涂料加滑石粉调成的腻子埋补好。久置的涂料，使用前要先搅匀，但不可加水稀释，以免脱粉。涂装时涂刷 1～2 遍即可在墙上形成美观的涂层。

2. 实验时间 3～4h。

---

❶ 参阅实验二十八（第 114 页）的脚法❹及实验时间栏目中的附加说明。

❷ 搅拌所需时间与搅拌的剧烈程度有关，加剧搅拌可缩短时间。

❸ 在实际生产中，由于使用了高效率的搅拌机和研磨机，所得到的产品质量更佳。根据不同的要求，可加入适量（一般用量很少）的防霉剂、防沉剂、渗透剂等。

实验三十　聚乙烯醇缩甲醛外墙涂料

建筑物的外墙要经历风吹、日晒、雨淋和温度的起伏变化。许多涂料经受不起这种考验，发生退色、开裂和脱落。外墙涂料在耐候性、附着力和硬度等方面的性能，比内墙涂料有更高的要求。

本实验以聚合度约 1700 的聚乙烯醇为主要原料，在盐酸的催化下与甲醛反应，生成聚乙烯醇缩甲醛(107 胶)。

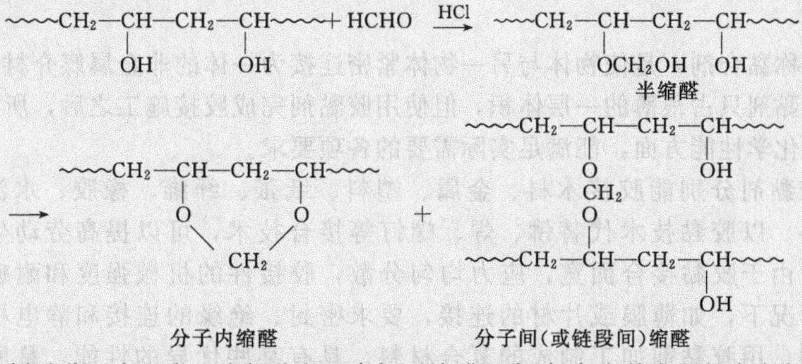

$$\sim\!\!\sim CH_2-CH-CH_2-CH\!\!\sim\!\!\sim + HCHO \xrightarrow{HCl} \sim\!\!\sim CH_2-CH-CH_2-CH\!\!\sim\!\!\sim$$

（图中结构式：左侧 OH、OH；右侧 OCH$_2$OH、OH）

半缩醛

分子内缩醛　　　　　　　　　　　　分子间(或链段间)缩醛

由于聚乙烯醇分子中只有一小部分羟基参加了缩醛反应，仍存在着大量的自由羟基，同时，部分羟基的缩醛化，破坏了聚乙烯醇分子的规整结构，使所生成的这种 107 胶仍具有较好的水溶性。

以 107 胶为主体，加入填料、颜料、消泡剂和防沉淀剂等物料，经充分混合和研磨分散，就成为聚乙烯醇缩甲醛外墙涂料。将其涂装在墙面上，待水分挥发后，由于聚乙烯醇缩甲醛分子的羟基间的氢键作用力，以及羟基与填料等物质的极性基间的作用力，使 107 胶能与填料、颜料及其他成分牢固地黏附在墙面上，起保护和装饰作用。本实验所制备的涂料，对墙面有较强的黏附力，遮盖力强，硬度高，耐光性和耐水性良好，成本低廉。

一、实验目的

学习外墙涂料的基本知识；掌握聚乙烯醇缩甲醛外墙涂料的制备方法和实验技术。

二、原料[①]

甲醛(36%)	聚乙烯醇	盐酸(37%)
氢氧化钠	钛白粉	立德粉
滑石粉	轻质碳酸钙	无机颜料

三、实验操作

1. 向装置有电动搅拌器、滴液漏斗和温度计的三口瓶中加入 200mL 水，搅拌下慢慢地加入 15g 聚乙烯醇。逐步升温至 80～90℃，搅拌溶解[②]。溶解后加入浓盐酸，调节 pH 值至 2 左右。保温约 90℃下，于 15～20min 内滴入 5g36% 的甲醛，继续搅拌 5～10min，降温至约 60℃，慢慢滴加 30% 的氢氧化钠溶液，调节反应液的 pH 值至 7.0～7.5。撤去热源，继续搅拌片刻[③]。

将以上制得的 107 胶倾入烧杯中，搅拌下依次加入 10g 钛白粉、8g 立德粉、10g 滑石粉、50g 轻质碳酸钙和适量的无机颜料，搅拌均匀，必要时加入少量的水以调节稠度，即得到聚乙烯醇缩甲醛外墙涂料[④]。

2. 实验时间 3～4h。

---

❶ 本实验所用聚乙烯醇、钛白粉、立德粉、滑石粉和轻质碳酸钙等原料的性质和要求，可参考实验二十九。
❷ 参阅实验二十八(第 114 页)脚注❹及实验时间栏目中的附加说明。
❸ 聚乙烯醇经缩甲醛化及中和操作，溶液的黏度在 30s 左右(涂料-4 杯，25℃)。
❹ 实际生产中应根据要求适当添加防沉淀剂、消泡剂、防霉剂和防紫外线剂等，并经砂磨机研磨分散，过滤后得到产品。该外墙涂料的使用方法和要求与实验二十九所制得的内墙涂料相同。

第8章 胶 黏 剂

8.1 概 述

胶黏剂又称黏合剂，是使物体与另一物体紧密连接为一体的非金属媒介材料。在两个被粘物面之间胶黏剂只占很薄的一层体积，但使用胶黏剂完成胶接施工之后，所得胶接件在机械性能和物理化学性能方面，能满足实际需要的各项要求。

不同的胶黏剂分别能胶接木材、金属、塑料、纸张、纤维、橡胶、水泥、陶瓷、玻璃等多种材料。以胶黏技术代替铆、焊、螺钉等接合技术，可以提高劳动生产效率，减轻工件质量。由于胶黏接合面宽，应力均匀分散，胶接件的机械强度和耐疲劳性能特别强。在某些情况下，如薄膜或片材的连接，要求密封、绝缘的连接和静电植绒等，都必须使用胶黏剂。用胶黏剂加工制成的复合材料，具有某些优异的性能，是所用的单种基材所不能比拟的。因此，胶黏剂在工业和其他领域上的应用，产生了很大的经济和社会效益。

胶黏剂由多种成分组成，通常有以下几种成分。

(1) 基料　基料是决定胶黏剂性能的主要成分，一般是合成的或天然的聚合物，但也有少数是由无机化合物构成的。

(2) 固化剂　固化剂的功能是使基料从液态或热塑性状态转变为坚韧的固态或热固性状态。固化剂随基料性质的不同而异，它可以是交联剂、引起交联反应的助剂和活化（促进）剂。

(3) 填料　填料的功能是降低热膨胀系数和收缩率，提高胶接件的机械强度和耐热性并降低成本。可供选用的填料很多，可以是无机物、有机物、金属和非金属等固体粉末。它们必须是不与固化剂及其他组分起不良反应、不含水和结晶水的中性或弱碱性物质，在粒度、湿含量和酸价方面要严格符合规定的要求。填料用量一般为基料用量的 $25\% \sim 30\%$ 范围内，不能过高或过低，以保证它能被充分润湿，配制成的胶黏剂黏度适当，胶接性能良好。

(4) 增塑剂和增韧剂　增塑剂要选用相容性好、沸点较高的品种。增韧剂是具有增塑性质的、能接枝到基料分子上的、相对分子质量不很高的聚合物。增塑剂和增韧剂的主要功能是提高胶黏剂的柔韧性、耐寒性和抗冲击强度等性能。

(5) 稀释剂　稀释剂用于降低胶料的黏度，使胶料具有较好的浸透力，而且可以加入较多填料，比较容易施工。可以采用不与其他组分反应的非活性稀释剂（称溶剂）。非活性稀释剂在固化过程中不断气化挥发，其用量和挥发速度明显影响胶接效果，用量过多或挥发较快会引起涂膜发白、涂层过度收缩，降低胶接强度。也可采用活性稀释剂，它在胶黏剂固化时能与基料发生化学反应，从而与基料结合为一体，挥发损失甚少。活性稀释剂的用量不当也会使胶接强度有所下降，但比非活性稀释剂影响小。

(6) 偶联剂　偶联剂的作用是提高胶黏剂的黏结力，使本来不粘或难粘的材料得到良好的粘接。常用者是硅烷偶联剂，例如：$H_2N\,(CH_2)_6NHCH_2Si\,(OC_2H_5)_3\,H_2C=CHSiCl_3$
在上述偶联剂分子中，一端含能与基料反应的活性基［如与环氧树脂反应的 H_2N

$(CH_2)_6NH$—和与聚酯不饱和键反应的 CH_2＝CH—]，另一端是含 —Si—X 基的硅醚或氯硅烷结构。硅醚和氯硅烷都容易水解而转变为化学性质活泼的硅醇。

$$—Si—X + H_2O \longrightarrow —Si—OH + HX \qquad X＝Cl \text{ 或 } OC_2H_5$$

硅醇与被粘物（如吸了水的无机材料）表面的活性基团反应，生成硅氧烷类结构的产物。

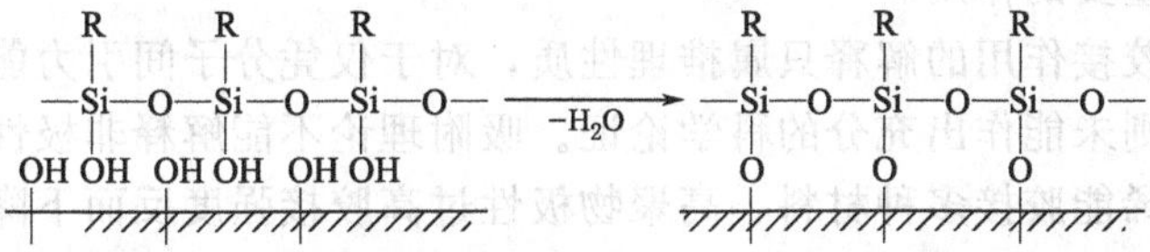

因此，硅烷偶联剂能以一端与被粘物牢固结合，以另一端与基料通过交联反应结合，起到增加胶接强度的作用。

（7）其他添加剂　其他添加剂如防老剂、防霉剂或特定功能添加剂等。

8.2　胶　接　原　理

胶接件的机械强度取决于胶黏剂与被粘物之间界面的强度和胶层强度。当其中某处强度不足时，胶接件受力就在该处断裂（胶接件机械性能的测定项目有剪切强度、抗拉强度、不均匀扯离强度、剥离强度、冲击强度、持久强度、疲劳强度等，用途不同时要求的指标也不同）。通常当胶层厚度在一定范围内增加时，胶接强度随之降低。因此，欲要胶接件有较高的机械强度，要求胶黏剂必须有较强的黏结力和内聚力。这两个要求并不是采取简单措施就能同时满足的。实践表明，胶黏剂必须是黏度不太高而能润湿被粘物表面的液态物质，否则很难用于胶接。因为胶黏剂的润湿性能反映出胶黏剂与被粘物的分子之间吸引力对于胶黏剂内聚力的相对强度。当胶黏剂基料的相对分子质量增大时内聚强度增加，但表面张力也增加，不利于润湿和胶接。因此，欲增加胶接强度就必须采取多种措施来增强黏结力。在满足黏结力的要求下，尽可能提高胶黏剂基料的相对分子质量并利用辅助材料来提高胶层的内聚强度。实际上，胶接强度的大小取决于胶黏剂基料的结构和相对分子质量、胶黏剂的组成、被粘物的性质和表面状态以及胶接工艺（如固化温度、施工压力、胶层厚度、接头形状）等多种因素。

很多胶黏剂应用于要求强度很高的胶接，如结构型胶黏剂，其剪切强度至少达 7MPa。对于胶黏剂为什么有这么强的黏结力，为什么黏结力受到诸多因素的影响等问题，有许多人进行过研究，并从不同角度提出了见解。归纳起来，有以下几种理论。

8.2.1　吸附理论

吸附理论认为，胶接作用实质上是胶黏剂在被粘物表面上吸附，是分子间范德华力和氢键的作用（物理吸附）或胶黏剂分子与被粘物分子之间发生电子转移而成键（化学吸附）的结果。在胶接过程中，胶黏剂分子不停地做微布朗运动，其分子链各部逐渐接近被粘物表面，至距离小于 0.5nm 时，范德华力就起显著的作用。最后在上述各种力的作用下，使界面上的胶黏剂分子吸附在被粘物表面上。

吸附理论是最广泛得到支持的理论。固体表面普遍吸附各种物质的现象可用分子间引力的原理作出解释。胶接作用同样可用吸附理论解释。首先可解释胶黏剂能胶接多种材料的原因；其次可在许多情况下解释各种因素对胶接强度的影响关系。例如，增加胶黏剂及被粘物的极性可提高胶接强度，是因为偶极-偶极间的引力比色散力强。根据吸附理论，胶黏剂必须与被粘物在两相界面上有最大限度的接触，使各处分子间的距离达到小于 0.5nm，才有最佳的胶接强度（因为范德华引力是与分子间距离的六次方成反比，距离大于 0.5nm 则范德华力不起作用），这说明了为什么胶黏剂的润湿性能和黏度、被粘物的表面处理、施工压力等因素对胶接强度有影响。清除污染杂质以保证胶黏剂能直接与被粘物接触是表面处理的目的之一。此外，清除弱表面层和进行氧化或其他反应使某些材料表面带有极性基团，对于提高胶接强度有更重要的作用。

吸附理论对于胶接作用的解释只属推理性质，对于仅凭分子间引力能否达到相当高的胶接强度这个问题，则未能作出充分的科学论证。吸附理论不能解释非极性聚合物之间的牢固胶接现象、聚异丁烯能胶接多种材料、高聚物极性过高胶接强度反而下降等问题。

8.2.2 扩散理论

扩散理论认为，柔顺性良好的线型聚合物的链节有足够的活动性。在经常不断的微布朗运动下，在胶黏剂与被粘物界面上，长链分子和分子链段能深入扩散到异相内部并溶入异相的高分子聚集体中，形成牢固的结合。应用扩散理论可以满意地解释某些胶接现象，如以塑性高聚合物胶接某些高分子材料有时可得到界面消失的牢固胶接件。

按照扩散理论，作为胶黏剂的聚合物必须是柔顺性良好的线型分子，并处于流动性较好的状态；被粘物表面最好处于溶解或溶胀状态，以有利于扩散；胶黏剂和被粘物必须能互溶而不是不相容。能满足以上条件的例子是不多的，因此能应用扩散理论的范围是比较有限的。在适用范围内，扩散理论得到一些实验结果的支持。例如，在胶接过程中提高温度、增大压力、延长时间和使用有足够内聚强度而相对分子质量较小的胶黏剂，都有利于扩散渗透；长支链较短侧链易于扩散；结晶度高的很难扩散。实验测出的胶接强度，在很多情况下是与基于对扩散难易的预期结果相一致的。但是，扩散理论对于高分子材料能胶接金属、玻璃等材料的大量事实，就无法解释了。

8.2.3 机械理论

机械理论认为，许多被粘物表面（包括那些表观光滑的物体表面），放大观察时都可发现是粗糙不平、千疮百孔的。在胶接过程中，胶黏剂将被粘物的粗糙表面及其孔洞和缝隙填满，一经固化，它就与被粘物嵌在一起，形成牢固的结合。

实践证明，预先对被粘物体表面进行适当的粗化处理，是保证胶接件有较高机械强度的必要步骤。机械理论不能解释表面非常光滑材料（如玻璃）的胶接现象，更不能解释因表面化学结构的差异导致胶接强度不同的实验结果。

8.2.4 双电层理论

双电层理论认为，当胶黏剂和被粘物的基团在它们相接触的界面上定向排列，发生电子授受作用时，在界面上形成双电层。拆开双电层需要克服静电引力。正是这种静电引力使胶黏剂和被粘物牢固地结合起来。曾用电容器模型计算过这种双电层的结合功。也曾观察某些胶接件在暗处快速剥离时的放电现象。双电层理论不能解释非极性材料之间也能形成牢固的胶接。

8.2.5 化学键理论

化学键理论认为胶黏剂与被粘物在界面上发生化学反应，使两者牢固地结合起来。这种理论不能解释没有反应活性的材料也能形成牢固胶接的现象。

上述各种理论都有一定的立论根据，各能解释部分胶接现象，但都不全面，可见胶接是一个复杂的过程。实际上，在不同条件下，胶接作用的机理可能不同。在某些情况下，也可能同时按几种机理进行。虽然目前尚未有一套完整的胶接理论，但是对于各种因素对胶接效果的影响，已积累了大量经验和研究成果，胶接技术正在不断发展提高。

胶黏剂和涂料有许多类似之处。但涂料用于单件物体表面的涂装，特别讲究涂刷性能和色泽、光泽等装饰性能；胶黏剂则讲究胶接强度。因此，胶黏剂和涂料的配方、选料和制造工艺上会有些差别。在下面的讨论中，将不再重复在涂料部分中已述及的有关内容。

胶黏剂的分类方法很多，可按基料种类、物理形态、固化方式、用途或受力情况进行分类。下面按基料种类进行介绍。

8.3　树脂基胶黏剂

8.3.1　聚醋酸乙烯酯胶黏剂

将醋酸乙烯酯单体用不同的自由基聚合方法可分别制得乳胶型或溶液型的胶黏剂，常用者是乳胶型胶黏剂。这种胶黏剂通过溶剂挥发而固化，对木材、纸、织物、玻璃、金属、陶瓷以及除聚烯烃外的塑料都有良好的粘接力，有一定的胶接强度，但耐热、耐水、耐酸碱的性能较差。

以丙烯酸酯或甲基丙烯酸酯为共聚单体将聚醋酸乙烯改性而得的胶黏剂，其用途与醋酸乙烯酯均聚物的基本相同，但具有较好的柔韧性和耐候性。醋酸乙烯酯与乙烯的共聚物须在加压条件下制备，主要用作热熔胶。这种共聚物（简称 EVA）通常加入改性树脂（如聚酯）、增黏剂（如松香，作用是增加粘接力）、黏度调节剂（如石蜡，熔化时起降低黏度的作用）、抗氧剂和填料等配制成胶黏剂。它在常温下是固体，加热熔化后可粘接塑料、橡胶、织物、纸张、木材等，防水性良好。

8.3.2　丙烯酸酯类胶黏剂

丙烯酸酯类胶黏剂是指以丙烯酸酯、甲基丙烯酸酯及其类似物为主体的聚合物所配成的胶黏剂，聚甲基丙烯酸甲酯的氯仿溶液是胶接有机玻璃的良好胶黏剂。当把丙烯酸酯或甲基丙烯酸酯与少量其他单体制成共聚物时，控制适当的配方和工艺可以调节所得的溶液型或乳胶型胶黏剂的性能。例如，将甲基丙烯酸甲酯与少量苯乙烯和氯丁橡胶制成接枝共聚物溶液，以不饱和聚酯为交联剂，过氧化丁酮为固化剂，环烷酸钴为促进剂（参阅 7.8），可应用于铁、钢、铝、铜等金属与多种塑料的胶接。

以丙烯酸酯或甲基丙烯酸酯（主要是 C_8 以下的烷醇酯）为主要单体，与其他单体（如氯乙烯、苯乙烯、丙烯酸-β-羟乙酯等等）及少量的丙烯酸、丙烯酰胺等进行乳液共聚，可制得各种乳胶型胶黏剂，它们都具有突出的柔韧性和耐水、耐候、耐老化等性能，在纺织、皮革等工业中的应用尤为广泛。

将甲醛水溶液与氰基乙酸酯（常为甲酯、乙酯和丁酯）进行 Knoevenagel 反应，即生成聚氰基丙烯酸酯，再在绝对无水的条件下进行加热解聚，可蒸出氰基丙烯酸酯：

$$n\,CH_2O + n\,CH_2 \!\! \begin{array}{c} COOR \\ | \\ CN \end{array} \xrightarrow{\quad\overset{H}{\underset{}{N}}\quad} \left[CH_2 - \!\! \begin{array}{c} COOR \\ | \\ C \\ | \\ CN \end{array} \!\! \right]_n \xrightarrow{\;\triangle\;} n\,CH_2 = \!\! \begin{array}{c} COOR \\ \| \\ C \\ | \\ CN \end{array}$$

氰基丙烯酸酯的碳碳双键由于受到两个强吸电子基的影响，非常容易发生阴离子型聚合反应。甚至吸附在被粘物表面上的和存在于空气中的水分，都足以引发它很快完成聚合反应。

$$
\underset{\substack{COOR \\ | \\ CH_2=C \\ | \\ CN}}{} \xrightarrow{A^-} A \underset{\substack{COOR \\ | \\ CH_2-C \\ | \\ CN}}{} \underset{\substack{CH_2=C \\ | \\ CN}}{} \underset{\substack{COOR}}{} \longrightarrow A-CH_2 \underset{\substack{COOR \\ | \\ -C- \\ | \\ CN}}{} CH_2 \underset{\substack{COOR \\ | \\ -C- \\ | \\ CN}}{} \cdots \cdots \longrightarrow A \underset{\substack{COOR \\ | \\ (CH_2-C) \\ | \\ CN}}{}{}_n
$$

因此氰基丙烯酸酯（单体）可直接用作胶黏剂。它在湿气中水分的引发下，常温固化时间仅需 5～180s，故有瞬干胶黏剂之称。

氰基丙烯酸酯对橡胶、多数塑料、纸张、纤维、木材、玻璃、陶瓷、钢铁、人体器官（如皮肤、血管、牙齿、骨）等都有很强的胶接力。主要缺点是对水分和许多杂质极敏感，不适于大面积胶接；虽然剪切强度高，但耐冲击强度略低；在 70～80℃以上机械强度大减；有刺激性臭味和毒性等，而且价格昂贵。目前，主要用于某些汽车零件和机械零件、仪表铭牌及其他小件物品的胶接。它的一些不良性能已有了改善的方法，正在陆续开发氰基丙烯酸酯在其他领域中的应用。

含多个丙烯酰氧基或甲基丙烯酰氧基的化合物，例如：

$$
\underset{\substack{CH_3 \\ | \\ CH_2=C-C(OCH_2CH_2)_nO-C-C=CH_2 \\ \| \qquad\qquad \| \\ O \qquad\qquad O}}{\text{醚型}}
\qquad
\underset{\substack{CH_3 \\ | \\ CH_3CH_2C(CH_2O-C-C=CH_2)_3 \\ \| \\ O}}{\text{酯型}}
$$

在自由基的引发下，能聚合和交联成为体型高聚物。由于氧对这类化合物有阻聚作用，由这些多元醇的丙烯酸酯加助剂所制成的胶黏剂，须在与空气隔绝的条件下才能在常温下固化，因此这类胶黏剂称为厌氧胶黏剂。

厌氧胶黏剂主要应用在振动机械的螺栓与螺母的紧固，与钢铁、铜、铝等金属的结合部分间隙的密封、固定和加固。当被粘件间隙小至 0.2～0.02 mm 时，其胶接强度高于常温固化的环氧树脂。厌氧胶有良好的密封和防震性能，拆除后不影响机件的原有性能。使用厌氧胶的工件接合部分的加工精度可以略为降低。

厌氧胶黏剂的辅助材料有引发剂（自由基引发剂）、促进剂、稳定剂、增稠剂等。引发剂分解所产生的自由基必须有较长的半衰期，这样它才有较低的反应活性，从而使厌氧胶具有一定的贮存稳定性。常用异丙苯过氧化氢及其类似物作引发剂。通常用某些芳叔胺或四氢喹啉类的物质作为促进剂，其作用是加速过氧化物的分解，使厌氧胶在无氧条件下能在常温下较快地固化。为了延缓厌氧胶在贮存过程中发生聚合变稠，通常添加醌类作稳定剂。在厌氧胶中加入聚甲丙烯酸甲酯或其他聚合物作增稠剂，可在较大范围内调节其黏度，便于使用。

厌氧胶黏剂可与橡胶类聚合物或带官能团的聚合物并用，并使用较多的或活性较高的引发剂和促进剂以双组分的方式进行胶接。采用这种技术，胶接件具有很高的胶接强度，固化速度快且可调节，适粘材料广，被粘物不需做表面处理等优点。这种胶黏剂称为第二代丙烯酸酯胶黏剂或丙烯酸酯结构胶黏剂。它除了可胶接金属材料外，还可以胶接塑料、玻璃、陶瓷以及多孔性的木材等材料。

将胶黏剂涂敷在高分子薄膜、牛皮纸等基材的一面或两面上，用手指轻压能使基材牢固地与被粘物粘接，粘接后基材又能从被粘物上剥离开来，这种用途的胶黏剂称为压敏胶黏剂。通常使用的压敏胶黏剂是橡胶类和聚丙烯酸酯类。后者在耐光、耐热、耐油等性能方面比前者好。压敏胶黏剂广泛用于包装、密封、固定、增强、绝缘等各种目的，在丙烯酸酯类胶黏剂中是用量很大的品种。丙烯酸酯压敏胶黏剂由多种单体共聚而成。为了获得黏附力很好而又有适当内聚强度的压敏胶，必须选择好配方。

8.3.3 酚醛树脂胶黏剂

由苯酚或粗酚（苯酚与混合甲酚和二甲酚的混合物）在碱催化下与甲醛反应制得的可溶性酚醛树脂（第一阶段酚醛树脂）是聚合度为 $3\sim6$ 的含—CH_2OH 基团的低聚物（见 7.2），稍经加热或长期存放就固化。这种价廉的胶黏剂主要用于制造层压板。间苯二酚的反应活性比苯酚或粗酚高得多，若用它制成可溶性酚醛树脂，与甲醛用作双组分胶黏剂，则可在常温下固化，形成聚合度和交联度更大的体型树脂。这种酚醛胶黏剂比第一阶段酚醛树脂具有较好的耐水性和耐久性，用于耐水胶合板和层压材料的制造、木材和其他材料的胶接。若与其他聚合物并用，能改善酚醛树脂的韧性和某些其他性能，从而制得各种改性酚醛树脂胶黏剂。

聚乙烯醇作为胶黏剂使用，对于许多材料都有较强的粘接力，但耐水性差。在酸催化下用甲醛将聚乙烯醇部分地缩醛化，从而减少了水溶性羟基的含量。由于制得的聚乙烯醇缩甲醛树脂是线型结构，并含有大量的极性基，所以具有良好的粘接力、耐冲击、耐光和耐水性能。它与酚醛树脂并用，所配制成的酚醛-缩醛胶黏剂需要加热才能固化，用于各种金属、陶瓷和玻璃等材料的胶接，具有强度高、耐疲劳、耐老化等优良性能。若掺入银粉，这种胶黏剂还可作为导电胶黏剂使用。

正硅酸乙酯与水反应，能水解缩聚成乙氧基聚硅氧烷；与羟基化合物反应，则生成烃氧基硅烷（硅醚）：

$$nC_2H_5O-\underset{\underset{OC_2H_5}{|}}{\overset{\overset{OC_2H_5}{|}}{Si}}-OC_2H_5 + nH_2O \longrightarrow \left[\underset{\underset{OC_2H_5}{|}}{\overset{\overset{OC_2H_5}{|}}{Si}}-O\right]_n \quad C_2H_5O-\underset{\underset{OC_2H_5}{|}}{\overset{\overset{OC_2H_5}{|}}{Si}}-OC_2H_5 + ROH \longrightarrow C_2H_5O-\underset{\underset{OC_2H_5}{|}}{\overset{\overset{OC_2H_5}{|}}{Si}}-O-R + C_2H_5OH$$

因此，正硅酸乙酯能与酚醛树脂和聚乙烯醇缩醛树脂（两者都含有羟基）反应，起到交联剂的作用。用有机硅改性后，酚醛-缩醛-有机硅胶黏剂可用来胶接金属和非金属材料，并且能够在 $-60\sim200℃$ 的温度范围内长期工作以及在 $300℃$ 也能短期工作。

高聚合度的线型聚酰胺与其他有机物的相容性都很差，但用甲醛使它羟甲基化之后，能大大改善与酚醛树脂及许多有机溶剂的相容性。由酚醛树脂与羟甲基尼龙制成的胶黏剂有较好的耐热老化性能，可作为耐高温（$150℃$）的结构胶黏剂使用。

在前面的涂料部分中已提到，酚醛树脂能与植物油或松香中的碳-碳双键反应。由于硫化前的丁腈橡胶分子含有大量的碳-碳双键，所以同样能与酚醛树脂接枝。因为丁腈橡胶分子中含有极性很强的氰基，故用丁腈橡胶改性的酚醛胶黏剂，具有优良的粘接力、韧性、耐候性和耐化学品性能，广泛用于金属和非金属材料的胶接。

8.3.4 环氧树脂胶黏剂

在环氧树脂的工艺配方中，必不可少的成分是环氧树脂固化剂，此外还含有增塑剂、促进剂、稀释剂、填料、偶联剂等成分。

固化温度因固化剂的性质而异，从室温到约 $150℃$ 不等。若使用室温固化剂（如胺类），则环氧树脂与固化剂必须分开包装，用时临时调和；若使用高温固化剂（如酸酐类），则可采用单包装。可选用的固化剂品种很多，如三乙烯四胺、二氨基二苯砜、四氢邻苯二甲酸酐，各种含氨基、羧基、活泼羟基的树脂等。

最常使用的是双酚 A 型环氧树脂，其环氧值大小对胶接强度和耐热性有一定的影响。

环氧树脂胶黏剂在固化时没有低分子物释出。使用含环氧基的活性稀释剂时，胶料固化后体积收缩极小。环氧树脂胶黏剂有良好的粘接力、耐疲劳、抗蠕变性，耐水、耐化学品和电绝缘性能也很好，在航天工业、微电子工业以及在混凝土、金属、木材、塑料等领域中，都有普遍的应用。

8.3.5 聚氨酯胶黏剂

这类胶黏剂是通过—N＝C＝O基与含活泼氢的基团（如氨基、羟基、巯基等）的反应，或与湿气中的水分子反应而交联固化的。聚氨酯胶黏剂的品种很多，这和前面在涂料部分所介绍的情况基本相同。单独的多异氰酸酯也可用作胶黏剂。当聚氨酯胶黏剂与金属胶接时，胶料中的异氰酸酯基与金属表面的水分起反应，生成含脲基的聚合物。脲基可与金属氧化膜络合。当胶黏剂与木材、织物、皮革、纤维等材料胶接时，异氰酸酯基可以和这些材料中吸附的水反应（湿固化），生成物再以氢键和这些材料的极性基作用，也可以直接和这些材料的羟基或其他含活泼氢的基团反应，使胶料与被粘材料以化学键结合起来。当胶黏剂与橡胶、塑料等胶接时，多异氰酸酯化合物或其与聚醚、聚酯的预聚物，很容易穿过接触界面向橡胶或塑料内部渗透，固化后与被粘材料交织起来。因此聚氨酯胶黏剂对各种材料都有较强的粘接力，尤其是作为橡胶与金属材料的胶黏剂，效果很好。其耐低温性能比其他胶黏剂优越，耐水解、耐溶剂、防霉等性能也优良，但多数品种不宜作为结构胶黏剂使用。

8.4 橡胶类胶黏剂

8.4.1 胶黏剂常用的天然橡胶与合成橡胶

天然橡胶生胶片是从橡胶树采集的胶乳经凝聚、滚压、晾干或熏干而制成的（分别称为皱片和烟片）。在合成橡胶中，多数品种是以其共轭二烯自聚或与其他单体共聚而合成的高聚物，它们也都加工成生胶片供作橡胶原料之用。下面是胶黏剂常用的几种橡胶的化学结构式：

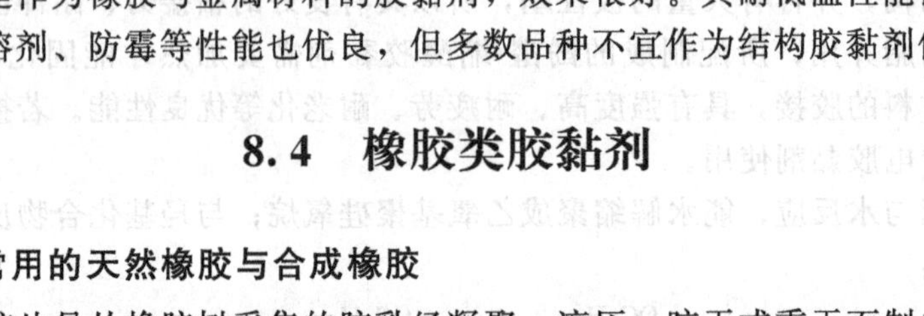

天然橡胶（顺式 1,4-聚异戊二烯）

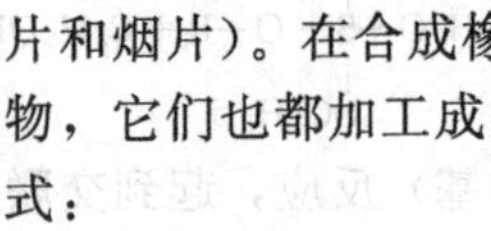

氯丁橡胶 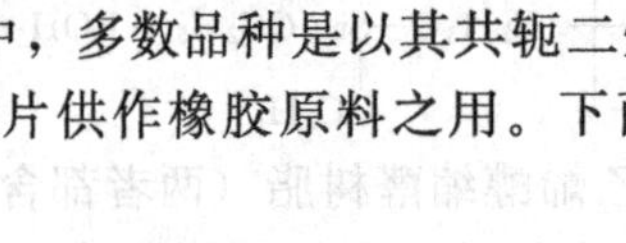　　　　丁苯橡胶 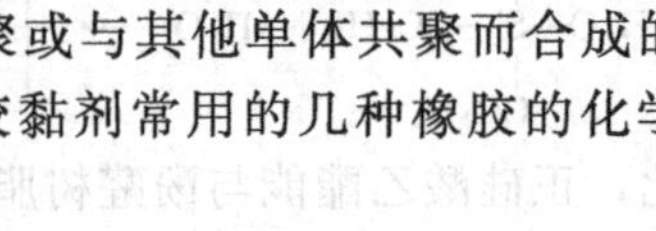　　　　丁腈橡胶

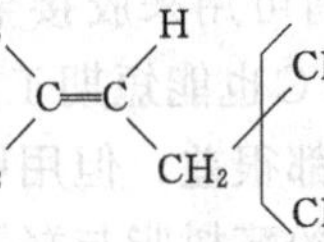

甲基硅橡胶 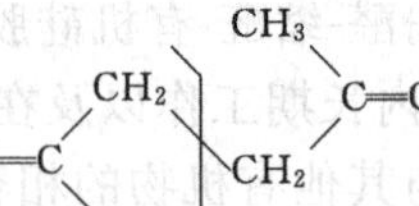　　　　聚硫橡胶

除硅橡胶外，上述几个品种的橡胶在硫化前都是分子中含有碳碳双键的线型高聚物，是热塑性的，能溶于有机溶剂，机械强度不很高，易老化。把它们加工成胶黏剂时，需要配入各种助剂，以提高其机械强度、粘接强度等性能，并满足加工、贮存及使用的要求。

8.4.2 橡胶类胶黏剂

由天然橡胶和合成橡胶可制出许多品种的胶黏剂，它们分别能胶接多种物质，而且适于胶接膨胀系数差别较大的材料。含极性基的合成橡胶经用合成树脂（如酚醛树脂、环氧树脂、聚氨酯等）改性，可制得胶接强度很高的结构胶黏剂。

制造溶液型胶黏剂，可先将生橡胶进行塑炼，即把胶片放在两个转速不同的滚筒中间反复多次地滚压，在机械力和热氧化的作用下使橡胶的聚合度降低，塑性增加。然后加入各种配合物进行混炼，即将硫化剂、硫化促进剂、助促进剂、防老剂、补强剂、填充剂、软化剂、增黏剂等加入塑炼好的橡胶中，反复进行滚压使混合均匀。最后将混炼均匀的胶料压片切碎，与溶剂一起搅拌至完全溶解。也可以先将配合物加入溶剂中制成浆液，再把浆液、生橡胶碎块与补充的溶剂混合，搅拌至完全溶解。一般橡胶类胶黏剂都应含有防老剂。是否加入硫化剂和促进剂，则视胶黏剂的具体用途而定。下面简单介绍几类最常用的橡胶胶黏剂。

1. 氯丁橡胶胶黏剂

氯丁橡胶分子中含有极性的 C—Cl 键，由它制成的胶黏剂具有内聚力强、结晶速度快（初粘力好）的特点。氯丁橡胶是用氧化锌加氧化镁"硫化"的。有时也另加硫化剂和促进剂进行硫化，以加大交联度。氯丁橡胶的聚合度、结晶度等因素对制成的胶黏剂性能影响很大。因此，在制造胶黏剂时，应注意选用适当牌号的氯丁橡胶。单独以氯丁橡胶为基料制成的胶黏剂是非结构胶黏剂，氯丁橡胶与酚醛树脂或其他聚合物并用则可以制成结构胶黏剂。氯丁橡胶胶黏剂不仅初粘力强，而且耐候性、耐水性和耐化学品性能也较好，可用于橡胶、塑料、皮革、织物和金属材料的胶接。

2. 丁腈橡胶胶黏剂

丁腈橡胶是丁二烯与丙烯腈的共聚物，由它配制的胶黏剂用途很广。选用丙烯腈含量不同或含不同改性单体的丁腈橡胶，或在配制胶黏剂时加入不同的聚合物，可制成很多品种。用于配制胶黏剂的丁腈橡胶中丙烯腈的含量通常为 30%～40%。丁腈橡胶可与酚醛树脂或多种其他树脂并用。丁腈橡胶胶黏剂最突出的性能是耐油性特别好。橡胶中丙烯腈含量越高，耐油性和耐热性越好。粘接力较差和硫化所需时间较长是这类胶黏剂的缺点。当橡胶的聚合度较低时，粘接力较强，内聚力下降。为了兼顾胶黏剂的内聚强度和粘接强度，通常选用聚合度中等的丁腈橡胶。配用其他树脂可提高胶接强度。例如将与丁腈橡胶并用的酚醛树脂的用量增加，胶黏剂的抗拉强度、硬度和脆性相应地提高，抗冲击强度却随之降低。除酚醛树脂之外，聚氯乙烯、多异氰酸酯、纤维素衍生物、古马隆树脂、松脂等都可用于增强这类胶黏剂的粘接力和胶接强度。丁腈橡胶胶黏剂广泛用于胶接各种极性非金属和金属材料，如用于丁腈橡胶、氯丁橡胶、聚氯乙烯、尼龙织物、帆布、皮革、玻璃钢（不饱和聚酯与玻璃纤维制成的复合材料）、陶瓷、钢铁、铅合金等材料之间的胶接。但对丁苯橡胶、天然橡胶、丁基橡胶（异丁烯与少量丁二烯的共聚物）、聚烯烃等非极性材料的胶接强度则较差。

3. 丁苯橡胶胶黏剂

丁苯橡胶是丁二烯与苯乙烯的共聚物，用于制胶黏剂的丁苯橡胶，苯乙烯含量为15%～30%。当苯乙烯含量较高时，初粘强度较高。但总的来说，由于丁苯橡胶胶黏剂的极性低，对许多材料的粘接力不如氯丁橡胶和丁腈橡胶。溶液型丁苯橡胶胶黏剂主要用于对丁苯橡胶、天然橡胶与金属、织物的胶接，例如用于对轮胎与帘子线的胶接。

4. 天然橡胶胶黏剂

天然橡胶胶黏剂是最早应用的橡胶类胶黏剂。皱片或烟片在烃类溶剂中的溶液，可作为用于修补天然橡胶制品的胶黏剂。制备工业用的胶黏剂时，应加入防老剂、硫化剂和促进剂等配合物。这类胶黏剂可用于橡胶帆布、金属、纸张、皮革、木材、织物等同种材料的胶接或不同种材料间的互相胶接。

8.5 其他胶黏剂

上面扼要概述了几类胶黏剂的结构、性能和应用，由此可了解胶黏剂的基本特点。一般地说，当一种物质与被粘物的极性相似，能充分润湿和紧密填充被粘物的微观表面时，就可能对被粘物有较强的粘接力。这种物质只要固化后能形成强度足够高的聚集体，就适于作胶黏剂使用。因此，能用作胶黏剂主体材料的物质是很多的。除上述种类外，以不饱和聚酯、脲醛树脂、聚酰亚胺树脂、聚苯并咪唑树脂、2-甲基-3-己炔-5-烯-2-醇的聚合物、氯磺化聚乙烯、有机聚硅氧烷等制成的树脂基胶黏剂，以聚硫橡胶、丁基橡胶、聚异丁烯橡胶制成的橡胶类胶黏剂，都有各种工业用途。例如，不饱和聚酯胶黏剂用于制造玻璃纤维复合材料；芳香族聚酰亚胺胶黏剂和聚苯并咪唑胶黏剂作为耐高温胶黏剂用于宇航飞船；聚硫橡胶用于金属构件密缝的密封；丁基橡胶胶黏剂在气密性要求较高的场合用于橡胶胶接和修补等。此外，许多天然高分子化合物，如淀粉、糊精、树胶、大豆蛋白胶、动物性骨胶、皮胶、鱼胶、酪素胶等，按适当配方和胶接工艺，可作为胶黏剂用于胶接无机材料。

实验三十一　双酚 A 环氧树脂胶黏剂

环氧树脂是含环氧结构的聚合物。环氧树脂的品种很多，其中以双酚 A 环氧树脂的应用最为普遍。

双酚 A 是 4,4′-二羟基-2,2-二苯基丙烷的简称和商品名，结构式如下：

$$HO-\text{苯环}-\overset{\underset{\displaystyle CH_3}{|}}{\underset{\underset{\displaystyle CH_3}{|}}{C}}-\text{苯环}-OH \quad (\text{为便于叙述，以下用} -R- \text{表示} -\text{苯环}-\overset{\underset{\displaystyle CH_3}{|}}{\underset{\underset{\displaystyle CH_3}{|}}{C}}-\text{苯环}-\text{结构})$$

双酚 A 环氧树脂是由双酚 A 与环氧氯丙烷合成的，反应机理如下：

①在碱的作用下，双酚 A 钠盐与环氧氯丙烷反应生成中间产物 I

$$HO-R-O^-Na^+ + CH_2-CH-CH_2Cl \xrightarrow{NaOH} HO-R-O-CH_2CHCH_2-Cl \longrightarrow HO-R-O-CH_2-CH-CH_2$$

②I 与另一分子双酚 A 钠盐反应生成 II

$$HO-R-O-CH_2-CH-CH_2 + Na^+O-R-OH \xrightarrow{NaOH, H_2O} HO-R-O-CH_2CHCH_2O-R-OH$$

无论双酚 A、I 或 II，在碱的作用下，它们的酚羟基都迅速与环氧基反应。以 II 为例，它与两分子的环氧氯丙烷反应就生成 III（属低分子的环氧树脂）；与环氧氯丙烷和双酚 A 交替地反应，就生成聚合度不断增加的环氧树脂。

$$II + 2CH_2-CHCH_2Cl \xrightarrow[-2NaCl]{2NaOH} CH_2-CHCH_2OROCH_2CHCH_2OROCH_2CH-CH_2$$

$$II \xrightarrow[NaOH]{CH_2-CHCH_2Cl} \xrightarrow[NaOH]{HOROH} \cdots\cdots \longrightarrow CH_2-CHCH_2O + ROCH_2CHCH_2O +_n ROCH_2CH-CH_2$$

II 的酚羟基，或末端带酚羟基的环氧树脂，在碱的作用下，同样能与环氧树脂的环氧基反应，生成聚合度更高的产物。在相同条件下，II 中醇羟基不能与碱反应，不能成为相应的氧负离子，因而难与环氧基反应。所以在这一反应中，各种原料和中间产物都是二官能度的，所生成的环氧树脂是线型分子，其平均聚合度取决于环氧氯丙烷与双酚 A 的摩尔比。理论上，当摩尔比为 1 时，产物的聚合度非常之高；当摩尔比与 1 相差愈大时，产物的聚合度愈低。于是，控制不同的配料比和工艺条件，可制得不同规格的环氧树脂，在选用时应加以注意。

本实验制备的环氧树脂，是低聚合度、高环氧值的品种，因此，在反应中使用过量的环氧氯丙烷。

本实验主要的副反应是环氧氯丙烷的水解：

$$CH_2-CH-CH_2Cl + NaOH + H_2O \longrightarrow CH_2-CH-CH_2$$
$$\quad\underset{O}{\diagdown} \qquad\qquad\qquad\qquad\qquad\qquad OH\quad OH\quad OH$$

由于氢氧化钠主要存在于水相，而环氧氯丙烷和游离的双酚 A 在有机相，所以只要采取适当的反应条件，副反应就可以得到控制。通常采用逐步加碱和控制反应温度的方法来避免副反应。

环氧树脂可用各种固化剂在常温或加热条件下固化。它作为涂料和胶黏剂的主体材料应用很广。作为涂料主要用在金属物体的保护性涂装；作为胶黏剂能胶接金属、塑料、橡胶、木材、陶瓷、玻璃等材料。

一、实验目的

学习胶黏剂的基本知识；掌握环氧树脂制备的实验方法和操作技术。

二、原料

双酚 A	环氧氯丙烷	氯化三甲基苄基铵
苯	氢氧化钠（30％水溶液）	

三、实验操作

1. 在 250mL 三口瓶上装置机械搅拌器，回流冷凝管和Ц形管，Ц形管上口分别连接温度计和滴液漏斗。加入 20g（0.09mol）双酚 A、22g（0.24mol）环氧氯丙烷和 0.15g（0.0008mol）氯化三甲基苄基铵[1]。将混合物于 85～90℃间搅拌至溶解（约 2h），稍冷，于 50～55℃下滴加 25mL（0.19mol）30％NaOH 溶液（约 2h 滴完）[2]。再升温至 55～60℃，保持在此温度下反应 1h。将回流装置改为减压蒸馏装置，用水流喷射泵减压蒸去未反应的环氧氯丙烷。稍冷后，加入 40mL 苯，搅拌 15min。分出下层水溶液，用少量苯将此水溶液萃取一次，合并有机层。在带分水器的装置中进行回流脱水，至蒸出的苯清澈无水为止。冷却后，滤除无机盐。将滤液先常压后减压进行蒸馏以除尽苯，余留物为黄色的黏稠液体产品。

2. 实验时间约 10h。

四、应用试验

本实验制得的是低分子环氧树脂。应用试验时可用钢铁、玻璃、聚氯乙烯塑料、瓷片等作为胶接对象。胶接操作包括对被粘物的表面处理、胶黏剂的配制、胶接和固化。这些操作的每步都有各种选择，本实验只采用最简单的操作方法。

1. 表面处理是用去污粉将被粘件表面刷洗洁净，或用溶剂（如三氯乙烯、丙酮等）去除油污。当被粘件有铁锈或其他不能洗去的玷污物时，可用砂纸或其他类似物将被粘物表面打磨，以去除污物和弱表面层，并使被粘表面粗糙化。具有一定粗糙度的表面有利于增大胶黏剂的接触面积和镶嵌的机械作用力。进一步的操作还可用化学药剂处理，以除去

---

[1]　为了增加双酚 A 钠盐在环氧氯丙烷中的浓度以加速反应，在本实验中使用了相转移催化剂氯化三甲基苄基铵，其摩尔用量约为双酚 A 摩尔数的 1％。也可以用氯化三乙基苄基铵作为相转移催化剂。

[2]　加碱后，混合物迅速升温。为使反应温度不超过 55℃，初期加碱要慢，以后随着反应物浓度的降低，加碱可适当地快些。

难除的污物和增加被粘表面的极性。例如用 1：1 盐酸浸泡钢铁被粘件 10min，或用由 4g $Na_2Cr_2O_7$、5.5g 浓 H_2SO_4 及 30 mL 水配成的溶液浸泡 10min。聚氯乙烯塑料也可用一般的铬酸洗液在常温下浸泡 1～1.5h 的方法处理被粘表面。

2. 胶黏剂的配制可以采用实验室常用的液体多元胺，如二亚乙基三胺或乙二胺作固化剂（这些试剂有毒性和有臭味，宜在通风橱内操作）。用碳酸钙、氧化铝粉等无机物粉末（通过 200 目筛网）作填料。配方如下：

环氧树脂（本实验产物）	10g	轻质碳酸钙	6g
邻苯二甲酸二丁酯（增塑剂）	0.9g	二亚乙基三胺	1g

将上述各种成分充分混匀后，要立即使用。放置过久会固化变质，因此胶黏剂应现配现用。用后的容器和工具应立即清洗干净。

3. 胶接固化时，两个被粘物面都要涂覆胶黏剂，涂层不宜过厚，在胶接件互相叠合后，胶层厚度最好在 0.1mm 以下。使用适当的夹具使胶黏部位在固化过程中保持定位。室温下放置 8～24h 可完全固化，1～4 天后可达到最高的胶接强度。升高温度则固化时间缩短。例如在 80℃，固化时间不超过 3h。

实验三十二　聚丙烯酸酯乳液胶黏剂

乳液型胶黏剂的品种很多，树脂基的有聚乙烯醇缩醛类、醋酸乙烯酯共聚物及均聚物类、聚丙烯酸酯类、环氧树酯类、脲醛树酯类、聚氨酯类、有机硅类等，橡胶基的也有许多品种。乳液型胶黏剂不使用易燃、污染大气的有机溶剂并且有使用方便的优点，但存在耐水性较差以及对吸水性小的被粘物粘接力不够好的缺点。在乳液型树脂基胶黏剂中，丙烯酸酯类的柔韧性、耐候性和耐水性较优越，可用于纸张、木材、布、纤维的胶接以及聚氯乙烯板材与上述材料及地板等的胶接，还可供制作压敏胶黏剂之用。

丙烯酸酯乳液胶黏剂属热塑性树脂类型，因此是非结构型胶黏剂。为了获得适当的柔韧性、内聚强度和粘接力，这类胶黏剂通常由多种丙烯酸酯、甲基丙烯酸酯、丙烯酸、丙烯酰胺等单体共聚而成。其中，丙烯酸和丙烯酰胺能显著增强粘接力，但用量不宜多，以免降低耐水性能。采用不同共聚组分配方的乳液聚合工艺基本相同，本实验采用的是大大简化了的配方，仍可得到性能良好的产品。

一、实验目的

学习胶黏剂的基本知识；掌握乳液聚合制备丙烯酸酯乳液胶黏剂的实验方法和操作技术。

二、原料

丙烯酸丁酯（重蒸）	丙烯酰胺	丙烯酸（重蒸）
乳化剂 OP-10	十二烷基硫酸钠	过硫酸铵

三、实验操作

1. 准备好以下物料。将 0.2g 过硫酸铵溶于 5mL 去离子水中，配成过硫酸铵溶液；将 29g 丙烯酸丁酯与 1.0g 丙烯酸混合，成为混合单体；将 0.6g 丙烯酰胺溶于 5mL 去离子水中，配成丙烯酰胺的水溶液。

在 250mL 三口瓶上装置机械搅拌器、回流冷凝管和丩形管，丩形管上口分别连接温度计和滴液漏斗。加入 0.3g 十二烷基硫酸钠、1g 乳化剂 OP-10 和 50mL 去离子水。搅拌并加热升温至 60℃左右。待乳化剂溶解后，加入 2mL 过硫酸铵水溶液、4g 丙烯酸丁酯与丙烯酸的混合单体和 2mL 丙烯酰胺的水溶液。搅拌升温，在 20min 左右使反应混合物的温度上升至 78～80℃。然后将剩余的混合单体、丙烯酰胺水溶液以及 2mL（约剩余 1mL）过硫酸铵溶液分多次轮流滴入反应混合物中，约 2h 内加完。此过程中要保持反应温度在 78～80℃之间。然后将剩余的过硫酸铵溶液一次加入，提高反应温度至 88～90℃，并在此温度下继续搅拌 20～40min❶，然后冷却至 60℃。加浓氨水将反应混合物的 pH 值调至 8～9，得到乳白色的黏稠乳液成品约 90g。

2. 实验时间约 6h。

四、胶接试验

使用本实验制得的聚丙烯酸酯乳液，与市售胶水、聚乙烯醇缩醛乳胶、聚醋酸乙烯酯乳胶等比较胶黏效果，方法如下：将标签纸涂一薄层以上几种胶黏剂，然后粘贴在普通盛饮料的聚丙烯塑料瓶上，在 40℃的电烘箱中烘干。放置 24h、48h 和 96h 后，比较不同胶黏剂的胶接效果。经 96h 后标签仍能粘在瓶上，并且可以反复撕贴，说明胶黏剂符合使用要求。

实验三十三　水溶性酚醛树脂胶黏剂

酚醛树脂是最早用于胶黏剂工业的合成树脂，至今仍大量地用于木材加工工业中。采用柔性聚合物改性的酚醛树脂结构胶黏剂，如酚醛-缩醛、酚醛-丁腈胶黏剂，在金属结构胶中占有很重要的地位，广泛应用于航空、汽车和船舶等工业中。

酚醛树脂是由酚类（苯酚、甲基苯酚和间苯二酚等）与醛类（主要是甲醛，也可用糠醛）缩合得到的产物。工业用的酚醛树脂分为线型酚醛树脂和热固性酚醛树脂两类，它们在制法、结构、性能和应用等方面大不相同。见表 8-1。

表 8-1　线型酚醛树脂与热固性酚醛树脂比较

种　类	线型酚醛树脂	热固性酚醛树脂	种　类	线型酚醛树脂	热固性酚醛树脂
催化剂	酸	碱	树脂结构	基本上线型	高度支化
醛/酚（摩尔比）	<1	>1	固化方法	加固化剂，加热	只需加热

使用最普遍的酚醛树脂是以苯酚和甲醛为原料，在酸或碱的催化下进行缩合反应而成的树脂。在酸性介质中，苯酚与甲醛反应，生成线型结构的化合物，其结构可示意如下：

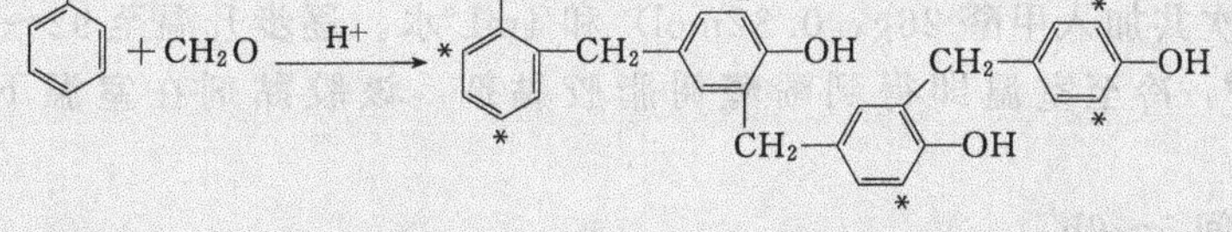

由于甲醛与苯酚加成反应的速度远低于所生成的羟甲基进一步缩合的速度，所以在线型酚醛树脂中基本上不存在羟甲基。甲醛的加成及羟甲基的缩合可在苯环上酚羟基的邻位或对位上发生，反应产物的结构极为复杂。分子中未被取代的酚羟基的邻位和对位都是活性点（式中用 * 表示），在固化时将与固化剂作用，发生主链的增长和交联。

在碱性介质中，羟甲基的缩合反应比甲醛与苯酚的加成要慢，因此在反应初期生成大量的羟甲基取代酚。

---

❶ 从升温后 20min 开始，经常取样一滴做反复捏拉，当能拉成丝时即可停止反应。如反应时间过长，聚合物的聚合度过高，会使树脂从乳液中析出。

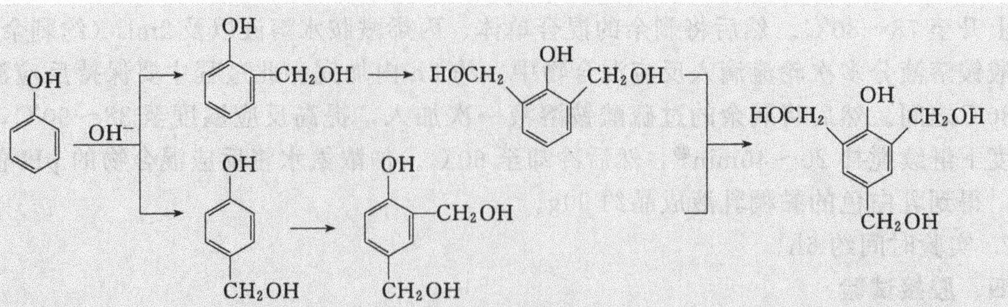

羟甲基苯酚进一步缩合，转变为高度支化的低聚物。可溶于水及有机溶剂的产物称为第一阶段（A 阶，甲阶）酚醛树脂或可溶性酚醛树脂。随着反应进程的深入，产物分子不断增大，生成第二阶段（B 阶，乙阶）的不溶于水的可凝性酚醛树脂。B 阶树脂进一步缩合，转化为不溶不熔的第三阶段（C 阶、丙阶）酚醛树脂。用作胶黏剂的酚醛树脂都是 A 阶树脂，涂敷之后经过热处理，经 B 阶最后转化为不溶不熔的体型（C 阶）树脂。

本实验以氢氧化钠作为催化剂，用苯酚和过量的甲醛为原料，得到相对分子质量较低（400～1000）的、水溶性（A 阶）的、未经改性的酚醛树脂胶黏剂。各种原料和辅助材料的摩尔比是苯酚∶甲醛∶氢氧化钠∶水＝1∶1.5∶0.25∶7.5。其中，水的量是添加的水量、甲醛含水量及碱溶液中含水量之和。

一、实验目的

学习胶黏剂的基本知识；掌握水溶性酚醛树脂胶黏剂的制备方法和实验技术。

二、原料

甲醛（37%水溶液）　　　　　　　氢氧化钠（40%水溶液）　　　　　　　　　苯酚

三、实验操作

1. 在 250mL 三口瓶上装置机械搅拌器、回流冷凝管和Ч形管，Ч形管上口分别连接温度计和滴液漏斗。加入 20g（0.21mol）苯酚[1]，开动搅拌器，加入 5.3g（3.7mL，0.053mol）40%的氢氧化钠水溶液和 5mL 水。加热至 40～50℃并保持 20～30min，然后于 42～45℃下，在 0.5h 内滴入 22g（0.27mol）37%甲醛。反应温度在 45～50℃间保持 0.5h 后逐步升高，在约 70min 内由 50℃升至 87℃，然后在 20～25min 内升温至 95℃并在此温度下保持 18～20min。冷却至 82℃并保持约 20min，滴入 4g（0.05mol）37%甲醛（两次共加入甲醛 26g，0.32mol）和 4mL 水。逐步升温至 92～96℃并继续反应 20～60min[2]，冷至室温即得到酚醛树脂胶黏剂。该胶黏剂在室温下可保存 3～5 个月。

2. 实验时间 5～6h。

四、使用方法和要求

将本实验所制得的酚醛树脂涂敷在待胶接的物件表面，于 120～145℃的温度和 0.3～2.0MPa 的压强条件下固化 8～10min。若在室温下胶接，需延长时间。这类胶黏剂可在以上的加压、加热条件下制得高级胶合板。

---

[1] 为避免氧化，苯酚一般是盛于小口棕色试剂瓶中。在室温下苯酚呈固态，取出不便。可将盛苯酚的试剂瓶置于装热水的大烧杯内加热，熔化后即可顺利倒出。

[2] 这步反应的时间可根据反应混合物的黏度来判断，当达到 40～120 恩格勒黏度时，即可结束反应。

实验三十四　羧甲基淀粉胶黏剂

用淀粉配制胶黏剂已有悠久的历史。淀粉不溶于水，仅能在热水中糊化，浆糊就是它的糊化物。淀粉的糊化温度较高，所制成的胶浆粘合力低，而且稠度过大，不利于在制备和使用时实行机械化操作。

淀粉用酸或碱处理，使其分子发生水解（降解），得到可溶于热水的可溶性淀粉。可溶性淀粉在一定的温度下煅烧，可制得能溶于冷水的产物——糊精。为了提高产品的水溶性，除了利用降解使淀粉分子变小的方法外，还可以采用其他方法。例如在本实验中，用氯乙酸处理淀粉，使其分子中羟基上的氢被羧甲基取代（发生醚化），生成羧甲基淀粉，也能达到提高水溶性的目的。

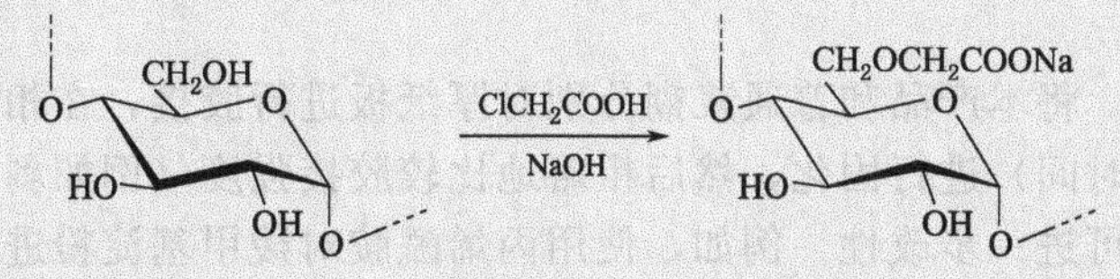

在淀粉分子的葡萄糖残基中，只有 C_6 连接的羟基是伯醇羟基，因此在羧甲基化反应中此羟基优先被醚化。由于羧基有酸性，因此淀粉经羧甲基化和成盐以后，水溶性也就大大增加了。

经过化学或物理方法处理使淀粉的结构和性能发生有益的变化过程，称为淀粉的改性，改性所得的产物即为改性淀粉。

羧甲基淀粉经碱处理，制成载体糊料；经硼砂处理，制成主体糊料。将两种糊料按比例混合，即成为产品羧甲基淀粉胶黏剂。羧甲基淀粉胶黏剂具有糊化温度低、胶合力较强、稳定性较高、保水性和对纸张的渗透力好等优点。而且流动性良好，便于涂覆，有利于机械化生产，特别适合于用作瓦楞纸产品的胶黏剂。

一、实验目的

学习改性淀粉胶黏剂的基本知识；掌握羧甲基淀粉胶黏剂的制备方法和操作技术。

二、原料

淀粉（小麦、玉米淀粉或木薯淀粉等）	氯乙酸[1]
氢氧化钠（10％水溶液）	硼砂（$Na_2B_4O_7 \cdot 10H_2O$）[2]

三、实验操作

1. 羧甲基淀粉的制备

在 200mL 烧杯[3]内，加入 20mL 水和 10g（0.025mol）10％的氢氧化钠水溶液。在搅拌[4]下加入 20g（0.12mol，按葡萄糖残基计）淀粉和 2g（0.021mol）氯乙酸。混合均匀后将烧杯置入水浴中加热至约 45℃，保温反应 10 h，在此期间时而搅拌。反应完毕后将反应混合物移出水浴，用稀酸调节 pH 为 6～7。抽滤，沉淀用水洗净，抽干即得羧甲基淀粉约 20 g，备用。

---

[1]　氯乙酸是强腐蚀性物质，使用时要小心。参阅实验三十八（第 150 页）的脚注[1]。

[2]　硼砂是无色无味的晶体，稍溶于冷水而易溶于热水。硼砂遇热会逐步失去结晶水。在本实验中用以提高淀粉糊液的稳定性和黏性。

[3]　可以用烧瓶代替烧杯。

[4]　可使用机械搅拌或人工搅拌。

2. 载体糊料的制备

取步骤 1 制得的羧甲基淀粉总量的 1/5 置入烧杯中，搅拌下加入 25 mL 水，再加 10%氢氧化钠水溶液 1 g，搅匀。加热至 50℃，搅拌 5～10 min，得到载体糊料，备用。

3. 主体糊料的制备

在 400mL 烧杯中加入 36mL 水和 0.4g（0.001mol）硼砂，搅拌溶解。然后加入剩余的羧甲基淀粉，搅拌均匀即得到主体糊料。

4. 胶黏剂的配制

搅拌下将步骤 2 所制得的载体糊料慢慢加入步骤 3 所制得的主体糊料中，继续搅拌 15min 使充分混匀，即得产品。

实验时间 2～12h❶。

四、应用实验

（1）胶合试验　将本产品和普通浆糊分别对厚纸板进行胶接，在相同的条件下（例如经受相同的压强和时间）进行固化，然后粗略地比较胶接强度（例如剥离试验）。

（2）本产品尚可进一步改性　例如，使用丙烯酰胺对羧甲基淀粉进行接枝，可获得性能更好的羧甲基醚化丙烯酰胺接枝改性淀粉。操作方法如下：在烧杯中加入 20g 干的羧甲基淀粉和 30mL 水，搅拌成悬浮液，然后依次加入 1g 丙烯酰胺、0.6g 1%双氧水和 2g L-抗坏血酸。置入水浴中加热至 35℃并保温反应 3h。反应完毕后抽滤，水洗，抽干，干燥后得到产品。

---

❶　淀粉的羧甲基化操作应与其他实验同时进行，以节省时间。否则，整个实验约需 12h 才能完成。

第 9 章　化　妆　品

　　化妆品是为了使人体清洁、美化，或者为了保持皮肤或毛发的健美而在人体上施用的物品。施用化妆品，可以起到修饰容貌、增加魅力的作用。

　　化妆品是长期连续使用、与人体直接接触的物品，必须严格确保它具有长期使用的安全性、无毒性。必须对皮肤无刺激作用、不影响皮肤的生理功能、不会促进微生物的滋长繁殖。因此在原料选用时要注意，禁止使用砷、铅、汞等重金属含量超标的原料，所制出的产品应符合安全规定。作为化妆品，应该有确实的功效，如能保持性状和抵御微生物的侵袭，有较好的贮存稳定性和令人喜爱的气味、颜色及外观。

　　化妆品的品种很多，可以按照它的功能、施用部位或形态（剂型）的不同来分类。本章着重介绍皮肤用和毛发用化妆品。

9.1　皮肤用化妆品

　　皮肤　皮肤由表皮、真皮和皮下组织构成（见图 9-1）。

　　表皮很薄（脸部表皮厚度约 0.03～
0.1mm，手掌表皮厚度约为 0.3～0.5mm），
它又分为角质层、颗粒层、棘状层和基底层。
角质层是人体与外界接触的部位，由 2～3 层
扁平的呈枯死状的无核细胞叠合而成，是无色
或浅黄色透明的角质薄膜，正常含水量为
15%～25%，含油脂约 7%。基底层是一排与
真皮紧密接合的柱状细胞。这些细胞从真皮的
毛细血管得到营养以进行细胞分裂。长出的表
皮不断外移，约每 27 天完全更新一次。角质
层常因受到摩擦或洗刷而损耗，但很快会由于
新陈代谢而更新。

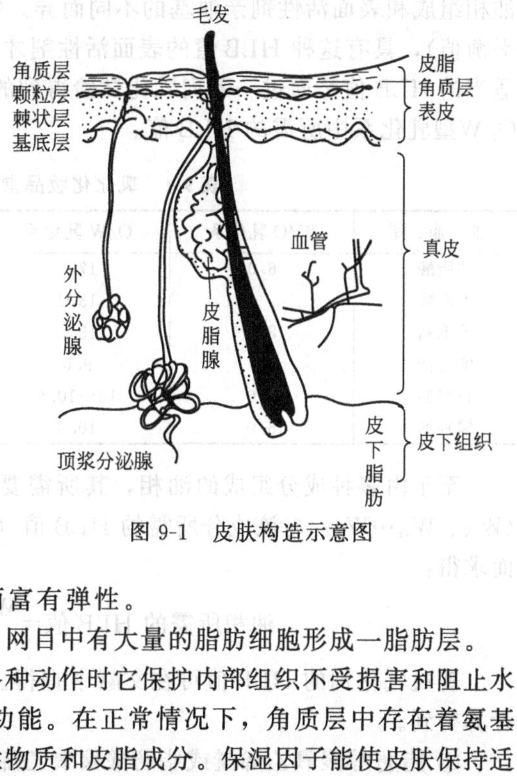

　　真皮层的厚度约 3mm，主要由坚韧且
具有弹性的纤维组织构成，中间布满毛细血
管、淋巴管和末梢神经，并包含有汗腺、皮
脂腺、毛发根部、色素细胞等。真皮层结实而富有弹性。

图 9-1　皮肤构造示意图

　　皮下组织由粗大的结合组织纤维交聚而成，网目中有大量的脂肪细胞形成一脂肪层。

　　皮肤是人体上很重要的器官，当身体进行各种动作时它保护内部组织不受损害和阻止水及各种有害物质侵入体内，而且还有其他生理功能。在正常情况下，角质层中存在着氨基酸、盐类、糖类等被称为天然保湿因子的水溶性物质和皮脂成分。保湿因子能使皮肤保持适当的水分和油脂含量，从而使之具有柔软性和弹性。皮肤中的汗腺经常通过排汗将代谢产生的废物（无机盐、氨、尿素、尿酸、角蛋白、氨基酸、糖类等）排出体外。汗水的蒸发还能把体内由于生化反应而释出的一部分热量带走，使体温得以保持正常。当外界温度偏低时，表皮随即收缩，以减少热量的散失。皮肤的角质层，由于经常存在着来自汗水的乳酸、氨基

酸等，通常显示弱酸性（以微量蒸馏水将皮肤润湿，可测出 pH 值在 4.2～6.5 之间），因此有一定的抑菌作用。当皮肤与稀的碱液接触时，皮肤表面暂时的碱性会逐渐被排泄物中和；当皮肤沾染稀酸后，由于呈两性作用的角蛋白、氨基酸以及汗水中氨的作用，皮肤表面的酸度也会慢慢恢复正常。皮肤还有进行呼吸的生理机能，从空气中摄取氧气供组织中的糖进行氧化以取得能量，同时把二氧化碳排出。当皮肤受到强烈阳光照射时，内层的黑色素会移近外层来吸收紫外线，以减少阳光对体内血红素等的破坏。皮肤在感受日光后，日光又可促进皮肤中维生素 D 和维生素 E 的合成。

皮脂虽然对皮肤和毛发的保湿、滋润起作用，但是皮脂的分泌不是受神经指令的。当天气寒冷时，皮脂黏度增大，加上皮层血液流量减少，新陈代谢减缓，皮脂分泌就少。老年人皮脂分泌也较少。皮脂分泌减少是皮肤干燥、粗糙的原因之一。在人体的脸部皮肤中，皮脂腺分布最多，青年人新陈代谢旺盛，皮脂腺分泌的油脂很容易使毛囊堵塞，细胞废物堆积而长出粉刺（痤疮）。

虽然皮肤具有各种生理功能，但由于外界条件的影响和体内生理机能的原因，从审美的角度来看，十分完美的皮肤是少见的。化妆品的配制，是针对皮肤的清洁、美容、保健等具体要求，根据皮肤的特性而决定配方的。

配制乳化制品的一般知识　化妆品有各种剂型，其中以乳化制品为数最多，配制技术要求较高。欲得到长期稳定的乳化体系，需要控制的条件是很多的。

乳化的好坏，首先取决于乳化剂是否选用得当。油相与表面活性剂分子间的吸引力，因油相组成和表面活性剂亲油基的不同而异。每种油相都要求一个最佳的 HLB 值（亲水亲油平衡值），具有这种 HLB 值的表面活性剂才能把油-水间的界面张力降低至最低限度。选用适当的 HLB 值是通过一系列乳化试验得到的，表 9-1 列出一些常用的油相成分在 W/O 型和O/W 型乳化系中所需的 HLB 值。

表 9-1　乳化化妆品常用油相成分所需的 HLB 值

油、脂、蜡	W/O 乳化系	O/W 乳化系	油、脂、蜡	W/O 乳化系	O/W 乳化系
硬脂酸	6.0	17.0	硅油		10.5
十六醇		13.0	蜂蜡	5.0	10～16
羊毛脂	8.0	15.0	微晶蜡		9.5
硬化油		9.0	石蜡	4.0	9.5
石蜡油	4.0	10～10.5	凡士林	4.0	10.5
棉籽油	5.0	10.0			

至于由多种成分组成的油相，其所需要的 HLB 值可由各成分 A、B…I 所占的质量份（W_A、W_B…W_I）与该成分所需的 HLB 值（H_A、H_B…H_I）的乘积之和除以油相的总质量而求得：

$$油相所需的\ HLB\ 值 = \frac{W_A H_A + W_B H_B + \cdots + W_I H_I}{W_A + W_B + \cdots + W_I}$$

普通乳化剂的 HLB 值可在文献中查得。非离子型表面活性剂的 HLB 值可按以下方法计算得到。

① 脂肪醇聚氧乙烯醚或脂肪酸聚氧乙烯酯的 HLB 值计算公式：

$$HLB = \frac{E}{5} \times 100\%$$

式中，E 为分子中全部 —CH_2CH_2O— 链节总原子质量占相对分子质量的百分数。

例如：$C_{12}H_{25}O(CH_2CH_2O)_{10}$—H 的 E 是 $44 \times 10 \div 626 = 70.3\%$，$HLB = 70.3\% \times 100$

÷5=14.1。

② 多元醇脂肪酸酯的 HLB 值计算公式：

$$HLB = 20 \times \left(1 - \frac{S}{A}\right)$$

式中，S 为多元醇酯的皂化值；A 为多元醇酯完全水解所生成的酸的酸值。

阴离子型和阳离子型表面活性剂的临界胶束浓度 CMC 可从文献上查得。这些表面活性剂可按下式计算其 HLB 值：

$$HLB = 7 + 4.05 \lg \frac{1}{CMC}$$

由两种或更多表面活性剂组成的混合物，其 HLB 值可按下式计算求得：

$$HLB = \frac{(HLB)_A \times W_A + (HLB)_B \times W_B}{W_A + W_B}$$

式中，$(HLB)_A$ 和 W_A 分别是 A 成分的 HLB 值和 A 所占的质量份；$(HLB)_B$ 和 W_B 分别是 B 成分的 HLB 值和 B 所占的质量份。

在化妆品制造中，配制 O/W 乳液所用的乳化剂的 HLB 值一般为 8～18，配制 W/O 型的为 3～7。

乳化系的稳定性除与乳化剂的 HLB 值有关之外，还受多种其他因素的影响。乳化系中分散粒子上浮或沉降的速度，可按 Stock 公式判断：

$$v = \frac{2r^2(d_1 - d_2)}{9\eta}g$$

式中，v 为分散粒子上浮或沉降的速度；r 为分散粒子的半径；d_1，d_2 分别为分散粒子和分散介质的相对密度；η 为乳化系的黏度；g 为重力加速度。

欲要得到稳定的乳液，则分散粒子的半径要小。分散物质和分散粒子的半径与制备条件（所用乳化剂种类、温度、搅拌等）有关。两相密度差取决于所用的原料。增大介质黏度通常采用添加增稠剂的方法。制备 O/W 型乳液常用羧甲基纤维素、海藻酸钠、聚乙烯吡咯烷酮等作增稠剂；制 W/O 型乳液则用脂肪酸铝等作增稠剂。乳液黏度还与两相的比例有关。分散相在乳液中所占百分比愈大，黏度愈高。但当增大到一定值时，分散相含量再增大，则黏度反而会急剧下降。

乳化操作条件对乳液的稳定性也影响很大。就温度控制而言，在乳化操作的温度下，水相和油相（有机相）都应处于液体状态。当两相在常温下都是液体时，在室温下仅用定速定向搅拌的方法即可乳化。当其中一相含有在常温下不熔化或溶解的物质时，则必须加热至适当的温度使之熔化或溶解，并与相同温度的另一相相混合。在适当的条件下控制适当的乳化温度可得到粒径在 0.5～2.5μm 的稳定乳液。温度偏低则乳化粒子可能偏大；温度过高则可能不利于乳化。当乳化粒子过小时布朗运动加剧，会导致乳液的不稳定。

当乳液的 pH 值发生变化时，有可能改变乳化剂或增稠剂的性质，导致破乳。所以制备乳液时，pH 值的控制很重要。使用阴离子型乳化剂，乳化系的 pH 值应在 7～10；使用非离子型乳化剂，乳化系的 pH 值应为 7～8；使用阳离子型乳化剂，乳化系的 pH 值应在 6.5 以下。使用增稠剂时，应根据增稠剂的性质控制适当的 pH 值。

乳化生成的分散粒子，一般是带有胶体性质的双电层。因此，当向乳液中加入带相反电荷的电解质，尤其是多价金属盐时，会破坏乳化系的稳定性。所以配制乳液应使用去离子水或蒸馏水。

制成的乳化系，应避免长期加热、冷冻或做不规则的振荡或搅动，避免加入过多能溶解油相或水相的溶剂，避免导入空气泡沫。否则都会使乳化状态受到破坏。

由于水分子间的缔合比油分子的聚集在能量上更为有利，O/W 型乳化系通常较 W/O 型的稳定。制备 W/O 型乳化制品时，最好能制成油、水含量比率较相近的产品，因为这种产品的乳化稳定性常比油、水含量比率相差较大的高。W/O 型乳液手感油腻，O/W 型手感较爽适。

皮肤用的化妆品品种很多，专业文献对于各类产品的配方都有所介绍。研制这类化妆品时，重要的是掌握皮肤的特性、乳化制品和其他制品的一般制法以及原料的性质。本书限于篇幅，只介绍少数典型品种的配制。由于原料品种太多（2500 种以上），本书也不做专题讨论。

9.1.1　洗净用品

皮肤洗净用品的基本功能是清除由皮脂、皮屑、汗水蒸发后的残余物和灰尘等污染物形成的污垢。它应该对皮肤作用柔和，没有刺激和不良作用，气味清香优雅。有些产品还加入保湿剂和适量的润肤油脂或保健药剂。这类产品的基本成分可以是混合脂肪酸皂，也可以是合成洗涤剂，但用料质量较普通家用洗涤剂的要求要高。产品有各种形态，常见的有固体、膏状和乳液状。

1. 香皂

肥皂是由动、植物油脂皂化制得的。不同的油脂制成的肥皂，其硬度、色泽、气味、刺激性、溶解性、洗净力、泡沫粗细及持久性、稳定性等性质各有不同，所以应注意原料的选用和搭配。

香皂是使用最广泛的皮肤清洁用品，其品质要求坚韧，无臭而气味清香优雅，无刺激，洗净力强，泡沫有粗有细且持久。最常用的原料是牛脂与椰子油（按 4∶1 的质量比），也可以棕榈油、橄榄油、蓖麻油等制造。

香皂的典型制法，是将精制的油脂用 30％氢氧化钠溶液皂化，把生成的皂胶在加热熔化的条件下，用热的 20％食盐水溶液多次洗涤，以使其中实际上不含游离苛性碱，甘油含量也很微。将纯皂胶干燥至含水量少于 12％并制成 1～2mm 的小皂粒，与香料、着色剂及防腐剂等配合物一起捏练至混合均匀，成型即得成品。

普通的肥皂和香皂在硬水中会失去洗净力。能在硬水条件下使用的香皂是掺入大量洗净力强的表面活性剂、适量的金属离子络合剂（如焦磷酸钠）和增稠剂制成的。

配方	质量份数	配方	质量份数
纯肥皂	45.0	单硬脂酸甘油酯	3.0
十二烷基硫酸钠	40.0	水分	5.0
三聚磷酸钠	5.0	香料	适量
羧甲基纤维素	2.0	防腐剂	适量

制法　将纯皂加热熔化，加入各种配合料，搅匀，冷后再进行捏练、成型。

2. 清洁霜

肥皂基洗净用品，用于清洁脸部，难免对皮肤有刺激性。以无刺激性的表面活性剂为活性物而制成的洗净用品，目前应用广泛。它通常用乳化的方法制成膏霜状或乳液状。由于所用的表面活性剂脱脂的能力很强，在制品中都应含有适量的与皮肤亲和性良好的油脂和保湿剂。

配方	质量份数	配方	质量份数
十二烷基硫酸钠	12.0	丙二醇	4.0
十二烷基聚氧乙烯醚硫酸钠	35.0	蜂蜜	7.8
椰子油酰二乙醇胺	6.0	防腐剂、香料	适量
水溶性羊毛脂	3.0	水	32.0
EDTA	0.2		

在上述配方中，水溶性羊毛脂是一种能滋润皮肤的性能优异的油脂，丙二醇是常用保湿剂之一，其他保湿剂有丁二醇、甘油、山梨糖醇等多元醇以及焦谷氨酸钠、壳聚糖等。蜂蜜也是保湿剂，兼含维生素。EDTA 能络合金属离子，以防金属离子起催化氧化作用而使化妆品变质。烷醇酰胺兼有协同洗净作用和增稠作用。

制法　先将两种阴离子型表面活性剂和 EDTA 溶于去离子水中，温热，加羊毛脂，搅拌至熔化，再加丙二醇、蜂蜜、香料和防腐剂（尼泊金酯类），搅拌，最后加烷醇酰胺，并用柠檬酸溶液调节 pH 值在 6.2～6.8 之间（加料顺序不可颠倒）。

这样制得的产品，如果原料质量合格，则对眼睛几乎没有刺激作用。

3. 卸妆霜

卸妆用的清洁用品是专供演员、新娘等洗净脸部浓厚脂粉用的。由于肥皂和表面活性剂须经与污物拌合的过程才能把污物乳化或分散而洗去，它们不能洗净汗孔和毛孔内的油污粉料。卸妆用清洁剂通常用能溶解油污和浸透粉料的矿物油脂配制，有油溶型、W/O 乳化型和 O/W 乳化型等类别。其中 O/W 膏霜类乳化制品，因能溶于水，且有爽适感而较为人们喜用。

配方	质量份数	配方	质量份数
固体石蜡	5.0	甘油	5.0
十六烷醇	1.5	防腐剂	适量
凡士林	18.0	香料	适量
液体石蜡	28.0	水	39.0
十六烷基聚氧乙烯丙二醇硬脂酸酯	3.0		

制法　将甘油与水混合作为水相，其余成分混合作为油相。分别将油相和水相加热至65℃，将水相加入油相中搅拌至乳化均匀。

9.1.2　护肤化妆品

当角质层含水量在 20%～25% 之间时，就可使皮肤保持柔软、光润饱满、健康而富有弹性。但当气候干燥、寒冷或由于年龄、生理机能等因素的影响，都可能使皮肤水分和脂质含量不足，以致皮肤粗糙、皱纹突出，甚至发痒和爆裂。因此，为了保护皮肤，往往需要使用化妆品。护肤化妆品的作用，主要是使角质层恢复和保持正常的水分、保湿成分和脂质成分间的平衡，达到皮肤健美的目的。护肤化妆品有膏霜类、乳液类、溶液类、面膜类等剂型。

1. 雪花膏

雪花膏是一种 O/W 型膏霜状乳化剂制品，因色白如雪而得名，其作用主要是保持皮肤的水分。雪花膏以硬脂酸、乳化剂和保湿剂为主要成分，配合料有香料、防腐剂。也可有少量的其他油脂成分，如较易吸水乳化的十六醇、羊毛脂等。雪花膏也常在浓妆前作粉底施用。

在雪花膏中，硬脂酸含量在 12%～18% 之间。传统用的乳化剂为硬脂酸皂，可另加3.0%～7.5% 的硬脂酸和等摩尔量的氢氧化钾和少量氢氧化钠，使在配制过程中生成皂。以钾皂为乳化剂制得的雪花膏质地柔软。硬脂酸三乙醇胺盐、酯季铵盐等也可作乳化剂，但有臭味。

目前，也有用非离子型表面活性剂如司盘 60、吐温 60、单硬脂酸多缩乙二醇酯等作乳化剂的。由此制得的雪花膏质地柔细，不受气温变化影响，而且显中性。

配方	质量份数	配方	质量份数
硬脂酸	16.0	水	70.5
司盘 60	2.0	防腐剂	适量
吐温 60	1.0	香　料	适量
丙二醇	10.0		

制法 油、水两相分别加热至 85℃（因硬脂酸的熔点高达 70～71℃），把水相加入油相中搅拌至乳化，降温至 45℃，加香料，搅拌冷却。

2. 冷霜

冷霜是另一种膏霜状护肤品，因在冬天擦用时有冷的感觉而得名。冷霜又称为香脂，将它涂抹在皮肤上能成为一层油状薄膜，以遮盖方式防止水分的过分蒸发。

冷霜的含油量一般为 65%～85%，但要求涂在皮肤上之后，有不黏不腻的感觉，因此它的柔软性不如其他膏霜类化妆品。受配方特点的限制，它的硬度和乳化稳定性受气温变化的影响较大，因此，气温相差较大的地区应采用不同的配方。

在冷霜的油相成分中一般含有蜂蜡，乳化剂即为蜂蜡中酸性成分的钠盐。蜂蜡主要由棕榈酸蜂蜡酯 $C_{15}H_{31}COOC_{30}H_{61}$、各种高级脂肪酸与高级醇的酯，以及二十六烷酸等游离脂肪酸组成。来自蜂蜡的乳化剂是在配制过程中由硼砂（$Na_2B_4O_7 \cdot 10H_2O$，弱碱）与二十六烷酸等反应生成。由于蜂蜡的熔点（62～66℃）较高，还须配用其他油相成分，其中常用的是白油（将石油重油减压蒸馏所得的润滑油经脱色、脱臭精制的产物）、凡士林等。加了其他油脂成分后，还应添加其他乳化剂以调节 HLB 值，才能制得稳定的乳化制品。一般制成 W/O 型冷霜，但使用适当的乳化剂也可制成 O/W 型。如下例：

配方	质量份数	配方	质量份数
蜂蜡	10.0	吐温 80	2.0
白油	41.0	硼砂	0.6
凡士林	15.0	水	24.4
石蜡	5.0	防腐剂	适量
单硬脂酸甘油酯	2.0	香料	适量

制法 将硼砂溶于水中并加热至 75℃（勿过高），将其余成分混合，并加热至 75℃。油相物料完全混溶后，保持 75℃，将水相加入油相中，搅拌乳化。冷后得成品。

3. 润肤霜

润肤霜是一种含油量比普通雪花膏高的膏霜状护肤化妆品。油相中一般含有一定吸水性的较易乳化的成分，产品的性能最好能与天然保湿因子相接近。它能与皮肤表面的水分形成乳化体，降低水的蒸气压，以防止水分的过度蒸发。润肤霜的成分与皮肤的亲和性应较好，有些产品还含有营养性物质，如维生素 A、维生素 D、维生素 E 等或含有能扩张血管——促使血液流畅的物质如雌甾二醇等。因此，高质量的润肤霜能使状态不良的皮肤恢复和保持健美。下面是一个普通的润肤霜配方的例子（W/O 型）。

配方	质量份数	配方	质量份数
蜂蜡	10.0	吐温 80	2.0
乙酰化羊毛脂	8.0	硼砂	0.6
十六（烷）醇	2.0	香料	适量
白油	25.0	防腐剂	适量
橄榄油	20.0	水	29.4
司盘 80	3.0		

制法 将硼砂溶于水中作为水相，其余成分混合温热至 75℃，溶解后作为油相，将 75℃的水相慢慢加入油相中搅拌乳化。降温至 45℃加入香料。

以上润肤霜配方中所用的乙酰化羊毛脂是由羊毛脂经乙酰化反应制得。羊毛脂是从洗涤羊毛的废液中回收的油性物质，呈膏状，内含约 33 种高级脂肪醇（如甾醇）和约 36 种高级脂肪酸酯。羊毛脂对皮肤有很好的亲和性和保水性，能部分地渗透皮肤，对皮肤的柔软、滋润具有卓越的功能。精制的羊毛脂呈淡黄色，有些羊膻气味，但用量不多时可用香料气味遮盖。羊毛脂的主要缺点是黏度高，搽用时有不适之感觉。但羊毛脂经加工成其衍生物后，黏度就降低，而保水等性能同样良好。羊毛脂衍生物有醇溶性的（如羊毛醇、乙酰化羊毛脂、乙酰化羊毛醇等）、水溶性的（如聚氧乙烯羊毛脂衍生物、失水山梨糖醇聚氧乙烯羊毛脂）、油溶性的（各种脂肪酸酯化的羊毛脂）等类型。

其他具有吸水性的油脂（如卵磷脂、大豆磷脂、十六烷醇、十八烷醇、聚氧乙烯蜂蜡）和对皮肤亲和性较好的油脂（如角鲨烷、橄榄油等）都可用作制备护肤化妆品的原料。

4. 润肤露

乳液类化妆品的成分与相同用途的膏霜类制品的大致相同。皮肤用乳液类化妆品"沐浴露"、"洗面奶"、"润肤露"等，是一种黏稠的乳液。这种制品必须有适当的流动性（黏度要小于 $10Pa \cdot s$）才能方便使用。由于润肤露等乳液化妆品使用简便，用后感到清爽舒适，所以被越来越多的人所接受。

润肤露的功能与润肤霜相同，成分也基本一致，但前者的油分含量较后者少，而水分较后者多。润肤露分为含硬脂酸和不含硬脂酸两类。含硬脂酸的润肤露，硬脂酸盐的用量较高（相当于硬脂酸的 30%～45%，在雪花膏中则仅 15%～30%），由此制得的乳液常带有珠光色泽。为了降低乳液黏度，中和硬脂酸的碱一般使用三乙醇胺。由于硬脂酸盐含量高，产品可能有泡沫，往往加少量硅油以消泡。不含硬脂酸乳液，可制成微酸性或中性的产品。

由于乳液制品的油相含量远低于水相，欲制得稳定的乳液，要求使用较高的乳化技术。必要时可添加增稠剂以改善乳化系的稳定性，但更重要的是选用合适的乳化剂。

乳液制品除要符合一般要求外，应特别注意以下的质量要求：在气温变化或运输振动的条件下，仍保持良好的流动性和稳定性，乳化粒子大小均匀，色泽稳定，pH 值在 5～8 之间。作为商品生产时，应先后将产品在 37℃、0℃ 和 25℃ 温度下，各恒温放置 7 天，观察它的黏度或乳化粒子大小是否发生变化，以确定其质量是否符合要求。

润肤露的配方列举两例如下。

配方 A （含硬脂酸类型）	质量份数	配方 A （含硬脂酸类型）	质量份数
硬脂酸	2.0	甘油	3.0
十六（烷）醇	1.5	丙二醇	5.0
凡士林	3.0	三乙醇胺	1.0
羊毛醇	2.0	香料、防腐剂、抗氧剂	适量
液体石蜡	10.0	水	70.0
单硬脂酸聚乙二醇酯	2.0		

制法　将甘油、丙二醇、三乙醇胺加入水中，加热混匀，保温于 70℃。另将其余成分加热至 70℃ 混合均匀作为油相。在 70℃ 下将水相加入油相中搅拌乳化。冷至 30℃。

配方 B （不含硬脂酸类型）	质量份数	配方 B （不含硬脂酸类型）	质量份数
角鲨烷	5.0	乙醇	5.0
凡士林	2.0	聚丙烯酸（1.0% 水溶液）	20.0
蜂蜡	0.5	氢氧化钾	0.1
失水山梨糖醇倍半油酸酯	0.8	香料、防腐剂、抗氧剂	适量
聚氧乙烯油基醚	1.2	水	60.4
丙二醇	5.0		

制法　将丙二醇加入 58mL 水中，加热混匀，再加乙醇，加热至 70℃ 作为水相。另将其余成分（聚丙烯酸和氢氧化钾除外）加热混匀，保温于 70℃ 作为油相。在 70℃ 下将油相

加入水相中搅拌乳化。再加入聚丙烯酸溶液和氢氧化钾在 2.4mL 水中的溶液（加氢氧化钾溶液时注意使乳液中和至 pH 值为 7.5～8），搅拌至乳化均匀。冷至 30℃。

5. 面膜

面膜是一种浆状物，涂抹在脸部形成覆盖膜，经一段时间后取去，能清除皮肤表面的污垢，使皮肤柔软光滑，收到美容的效果。

采用不同配方的面膜对皮肤的作用有些差别，但基本的作用相同。当涂覆好面膜之后，由于体温的影响，覆膜内的水分和溶剂不断蒸发，覆膜体积收缩而将皮肤绷紧，使体内热量较难散发，皮肤温度升高，血液循环加快，从而使毛孔和汗孔舒张。此时角质层也较快吸取水分而变软。这些条件都有利于皮肤吸收面膜中所含的各种养护物质。另一方面，面膜能吸附皮肤表面和纹沟中的各种污垢。当把面膜除去后，即显现它的美容功效，如：皮肤洁净而柔滑，皱纹减少。面膜的缺点是每次施用所需时间较长（40～60min）。

面膜的原料有覆膜剂和添加剂两部分。不同覆膜剂制得的面膜的型态不同。以黏土性矿物如高岭土、胶态黏土等为基料制成的覆膜是呈碎片状的，用后可擦掉或洗净。这类无机粉末可加入约 2% 的羧甲基纤维素（或甲基纤维素）或掺入淀粉后加入水调成膏状，与添加剂捏练均匀后敷用。这一类覆膜剂常常还掺混二氧化钛、氧化锌等白色无机颜料。另一类覆膜剂的基料是黏性较小的水溶性高分子物质，如甲基纤维素和羧甲基纤维素，它们与添加剂一起用水调成膏状后敷用。最常用的覆膜剂则以聚乙烯醇为基料，所制成的面膜具有韧性，用后易于成片地被剥离下来。

面膜中的添加剂包括保湿剂和根据需要添加的其他成分。保湿剂有甘油、乙二醇、聚乙二醇等；油性成分如角鲨烷、羊毛脂、橄榄油等；表面活性剂如吐温 20、单硬脂酸甘油酯、脂肪酸三乙醇铵盐等；温和的漂白剂如过硼酸钠、过氧化锌等。面膜中的添加剂成分还包括多种多样的营养物质，有维生素 A、维生素 D、维生素 E、维生素 C 等，有蛋白质、牛奶、鸡蛋、蜂蜜、蔬果汁、磷脂、氨基酸等。此外还有添加激素、灵芝等药物以及香料和防腐剂成分。

配方 A	质量份数	配方 A	质量份数
高岭土	15.0	甘油	6.0
二氧化钛	3.0	香料	适量
氧化锌	5.0	防腐剂	适量
橄榄油	2.0	精制水	68.0
羧甲基纤维素	1.0		

配方 B	质量份数	配方 B	质量份数
甲基纤维素	5.0	羊毛脂	0.5
羧甲基纤维素	4.0	三乙醇胺	1.0
甘油	6.0	维生素 E	适量
硬脂酸	2.5	香料、防腐剂	适量
单硬脂酸甘油酯	1.0	精制水	80.0

配方 C	质量份数	配方 C	质量份数
聚乙烯醇	20.0	十二醇硫酸钠	0.2
聚乙烯吡咯烷酮	1.5	吐温 20	0.8
橄榄油	2.0	香料、防腐剂	适量
羊毛脂	1.5	精制水	69.0
己六醇	5.0		

9.2　毛发用化妆品

毛发是人体上各种长短硬毛和柔毛的总称，但毛发用化妆品基本上是头发用化妆品，包括具有洗净、调理、修饰等功能的头发用品。由于人们十分重视头发的美观，头发用化妆品的消费量很大。

毛发在皮肤内的部分称为毛根，真皮中包着毛根的部分称为毛囊。毛囊从真皮获得营养和染色物，源源不断地进行细胞增殖而长出毛发。头发长出后经过一定时间就会自然脱落（多数头发的寿命为 2～4 年），因此，每天都有新生的头发长出和旧头发脱落。每天落发的多少，因年龄、种族、健康及营养状况等内部因素的不同而异。

毛发在长出皮外的过程中，其中的细胞逐步角质化。剖视毛发的横截面可知，毛发由外围的表皮层、内部的皮质层和中心的毛髓构成。表皮层由透明的无核角细胞以叠瓦的方式连接而成。皮质层由角质化细胞聚集而成。在皮质层细胞之间存在着微细的气泡和色素颗粒。当由于年龄或其他原因使色素颗粒减少和气泡增加时，则头发颜色变白。从头发的构造可知，头发也像皮肤的角质层那样，需保持有一定的水分和油分。在头皮上分泌的皮脂较多，所以平时有较多的油脂覆盖着头发表面，阻止着水分的蒸发，使头发柔软而有光泽。有些人皮脂分泌特别旺盛，他们的头发属油性头发；另一些人则相反，其头发属干性头发。针对不同人的需要，同品种的毛发用化妆品可制成油性头发用的和干性头发用的不同牌号的产品以供选择。

下面是几种最主要的毛发用化妆品。

9.2.1　头发调理剂

头发是由无生命的角质细胞构成的。虽然质地坚韧，但当由于洗发、烫发等原因受到损伤后则不能自愈，会变得过分干燥、枯萎脆弱、失去光泽并难于梳理。头发调理剂（如护发素）的主要功能是使头发在洗后能恢复柔软和光泽。有些调理剂还加入营养性和疗效性的物质，使头发健康地生长或减少头皮屑的产生，或有清凉、止痒的作用。

最简单的头发调理剂是用烷基季铵盐、保湿剂及香料配成的水溶液。作为长碳链阳离子型表面活性剂的季铵盐，不仅能中和残留在头发上的洗发料，而且以很强的吸附作用在头发上形成一层分子膜，赋予头发有光泽和柔滑的性质。它的抗静电的性质使头发疏松而又易于梳理。它还兼有杀菌作用并协同保湿剂（多元醇等）使头发保持柔软的作用。另外可加入少量的油性成分（如硬脂酸、高级醇等），以补充由于洗发而失去的油分（加油性成分时要配合使用乳化剂，如吐温类）。

溶液型头发调理剂也有完全以乙醇为溶剂的。由于乙醇对许多有机物的溶解能力比水强，配制头发调理剂时不仅仍可采用季铵盐等表面活性剂，亦可使用许多其他物质。油性成分可采用白油、蓖麻油、高级醇等与毛发亲和性较好的油类。保湿剂仍用多元醇。此外可加入各种药剂，如促进血液循环和刺激毛孔的药剂（桂皮油等）、清凉剂（如薄荷脑等）、营养剂（如维生素 A、维生素 D、维生素 E 等）、氨基酸、激素、杀菌剂（例如水杨酸，兼用于调节 pH 值；当用季铵盐作杀菌剂时，宜调节 pH 值为 8，以求季铵盐有最高的杀菌活性）。按产品的专用特点确定添加剂后，再按具体需要确定是否配以增溶剂、抗氧剂或防腐剂等物质。最后根据确定的香型来选用香精。

头发调理剂也有制成膏霜状的。

头发调理剂是在洗发或烫发后应用的。现在一般的洗发香波已倾向于兼含调理剂的基本成分，制成所谓的"二合一"、"三合一"类型的香波。

9.2.2　香波

洗发用品是消耗量最大的化妆品之一。早期的洗发用品是以脂肪酸皂为主要成分的肥皂。用这种产品洗发后，肥皂与水中的钙离子结合，生成的钙皂会吸附在头发上，使头发的柔软性变差。而且肥皂的水解使水溶液呈强碱性，碱液浸泡头发后，使头发膨胀并变得脆硬。现在的洗发剂都以合成表面活性剂为主要成分，产品有各种型态。但广泛使用的，是透明或不透明的黏稠乳液型制品，一般称为洗发香波或洗头水。一般来说，对洗发香波的质量有以下要求：①适当的去污力和温和的脱脂力；②搓洗时有丰富细密而持久的泡沫；③洗涤后头发柔软、有光泽、梳理性能好；④不损伤头发，对皮肤和眼睛安全性高；⑤没有怪味，有令人喜爱的气味；⑥除个别品种外，要求乳化状态良好，贮存稳定性高。

洗发香波可以配制成各具特色的产品。最简单的香波以去污为主要目的，但从头发保养的角度出发，洗发香波应含有适当的调理性成分。用含调理剂的香波洗发之后，如无特别需要，可不再另使用头发调理剂。香波的配方虽然有各种变化，但基本原理都是相同的。下面扼要讨论香波的配方成分。

1. 表面活性剂

各种洗发香波都以合成表面活性剂作为洗净作用的活性成分。和普通家用洗涤剂不同，香波一般不用烷基苯磺酸盐来配制，通常都用十二烷基聚氧乙烯醚硫酸酯盐（1～6 E.O）和十二烷基硫酸盐（钠盐、铵盐或三乙醇铵盐）来配制。前者的色泽、洗净力和起泡力等综合性能良好，对头发和皮肤几乎无刺激作用；后者的性能也较好，特别是起泡性能优越。两者常配合使用。起泡力良好的 N-氧化叔胺也常被选用。婴儿用香波或调理性香波可用两性型表面活性剂（如咪唑啉类），这种表面活性剂对眼睛和皮肤几乎没有刺激作用。胰加漂 T

（N-甲基-N-油酰牛磺酸钠，$C_{17}H_{33}—CO—N \begin{smallmatrix} CH_3 \\ \\ CH_2CH_2SO_3Na \end{smallmatrix}$）也对皮肤没有刺激性并具有优异的

净洗性能，泡沫丰富而稳定。用它洗涤后的头发，显得柔软、爽滑、有光泽。它的价格比较高，产量不大。在洗发香波中，作为去污活性成分的表面活性剂的含量一般在 12%～30% 之间。虽然活性物含量低（如 5%）的香波也可用于洗发，但使用活性物含量高的香波，不仅用量可以减少，而且润湿作用增强。

除上述阴离子型或两性型表面活性剂之外，在香波中还常常加入非离子型表面活性剂。最常用的非离子型表面活性剂是烷醇酰胺类，如由月桂酸、硬脂酸或椰子油脂肪酸与二乙醇胺制成的酰胺。它们的主要作用是增加黏度以稳定泡沫，兼有助洗功能，用量一般为 2% 或稍多。虽然食盐也有增稠作用，但食盐在香波中的含量不宜超过 2%。

2. 保湿剂

香波中经常使用的保湿剂是甘油和丙二醇等多元醇，但这些物质会影响香波的黏度和减少泡沫。由于香波中经常含有其他具有保湿功能的成分，它们在头发上的附着力又较强，所以配制香波时多元醇的添加量一般都较少（1%～2%）。

3. 油性成分

常用的油性成分有水溶性羊毛脂、二硬脂酸乙二醇酯、肉豆蔻酸异丙酯、高级醇、水溶性硅油、橄榄油等有保水性的和对头发亲和性好的油性物质。其作用是缓和香波的洗净力，赋予头发以柔软、有光泽的性质，用量一般很少。普通香波不一定要添加油性成分，但对于干性头发所用的香波却是必要的。

4. 调理剂

以上已对头发调理剂做了讨论。需要注意的是，若在由阴离子表面活性剂配制的香波中

加入阳离子型表面活性剂，则通常会产生沉析现象并使香波的洗净力大受影响。近来采用水溶性高分子调理剂，如季铵化纤维素衍生物等，则没有这种现象，显示出优异的性能。

5. 去头屑剂

头皮屑是由于新陈代谢而从头皮角质层脱出的鳞片状皮屑。去头屑剂主要有两种，一种是能抑制头皮细胞的角质化速度，以延缓头皮更新换代的药物，这种药物有硫化硒和双（2-巯基吡啶-N-氧化物）锌（简称锌吡啶硫酮）。

$$\text{锌吡啶硫酮}$$

另一种药剂是具有能阻止将要脱落的细胞聚集成块状鳞片，使皮屑分散成肉眼不易察觉的细小粉末的作用。这些药剂如水杨酸、硫等。目前普遍应用的去头皮屑剂是锌吡啶硫酮。它不溶于水而且相对密度大，须与悬浮剂一起进行均质加工后，才能稳定地悬浮在黏度适当的香波中。

6. 其他成分

香波中的其他成分如金属离子螯合剂（通常为 EDTA 二钠，用量为 0.1%）、防腐剂、香料等。所用香料须不含乙醇、丙二醇等醇类溶剂，以免影响香波的黏度和起泡性。pH 调节剂可用柠檬酸、硼酸、磷酸以及三乙醇胺。

配方 A（透明液体香波）	质量份数	配方 A（透明液体香波）	质量份数
烷基聚氧乙烯醚硫酸钠	12	丙二醇	1
烷基聚氧乙烯醚硫酸三乙醇铵盐	5	防腐剂、EDTA、色素、香料	适量
椰子油脂肪酰二乙醇胺	4	蒸馏水	78

配方 B（膏状调理香波）	质量份数	配方 B（膏状调理香波）	质量份数
烷基聚氧乙烯醚硫酸钠	15	甘油	1
烷基氨基甜菜碱	3	阳离子化纤维素衍生物	1
月桂酰二乙醇胺	4	防腐剂、EDTA、香料、色素	适量
聚乙二醇二硬脂酸酯	3	蒸馏水	73

9.2.3 卷发剂

塑造卷曲发型或更改发型所用的化妆品称为卷发剂。因最初是用热烫的方法卷发，所以卷发剂又称烫发剂。现在更普遍采用的是在室温下操作的卷发剂，称为冷烫（卷发）剂。

头发由角蛋白组成，它具有多肽链及多肽侧链之间的多种交联键（氢键、离子键和—S—S—键）。卷发的作用机理是复杂的，大致过程如下。卷发时当头发被含碱性物质和还原剂的卷发剂第一剂润湿后，首先是碱液对上述氢键和离子键的破坏，使头发软化；接着是还原剂渗入头发中，将—S—S—键切断，头发进一步被软化。

$$\sim\sim\sim\text{S—S}\sim\sim\sim \xrightarrow{[\text{H}]} \sim\sim\sim\text{SH} + \text{HS}\sim\sim\sim$$

在卷发张力的作用下，多肽链按照卷曲形状重新排列。当这一阶段进行了一段适当的时间之后，头发与氧化剂接触，巯基之间在新的位置上被氧化偶联为二硫键。同时残余的还原剂也被氧化，卷曲发型得以固定。

$$\sim\sim\sim\text{SH} + \text{HS}\sim\sim\sim \xrightarrow{[\text{O}]} \sim\sim\sim\text{S—S}\sim\sim\sim$$

由于对卷发剂有各种安全性的要求，而且要求速效，实际上开发一个理想的卷发剂配方并不容易。如果配方不当，则有可能造成头发脆化、断裂、脱发、退色等结果。

冷烫剂多数由含还原剂的第一剂和含氧化剂的第二剂组成。

还原剂必须具有能在较短时间内将胱氨酸的—S—S—键还原为半胱氨酸的—SH 基的能力，而又在作用时间内不伤及皮肤，也不损伤头发中其余的部位。沿用的还原剂是巯基乙酸盐（HSCH$_2$COOM），可以是铵盐、钠盐、乙醇胺的盐。它在第一剂中的浓度为 5%～10%，依处理时间的长短而定。

在第一剂中必须有碱性物质的配合，通常使用氨水或三乙醇胺。此外添加保护头发用的油性成分（如水溶性羊毛脂及配套的乳化剂，用量少于 1%）、EDTA（用量可为 0.2%）及香料等。

在第二剂中，一般以溴酸钠（或钾）为氧化剂，用量占 3%～6%。另外可加入油性物（配合乳化剂）、稳定剂（甘油、丙二醇、尿素均可，用量约为 0.5%）、香料等。

第一剂和第二剂均以蒸馏水为介质。由于巯基乙酸铵极易被空气氧化且氧化反应被铜、锰、铁等金属离子催化，第一剂制品中这些金属离子的含量不得高于 2mg/L。制品要密封贮存。

值得注意的是，巯基乙酸的碱土金属盐（如钙盐、锶盐）是配制女性用脱毛剂的活性物。例如，以碳酸钙、滑石粉等粉料为基体配成的脱毛剂，其中含巯基乙酸钙 3%，pH 为 11.5 时可在 5min 内脱除皮肤上的柔毛。

由巯基乙酸铵与水配成的冷烫剂的缺点是臭味和刺激性较大，用半胱氨酸和三乙醇胺配制的则这些缺点可以大大减小，但价格较高。卷发剂的发展方向是以消除臭味和刺激性、缩短卷发时间、更好地保护头发等为目标，寻求作用更好的活性物和添加剂。现已知道，一些其他活性物如巯基乙酸甘油酯、胼（与巯基乙酸的反应生成物）等具有优于巯基乙酸的某些性能。选用适当的添加剂，如尿素（用三倍于活性物的摩尔量）、表面活性剂等，可缩短卷发时间。

实验三十五　膏霜类护肤化妆品

一、实验目的

学习护肤化妆品的基本知识；初步掌握配制乳化制品的基本操作技术。

二、膏霜类护肤化妆品的配制

1. 雪花膏

雪花膏是一种雪白、芬香的膏霜状护肤品，涂抹在皮肤上丝毫没有油腻的感觉，有阻止皮肤水分过度蒸发、保持皮肤柔软的作用。

（1）原料与配方

原　　料	质量分数/%	原　　料	质量分数/%
硬脂酸	15.0	氢氧化钠（1%水溶液）	5.0
单硬脂酸甘油酯	1.0	防腐剂	0.05
十六（烷）醇	1.0	香料	适量
丙二醇	10.0	精制水	62.0
氢氧化钾（10%水溶液）	6.0		

制备化妆品的原材料都有严格的规格要求，以保证制品的安全性、效用、色泽、气味、贮存稳定性等各项指标符合规定。现将配方中各种成分的性质和功能简介如下。

硬脂酸　是雪花膏的主要成分，以遮盖作用减缓皮肤水分的蒸发，对皮肤还有一定的柔滑作用。硬脂酸纯品的熔点为 71.5～72℃，d_4^{20}0.9408。工业产品的硬脂酸是固体脂肪酸的总称，主要由 C$_{18}$ 和 C$_{16}$ 饱和脂肪酸组成。它是由动植物油脂（牛羊脂、棕榈油、棉籽油之类）经水解、蒸馏或热压（分出油酸）等工序制成。低级品只浇盘热压一次，高质量产品还须重复加以热压提纯。制雪花膏须使用一级硬脂酸，其凝固点为 $54\sim57℃$，碘值在 2 以下。如使用碘值较高的硬脂酸，则制出的产品易发黄，而且在贮存过程中易引致酸败。

碱 配制雪花膏时以脂肪酸皂或其他表面活性剂为乳化剂。本实验按照传统方法，用碱中和一部分硬脂酸，生成的硬脂酸皂即起着乳化剂的作用。用钠皂制得的产品稠度高，但久置后易产生油水分离。用钾皂则结果相反。在本实验中，钾皂和钠皂的质量，约为中和后剩余硬脂酸的 35%。钾皂与钠皂大约按 10∶1 用量搭配使用。实践证明这种配比可制得分散状态良好、稠度适中的稳定的乳化体。不可用碳酸钾代替氢氧化钾，因为产生的气泡使乳化体系很容易发生两相分离。

多元醇 在本实验中使用丙二醇，亦可用甘油或丁二醇。多元醇能降低水的蒸气压，使水分较难蒸发。它又能使硬脂酸的可塑性增加，使雪花膏能轻易地在皮肤涂抹展开而不致有"起面条"的作用。

十六醇 是滋润皮肤的油性成分，又能防止乳化粒子变粗。加了十六醇的雪花膏呈珠光色泽。

单硬脂酸甘油酯 助乳化剂，使乳化体系保持稳定。

防腐剂 常用的有尼泊金酯（甲酯、乙酯或丙酯）、山梨酸钾等。

（2）实验操作

在 200mL 烧杯内将配方量的水、氢氧化钾和氢氧化钠溶液混合，加热至约 90℃保温备用。在另一个 200mL 烧杯内加入配方的前四种物料，混匀，在水浴上加热并保温于80℃，搅拌至完全溶解。在匀速定向搅拌下，将上述已预热的碱液慢慢加入 80℃的油相中。在此温度下继续不停地搅拌。随着皂化的进行，反应混合物的黏度逐渐增大。当黏度不再增大时，用柠檬酸或磷酸调整 pH 值至混合物呈中性。撤走水浴，继续定速定向搅拌让物料自然降温。在 60℃时加入防腐剂和香料❶，至 55℃后停止搅拌。静置冷却至室温即得到成品。

实验时间约 2h。

制得的雪花膏应是颜色雪白、分散颗粒细腻均匀、稠度适中的膏状物。在皮肤上轻力涂抹容易均匀展开，敷用后不刺激皮肤，久置后不出现渗水、干缩、变色、霉变、发胀等现象。

2. 防晒膏

以雪花膏为基础，在制造过程中添加一些特殊的配料，即可制成一系列美容护肤及辅助治疗的化妆品。本实验的防晒膏和粉刺霜两种化妆品的配制都是用料较简单的有代表性的例子。

阳光对于人体健康有重要的意义，但过多曝晒强烈的阳光又会伤及皮肤。在抵达地面的阳光中，以波长短（在 $280\sim320nm$ 范围）的紫外线杀伤力最大，能使皮肤出现褐斑、黑斑乃至水泡；波长在 $320\sim370nm$ 的紫外线也能把皮肤晒红、晒黑。这是因为表皮基底层细胞内的色素颗粒移近皮肤表面和黑色素颗粒迅速增殖，以遮挡紫外线。晒伤的皮肤未经复原再遭日晒时，则生成褐斑和黑斑很难治愈，虽无痛楚，但影响容貌。防晒膏的特点是其中含有能阻止紫外线穿透的物质，包括紫外线吸收剂和能以散射方式阻挡紫外线通

---

❶ 为了避免水解或香气成分挥发损失，防腐剂和香料宜在较低温度下加入，但加入后必须不影响乳化质量。经试验，选择在 60℃加入。

过的白色颜料（二氧化钛或氧化锌）。

本实验的配方如下，制备可仿照雪花膏的实验步骤进行具体操作。

原　料	质量分数/%	原　料	质量分数/%
硬脂酸	10.0	二氧化钛	2.0
单硬脂酸甘油酯	1.0	氢氧化钾（10%水溶液）	5.0
十八（烷）醇	2.0	防霉剂、香料	适量
甘油	5.0	水	65.0
水杨酸苯酯	10.0		

现在已有许多符合安全要求的紫外线吸收剂，如对氨基苯甲酸及其衍生物（异丁酯、甘油酯）、对甲氧基肉桂酸酯（2-乙氧乙酯、乙基己酯）、水杨酸酯（苯酯、异丁酯、乙基己酯）、2-羟基-1,4-萘醌等。应选用吸光性能好，不溶于水、不被汗水分解而能用肥皂洗去，掺用后对化妆品质量无不良影响的紫外线吸收剂。

3. 粉刺霜

粉刺又称痤疮，主要发生在脸部，以内分泌旺盛的青年人居多。原因是皮脂分泌过多和排出孔角质增生，使皮脂排出困难而致皮肤表面突出成为斑疹。这本属青春期正常的生理现象，以后会自然消失。但当症状严重、细菌感染、炎症发展时，日后可能会留下残迹疤痕。粉刺霜并非医药，而是用于预防和减缓粉刺的发生和发展。一般是在雪花膏中加入能溶解角质和具有杀菌消毒作用的物质制成。有些粉刺霜还加入能抑制皮脂分泌的雌性激素等药物，但制造时必须严格遵照医学上的规定和限量。沉淀硫、水杨酸等都能软化角质层使其易于剥离，使得色素颗粒移往皮肤表面，随着清洗而脱除，皮脂也因此而分泌顺利。杀菌消毒剂有间苯二酚、樟脑等，它们的毒性很小，适用于化妆品。间苯二酚还有抑制汗水排泄的收敛作用。

配方

原　料	质量分数/%	原　料	质量分数/%
硬脂酸	12.0	甘油	5.0
单硬脂酸甘油酯	2.0	氢氧化钠（10%水溶液）	4.8
硫磺粉（沉淀硫）	5.0	香料、防腐剂	适量
樟脑	1.5	精制水	67.7
间苯二酚	2.0		

具体的配制过程可仿照雪花膏的实验操作进行。

实验三十六　乳液类化妆品　洗面奶

洗面奶是一种液体的冷霜，内含较多的油脂。它能去除皮肤表面的污物、油脂、坏死细胞的皮屑以及涂抹在面部的粉底霜、唇膏、胭脂、眉笔和眼影膏等，同时能使皮肤柔软、润滑并能形成一层保护膜，是一类优良的面部清洗和美容用品。

乳液类化妆品主要含有水分、油脂和表面活性剂等组分，属于 O/W 型乳化系。在表面活性剂和机械搅拌（或其他的分散手段）的作用下，油相被高度分散到水相当中，成为均匀的乳化系。配制过程主要是乳化操作过程。

由于乳液类化妆品容易流动，不容易造成稳定的乳化系，在工艺操作上比制造膏霜类化妆品的要求更高。除了原料搭配，尤其是乳化剂的品种和比例需要选择合理以外，还需使用高效率的均质设备，例如高速搅拌器、均质器、胶体磨等，以获得颗粒细腻均匀、油水不易分离的稳定乳化系。

一、实验目的

学习清洁、护肤化妆品的基本知识；初步掌握配制乳液类化妆品的基本操作技术。

二、原料与配方

原　料	质量分数/%	原　料	质量分数/%
硬脂酸	3.0	丙二醇	5.0
白油	44.0	香料、色素、防腐剂	适量
三乙醇胺	1.0	精制水	43.0
司盘 60	4.0		

油脂　油脂是洗面奶中起清洁、润肤作用的主要成分，它既对皮肤上多余的溢脂和其他化妆品有溶解、去除作用，又可留在皮肤上形成保护膜，调节水分。适用的油脂包括矿物油类（如白油）、植物油类、有机酸酯类（如豆蔻酸异丙酯）和羊毛脂等。本实验选用的白油，是一种无色透明的液体，主要成分是烃类，要求中低黏度。

乳化剂　常用阴离子型或非离子型表面活性剂。前者价廉，但所形成的乳化系的稳定性较差；后者则相反。本实验将二者搭配使用，阴离子型表面活性剂选用硬脂酸三乙醇铵盐（是直接使用硬脂酸与三乙醇胺在配制中反应成盐），非离子型表面活性剂选用亲油性的司盘 60。两种或更多种的乳化剂并用，有利于获得稳定的乳化系。

多元醇　在配方中起保湿剂和偶合剂的作用。能使皮肤保持水分而有润湿感，同时还能提高乳化系的低温稳定性。本实验选用丙二醇，亦可用甘油、山梨醇、丁二醇或聚乙二醇等替代。

硬脂酸　可参阅实验三十五的原料性质简介。

三、实验操作

1. 在烧杯中按配方量加入三乙醇胺和精制水，加热至 90℃并保温 10min 灭菌。然后加入硬脂酸，搅拌溶解。再加入丙二醇，混合均匀成为水相。降温至 70℃，保温备用。

在另一烧杯中加入白油和司盘 60，搅拌均匀成为油相，加热至 70℃。在剧烈搅拌下将以上制得的水相慢慢加入油相中，先形成 W/O 型乳化系，逐渐转化为 O/W 型乳化系[1]。加料完毕后保持搅拌，慢慢降温至约 50℃，加入香料、色素和防腐剂。继续搅拌使物料缓慢[2]降至室温，即得到产品[3]。

好的乳液在室温下应具有流动性，可存放较长时间而无油水分离现象。合格的产品用显微镜检查的结果，大部分油颗粒的直径在 $1\sim4\mu m$ 之间，呈球状，分布均匀。

2. 实验时间约 3h。

实验三十七　珠　光　浆

许多具有珍珠光泽的乳液状化妆品是由添加了一种叫珠光剂的成分制成的。在适当控制结晶速度的条件下，将单硬脂酸乙二醇酯均匀分散在乳液中，乳液就呈现晶莹夺目的珍珠光泽，外观令人喜爱。这种珠光剂成分对人体没有不良影响，而对毛发、皮肤有一定的滋润

---

[1]　把水相慢慢加入油相的初期，水少油多，故先形成 W/O 型乳化系。随着水相的增多，逐渐转化为 O/W 型乳化系。通过这种转相而生成的乳化系，可以使油相分散得更好，颗粒更细小。

[2]　降温过快，所形成的 O/W 型乳化系的颗粒粗大，稳定性差。

[3]　因普通实验室的搅拌器的搅拌效果较差，或由于受实验时间和实验条件限制而降温不够慢，所配成的乳液的稳定性可能欠佳。

作用，因此，越来越多的化妆品制成珠光产品出售。

单硬脂酸乙二醇酯是白色固体，工业品通常制成片状，称为珠光片。它的熔点在 62℃以上，不溶于冷水，可溶于热水中，冷后又成白色沉淀析出，但不显珍珠光泽。为方便使用，一些厂商把它制成珠光浆出售。将一定量的珠光浆与相容性乳液拌合，使其分散均匀，就得到珠光状产品。将 AES、AEO₉、TX-10 的水溶液与珠光片和烷醇酰胺（如净洗剂 6501）在一定条件下加热乳化，冷后就可获得珠光浆。目前市售珠光浆多数是供调制碱性乳液产品使用的，这种珠光浆在酸性条件下会使乳液制品的黏稠度下降。有些珠光浆商品不能久存。

本实验使用 AES 作为乳化剂，添加少量的硬脂酸以加强珍珠光泽，采用非离子型表面活性剂作为增稠剂，这样制成的珠光浆在配制碱性、中性和微酸性制品中均可使用。

一、实验目的

学习珠光浆的制法和使用。

二、原料

脂肪醇聚氧乙烯醚硫酸钠（AES），工业品含量≥60％　　　　尼泊金乙酯

珠光片（单硬脂酸乙二醇酯），工业品　　　　二丁基羟基甲苯（抗氧剂 BHT）

烷醇酰胺（净洗剂 6501），工业品，含量≥60％　　　　增稠剂 638

月桂醇硫酸钠　　　　蒸馏水

硬脂酸

三、实验操作

1. 在 100mL 烧杯中装入 5g 珠光片、3g 净洗剂 6501、0.5g 硬脂酸、10g AES、4g 蒸馏水、约 0.05g 尼泊金乙酯和 0.05g BHT。用近沸的水浴将混合物加热至 80℃，待珠光片完全熔化，小心将混合物搅拌，尽量勿使珠光片沾附在上部杯壁。当物料拌合均匀❶，呈现类似熟浆糊的半透明状时，即让物料冷却。当温度下降至 58℃ 以下时，将同时准备好的27～28g 1％ 浓度的增稠剂 638❷ 水溶液分批（约分成 10 批）少量多次地加入混合物中。每加入一批增稠剂溶液之后，立即强力搅拌使物料完全分散均匀，然后才添加下一批增稠剂溶液。当把增稠剂溶液加完并搅拌均匀，即得到成品。

珠光浆可进一步调配多种多样的乳液状化妆品，现以制备珠光状洗发露为例。在250mL 烧杯中，加入 12g AES、3g 月桂醇硫酸钠❸ 和 65g 蒸馏水。将混合物加热至 80～85℃，在不停搅拌下使物料溶解完全，继续搅拌让其自然冷却至 58℃ 以下，立即将温度不高于此乳液的 20g 珠光浆拌入，搅拌使分散均匀并在继续搅拌下冷至 40℃ 以下。由此所得的产品因含有大量泡沫，会妨碍珠光的显现，应进行以下的消泡操作❹。

将待消泡的乳液装入 1000mL 圆底烧瓶中，其外部用 40℃ 水浴保温，烧瓶口配接抽气装置，开动水流喷射泵抽气❺，直至乳液表面气泡基本消失为止，所得产品即有悦目的珠光。

2. 实验时间 3～4h。

---

❶　由于 AES 较难溶解分散，故需仔细观察是否真正搅匀，当发现有与周围不同的透明小团块状黏稠物存在时，须继续搅拌使其完全分散为止。

❷　增稠剂 638 是一种非离子型聚合物，在一般洗涤剂原料商店有售。此物在加热搅拌下可配制成 1％ 浓度的水溶液（低温下可能部分析出）。用它稀释配制珠光浆可使珠光浆便于应用（较易分散在乳液中）。增稠剂一般能使乳化体系稳定。

❸　这是配制洗发露的常用活性成分。当配制较实用、性能较好的洗发露时，可配用其他一些活性物（如两性型表面活性剂）、调理剂、防腐剂、多价金属离子螯合剂、香料等。

❹　泡沫的存在会严重影响乳化体系的稳定性，严重时可在一个月内出现破乳现象。因此消泡操作不仅是为了得到悦目的珠光产品。

❺　在工业生产中，使用真空分散设备可较方便地得到消泡产品。

实验三十八　冷烫卷发剂　巯基乙酸铵

冷烫卷发剂(简称冷烫剂),多数由还原剂(第一剂)和氧化剂(第二剂)配套组成。还原剂能切断头发角蛋白中的—S—S—键,使头发软化以利于卷曲。氧化剂能将卷好的头发中的—SH 基氧化,使它与邻近的-SH 基偶联成新的—S—S 键而把头发的形状固定下来。本实验以巯基乙酸铵为还原剂配制第一剂。

巯基化合物的制法很多,例如由硫氢化钠、硫代硫酸钠、硫脲等与卤代烃反应均可制得硫醇。

$$R-Br + NaSH \longrightarrow RSH + NaBr \tag{1}$$

$$R-Br + NaOSO_2-SNa \longrightarrow RS-SO_2ONa + NaBr \tag{2}$$
$$\xrightarrow{H_2O} RSH + NaHSO_4$$

$$2RBr + 2S=C\begin{smallmatrix}NH_2\\NH_2\end{smallmatrix} \longrightarrow 2\left[RS-C\begin{smallmatrix}NH_2\\NH_2\end{smallmatrix}\right]^+ Br^- \xrightarrow{2KOH} \tag{3}$$

$$2RSH + 2KBr + 2H_2O + H_2N-C\begin{smallmatrix}NH\\NH-C\equiv N\end{smallmatrix}$$

前两种方法的主要缺点是有硫醚生成。后一种方法则没有硫醚生成,操作简单(甚至以醇、氢溴酸、硫脲等为原料也可只经一步反应操作得到硫醇),产率高,是制取脂肪族巯基化合物最常用的方法。虽然上述三种方法都可制得巯基乙酸,本实验仍选用硫脲法。以氯乙酸为起始原料,制取巯基乙酸经过如下反应:

$$2ClCH_2COOH + Na_2CO_3 \longrightarrow 2ClCH_2COONa + H_2O + CO_2$$

$$ClCH_2COONa + \begin{smallmatrix}H_2N\\H_2N\end{smallmatrix}C=S \longrightarrow \begin{smallmatrix}HN\\H_2N\end{smallmatrix}CSCH_2COOH + NaCl$$

S-羧甲基异硫脲

$$2\begin{smallmatrix}HN\\H_2N\end{smallmatrix}CSCH_2COOH + 2Ba(OH)_2 \longrightarrow Ba\begin{smallmatrix}SCH_2COO\\SCH_2COO\end{smallmatrix}Ba + 2O=C\begin{smallmatrix}NH_2\\NH_2\end{smallmatrix}$$

$$Ba\begin{smallmatrix}SCH_2COO\\SCH_2COO\end{smallmatrix}Ba + 2NH_4HCO_3 \longrightarrow 2HSCH_2COONH_4 + 2BaCO_3$$

在反应过程中先后生成的 *S*-羧甲基异硫脲和巯基乙酸钡都是难溶于水的固体,可通过水洗与水溶性杂质分离。最后用碳酸氢铵水溶液分解巯基乙酸钡,生成的巯基乙酸铵水溶液经过滤又与碳酸钡等不溶性杂质分离,滤液可直接用于配制卷发剂第一剂。

一、实验目的

学习化妆品的基本知识;掌握硫脲法合成巯基乙酸铵的实验方法和操作技术;实践冷烫剂的配制和应用。

二、原料

氯乙酸	硫脲	碳酸氢铵	饱和碳酸钠溶液
氢氧化钡	氨水（28%）	溴酸钠	磷酸氢二铵

三、实验操作

1. 在 100mL 烧杯中，将 5.0g（0.053mol）氯乙酸溶于 10mL 水中[1]。将所得溶液用饱和碳酸钠溶液小心中和至 pH 为 8 左右[2]。

在另一个 100mL 烧杯中，装入 20mL 水和 4.5g（0.059mol）硫脲，加热至 50℃使之完全溶解，然后把上述氯乙酸钠溶液加入其中。加热升温至 60℃，并保持在此温度下反应 30min，其间进行间歇搅拌。趁热过滤，收集生成的沉淀。用水洗净沉淀，抽干，得到 S-羧甲基异硫脲粗品。

在 200mL 烧杯中，把 17.5g（0.056mol）氢氧化钡［Ba(OH)$_2$·8H$_2$O］溶于 40mL 热水中，再加入以上制得的 S-羧甲基异硫脲粗品。升温至 70℃，保持在此温度下反应 1h，期间进行间歇搅拌，使沉淀物完全转化为巯基乙酸钡盐。待混合物冷却至室温后，抽滤收集巯基乙酸钡沉淀，用清水洗净，抽滤压干。

在另一个 100mL 烧杯中，用 5g 碳酸氢铵和 20mL 水配制溶液，再把洗净的钡盐加入其中，搅拌 10min 后过滤。滤渣再用由 5g 碳酸氢铵和 20mL 水配成的溶液重复处理一次。将两次滤液合并。所得到的巯基乙酸铵溶液呈浅红色，浓度约 10%[3]。

在制得的巯基乙酸铵溶液中，添加 28% 的浓氨水 2g，加水至总量 100g，调节 pH 至 9 左右，即可作为冷烫剂第一剂，可用于以下的应用试验。但在市售商品冷烫剂中，一般还加入 0.2% 的 EDTA、油性成分（例如 0.5% 左右的水溶性羊毛脂和 0.5% 左右的白油）和乳化剂（例如 1% 司盘 80 与 2% 吐温 80 并用）等，实用效果更好。

第二剂可由 5% 的溴酸钠[4]、4% 磷酸氢二铵和 91% 的精制水配成。

2. 实验时间约 4h。

四、应用试验

取适量的头发样品用洗衣皂洗净，把它在试管或玻璃载片上卷曲和扎紧，然后用配好的冷烫剂第一剂充分润湿。放置 30min（置入烘箱中加热可缩短时间），然后用清水冲洗干净。用冷烫剂第二剂润湿，放置一段时间后再次洗净，观察产品的效能。卷发速度与药剂中活性物的浓度、pH 值和是否有表面活性剂或其他添加物（例如含约 10% 的尿素等）以及环境温度有关。

---

[1] 氯乙酸的腐蚀性很强，皮肤沾上后即感到难受的刺痛，使用时应戴上橡胶手套。氯乙酸又容易吸湿潮解，取用后应立即把盛装氯乙酸的容器密封好。

[2] 氯乙酸在碱性条件下易水解为乙醇酸，因此，制备氯乙酸钠时，最后所得产品水溶液的 pH 值不可超过 8。另外，在中和过程中，应注意避免加料太快，以免二氧化碳释放过于猛烈而损失物料。

[3] 巯基乙酸及其金属盐很容易被空气氧化而失效。当溶液中含铁等过渡金属离子时，氧化可大大加速，因此，制成的第一剂中铁离子含量一般要求少于 2mg/L，最多不得高于 5mg/L。制备时水中的铁离子含量不能高于此值，不要使用铁质反应器或容器。制品中一般加入约 0.2% 的 EDTA 来掩蔽有催化活性的金属离子。

[4] 欧美的白种人喜欢用稀的过氧化氢水溶液作为第二剂的氧化剂。但过氧化氢应用于亚洲黄种人的头发时，可能使头发变成红色或白色，因此日本国内禁用。用溴酸钠作氧化剂则无此弊端。

第10章 洗 涤 剂

洗涤用品是家庭和各行各业的日常必需品，它能把物品上的污垢转变成亲水性的悬浮物，起到用水能把物品洗涤干净的作用。洗涤用品包括肥皂和洗涤剂两大类，每类都有各种专用品种。洗涤剂又有液状、膏状、粉状和块状等不同剂型的产品。虽然洗涤剂品种很多，但它们大多数是基于相同的原理，均以表面活性剂和助剂配制而成。

10.1　洗涤原理

污垢的组成是很复杂的。例如衣服上的污垢，有由皮脂和汗水蒸发水分后留下的残余物，有灰尘，有因接触而沾染到的脏物。皮脂和汗水中有各种固态和液态的有机物和无机物，灰尘的组成因地点和场所而异，但均属吸附了油烟等各种污染物的粉尘或来自动植物体上的碎屑。不同场所的不同物质上的污垢性质差异很大，但它们都具有憎水性质。各种污垢成分以分子间引力粘连在一起，又由于物理吸附、化学吸附、静电吸引等机制而黏附在被洗物品的表面上，单纯水洗难以清除干净。

在洗涤过程中，洗涤剂溶液首先将污垢及被洗物的表面润湿，并向其孔隙内部渗透。在洗涤时的机械力（如揉搓、刷洗、搅拌、加压喷淋、超声波振荡等）的作用下，表面活性剂通过界面吸附、乳化、分散、增溶等过程，将污垢分散成亲水性粒子，从被洗物的表面脱离出来。如图 10-1 所示。

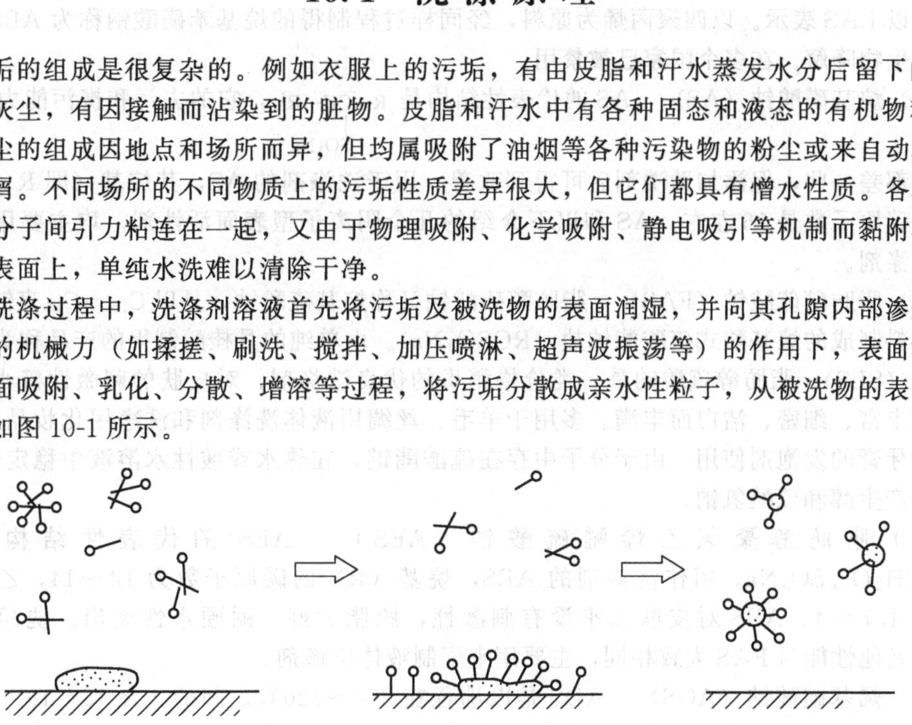

／／／／／／／被洗物表面；　　污垢；　——洗涤剂；

图 10-1　洗涤原理示意图

A—加洗涤剂；B—润湿；C—洗净

脱出的污垢由于助剂的作用和泡沫的吸附与携带，难以重新沉积到被洗物的表面上，随着洗涤液的排放和清水的冲洗被带走，于是洗物表面能被洗净。

10.2　洗涤剂的主要成分

洗涤剂主要由以下原料配制而成。

1. 表面活性剂

表面活性剂的品种极多。用作洗涤剂的表面活性剂，应具有良好的润湿力、分散力、乳化力、洗净力，其他性能也应较好地满足具体应用的要求，价格低廉。常用的洗涤剂是磺酸盐类和磷酸盐类阴离子型和烃基聚醚类非离子型表面活性剂。下面是配制家用洗涤剂最常用的表面活性剂品种，它们都具有优良的洗涤性能。

（1）烷基苯磺酸钠（LAS）　　LAS 的代表性结构是：

$$CH_3(CH_2)_xCHCH_2(CH_2)_yCH_3 \qquad x+y=6\sim9$$

（结构中苯环连接 SO_3Na）

它是性能全面、产量最大、应用最广的品种。它大量用作洗衣粉的主成分，在液体洗涤剂中亦有使用。除用于洗涤棉纤维制品外，还可用于洗涤丝绸和羊毛制品。

以直链烷烃为原料，经过裂解（或氯化）、烷基化、磺化、中和等过程，制得的烷基苯磺酸钠以 LAS 表示。以四聚丙烯为原料，经同样过程制得的烷基苯磺酸钠称为 ABS。后者因很难生物降解。在多个国家已被禁用。

（2）烷基磺酸钠（AS）　　AS 的代表性结构是 $R—CH—R'$（R—CH—R' 中 CH 连 SO_3Na），它的去污和携污能力比 LAS 和肥皂都差一些，但添加助洗剂后可得到改善。用于洗涤剂的 AS，其烷基（即 R、R'）较合适的碳原子数是 16 左右。AS 和以下介绍的几个阴离子型表面活性剂，均主要用于配制液体洗涤剂。

（3）脂肪醇硫酸钠（FAS）　　脂肪醇硫酸钠又称烷基硫酸钠，是以 $C_{12}\sim C_{18}$ 直链伯醇为主要原料制成的烷基酸式硫酸酯钠盐（$ROSO_3Na$）。由单纯的月桂醇制得的产品称为十二醇硫酸钠（SLS）。脂肪醇硫酸钠是一类价格稍贵的优良洗涤剂，对皮肤的刺激性极小，洗涤时泡沫丰富、细密、洁白而丰满。多用于羊毛、丝绸用液体洗涤剂和洗净用化妆品的配制，也作为牙膏的发泡剂使用。由于分子中存在硫酸酯键，在热水或酸性水溶液中稳定性较差，水解后产生醇和硫酸氢钠。

（4）脂肪醇聚氧乙烯醚硫酸钠（AES）　　AES 的代表性结构是 $RO(CH_2CH_2O)_nSO_3Na$。用作洗涤剂的 AES，烷基（R）的碳原子数为 $12\sim14$，乙氧基数（n）为 $1.7\sim4$。AES 对皮肤几乎没有刺激性，脱脂力好，耐硬水性突出。洗净力优于 FAS，其他性能与 FAS 大致相同，主要用来配制液体洗涤剂。

（5）烯基磺酸钠（AOS）　　AOS 是以沸程在 $240\sim320℃$ 之间的、含 $15\sim19$ 个碳原子的 α-烯烃为原料，经磺化、中和、水解等步骤制成的表面活性剂。AOS 是结构复杂的混合物，主要成分是含烯键的磺酸钠和含羟基的磺酸钠。AOS 价格较低廉，去污力和其他性能良好，可用于配制液状和颗粒状洗涤剂。

（6）脂肪醇聚氧乙烯醚（AEO）　　AEO 的代表性结构是 $RO(CH_2CH_2O)_nH$，属非离子型表面活性剂，商品名称是平平加。变动烷基碳链和乙氧基数（n）可得到性能不同的产品。含 C_{18} 的烷基和 $15\sim20$ 个乙氧基的产品称为平平加 O，有优良的乳化、分散、洗净性能，在印染工业中用作匀染剂、缓染剂、防染剂、剥色助剂、乳化剂和羊毛净洗剂。但用作一般洗涤剂复配成分的，则更常采用含 9 个乙氧基的烷基聚氧乙烯醚，称为 AEO_9，它具有更好的去污力和很强的脱油、乳化、分散能力。

（7）烷基酚聚氧乙烯醚　　这类非离子型表面活性剂的代表性结构是 R—（苯环）—$O(CH_2CH_2O)_nH$。含 C_{12} 烷基和 10 个乙氧基的产品，商品名称是乳化剂 OP，可代替平平加 O 使用。乳化剂 OP 具有匀染、乳化、润湿、扩散等优良性能，并有助溶和净洗性能。除用于纺织工业外，也用作农药、医药、原油的乳化剂。广泛用于复配洗涤剂的是含 $C_8\sim C_9$

烷基和 10 个乙氧基的品种，其商品名称是 TX-10，它具有优良的乳化、脱油、去污和分散的能力。在家用洗涤剂和工业清洗剂中都有使用 TX-10 作为复配的活性成分。

合成洗涤剂需要在助剂的配合下，才能充分发挥作用。洗涤剂助剂包括无机助剂和有机助剂，现择其重要者作一简介。

2. 无机助剂

(1) 三聚磷酸钠　三聚磷酸钠的作用是通过生成络合物以降低水中的钙、镁及重金属离子的浓度。脂肪酸钠在硬水中因与钙、镁离子发生不可逆的复分解反应，生成不溶的钙皂和镁皂而失掉去污力。合成洗涤剂的磺酸钙盐和镁盐的水溶性相对大些，一般可在钙、镁离子浓度不高的水中起净洗作用。但当钙、镁离子浓度较大时，有些洗涤剂仍然会显著降低去污力。例如，AES 可在含碳酸钙 2500mg/L 的水中洗涤，但 LAS 则仅能在含碳酸钙小于 500mg/L 的水中洗涤。因此烷基苯磺酸钠经常与三聚磷酸钠配合使用。焦磷酸钠、六偏磷酸钠等磷酸盐也具有上述络合作用，但在洗涤剂中不如使用三聚磷酸钠普遍。除上述作用外，三聚磷酸钠对于黏土类及某些固体微粒有分散作用，对某些有机物如胶质和蜡质有显著的助溶作用。它能与铁、铜等有色离子形成络合，可防止它们吸附到被洗的纤维上。

(2) 硫酸钠（芒硝）　当洗涤剂溶液中含有一定量的硫酸钠时，活性物的临界胶束浓度随之降低，于是使用较低浓度的洗涤剂溶液就能起洗净作用。此外，将硫酸钠掺混在洗涤剂中制成洗衣粉，能显著地防止结块。

(3) 水玻璃（泡花碱）　水玻璃的水溶液相当于由硅酸钠与硅酸组成的缓冲溶液。众所周知，阴离子型表面活性剂须在碱性条件下才起作用。为了避免碱性过强而对纤维织物等造成损伤，洗涤液中游离碱的浓度不宜过高。当没有水玻璃和三聚磷酸钠等缓冲物质存在时，在洗涤过程中，污垢中酸性成分的溶出或油脂的水解都会显著降低洗涤液的 pH 值，而使洗涤剂的效能降低或消失。水玻璃在洗涤液中能控制 pH 值，贮存碱性物质，起到减少洗涤剂消耗和保护织物的作用。此外，水玻璃还具有悬浮力、乳化力和泡沫稳定作用，起到阻止污垢在被洗物上再沉积的作用。制造粉状洗涤剂时，加入水玻璃能使产品保持疏松，防止结块。

(4) 过硼酸钠和过碳酸钠　在洗涤剂中起漂白作用。过硼酸钠（$NaBO_3 \cdot 4H_2O$）在超过 50℃时分解出起漂白作用的过氧化氢，在 50℃以下水溶性不大，所以只在欧洲、美国等使用温水洗涤的国家中使用。过碳酸钠在室温时的水溶度较大而且分解温度也较低，冷水洗涤即能起漂白作用。缺点是它在室温下的贮存稳定性不够好。

3. 有机助剂

(1) 羧甲纤维素钠（CMC）　羧甲基纤维素钠最重要的作用是携污作用。单纯用洗涤剂活性物进行洗涤时，洗下的污垢会重新沉积到被洗物表面上，结果不能洗净。如果在洗涤剂中加入 1%～2% 的 CMC，则在洗涤时 CMC 被吸附在被洗物表面，同时也被吸附在污垢粒子的表面上，使两者都带上负电荷。在同性电的相互排斥作用下，污垢就难以重新沉积到被洗物的表面上。另一方面，CMC 还具有增稠、分散、乳化、悬浮和稳定泡沫的作用。这些作用能使污垢稳定地悬浮于洗涤液中，更不容易再发生沉积。

(2) 烷醇酰胺　烷醇酰胺又称脂肪醇酰胺，属非离子型表面活性剂。在洗涤剂的配方中，它的主要作用是增稠和稳定泡沫，兼有悬浮污垢防止其再沉积的作用。在与主要活性物间的互相配合下，其脱脂力（乳化动植物油脂及矿物油的能力）有显著的提高。这些性能都能提高洗涤效果，所以在液体洗涤剂中，特别是在盥洗用品和餐具洗涤剂中，常加有烷醇酰胺。较常使用的烷醇酰胺品种是月桂酰二乙醇胺以及椰子油酰二乙醇胺。由于烷醇酰胺在与二乙醇胺生成分子复合物时才溶于水，故需在 pH>8 的碱性条件下使用。

（3）酶 织物（如衣服）上可能有一些来自体内排泄或从接触沾染而来的蛋白质，在洗涤中难以洗脱。当用温度较高的热水洗涤时，还会变成更难除去的变性蛋白。对付这种污垢的有效办法是用酶来将它分解。这种酶除了能分解蛋白质外，还必须能耐碱性。洗涤剂用的都是碱性蛋白酶，它兼有强化表面活性剂的溶解、分散和乳化性能，在洗涤中起着协同作用。现在，加酶洗涤剂商品越来越多。

（4）助溶剂 在配制高浓度的液体洗涤剂时，往往有些活性物不能完全溶解。加入助溶剂就是为了解决这个问题。常用的助溶剂有乙醇、尿素、聚乙二醇、甲苯磺酸盐等。凡能减弱溶质及溶剂的内聚力，增加溶质与溶剂的吸引力而对洗涤功能无害、价格低廉的物质都可用作助溶剂。

为了使洗涤剂商品能有较长的贮存期和具有吸引顾客的外观和气味，在洗涤剂产品中一般还需加入防腐剂、色素和香料等添加剂。

4. 三聚磷酸钠的代用品

含磷酸盐类助剂的洗涤废水排放到江河湖泊中，造成藻类生长过于茂盛，导致鱼类生物因缺氧而大量死亡，破坏生态环境。因此目前有些国家已实行在洗涤剂生产中禁止使用或限量使用磷酸盐类助剂。为了环境保护，许多人在为开发无磷洗涤剂进行研究。目前适于代替三聚磷酸钠制造洗涤剂的有氮川三乙酸钠 ［NTA，N（CH_2COONa）$_3$］和 A 型沸石 ［分子筛，$Na_2O \cdot Al_2O_3 \cdot (SiO_2)_x \cdot (H_2O)_y$]。用于洗涤剂的沸石，要求其平均粒度为 $4\sim7$ μm。A 型沸石能有效地吸附钙离子而将硬水软化，但除去镁离子的能力则较差。因此，使用沸石只能减少三聚磷酸钠的用量而不能全部免用，否则所配成的洗涤剂的去污力会下降。由于沸石在洗涤剂中的功效不如三聚磷酸钠，为补其不足，在无磷洗衣粉中要多加一些活性物。用柠檬酸及其盐代替三聚磷酸钠，效果也相当好。另一途径是改用对硬水不敏感的活性物，如 AEO、AES、AOS 等，但这些活性物的制造成本目前仍然比较高。

10.3　洗涤剂的复配

关于各类洗涤剂配方，已有不少公开资料。例如《化工产品手册（日用化工产品）》（北京日用化学会编，化学工业出版社出版，1989 年）登载了国内主要厂家制造的 80 多个洗涤用品的配方。虽然在这些配方中，有些未必先进或详细，但可供参考。按照洗涤的基本原理，选用适当的活性物和助剂，一般就能制得具有一定洗净功效的洗涤剂。至于最佳配方则须经一系列试验才能求得。好的洗涤剂应对被洗物没有损害，配制成本低而洗净效力高，加工工艺简单，产品的性状和贮存稳定性良好。

洗涤剂的效能首先取决于所用的活性物。活性物的选择应根据污垢性质而定。对于一般污垢，多以 LAS 为主要活性物，因为其性能比较全面而价廉。有些污垢含憎水性极强的重质矿物油、油脂等物质，则选用脱油力和乳化力较强的活性物，如亲油性较大的非离子型表面活性剂作为掺配组分较为有效。必要时还加入适当的溶剂如矿物油、酯类等，以协同脱油。有些污垢含难溶难分散的高分子物质，如树脂化物质或油墨之类，则可选用分散力较好的活性物作复配组分，并适当添加乙二醇单醚类、溶纤剂等溶剂和聚醚类分散剂等协同起作用。某些污垢，须在助剂将它破坏的条件下，表面活性剂才起作用。如血迹、蛋白质等形成的污垢，须有碱性蛋白酶将它分解后才能洗去。又如厕所便池的尿垢，系由代谢产生的高碳脂肪酸所成的不溶性钙皂、镁皂、铁皂与水质中沉积的氧化铁及油性污物形成的，必须用无机酸或适当的络合剂将其转化成水溶性或可分散的物质，才能用表面活性剂把便池洗净。用强碱性洗涤剂洗净油脂性重垢，也是由于碱促进了部分油脂的水解，才使洗净变得容易。

　　洗涤剂配方的选择，与应用对象（被洗物）的性质和洗涤剂的剂型有关。粉状产品要求物料配制成浆料后，喷雾干燥制成的产品具有疏松和不结块的性质。因此以 LAS 为主要活性物和以三聚磷酸钠、硫酸钠、水玻璃为主要助剂的配方，是粉状洗涤剂的比较满意的组合。

　　液状洗涤剂的应用正在逐渐增加。在家用洗涤剂中，目前以餐具洗涤剂的使用最多。餐具洗涤剂要求对皮肤刺激性小和近乎中性，以适应人工洗涤的特点，并要求脱脂力和起泡力强（借助泡沫带走较多的油垢）。因此，在餐具洗涤剂中，常以 AES 或 AEO$_9$ 等为活性物（其中可掺用部分的 LAS），而且常常加入烷醇酰胺，以稳定泡沫、帮助脱油，同时又容易吸附在皮肤上面起滋润作用。

　　轻垢型衣服洗涤剂（洗涤油污少的衣服，如羊毛衣、丝绸、外衣等）要求它的水溶液显中性或弱碱性，因此一般以 AES、FAS、AEO$_9$、TX-10 或胰加漂 T 等为活性物，有些还配加少量的阳离子型水溶性高聚物作柔软剂。冰箱清洁剂由于要求能杀菌消毒，所以有些配方特别注重使用阳离子型表面活性剂。金属件的清洗剂中一般加有缓蚀剂。

实验三十九　肥　　皂

　　肥皂是高级脂肪酸金属盐（钠、钾盐为主）类的总称，包括软皂、硬皂、香皂和透明皂等。肥皂是最早使用的洗涤用品，对皮肤刺激性小，具有便于携带、使用方便、去污力强、泡沫适中和洗后容易去除等优点。所以尽管近年来各种新型的洗涤剂不断涌现，但它仍是一种深受用户欢迎的去污和沐浴用品。

　　以各种天然的动、植物油脂为原料，经碱皂化而制得肥皂，是目前仍在使用的生产肥皂的传统方法。

$$
\begin{array}{l}
CH_2OCOR^1 \\
|\\
CHOCOR^2 \\
|\\
CH_2OCOR^3
\end{array}
+ 3NaOH \xrightarrow{H_2O}
\begin{array}{l}
CH_2OH \\
|\\
CHOH \\
|\\
CH_2OH
\end{array}
+
\begin{array}{l}
R^1COONa \\
R^2COONa \\
R^3COONa
\end{array}
$$

　　不同种类的油脂，由于其组成有别，皂化时需要的碱量不同。碱的用量与各种油脂的皂化值（完全皂化 1g 油脂所需氢氧化钾的毫克数）和酸值有关。以下是一些油脂的皂化值。

油脂	椰子油	花生油	棕仁油	牛油	猪油
皂化值	185	137	250	140	196

　　现将用于制肥皂的主要原料的性质和作用做一简介。

　　油脂　油脂指植物油和动物脂肪，在制肥皂过程中它提供长链脂肪酸。由于以 C$_{12}$～C$_{18}$ 的脂肪酸所构成的肥皂洗涤效果最好，所以制肥皂的常用油脂是椰子油（C$_{12}$ 为主）、棕榈油（C$_{16}$～C$_{18}$ 为主）、猪油或牛油（C$_{16}$～C$_{18}$ 为主）等。脂肪酸的不饱和度会对肥皂品质产生影响。不饱和度高的脂肪酸制成的皂，质软而难成块状，抗硬水性能也较差。所以通常要把部分油脂催化加氢使之成为氢化油（或称硬化油），然后与其他油脂搭配使用。

　　碱　主要使用碱金属氢氧化物。由碱金属氢氧化物制成的肥皂具有良好的水溶性。由碱土金属氢氧化物制得的肥皂一般称作金属皂，难溶于水，主要用作涂料的催干剂和乳化剂，不作洗涤剂使用。

　　其他　为了改善肥皂产品的外观和拓宽用途，可加入色素、香料、抑菌剂、消毒药物以及酒精、白糖等，以制成香皂、药皂或透明皂等产品。

一、实验目的

学习洗涤剂的基本知识；熟悉制造肥皂的基本操作。

二、原料

牛油　　　　　　　　　　棕仁油或椰子油　　　　　　　　　氢氧化钠

三、实验操作

1. 在 250mL 烧杯中加入 100mL 水和 12.5g（0.3mol）氢氧化钠，搅拌溶解备用。称取 49g（0.05mol）牛油和 21g（0.03mol）棕仁油或椰子油置入 400mL 烧杯中，用热水浴加热使油脂熔化。搅拌下将碱液慢慢加入油脂中，然后置入沸水浴中加热进行皂化。皂化过程中要经常搅拌，直至反应混合物从搅拌棒上流下时形成线状并在棒上很快凝固为止❶。反应时间约需 2～3h。反应完毕，将产物倾入模具中（或留在烧杯内）成型，冷却即成为肥皂，约 170g。

本实验制得的产品是含有甘油的粗肥皂❷。实际生产中要分离甘油并将制得的肥皂进行挤压、切块、打印、干燥等机械加工操作，才能成为供应市场的产品。

2. 实验时间 4h。

四、其他肥皂产品

采取以上步骤相似的操作，改变油脂品种、配比和工艺条件，可以制备其他品种的肥皂。

（1）软肥皂　加入 43g 大豆油或亚麻油、50g 水、9g 氢氧化钠和 5g（95%）乙醇。在 80℃ 下反应，至反应终点后加水至反应混合物的总质量为 100g 后出料。由于使用了高度不饱和的油脂为原料，所制得的产品为黄白色透明的软块。软肥皂主要用于配制液体清洁液，也可作为液体合成洗涤剂的消泡剂使用。

（2）精制硬肥皂和香皂　精制的肥皂和香皂一般要以椰子油配合硬化油等高饱和度的油脂为原料，同时要将反应后产生的甘油分离出来，使制品质地坚实耐用并有一定的抗硬水性。若在加工成型之前添加香料和色素，则可制成香皂。精制操作如下：完成皂化操作之后，保温并在剧烈搅拌下加入 70mL 热的饱和盐水进行盐析，搅拌均匀，撤离水浴，放置过夜使自然降温和分层。固液分离后取固体皂做进一步的成型加工。对碱液进行减压分馏，以回收其中所含的甘油。

（3）透明皂　将 10g 牛油、10g 椰子油和 8g 蓖麻油加入烧杯中，加热至 80℃ 使油脂混合物熔化。搅拌下快速加入 30% 氢氧化钠 17g 和 95% 乙醇 5g 的混合液。在 75℃ 的水浴上加热皂化，到达终点后停止加热。在搅拌下加入 2.5g 甘油和由 5g 蔗糖与 5g 水配成的预热至 80℃ 的溶液，搅匀后静置降温。当温度下降至 60℃ 时可加入适量的香料，搅匀后出料，冷却成型，即可得到透明香皂。配方中加了乙醇、甘油和蔗糖等，使产品透明、光滑、美观，而且内含保湿剂，是较好的皮肤洗洁用品。

（4）药皂　在精制肥皂或制造透明皂的后期，加入适量的苯酚、甲苯酚、硼酸或其他有杀菌效力的药物，可制得具有杀菌消毒作用的药皂。

---

❶ 也可以取少量的反应混合物滴入清水中，能完全溶解时则反应已到达终点。这种检验方法的根据是原料油脂不溶于水而产物脂肪酸钠和甘油是溶于水的。

❷ 在生产中，甘油必须从反应混合物中分离并回收。分出甘油不仅是为了提高肥皂的产品质量，而且还因为甘油是重要的有机化工原料。

实验四十 洗涤剂的配制

一、实验目的

学习洗涤剂的基本知识；初步掌握配制洗涤剂的基本操作技术。

二、洗涤剂的配方及配制

1. 通用型洗衣粉

洗衣粉是目前产量最大的洗涤用品。在配制粉状洗涤剂时要有水参加，才能使各种原料混合均匀。但是水量要适当，便于各种物料在充分混合之后容易干燥成疏松的粉状产品。粉状洗涤剂的配制有数种不同的生产工艺，例如湿混合法、干混合法、喷雾干燥法和喷雾附聚法等。

本实验采用适合于实验室配制的简单方法——湿混合法来制造洗衣粉。该法所制得的产品含水量较大，适合于在低温干燥的季节生产和使用。

（1）原料与配方

原　　料	质量分数/%	原　　料	质量分数/%
30%烷基苯磺酸钠	52.0	无水硫酸钠	28.0
三聚磷酸钠	10.0	过碳酸钠	2.9
碳酸钠	2.0	荧光增白剂	0.1
硅酸钠	4.0	水	适量
羧甲基纤维素（CMC）	1.0		

配方中各种原料的性质和功能，可以参阅 10.2 的有关内容。

（2）实验操作 各种原料按配方中的比例称量。

在烧杯中加入 30% 的烷基苯磺酸钠，然后在搅拌下依次加入三聚磷酸钠、碳酸钠、硅酸钠❶、羧甲基纤维素和无水硫酸钠等，搅拌均匀❷。最后加入过碳酸钠❸和荧光增白剂，充分搅拌，使成为浆状。在加料过程中可适当补充水分，以使搅拌混合操作能顺利进行。

把浆状物料平铺在干净的玻璃平面或其他平面上干燥 24h 以上。最后将干物料铲起，粉碎，过筛即得产品。

2. 强力中泡洗衣液（轻垢型）

（1）原料与配方

原　　料	质量分数/%	原　　料	质量分数/%
烷基苯磺酸钠（30%水溶液）	20.0	甲醛（40%水溶液）	1.5
脂肪醇聚氧乙烯醚硫酸钠（AES）	10.0	氯化钠	1.0
椰子油酰二乙醇胺（6501）	3.0	色素，香料	适量
三聚磷酸钠	3.0	去离子水	61.0
EDTA 钠盐	0.5		

（2）实验操作 按配方比例称量各种原料。依次加料，当一种原料溶解（或混匀）后再加入另一种原料。

---

❶ 可使用 10g 40%的硅酸钠水溶液代替硅酸钠固体。

❷ 加入一种原料后搅拌均匀，再添加第二种原料。

❸ 可以用 2%的次氯酸钠水溶液代替过碳酸钠。

在烧杯中加入 40～50℃的去离子水，搅拌下逐样加入烷基苯磺酸钠和脂肪醇聚氧乙烯醚硫酸钠等活性成分，然后依次加入助洗剂（洗涤助剂）椰子油酰二乙醇胺、三聚磷酸钠、EDTA 钠盐和氯化钠，搅拌均匀。将物料降温至 40℃以下，加入 40%甲醛、色素和香料。充分混合后，使其自然冷却至室温，再静置消泡一段时间即得成品。

3. 餐具洗涤剂

（1）原料与配方

原　　料	质量分数/%	原　　料	质量分数/%
烷基苯磺酸钠	14.0	二甲苯磺酸钠（助溶剂）	3.0
脂肪醇聚氧乙烯醚硫酸钠	3.0	甲醛（40%水溶液）	0.2
月桂酰二乙醇胺	2.0	香料（柠檬醛或山苍子油）	适量
EDTA 钠盐	0.1	去离子水	77.7

（2）实验操作　仿照 2 进行配制。

4. 金属清洗剂

金属工件或制品在加工过程中总会沾上油污。过去一般用汽油、煤油等溶剂油清洗，不但消耗能源，污染环境，而且易引起火灾，损害操作人员的健康等。

本品由脱油力、乳化力、洗净力较强的多种表面活性剂复配而成。其中的油酸配成三乙醇铵盐而不配成钠皂，是因为前者在水中的溶解度较大。本品呈中性反应，并加有防蚀剂亚硝酸钠，因此对工件没有腐蚀性，而且洗后有一定的防锈作用。用本品洗涤金属工件有无臭味、无毒、安全等好处，而且价格相对较低。

（1）原料与配方

原　　料	质量分数/%	原　　料	质量分数/%
脂肪醇聚氧乙烯醚（平平加O）	6.0	三乙醇胺	8.5
辛基苯基聚氧乙烯醚（OP-10）	3.0	亚硝酸钠	5.0
椰子油酰二乙醇胺（6501）	6.0	去离子水	55.0
油酸	16.5		

（2）实验操作　在 200mL 烧杯中加入去离子水和三乙醇胺，搅拌下加入油酸，加热至 60～70℃，反应至成为透明溶液（约 20min）。取样检查 pH 值，必要时补加油酸或三乙醇胺调节 pH7～8。冷却，在 40℃左右逐个加入其余各种原料，搅拌均匀，冷至室温即得到成品。

更廉价的清洗剂可按下列配方［括号中数字为质量分数（%）］配制：OP-10（1），磷酸三钠（3.5），碳酸钠（3），水玻璃（2），水（90.5）。

（3）应用试验　将以上制得的产品加水稀释 25 倍，将待洗物件浸入数分钟，其间对金属件表面做适当的擦洗，即可除去油污。清洗后的工件需再用清水冲洗干净，吹干。

5. 免水洗手膏

本品为膏状洗涤剂，涂于手上经搓擦片刻，直接用布或柔质纸擦拭即可将手上的油污清除干净，不需再经水洗，十分省时省事。用后手上不留有异味，无粘糊感或不快感。本品适合从事机械维修的工人、司机和其他沾上油污者使用。对旅行者也十分方便实用。

（1）原料与配方

原　　料	质量分数/%	原　　料	质量分数/%
脂肪醇聚氧乙烯醚硫酸钠（AES）	16.0	乙二胺酒石酸二钠	0.2
脂肪醇聚氧乙烯醚（匀染剂 102）	13.0	合成沸石粉末（A 型）	11.0
椰子油酰二乙醇胺（净洗剂 6501）	5.0	黏土	11.0
		二氧化硅（白炭黑）	2.0
丙二醇	2.0	去离子水	39.8

匀染剂 102 的结构式为 $R\dashrightarrow(OCH_2CH_2\dashrightarrow)_nOH$。式中 R 为油醇、月桂醇、椰子油醇或蓖麻油醇等的烷基，$n=25\sim30$。

表面活性剂　应选择对皮肤没有刺激性、无黏腻感、脱油去污能力强的表面活性剂。除本实验配方外，软皂、平平加 O、OP—10 等均可选用。

润湿剂　如丙二醇、甘油等，有洗涤助剂作用。

金属离子屏蔽剂　用于络合金属离子，以免它们使表面活性剂失效。常用柠檬酸钠和乙二胺酒石酸钠。

填料　取粒度细微的 A 型合成沸石粉末和二氧化硅与质地松软的黏土混合使用。它们主要起着吸附携污、摩擦、增稠等作用。

其他　防腐剂（如苯甲酸钠）、香料等。

（2）实验操作　将除了三种填料以外的其余物料混合，溶解成浓溶液，再加入所余的三种填料，慢慢搅成膏状（防止带入很多空气）。可视情况增加水或填料，调至合适的软硬度，装入软管或广口容器中即成为产品。

（3）应用试验　挤出本品 3～5g 于有油污的手中，擦遍全手数次，然后用布或柔质纸擦拭，可将油污除净。用过的布用清水即能冲洗干净。

第 11 章　水处理化学品

水是生命之源，水更是工业生产的血液。离开了水，几乎所有生产活动都无法进行，几乎所有的工厂都要停工，在某种意义来说水的重要性甚至超过了石油和电力。

中国按理来说应该是一个并不缺乏水资源的国家。我国有辽阔的国土面积，960 万平方公里的大陆每年可以承接和存储多少天外来水？有一个粗略的说法是我国多年平均年降水总量为 6.2 万亿立方米。我国西部地区地势高耸，山脉海拔大多超过 6000m，终年积雪，每当夏日来临气温升高使冰雪逐步融化，大量没有受到污染的清洁水源源不断地流向地势较低的东南部地区。我国有众多的江河湖泊，仅长江、黄河、珠江、淮河四大江河加起来总长有 14980km，800 余条支流，流经 330 余万平方公里的广大地区，年平均水量近 11000 亿立方米。青海湖、鄱阳湖、洞庭湖、太湖、洪泽湖五大湖总面积达到 15795km^2。这些江河水流日夜奔腾不息，湖泊水储量巨大。中国重要的工业城市大多数都坐落在这些大江大湖流域和周围地区，世代受水的哺育。我国大陆海岸线长度为 1.8 万公里，大连、秦皇岛、天津、烟台、青岛、连云港、南通、上海、宁波、温州、福州、广州、湛江、北海 14 个沿海开放城市和深圳、珠海、汕头、厦门 4 个经济特区及海南岛由北到南连成一线，这些城市依水而建、靠水而发展，构成了我国最重要的工业体系和最发达的地区，对国民经济具有举足轻重的影响力。

但是，中国实际上又是一个严重缺水的国家。公开报道称我国人均淡水资源仅为世界人均量的 1/4，居世界第 109 位。中国已被列入全世界人均水资源 13 个贫水国家之一。而且分布不均，大量淡水资源集中在南方，北方淡水资源只有南方水资源的 1/4。据统计，目前我国城市供水以地表水或地下水为主，或者两种水源混合使用，有些城市因地下水过度开采，造成地下水位下降，城市底下形成了几百平方公里的"大漏斗"，使海水倒灌数十公里。由于工业废水的肆意排放，导致 80% 以上的地表水、地下水被污染。目前全国 600 多座城市中，有 300 多座城市缺水，其中严重缺水的有 108 个。

造成缺水局面的原因可能有很多，但是谁都不否认的事实是：

① 过去 30 年我国工业的飞速发展对水资源造成了过度索取，只管用，不保护；

② 江河湖泊水质被严重污染，可用的清洁水源变得越来越少；

③ 水资源循环利用没有受到高度重视，可回收的水浪费严重。

由此可见，水资源的保护和合理利用、循环利用是非常重要的问题，关系到国家的生存和发展。另一方面，工业用水的安全问题也应该引起重视，不干净的水会影响产品质量，也会对机械装备和生产设施造成腐蚀破坏。

在上述大背景下，水处理化学品的重要性就体现出来了。

11.1　水处理化学品的概念及种类

所谓水处理化学品指的是在生产和生活水处理过程中所使用的各种化学药品。主要作用和应用范围包括以下三个方面。

① 用于污水处理的化学药剂。广泛应用于石油化工、轻工日化、纺织印染、建筑、冶金、机械、医药卫生、交通、城乡环保等行业，以达到节约用水和防止水源污染的目的。

② 用于卫生饮用水、食品工业洁净水制备的化学品。

③ 用于清洁生产用水的化学药剂。包括工业循环冷却水、锅炉水处理、海水淡化、膜分离、生物处理、絮凝和离子交换等技术所需的药剂。

从使用功能性来分,水处理化学品主要有缓蚀剂、阻垢分散剂、杀菌灭藻剂、絮凝剂、离子交换树脂、净化剂、清洗剂、预膜剂等。

在实际应用中,往往使用复合配方的水处理剂,或者综合应用各类水处理剂。因此,既要注意各组分之间由于不适当的复配而产生对抗作用,使效果降低或丧失,也要充分利用协同效应(几种药剂共存时所产生的增效作用)而增效。此外,大多数水处理系统是敞开系统,会有一定的排放量,使用时要考虑到各类水处理剂对环境的影响。

11.2 缓 蚀 剂

缓蚀剂是一类以适当浓度和形式投加在水中后可以防止或减缓水对金属材料或设备腐蚀的化学品,应该具有效果好、用量少、使用方便等特点。

作为一种常识,我们都知道水对金属材料有腐蚀性。水对金属的腐蚀虽然是缓慢的,可当水连续流过管道、阀门、反应器、冷却器、储存罐、蒸馏塔、热交换器等精细化学工业常用设备时,这种腐蚀是持续不断地进行的。即使设备停止运转或者大部分的水被排出之后,残留的水仍然在起腐蚀作用。水对金属轻度的腐蚀一般只在其表面形成一层薄薄的"锈",造成的后果可能仅仅是会污染在该设备中生产的产品。但若不加以处理,腐蚀向金属的深层发展,就有可能对设备造成实质性的破坏,损毁设备的结构,危及生产安全。如果工业用水中含有一些有害离子,如 Cl^-、NO_3^-、NO_2^-、SO_4^{2-}、SO_3^{2-} 等非金属离子,则容易引发化学腐蚀;如果工业用水中含有其他金属离子,则容易引发电化学腐蚀。如果水偏酸性同时又有活泼金属存在,还可能产生析氢腐蚀。几种腐蚀作用叠加在一起,腐蚀速度将更快、腐蚀后果将更加严重。

缓蚀剂解决的是生产过程的用水安全问题,尤其对工业循环冷却水系统、锅炉水处理系统、石油开采循环用水等有重要保护作用。

缓蚀剂的类别和品种很多,按其化合物的种类,可分为无机缓蚀剂和有机缓蚀剂。按其电荷类型,可分为阳极型缓蚀剂、阴极型缓蚀剂或混合型缓蚀剂。缓蚀剂还可以按照在金属表面形成保护膜的机理而分成钝化膜型、沉淀膜型和吸附膜型等。

11.2.1 咪唑啉类缓蚀剂

季铵盐型阳离子咪唑啉以其独特的分子结构对污水中的 H_2S、CO_2 腐蚀有良好的抑制效果。水溶性咪唑啉缓蚀剂的合成是以苯甲酸作为起始原料,先与二乙烯三胺反应形成苯甲酰胺,再经脱水环化得到咪唑啉,最后通过加入盐酸进行季铵化反应得到产物季铵盐型阳离子咪唑啉。反应方程式如下:

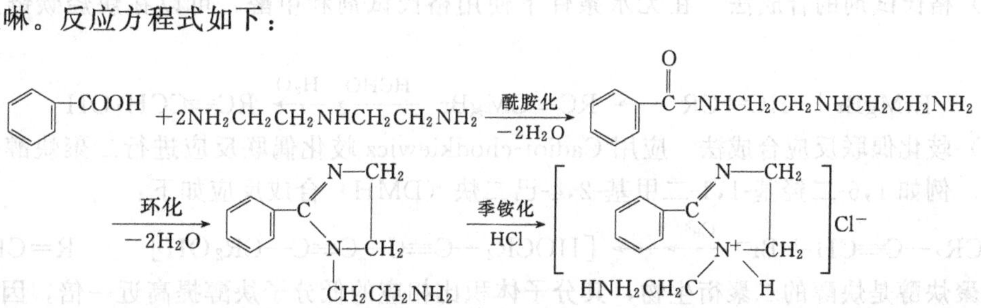

静态挂片实验表明,当季铵盐型阳离子咪唑啉类缓蚀剂质量浓度为 50mg/L 时,在

60℃下恒温浸泡试片 7 天，其对 20# 钢的缓蚀率为 86.6%，年腐蚀速率为 0.0232mm/年，达到我国石油天然气行业标准规定腐蚀速率＜0.076mm/年、缓蚀率＞85.0% 的要求。

11.2.2 炔醇类缓蚀剂

在工业生产中常常需要使用或排放带酸性的工艺水，但酸性水溶液的使用或排放必须在加入缓蚀剂的情况下才能进行，以减轻对金属设备的腐蚀。在酸性介质中的缓蚀剂主要是那些在金属表面能够强烈吸附的缓蚀剂，这些缓蚀剂大都是有机化合物。它们的缓蚀作用主要是靠极性基团的吸附和非极性基团的遮蔽作用。所以吸附性能越好，非极性基团的遮蔽作用越好，其缓蚀性能也就越好。

炔醇的分子结构决定了它属于这类有机吸附型缓蚀剂。它既有—OH 和—C≡CH 这样的极性基团，又具有烃基这样的非极性基团。它的炔键上的 π 电子有金属性，容易吸附在金属表面上，而非极性基团处于远离金属表面的一端，对腐蚀介质起遮蔽作用。炔醇的这种覆盖效应，一方面使腐蚀反应只能在没有被吸附粒子所覆盖的表面部分进行；另一方面非极性烃基之间也形成一层疏水致密的防护层，这个防护层可以阻止腐蚀介质向金属表面靠近，从而抑制了腐蚀。炔醇的吸附过程与脱附过程不断地同时进行，使吸附粒子在金属表面上的位置随着吸附-脱附的动态平衡过程而不断随机地改变，所以不会形成局部腐蚀。

炔醇的合成有以下几种典型的合成方法。

(1) 醇钾或氢氧化钾催化炔化法　首先用醇钾或氢氧化钾与乙炔反应，利用乙炔表现出的类似阳离子的特性通过静电作用形成活性络合物。形成活性中间体：

$$KOH + ROH \longrightarrow ROK + H_2O\uparrow$$

$$ROK + HC\equiv CH \Longrightarrow HC\equiv CH\!\cdot\!ROK$$

活性络合物与羰基化合物反应得到炔醇络合物，后者遇水分解，相应地生成末端炔醇。

$$HC\equiv C\!\cdot\!H(ROK) + R^1\!-\!\overset{O}{\underset{}{C}}\!-\!R^2 \Longrightarrow HC\equiv C\!-\!\underset{OH}{\overset{R^1(ROK)}{\underset{|}{C}}}\!-\!R^2$$

$$HC\equiv C\!-\!\underset{OH}{\overset{R^1(ROK)}{\underset{|}{C}}}\!-\!R^2 \xrightarrow{H_2O} HC\equiv C\!-\!\underset{OH}{\overset{R^1}{\underset{|}{C}}}\!-\!R^2 + KOH$$

(2) 炔键位移合成法　使用气体乙炔作为反应物有时候比较麻烦，而且毒性大，有一定危险。可以改用其他炔类化合物作原料，通过炔键移位的方法得到末端炔醇。例如，2-链炔-1-醇与乙二氨基钠反应，炔键定量位移到末端位置，得到相应的端炔醇：

$$H_2NCH_2CH_2NH_2 \xrightarrow{NaH} NaNHCH_2CH_2NH_2$$

$$\xrightarrow[70℃]{H(CH_2)_nC\equiv CCH_2OH} HC\equiv C(CH_2)_nCH_2OH$$

(3) 格氏试剂的合成法　在无水条件下使用格氏试剂和甲醛，可以在炔烃碳链上引入羟基。

$$EtMgBr + HC\equiv CR \longrightarrow RC\equiv CMgBr \xrightarrow{HCHO} \xrightarrow{H_2O} RC\equiv CCH_2OH$$

(4) 歧化偶联反应合成法　应用 Cadiot-chodkiewicz 歧化偶联反应进行二聚炔醇化合物的合成。例如 1,6-二羟基-1,1-二甲基-2,4-己二炔 (DMH) 合成反应如下：

$$2HOCR_2\!-\!C\equiv CH + Br^- \xrightarrow{Ca^{2+}} [HOCR_2\!-\!C\equiv C\!-\!C\equiv C\!-\!CR_2OH] \qquad R=CH_3, H$$

二聚炔醇是炔醇的二聚衍生物，其分子体积比相应的低分子炔醇提高近一倍，因而，当二聚炔醇形成缓蚀保护膜时，化学稳定性提高了而且厚度也相应地增加了，实验证明 DMH

是一种酸性介质中的高效缓蚀剂。

11.2.3　醛酮胺缩合物缓蚀剂

醛酮胺缩合物缓蚀剂是通过曼尼希碱合成得到的。胺类化合物、醛和含有活泼氢原子的化合物进行曼尼希缩合时，活泼氢原子被氨甲基取代，可以用下列通式表示：

$$RCOCH_3 + \underset{\displaystyle \ \ \ \ \ \ O}{HCH} + HN\begin{matrix}R^1\\R^2\end{matrix} \xrightarrow[\text{酸或碱}]{-H_2O} RCOCH_2CH_2N\begin{matrix}R^1\\R^2\end{matrix}$$

其中：R、R^1、R^2 为烷基或芳基。

曼尼希反应的过程比较复杂，一般认为先由胺和醛反应生成中间体 N-羟甲基胺，然后再与含有活泼氢原子的化合物缩合。反应机理可以被表示为：

$$(CH_3)_2\overset{..}{N}H + H_2C=O \rightleftharpoons (CH_3)_2N-\overset{H}{\underset{H}{C}}-OH \rightleftharpoons (CH_3)_2\overset{..}{N}-\overset{H}{\underset{H}{C}}^+OH_2 \xrightarrow{-H_2O} (CH_3)_2\overset{+}{N}=CH_2$$

$$R-\underset{\displaystyle O}{C}-CH_3 \xrightarrow{H^+} R-\underset{\displaystyle OH}{C}=CH_2 \xrightarrow{CH_2=\overset{+}{N}(CH_3)_2} R-\underset{\displaystyle O}{C}-CH_2-CH_2-\overset{..}{N}(CH_3)_2 + H^+$$

曼尼希碱缓蚀原理：在曼尼希碱分子中含有多个带有孤对电子的氧原子和氮原子，而且在氧、氮或氮、氮之间隔着二个或三个非配位原子，所以曼尼希碱分子是一个螯合配位体，它的配位原子的孤对电子进入铁原子（离子）杂化轨道形成配位键发生络合作用，生成稳定的具有环状结构的螯合物吸附在金属表面上，形成较完整的疏水保护膜，从而阻止了腐蚀产物铁离子向溶液中扩散的腐蚀反应的阳极过程，通过覆盖效应又抑制了腐蚀反应的阴极过程，使腐蚀反应速度变慢，达到金属缓蚀的目的。

11.3　阻垢分散剂

阻垢分散剂又称防垢剂，是一类能抑制水中钙、镁等离子沉淀，防止无机盐在设备里积聚成水垢的化学品。

随着我国工业迅猛发展，淡水资源日益短缺，工业循环冷却水的处理技术受到人们的重视，由于循环冷却水的结垢降低了传热面的传热效果，增加了冷却水量和能量的消耗，同时还造成不易观测到的污垢下局部腐蚀等不良后果，影响了正常的工业生产。

循环冷却水的结垢问题，主要来源于水中溶解的钙、镁、铁、锌等盐类，尤其以钙盐最为严重。产生钙垢的原因很多，如循环水的脱 CO_2 作用，造成 $CaCO_3$ 的沉淀，CO_2 释逸，循环水补充水的硬度高，以及目前广泛使用的磷系洗涤剂配方等均可引起钙盐的沉积。

能够产生阻垢作用的化学品有很多。有来自植物资源的天然阻垢剂，如来自橡胶树和漆树树皮和果实中的单宁、来自草木资源的木质素衍生物等；有无机盐成分的阻垢剂，常用的有三聚磷酸钠、六偏磷酸钠等；有高分子类阻垢剂，如聚丙烯酸盐、聚马来酸、乙二胺四亚甲基膦酸等有机化合物。其中以高分子类阻垢剂效果最好，具有发展前途。

常用有机阻垢分散剂品种有以下几类。

11.3.1　聚丙烯酸盐

丙烯酸是水质稳定剂的主要原料之一，作为阻垢剂的聚丙烯酸分子量大小对阻垢效果有极大影响。一般来说，低分子量的聚丙烯酸阻垢作用显著，而高分子量的聚丙烯酸丧失阻垢作用。合成中用控制引发剂过硫酸铁的用量和应用调聚剂异丙醇的方法，可以得到低分子量的聚丙烯酸，其相对分子质量在 500～4000 之间。

一般聚丙烯酸盐用乳液聚合的方法合成，反应式如下：

$$n\text{CH}_2=\text{CHCOOH} \longrightarrow (\text{CH}_3-\overset{|}{\underset{|}{\text{C}}}-\text{COOH})_n$$

单纯的聚丙烯酸盐的阻垢效果并不能令人满意，通常都要进行复配以增强阻垢效果。例如，将葡萄糖酸钠配制成浓度为 0.01mol/L 溶液，然后将聚丙烯酸水溶液和葡萄糖酸钠溶液按 3:1 的体积比复配，即形成聚丙烯酸复合阻垢剂。该聚丙烯酸复合阻垢剂对碳酸钙的阻垢效率达到 96.2%，对磷酸钙的阻垢效率则为 92.7%。

对聚丙烯酸盐阻垢机理的研究得到的结论是：聚丙烯酸盐具有分散粒子的能力，对沉淀物亦具有吸附作用。吸附了阻垢剂的颗粒表面形成双电层，在静电作用下，颗粒相互排斥，避免颗粒碰撞积聚成长，而以微小颗粒分散在水中。聚丙烯酸盐对 $CaCO_3$、$Ca_3(PO_4)_2$ 等结晶具有晶格畸变作用。当阻垢剂加入后，它能被吸附在晶格表面上形成保护层，使沉淀物晶格不易相互碰撞增大，只能形成外型不规则的小晶体，造成晶格畸变，形成的小晶体疏松，黏着力弱，很容易被水搅动冲走。

11.3.2　水解聚马来酸酐

水解聚马来酸酐为水溶性高效阻垢分散剂，尤其在高温、高 pH 值、高碱度、高强度的条件下对碳酸钙、硫酸钙阻垢效果显著。其耐温性佳，分解温度在 330℃ 以上，非其他有机共聚分散剂所能及。水解聚马来酸酐毒性低，无致癌、致畸作用，对人体无害，故常用于循环冷却水、低压锅炉炉内水的处理剂及油田注水，原油脱水系统的阻垢、防垢处理。

水解聚马来酸酐以前是在有机溶剂里用有机引发剂催化进行合成的。近年新开发了绿色合成方法，以马来酸酐为主要单体，采用常压聚合法制备聚水解马来酸酐阻垢剂。该过程采用的是水溶性引发剂、催化剂和其他水溶性成分。与传统的使用有机溶剂和有机引发剂的合成方法相比，该工艺无安全隐患、无污染，符合环保要求；合成出的水解聚马来酸酐性能稳定、可控，阻垢效果好。有研究以黄河澄清水为补水进行阻垢性能测试，证实水解聚马来酸酐在加入量 20mg/L 的条件下阻垢率达到 92%。

水解聚马来酸酐合成步骤及反应式如下：

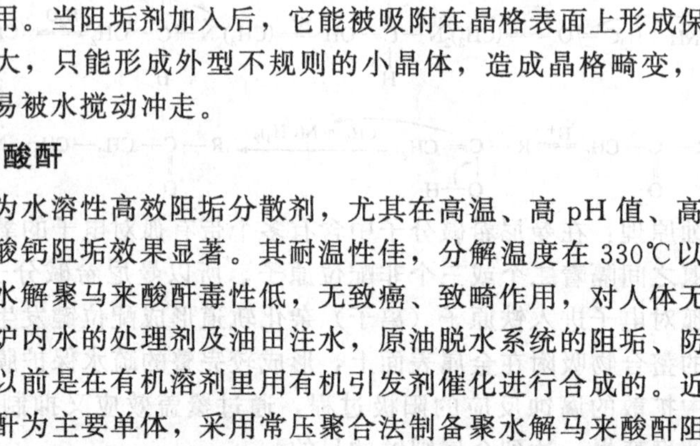

11.3.3　木质素磺酸盐

工业木质素（包括碱木质素和木质素磺酸盐）是造纸制浆废液的主要成分，来源于可再生资源，具有一定的缓蚀阻垢性能。但随着有机膦酸为代表的合成缓蚀阻垢剂的发展，工业木质素因性能较差被逐步取代，目前仅作为分散剂在部分循环冷却水系统中使用。国内外采用提纯、接入膦酰基、Mannich 反应、与 Zn^{2+} 复配、与有机膦酸和钝化剂复配、与聚苯胺复配等方法对工业木质素盐进行改性，使产品的缓蚀或阻垢性能得到提高。

最新的制备工艺是以木质素磺酸钠为原料，通过过氧化氢氧化反应、丙烯酸单体接枝共聚和螯合反应制备。

木质素磺酸钠分子中含有较多的羟基、苯环、甲氧基和磺酸根等官能团，但几乎不含羧基。通过上述反应在木质素磺酸钠分子中引入羧基，对阻碳酸钙垢起主要作用，对缓蚀性能也起重要作用。经过测定，在碱度小于 3mmol/L、硬度小于 6mmol/L 条件下，6mg/L 的木质素磺酸钠复配物阻垢率可达到 100%。而且发现 pH＝6～10 时对碳钢具有很好的缓蚀性能，碳钢的腐蚀速率小于 0.05mm/年。

11.4 杀菌灭藻剂

杀菌灭藻剂又简称杀菌剂或污泥剥离剂、抗污泥剂等，系指一类用于抑制水中菌藻等微生物滋生，以防止形成微生物黏泥的化学品。

水源水质的普遍污染已成为水环境污染控制与水资源保护领域的突出问题，其中不可忽略的是水体富营养化趋势。水体富营养化是指在人类活动的影响下，生物所需的氮、磷等营养物质大量进入湖泊、河口、海湾等缓流水体，引起藻类及其他浮游生物迅速繁殖，水体溶解氧量下降，水质恶化的现象。在自然条件下，湖泊也会从贫营养状态过渡到富营养状态，不过这种自然过程非常缓慢。而人为排放含营养物质的工业水体富营养化废水和生活污水所引起的水体富营养化则可以在短时间内出现。

遇到水体富营养化的情况，传统的以沉淀为主的水处理工艺越来越难以满足饮用水和洁净工业用水的水质标准。必须对水源的有机污染物，尤其是藻类微生物进行控制。在控制水源水质和水处理过程中，杀菌灭藻剂经常被使用。

杀菌灭藻剂通常分为氧化性杀菌剂和非氧化性杀菌剂两类。氧化性杀菌剂，如常用的氯气、次氯酸钠、漂白粉等；非氧化性杀菌剂中效果好、应用比较广泛的是能破坏细菌细胞壁和细胞质的化学品，如季铵盐等。季铵盐往往兼具杀菌、剥离、缓蚀等多种作用。

工业循环冷却水、中央空调冷却塔等开放式循环系统中，原有的多种活体微生物，在适宜环境下不断繁殖生长，形成藻类、黏泥，以至于产生管道堵塞、降低热效率、引起腐蚀及卫生等多方面问题。藻类的产生降低了设备的工作效率，减少了设备的使用寿命，使经济效益下降。灭藻剂适用于循环冷却水系统、油田注水系统、冷冻水系统中，作为非氧化性杀菌灭藻剂、黏泥剥离剂使用。

循环水系统中常用的杀菌剂类型如下。

(1) 季铵盐类杀菌剂 十二烷基二甲基苄基氯化铵、十四烷基二甲基苄基氯化铵、聚季铵盐等，均属于阳离子表面活性剂类化合物。

(2) 含氯杀菌剂 氯气、次氯酸钠、二氧化氯、二氯异氰尿酸钠（优氯净）、三氯异氰尿酸钠等，均为氯的衍生物，在水溶液中容易发生分解，释放出原子态的氯而产生杀菌力。

(3) 过氧化物杀菌剂 双氧水、过氧乙酸等。过氧化物的化学稳定性比较差，在水中遇热容易发生分解，放出新生态氧原子，产生杀菌作用。

(4) 唑啉类 异噻唑啉酮、苯并异噻唑啉酮等，属于杂环类有机化合物。

(5) 醛类 戊二醛等，是甲醛的替代品，使用安全性提高。

水处理中常用的杀菌剂主要品种介绍如下。

11.4.1 十二烷基二甲基苄基氯化铵

商业上有 1227、洁尔灭等商品名称。美国化学文摘 CAS 编号：8001-54-5 或 63449-41-2、139-07-1。分子式 $C_{21}H_{38}NCl$，相对分子质量 340.0。

十二烷基二甲基苄基氯化铵结构简式：

$$CH_3(CH_2)_{10}CH_2 \overset{\underset{\displaystyle CH_3}{|}}{\overset{+}{N}} \underset{\underset{\displaystyle CH_3}{|}}{\underset{}{}}CH_2 - \bigcirc \cdot Cl^-$$

十二烷基二甲基苄基氯化铵可以用烷基叔胺与苄基氯通过季铵化反应而制得，而烷基叔胺最简便的制备方法之一是直接用高碳醇与二甲胺在氧化铝等脱水催化剂催化下合成得到：

$$CH_3(CH_2)_{10}CH_2OH + (CH_3)_2NH \xrightarrow{Al_2O_3} CH_3(CH_2)_{10}CH_2N(CH_3)_2$$

$$C_{12}H_{25}-\overset{\underset{\displaystyle CH_3}{|}}{\underset{\underset{\displaystyle CH_3}{|}}{N}} + \bigcirc-CH_2Cl \longrightarrow \left[C_{12}H_{25}-\overset{\underset{\displaystyle CH_3}{|}}{\underset{\underset{\displaystyle CH_3}{|}}{\overset{+}{N}}}-CH_2-\bigcirc \right] \cdot Cl^-$$

十二烷基二甲基苄基氯化铵是一种阳离子表面活性剂，属非氧化性杀菌剂，具有广谱、高效的杀菌灭藻能力，能有效地控制水中菌藻繁殖和黏泥生长，并具有良好的黏泥剥离作用和一定的分散、渗透作用，同时具有一定的去油、除臭能力和缓蚀作用。

十二烷基二甲基苄基氯化铵毒性小，无积累性毒性，易溶于水并不受水硬度影响，因此广泛应用于石油、化工、电力、纺织等行业的循环冷却水系统中，用以控制循环冷却水系统菌藻滋生，对杀灭硫酸盐还原菌有特效。可作为纺织印染行业的杀菌防霉剂及柔软剂、抗静电剂、乳化剂、调理剂等。

十二烷基二甲基苄基氯化铵的工业品（1227）外观为无色或微黄色透明液体，也有淡黄色蜡状固体状产品，活性物含量分别为44％和80％。1227作非氧化性杀菌灭藻剂使用时，一般投加剂量为50～100mg/L；作黏泥剥离剂，使用量为200～300mg/L。1227有发泡作用，需要时可投加适量有机硅类消泡剂协同使用。1227可与其他杀菌剂，例如异噻唑啉酮、戊二醛、二硫氰基甲烷等配合使用，可起到增效作用，但不能与氯酚类药剂共同使用。投加1227后循环水中因剥离而出现污物，应及时滤除或捞出，以免泡沫消失后沉积。1227切勿与阴离子表面活性剂混用。1227的使用是安全的，对皮肤无明显刺激作用，接触皮肤时，用水冲洗即可。

11.4.2 过氧乙酸

过氧乙酸又叫过醋酸，它是目前所有化学消毒剂中比较突出的一种消毒剂。属高效消毒剂，市售浓度为16％～20％。

早在1902年人们就用醋酸与过氧化氢合成了过氧乙酸的稀水溶液，其反应原理是：

$$CH_3COOH + H_2O_2 \xrightarrow{H_2SO_4} CH_3COOOH + H_2O$$

1947年美国FMC公司首先将该工艺工业化。该法在乙醛氧化法成为主流之前是世界上唯一的过氧乙酸生产方法。但该反应达到化学平衡后，产物中含有大量的水和酸性催化剂，分离精制较为困难。

后来开发了乙醛气相氧化合成法，随后引进了酸性催化剂，开发了液相合成法。至20世纪60年代末，过氧乙酸开始大规模工业化生产。乙醛氧化可以得到乙酸和过氧乙酸两种产物。反应方程式如下：

$$CH_3CHO + O_2 \xrightarrow{Co(CH_3COO)_2} CH_3COOOH + CH_3COOH$$

乙醛氧化制过氧乙酸有气相法、液相法、乙醛单过醋酸酯法和催化抑制法四种生产工艺。气相法尾气可以循环使用，降低了生产成本，但是爆炸危险性大，而且因大量乙醛循环而使设备利用率低；乙醛液相一步氧化合成法采用重金属盐催化剂对提高过氧乙酸产率很有效，收率高。但该法乙醛循环量很大，金属离子难以除尽，影响了产品的稳定性；乙醛单过醋酸酯法合成过氧乙酸主要缺点是氧化工序需控制低温，产物爆炸危险性很大，而且该法因为能量利用不合理而使设备投资和操作费用很大，一般很少采用；催化抑制法合成过氧乙酸采用均苯四酸催化剂来抑制乙酸酯的生成，有效地得到过氧乙酸产品，生成过氧乙酸选择性为 85%～90%。该法转化率高，乙醛循环量小，能耗较低，无废气废渣排出，设备投资较少，操作费用低。

过氧乙酸的杀菌一方面是依靠强大的氧化作用使酶失去活性，造成微生物死亡；另一方面是通过改变细胞内的 pH 值而损伤微生物。过氧乙酸的主要优点是高效广谱能杀灭几乎一切微生物、杀菌效果可靠；杀菌快速、彻底；可用于低温消毒；毒性低、消毒后物品上无残余毒性，分解产物对人体无害。

过氧乙酸的不足主要是易挥发，不稳定，储存过程中易分解，遇有机物、强碱、金属离子或加热分解更快；高浓度稳定但浓度超过 45% 时，剧烈振荡或加热可引起爆炸；有腐蚀和漂白作用；有强烈酸味，对皮肤黏膜有明显的刺激作用。

11.4.3 戊二醛

戊二醛属高效消毒剂，具有广谱、高效、低毒、对金属腐蚀性小、受有机物影响小、稳定性好等特点。过去，甲醛是医疗卫生、食品工业普遍使用的杀菌消毒剂，近年来由于证实其对人体有很强的毒性副作用而遭禁用。取而代之的就是戊二醛，其在水处理领域也越来越多地被使用。

戊二醛消毒剂对微生物的杀灭作用主要依靠其醛基，此类药物主要作用于菌体蛋白的巯基、羟基、羧基和氨基，可使之烷基化，从而引起蛋白质凝固，造成细菌的死亡。对付具有生命力的微生物（水中的藻类）非常有效。即使污水中含有浓度达到 20% 的其他有机物，对戊二醛杀菌效果也影响不大。

戊二醛有若干种合成方法，比较成熟的是吡喃法和环戊烯催化氧化合成法。

(1) 吡喃法 以丙烯醛和乙烯基乙醚催化加成得到 2-乙氧基-3,4-二氢吡喃，然后以 $AlCl_3$、BF_3、$SbCl_3$、$ZnCl_2$ 等均相 Lewis 酸作为催化剂水解得到戊二醛。以此方法生产原料价格昂贵及储存和运输困难，但工艺成熟，反应条件温和，操作方便。

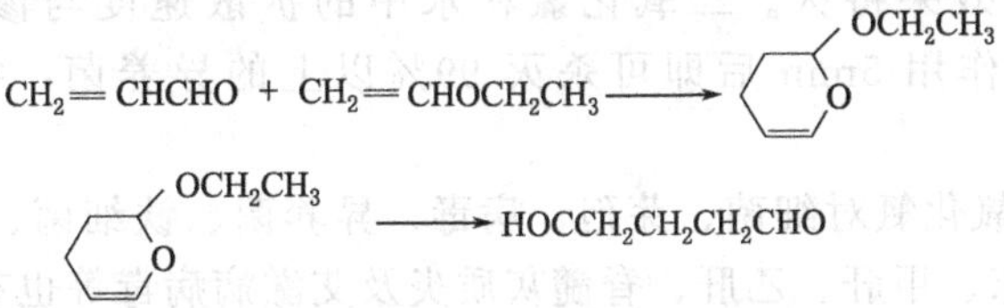

(2) 环戊二烯催化氧化合成路线 以廉价、丰富的石油副产物环戊二烯为原料，生产成本大幅降低，是近年各国争先研究开发的工艺技术。用二聚环戊二烯作原料，先解聚成环戊二烯单体，然后经选择性催化加氢生成环戊烯，再经催化氧化生成戊二醛，反应方程式如下：

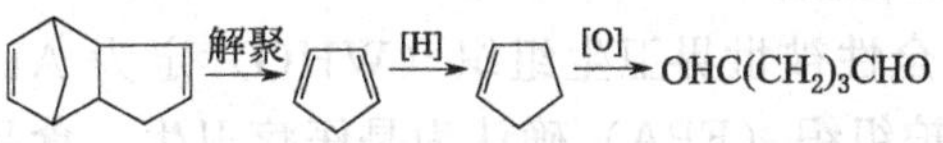

自 20 世纪 80 年代以来，有关环戊烯催化氧化制戊二醛的专利文献报道都是液相反应，主要有如下所示的 5 种途径。

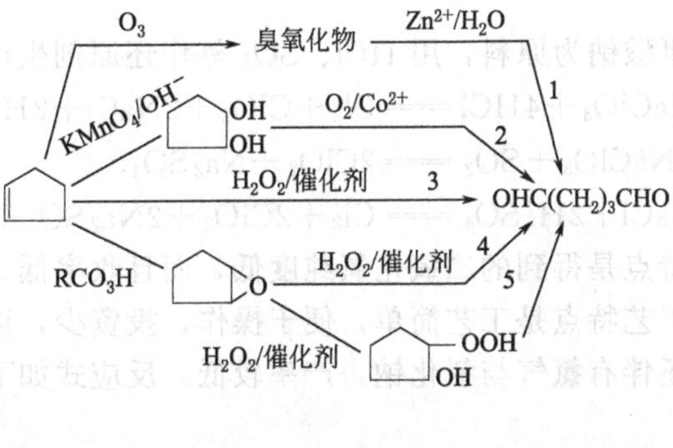

上述方法中，臭氧氧化法由于其耗电量大和臭氧及臭氧化物有毒、易爆炸等不安全因素，显然不具备大规模工业生产的前景。环戊二醇氧化法虽然用廉价的空气作为氧化剂，但是环戊烯的单程转化率和戊二醛的单程产率较低，而且戊二醛容易被深度氧化为戊二酸，所以工业化的前途也不明朗。用无水过氧化氢或有机过氧化物氧化环戊烯的一步法步骤短，但戊二醛的收率较低，一般<30%。三步法收率高，但反应步骤较长。二步法介于两者之间。

11.4.4　二氧化氯

二氧化氯消毒剂是国际上公认的含氯消毒剂中唯一的高效消毒灭菌剂。

作为杀菌剂，二氧化氯对微生物细胞壁有较强的吸附穿透能力，可有效地氧化细胞内含巯基的酶，还可以快速地抑制微生物蛋白质的合成来破坏微生物。由于直接作用于细胞，很低浓度的二氧化氯就能够杀灭几乎所有种类的微生物，包括细菌繁殖体、细菌芽孢、真菌、分枝杆菌和病毒等，而且目前还没有发现这些细菌对二氧化氯产生抗药性。二氧化氯在注水采油中作解堵剂，完全能够氧化堵塞岩层的有机生物质和任何聚合物残渣；二氧化氯可用于中水回用中的灭菌与脱臭和工业循环冷却水的除藻灭菌处理。

作为消毒剂，二氧化氯的氧化性可将有毒物质转化为无毒物质。常见的有毒物质转化结果如下：

$$S^{2-} \xrightarrow{ClO_2} SO_4^{2-} \qquad pH 为 5 \sim 9$$
$$CN^- \xrightarrow{ClO_2} CO_2 + N_2 \qquad pH 为 10$$
$$NH_2^- \xrightarrow{ClO_2} N_2 + H_2O$$

二氧化氯作为消毒剂的特点如下。

① 高效率，杀菌能力特强。在常用消毒剂中，要在相同时间内达到同样的杀菌效果，所需的二氧化氯浓度是最低的。二氧化氯对水中大肠杆菌杀灭效果比氯气高5倍以上。

② 杀菌速度快，效果持久。二氧化氯在水中的扩散速度与渗透能力都比氯气快，$0.5\mu L/L$ 的二氧化氯作用 5min 后即可杀灭 99% 以上的异养菌，氯气的杀菌率只能达到 75%。

③ 广谱灭菌。二氧化氯对细菌、芽孢、病毒、异养菌、铁细菌、真菌等均有很好的杀灭作用，尤其是对伤寒、甲肝、乙肝、脊髓灰质炎及艾滋病病毒等也有良好的杀灭和抑制效果。二氧化氯对病毒的灭活比臭氧和氯气更有效。

④ 无毒、无刺激。急性经口毒性试验表明，二氧化氯消毒灭菌剂属实际无毒级产品，积累性试验结论为弱蓄积性物质。

⑤ 安全级别高。其安全性被世界卫生组织（WHO）定为 AI 级。被美国食品药品管理局（FDA）和美国环境保护组织（EPA）确认为是医疗卫生、食品加工中的理想药剂。

二氧化氯的生产方法可分为化学法和电解法两大类。工业上应用最广的是化学法和电化学法。

氯酸钠还原法：以氯酸钠为原料，用 HCl、SO_2 等作还原剂生产二氧化氯，原理如下：

$$2NaClO_3 + 4HCl = Cl_2 + ClO_2 + 2NaCl + 2H_2O$$
$$2NaClO_3 + SO_2 = 2ClO_2 + Na_2SO_4$$
$$2NaClO_3 + 2NaCl + 2H_2SO_4 = Cl_2 + 2ClO_2 + 2Na_2SO_4 + 2H_2O$$

还原法工艺的共同特点是得到的二氧化氯纯度低，而且收率低。

氯酸钠氧化法：该工艺特点是工艺简单，便于操作，投资少，可直接得到液体产品。缺点是产品纯度低，其中还伴有氯气与氯化钠，产率较低。反应式如下：

$$2NaClO_2 + Cl_2 = 2ClO_2 + 2NaCl$$
$$2NaClO_2 + NaOCl + 2HCl = 2ClO_2 + 3NaCl + H_2O$$

亚氯酸自氧化法：该工艺特点是工艺简单，易于操作。不足之处是反应速度慢，耗酸量大。制品中还掺和一部分酸。反应方程式如下：

$$5NaClO_2 + 4HCl = 4ClO_2 + 5NaCl + 2H_2O$$
$$5NaClO_2 + 2H_2SO_4 = 4ClO_2 + NaCl + 2Na_2SO_4 + 2H_2O$$

氯酸钾与硫酸联氨反应制备二氧化氯：该方法产品纯度可达 91%，收率在 90% 以上，但该方法成本相对较高。

$$4KClO_3 + N_2H_4 \cdot H_2SO_4 + 3H_2SO_4 = 4ClO_2 + N_2 + 4KHSO_4 + 2H_2O$$

电解氯化钠法：阳极石墨涂金属氧化物，阴极为不锈钢件，膜采用离子膜，电解介质为氯化钠。通入直流电，阳极产物为 $Cl_2 + ClO_2 + O_3 + H_2O_2$ 混合性二氧化氯消毒剂。

11.5　絮　凝　剂

絮凝剂是一类用于除去水中悬浮物、降低浊度、加快水中杂质和污泥沉降速度的化学品。絮凝剂中最早应用的是无机絮凝剂，如明矾、三氯化铁等。有机和高分子絮凝剂是现在与今后用于给水和废水处理中的絮凝剂。可分为阴离子型絮凝剂，如羧甲基纤维素、聚丙烯酸钠等；阳离子型絮凝剂，如聚乙烯胺；还有非离子型絮凝剂，如聚丙烯酰胺等。它们的絮凝作用主要是通过电荷中和、吸附架桥作用来实现的。

11.5.1　聚丙烯酰胺

聚丙烯酰胺是污水处理中应用最为广泛的一类有机高分子絮凝剂。近年来由于现代工业的污水成分越来越复杂，各种含油污水、高含量有机物污水以及一些高含量非极性物质的污水量越来越多。污水中 O/W 油滴、悬浮物、溶解性胶质和水溶性有机物等表面一般都显负电性，可以被带正电性的阳离子型聚丙烯酰胺所絮凝。

传统阳离子型聚丙烯酰胺絮凝剂存在着耐盐性差、对污水中油类等有机物质絮凝能力弱等缺陷，因此对于高矿化度、高含油和有机物含量高的污水体系不适应。最新的研究成果是通过里特反应，采用胶束共聚合法，合成出具有特殊结构的树枝状功能性单体。该类单体具有较大的空间体积，疏水性好，在适当的复合引发剂的作用下，通过和丙烯酰胺及阳离子单体的聚合，合成出高性能的阳离子聚丙烯酰胺。例如：

$$\underset{|}{\overset{}{-}}(CH_2-CH)_x(CH_2-\underset{|}{\overset{}{CH}})_y-$$

阳离子聚丙烯酰胺

包含了功能单体的聚丙烯酰胺大大增强了聚合物的链刚性，使其不易发生卷曲，大幅度改善了高分子在溶液中的形态，增加了缠绕、包容、架桥和耐盐功能。通过对渤海某油田现场污水（含油量 1526mg/L；pH7.0；悬浮物大于 300mg/L）的絮凝处理表明，絮凝剂用量 10mg/L，观察时间为 10min，处理后的污水含油量仅余 36mg/L，是原来的 2.4%。表明该类产品具有很好的除油、除污效果。

11.5.2　聚乙烯胺

聚乙烯胺（简称 PVAm）是一种氨基直接连接在碳氢骨架上的水溶性阳离子聚合物，它不仅结构简单，而且由于氨基的活泼性使它可与醛类、酸酐类、羧酸类、卤代烃、酰卤、苯磺酰氯反应，还能与金属离子进行络合，制备功能型高分子材料。此外，其分子链长和电荷密度都可以根据实际应用的需要来进行调节，因此可在污水处理领域得到应用。

造纸工业会产生大量废水，其中含有半纤维素、木质素、无机盐、细小纤维及油墨、染料等污染物。废水的悬浮物含量、色度、浊度、负电荷量等指标均较高，直接排放会带来水体污染和生态环境的严重破坏，因此必须对这类废水进行处理。聚乙烯胺中的氨基可以阳离子的形式存在，吸附在各种天然或合成的阴离子表面，形成絮凝物而除去。

聚乙烯胺树脂的合成主要有三种工艺路线。

（1）乙烯胺单体的聚合反应 聚乙烯胺生产的关键在于制备单体乙烯胺（简称 NVF）。高活性的单体乙烯胺结构为三元环结构。

$$
\begin{array}{c}
CH_2\!-\!CH_2 \\
\diagdown\,N\,\diagup \\
|\\
H
\end{array}
$$

乙烯胺单体经酸催化放热反应转化成聚合物：

$$
\cdots NH_2^+ \cdots NH^+ \cdots NH_2^+ \cdots
$$

（2）聚 N-乙烯基甲酰胺水解法 将 N-乙烯基甲酰胺（NEF）聚合生成聚 N-乙烯基甲酰胺（PNEF），然后再使其在酸性或碱性条件下水解，便可得到 PVAm。水解 PNEF 和分离 PNEF 是制备较高纯度聚乙烯胺的关键所在。反应方程式如下：

$$
H_3CCHO + 2H_2NCHO \longrightarrow H_3CHC\!\!\begin{array}{c}NHCHO\\ \diagdown \\ NHCHO\end{array} \xrightarrow{\triangle} H_2C\!=\!CH\!-\!NHCHO \xrightarrow{聚合}
$$

$$
\leftarrow CH_2\!-\!CH\!\rightarrow_n \xrightarrow{水解} \leftarrow CH_2\!-\!CH\!\rightarrow_n
$$
$$
\qquad\quad |\qquad\qquad\qquad\qquad\;\; |
$$
$$
\quad\;\; NHCHO \qquad\qquad\qquad NH_2
$$

1947 年，D. D. Reynolds 等人用聚（N-甲/乙酰胺）乙烯胺的水解制得聚乙烯胺。中间体聚（N-甲/乙酰胺）乙烯胺的收率可达 $80\% \sim 85\%$，而水解生成聚乙烯胺盐酸盐的反应收率大于 90%。产物的胺化度在 97% 以上。此后，不断有人提出其他一些方法来合成聚乙烯胺，文献报道的合成路线有以下几种。

乙醛与甲酰胺在酸的催化下进行缩合，生成亚乙基二甲酰胺，再热裂解即得 NEF，NEF 经聚合后再水解，即可得 PVAm。

用乙酰胺、乙醛（或甲醛）及乙醇（或甲醇）为原料，一步法合成 N-（烷氧乙基）乙酰胺，然后热裂解得 N-乙烯基乙酰胺（或 NEF），再聚合后水解，得 PVAm。

乙醛先氰化，然后再与甲酰胺或液氨、甲酸反应，产物脱去 HCN，得到聚合单体 NEF。

使用乙醛与氨基甲酸酯在酸性催化剂作用下缩合，生成亚乙基二氨基甲酸酯，经高温裂解后生成 N-乙烯基氨基甲酸酯（NVC），再聚合得聚 N-乙烯基氨基甲酸酯（PNVC），最后在酸或碱的存在下水解生成 PVAm。

（3）由聚丙烯酰胺的 Hofmann 降解重排制备 用 Hofmann 降级法合成 PVAm 的方法首先是将丙烯酰胺在引发剂过硫酸铵与亚硫酸氢钠的存在下聚合，生成聚丙烯酰胺。然后在次氯酸钠和氢氧化钠水溶液中进行 Hofmann 降级重排反应，即可得到聚乙烯胺。

化学反应方程式如下所示：

$$
\leftarrow CH_2\!-\!CH\!\rightarrow_n \xrightarrow[低温]{NaClO/NaOH} \leftarrow CH_2\!-\!CH\!\rightarrow_n \qquad（主反应）
$$
$$
\quad\;\;\; |\qquad\qquad\qquad\qquad\qquad\qquad |
$$
$$
\quad CONH_2 \qquad\qquad\qquad\qquad\qquad\; NH_2
$$

$$-\text{CH}-\text{CH}_2-\text{CH}_2-\text{CH}- \longrightarrow \quad (\text{副反应})$$

$$-\text{CH}_2-\text{CH}-\text{CH}_2-\text{CH}- \longrightarrow \quad (\text{副反应})$$

用此方法制备聚乙烯胺是一种较为经济的方法，具有工业化的实际意义。但是得到的产物胺化度一般只有 60%左右，聚乙烯胺纯度不是很高。后来使用凝胶型和大孔型聚丙烯酰胺（氮含量 18.8%）在低温下经 Hofmann 降解重排反应制得聚乙烯胺，胺化度提高到 95.6%，取得了令人满意的效果。

无水聚乙烯胺的相对分子质量从 300～1000 左右，黏度 0.2～15Pa·s 左右，也可以制成高分子量的水溶性产品，所有聚乙烯胺的产品均为黏稠液体，可由加热或用水稀释使之变稀。例如，室温下约 100Pa·s 的聚乙烯胺，以水稀释成 50%浓度，其黏度约为 4Pa·s。聚乙烯胺还可以溶于乙醇、乙二醇及其他溶剂中。由于仅有极少量的端基的存在，聚乙烯胺通过氨基链体现高阳离子性，其作用机理是氢键和范德华力。

11.5.3　羧甲基纤维素

纤维素醚是以天然纤维素为基本原料，经过碱化、醚化反应生成的一系列纤维素衍生物，是纤维素大分子上羟基被醚基团部分或全部取代的产品。羧甲基纤维素钠（CMC）是其中具有代表性的阴离子性纤维素醚。羧甲基纤维素具有可生物降解、无毒性、抗盐性强、可再生等特性。羧甲基纤维素水溶液具有分散、乳化、增稠、黏结、成膜、悬浮等作用，广泛用于石油钻井、纺织印染、造纸等行业。

羧甲基纤维素钠的制备分两步进行。首先是碱化，纤维素与碱反应生成碱纤维素，纤维素分子链上的部分羟基变为钠盐，可以用下面的方程式来表达。

$$[C_6H_7O_2(OH)_3]_n + nNaOH \longrightarrow [C_6H_7O_2(OH)_2ONa]_n + nH_2O$$

碱纤维素再与氯乙酸发生醚化反应生成羧甲基纤维素钠：

$$[C_6H_7O_2(OH)_2ONa]_n + nClCH_2COOH \longrightarrow [C_6H_7O_2(OH)_2OCH_2COONa]_n + nNaCl$$

由于反应体系为碱性，水的存在使氯乙酸（钠）发生一系列水解副反应：

$$ClCH_2COOH + 2NaOH \longrightarrow HOCH_2COONa + NaCl + H_2O$$

$$ClCH_2COONa + NaOH \longrightarrow HOCH_2COONa + NaCl$$

$$ClCH_2COONa + H_2O \longrightarrow HOCH_2COOH + NaCl$$

目前，国内溶剂法生产羧甲基纤维素钠都经过碱化、醚化、中和洗涤、干燥粉碎的过程，俗称一次加碱法。但该法生产的产品在应用时还存在问题，取代均匀性不够，透明度、溶液流变性、抗腐败能力不够理想等。二次加碱法把碱分两次加入反应，初始反应在醚化剂过量的条件下进行，整个反应体系不呈碱性。一氯乙酸对纤维的扩散速率加快，并能均匀地渗透进纤维之中，有效地抑制副反应的发生，从而提高醚化剂的利用率。反应一段时间后，进行二次加碱完成反应，从而得到均匀取代度分布的产品。

在实际操作中，首先是要对天然纤维，包括碎棉絮、玉米秸秆、薯类废渣等进行预先处理，清除不需要的淀粉、蛋白、多糖、果胶等杂质，提高纤维素的含量，然后再进行上述两步化学反应。原料经预处理后纤维素质量分数一般由 30%～40%提高到 80%以上。控制碱用量、碱化温度及时间、氯乙酸用量、醚化温度与醚化时间可以得到一系列不同黏度、不同取代度的羧甲基纤维素钠产品。

为了增强羧甲基纤维素的絮凝功能，通常都用其他高分子化合物与其接枝、共聚，得到复合型的产品。经过改性后的天然高分子絮凝剂具有良好的环境可接受性，被称为"绿色絮凝剂"。以下是两个成功的例子。

（1）异丙基丙烯酰胺改性 CMC　以 CMC 为主要原料，与异丙基丙烯酰胺（NIPAM）进行接枝共聚，得到新的改性 CMC 天然高分子有机絮凝剂，接枝率可以达到 58%。将合成的接枝共聚物絮凝剂用于城市生活废水处理试验。废水 COD 为 1322mg/L，浊度为 85NTU。絮凝剂浓度为 15mg/L，以 3r/s 快速搅拌 3min，再以 0.5r/s 慢速搅拌 3min，静置 1h，然后取距离液面 8mm 处的水样进行浊度和 COD 测定。结果表明在投药量为 25mg/L、pH 值为 9 时，处理效果最好。

（2）丙烯酸改性 CMC　以羧甲基纤维素为主要原料，与丙烯酸进行接枝共聚合成天然高分子有机絮凝剂。化学反应方程式为：

$$CMC + nCH_2=CH-COOH \xrightarrow{\text{引发}} CMC \left[\begin{array}{c} CH_2-CH- \\ | \\ C=O \\ | \\ OH \end{array} \right]_n$$

以羧甲基纤维素为主要原料，在催化剂过硫酸铵和引发剂 N, N'-亚甲基双丙烯酰胺的共同作用下与丙烯酸在氮气的保护下进行接枝共聚，得羧甲基纤维素-丙烯酸接枝共聚物，接枝率可以达到 68%～70%。用上述工艺条件进行反应得到的羧甲基纤维素-丙烯酸接枝共聚物对制革废水进行处理，原水的 COD 为 1562mg/L，浊度为 90NTU。投药量 50～60mg/kg，pH9，以 3r/s 快速搅拌 3min，再 0.5r/s 慢速搅拌 3min，静置 1h，然后取距离液面 8mm 处的水进行浊度和 COD 测定。其浊度去除率达 97.8%，COD 去除率达 80.9%。

11.6　净 化 剂

从狭义的角度，净化剂是在处理含油废水过程中应用的一种专用的化学品。净化剂能除去含油污水中的机械杂质和油污，其作用除了上述絮凝剂所起的分离悬浮固体或机械杂质以外，还具有油水分离的净化作用。因此，这种净化剂中除含有一般絮凝剂成分如铝盐、聚丙烯酰胺等以外，常含有一些表面活性剂。对于净化剂的净化效果，一般采用薄膜过滤器加以测定，用滤膜因数的大小表示净化效果的好坏。

净化剂其实是一个广泛的概念，可以理解为凡是能够对自然水体或受污染的水体产生净化效果、使水体得到修复的专用化学品都可以称为水处理净化剂。由此可见，净化剂的种类应该是非常多的，而且每一种净化剂可能只适合一种特殊的用途，属于专用化学品。

以下是几个应用效果显著的净化剂个案。

11.6.1　壳聚糖饮用水净化剂

甲壳质（chitosan）又名甲壳素、几丁质、壳多糖。甲壳质广泛存在于自然界中，甲壳类中虾、蟹含量最为丰富，约含甲壳质 30%左右。

甲壳质是一种含氮的糖类化合物，为白色无定形物质，学名乙酰氨基葡萄糖，是一种不溶于水、稀碱的碱性多糖，是六碳糖的聚合体，聚合单体量可达 1000～3000 个，相对分子质量在 100 万以上。甲壳质经强碱长时间脱乙酰基后转化为结晶粉末状的可溶性甲壳质，亦称壳聚糖，学名是多聚氨基葡萄糖。壳聚糖是甲壳质最简单也是应用最广泛的衍生物，它溶于稀醋酸等酸性溶液中，其氨基含量的多寡及分子量的大小决定壳聚糖的黏度，而壳聚糖的黏度高低决定了其净水效果。

随着人们保健意识的提高，饮用水的净化质量日益受到人们的重视，然而，现在普遍使用的净化剂大多是以吸附剂活性炭和具有捕捉重金属功能的沸石等配制而成，有的净水效果不佳，有的用滤膜制取纯净水，但往往存在除氯过度，使水不易久存，以及在除重金属铜、铅的同时也使铁、锌、钙等人体所需元素大量丢失的缺点。从虾皮、蟹壳中提取和制备的壳聚糖与活性炭和沸石配制而成的混合物是一种更加高效安全的饮用水净化剂。

将虾皮、蟹壳除去残肉及杂质，用清水洗净，用盐酸浸渍脱钙，然后用高锰酸钾溶液氧化脱色，再用亚硫酸氢钠溶液脱色，得到含乙酰基的甲壳质。将制得的甲壳质浸渍于NaOH 溶液中让壳聚糖溶解，清除杂质后的溶液调 pH8 析出絮状物，过滤即得到精制壳聚糖。取以上制备的壳聚糖，添加于醋酸液中溶解成黏性溶液，加入活性炭，放置使其凝聚沉淀后干燥，送造粒机中造粒，经干燥即得粒状活性炭-壳聚糖复合体。取以上制得的粒状活性炭-壳聚糖复合体及粒度为 60～80 目的人造沸石，按比例混合均匀，即得成品饮用水净化剂。该净水剂可以将自来水净化为高质量的饮用水，净水率为 193mL/g。净水指标见表11-1。

表 11-1 新型净水剂与传统净水剂净水指标

项 目	自来水	成品 (1)	成品 (2)
氯/(mg/kg)	0.4	0.3	0.1
重金属及有机物/(mg/kg)	7.0	4.0	1.0
细菌含量/(个/mL)	90	40	10
于 30℃放置 2 日后细菌含量/(个/mL)	900	400	10
铁/(mg/kg)	0.22	0.01	0.10
钙/(mg/kg)	17.2	6.5	11.5
铜/(mg/kg)	0.67	0.25	0.10

注：成品 (1) 是活性炭＋沸石，成品 (2) 是壳聚糖饮用水净化剂。

壳聚糖饮用水净化剂净化效果显著，对氯离子、重金属及有机物、细菌的清除率非常高。该净化剂也可以用于工业废水和生活污水的处理及净化。

11.6.2 饮用水降氟净化剂

在国内某些地区，饮用水的含氟量偏高，长期饮用对人的健康造成严重伤害。改水降氟目前大多采用寻找低氟水源或用设备降氟，需投入大量的财力物力，尤其对"老、少、边、穷"地区及野外作业人员较难推广应用。

一种新型的水质降氟净化剂，以药剂形式直接投入水中进行降氟、杀菌。其性能稳定，无毒副作用，携带使用方便，价格便宜，适应面广，是一种理想的降氟杀菌剂。它的制备方法是将天然沸石、阳离子激活剂、二氯异氰尿酸钠、氢氧化钠、硫酸铝钾等粉末材料按照一定的比例混合、研磨，以粉状包装或压片制成成品。

该类净水剂虽然成分和制备方法简单，却具有很好的降氟、杀菌效果。按 1L 水中 F^- 浓度 2mg 加净化剂 0.6g 计算投加量。处理前井水含 F^- 2.1mg/L，细菌总数 3072 个/mL，大肠杆菌总数 230 个/L，处理后上述三项指标分别降为 0.52mg/L、16 个/mL、<3 个/L。

降氟杀菌效果显著。该类净化剂也适用于工业含氟废水的治氟处理。

水质降氟净化剂由降氟、杀菌两大部分组成，其降氟机理是利用沸石是一种多孔的具有骨架状四面体结构的含水铝硅酸盐，在沸石的硅/铝骨架中有很多的通道和孔穴，孔的体积约占沸石总体积的 $40\%\sim50\%$，因而具有很大的表面积，经激活等处理，使沸石带正电阳离子，可以吸附水中带负电的氟离子，达到降氟目的。二氯异氰尿酸钠为强杀菌剂，性能稳定，有效氯含量下降亦极有限，溶于水中产生次氯酸而达到杀菌作用。

11.6.3　有机/无机复合物造纸黑液净化剂

中小型造纸厂多以草本植物为原料，采用碱法或硫酸盐法制浆，其黑液中含有较多二氧化硅，而且提取黑液浓度较稀，不能用燃烧回收碱法处理，其他一些絮凝剂对黑液效果甚微，因此得不到治理，造成严重的污染和浪费。

有机胺造纸黑液净化剂，能有效地净化造纸黑液，脱除造纸黑液中的二氧化硅、木素、丹宁等物质，并且不会产生碱损失，净化后的黑液可直接回收利用。设备投资少，工艺简单，使用方便，运行费用低。该净化剂在脱除黑液中的有害物质的同时能够保留废水中有用的碱，因此也被称为碱回收净化剂。

净化剂的制造：主要材料是生石灰（CaO）、液氯（Cl_2）、保险粉（$Na_2S_2O_4$）、硫代硫酸钠（$Na_2S_2O_3$）和有机胺类高分子聚合物（聚丙烯酰胺等）。先将生石灰用水溶解，制成石灰乳液，再慢慢通入氯气，直至有效氯达 10% 以上。加入 2% 的保险粉和 2% 的硫代硫酸钠，反应 30min 后密闭存放备用。将有机胺高分子聚合物用水稀释 10 倍，配成 10% 的水溶液，备用。将上述两种溶液按 1∶1 的比例混合形成白色乳状物即为最终产品。

黑液处理工艺流程：

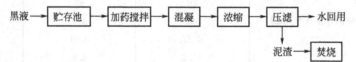

使用效果见表 11-2。

表 11-2　净化前后分析检测结果

项　目	净化前	1#	2#	3#	4#
净化剂用量/%	0	0.1	0.2	0.3	0.4
pH 值	12.17	12.15	12.20	12.18	12.18
固形物/%	10.84	8.23	8.11	7.04	6.64
有效碱/(g/L)	5.52	5.48	5.60	5.54	5.50
二氧化硅/(g/L)	3.89	2.31	1.87	0.68	0.35

有机胺造纸黑液净化剂生产制造简单，使用方便，成本低廉，适合于现场使用现场配制。对黑液中 SiO_2 的脱除率可达 90% 以上，对木素、丹宁、果胶等有机物的脱除可达 95% 以上。对黑液不会造成碱损失，有利于碱回收利用。使用方便，设备投资少，工艺流程简单，效果优良，极适合于中小型造纸厂的黑液碱回收处理。

11.6.4　甲壳多聚糖废水净化剂

有研究者运用甲壳多聚糖废水净化剂对肌醇废水进行处理，发现去除 COD、脱色、脱臭效果明显，COD去除率达99%以上，脱色率达94%以上。

甲壳多聚糖废水净化剂系采用天然高分子化合物为载体研制而成的新型多功能废水净化剂。该净化剂为非溶性颗粒状物质，主要原料是甲壳质、纤维素、活性炭、矿化石等。生产工艺如下：

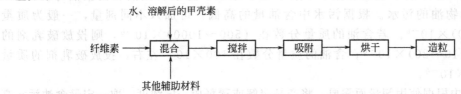

将去除杂质的纤维素浸入水中，然后将溶解后的甲壳质、辅助材料按一定的比例加入，经充分搅拌吸附后，烘干挤压造粒即成甲壳多聚糖废水净化剂。它具有高孔隙率，高比表面积，吸附容量大，没有二次污染，老化失效后可作燃料使用等优点。

甲壳多聚糖废水净化剂是颗粒状产品，可以采用类似于离子交换柱的装置来处理废水。将净化剂颗粒装填在交换柱里，让污水流过交换柱便可以将其净化。为了加强处理效果，可以采用两级净化串联的方式。装置示意图如下：

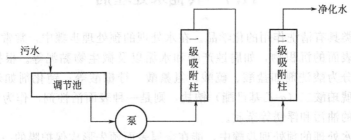

当肌醇废水的COD达到21000～25000mg/L、色度512时，用10g甲壳多聚糖废水净化剂就能处理40L肌醇废水，COD的去除率达97%以上。甲壳多聚糖废水净化剂也具有很大的脱色能力，色度的去除率为94%。出水几乎无色。效率非常之高。

11.6.5 造纸废水净化剂

对造纸废水的处理虽有不少方法，但从性价比的角度看均难以取得满意的效果。对于小型造纸厂，更需要有一种投资少、运行成本低、易于操作管理的方法来处理废水。

有研究者将铁盐和铝盐及聚合物添加剂在一定条件下聚合制成造纸废水专用净化剂。该类净化剂兼顾了聚铝和聚铁的优点，它对污水中杂质的沉降作用，主要是利用在水解过程中产生的多核络合物对污水中胶体微粒的强烈吸附，通过黏结、架桥、交联等促进微粒聚集而产生的絮凝来实现的。它在吸附溶胶微粒的同时还发生物理化学变化，中和悬浮物表面的电荷，降低胶团的电位，使原来相斥的胶团颗粒变成相互吸引的颗粒，破坏了胶团的稳定性，促使胶团粒子相互碰撞，最终形成板块状的混凝沉淀物。

造纸废水专用净化剂使用方法十分简单，将净水剂按1∶5比例加水配成溶液，每毫升含固体物0.2g，静置陈化2h。在250mL烧杯中加入200mL造纸废水，加入一定量的液体净化剂，搅拌均匀后静置10min，取上层清液测定吸光度值和COD值。净水剂的一次净化效果是显著的。在污水pH6、投药量0.4mL（相当于每立方米废水加固体400g）时可达到最佳效果，处理后的回收水色度为87度，脱色率为93.13%，COD值由96.02mg/L降到23.58mg/L，去除率75.44%。

11.6.6 含油污水高效净化剂

含油污水高效净化剂是一种聚醚阳离子季铵盐。主要用于油田、炼油厂、食品厂含油污水破乳和净化。聚醚阳离子季铵盐除油作用原理为：含油污水大都以水包油乳状液存在，而且以阴离子基团居多。加入聚醚阳离子季铵盐后破坏了乳状液的电荷平衡，乳液失去稳定性，油污被分离而浮到水面。聚醚阳离子季铵盐含油污水高效净化剂适用于所有含油污水、含矿物油污水、如含石油、柴油、煤油、汽油和机械油等的污水，含植物油和动物油的污水。根据污水中含油量的高低，可加入不同剂量，一般为质量分数（$20 \sim 30$）$\times 10^{-6}$。若含油的质量分数在（$500 \sim 1000$）$\times 10^{-6}$，则投放破乳剂的质量分数在（$10 \sim 20$）$\times 10^{-6}$；含油的质量分数在 100×10^{-6} 左右，投放破乳剂的质量分数为 $3 \sim 5 \times 10^{-6}$。

使用过程中根据使用剂量而需要，将产品溶解或稀释成一定浓度，取一定量含油污水高效净化剂加入被处理的污水中，搅拌或振荡，使其充分混合而接触、作用，依据被处理的对象不同，或在 $50 \sim 60℃$ 或在室温下静置一定时间，由于乳状液被破坏，分离出的油浮到水面，水得以净化。聚醚阳离子季铵盐可与无机助凝剂复配使用，能产生协同作用，降低成本。

11.7　其他水处理剂

清洗剂是一类具有清洗作用的化学品。在水处理的预处理步骤中，常常需要用一些化学品清洗金属设备表面的沉积物，如腐蚀产物和水垢以及微生物黏泥等。根据清洗的不同要求，清洗剂可以分为酸洗剂如盐酸、硫酸、氢氟酸、柠檬酸等；钝化剂如苯甲酸钠等。目前，所用的磺化琥珀酸二（α-乙基己酯）钠盐，则是一种表面活性剂，作为专用清洗剂，用于清洗金属表面的油污和浮锈等杂质。

预膜剂是在水处理的预处理步骤中，能在金属表面预先形成保护膜的一类化学品。预膜的目的有两个：一是在使用化学品抑制腐蚀的初期提高投加的浓度；二是采用一种专用的预膜剂，以便在正常操作中投加少量的缓蚀剂便可维持和修补保护膜，节约药剂和费用。目前常用的预膜剂有六偏磷酸钠加锌盐、三聚磷酸钠等。

参 考 文 献

[1]　邢占忠等. 水溶性咪唑啉类缓蚀剂合成及性能研究 [J]. 应用化工，2011，40 (12)：2156-2159.

[2]　汤德祥. 炔醇类缓蚀剂的合成方法 [J]. 科技信息，2009，(1)：46-47.

[3]　李敬等. 低伤害高温酸化缓蚀剂的合成及性能研究 [J]. 江汉石油科技，2008，18 (3)：49-52.

[4]　李永红. 聚丙烯酸复合阻垢剂的合成、性能及机理分析 [J]. 冶金动力，1997，(2)：6-7.

[5]　王庆华. 水解聚马来酸酐绿色合成及阻垢性能研究 [J]. 包钢科技，2010，36 (3)：62-64.

[6]　楼宏铭等. 绿色缓蚀阻垢剂 GCL2 的研制及性能研究 [J]. 四川大学学报，2002，34 (5)：93-96.

[7]　金栋. 过氧乙酸的生产和应用前景 [J]. 精细化工原料及中间体，2010，(8)：11-15.

[8]　郝春来. 戊二醛研究现状及开发前景 [J]. 化工科技市场，2010，33 (5)：38-40.

[9]　卢万明，陈锋才. 二氧化氯生产综述 [J]. 甘肃化工，2002，(1)：5-7.

[10]　赵丰等. 阳离子聚丙烯酰胺合成及絮凝性能研究 [J]. 环境科学与技术，2012，35 (1)：95-98.

[11]　范晖，王锦堂. 聚乙烯胺的合成与应用 [J]. 化工时刊，2005，19 (10)：45-48.

[12]　张娟等. 聚乙烯胺及其衍生物合成研究进展 [J]. 高分子材料科学与工程，2006，22 (1)：6-10.

[13]　郭红玲等. 改性羧甲基纤维素絮凝剂的制备与应用 [J]. 人民黄河，2010，32 (9)：46-47.

[14]　刘志宏. 改性羧甲基纤维素絮凝剂的制备与应用 [J]. 化学与黏合，2009，31 (2)：71-74.

[15]　赵金星等. 饮用水净化剂的制备 [J]. 沈阳师范学院学报（自然科学版），2011，19 (7)：55-58.

[16]　丁友昌等. 水质降氟净化剂的研制和应用 [J]. 环境与健康杂志，1995，12 (1)：25-26.

[17]　贺秀学. 造纸黑液碱回收净化剂的研制与应用 [J]. 黑龙江造纸，2003，(3)：46.

[18]　王宁等. 甲壳多聚糖废水净化剂用于肌醇废水的处理 [J]. 环境工程，1993，11 (1)：19-21.

[19] 付宇红. 一种造纸废水净化剂的实验研究 [J]. 云南环境科学, 1995, 14 (2): 40-41.

实验四十一 咪唑啉类缓蚀剂

咪唑啉又称间二氮杂环戊烯, 它的五元杂环中含有两个互为间位的氮原子及一个双键。咪唑啉作为缓蚀剂于 1949 年首次在美国获得专利, 目前已经广泛应用于各种场合, 其用量占缓蚀剂总用量的 90% 左右。市面上常用的咪唑啉类缓蚀剂是以油酸和二乙烯三胺为原料合成的 1-氨乙基-2-十七碳烯基咪唑啉及其季铵化衍生物。反应方程式如下:

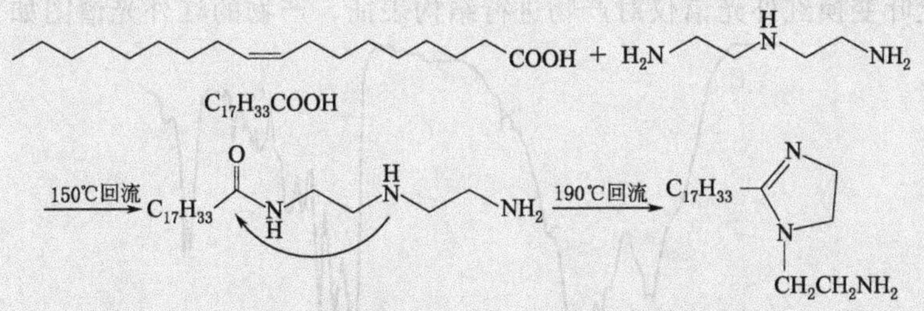

在油酸过量的情况下, 二乙烯三胺的两个氨基都与油酸进行酰胺化反应, 可能生成副产物双酰胺, 反应式如下:

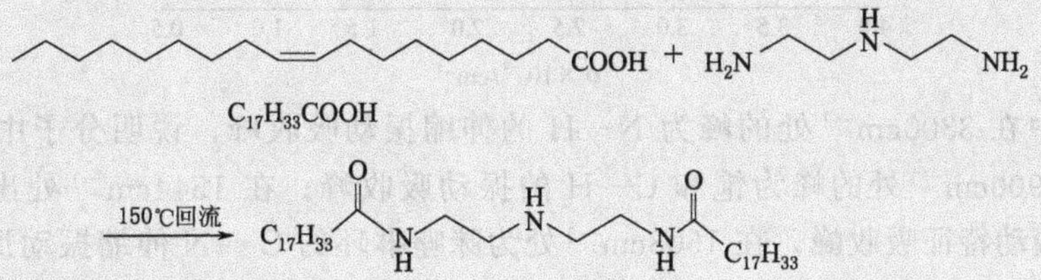

为了避免该副反应发生, 油酸与二乙烯三胺的反应摩尔比应控制在 1:1.1, 二乙烯三胺过量 10%。

一、实验目的

学习咪唑啉类缓蚀剂的基本知识, 掌握咪唑啉合成方法以及分水器的操作。

二、原料

二甲苯, 分析纯, 纯度不小于 99.5%。

油酸 ($M = 282.46$), 十八碳-顺-9-烯酸, 含 1 个双键的不饱和脂肪酸。纯油酸为无色油状液体, 有动物油或植物油气味, 久置空气中颜色逐渐变深, 工业品为黄色到红色油状液体。纯油酸熔点 16.3℃, 沸点 286℃ (100mmHg[●]), 相对密度 0.8935 (20/4℃), 折射率 1.4582, 闪点 372℃。易溶于乙醇、乙醚、氯仿等有机溶剂中, 不溶于水。易燃。遇碱易皂化, 凝固后生成白色柔软的固体。在高热下极易氧化、聚合或分解。无毒。本实验使用化学纯试剂, 酸值 190.0~205.0mgKOH/g;

二乙烯三胺 ($M = 103.13$), 黄色具有吸湿性的透明黏稠液体, 有刺激性氨臭, 可燃, 呈强碱性。溶于水、丙酮、苯、乙醚、甲醇等, 难溶于正庚烷, 对铜及其合金有腐蚀性。熔点 -35℃, 沸点 207℃, 相对密度 0.9586 (20/20℃), 折射率 1.4810, 闪点 94℃。本品具有仲胺的反应性, 易与多种化合物起反应, 其衍生物有广泛的用途。易吸收空气中的水分和二氧化碳。在本实验中使用化学纯试剂, 纯度不小于 90.0%。

● 1mmHg=133.322Pa, 全书余同。

三、实验操作

将 28.2g 油酸和 11.3g 二乙烯三胺与 100mL 二甲苯溶剂加入到带有分水器、温度计、磁力搅拌器和球形冷凝管的 250mL 三口瓶中，加入沸石，在 145～170℃下回流 2h，分出 1.5～1.8mL 的水，再在 185～210℃下回流 2h，分出 1.5～1.8mL 的水。将反应物冷却至 140℃，减压脱除二甲苯溶剂和未反应的二乙烯三胺，得到产物 1-氨乙基-2-十七碳烯基咪唑啉。

四、产物结构表征

采用傅立叶变换红外光谱仪对产物进行结构表征，产物的红外光谱图如下图所示：

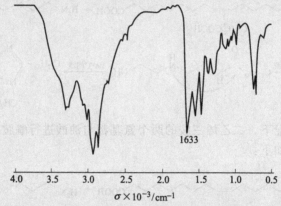

光谱图中在 3300cm^{-1} 处的峰为 N—H 的伸缩振动吸收峰，说明分子中有—NH$_2$ 存在，2800～2900cm^{-1} 处的峰为饱和 C—H 的振动吸收峰；在 1544cm^{-1} 处出现了较强的 N—H 弯曲振动特征吸收峰，在 1608cm^{-1} 处为咪唑啉环的 C=N 伸缩振动形成的特征吸收峰，在 1633cm^{-1} 处有油酸中的 C=C 的特征吸收峰，表明产物为咪唑啉衍生物。

五、实验时间

5～6h。

参 考 文 献

[1] 陈敏，司荣，盖玉娟等. 油酸基咪唑啉类缓蚀剂的合成及其缓蚀性能评价 [J]. 石化技术与应用，2009，27（2）：127-131.

实验四十二　羧甲基纤维素

羧甲基纤维素是纤维素分子中部分羟基上的氢被羧甲基取代而生成的衍生物，其分子结构可以近似地用下式表示：

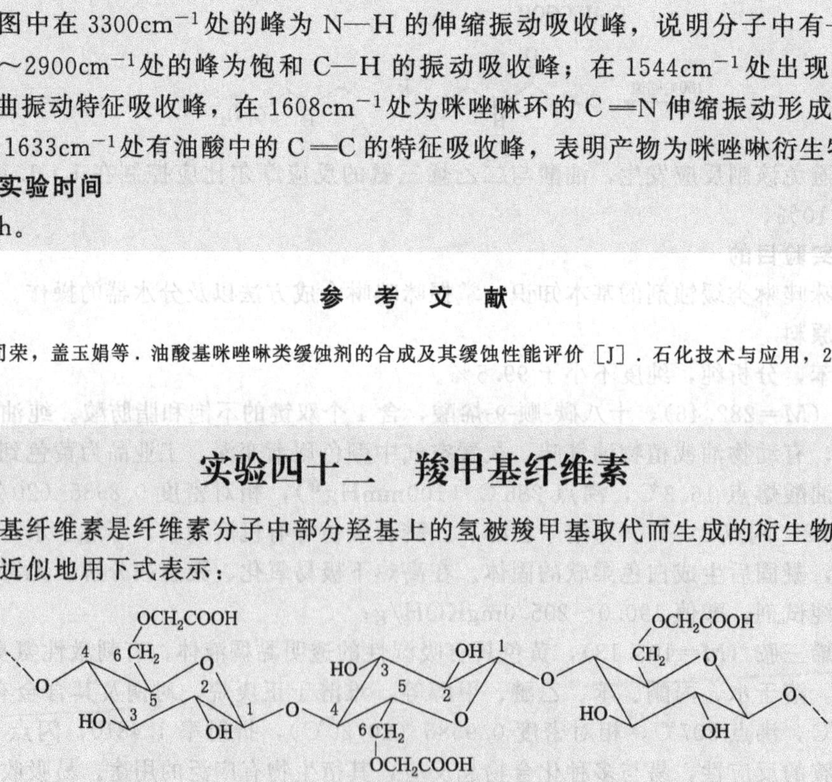

羧甲基纤维素

将纤维素用浓的碱溶液浸泡，可使其中的部分—OH 基转变为—ONa 基，成为碱纤维素。碱纤维素与氯乙酸反应，可制得羧甲基纤维素钠：

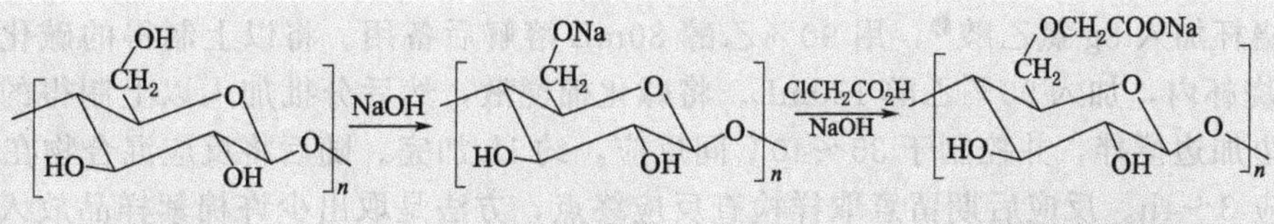

纤维素　　　　　　　　　　　碱纤维素　　　　　　　　　　羧甲基纤维素钠

在羧甲基纤维素分子中，平均每个结构单元引入的羧甲基数称为代替度或醚化度，简写作 DS。DS 不同的产品，溶解性和黏度等性质有所不同。通常按产品的用途制取不同 DS 的产品。由于纤维素分子的每个结构单元有三个羟基，羧甲基纤维素的代替度最多是 3。这三个羟基被醚化的难易程度因所在位置不同而异。在 C_6 上的羟基易被醚化，C_2 羟基次之，C_3 羟基最难被醚化。因此代替度为 1 的羧甲基纤维素可用上式表示。

羧甲基纤维素简称为 CMC，常用的是其钠盐（NaCMC）。它是白色或淡黄色粉末，无味无毒，可溶于水成为透明的黏稠液体。水溶液的黏度与 pH 值及 CMC 的相对分子质量有关，碱性水溶液的黏度很高。NaCMC 不溶于醇类溶剂，因此可用醇类把它从水溶液中沉淀出来。它与水溶性胶如动物胶、阿拉伯胶，与水溶性树脂如脲醛树脂、三聚氰胺树脂以及可溶性淀粉、水玻璃等的水溶液有较好的相溶性。它有良好的乳化力和分散力，在一定程度上能将油和蜡质乳化。当 NaCMC 溶液中有一定量的无机或有机酸性物质（例如 pH2.5 以下）时会产生沉淀，在含 Fe^{3+}、Ag^+、Pb^{2+} 等重金属离子的溶液中也有沉淀产生，而钙盐和镁盐只能降低 NaCMC 水溶液的黏度却不发生沉淀。

羧甲基纤维素钠盐的用途甚广。在食品工业中用作增稠剂，例如在冰淇淋、酱料、速食粉面、果汁或乳品饮料、酱料乃至罐头、饼干、面包等的加工制作过程中普遍应用；在纺织印染工业中用作上浆剂和浆料乳化浆的保护胶体；在造纸工业中用作纸张表面增强剂，使纸张强度增加，并改善吸墨性；在石油开采中用作泥浆的稳定剂；在医药工业中用作药膏软膏的基料和药片胶囊的黏合剂；在陶瓷工业中用作粉料的黏结剂等。

制取羧甲基纤维素的纤维素原料可用未变质的天然植物纤维，如棉花和竹木纸浆等。作为食品添加剂使用的 CMC，制备时所用原料的质量要求很严格，最好选取经过脱脂和漂白处理的棉短绒纤维作原料。

一、实验目的

掌握羧甲基纤维素的制法和以纤维素为代表的一类不溶性高分子多羟基化合物特殊的醚化技巧和分离方法。

二、药品与原料

脱脂棉（医用棉花）　　　　　　　　　　　　35％NaOH 水溶液
70％乙醇　　　　　　　　　　　　　　　　　90％乙醇

氯乙酸　即一氯醋酸，无色或白色易潮解结晶。以 α、β、γ 三种形式存在。易溶于水，溶于乙醇、乙醚、苯、二硫化碳和氯仿。相对密度 1.580。熔点 63℃（α 型）、55～56℃（β 型）、50℃（γ 型）。沸点 189℃。中等毒性，半数致死量（大鼠，经口）76mg/kg。有腐蚀性。

三、实验操作

将 10g 脱脂棉扯碎后装入 200mL 烧杯中，加入 35％氢氧化钠水溶液 80～100mL，其用量以刚好把纤维完全浸没为度。控制温度于 30～35℃浸泡 30min，间歇地轻轻搅拌。将碱液倾出回收（供下次实验重复使用）。用粗长的玻璃钉将棉花尽量挤压并回收挤出的碱液，得到碱化棉。

向烧杯加入 8g 氯乙酸[1]，用 90％乙醇 80mL 溶解后备用。将以上制得的碱化棉放入 500mL 烧杯内，加入 90％乙醇 120mL。将碱化棉搅散，然后分批加入以上制得的氯乙酸溶液，边加边搅拌，并控制于 35～40℃间反应，约 1h 加完。随后将反应混合物在 40℃下搅拌反应 3～4h。反应后期留意取样检查反应终点，方法是取出少许棉絮样品放入大试管中，加入热水振荡片刻，能完全溶解时即达到终点。

将反应混合物中的乙醇溶液全部倾出回收。向余下的醚化棉中加入 70％乙醇 100mL，搅拌 10min，然后加入几滴酚酞指示剂[2]，如呈红色则用 5％盐酸中和至红色刚刚消失为止[3]。倾出乙醇液并将棉花压干。用 70％乙醇 100mL 洗涤（搅拌 10min）以除去残余的无机盐。按同样方法重复洗涤一次，抽滤，压干。所有乙醇母液均要回收[4]。

把制得的含溶剂产物扯开，在不超过 80℃的温度下通风干燥，最后粉碎成白色粉末，即为 CMC[5]。

四、实验时间

约 7h。

参 考 文 献

[1] 楼益明. 羧甲基纤维素生产及应用. 上海：上海科学技术出版社，1991.

实验四十三　水质稳定剂　羟基亚乙基二膦酸

羟基亚乙基二膦酸（1-hydroxyethyl idene-1,1-diphosphonic acid，简称 HEDPA）是一种有机膦酸类阻垢缓蚀剂，能与铁、铜、锌等多种金属离子形成稳定的络合物，能溶解金属表面的氧化物。在 250℃下仍能起到良好的缓蚀阻垢作用，在高 pH 下仍很稳定，不易水解，一般光热条件下不易分解。耐酸碱性、耐氯氧化性能较其他有机膦酸（盐）好。当和其他水处理剂复合使用时，表现出理想的协同效应。

HEDPA 广泛应用于电力、化工、冶金、化肥等工业循环冷却水系统及中低压锅炉、油田注水及输油管线的阻垢和缓蚀，在轻纺工业中可以作金属和非金属的清洗剂，漂染工业的过氧化物稳定剂和固色剂，无氰电镀工业的络合剂，医药行业作放射性元素的携带剂。

HEDPA 的合成方法有：（1）醋酸＋三氯化磷＋水；（2）乙酰氯＋亚磷酸＋水；（3）醋酸酐＋亚磷酸；（4）醋酸＋三氧化二磷；（5）醋酸＋亚磷酸＋五氧化二磷。

目前，我国大多数生产厂家采用以醋酸、三氯化磷和水为原料合成 HEDPA。生产工艺是先将醋酸和水加入反应釜，在搅拌条件下缓慢滴加三氯化磷，滴加完成后缓慢升温进行反应，反应完成后通入水蒸气进行水解反应，同时蒸出过量的醋酸及水解生成的醋酸。反应方程式如下：

---

❶ 注意安全，参阅实验三十八的注释。
❷ 1％酚酞乙醇溶液。
❸ 中和操作是为了除去游离的氢氧化钠，以保证混合物的 pH 值在酚酞变色范围内。
❹ 当母液滤出减慢时，要更换接收瓶，以免回收的母液被抽干。
❺ 产品的检验（代替度、黏度等）参照上海化工轻供应公司等，《化工商品检验方法》，化学工业出版社，1988 年。

$$PCl_3 + 3CH_3COOH \longrightarrow 3CH_3COCl + H_3PO_3$$

$$PCl_3 + 3H_2O \longrightarrow H_3PO_3 + 3HCl$$

$$\underset{\underset{\text{CH}_3\text{CCl}}{}}{\overset{\overset{\text{O}}{\parallel}}{}} + 2H_3PO_3 \xrightarrow{H_2O} H_3C-\underset{\underset{\text{P(O)(OH)}_2}{|}}{\overset{\overset{\text{OH}}{|}}{C}}-P(O)(OH)_2 + HCl$$

冰醋酸在反应中既是反应物,又是溶剂。醋酸在该反应中应过量,使亚磷酸与乙酰氯在醋酸中充分反应。醋酸过量多,产率高,但从全面考虑醋酸不能过量太多,以免增加后处理成本。

一、实验目的

学习水质稳定剂羟基亚乙基二膦酸的用途,掌握其制备原理及方法。

二、实验原料

冰醋酸　即乙酸,相对分子质量60.05。无色液体,有强烈刺激性气味。熔点16.6℃,沸点117.9℃,相对密度1.0492(20/4℃),折光率1.3716。纯乙酸在16.6℃以下时能结成冰状的固体,所以称为冰醋酸。易溶于水、乙醇、乙醚和四氯化碳。当水加到乙酸中,混合后的总体积变小,密度增加。

三氯化磷❶　无色澄清液体。能发烟。溶于水和乙醇,同时分解并放出热。溶于苯、氯仿、乙醚和二硫化碳。相对密度(20/4℃)1.5740。熔点-112℃。沸点76℃。低毒,半数致死量(大鼠,经口)550mg/kg。有腐蚀性。

三、实验步骤

在装有搅拌器、回流冷凝管、温度计、滴液漏斗、冷水浴的250mL四口圆底烧瓶中,加入25g冰醋酸,然后开动搅拌慢慢滴加三氯化磷❷,滴加时间控制在30min以内,温度控制在40℃以下。加完三氯化磷,温度已降至室温以下,移开冷水浴,在室温下搅拌30min。然后慢慢升温至50℃,回流30min❸。继续升温,反应物约在30min内升至110℃❹。在110℃下保温2h,至无氯化氢产生为止。

将上层清液放出,下层产物移至蒸馏瓶中,加热到醋酸沸点附近约120℃,然后通入水蒸气蒸馏1.5~2h,蒸出水解产物醋酸,检查馏出液以无醋酸为止,反应结束。冷却产物至室温,称重。

四、实验时间

约为5h。

参 考 文 献

[1] 楼台芳.合成羟基乙叉二膦酸反应机理分析[J].水处理技术,1996,22(3):162-164.

---

❶ 三氯化磷在空气中可生成盐酸酸雾。对皮肤、黏膜有刺激腐蚀作用。短期内吸入大量蒸气可引起上呼吸道刺激症状,出现咽喉炎、支气管炎,严重者可发生喉头水肿致窒息、肺炎或肺水肿。皮肤及眼接触,可引起刺激症状或灼伤。严重眼灼伤可致失明。长期低浓度接触可引起眼及呼吸道刺激症状。可引起磷毒性口腔病。本实验必须在通风橱内操作并做好个人防护。

❷ 开始滴加三氯化磷时冒烟、温升快,后来此现象减缓,温度有下降趋势。

❸ 停止搅拌可见液体分两层,上层是乙酰氯的醋酸溶液,下层为亚磷酸。

❹ 此时上层是清亮的液体,下层为乳白状黏稠物。

实验四十四　甲壳多聚糖净水剂

本实验采用虾、蟹甲壳为起始原料，先用酸去除甲壳中的钙质得到甲壳素，再用碱进行脱乙酰处理得到壳聚糖。最后与活性炭、人造沸石混合制成净水剂。

一、实验目的

学习用甲壳质材料制备多聚糖净水剂的原理和方法。同时通过实验过程认识废弃物转变为可用资源的途径，从而树立环境保护概念。

二、原材料

甲壳：来自虾、蟹去肉后的剩余物，剔除残余的虾蟹肉，用水洗干净，晒干。破碎成 1～3cm 的碎块，备用。

活性炭：采用粒状工业活性炭，筛选颗粒度 80～100 目的颗粒备用。

人造沸石：也叫合成沸石。由碳酸钠、氢氧化钾、长石、高岭石等混合并熔融后制得的具有不规则结构的混合物，功能与天然沸石相似。筛选颗粒度 80～100 目的颗粒备用。

化学试剂：盐酸；氢氧化钠；高锰酸钾；亚硫酸氢钠；冰醋酸。

三、实验方法

1. 预备实验❶

取事先处理好的干燥甲壳碎片 100g，放入 500mL 烧杯中，加入 200mL 的 2mol/L 盐酸，浸渍 24h，间歇搅拌。其间根据脱钙效果补充盐酸❷。

2. 甲壳质制备

取上述脱钙完全的甲壳，过滤，用水洗至中性。将滤渣放入 250mL 烧杯，加入 100mL 质量分数为 10％的 NaOH 水溶液，加热至沸腾，煮 4h❸。趁热过滤，滤渣用于下一步实验❹。

3. 壳聚糖制备

将上面制得的甲壳质浸渍于 50mL 质量分数为 50％的 NaOH 溶液中，加热并不断搅拌，温度控制在 60～65℃，18h 后取样检测❺，到达终点后停止反应。过滤，滤渣水洗至中性，然后加入质量分数为 10％的醋酸溶液，放置 24h。过滤，所得滤液以质量分数为 40％的 NaOH 溶液调 pH 至 8，析出絮状物，过滤，分别用水和乙醚洗 2～3 次，晾干，即得到精制壳聚糖。

4. 粒状活性炭-壳聚糖复合体制备

取以上制备的壳聚糖，添加于 10mL 质量分数为 10％的醋酸溶液中，不断搅拌，至壳聚糖溶解成黏性溶液时❻，在继续搅拌下加入活性炭❻，搅拌混合均匀，得稠状物。然后于其中慢

---

❶ 本实验制备甲壳素的时间很长，为节省课堂实验时间，可以安排学生提前 1～2 天来实验室，花费 20min 做预备实验。

❷ 由于虾蟹壳来源不同，化学成分有差异，消耗盐酸的量很难精确计算，需要跟踪观察。加入盐酸后，正常反应有气泡逸出；当无气泡逸出时，添加新的 2mol/L 盐酸，如果重新冒泡，说明反应还没有完成，继续浸渍。反复上述操作，直到加入新酸后没有气泡逸出为止。

❸ 如果要完全脱乙酰，需要 4～5h，可根据课时把反应时间缩短为 2～3h，得到部分脱乙酰产物。使用效果差一些。

❹ 如果要得到甲壳素成品，需要继续进行以下操作：滤渣用水洗至中性。然后用 1％的高锰酸钾溶液于定温浸泡 1h，其间不断搅拌，氧化脱色，再用清水洗至中性。然后将脱色的甲壳质浸渍于 1％的亚硫酸氢钠溶液中搅拌约 1h，至高锰酸钾紫色完全消失后，过滤，水洗白色片状物，经干燥研磨即为含乙酰基的甲壳质。

❺ 终点判断。取正在反应的物料少许作为试样，水洗后放入 1.5％的醋酸溶液中，至能够基本溶解时为终点，否则继续反应，再次检查至合格为止。

❻ 按不同比例混合可以得到净化效果不同的净水剂。由于虾蟹壳来源不同，所得壳聚糖化学成分有差异，具体的混合比例需要试验确定。

慢加入 40% NaOH 水溶液,使之成为中性或略呈碱性时为止。放置使其凝聚沉淀,过滤,滤渣干燥,即得粉状活性炭-壳聚糖复合体。

5. 饮用水净水剂制备

把上面制备的粒状活性炭-壳聚糖复合体送造粒机中造粒,颗粒再经干燥,即得粒状活性炭-壳聚糖复合体。加入粒度为 60~80 目的人造沸石,按比例混合均匀❶,即得成品饮用水净化剂。

四、实验时间

0.5h＋24h＋4h＋24h＋2h。

参 考 文 献

[1]　赵金星,徐昕,赵丽宁等. 饮用水净化剂的制备[J]. 沈阳师范学院学报(自然科学版),2001,19(3):55-58.

---

❶　本实验时间很长,可以安排几次实验来完成。由于操作时间比较短,也可以在其他实验期间加插安排本实验。

第 12 章　纳 米 材 料

纳米材料（nano material）是指由极细晶粒组成、特征维度尺寸在 $1\sim100\text{nm}$ 范围内的一类固体材料，包括晶态、非晶态和准晶态的金属、陶瓷和复合材料等，是 20 世纪 80 年代中期发展起来的一种新型多功能材料。

由于极细的晶粒和大量处于晶界和晶粒内缺陷中心的原子，纳米材料在物化性能上表现出与微米多晶材料巨大的差异，具有奇特的力学、电学、磁学、光学、热学及化学等诸方面的性能。

纳米材料目前已受到世界各国科学家的高度重视。以纳米材料及其应用技术为重要组成部分的纳米科学技术，被认为对当代科学技术的发展有着举足轻重的作用。我国科学家钱学森指出："纳米左右和纳米以下的结构将是下一阶段科学技术发展的重点，会是一次技术革命，从而将引起 21 世纪又一次产业革命。"由于纳米科学技术具有极其重要的战略意义，美、英、日、德等国都非常重视这一技术的研究工作。美国国家基金会把纳米材料列为优先支持项目，拨巨款进行专题研究。英国从 1989 年起开始实施"纳米技术研究计划"。日本把纳米技术列为六大尖端技术探索项目之一，并提供专款发展纳米技术。我国组织实施的新材料高技术产业化专项中也将纳米材料列为其中之一。纳米材料正在向国民经济和高技术各个领域渗透，并将为人类社会进步带来巨大影响。

12.1　纳米材料的结构和特性

平常所使用的常规材料在三维方向上都有足够大的尺寸，具有宏观性。纳米材料则是一些低维材料，即在一维、二维甚至三维方向上尺寸极小，为纳米级，无宏观性，故纳米材料的尺寸至少在一个方向上是几个纳米长（典型为 $1\sim10\text{nm}$）。如果在三维方向上都是几个纳米长，为 3D 纳米微晶，如在二维方向上是纳米级的，为 2D 纳米材料，如丝状材料和纳米碳管；层状材料或薄膜等为 1D 纳米材料。纳米颗粒可以是单晶，也可以是多晶，可以是晶体结构，也可以是准晶或无定形相（玻璃态）；可以是金属，也可以是陶瓷、氧化物或复合材料等。纳米微晶的突出特征是晶界原子的比例很大，有时与晶内的原子数相等。这表明纳米微晶内界面很多，平均晶粒直径越小，晶界越多，在晶界面上的原子也越多；此外，晶粒越小，比表面积越大，表面能也越高。近几年来的研究结果表明，在纳米微晶内，所有的晶间区域包括晶界、三角结合处（即三个或更多的相邻晶粒的交线）甚为重要。晶界上原子的排列结构相当复杂，到目前为止还没能获得准确的结论。据分析认为，晶界上的原子排列类似于气态而不同于晶态或玻璃态。

正是由于纳米微晶在结构上与组成上的特殊性，使得纳米材料具有许多与众不同的特异性能，主要表现在以下几方面。

（1）力学性能　许多纳米金属的室温硬度比相应粗晶高 $2\sim7$ 倍，纳米材料具有更高的强度。例如 6nm 的纳米铁晶体的强度比多晶铁提高 12 倍，硬度提高了 $2\sim3$ 个数量级；纳米材料的韧性更大，如美国 Argonnel 实验室制成的纳米 CsF_2 陶瓷晶体在室温下可弯曲 100%。室温下的纳米 TiO_2 陶瓷晶体表现出很高的韧性，压缩至原长度的 1/4 仍不破碎。

（2）热学性能　一般纳米金属材料的热容是传统金属的 2 倍。直径为 10nm 的 Fe、Au

和 Al 的熔点分别由其粗晶熔点的 1540℃、1063℃和 660℃降到 33℃、27℃和 18℃。2nm 的金颗粒熔点仅为 330℃，比通常金的熔点低 700℃以上。纳米银粉的熔点只有 100℃。此外，纳米材料的热膨胀可调，可用于具有不同热膨胀系数材料的连接。

(3) 磁学性能　当晶粒尺寸减小到纳米级时，晶粒之间的铁磁相互作用开始对材料的宏观磁性有重要影响，使得纳米材料具有高磁化率和高矫顽力，低饱和磁矩和低磁耗纳米磁性金属的磁化率是普通金属的 20 倍，而饱和磁矩是普通金属的 1/2。

(4) 光学性能　各种纳米微粒几乎都呈黑色，它们对可见光的反射率显著降低，一般低于 1%。粒度越细，光的吸收越强烈，利用这一特性，纳米金属有可能用于制作红外线检测元件、隐身飞机上的雷达波吸收材料。

(5) 电学性能　电导率低，纳米固体中的量子隧道效应使电子运输表现出反常现象，例如，纳米硅氢合金中的氢含量大于 5%（原子分数）时，电导率下降 2 个数量级，并出现通道电阻效应。纳米材料的电导率随颗粒尺寸的减小而下降。

(6) 高扩散性　纳米晶体的自扩散速率为传统晶体的 $10^{16} \sim 10^{19}$ 倍，是晶界扩散的 100倍。高的扩散速率使纳米晶体的固态反应可在室温或低温下进行。

(7) 表面活性　随着纳米微粒粒径减小，比表面积增大，表面原子数增多及表面原子配位不饱和性导致大量的悬键和不饱和键等，使得纳米微粒具有高的表面活性，适于作催化剂和贮氢材料。例如，纳米晶 Li-MgO 对甲烷向高级烃转化的催化激活温度比普通 Li 浸渗的 MgO 至少低 200℃；又如，普通多晶 Mg_2Ni 的吸氢只能在高温下进行，低温吸氢需长时间或高压力，而纳米晶 Mg_2Ni 在 200℃以下，即可吸氢，无须活化处理。

12.2　纳米材料的一般制备方法

由于纳米材料具有独特的结构和特征，使其表现出一系列与普通多晶体和非晶物质不同的力学、磁、光、电、声等性能，使得对纳米材料的制备、结构、性能及其应用研究成为材料科学研究的热点。纳米材料的合成与制备包括粉体、块体及薄膜材料的制备，其制备方法有物理法、化学法、物理-化学法和机械法等，也可以按照制备环境进行分类。

物理法适用于制备纯金属纳米材料或金属合金纳米材料，应用较广的物理制备方法主要包括惰性气体凝聚原位加压成形法、机械合金化法、非晶合金晶化法、高压高温固相淬火法、大塑性变形法等。

采用化学法制备纳米材料主要有以下几种。

12.2.1　溶胶-凝胶法

溶胶-凝胶法是制备材料的湿化学方法中的一种，将易于水解的金属化合物（无机盐或金属醇盐）在某种溶剂中与水发生反应，经过水解与缩聚过程而逐渐凝胶化，再经干燥、烧结等后处理，制得所需纳米材料。其基本反应有水解反应和聚合反应。用此法制备出的球形 γ-Al_2O_3 和 α-Al_2O_3 粉末，平均粉径为 40nm 和 100nm，具有良好的压制性和烧结特性。对凝胶干燥后的产物进行还原处理，还可制备一些纯金属、纯金属-氧化物纳米颗粒体如 Fe-SiO_2、Ni-SiO_2、Fe-Cu、Co-Cu 等。此外，溶胶凝胶法还可用来制备纳米薄膜。溶胶-凝胶法通常是在室温合成无机材料，能从分子水平上设计和控制材料的均匀性及粒度，得到高纯、超细、均匀的纳米材料。该法可容纳不溶性组分或不沉淀组分。不溶性组分颗粒越细，体系化学均匀性越好。但该法制备出的球形凝胶颗粒之间烧结性差，块体材料烧结性不好，此外干燥时收缩大。

12.2.2 化学气相沉积法

化学气相沉积方法是将一种或者几种反应物通过高温加热形成蒸气，然后被惰性气流运送到反应器的低温区，或者通过快速降温使蒸气在一定基底上沉积下来，生长成为有序的纳米阵列。几种反应物在形成蒸气后发生了化学变化，所形成的一维纳米材料与前驱体反应物化学组成不同，一般在通入惰性气体的同时，还加入了另一种气体参与反应。纳米薄膜材料形成的基本过程包括气体扩散、反应气体在衬底表面的吸附、表面反应、成核和生长以及气相解吸、扩散挥发等步骤。化学气相沉积方法作为常规的薄膜制备方法之一，目前较多地被应用于纳米微粒薄膜材料的制备，包括常压、低压、等离子体辅助气相沉积等。利用气相反应，在高温、等离子或激光辅助等条件下控制反应气压、气流速率、基片材料温度等因素，从而控制纳米微粒薄膜的成核生长过程；或者通过薄膜后处理，控制非晶薄膜的晶化过程，从而获得纳米结构的薄膜材料。该工艺在制备半导体、氧化物、氮化物、碳化物纳米薄膜材料中得到广泛应用。早期的化学气相沉积方法主要利用的是大气压空间中的气相反应，后来逐步向减压化学气相沉积法、等离子体化学气相沉积法、光化学气相沉积法发展，并过渡到目前以真空空间中的气相反应为其主要形式。

因为无论是常压化学气相沉积还是减压的化学气相沉积，都是利用发生在基片表面的反应来制作薄膜，所以必须要求使基片温度达到数百甚至 1000 多度，但是许多基体材料根本经受不住化学气相沉积的高温，因此化学气相沉积的用途受到很大限制。

12.2.3 等离子体化学气相沉积法

等离子体可以定义为"离子、电子共存，整体呈电中性的物质状态"。在分子、原子、离子及电子存在的空间-等离子体中，被加速的带电粒子与中性粒子碰撞引起激发、解离或电离，产生辉光、新的电子和离子，以及大量的游离原子或原子团（称为活性基），它们具有非常强的化学活性。所以借助等离子体，可以使化学稳定性很强的物质成为具有化学活性的物质。用等离子体技术使反应气体进行化学反应，在基底上生成固体薄膜的方法称为等离子体化学气相沉积法。该方法区别于其他化学气相沉积法的特点在于等离子体的存在可以促进气体分子的分解、化合、激发和电离的过程，促进反应活性基团的生成，因而显著降低了反应沉积的温度范围，使得某些原来需要在高温进行的反应过程得以在低温实现。等离子体化学气相沉积法的反应过程与热化学气相沉积法的情况基本相同。但是等离子体化学气相沉积法具有更大的优越性。

12.3 无机纳米材料

纳米材料分别以粉末状态、多孔材料和致密化状态三种形式加以应用。金属纳米粉末可用作高弥散材料的弥散物。纳米晶金属粉末变成绝缘体，用于厚膜技术中，使得制备细长的导电隧道变为现实；多孔的纳米晶体烧结体具有特殊的和活性极强的表面，适合于作催化剂和大功率电容器；纳米晶体的致密块材有广阔的应用前景，除用于传统的结构材料外，作为晶面材料在强度上发挥了它的优势。纳米晶陶瓷在相对低的温度下具有良好的可塑性，易于成形。

12.3.1 化工催化材料

纳米粒子对催化氧化、还原和裂解反应都具有很高的活性和选择性，对光解水制氢和一些有机合成反应也有明显的光催化活性。国际上已把纳米粒子催化剂称为第四代催化剂。纳米催化剂具有高比表面积和表面能，活性点多，因而其催化活性和选择性大大高于传统催化剂。如用 Rh 纳米粒子作光解水催化剂，比常规催化剂产率提高 2～3 个数量级。用粒径为 30nm 的 Ni 作环辛二烯加氢生成环辛烯反应的催化剂，选择性为 210，而用传统 Ni 催化剂时选择性仅为 24；火箭发射用的固体燃料推进剂中，如添加约 1% 的纳米镍微粒，每克燃料的燃烧热可增加一倍。

12.3.2　陶瓷材料增韧改性

高强度铝基陶瓷中添加 0.01%～5%（质量分数）的 NiO 纳米粉，可提高材料的弯曲强度和结构强度。用作磁性滑动触头的非磁性陶瓷中，添加 5%～50% 的 NiO 纳米粉体，可使陶瓷具有与磁性薄膜相同的热膨胀系数和良好的选择性。另外，陶瓷材料通常是宏观脆性材料，当其晶粒尺寸达到纳米量级时，可变成宏观塑性材料，可加工性能明显改善，有望用于航天飞行器。

12.3.3　纳米雷达波吸收剂

隐身技术作为提高武器系统生存和突防能力，提高总体作战效能的有效手段，受到世界各军事大国的高度重视，隐身材料的发展和应用是隐身技术发展的关键因素之一。雷达波吸收材料是隐身材料中发展最快、应用最为广泛的材料，而制造吸波材料的关键是要有性能优异的雷达波吸收剂，它是吸波材料的核心，吸波材料主要靠吸收剂吸收和衰减雷达波。纳米材料由于具有特殊的光学性能，有可能实现高吸收、宽频带、质轻层薄、红外微波吸收兼顾等要求，是一种非常有发展前途的新型军用雷达波吸收剂。目前国内外研究的纳米雷达波吸收剂主要有纳米金属与合金吸收剂、纳米氧化物吸收剂、纳米碳化硅吸收剂、纳米金属膜/绝缘介质膜吸收剂等几种类型。

12.3.4　纳米结构软磁材料

纳米材料的磁学性质十分特殊，如单轴临界尺寸的强磁颗粒 Fe-Co 合金和氮化铁有极高的饱和磁化强度和较高的矫顽力，用它制成的磁记录介质材料不仅音质、图像和信噪比好，而且记录密度比目前的 γ-Fe_2O_3 高 10 倍以上。纳米晶软磁材料综合性能高于传统的坡莫合金和非晶态合金，目前已在工业上投入生产，在电源开关、继电器等上得到应用。

12.3.5　纳米涂层和刀具材料

利用纳米材料在高温下的高强、高韧、稳定性好的特点，可改造传统工具和工件。纳米涂层和刀具材料已进入市场，纳米结构的 WC-Co 已用作保护涂层和切削刀具，高能球磨或化学合成的 WC-Co 纳米合金已经工业化。芬兰、美国在普通工具钢刀具上覆盖了纳米涂层，其硬度可提高几倍，产品已进入市场。

12.3.6　复合纳米材料

纳米相复合材料发展很快，例如，含有 20% 超微钴颗粒的金属陶瓷是火箭喷口的耐高温材料；铝基纳米复合材料以其超高强度（可达 1.6GPa）为人们所关注。其结构特点是在非晶基体上扩散分布着纳米尺度的 α-Al 粒子。Al 基纳米复合材料已经商业化，雾化的粉末可固结成棒材，并加工成小尺寸高强度部件。类似的固结材料在高温下表现出很好的超塑性行为。用纳米颗粒制成的精细陶瓷，正在试用于陶瓷绝热涡轮复合发动机、陶瓷涡轮机、耐高温、耐腐蚀轴承及滚球等。

12.4　有机纳米材料

或许，纳米科技是从无机纳米材料的研究开始的，早期的研究主要集中在纳米粉体、纳米金属材料、碳纳米管等方面。然而，很快地纳米技术就迅速扩散到有机化学领域。

2002 年亚洲纳米会议在日本东京召开，历时 3 天。这是从 1996 年以来第 4 次召开的纳米会议，与会代表近 200 人，主要来自日本、中国、韩国。会议共收到 160 篇论文，其中有关纳米技术改进的文章占 5%，与有机纳米材料相关的占 34%，无机纳米材料占 27%，其他占 34%。上述统计结果表明，有机纳米材料现已成为人们研究的焦点。

随着纳米技术的不断发展，有机纳米材料因其新颖的光学、电学、催化、药物、生物等性能受到了越来越多的材料研究者的广泛关注。由于分子间作用的限制，有机小分子材料的熔沸点较低且易升华，多数无机纳米材料的制备方法并不适用于有机纳米材料。因此有机纳米材料，尤其是有机纳米晶体材料的制备受到限制。近年来，通过对有机纳米材料的深入研究，许多研究小组提出了一些简便可行的制备方法，虽然这些方法还不如制备无机纳米材料的方法完善，但是这些方法也攻克了许多在制备有机纳米晶材料上所遇到的困难，变得越来越成熟。

12.4.1　有机纳米材料的制备方法

(1) 再沉淀法　再沉淀法是快速地将含有目标物的溶液注入到另外一种溶解性较差的溶剂中，由于环境的突变使有机分子产生沉淀生成有机纳米颗粒。该方法的优点在于操作简便、灵活、周期短，受到广大研究者的青睐。利用这种方法制备了二萘嵌苯及其枝状物的纳米晶颗粒。也有报道采用再沉淀法制备有机纳米材料 N,N-2-邻羟苯亚甲基对苯二胺（p-BSP），将适量的 p-BSP 的四氢呋喃溶液快速注入水中，同时恒温搅拌，就得到了含有 p-BSP 纳米材料的溶液，再将溶剂挥发就得到了 p-BSP 有机纳米材料。再沉淀法对于制备 0 维和 1 维纳米材料是一种行之有效的方法，并得到广泛应用。

(2) 微乳液法　微乳液是两种互不相溶的液体形成的热力学稳定、各相同性、外观透明或不透明的分散体系，通常是由水溶液、有机溶剂、表面活性剂以及助表面活性剂构成，一般有水包油型和油包水型以及近年来发展的连续双包型。有人利用微乳法成功地制备了含有缩氨酸的固体油脂纳米材料，并研究了这种有机纳米材料的性质以及在控制药物释放方面的应用。也有人利用微乳液法合成制备了六边形截面的三（8-氧代喹啉）铝（Ⅲ）（简称 AlQ$_3$）纳米棒，并研究了不同表面活性剂与不同尺寸纳米棒的光学性质的关系，得出 AlQ$_3$ 纳米棒的尺寸和形态受表面活性剂的种类和浓度影响较大，但通过选择不同的表面活性剂即可对纳米颗粒的表面进行修饰，并能够控制纳米颗粒粒径的大小。利用水包油型乳状液，通过喷雾、分散等可以制备得到 40~70nm 的尼泊金丙酯有机纳米颗粒。

(3) 自组装法　自组装法一般包括液相自组装、有机凝胶自组装、溶剂挥发自组装。而用得较多的是溶剂挥发自组装，大多数有机材料溶解在某种溶剂中，会随着溶剂的蒸发而聚集和自组装，然而，这种自组装产物的尺寸、形态和均匀程度不容易控制。利用自组装法已经制备了形态可控的一维纳米材料 2,4,5-三苯基咪唑（简称 TPI）。一种简单有效合成一维有机纳米材料的新方法是简单的溶剂挥发法，可以一步实现纳米线的定向和图案化生长。该方法所生长的方酸染料纳米线长度约为几十个微米，直径在 1μm 以下；图案化纳米线的周期性间隔可以在 20~200μm 之间调控。周期性纳米线阵列也可生长在带有微电极的衬底上，直接制备纳米线器件阵列，从而大大简化了有机纳米线器件制备的程序，避免了常规纳米器件制备所需的复杂工艺。

(4) 模板法　模板法是一种通过目标材料按照模板的形状生长而直接制备纳米材料的方法。因此，通过这种方法可以较容易地控制纳米材料的形状和尺寸。模板法一般可分为软模板法和硬模板法。之所以称之为软模板是因为有机分子被溶解在液相中，包括胶束、生物分子、共聚体等，软模板法也就是常说的微乳液法。硬模板法主要是制备无机一维纳米材料的一种方法。

(5) 气相沉积法 气相沉积是一种制备纳米材料容易的、可行的方法，在制备一维无机纳米材料、聚合物薄膜、有机-无机纳米复合材料上取得了很大的成功。最近发展了一种吸附剂改进的物理气相沉积技术，显著改善了有机纳米材料的单分散性和结晶性，制备了尺寸均匀的有机小分子单晶纳米线。利用这种方法制备了有机小分子五苯基环戊二烯（简称PPCP）纳米带及其组装体。PPCP 在溶液以非晶薄膜状态发蓝光，但在被制成结晶的一维纳米带组装体之后，出现了多色发光的特性，在用紫外、蓝光、绿发 PPCP 纳米带时，可以分别得到蓝光、绿光以及红光的发射。将吸附剂改进的物理气相沉积法应用于掺杂的二元有机一维纳米材料的制备，也取得了成功，制备了三苯基吡唑啉（简称 TPP）及红荧烯均匀掺杂的一维结晶纳米结构，通过改变纳米材料中两种组分的比例，得到了发光颜色从蓝光到橙光连续可调的纳米线，并且在一定的比例下可得到白光发射的纳米线。以上研究成果有望为新型有机发光材料的设计与制备提供新的思路。

(6) 激光辐射法 激光辐射法是近几年兴起的制备纳米微粒的一种优良方法。该方法具有粒子表面清洁、大小可以精确控制、无黏结、粒度分布均匀等特点，并容易制备出几纳米的非晶态或晶态纳米微粒。该方法适用于溶于水或不溶于水的有机化合物，在应用中可以用水来替代有机溶剂，减少环境污染，是一种更加绿色、环保的制备有机纳米材料的方法。有报道用激光辐射法成功合成了有机纳米材料 VoPc 和 CuPc，研究了温度、辐射时间、表面活性剂的类型及表面活性剂的浓度对制备有机纳米材料 VoPc 和 CuPc 的影响。采用激光辐射法可以制备芳香族和染料有机纳米材料。激光辐射法不但是一种较好的制备有机纳米材料的方法，同时也是一种控制分子聚集结构的手段。利用激光辐射法通过调节波长、脉冲宽度、辐射能量、辐射时间以及溶剂就能控制纳米分子的分散度、分子大小及相转变。但该方法需要的仪器昂贵，操作相对复杂，在一定程度上限制了其在有机纳米材料制备中的应用。

12.4.2 有机纳米材料的特性

有机纳米材料除了具有无机纳米材料所具有的小尺寸效应、表面效应、量子效应、宏观量子隧道效应等基本性质外，还具有许多独特的物理、化学性质，例如催化性质、荧光性质、热学性质。

(1) 催化特性 有机纳米颗粒尺寸小，位于表面的原子占的体积分数很大，产生了相当大的表面能，随着纳米颗粒尺寸的减小，比表面积急剧增大，表面原子数及所占的比例迅速增大。由于表面原子数增多，比表面积大，原子配位数不足，存在不饱和键，导致纳米颗粒表面存在许多缺陷，使其具有很高的活性，容易吸附其他原子而发生化学反应。当纳米颗粒的尺寸降到 $1 \sim 10nm$ 时，电子能级由准连续变为离散能级，半导体微粒存在不连续的最高被占据分子轨道和最低未被占据的分子轨道能级，其能隙变宽，此现象即为量子尺寸效应。量子尺寸效应会导致能带蓝移，并有十分明显的变宽现象，使得电子/空穴具有更强的氧化电位，从而提高了纳米催化剂的催化效率。如并四苯有机纳米材料具有较大的表面积，对几种不同的有机分子，尤其是对染料分子具有很好的催化活性，是一种很好的催化剂。

(2) 荧光特性 很多有机纳米材料具有荧光放射特性。人们研究 N,N-2-邻羟苯亚甲基对苯二胺（p-BSP）有机纳米材料的发光机理后发现，p-BSP 有机纳米颗粒的荧光强度比其在溶液中增强了 60 倍以上。这些荧光有机纳米材料大部分都含有二苯乙烯官能团或者是二苯乙烯的衍生物。这种荧光放射现象是由荧光团聚合体分子内和分子间作用形成的。分子内作用包括构象的旋转和生色团的旋转。最近报道了一种纳米粒子，这种纳米粒子可以同时探测两种金属离子，这种纳米粒子是以 CdSe 和 ZnS 量子点为核，外面接枝一发色体，起到了良好的效果。

（3）**热学特性**　有机纳米材料具有特殊的热学性质，在玻璃化转变温度 T_g 和热容方面不同于玻璃和液体，这种性质是由纳米颗粒的小尺寸效应造成的。随着有机纳米颗粒尺寸的减小，它们的 T_g 和热容差别减小，但相比熔化转变而言这种尺寸效应要弱得多。

（4）**生物特性**　有机纳米材料的生物特性应用已趋于成熟。比如一种基于"阴离子"的有机纳米粒子吡罗昔康抗炎药，研究表明相对于常规药物有机纳米材料的发射光谱具有明显的红移特性。有机纳米粒子萘-硫脲-噻二唑（NTTA）具有对银粒子的荧光高选择性，可用于生物粒子性检测。

由于有机纳米材料所具有的独特性质，有机纳米材料可用于有机发光二极管（OLED）、化学传感器、生物标记、高效催化、新型的荧光材料、非线性光学、高密度信息存储等。现在越来越多的人已把目光转移到有机纳米材料的功能化、量子点和有机纳米材料杂化这一研究上来，并取得了一定的成就。纳米技术的应用研究正在半导体芯片、癌症靶向诊断治疗、光学新材料和生物分子追踪四大领域高速发展。相信在不久的将来，有机纳米材料在癌症靶向诊断治疗、生物追踪等方面将会起到至关重要的作用，有机纳米材料将会有更广阔的发展前景。

12.5　几种有机纳米材料简介

12.5.1　四苯基卟啉铟纳米光敏材料

金属卟啉是卟啉及其衍生物与金属离子的配位化合物。金属离子的加入增强了卟啉环的对称性与轴向配位作用，使金属卟啉在很多方面的应用价值比非金属卟啉更高。

四苯基卟啉铟纳米材料可以利用自组装方法制备。苯甲醛与吡咯在二甲苯中反应，以对硝基苯甲酸为催化剂，生成 5,10,15,20-四苯基卟啉（TPP）。反应方程式如下：

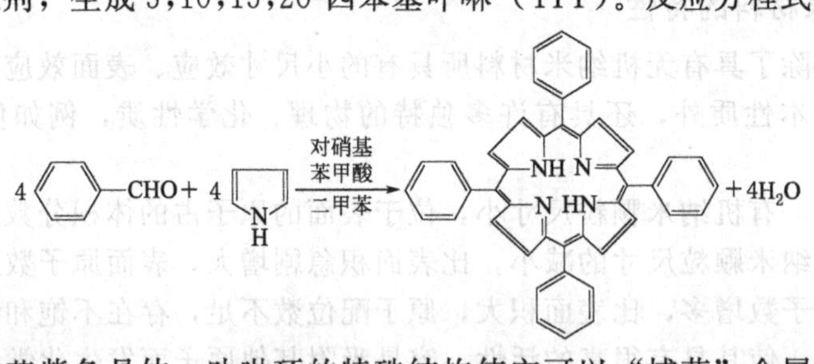

四苯基卟啉是蓝紫色晶体。卟啉环的特殊结构使它可以"捕获"金属离子而形成稳定的金属络合物。利用这一性质，可以将结晶 TPP 溶解在 N,N-二甲基甲酰胺（DMF）里，加入醋酸铟，加热回流同时不断蒸出 DMF，得饱和溶液。再向其中注入纯水，产物以砖红色絮状沉淀析出，经抽滤、洗涤和干燥就得到 5,10,15,20-四苯基卟啉铟（InTPP）。将 InTPP 用二甲基亚砜（DMSO）配制成溶液，迅速注入到蒸馏水中并进行快速搅拌，保持温度恒定一段时间，获得自组装铟卟啉纳米分散体系。

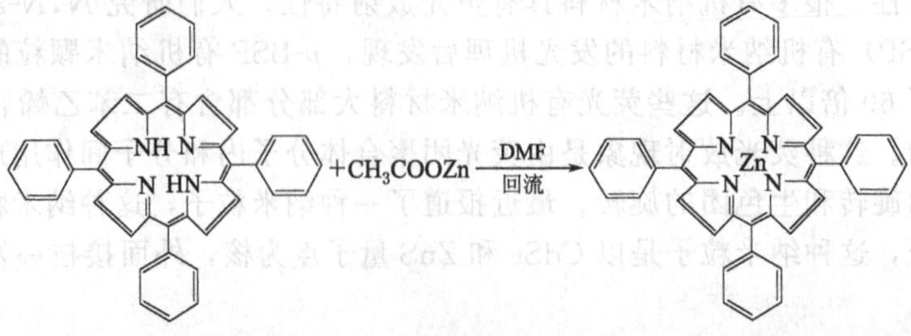

通过自组装法在最优温度条件下制得的四苯基卟啉铟纳米材料，其粒径宽度为 100～200nm。利用紫外-可见光谱分析铟卟啉单体与纳米材料光学性质的差别，发现在紫外-可见光谱中，铟卟啉纳米分散体系的 Soret 带吸收峰从原来的 423nm 分别红移到 433nm 和 453nm（见图 12-1），吸光值明显减小，峰形呈劈裂状且明显变宽。利用紫外-可见光谱对铟卟啉的光学检测性能进行了研究，将铟卟啉单体和纳米溶液体系对低浓度甲基膦酸二甲酯（DMMP）的检测效果进行了对比，结果显示铟卟啉纳米溶液体系的检测效果明显优于单

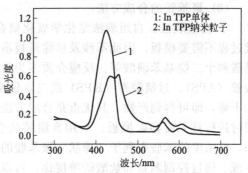

图 12-1 铟卟啉纳米分散体系的
Soret 带吸收峰从原来的 423nm
分别红移到 433nm 和 453nm

体。表明纳米卟啉在微痕量检测方面有巨大的潜在应用价值，可以作为敏感材料设计传感器。

12.5.2 聚苯胺纳米材料

20 世纪 70 年代末期，首次发现了导电聚合物聚乙炔（PA），打破了聚合物都是绝缘体的传统观念。这是一次具有划时代意义的事件，开辟了一个极具应用前景的崭新领域——功能高分子材料。为了表彰导电高聚物学科的开创者，美国的 A. G. MacDiarmid 和 A. Heeger 教授以及日本的 H. Shirakawa 教授获得了 2000 年诺贝尔化学奖。

在众多导电聚合物材料中，聚苯胺（PANI）因其原料易得、制备过程简单、易制备不同形貌的纳米级产物，并具有掺杂/解掺杂过程可逆、导电性能良好、电化学性质稳定和环境稳定性好等优点，成为目前最受关注的导电聚合物之一。随着对聚苯胺纳米材料制备及性能研究的逐步深入，科研人员研出许多可控产物形貌的合成方法，并制得了多种具有特殊二维和三维形貌的聚苯胺纳米材料。

（1）聚苯胺的结构　诺贝尔化学奖获得者 A. G. MacDiarmid 于 1984 年首先提出了聚苯胺可相互转化的 4 种形式，并认为无论用化学氧化法还是电化学方法合成的导电聚苯胺均对应于理想模型的 2S（见方程式 A）。

$$\tag{A}$$

后人通过分析聚苯胺的 IR 和喇曼光谱，确认了醌环的存在并证明了苯、醌环的比例为 3∶1（见方程式 B）。

$$\tag{B}$$

同时，A. G. MacDiarmid 等人修正之前的模型，将聚苯胺的结构概括为：

$$\tag{C}$$

其中 y 表示聚苯胺的氧化程度。当 $y=1$ 时，对应于还原态聚苯胺；当 $y=0$ 时，对应于氧化态聚苯胺；当 $y=0.5$ 时，对应于本征态聚苯胺。显然，$y=0.5$ 时苯、醌环的比例为 3∶1，与式（B）相同。目前，这一理论已被广泛认可。

（2）聚苯胺的合成方法

① 自组装法。自组装法是化学氧化聚合法中应用最为广泛的聚苯胺合成方法之一。合成过程不需要模板，因此不涉及移除模板步骤。但反应中常加入表面活性剂，如两亲性丁烷磺酸和十二烷基苯磺酸等。反应介质多为盐酸、硫酸、磷酸或醋酸等酸性水溶液，常以过硫酸铵（APS）、过硫酸钾（KPS）或三氯化铁（$FeCl_3$）为氧化剂。反应完成后经过滤、洗涤和干燥，即可得到产物。其优点是合成方法简单、反应条件便于控制、苯胺聚合与掺杂过程同时进行且无需移除模板。采用自组装法合成聚苯胺时，以 APS 为氧化剂，在 HCl 介质中，低浓度的苯胺有利于"棒状"聚苯胺的生成，而较高浓度的苯胺有利于"片状"产物的生成；通过控制苯胺和盐酸的浓度比，可以制得形貌规整的"纤维状"聚苯胺纳米材料。而以 $FeCl_3$ 氧化苯胺时，在 HCl、H_2SO_4、H_3PO_4 或 HF 介质中，均可得到直径较小的聚苯胺纳米纤维。此外，高碘酸（H_5IO_6）具有强氧化性，也可用于苯胺氧化，制得的聚苯胺纳米材料导电率可达 100S/cm。另外，通过自组装法还可以制得"立体"形貌的聚苯胺纳米材料，如"向日葵"状、"菊花"状、"丹果"状、"脑"状和"箱"形的聚苯胺纳米材料。

② 界面聚合法。界面聚合利用"油/水"界面将苯胺与氧化剂分离，二者在相界面接触并发生氧化反应。反应前，苯胺单体溶解于有机相中（如 CCl_4、CS_2、苯和甲苯等），氧化剂和掺杂酸（如 HCl、HNO_3 和 H_2SO_4 等）溶解于水相中，反应仅发生在两相界面处。随着反应的进行，在相界面处反应物浓度不断降低，促使未反应的苯胺和氧化剂由于浓度差而不断扩散至相界面，从而保证反应的连续进行，直至反应物消耗完毕。反应生成的聚苯胺由于在有机溶剂和水中的溶解度差异，不断向水相移动。界面聚合的两相界面既是苯胺与氧化剂的接触面又是反应面，从而控制了聚合反应发生的剧烈程度，避免了苯胺的过度氧化和二次生长，有利于规整形貌的聚苯胺纳米材料的合成。界面聚合的优点是产物的合成和纯化较为简便，无需移除模板；产物形貌规整，一致性很高；聚合反应的规模可控，重现性好。

③ 直接混合法。采用直接混合法合成聚苯胺纳米材料时通常在室温下进行，且不控制反应温度。以掺杂酸溶液作为溶剂，将苯胺和氧化剂分别配成溶液，再将二者在室温下迅速混合，静置反应一定时间，反应液经纯化处理后，即可得到产物。通过简化反应的控制条件，提高聚苯胺纳米材料的产量，节约制备成本。

④ 简化无模板法。在无酸条件下，采用多种氧化剂，如 $FeCl_3$、$Fe_2(SO_4)_3$、$CuSO_4$ 和 $Ce(SO_4)_2$ 等，均可合成聚苯胺纳米材料，该方法称为简化无模板法（STFM）。采用 STFM 法合成聚苯胺时，以 $FeCl_3$ 为氧化剂，可得到直径较小的聚苯胺纳米纤维，而在反应体系中加入十六烷基三甲基溴化铵（CTAB）可制得平均直径为 60nm、长约 $10\mu m$ 的超长聚苯胺纳米线。

⑤ 非均相聚合法。非均相聚合通常是先将反应单体分散在水溶液中并利用机械搅拌或超声波振荡等方法，使单体形成具有一定直径的液滴，再利用表面活性剂改性，使形成的液滴能稳定悬浮分散于溶液中。链反应引发剂通常溶解于连续相中，而聚合反应则被限制在液滴中进行，从而实现对产物尺寸和形貌的控制。非均相聚合法可分为乳液聚合、胶束聚合、悬浮聚合、分散聚合和溶胶-凝胶聚合等。根据乳液滴或悬浮微粒的尺寸，又可分为乳液聚合、微乳液聚合、悬浮聚合和微悬浮聚合；根据溶液的类型是"水包油"或"油包水"，乳液、微乳液和胶束聚合又有正相聚合和反相聚合之分。其中，悬浮和微悬浮聚合产物直径较大，通常为 $1\sim500\mu m$；乳液、微乳液聚合产物直径较小，可达 $5\sim500nm$。

⑥ 电化学聚合法。电化学聚合法也是合成聚苯胺较常用的方法之一。该方法通过选择适当的电化学合成条件，使苯胺在邻近电极表面处发生聚合反应并黏附或沉积在电极表面，从而得到聚苯胺薄膜或粉末。电化学聚合法可分为恒定电压法、恒定电流法、循环伏安法和

脉冲恒电位法。电化学聚合法也可分为"模板法"和"无模板法"。通过调节电流、电压或反应时间等因素，均可很好地控制产物形貌（直径、长度和尺寸等）。电化学聚合体系多为三电极系统，主要由电解液、工作电极、对电极、参比电极和电化学工作站组成。常用的工作电极为铂片、阳极铝氧化物和铟锡氧化物玻璃（ITO）等，对电极多采用铂电极，而参比电极为饱和甘汞电极或标准 Ag/AgCl 电极。电化学聚合法受电极面积制约，不便于大规模生产形貌规整的聚苯胺纳米材料。同时，反应完成后从电极表面转移聚苯胺的过程有可能导致产物形貌发生变化。因此，电化学聚合法多用于聚苯胺复合材料的实验室研究。

⑦ 模板法。模板合成法是最有效、最简便的制备纳米结构的方法之一，在制备科学上占有非常重要的地位。采用模板法合成聚苯胺纳米材料的一般步骤为先将模板（多孔氧化铝膜、沸石和多孔膜等）浸入溶有苯胺单体的酸性溶液中，再通过氧化剂（APS 和 KPS 等）、电极电位或其他方式引发聚合链反应。反应进行一段时间后，模板的孔径中会生成直径略小的聚苯胺纳米材料。模板法的优点是产物的形貌和尺寸易于控制，有效地防止了分子链间的相互作用、交联以及结构缺陷的产生。然而，模板法在反应完成后，需要用碱液等试剂移除模板，模板的溶解往往会导致孔径中的纳米材料因失去支撑而相互团聚，而且碱性环境会导致聚苯胺解掺杂，改变产物的原有形貌。因此，近年来对模板法合成聚苯胺纳米材料的研究越来越少。

（3）纳米级聚苯胺的应用　不同形貌的纳米级聚苯胺具有不尽相同的物理、化学性质，经一定方法处理后，可制得各种具有特殊功能的设备和材料。这些材料可以用于制造生物或化学传感器、电子场发射源、电极材料、选择性膜材料、防静电和电磁屏蔽材料以及防腐材料。

12.5.3 多糖类纳米材料

糖类是自然界最丰富的生物分子，也是生物体中一系列生命过程的基本元素。除了可以组成生命体的结构并为之提供能量，糖类还可以通过其与蛋白质、核酸、脂质和其他分子之间的相互作用来广泛介导生命体系中的识别过程，例如细胞通讯和迁移、肿瘤的产生和发展、免疫应答、受精、细胞凋亡和感染等。但研究这些过程往往有诸多困难，主要有两方面：一是参与这些过程的糖链结构复杂，而且在细胞中的含量少；二是与糖相关的生物作用往往亲和力很低，难以监测。不过随着糖合成技术、糖链分析方法及纳米技术的极大发展，与糖相关的生物作用研究已成为近年来的热点话题。

以蛋白质、多肽、脂质体和合成聚合物为载体的连有糖的复合物的研究已有大量文献报道。而纳米材料作为糖的载体自 2001 年第一次合成糖功能化的金纳米微粒以来逐渐发展起来，相关报道逐渐增多，并且显示出在生物医学成像、诊断及治疗方面有很大的应用潜力。与用其他分子作载体相比，纳米微粒可以通过调节其大小和形状来调节其表面的配体密度，此外纳米微粒还有独特的光、电、磁、机械及化学活性。这些性质使得糖纳米微粒不仅可以用于研究与糖相关的生物作用，还可以用于细胞成像及肿瘤细胞靶向的药物输送。

（1）糖与纳米材料键连方式及其合成方法　非共价连接主要是以静电库仑力、疏水相互作用、氢键等非键相互作用的方式实现的。例如羧甲基葡聚糖和聚赖氨酸保护的 CdSe-ZnS（QDs），带负电的羧甲基葡聚糖与带正电的聚赖氨酸通过静电相互作用使前者吸附到 QDs 上。用 Au、Ag、Pt 和 Pd 制备相应的金属壳聚糖的复合物时用壳聚糖作为还原/稳定剂，金属纳米微粒因壳聚糖表面的静电作用而稳定。使用糖脂官能团化碳纳米管，糖缀合物、自组装的碳纳米管束可以剥落开，得到单个官能团化的纳米管。

物理吸附是随机与无序的。此外，非共价连接作用力不强，在生物分子相互作用过程中会导致非共价键断裂，以至于产生非特异性和意想不到的目标分子的相互作用。这些都会极大地影响其在生物传感和生物识别中应用的特异性与灵敏性。所以现在的科学家更倾向于共价连接的方式。共价连接的糖纳米微粒主要有三种类型，即金、银糖纳米微粒，半导体糖量子点和磁性糖纳米微粒。

金纳米粒子由于其制备容易，十分稳定，而且可重复性好，成为众多纳米材料中使用最广泛的载体材料。不同大小、形状和可控分散度的金纳米粒子现在已经可以通过简单的两相合成法很容易地制备出来。用硫醇配位体，借助金和硫的亲和性把金强力连接，再把金盐（$AuCl_4^-$）从水溶液中转移至甲苯中，然后在十二硫醇存在下用 $NaBH_4$ 还原（见图 12-2）。这种方法能够简易地合成对热学和空气稳定的金纳米微粒，并能够减少其分散度和控制粒径。

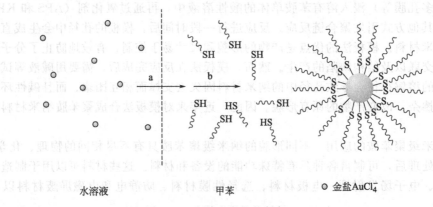

图 12-2　金纳米微粒的制备（一）

利用上述方法已经制备了肽、蛋白质、DNA 功能化的金纳米微粒。另一个事例是先合成烷基硫醇衍生的抗原决定基 Lewis^X 三糖，然后在这个衍生物存在的条件下用 $NaBH_4$ 还原 $HAuCl_4$（见图 12-3）。

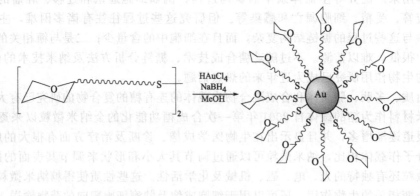

图 12-3　金纳米微粒的制备（二）

受纳米材料的影响，当前制备糖纳米材料的方法一般都要求糖是衍生化的。而合成未衍生化的糖纳米微粒则成为一个挑战。目前的方法是采用光引发的反应，将未衍生化的糖连接到纳米微粒上。首先将功能化的全氟苯基叠氮（PFPAs）通过—SH 连接到纳米微粒表面，PFPAs 上的叠氮在紫外光作用下生成高度活性的韧质，可以容易且高效地在室温下插入C—H 键，进而与糖连接（见图 12-4）。

（2）糖纳米微粒的应用　糖的作用力一般很弱，但可以通过多配体呈现来补偿这种弱作用力。糖与凝集素相互作用的多价效应的发现，极大地促进了糖纳米材料领域的发展。一种

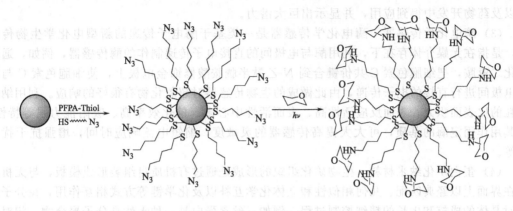

图 12-4　糖纳米微粒的制备

方法就是将许多糖分子装配到纳米微粒的表面上。首先，这种递呈多个配体与蛋白质作用的方式使它们之间的作用力得到极大加强；其次，糖纳米微粒与许多生物分子在同一大小范围内，它们可以模仿细胞表面的糖被，而作为生物细胞的良好模型；最后，由于量子尺寸效应，糖纳米微粒有着不同寻常的物理性质，可以用于特异性地探测这些相互作用。糖纳米微粒的这三个性质使得其在研究糖-糖之间、糖-蛋白质之间的相互作用方面有很大的优势，并且已经广泛应用到生物标记和生物医药中。

12.5.4　蛋白质基纳米材料

很多生物现象发生在纳米水平，例如核酸和蛋白质即是执行生命功能的重要纳米成分，是最好的天然生物纳米材料。蛋白质是由 α-氨基酸按一定顺序结合形成多肽链，再由一条或一条以上的多肽链按特定方式组合而成的高分子化合物。整个生物界中已知存在的蛋白质总数逾百万种，它们与各种形式的生命活动紧密联系在一起，机体中的每一个细胞和所有重要组成部分都有蛋白质参与，蛋白质是细胞中最丰富的生物分子，蛋白质构建的分子机器，在细胞中大量存在。

蛋白质分子具有内在的自组装能力、高选择特性和生物相容性，其自组装体系既保持了蛋白质的生物功能，又实现了在分子水平上控制分子排列。例如，通过对蛋白质残基的适当配对与定位可制造具有特殊识别能力的人造大分子；通过氢键、静电相互作用、疏水相互作用等次级键的作用，可构筑许多蛋白质的特殊结构，以满足不同的纳米工程材料的需求。蛋白质基纳米材料的研究，不仅涉及蛋白质的结构与功能，而且还涉及相变、识别、结合、特殊因子的释放、电化学信号的产生与传导、生物力学与热力学特征等。

（1）蛋白质包装材料　蛋白质分子具有溶解、凝胶化、弹性、乳化和凝聚等功能特性，在介质中可自发迁移在油-水或水-油界面上。当蛋白质分子在界面上移动时，分子与分子间的亲水基与亲水基、亲油基与亲油基结合在一起，形成较强的黏弹性膜。此外，蛋白质还显示出良好的气阻隔性和低水蒸气渗透性，这些特性适用于制备包装材料，特别是食品包装材料。用蛋白质制备的纳米复合包装材料无毒，降解性好。

（2）蛋白质芯片　蛋白质的研究是揭示生命现象本质的关键，作为纳米生物技术，蛋白质芯片技术为进行蛋白质的研究、检测提供了新的手段。蛋白质芯片包括蛋白质阵列芯片、构象型蛋白质芯片、SELDI 蛋白芯片和光学蛋白芯片等几种。其中蛋白质阵列芯片是在保持蛋白质结合识别的天然活性的条件下，将不同的蛋白质分子制备成像 DNA 微阵列一样精确排列的蛋白质微阵列，其具有高灵敏度和高特异性，是一种可用于生物学研究的大规模、高通量的重要分析技术。近年来，蛋白质阵列芯片技术已经在蛋白质组的功能研究、疾病诊断以及药物开发中得到应用，并显示出巨大潜力。

（3）酶电化学传感器 酶电化学传感器是一类基于酶电子传递的新型电化学生物传感器，是指在无媒介体存在下，利用酶与电极间的直接电子传递制作的酶传感器，例如，通过碳化二亚胺，把细胞色素 C 共价键合到 N-乙酰半胱胺酸修饰金电极上，使细胞色素 C 与修饰电极间进行直接的电子传递，由此做成的生物传感器对超氧化物有很好的响应。利用纳米颗粒的比表面积大、表面反应活性高、表面活性中心多、催化效率高、吸附能力强等特性，将其用作固定酶的基质，可大大提高传感器的灵敏度，缩短电流响应时间，增强抗干扰能力等。

（4）蛋白矿化纳米材料 生物矿化组织的形成是通过有机质自组装形成模板，与无机粒子在界面上以经典匹配、几何相似性和立体化学互补以及化学键等方式相互作用，在分子水平对晶体的成核和生长的精细控制过程。例如，丝素蛋白是一种天然高分子聚合物，相对分子质量高达 370000，无免疫原性，具有生物相容性，可降解，适用于组织工程支架材料，以其为模板，以硝酸钙和磷酸钠为前驱体，生成丝素/羟基磷灰石（SF-HA）矿化材料，其颗粒尺寸在 50～200nm 之间，并呈现一定的长轴取向性，抗压强度超过 30MPa，可作为非承力部位骨组织缺损修复替换材料。

（5）纳米载体 近来，一些蛋白质已被用来制备固定化细胞、酶和抗体的载体。例如，以丝素蛋白纳米颗粒为载体，用戊二醛为交联剂可制成丝素纳米颗粒-L-天冬酰胺酶生物结合物。磁性纳米粒子的粒径小，悬浮稳定性较好，且可在外磁场作用下定位。将载有药物分子的、蛋白质复合的磁性纳米粒子注射到生物内，在外加磁场的作用下，通过纳米颗粒的磁性导向性可使药物更准确地移向病变部位，增强靶向性。精确的靶向定位给药能减少药物对正常细胞的伤害，提高药物的疗效。蛋白质复合磁性纳米药物载体具有低毒的优点，可在治疗结束后自然排泄。

（6）蛋白质纳米薄膜 蛋白质纳米薄膜一般可通过层层累积自组装技术制备。层层累积自组装技术是近几年来发展起来的一种在带电基体表面构建多层复合薄膜的新方法，其步骤简单，适用的材料较多，已受到人们的广泛关注。此技术即是在静电引力或共价键的作用下，通过在基体表面交替吸附酶和另一种电解液而形成完整致密的自组装复合薄膜。这种基体可以是电极或是经过处理使之带电的石英玻璃、载玻片、普通玻璃等。由其构成的微胶囊可用于药物智能控释；某些活性物质，如蛋白质或 DNA 等，也不会在成膜过程中失去生物活性，可在生物传感器、生物工程等领域得以应用；用含功能基的聚离子吸附或功能物质掺杂，可制得化学传感器、积分光学器件、智能开关等。

层层累积自组装制备多层超薄膜的过程如图 12-5 所示。

12.5.5 纳米医药制剂

近几年来纳米技术已在药物制剂领域进行了广泛深入的研究，并已取得可喜的结果，这是药物制剂领域的一次技术飞跃。纳米技术可制成载药纳米微粒或纳米药物。目前虽然处于设想和实验阶段，但已有部分药物制剂达到靶向性控释用药，在增加药效和降低药物的毒副作用方面成效是显著的。

纳米医药制剂的突出优点是具有"智能"。所谓智能化药物制剂，是指能依据病理变化将药物送到指定的病变部位，发挥出药物的最大疗效，而把正常组织的伤害降到最低限度，该类药物制剂广泛用于固态肿瘤的治疗，同时能控制药物的释放速度，使血药浓度稳定在安全有效的范围。最近有人发现聚氨基胺（PAMAM）具有广泛活性纳米结构，能精确控制其微粒大小、外形和功能基团的放置，可用作质粒 DNA 载体，而用取代 β-环糊精作赋形剂 PAMAM/DNA 复合物的转染效率再提高 200 倍。新的药物制剂的特点是药物能主动或被动

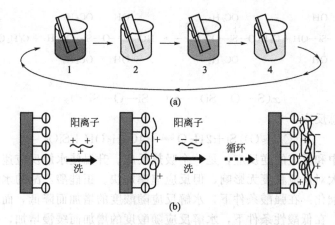

图 12-5 层层累积自组装制备多层超薄膜的过程

1、3 分别是蛋白质溶液离子（聚电解质）和带相反电荷的离子聚电解质，2、4 是纯水或缓冲液。带静电基体在聚阴离子和聚阳离子水溶液中循环浸泡，其表面特性的改变如图 12-5(b) 所示。静电排斥和高分子链间的范德华引力相互竞争，决定了单层膜厚。清洗是为了洗去黏附的聚离子和小分子电解质离子。整个过程既可人工操作，也可自动控制

地流向或滞留在靶位，并且根据病理变化决定药物的释放速度。如肝细胞上存在糖蛋白复体，因此采用糖蛋白作药物载体可将药物导向肝细胞；又如利用肿瘤单克隆抗体将药物导向肿瘤细胞。智能化药物制剂是当前药学界研究的核心内容。

参 考 文 献

[1] 李明怡. 纳米材料应用现状及发展趋势 [J]. 世界有色金属，2000，(7)：20-24.
[2] 胡仲禹等. 有机纳米材料的研究进展 [J]. 化工新型材料，2011，39 (2)：16-19.
[3] 侯长军等. 四苯基卟啉铟纳米材料的制备及其光学传感性能研究 [J]. 功能材料，2011，42 (6)：1155-1158.
[4] 付杰，高正泉，朱坤等. 糖纳米材料的研究进展 [J]. 生命科学，2011，23 (7)：695-702.
[5] 姜晓琳，李祯等. 蛋白质基纳米材料的研究进展 [J]. 应用化工，2011，40 (1)：137-145.
[6] 李程，杨小刚等. 聚苯胺纳米材料的合成与应用 [J]. 微纳电子技术，2011，48 (2)：92-97.

实验四十五　水解法制备纳米二氧化硅

SiO_2 是一种无毒、无味、无污染的非金属材料。纳米 SiO_2 由于颗粒尺寸的微细化，比表面积急剧增加，具有许多独特的性能和广泛的应用前景，如特殊光电特性、高磁阻现象、非线性电阻现象，高温下仍具有高强、高韧、稳定性好等奇异特性。另外，二氧化硅因其光学透明性、化学惰性、生物兼容性等，在现代新材料、组合纳米材料中担当重要角色。许多科研工作者用单分散 SiO_2 微球作核或壳制备出了很多性能优良的新材料。

纳米 SiO_2 可以采用正硅酸乙酯水解得到。正硅酸乙酯水解过程如下：

第一步：水解反应

$$Si(OC_2H_5)_4 + 4H_2O \Longrightarrow Si(OH)_4 + 4C_2H_5OH$$

第二步：缩合反应

$$\underset{\underset{OH}{|}}{\overset{\overset{OH}{|}}{HO-Si-OH}} + \underset{\underset{OH}{|}}{\overset{\overset{OH}{|}}{HO-Si-OH}} \longrightarrow \underset{\underset{OH}{|}}{\overset{\overset{OH}{|}}{HO-Si-O-Si-OH}} + H_2O$$

$$\underset{\overset{|}{OH}}{\overset{OH}{|}}{HO-Si-OH}+\underset{\overset{|}{OC_2H_5}}{\overset{OC_2H_5}{|}}{C_2H_5O-Si-OC_2H_5} \longrightarrow \underset{\overset{|}{OH}}{\overset{OH}{|}}{HO-Si-O-}\underset{\overset{|}{OC_2H_5}}{\overset{OC_2H_5}{|}}{Si-OC_2H_5}+C_2H_5OH$$

第三步：聚合反应

$$x(Si-O-Si) \longrightarrow (-Si-O-Si-)_x$$

正硅酸乙酯水解总反应：

$$(C_2H_5O)_4Si+2H_2O \Longrightarrow 4C_2H_5OH+SiO_2$$

水解反应是中和反应的逆反应，是一个吸热反应。升温使水解反应速率加快，反应程度增加；浓度增大对反应程度无影响，但反应速率加快。正硅酸乙酯的水解既可以被酸催化，也可以被碱催化。在强酸条件下，水解反应随酸度的增加而降低，而缩合反应则随酸度的增加而完全。在低酸性条件下，水解反应随酸度的增加而缓慢增加，但不完全，而脱水反应随酸度的增加而完全。在碱催化下，当正硅酸乙酯在极稀的浓度中水解时，显示水解反应是一级反应，其反应速率取决于正硅酸乙酯的浓度。但当正硅酸乙酯的浓度增大时，此反应并不总是简单的一级反应，而变成了复杂的二级反应。

本实验采用正硅酸乙酯 $(C_2H_5O)_4Si$ 在碱催化下水解制备纳米二氧化硅。

一、实验目的

1. 了解水解法制备纳米材料的原理和方法。加深对水解反应影响因素的认识。

2. 熟悉激光粒度测定仪、真空烘箱、酸度计的使用。

二、原料

仪器：真空烘箱，激光粒度测定仪，酸度计，电磁搅拌器，200mL 锥形瓶，多用滴管等。

试剂：正硅酸乙酯 $[(C_2H_5O)_4Si]$，AR；氨水 AR；无水乙醇 AR。

三、实验步骤

在带电磁搅拌的锥形瓶中加入 50g 无水乙醇，加入 4g 去离子水，然后用氨水调节 pH 值为 8.0，以酸度计监测，搅拌 5min。然后配制含 3% $(C_2H_5O)_4Si$ 体积比的乙醇溶液 100mL，充分搅拌均匀后，在搅拌下以尽量慢的速度滴加入锥形瓶中，滴加时间 40～60min。滴加完后反应 1h，取样测定其粒度。

考察水解液 pH 值的影响：改变上述锥形瓶中水解液的 pH 值，分别为 8.5、9.0、9.5、10；用激光粒度测定仪测定粒径，绘制 pH-粒径图。

考察正硅酸乙酯含量影响：改变乙醇溶液中正硅酸乙酯含量，分别使之变为 4%、5%、6%，用激光粒度测定仪测定其粒径，绘制含量-粒径图。

将含有纳米二氧化硅的醇溶液在真空烘箱内干燥，分离最后得到固态纳米二氧化硅。

四、产品鉴定

① 利用傅立叶红外光谱仪表征二氧化硅。

② 利用电子显微镜和 X 射线衍射仪对所制备得到的二氧化硅进行结构分析。

五、实验时间

本实验大约需要 5h。

参　考　文　献

[1] 庞久寅等. 水解法制备纳米二氧化硅和表征 [J]. 胶体与聚合物, 2007, 25 (3)：12-14.

[2] 符远翔等. 单分散纳米二氧化硅的制备与表征 [J]. 硅酸盐通报, 2008, 27 (1)：154-159.

实验四十六 自组装法合成聚苯胺纳米材料

在各种导电高分子聚合物中，聚苯胺因具有良好的化学稳定性、导电率高、原料价格低、易于合成、掺杂机理独特、环境稳定性好等优点而成为导电高分子的研究热点之一，被认为是最具应用前景的导电高分子材料。材料的很多性能与材料的微观结构是紧密相关的，当把聚苯胺制成纳米材料后，其导电性能和其他优点更加突出。

制备不同纳米结构聚苯胺的方法有硬模板法、软模板法及无模板法（自组装法）等。模板法虽然在制备形状规则的纳米材料方面具有优越性，但反应后期模板去除都会存在一定的困难。无模板法不需要加入模板，在掺杂剂的存在下通过分子的自组装也可以形成纳米粒、纳米线、纳米管等纳米材料，通过调整原料配比和改变实验条件能够使纳米材料形貌可控，后处理也十分简单，是比较方便的合成方法，近年来得到了迅速的发展。

本实验分别以有机酸和无机酸为掺杂酸，过硫酸铵（APS）为氧化剂，苯胺为单体，通过自组装化学法或超声波加强的化学法制备不同纳米结构的聚苯胺材料。

一、实验目的

学习自组装法制备聚苯胺纳米材料的方法，通过产物性能比较加深对纳米材料的认识。

二、原料

苯胺 分析纯试剂，使用前蒸馏一次以保证单体的纯度。

过硫酸铵 分子式 $(NH_4)_2S_2O_8$，相对分子质量 228.20。白色结晶或粉末。无气味。干燥纯品能稳定数月，受潮时逐渐分解放出含臭氧的氧，加热则分解出氧气而成为焦硫酸铵。易溶于水，水溶液呈酸性，并在室温中逐渐分解，在较高温度时很快分解放出氧气，并生成硫酸氢铵。相对密度 1.98。低毒，半数致死量（大鼠，经口）820mg/kg。有强氧化性，与有机物摩擦或撞击，能引起燃烧。有腐蚀性。

正丁酸、浓盐酸、乙醇、苯均为分析纯试剂。去离子水。

三、实验操作

1. 化学法

在安装有搅拌器的 250mL 三口瓶中依次加入 130mL 去离子水、0.6g（6.5mmol）正丁酸及 1.2g（13.0mmol）苯胺，搅拌使其混合均匀，然后将其置于冰水浴中冷却至 0～2℃，继续搅拌 2h。将 10mL 含 3.0g（13.0mmol）过硫酸铵的水溶液迅速滴加到上述体系中，快速搅拌 5min 后停止搅拌❶。放置 2～24h❷。离心分离出沉淀，沉淀依次用去离子水、乙醇、去离子水洗涤 3 次。在 30℃ 真空干燥箱中干燥 24h 得固体样品。

2. 超声波增强化学法❸

称取 22.8g（0.1mol）过硫酸铵并将其溶解在 53g 的水中，再加入 2mL 浓盐酸，搅

---

❶ 应该能看到反应体系由乳白色迅速变成墨绿色，表明绿色的聚苯胺已经开始生成。

❷ 反应 2h 已经形成部分产物，如果实验时间受限制，可以结束反应。如果时间允许，可以延长反应时间进行对比观察，收率和产物形态会有变化。有机酸分子在反应初期形成片状苯胺低聚物，表面形成胶束，苯胺分子以此胶束为模板逐步聚合形成聚苯胺纳米管、棒。

❸ 超声波引起的化学效应，主要是由空化效应引起的，即在超声波作用下，液体中气泡形成、生长并在几微秒内崩溃，从而产生局部高温高压，温度可达 5000K 以上，压力可达 $5.05×10^7$Pa 以上，温度变化率高达 10^9K/s。在这种条件下，一些在一般条件下难于实现的化学反应就可以进行。另外超声波空化作用还可以加速反应相之间的物质交流，加快化学反应速率。

拌均匀，备用。往反应瓶中加入 100mL 体积浓度为 1mol/L 的苯胺溶液（含苯胺 9.3g，0.1mol）和 100mL 体积浓度为 2mol/L 的盐酸（含 HCl 7.1g，0.2mol）❶，将反应瓶置于超声波清洗器的水浴槽中，用冰把水浴温度降到 2～3℃。启动超声波发生器，往反应体系中缓慢滴加上面配制好的过硫酸铵溶液，反应体系由乳白色迅速变成墨绿色。反应 0.5h。完成后抽滤，滤饼分别用 30mL 蒸馏水和乙醇洗涤。真空干燥后得到墨绿色粉末。

3. 样品表征

样品采用测比表面积的方法进行表征。化学法制备的纳米聚苯胺的比表面积应该大于 5m²/g，超声波增强化学法制备的纳米聚苯胺的比表面积应该大于 20m²/g。有条件的可以做激光粒度测定和扫描电子显微镜（SEM）检测，直接观察纳米聚苯胺的尺寸和形态❷。

四、实验时间

实验时间为 4h。

参 考 文 献

[1] 宁旭涛等. 自组装合成聚苯胺纳米结构 [J]. 湘潭大学自然科学学报. 2010, 32 (1)：63-67.
[2] 付志兵等. 超声化学法合成聚苯胺及其表征 [J]. 功能材料. 2009, 40 (12)：2020-2012.

实验四十七　微乳液法制备纳米钴蓝颜料

钴蓝的化学组成主要是 CoO 和 Al_2O_3，或称为铝酸钴（$CoAl_2O_4$），是具有尖晶石结构的金属氧化物混相颜料。其优异的性能主要表现在具有高的热稳定性（可达 1200℃）和高的化学稳定性，还具有良好的耐候性、耐酸碱性，能耐受各种溶剂腐蚀等性能，在透明度、饱和度、色度、折射率等方面也都明显优于其他蓝色颜料，且属于无毒环保颜料。由于钴矿在自然界中分布很少，制备钴化合物价格昂贵，长期以来钴蓝颜料仅限于用作绘画颜料，随着超耐久性涂料、工程塑料和 CRT 荧光粉涂敷颜料制品的发展，市场对钴蓝类颜料的需求日益增长，并且通过掺杂其他金属离子或与云母珠光颜料复合制备改性钴蓝颜料，使钴蓝颜料的用途更加广泛。目前采用微乳液法制备纳米钴蓝颜料是研究热点。

微乳液可分为 W/O 型、O/W 型、油水双连续型 3 种。W/O 型微乳液中水被表面活性剂单层包裹形成纳米微水池，分散于油相中，在此微环境下可以增溶反应物，使其发生化学反应，进而获得纳米微粒或纳米团簇。图 12-6 是反相微乳液的微观结构示意图。

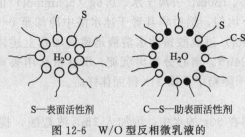

S—表面活性剂　　C—S—助表面活性剂

图 12-6　W/O 型反相微乳液的微观结构示意

图 12-7 为微乳液制备金属颗粒的过程和机理，反应物为各种可溶性盐和各种碱性沉淀剂，分别将其增溶于微乳液中，得到两种微乳液，将它们混合，微乳液体系中的纳米水

---

❶ 聚苯胺的微观结构有纳米线、纳米管和纳米球形粒子。在聚苯胺的合成过程中，掺杂酸的量是一个非常重要的影响因素，当酸浓度较低时，聚苯胺主要由片状结构构成，当酸浓度较高时，聚苯胺主要由棒状结构组成。

❷ 受时间限制，两种实验方法可以选其中一种方法进行实验。最好是两种方法分别实验，比较所得到的纳米聚苯胺的差异。

池经过碰撞和渗透，发生物质交换，从而在水核内发生化学反应，制备得到前驱体。由于反应物受到水池的限制，各个水池间又有油水界面膜相隔，一旦水核内的粒子长到最后尺寸，表面活性剂分子将附在粒子的表面，使粒子稳定并防止其进一步长大，从而可以控制颗粒度大小。其大小和水池相仿，为纳米级，所以制得的粒子不仅粒径小而且粒度分布窄。

本实验采用 AEO-7（脂肪醇聚氧乙烯醚）/环己烷/正丁醇体系制备钴蓝颜料。

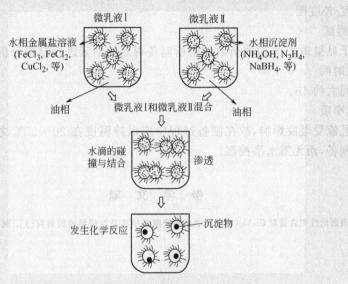

图 12-7　微乳液制备金属颗粒的过程及机理

一、实验目的

1. 了解微乳液法制备纳米材料的原理和方法。了解微乳液制备纳米材料的影响因素。
2. 熟悉马尔文粒度分布仪和马弗炉的使用。

二、原料

$CoCl_2 \cdot 6H_2O$(AR)	$AlCl_3 \cdot 6H_2O$	正丁醇(AR)
二甲胺水溶液(33%)(AR)	环己烷(AR)	AEO-7(工业级)

三、实验步骤

1. 混合离子水溶液配制

称取 1.3g $CoCl_2 \cdot 6H_2O$ 和 2.7g $AlCl_3 \cdot 6H_2O$ 于烧杯中，加入 40mL 去离子水，搅拌均匀待用。

2. 微乳液配制

称取 90g 环己烷、25.7g AEO-7 和 24.3g 正丁醇于三口烧瓶中，搅拌下加入上述混合离子溶液，得到澄清透明微乳液 A。称取 12g 环己烷、3.4g AEO-7、3.2g 正丁醇于圆底烧瓶中，加入二甲胺水溶液(33%)5.5g，摇匀得到澄清透明微乳液 B。

3. 钴蓝前驱体制备

搅拌下，将微乳液 B 缓慢滴加入微乳液 A，调节 pH 值到 9（约滴 15min），反应 2h 后，减压抽滤后于 105℃ 干燥 1h。

4. 纳米级钴蓝制备

最后将前驱体放入马弗炉中，于 1200℃ 煅烧 1h，自然冷却后研磨，得到纳米钴蓝颜料。

5. 粒径测试

取少量制备得到的钴蓝,以聚乙二醇 400 为溶剂（可用其他溶剂代替,只要能充分分散钴蓝,且稳定性好即可）,含量为 0.1g/L,经超声分散后,于马尔文粒度分布仪测其粒度分布。（马尔文激光粒度分布仪需要输入韧质的折射率:聚乙二醇的折射率为 1.46,钴蓝颜料折射率为 1.74）

6. 前驱离子浓度影响

改变步骤 1 中去离子水用量,分别配成 20mL、30mL、50mL、60mL,制备纳米钴蓝,绘制前驱离子浓度-粒度图。

7. 其他测试

利用电子显微镜和 X 射线衍射仪对所制备得到的钴蓝进行结构分析。

四、实验时间

实验时间大约 4h。

五、注意事项

由于微乳液受温度影响,故在制备过程中应保持温度在 20～25℃之间,尽量在室温为 25℃条件下制备,而无需水浴控温。

参 考 文 献

[1] 朱振峰等. 表面活性剂含量对 $CoAl_2O_4$ 天蓝纳米陶瓷颜料结构及性能影响的研究[J]. 陕西科技大学学报,2004,22(6):1-4.

第13章 医药中间体

医药中间体是最典型的精细化学品。

医药中间体是医药工业的中上游产品，目前化学合成药的一般生产路线是：普通化学原料—医药中间体—原料药—合成制剂（成药）。所谓医药中间体，实际上是用于药品合成工艺过程中的一些化工原料或化工产品。这些化工产品因为门类众多，药厂对其中某个品种的实际需要并不大，所以多数自己不生产，转向市场购买。而生产普通的医药中间体不需要特别的药品生产许可证（药品批号），在精细化工厂也可生产，只要达到药典或有关标准的质量标准即可作为合成原料药的原材料。

由于人的寿命延长和生活质量的提高，对健康的要求越来越高，从而对药品需求也必然不断增加，医药行业受经济波动的影响较小。因此，医药行业可以看作是"永不衰败的产业"，医药工业呈现出持续而旺盛的增长势头。

精细化工产品及化学原料药的生产已步入相对稳定期，一些常用药已经生产和使用了几十年甚至一百多年，由于疗效确切而长期得到保留，阿司匹林就是很好的例子。未来医药的发展不是单靠一般技术水平能够飞跃的，更重要的是依靠科学技术的新突破。化学原料药行业是制药产业的重要基础，互联网上有资料说世界上生产的原料药已达 2000 余种，市场规模由 1996 年的近 100 亿美元扩展到 2000 年的 130 亿美元，每年以 7％左右的幅度递增；我国每年约需化工配套的原料和中间体 2000 多种，需求量 250 万吨以上。我国也成为原料药和医药中间体生产中心，原料药产量的 40％～50％用于出口，是仅次于美国的世界第二大原料药生产国。国外药品制剂生产商所需的化学原料药及中间体 60％通过外购或合同生产，也就是说，国际市场上 60％的原料药不是医药公司自己生产的，而是购买原料药，加工成制剂后上市。以上说法虽然未经考证，不一定准确，但从中可以大致领略医药中间体行业的规模。

医药中间体生产的特点是专业化、小型化，依靠专有技术来生产。医药中间体产品基本上集中在小企业生产，每个企业生产几个产品，规模都不大，但是产值和利润都比较高。因为医药中间体和原料药的生产同样是位于医药产业的上游，在生产技术上并没有天然的鸿沟，在化学合成上也许仅一步之遥，事实上，也的确有不少企业同时生产医药中间体和原料药。经过 30 多年的发展，我国医药生产所需的化工原料和中间体已基本能够实现配套，只有少部分需要进口。

13.1 常用化学药与对应中间体

目前世界及我国销售额较大或临床需求数量较多的医药品种主要有如下品种。

13.1.1 抗感染药

包括抗生素类，主要是青霉素、氨苄青霉素、氯霉素等；磺胺和增效剂类，主要是磺胺、磺胺嘧啶、磺胺甲基异噁唑等；呋喃类，如呋喃唑酮；抗结核药类，如异烟肼；抗病毒药类，如吗啉胍、金刚烷胺、三氮唑核苷和氟哌酸等。

上述药物与对应需求的中间体列于表 13-1。

表 13-1　抗生素类常用化学药与对应的中间体

药物类型	化学药	对应医药中间体
抗生素类	青霉素	苯乙酸胺、苯乙酸钠
	氨苄青霉素	6-APA、苯甘氨酸
	氯霉素	对硝基苯乙酮、二氯乙酸甲酯
	羟胺苄青霉素	6-APA、对羟基苯甘氨酸
	丁胺卡那霉素	单卡那霉素、氨基-羟基丁酸
磺胺和增效剂类	磺胺	乙酰苯胺
	磺胺嘧啶	丙炔醇
	磺胺甲基异噁唑	草酸二乙酯、盐酸羟胺
	TMP	没食子酸或单宁酸
呋喃类	呋喃唑酮	乙醇胺、糠醛
	呋喃坦啶	水合肼、5-硝基糠醇酯
抗结核药类	异烟肼	4-甲基吡啶、水合肼
	PAS-Na	间氨酚
抗病毒药类	吗啉胍	二乙醇胺、双氰胺脒
	金刚烷胺	金刚烷
	三氮唑核苷（利巴韦林）	肌苷、1,2,4-三氮唑羧酸酯
	氟哌酸	氟氯苯胺、哌嗪
	吡哌酸	尿素、原甲酸三乙酯、丙二酸二甲酯
	环丙氟哌酸	氟氯苯胺、环丙胺

13.1.2　解热镇痛药

常用的有阿司匹林、对乙酰氨基酚、非那西丁、安乃近、布洛芬、双氯灭痛等。上述药物与对应需求的中间体列于表 13-2。

表 13-2　解热镇痛类常用化学药与对应的中间体

化学药	对应医药中间体	化学药	对应医药中间体
阿司匹林	水杨酸	双氯灭痛	2,6-二氯苯胺、邻氯苯甲酸
对乙酰氨基酚	对硝基苯酚或硝基苯	贝诺酯	乙酸水杨酸、对乙酸氨基苯酚
非那西丁	对硝基氯苯	吲哚美辛	对甲氧基苯胺、对氯苯甲酰氯
安乃近	氨基氨替比林	酮基布洛芬	间苯甲酰苯乙酮、原甲酸三乙酯
布洛芬	异丁苯、乙二醇	萘普生	β-萘酚、丙酰氯

13.1.3　心血管药

常用药有普萘洛尔、乙胺碘呋酮、硝基吡啶、潘生汀、卡托普利、伊那普利、尼莫地平、桂利嗪、硫氮䓬酮等。见表 13-3。

13.1.4　消化系统药品

常用药有硫糖铝、丙谷胺、肌醇、西咪替定、雷尼替定、法马替定、枸橼酸铋钾、甲氧氯普胺、葡醛内酯等。见表 13-4。

表 13-3　心血管类常用化学药与对应的中间体

化学药	对应医药中间体	化学药	对应医药中间体
普萘洛尔	萘酚,环氧氯丙烷,异丙胺	尼莫地平	间硝基甲醛,乙酰乙酸乙酯
硝基吡啶	邻硝基甲苯,乙酰乙酸甲酯	潘生汀	甲基脲嘧啶,尿素,哌啶
伊那普利	α-氨基丙酸,苯甲酸,L-脯氨酸	硫氮草酮	2-氨基硫酚,对甲氧基苯环丙酸甲酯
胺碘酮	4-羟-3,5-二碘基甲酸,苯并呋喃	桂利嗪	二苯溴甲烷,哌嗪,苯丙烯氯
卡托普利	甲基丙烯酸,二环己胺,L-脯氨酸		

表 13-4　消化系统类常用化学药与对应的中间体

化学药	对应医药中间体	中间体化学结构简式
葡醛内酯	葡萄糖醛酸内酯	
西咪替定		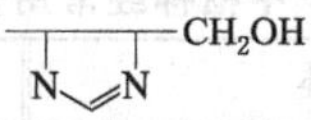 咪唑环—CH_2OH　$HSCH_2CH_2NH_2$　$(MeS)_2C{=}N{-}CN$
甲氧氯普胺	对氨基水杨酸	
硫糖铝	蔗糖	
肌醇	菲汀	
法马替定		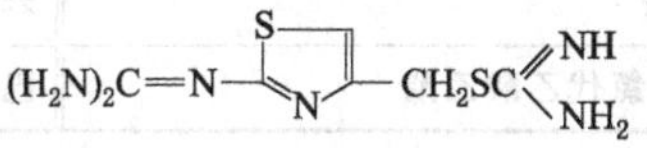 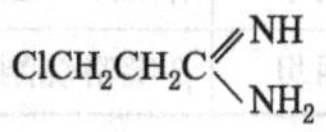 $(H_2N)_2C{=}N{-}$噻唑环$-CH_2SC({=}NH)NH_2$　$ClCH_2CH_2C({=}NH)NH_2$
丙谷胺	L-谷氨酸	
雷尼替定		$O_2NCH{=}C(SCH_3)_2$, 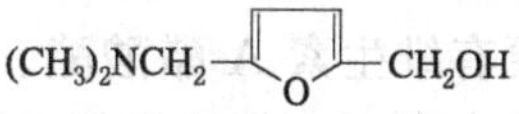 $(CH_3)_2NCH_2-$呋喃环$-CH_2OH$

13.1.5　呼吸系统药

常用药有咳必清、咳必定、愈创木酚磺酸钾、舒喘宁、茶碱、氨茶碱、喘平等。见表 13-5。

表 13-5　呼吸系统常用化学药与对应的中间体

化学药	对应医药中间体	化学药	对应医药中间体
氨茶碱	茶碱,乙二胺	茶碱	氰乙酸,二甲基脲素
舒喘宁	对羟基苯乙酮,苄基叔丁胺	咳必定	三乙醇胺,苯氧异丁酸
咳必清	四氢呋喃,苯乙腈,二乙氨基乙氧基乙醇	喘平	苯甲酰氯,氯苯,六氢吡啶
愈创木酚磺酸钾	邻甲氧苯酚		

13.1.6　泌尿系统用药

常用药有双氢氯噻嗪、可可碱、乙酰唑胺、甘露醇、山梨醇等。见表 13-6。

表 13-6　泌尿系统常用化学药与对应的中间体

化学药	对应医药中间体	化学药	对应医药中间体
氯噻嗪	间氯苯胺	可可碱	氰乙酸,甲酰胺
甘露醇	葡萄糖、蔗糖、果糖	乙酰唑胺	2-氨基-5-巯基噻二唑
山梨醇	葡萄糖、蔗糖、果糖		

13.1.7　抗肿瘤药

常用药有环磷酰胺、氟尿嘧啶、呋氟尿嘧啶、羟基脲等。见表13-7。

表13-7　抗肿瘤常用化学药与对应的中间体

化学药	对应医药中间体	化学药	对应医药中间体
氟尿嘧啶	氯乙酸乙酯，甲基异脲素	羟基脲	氨甲酸乙酯
呋氟尿嘧啶	1-(2-四氢呋喃基)-5-氟-2,4(1H,3H)-嘧啶二酮	环磷酰胺	乙醇胺，氨基丙醇

13.1.8　中枢神经药

常用药有咖啡因、尼可刹米、舒必利、丙戊酸钠、卡马西平、吡拉西坦、巴比妥、苯巴比妥、地西泮、氯唑沙宗、氯丙嗪、苯妥英钠等。见表13-8。

表13-8　中枢神经常用化学药与对应的中间体

化学药	对应医药中间体	化学药	对应医药中间体
地西泮	对硝基氯苯，苯乙腈，氯乙酰氯	丙戊酸钠	丙二酸二乙酯，溴丙烷
卡马西平	邻硝基甲苯	氯丙嗪	邻氯苯甲酸，间氯苯胺，1-氯-3-二甲氨基丙烷
咖啡因	氰乙酸，脲素	苯妥英钠	二羟二苯乙酮，脲，苯甲醛
尼可刹米	烟酸，二乙胺	苯巴比妥	苯乙酰胺，草酸二乙酯，脲素
吡拉西坦	β-吡咯烷酮，氯代乙酸乙酯	巴比妥	丙二酸二乙酯，溴乙烷，脲素

13.1.9　维生素

主要有维生素A醋酸酯、维生素B_1、维生素B_2、维生素B_{12}、维生素C、维生素E、叶酸、维生素U、烟酸和烟酰胺等。见表13-9。

表13-9　维生素类常用化学药与对应的中间体

化学药	对应医药中间体	化学药	对应医药中间体
维生素A醋酸酯	β-紫罗兰酮，甲基乙烯酮	维生素E	三甲基氢醌，异植物醇
维生素B_1	丙烯腈，盐酸乙脒，γ-氯代γ-乙酰丙醇乙酸酯	维生素U	蛋氨酸
维生素B_2	D-核糖，3,4-二甲基苯胺，苯胺重氮盐	叶酸	对硝基甲醇，三氯丙酮，2,4,5-三氨基6-羟基嘧啶
维生素B_{12}	α-氨基丙酸，异丙基二氧七环	烟酸	三甲基吡啶
维生素C	山梨醇	烟酰胺	烟酸，3-氰吡啶

13.2　抗病毒药物中间体利巴韦林

利巴韦林（RIBAVIRIN，三氮唑核苷）的化学名是1-β-D-呋喃核糖基-1H-1，2，4-三氮唑-3-甲酰胺。分子式$C_8H_{12}N_4O_5$；相对分子质量244.21；CAS登录号：36791-04-5；化学结构式为：

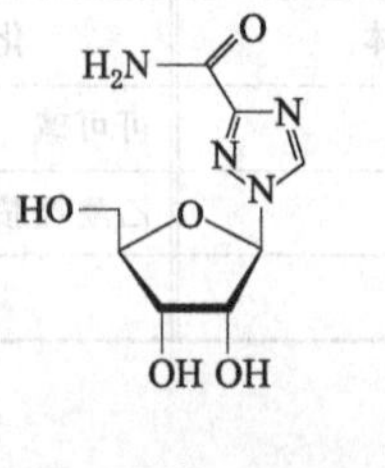

利巴韦林（三氮唑核苷）是一种广谱抗病毒药物，它能抑制 12 种以上 DNA 病毒和 10 种 RNA 病毒，其次还具有免疫抑制和抗肿瘤作用，它作为抗肝炎病毒的临床应用正在进行中。目前，它主要用于临床治疗副流感病毒、呼吸道合胞病毒引起的流感等。

1972 年，美国加州核酸研究所 Witkowski 等首次合成出利巴韦林。此后，国内外对利巴韦林的制备进行了广泛而深入的研究。目前利巴韦林的合成主要包括化学法、酶促法与发酵法三种；其中化学法研究与报道最为广泛；酶促法具有很大的工业化市场前景；发酵法仍存在许多不完善之处，还有待进一步研究。

国内外研究和报道最多的就是利巴韦林的化学法合成。化学法总体可分为卤代糖法、肌苷法、腺苷法和核苷酸法四种，主要经由酰化、缩合与氨解三步完成。

（1）**卤代糖合成法** 这是 1972 年美国加州核酸研究所 Witkowski 等首次合成利巴韦林使用的合成方法。该法是先将四乙酰核糖溴化物与三氮唑羧酸甲酯（TCM）高温缩合反应，再经氨解反应制得目标产物。反应式如下：

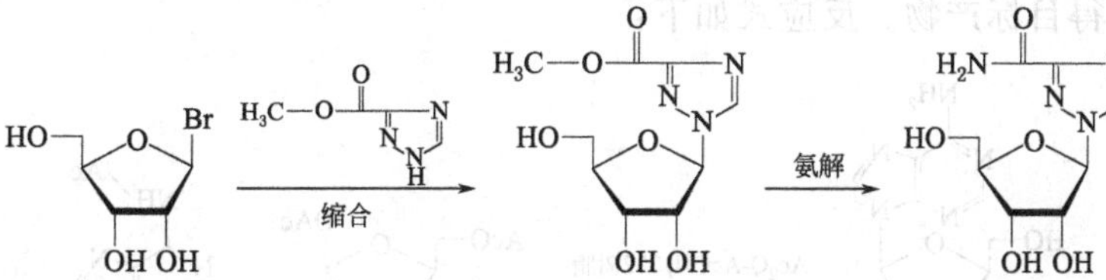

此方法由于反应时间长、收率低、缩合反应温度高、易使四乙酰核糖溴化物分解等缺陷，目前已不再使用。

（2）**肌苷合成法** 该法是化学法中研究最为广泛的，以肌苷为起始原料，经酰化反应制得四乙酰核糖；然后与 1,2,4-三氮唑-3-羧酸甲酯（TCM）熔融缩合，再经氨-甲醇溶液氨解，得到目标产物。反应式如下：

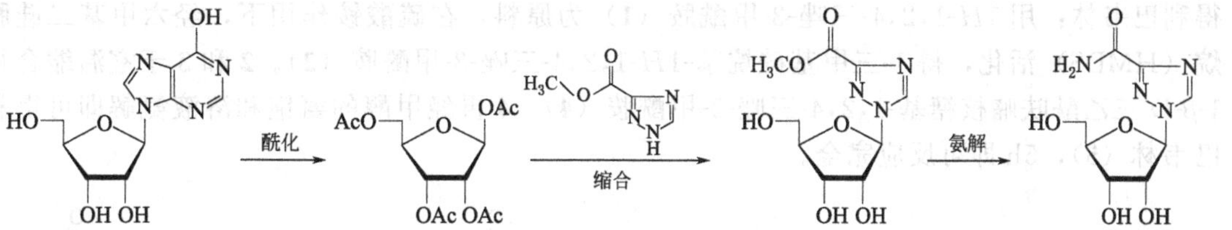

在第一步乙酰化反应中以肌苷与醋酐-冰醋酸反应来制取，但收率较低，仅为 47%。后来对该反应做了改进，提出加入催化剂 $CaCl_2$ 使收率提高为 75%。采用对甲苯磺酸作催化剂，可使反应收率进一步提高到 84%，且反应时间缩短了 2.5h。也可以采用固体酸 PMB-Ⅱ 作催化剂，使酰化收率上升到 87%；以 SO_4^{2-}/MO 型固体超强酸催化肌苷合成四乙酰核糖，可使产率提高到 90% 以上。

在第二步缩合反应中采用高温熔融法，反应时间短，仅 15min 即可完成，但在 162～165℃ 高温下易使四乙酰核糖分解，影响收率和质量。若将 TCM 先硅烷化保护后再与四乙酰核糖在乙腈中缩合，避免了高温，但此法时间长，且还需去硅烷化反应处理。以 BSA［N,O-二（三甲基硅烷基）乙酰胺］作硅烷化试剂，$CF_3SO_2OSi(CH_3)_3$ 作催化剂下缩合，可以使收率提高到 83.4%。用 $SnCl_4$ 作催化剂，反应条件温和，易操作。

（3）**核苷酸合成法** 该法以核苷酸为起始原料，先经水解制得核苷，再经乙酰化反应制得四乙酰核糖，然后经缩合、氨解反应合成目标产物。反应式如下：

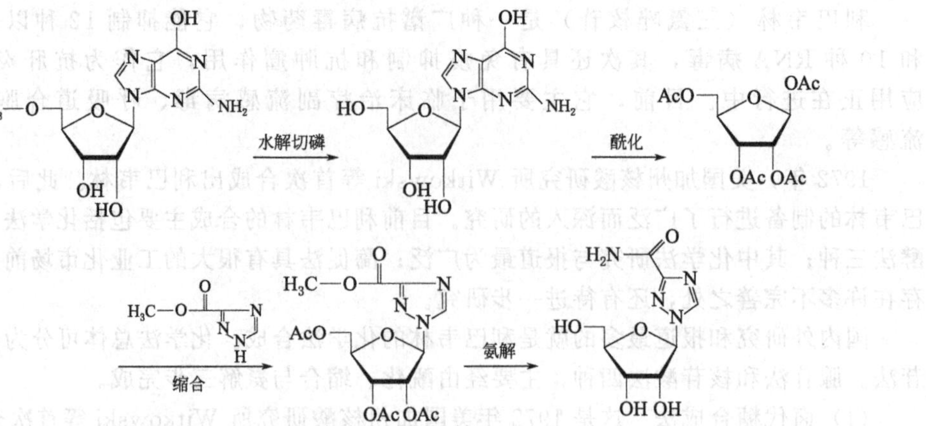

该反应时间长，收率为51%。核苷酸法制取利巴韦林还有待进一步改进。

（4）腺苷法 该法以腺苷为起始原料，先切断与乙酰化一步实现，制得四乙酰核糖，再经缩合、氨解制得目标产物。反应式如下：

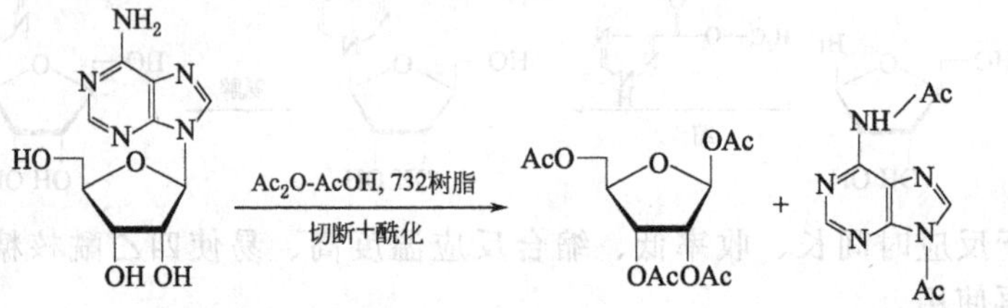

该反应以阳离子交换树脂作催化剂，第一步反应收率达84%。该法的研究报道较少，有较大发展空间。

（5）三唑甲酰胺合成法 最新的研究报道是三唑甲酰胺合成法。该法以下式所示路线制得利巴韦林：用1*H*-1,2,4-三唑-3-甲酰胺（**1**）为原料，在硫酸铵作用下，经六甲基二硅胺烷（HMDS）活化，得1-三甲基硅烷基-1*H*-1,2,4-三唑-3-甲酰胺（**2**）。**2**和**3**于室温缩合得1-β-D-三乙酰呋喃核糖基-1,2,4-三唑-3-甲酰胺（**4**）。**4**再经甲醇的氨饱和溶液氨解即可得利巴韦林（**5**），5h即可反应完全。

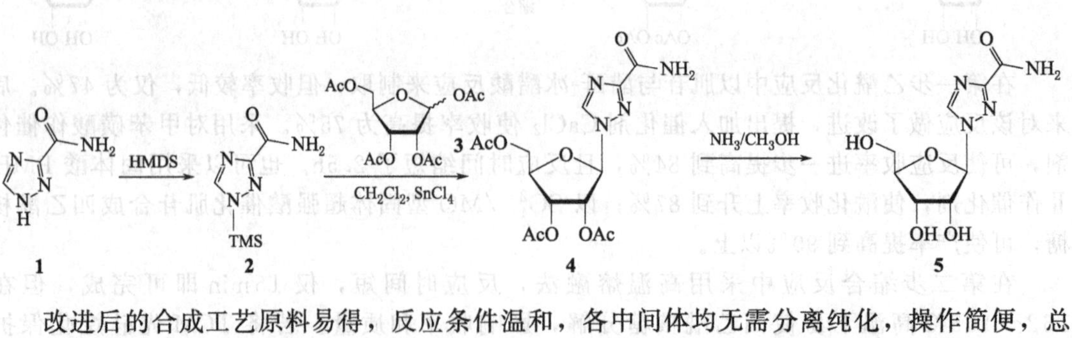

改进后的合成工艺原料易得，反应条件温和，各中间体均无需分离纯化，操作简便，总收率为64.8%，纯度>99%。

（6）发酵法 除了化学合成，采用微生物工程的方法也能够方便地得到利巴韦林。人们发现，在含有D-葡萄糖、肌苷、5′-腺苷或D-核糖的培养基中，加入1,2,4-三氮唑-3-羧酰胺（TCA）和生物菌种，室温条件下培养2～8天，即可制得利巴韦林，但转化率不高，仅在40%～60%。其中以D-葡萄糖为原料的制备过程用下面的方程式表述，式中所用的生物菌种为：短杆菌、棒状杆菌、结核杆菌、微球菌或杆菌等。

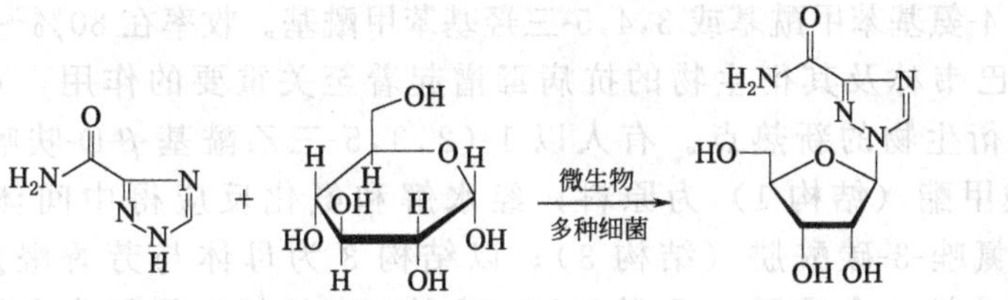

发酵法的优越性是可以直接从核糖或 D-葡萄糖制备目标产物，操作简单，三废易于治理，能耗小。不足之处在于：①微生物的培养一般在 20～40℃下进行，容易产生杂菌；②三氮唑核苷容易分解，收率低；③必须长时间培养，发酵液中的各种核苷、三氮唑核苷磷酸化物及其他代谢产物，使精制分离困难；④必须每次培养微生物，成本高；⑤原料单耗大，如葡萄糖用量 560：1，TCA 用量 19：1。该法还需进一步深入研究。

（7）酶促法　以肌苷、鸟苷、黄苷或 D-核糖-1-磷酸酯与 1,2,4-三氮唑-3-羧酰胺（TCA）为原料，在核苷磷酸酯酶（PN Pase）的作用下合成利巴韦林，转化率 54.1%～95%不等。以鸟苷为例，其反应式如下。式中所用的核苷磷酸酯酶（PN Pase）可由乙酰短杆菌 ATCC39311 或 TQ-952 作酶源，培养获得。

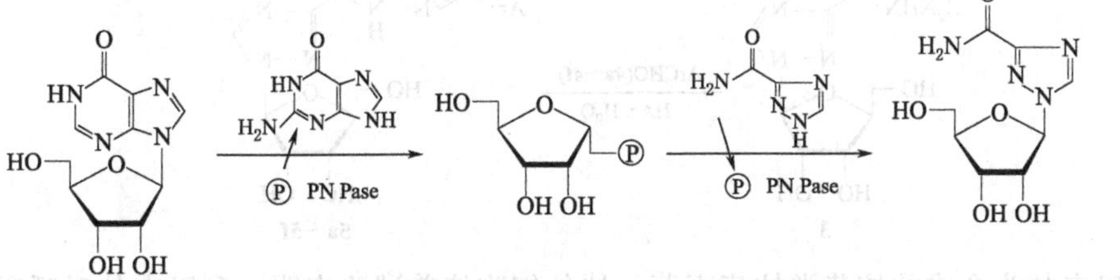

酶促法的优点是：①在微生物不增殖条件下，以较高的温度（40～60℃）反应，几乎没有杂菌污染，三氮唑核苷的分解反应受到抑制，收率提高；②反应时间短，副产物少，分离精制容易；③核糖供体可以从多种核苷、核苷酸中选择，来源广泛；④操作简便、环境污染小、能耗小。酶促法的工业化市场前景广阔。美国 ICN 制药公司在 20 世纪 80 年代末就开始用酶促法实现工业生产利巴韦林，但总收率较低，仅 55%。我国在酶促法合成利巴韦林研究中提出了双酶法制备，使转化率提高到 95%以上。

大剂量或长期服用利巴韦林会产生一定的副作用，引起血象改变、白细胞减少、对红细胞的生成产生抑制、引起贫血等，因此其应用受到一定的限制。为了克服这些不良影响，可以对其结构进行改造或修饰，特别是在 5 位羟基进行衍生化，对于寻求高效低毒、应用更为广泛的利巴韦林衍生物具有重要的意义。

有报道通过对利巴韦林 2,3 位的羟基进行缩丙酮保护，生成化合物 A。再在利巴韦林的 5 位羟基进行酯化改造，即在 5 位上接枝苯甲酸、对氨基苯甲酸或没食子酸的结构，分别合成出了三种利巴韦林的衍生物 B、C 和 D，合成路线如下：

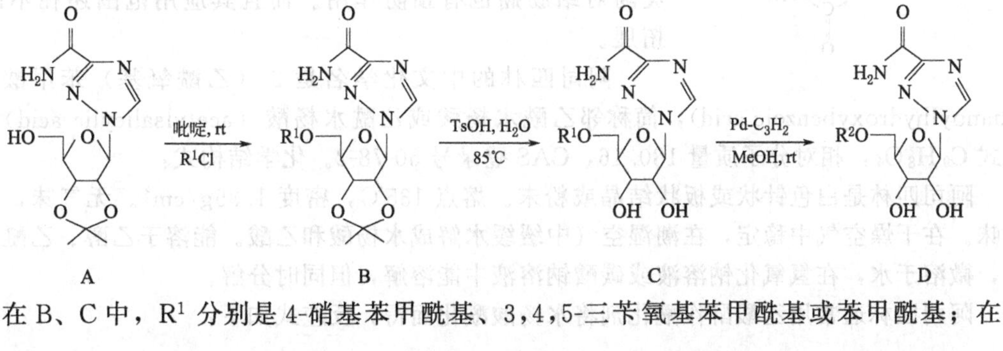

在 B、C 中，R¹ 分别是 4-硝基苯甲酰基、3,4,5-三苄氧基苯甲酰基或苯甲酰基；在 D

中，R^2 分别是 4-氨基苯甲酰基或 3,4,5-三羟基苯甲酰基。收率在 80%～90%。

碱基对利巴韦林及其衍生物的抗病毒谱起着至关重要的作用，对碱基改造也成为研发利巴韦林衍生物的新热点。有人以 1-(2,3,5-三乙酰基-β-D-呋喃核糖基)-1,2,4-三氮唑-3-甲酸甲酯（结构 1）为原料，经水解和氨化反应得中间体 1-(β-D-呋喃核糖基)-1,2,4-三氮唑-3-碳酰肼（结构 3）；以结构 3 为母体与芳香醛反应，对三氮唑 3 位上碱基进行改性，合成了一系列 Schiff 碱利巴韦林衍生物新化合物 5a～5f。合成路线如下：

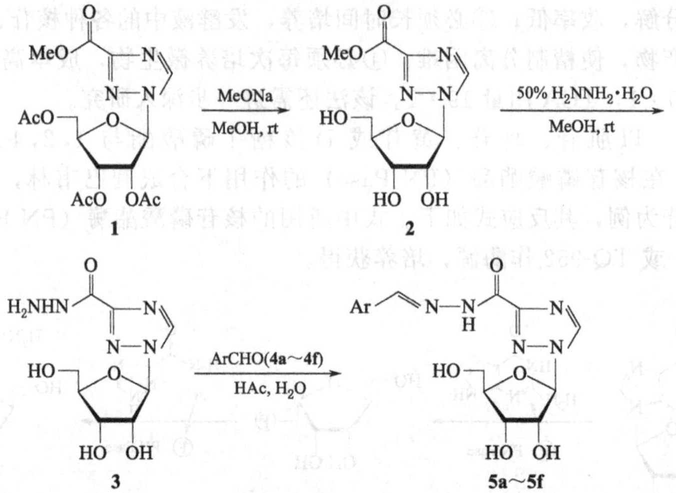

利巴韦林为合成的核苷类抗病毒药。体外细胞培养试验表明，利巴韦林对呼吸道合胞病毒（RSV）具有选性的抑制作用。利巴韦林的作用机理尚不清楚，但是其体外抗病毒活性可被鸟嘌呤核苷和黄嘌呤核苷逆转的结果提示，利巴韦林可能作为这些细胞的代谢类似物而起作用。

13.3　解热镇痛药中间体阿司匹林

阿司匹林（Aspirin）是水杨酸类解热镇痛药的代表，诞生于 1899 年 3 月 6 日，用于临床已有 100 多年的历史，现仍广泛用于治疗伤风、感冒、头痛、神经痛、关节痛、急性和慢性风湿痛及类风湿痛等。近年来发现阿司匹林为不可逆的花生四烯酸环氧醚抑制剂，还能抑制血小板中血栓素 A2（TXA2）的合成，具有强效的抗血小板凝聚作用，因此现在阿司匹林已经用于心血管系统疾病的预防和治疗。最近研究还表明阿司匹林和其他非甾体抗炎药对结肠癌也有预防作用。而且其应用范围还在不断被拓展。

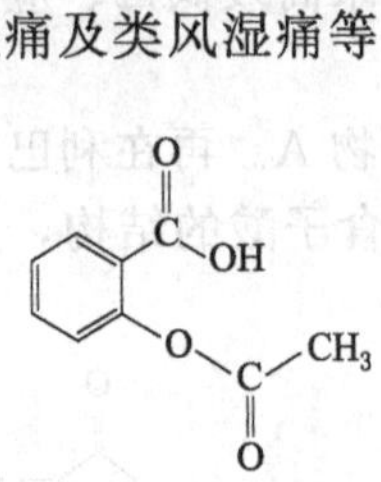

阿司匹林的中文化学名是 2-（乙酰氧基）苯甲酸（2-ethanoylhydroxybenzoic acid），简称邻乙酰水杨酸或乙酰水杨酸（acetylsalicylic acid）。分子式 $C_9H_8O_4$，相对分子质量 180.16，CAS 登录号 50-78-2。化学结构式：

阿司匹林是白色针状或板状结晶或粉末。熔点 135℃，密度 1.35g/cm³。无气味，微带酸味。在干燥空气中稳定，在潮湿空气中缓缓水解成水杨酸和乙酸。能溶于乙醇、乙醚和氯仿，微溶于水，在氢氧化钠溶液或碳酸钠溶液中能溶解，但同时分解。

阿司匹林通常用乙酸酐作酰化剂将水杨酸酰化而得，反应式如下：

　　传统的阿司匹林制备工艺是以浓硫酸为催化剂，使水杨酸与乙酸酐在 75℃ 左右发生酰化反应，制取阿司匹林。此工艺反应时间长，需要能耗大，且催化剂浓硫酸对设备的腐蚀性较大，存在废酸排放等缺点。其他可以使用的酸催化剂包括磷酸、对甲苯磺酸、草酸等。

　　改进的方法是使用固体催化剂代替酸，已经被研究过的有强酸性阳离子交换树脂、无水碳酸钠、碳酸氢钠、吡啶、无水乙酸钠、苯甲酸钠、氧化锡、三氯化铝、稀土氯化物、复合无机离子交换剂、氟化钾/氧化铝、磷酸二氢钠、一水硫酸氢钠、酸性膨润土、固体超强酸、杂多酸、分子筛等。总体来说反应收率不是很理想。

　　近年的研究在固体催化剂的基础上使用微波反应技术。微波是频率大约在 300Hz～300GHz，即波长在 100cm～1mm 范围内的电磁波。微波辐射对有机化学反应的作用机理是复杂的。除了微波的热效应之外，还存在一种不是由温度引起的非热效应。Gedyell 教授的研究结果证实了微波条件下 4-氰基苯氧离子与氯苄的 S_N2 亲核取代反应比常规加热条件下要快 1240 倍。微波促进的阿司匹林合成反应采用无水碳酸钠作为催化剂，它首先进攻水杨酸，破坏分子内氢键的形成，使酚羟基活泼，加速反应的进行，从而起到催化效果。有报道称在微波功率 540W 下辐射反应时间 45s 反应即可结束，而传统的加热工艺需要 20min。用此生产工艺，可以节约生产时间，提高生产效率，且节约能耗。无水碳酸钠为弱碱，对设备不会造成腐蚀，减少污水排放。

　　最新的工艺改进是不用酸碱作催化剂，取而代之的是维生素 C。维生素 C（Vitamin C，ascorbic acid，抗坏血酸）是一内酯，由于分子中 2,3 位的连烯二醇结构中羟基极易游离而释放出 H^+，所以维生素 C 虽不含自由羧基但仍具有有机酸的性质。这种特殊的烯醇结构也使它非常容易释放氢原子，并使许多物质还原，具有广泛的反应性能。利用维生素 C 代替硫酸催化水杨酸与乙酸酐合成阿司匹林，在最佳反应条件下收率可达 90% 以上。

13.4　合成心血管药的中间体阿替洛尔

　　心脑血管疾病是国内外最常见的两种严重疾病，其互为因果、密切相关，并相互掩盖或依赖。心血管疾病是危害人类健康的严重疾病，是造成人类死亡的主要原因之一。本病种类繁多，病因复杂。因此，心血管药物的研究受到很大的重视，发展也很快，临床应用药物众多。心血管系统药物主要作用于心脏或血管系统，改进心脏的功能，调节心脏血液的心输出量，改变循环系统各部分的血液分配。

　　阿替洛尔是一种适用于各种原因所致的中、轻度高血压病，包括老年高血压病和妊娠期高血压的选择性 β_1 肾上腺素受体阻滞药。为心脏选择性 β 受体阻断剂，无膜稳定作用，无内源性拟交感活性。临床上具有显著的长效降压和减慢心率的效果，与普萘洛尔、普拉洛尔相比，兼有两者的优点。该药适用于治疗高血压、心绞痛、心律失常、心肌梗死、肥厚性心肌炎、甲亢、青光眼、偏头痛等疾病。阿替洛尔起效快，持续时间长，无蓄积性中毒的危险，可长期使用。

　　阿替洛尔又称为氨酰心安，其化学名为 4-[3-[(1-甲基) 乙基氨基-2-羟基] 丙氧基] 苯乙酰胺。英文商品名称：Atenolol（Tenormine）。分子式 $C_{14}H_{22}N_2O_3$。化学结构式：

$$\underset{O}{\overset{\|}{NH_2-C}}-CH_2-\text{（苯环）}-OCH_2CHCH_2NHCH\overset{CH_3}{\underset{CH_3}{\Big\langle}}$$

（上方结构含 OH 基团，标注 3）

阿替洛尔是 20 世纪 70 年代初期由英国帝国化学公司（（ICI）首先创制的。此后国外研究者对工艺进行了多次改进。合成反应一般分两步进行，反应方程式如下：

$$\underset{O}{\overset{\|}{NH_2CCH_2}}-\text{（苯环）}-OH \xrightarrow[\text{ClCH}_2\text{-环氧-CH}_2]{NaOH} \underset{O}{\overset{\|}{NH_2C}}-CH_2-\text{（苯环）}-OCH_2CH\!-\!CH_2\text{（环氧）}$$

（标注 1 与 2）

$$\xrightarrow{NH_2CH(CH_3)_2} \underset{O}{\overset{\|}{NH_2-C}}-CH_2-\text{（苯环）}-OCH_2CHCH_2NHCH\overset{CH_3}{\underset{CH_3}{\Big\langle}}$$

（上方含 OH 基团，标注 3）

第一步，以对羟基苯乙酰胺（1）为原料，在碱催化下与环氧氯丙烷反应制备 3-(4-乙酰氨基) 苯氧基-1，2-环氧丙烷（2）。第二步，加入异丙胺进行缩合反应，得到阿替洛尔（3）。这两步反应都易于进行且收率较高，但阿替洛尔在偏酸性条件下或者温度稍高容易发生酰胺键的水解反应，造成产品质量不易控制。

有研究者认为水解反应是分子内催化的作用，在弱酸性条件下，少量 H^+ 增加了羰基碳原子的亲核性，在分子内羟基的亲核进攻下，水解大大加速了。如下式所示：

$$\underset{}{\overset{H^+}{\cdots}}\quad H_2NCCH_2-\text{（苯环）}-OCH_2CHCH_2N-i\text{-}Pr$$

（含 OH 基团）

针对这种情况，可以采用在精制过程中控制酸碱度的方法，加碱除去水解产生的酸。原理是阿替洛尔水解产生的酸与碱中和形成内盐，如下式所示：

$$\overset{\ominus}{O}-\overset{O}{\overset{\|}{C}}CH_2-\text{（苯环）}-OCH_2CHCH_2\overset{H}{\underset{\oplus}{N}}-i\text{-}Pr$$

（含 OH 基团）

在 pH7～8 时，所形成的盐在水中的溶解度较小，比阿替洛尔先沉淀出来。所以在调节 pH 至 7～8 后过滤掉沉淀即可除去水解产物，从而提高产品质量。

13.5　合成抗生素的中间体青霉素 G

青霉素（Benzylpenicillin）又被称为青霉素 G（Pellin G）、盘尼西林（Penicillin）。青霉素是抗生素种类中的一种，是指从青霉菌培养液中提制的、分子中含有青霉烷、能破坏细菌的细胞壁并在细菌细胞的繁殖期起杀菌作用的一类抗生素，是第一种能够治疗人类疾病的抗生素。青霉素类抗生素是 β-内酰胺类中一大类抗生素的总称。

青霉素的发现者是英国细菌学家弗莱明（Fleming）。1928 年的一天，弗莱明在他的一间简陋的实验室里研究导致人体发热的葡萄球菌。由于盖子没有盖好，他发觉培养细菌用的琼脂上附了一层青霉菌。这是从楼上的一位研究青霉菌的学者的窗口飘落进来的。使弗莱明感到惊讶的是，在青霉菌的近旁，葡萄球菌忽然不见了。这个偶然的发现深深吸引了他，他设法培养这种霉菌进行多次试验，证明青霉素可以在几小时内将葡萄球菌全部杀死。弗莱明据此发现了葡萄球菌的克星——青霉素。但是弗莱明（Fleming）的发现当时未引起重视。

1935 年，英国牛津大学生物化学家钱恩（Chain）和物理学家弗罗里（Florey）对弗莱明的发现大感兴趣。钱恩（Chain）负责青霉菌的培养和青霉素的分离、提纯和强化，使其抗菌力提高了几千倍，弗罗里（Florey）负责对动物进行观察试验。至此，青霉素对传染病的疗效得到了证明。

由于青霉素的发现和大量生产，拯救了千百万肺炎、脑膜炎、脓肿、败血症患者的生命，及时抢救了许多的伤病员。青霉素的出现，当时曾轰动世界。为了表彰这一造福人类的贡献，弗莱明、钱恩、弗罗里于 1945 年共同获得诺贝尔医学和生理学奖。

青霉素的化学名是 1-乙氧甲酰乙氧-6-〔D-(-)-2-氨基-2-乙酰氨基〕青霉烷酸盐酸盐。分子式 $C_{16}H_{18}N_2O_4S \cdot HCl$，相对分子质量 384.5，CAS 登录号 61-33-6。化学结构式为：

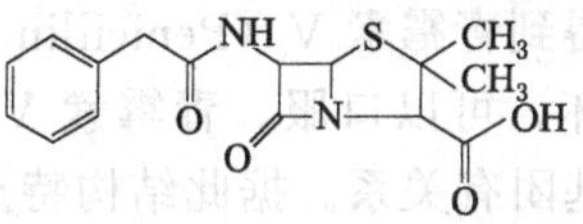

青霉素用于临床是 20 世纪 40 年代初，此后人们对青霉素进行化学改造，得到了一些有效的半合成青霉素。70 年代又从微生物代谢物中发现了一些母核与青霉素相似、也含有 β-内酰胺环而不具有四氢噻唑环结构的青霉素类。青霉素可分为三代：第一代青霉素指天然青霉素，如青霉素 G（苄青霉素）；第二代青霉素是指以青霉素母核-6-氨基青霉烷酸（6-APA）改变侧链而得到的半合成青霉素，如羧苄青霉素、氨苄青霉素；第三代青霉素是母核结构带有与青霉素相同的 β-内酰胺环、但不具有四氢噻唑环的物质，如硫霉素、奴卡霉素。

现在，青霉素已经是一个大家族，包括青霉素 G、青霉素 V、耐酶青霉素、氨苄西林、抗假单胞菌青霉素、美西林及其酯匹西林、甲氧西林等。

青霉素是一种高效、低毒、临床应用广泛的重要抗生素。它的研制成功大大增强了人类抵抗细菌性感染的能力，带动了抗生素家族的诞生。它的出现开创了用抗生素治疗疾病的新纪元。通过数十年的完善，青霉素针剂和口服青霉素已能分别治疗肺炎、肺结核、脑膜炎、心内膜炎、白喉、炭疽等病。继青霉素之后，链霉素、氯霉素、土霉素、四环素等抗生素不断产生，增强了人类治疗传染性疾病的能力。但与此同时，部分病菌的抗药性也在逐渐增强。为了解决这一问题，科研人员目前正在开发药效更强的抗生素，探索如何阻止病菌获得抵抗基因，并以植物为原料开发抗菌类药物。

13.5.1 发酵法生产青霉素

青霉素最初是在细菌培养过程中被发现、分离出来的，所以传统的青霉素生产工艺也采用菌种发酵法。青霉素 G 生产可分为菌种发酵和提取精制两个步骤。

（1）菌种发酵 将产黄青霉菌接种到固体培养基上，在 25℃下培养 7～10 天，即可得青霉菌孢子培养物。用无菌水将孢子制成悬浮液接种到种子罐内已灭菌的培养基中，通入无菌空气、搅拌，在 27℃下培养 24～28h，然后将种子培养液接种到发酵罐已灭菌的含有苯乙酸前体的培养基中，通入无菌空气，搅拌，在 27℃下培养 7 天。在发酵过程中需补入苯乙酸前体及适量的培养基。

（2）提取精制 将青霉素发酵液冷却，过滤。滤液在 pH2～2.5 的条件下，于萃取机内用醋酸丁酯进行多级逆流萃取，得到丁酯萃取液，转入 pH7.0～7.2 的缓冲液中，然后再转入丁酯中，将此丁酯萃取液经活性炭脱色，加入成盐剂，经共沸蒸馏即可得青霉素 G 钾盐。青霉素 G 钠盐是将青霉素 G 钾盐通过离子交换树脂（钠型）而制得。

13.5.2 半合成青霉素

青霉素对酸不稳定，在使用上需要注射给药，不能口服；青霉素的抗菌谱较窄，使用面受限制；在使用过程中一些细菌对青霉素产生耐药性，疗效不佳。因此人们一直对青霉素的结构进行化学修饰，通过在青霉素上引入各种官能基，发展了一系列耐酸、耐酶和杀菌谱广的半合成青霉素。

半合成青霉素的一般合成方法：以 6-氨基青霉烷酸（6-APA）为原料，采用酰氯法或酸酐法等方法接上各种酰胺侧链而得到。例如氨苄西林的合成可以 6-APA 与 D（-）-α-氨基苯乙酰氯盐酸盐反应进行合成。

主要的半合成青霉素有下面几个类型。

（1）耐酸的半合成青霉素　青霉素的生物合成过程中，在发酵液中加入 N-（2-羟乙基苯氧基）乙酰胺为生物前体，可得到青霉素 V（Penicillin V），临床用其钾盐。青霉素 V 抗菌活性较低，但是不易被胃酸破坏，可以口服。青霉素 V 耐酸的原因，与其结构中 6 位侧链酰氨基的 α 碳原子上有吸电子基团有关。据此结构特点发展了耐酸的半合成青霉素，例如非奈西林（Phenethicillin）等，但现已少用。

（2）耐青霉素酶的半合成青霉素　青霉素广泛使用后，由于金黄色葡萄球菌等细菌能产生 β-内酰胺酶，例如青霉素酶、头孢菌素酶等使青霉素分解失去活性。对青霉素进行结构改造，在 6 位侧链酰氨基上引入具有较大空间位阻的基团，阻止药物与酶的活性中心作用，保护药物分子中的 β-内酰胺环。用于临床的药物有苯唑西林（Oxacillin）、氯唑西林（Cloxacillin）等。

（3）广谱的半合成青霉素　青霉素对革兰阳性菌作用较强，对革兰阴性菌作用较弱，抗菌谱窄。由于发现从头孢霉菌发酵液中分离出的青霉素 N（Penicillin N）对革兰阳性菌作用比青霉素弱，但是对革兰阴性菌作用强于青霉素。青霉素 N 结构中 6 位有 D-α-氨基己二酸单酰胺侧链，侧链上的氨基是产生对革兰阴性菌活性的重要基团。根据这一结构特点，在酰基 α-位上引入极性亲水性基团—NH_2、—COOH、—SO_3H 等，发展了广谱的半合成青霉素，例如氨苄西林（Ampicillin）、阿莫西林（Amoxicillin）、羧苄西林（Carbenicillin）、磺苄西林（Sulbenicillin）、哌拉西林（Piperacillin）等。

（4）氨苄西林钠（Ampicillin Sodium）　又名氨苄青霉素。化学名：（2S,5R,6R）-3,3-二甲基-6-[（R）-2-氨基-2-苯乙酰氨基]-7-氧代-4-硫杂-1-氮杂双环 [3.2.0] 庚烷-2-甲酸钠盐。氨苄西林在室温放置时可生成聚合物失去抗菌活性。6 位侧链含有游离氨基的 β-内酰胺类抗生素（例如阿莫西林等）均可发生类似的聚合反应。将氨苄西林与丙酮缩合，制成氨苄西林的前药，称为海他西林（Hetacilline），可防止发生聚合反应，在体内经代谢水解生成氨苄西林发挥抗菌作用。氨苄青霉素为广谱的半合成青霉素。用于敏感菌感染所致的泌尿系统、呼吸系统、肠道感染和心内膜炎、脑膜炎等。

（5）阿莫西林（Amoxicillin）　又名羟氨苄青霉素，化学名（2S,5R,6R）-3,3-二甲基-6-[（R）-（-）-2-氨基-2-(4-羟基苯基)乙酰氨基]-7-氧代-4-硫杂-1-氮杂双环 [3.2.0] 庚烷-2-甲酸三水合物。母核中有三个手性碳原子（2S,5R,6R），侧链上有一个手性碳原子（R），临床上以其右旋体供药用。与氨苄西林相似，可发生与青霉素类似的分解反应；阿莫西林为 6 位侧链含有游离氨基的 β-内酰胺类抗生素，可发生类似氨苄西林的聚合反应。阿莫西林为广谱的半合成青霉素。抗菌谱与氨苄西林相同。

13.6　维生素 C

维生素是维持人体正常生命活动所必需的一类有机化合物。在人体内其含量虽极微，但在机体的代谢、生长发育等过程中却起着不可或缺的作用。

维生素 C（Vitamin C），又称抗坏血酸（ascorbic acid）。早在 200 多年前，英国医师

James Lind 就认为坏血病的发生与食物中某种物质的缺乏有关，并发现服用橙汁和柠檬汁可以预防坏血病。但直到 1928 年，Albert Szent Gyorgyi 才首先从牛肾上腺提取出抗坏血酸，当时并不知是一种维生素，仅知其分子式为 $C_6H_8O_6$，相对分子质量为 176.13，系己糖的衍生物，并具有酸性，故称之为己糖醛酸。1932 年，King 和 Waugh 从柠檬汁中分离出一种晶状物质，在豚鼠体内试验，证明也具有抗坏血酸活性。1933 年，Howorth 和 Hirst 阐明了维生素 C 的结构式为 L-抗坏血酸，并由瑞士科学家 Reichstein 合成了维生素 C。

维生素 C 分子中两个相邻的烯醇式羟基（第 2、第 3 位）极易释出 H^+，形成脱氢维生素 C，该反应是可逆的。故二者在体内可以互变，形成一种氧化还原系统，发挥递氢作用，参与体内很多氧化还原反应。维生素 C 在新鲜蔬菜和水果中含量丰富，尤其是山楂及松针中含量较多。临床应用半个多世纪以来，人们发现它还具有抗氧化作用，并参与体内许多重要的物质代谢及合成，除能防治坏血病外，还与很多疾病有关，如严重感染、缺血性心脏病等。对于人类、灵长类、豚鼠及鱼虾、贝壳类水产动物来说，它们自身不能或者很少合成维生素 C，都需要从周围环境、食品或饲料中摄取足够的量供其正常生长发育。当维生素 C 缺乏时，就会影响其结缔组织的形成，导致骨骼发育不全和一些其他疾病。

维生素 C 的化学名是 2,3,5,6-四羟基-2-己烯酸内酯，为酸性己糖衍生物，是烯醇式己糖酸内酯结构，相对分子质量 176.13，结构式如下：

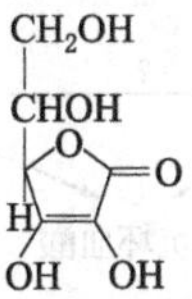

维生素 C 是无色无嗅的片状结晶体，味酸，易溶于水，不溶于脂溶剂。结晶状态尚较稳定。由于分子中 2,3-位连烯二醇结构中的羟基极易游离而释放出 H^+，所以维生素 C 虽不含自由羧基但仍具有有机酸的性质。这种特殊的烯醇结构也使它非常容易释放氢原子，并使许多物质还原，因此维生素 C 具有还原剂的性质。在有氧化剂存在时，抗坏血酸可脱氢变成脱氢抗坏血酸。此反应是可逆的，因而脱氢抗坏血酸和抗坏血酸有相同的生理活性。但如果继续被氧化，就生成 2,3-二酮古洛糖而失去生理活性。维生素 C 在酸性环境中相对稳定，但是在水溶液中则极不稳定，在碱性溶液中尤甚。维生素 C 与空气中氧、热、光、碱性物质接触，特别是有氧化酶及痕量铜、铁等金属离子存在时，可促进其氧化破坏。

维生素 C 有 L 型及 D 型两种异构体，但只有 L 型有生理功效，还原型和氧化型都有生物活性，在体内可互相转变。

13.6.1　维生素 C 的生物合成

植物和大多数动物都可以自身合成维生素 C。

维生素 C 最先是从植物中分离提取而被发现的，也就是说它是在植物体内通过生物合成的。虽然其形成机理或许还没有完全搞清楚，但相信与植物的光合作用有关。维生素 C 在动物体内的生物合成都是从 D-葡萄糖开始，其中一种可能的途径是经过下列反应而生成的，即 D-葡萄糖→D-葡萄糖醛酸→L-古洛糖酸→L-古洛糖酸内酯→2-酮-L-古洛糖酸内酯→L-抗坏血酸。

迄今为止已经有 4 种可能的植物维生素 C 合成途径被提出，即：半乳糖途径、糖醛酸途径、古洛糖途径和肌醇途径，如图 13-1 所示。

但人类、灵长目动物和鱼类、蝙蝠、某些昆虫及一些鸟类体内缺乏维生素 C 合成最后步骤的一个酶——L-古洛糖醛酸-1,4-内酯脱氢酶，不能将古洛糖酸内酯转化成 L-抗坏血酸，因而不能生物合成维生素 C，必须由食物供给。

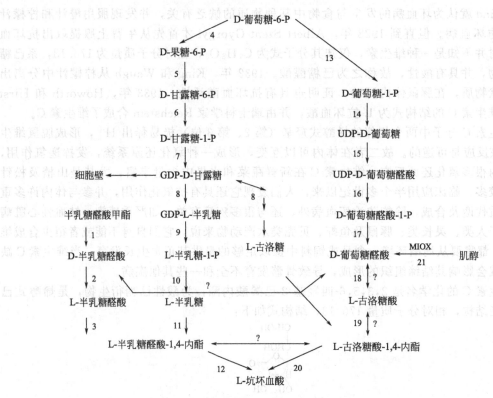

图 13-1　维生素 C 可能的生物合成途径

13.6.2　维生素 C 的化学及微生物合成

（1）莱氏法　是 1933 年德国化学家 Reichstein 等发明的最早应用于工业生产维生素 C 的方法。该法以葡萄糖为原料，经催化加氢制取 D-山梨醇，然后用醋酸菌发酵生成 L-山梨糖，再经酮化和化学氧化，水解后得到 2-酮基-L-古洛糖酸（2-KLG），再经盐酸酸化得到维生素 C。莱氏法合成维生素 C 工艺路线如下：

$$D\text{-}葡萄糖 \xrightarrow{H_2/Ni} D\text{-}山梨醇 \xrightarrow{微生物} L\text{-}山梨糖 \xrightarrow{丙酮/硫酸} 双丙酮 L\text{-}山梨糖$$

$$\xrightarrow{NaOH/NiSO_4} 双丙酮\text{-}2\text{-}酮基\text{-}L\text{-}古洛糖酸 \xrightarrow{H_3^+O} 2\text{-}KLG \xrightarrow{化学转化} 维生素 C$$

莱氏法生产的维生素 C 产品质量好、收率高。由于生产原料廉价易得，中间产物的化学性质稳定，至今仍是许多国外维生素 C 生产商采用的主要工艺方法，如 Roche 公司、BASF/Takeda 公司和 E. Merck 公司等厂商。但是莱氏法也存在不少缺陷，诸如生产工序多，劳动强度较大，使用大量有毒、易燃化学药品，容易造成环境污染等。为此，自 20 世纪 60 年代起，各国学者一直致力于莱氏法的改进。

（2）改进的莱氏法（二步发酵法）　20 世纪 70 年代初，中国科学院微生物研究所和北京制药厂合作，研制成功了"二步发酵法"制备维生素 C 的新工艺。该法以生物氧化过程代替莱氏路线中的部分纯化过程，具体是在莱氏法一步发酵之后又用微生物将 D-山梨糖直接发酵转化成 2-酮基-L-古龙酸（2-KLG），简化了生产工艺，降低了生产成本，减少了"三废"污染，多年以来一直被国内厂家使用。二步发酵法生产维生素 C 可以分为发酵、提取和转化三大步骤，即 D-山梨醇先经细菌氧化为 L-山梨糖，再通过细菌发酵生成维生素 C 前体 2-KLG，最后用化学法将 2-KLG 转化为维生素 C。

二步发酵法的生物转化过程如下：

$$D\text{-葡萄糖} \xrightarrow{H_2/\text{催化剂}} D\text{-山梨醇} \xrightarrow{\text{微生物}} D\text{-山梨糖} \xrightarrow{\text{混合发酵}} 2\text{-KLG} \xrightarrow{\text{化学转化}} \text{维生素 C}$$

二步发酵法不使用有毒的化学试剂，产品成本较低，转化率高达 79.5%，因此得到国内外维生素 C 生产商的高度评价，先后在中国、欧洲、日本和美国等申请了专利，并于 20 世纪 80 年代向全球最大的维生素生产商——瑞士 Roche 公司进行了技术转让。

（3）葡萄糖直接发酵法　不能以葡萄糖作为直接发酵原料是二步发酵法的最大缺陷之一。以 D-葡萄糖高压加氢转化生成 D-山梨醇，不仅需要大量的能源和设备，操作上也存在很大的危险性。

国外较早就开始了细菌串联发酵葡萄糖产生 2-KLG 的研究。我国科学家采用欧文菌（*Erwinia* sp.）和棒杆菌（*Corynebacter* sp.）以葡萄糖为原料串联发酵产生 2-KLG 获得成功。后来又通过原生质体融合技术得到了欧文菌和棒杆菌的融合细胞，所得的 38 株融合子中约有 40% 能将葡萄糖转化成 2-KLG。氧化葡萄糖酸杆菌与棒杆菌的休止细胞共固定化串联发酵葡萄糖产生 2-KLG 工艺的最高转化率达到 37.72%。直接发酵法生产工艺流程如下：

$$D\text{-葡萄糖} \xrightarrow{\text{欧文菌}} 2,5\text{-DKG} \xrightarrow{\text{棒杆菌}} 2\text{-KLG} \xrightarrow{\text{化学转化}} \text{维生素 C}$$

由于至今尚未找到使葡萄糖直接发酵产生维生素 C 的微生物菌种，目前发酵产生的 2-KLG 到维生素 C 的转化仍是通过化学方法。

13.6.3　维生素 C 衍生物合成

维生素 C 是一种具有连二烯醇结构的五元环内酯。二烯醇结构易受到光、热、氧、湿气、pH 和金属离子等的影响而发生变化，在储存和应用方面受到诸多限制。基于维生素 C 易于氧化和对热不稳定的性质，寻求稳定维生素 C 衍生物势在必行。其中维生素 C 棕榈酸酯（AP）与维生素 C 聚磷酸酯（AsPP）是最常见的稳定衍生物。

1961 年意大利科学家首次合成了维生素 C 单磷酸酯（AsMP），后来改进了合成方法使收率大大提高。维生素 C 单磷酸酯镁盐已经得到世界卫生组织 WHO 和我国政府的认可并允许用作食品添加剂。它有许多优良性能，但由于合成工艺复杂、收率不高因而成本较高，不易工业化生产。AsMP 是个稳定性颇为良好的衍生物，它对空气热水等均表现有良好的稳定性，但在磷酸酶作用下很容易被水解为磷酸和 L-抗坏血酸，而抗坏血酸一旦脱离磷酸酯基的保护后很快分解失活。维生素 C 二磷酸酯（AsDP）则较难大量合成，不易推广。

磷酸酯中最受人们关注的是维生素 C 聚磷酸酯（AsPP），该化合物是近年来出现的一种高稳定性维生素 C 衍生物，它对空气、热、水、酸碱、酶等均表现有良好的稳定性。维生素 C 聚磷酸酯（AsPP）在人体和动物体内磷酸酶的作用下磷酸基会逐步水解，释放形成 AsDP 或 AsMP，直到最后一个磷酸基团脱落、L-抗坏血酸游离出来，从而在体内具有维生素 C 的生物活性。AsPP 符合美国食品药品管理局（FDA）关于一般公认安全（GRAS）的规定和美国联邦法典 21 条的规定，是对人体安全的化合物。国内外最新研究表明 AsPP 还可应用于食品、化妆品等行业。

（1）维生素 C 磷酸酯钠的合成　将维生素 C 与磷酰化试剂（三氯氧磷、二氯磷酸、四氯磷酸等）混合，在吡啶的催化作用下生成维生素 C 磷酸酯，再与氢氧化钠中和得到维生素 C 磷酸酯钠。反应式如下所示：

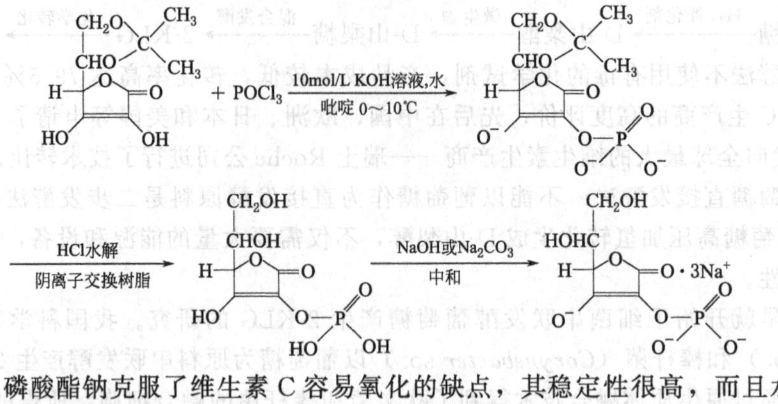

维生素 C 磷酸酯钠克服了维生素 C 容易氧化的缺点，其稳定性很高，而且水溶性较好，可以被人体内的磷酸酶分解利用，因此适于大规模生产和应用。

（2）维生素 C 棕榈酸酯的合成　维生素 C 棕榈酸酯，分子式 $C_{22}H_{38}O_7$，相对分子质量 414.54，为白色或微黄色粉末，稍有柑橘气味，90％含量熔点为 $107\sim117℃$，95％含量时熔点为 $115\sim118℃$（均有少量同分异构体），难溶于水，溶于乙醇、动植物油。它是世界卫生组织、食品药品联合委员会认可的营养型抗氧化剂，并为美国、英国药典收载。

在浓硫酸催化下维生素 C 和棕榈酸可以直接酯化合成维生素 C 棕榈酸酯。反应式如下：

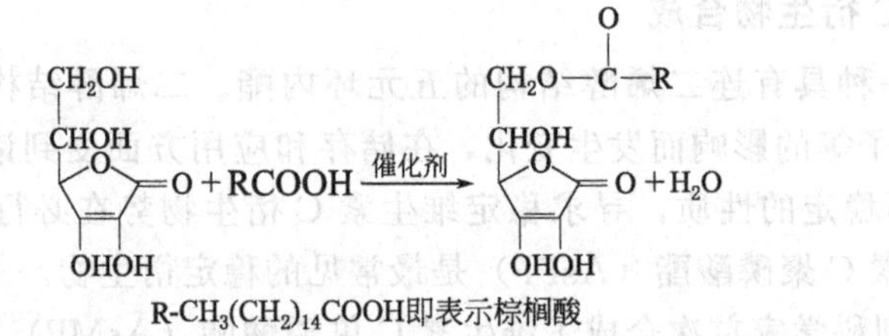

$R-CH_3(CH_2)_{14}COOH$ 即表示棕榈酸

该反应速率很慢，必须使用催化剂来加速反应，常用的催化剂有浓硫酸和无水氟化氢等。虽然提高反应温度有利于该反应的进行，但是抗坏血酸耐热性差，所以酯化反应必须控制在较低温度下进行。此外在直接酯化反应中除控制反应温度外，溶剂和催化剂以及脂肪酸与抗坏血酸的摩尔比也是直接酯化的关键。

利用浓度为 96％以上的浓硫酸以及碳原子数为 $12\sim18$ 的脂肪酸甲酯或脂肪酸乙酯的单相混合物进行间接酯化可以克服上述直接酯化的问题。

（3）维生素 C 聚磷酸酯的合成　采用直接酰化法，即维生素 C 直接与磷酸化试剂在液体介质中进行酯化反应，可以一步制得维生素 C 聚磷酸酯。以维生素 C 和三聚磷酸钠为原料，经酯化反应制备维生素 C 聚磷酸酯的反应方程式为：

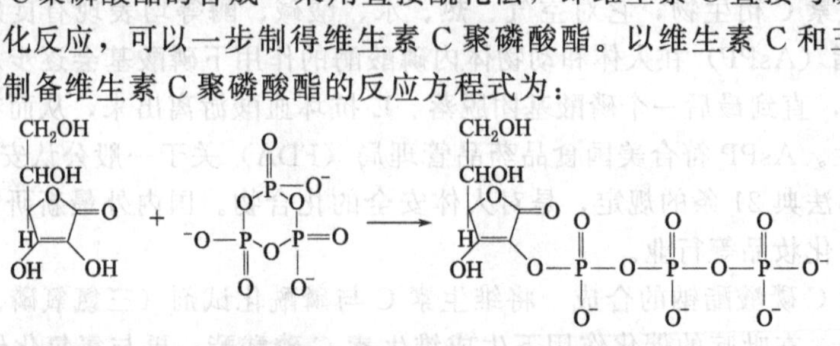

通过工艺优化发现，上述反应过程中原料配比对收率的影响最大，反应温度次之，其次是溶液的 pH，最后是催化剂用量。适宜工艺条件为原料摩尔配比为 $1:1.3$，温度为 $35℃$，催化剂用量为维生素 C 的 0.15，溶液 pH 为 9，收率可达到 76％以上。

参 考 文 献

[1]　王明学. 医药中间体的开发和应用 [J]. 精细与专用化学品，1999，(3)：6-10.

[2]　龙潭等. 利巴韦林合成概述 [J]. 广州化学, 2008, 33 (3)：56-61.

[3]　蔡玉瑛等. 利巴韦林的合成 [J]. 中国医药工业杂志, 2009, 40 (12)：881-882.

[4]　张逸伟等. 新型利巴韦林衍生物的合成 [J]. 合成化学, 2010, 18 (6)：712-714.

[5]　林东恩等. 利巴韦林衍生物的合成 [J]. 华南理工大学学报 (自然科学版), 2010, 38 (4)：35-39.

[6]　刘永立等. 维生素 C 的生物合成及其基因调控研究进展 [J]. 果树学报, 2006, 23 (3)：431-436.

[7]　燕方龙. 维生素 C 生产工艺研究进展 [J]. 上海医药, 2007, 28 (12)：559-563.

[8]　仪宏等. 维生素 C 生产技术 [J]. 中国食品添加剂, 2003, (6)：76-81.

实验四十八　2-甲基咪唑合成

2-甲基咪唑是一种重要的药物中间体, 用于生产甲硝唑、二甲硝咪唑等。由 2-甲基咪唑经硝化反应制得 2-甲基-5-硝基咪唑, 再经进一步合成制得的甲硝唑, 是一种高效抗滴虫病药物, 也可治疗各种类型的阿米巴病、痤疮和酒糟鼻。世界卫生组织 (WHO) 已将甲硝唑作为抗厌氧菌的首选药物。

另外, 2-甲基咪唑也可用作环氧树脂等的固化剂、纤维织品染料的辅助剂, 在制备泡沫塑料中也可用作添加剂。

2-甲基咪唑旧的生产工艺是乙二胺法, 反应方程式如下：

$$NH_2CH_2CH_2NH_2 \xrightarrow[98\sim150℃]{CH_3CN,S} \quad \xrightarrow[250℃]{Ni}$$

乙二胺法由于反应条件苛刻, 周期较长, 已经被新工艺乙二醛法替代。乙二醛法是以乙二醛、乙醛、氨水为原料经 Radziszewki 反应合成 2-甲基咪唑。该法与乙二胺法相比有较大优势, 反应方程式如下：

$$\begin{matrix}CHO\\CHO\end{matrix} \xrightarrow[NH_3]{CH_3CHO}$$

鉴于原料乙二醛价格高, 国内供应较紧张, 国内生产厂家一般从乙醛出发生产 2-甲基咪唑。反应方程式如下：

$$2CH_3CHO + 4HNO_3 \xrightarrow[Cu(NO_3)_2·3H_2O]{NaNO_2} 3CHOCHO + 4NO + H_2O$$

$$\begin{matrix}CHO\\CHO\end{matrix} \xrightarrow[NH_3]{CH_3CHO}$$

一、实验目的

了解 2-甲基咪唑的用途, 掌握 2-甲基咪唑制备原理及方法。

二、实验原料

氨水, 质量分数为 25%；乙二醛, 质量分数为 40%；乙醛, 质量分数为 40%。

三、实验步骤

1. 向 100mL 的三口烧瓶中投入由 7.25g (0.05mol) 乙二醛 (浓度为 40%) 和 5.50g (0.05mol) 乙醛 (浓度为 40%) 40% 配成的溶液, 冰水浴冷却, 搅拌❶。

2. 在搅拌下缓慢向烧瓶滴加 8mL 氨水 (浓度为 25%)❷。

3. 滴加完毕后, 室温下搅拌 2h, 再升温至 50℃ 保温 0.5h。

---

❶　为了避免乙醛以及乙二醛在氨水中发生缩合反应, 所以采取往乙醛和乙二醛溶液滴加氨水的方式以减少各种缩合反应的发生。

❷　可以采用碳酸氢铵溶液代替氨水

4. 冷却，滤去极少量不溶物。

5. 减压蒸馏除水，浓缩至剩余 10mL 左右浓缩液，趁热倒入小烧杯中，冷却到室温，析出黄色结晶。母液在蒸发皿上用蒸汽浴加热浓缩，冷却后得二次结晶。两次结晶合并称重，产物约 3g，收率 80%。熔点 142～143℃。

四、实验时间

约 5h。

参 考 文 献

[1]　刘纪寿，王珏. 2-甲基咪唑的合成 [J]. 中国医药工业杂志，1989, 20 (5): 237.

实验四十九　利巴韦林合成

利巴韦林 (Ribavirin, RBV)，又名三氮唑核苷，化学名为 1-β-D-呋喃核糖基-1H-1, 2, 4-三氮唑-3-甲酰胺，分子式 $C_8H_{12}N_4O_5$。该药是一种高效广谱核苷类抗病毒药物，对流感、副流感、流行性出血热、单纯疱疹、水痘、带状疱疹等疗效良好，对至少 12 种 RNA 病毒和 10 种 DNA 病毒有强效的抑制作用。利巴韦林已列入国家基本药用品种。

自 1972 年美国加州核酸研究所 Witkowski 等首次报道以来，国内外对利巴韦林的制备进行了广泛而深入的研究。研究和报道最多的就是利巴韦林的化学法合成，总体可分为卤代糖法、肌苷法、腺苷法和核苷酸法四种，主要经由酰化、缩合与氨解三步完成。

本实验参照文献报道的三唑甲酰胺合成法合成利巴韦林，反应式和工艺流程见本章 13.2 节。用 1H-1, 2, 4-三唑-3-甲酰胺 (**1**) 为原料，在硫酸铵作用下，经六甲基二硅胺烷 (HMDS) 活化，得 1-三甲基硅烷基-1H-1, 2, 4-三唑-3-甲酰胺 (**2**)。**2** 和四乙酰核糖 (**3**) 于室温缩合得 1-β-D-三乙酰呋喃核糖基-1, 2, 4-三唑-3-甲酰胺 (**4**)。**4** 再经甲醇的氨饱和溶液氨解即可得利巴韦林 (**5**)，5h 即可反应完全。改进后的工艺原料易得，反应条件温和，各中间体均无需分离纯化，操作简便。

一、实验目的

学习利巴韦林的制备方法，掌握相关的实验技术。

二、原料

1H-1, 2, 4-三唑-3-甲酰胺 (**1**)：化工中间体，可以使用工业品。

四乙酰核糖 (**3**)：化工中间体，可以使用工业品。

六甲基二硅胺烷：有机合成中间体，分子式 $(CH_3)_3SiNHSi(CH_3)_3$，相对分子质量 161.39。为无色透明液体、无毒、略带胺味。沸点 126℃，相对密度 (25℃) 0.770～0.780，折光率 1.408，六甲基二硅胺烷含量≥99.0%。

四氯化锡：分子式 $SnCl_4$。无色液体，熔点 -33℃，沸点 114.1℃，相对密度为 2.226。易挥发，在湿空气中因水解而发烟。易溶于某些非极性溶剂。四氯化锡溶于水时发生水解作用并析出 α-锡酸。

硫酸铵、甲醇、二氯甲烷、碳酸氢钠、无水硫酸钠均为化学试剂。氨气。

三、实验操作

（一）1-三甲基硅烷基-1H-1, 2, 4-三唑-3-甲酰胺 (**2**) 合成

在带有加热、搅拌、回流冷凝装置的 500mL 三颈瓶中，加入 11.2g 原料 **1** (0.1mol)、200mL 六甲基二硅胺烷 (0.95mol) 和 0.5g 硫酸铵 (3.7mmol)。加热回流，

反应至基本澄清❶。冷却至室温，减压蒸出未反应的六甲基二硅胺烷，得到黄色油状物 2，无需纯化，直接投入下步反应。

（二）1-β-D-三乙酰呋喃核糖基-1,2,4-三唑-3-甲酰胺（**4**）合成

用上一步合成所得的 **2** 溶于 200mL 二氯甲烷中，加入 31.8g 原料 3（0.1mol）。冰浴控温于 0～5℃，滴加 5mL $SnCl_4$（42mmol）。滴毕，缓慢升至室温，反应 3～5h。反应完全后❷，将反应液倒入由 10g 碳酸氢钠和 300mL 冰水配成的溶液中，剧烈搅拌后静置分层。有机相用饱和碳酸氢钠水溶液（100mL×3）洗涤，无水硫酸钠干燥，过滤。滤液减压蒸去溶剂，得黄色油状物 **4**，无需纯化，直接投入下步反应。

（三）利巴韦林（**5**）的合成

直接使用上面操作得到的 **4**，溶于 50mL 甲醇的氨饱和溶液中，室温搅拌 3～5h❸，析出白色沉淀。过滤，滤饼用甲醇洗涤后减压干燥。母液减压蒸去溶剂，剩余物中加入 20mL 乙醇，充分搅拌后过滤，滤饼用甲醇洗涤后减压干燥。合并滤饼，加热条件下溶于 95％乙醇（175mL），经活性炭脱色，滤后冷却析晶，得白色结晶状粉末 **5**（15.8g）❹，熔点 166～168℃。

四、产物检验

使用高效液相色谱法（HPLC）可以检验产物的纯度。

五、实验时间❺

实验时间 5h＋5h＋5h。

参 考 文 献

[1] 蔡玉瑛，夏然，杨西宁，渠桂荣. 利巴韦林的合成 [J]. 中国医药工业杂志，2009，40（12）：881.

实验五十　阿司匹林的绿色合成

阿司匹林（Aspirin）学名为乙酰水杨酸，是一种常用的解热镇痛药，广泛应用于伤风、感冒、头痛、神经痛、关节炎、急性和慢性风湿痛及类风湿痛等的治疗。阿司匹林还能抑制血小板中血栓素 A2 的合成，具有强效的抗血小板凝聚作用。因此，现在阿司匹林已经用于心血管系统疾病的预防和治疗。

传统的阿司匹林制备工艺是以浓硫酸为催化剂，使水杨酸与乙酸酐在 75℃左右发生酰化反应，制取阿司匹林。

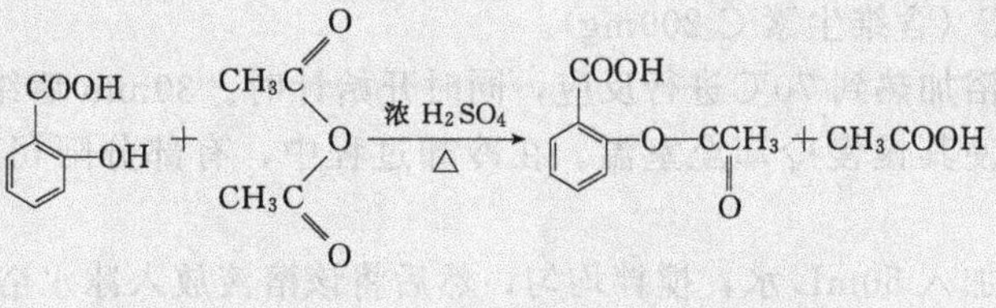

---

❶ 时间大约需要 3～5h。如果受实验时间限制，可以在 3h 结束，中间产物留到下次实验接着做下一步反应。对产品质量可能有些影响。

❷ 可用薄层色谱（TLC）检验，反应物斑点基本消失。

❸ 时间最好能超过 5h，反应比较完全。如果受实验时间限制，可以在 3h 结束，收率受影响，后处理更加要仔细。

❹ 收率大约能在 60％左右。

❺ 整个实验时间比较长，可以分三次完成，每次实验做一步。在每次实验的回流反应期间穿插做其他简单实验，例如实验四十四甲壳多聚糖净水剂。

此工艺反应时间长，需要能耗大，且催化剂浓硫酸对设备的腐蚀性较大，存在废酸排放等缺点。其他可以使用的酸催化剂包括磷酸、对甲苯磺酸、草酸等。

改进的方法是使用固体催化剂代替酸，例如强酸性阳离子交换树脂、酸性膨润土、固体超强酸、杂多酸、分子筛等。总体来说反应收率不是很理想。

近年的工艺改进是不用酸碱作催化剂，取而代之的是维生素 C。维生素 C（Vitamin C，ascorbicacid，抗坏血酸）是一内酯，由于分子中 2,3 位连烯二醇结构中的羟基极易游离而释放出 H^+，所以维生素 C 虽不含自由羧基但仍具有有机酸的性质。这种特殊的烯醇结构也使它非常容易释放氢原子，并使许多物质还原，具有广泛的反应性能。

一、实验目的

学习阿司匹林的制备方法，在掌握相关的实验技术的同时，通过对维生素 C 催化剂的认识树立绿色化学的理念。

二、原料

水杨酸　邻羟基苯甲酸，相对分子质量 138。为白色结晶性粉末，无臭，味先微苦后转辛。熔点 157～159℃，在光照下逐渐变色。相对密度 1.44。沸点约 211℃/2.67kPa。76℃升华。常压下急剧加热分解为苯酚和二氧化碳。水杨酸可溶于乙醇、丙酮、乙醚和沸水，但在冷水中溶解度很小。水杨酸水溶液的 pH 值为 2.4。水杨酸与三氯化铁水溶液生成特殊的紫色。

乙酸酐　无色透明液体。分子式 $C_4H_6O_3$，相对分子质量 102.09。有强烈的乙酸气味。味酸。有吸湿性。溶于氯仿和乙醚，缓慢地溶于水形成乙酸。相对密度 1.080。熔点 −73℃。沸点 139℃。折光率 1.3904。闪点 54℃。自燃点 400℃。低毒，半数致死量（大鼠，经口）1780mg/kg。易燃。有腐蚀性。勿接触皮肤或眼睛，以防引起损伤。有催泪性。

维生素 C　又称抗坏血酸（ascorbic acid）。分子式为 $C_6H_8O_6$，相对分子质量为 176.13，系己糖的衍生物，并具有酸性，故称之为己糖醛酸。在本实验中作为催化剂使用，具有反应速率快、操作简单、催化剂无需回收、反应条件温和、不腐蚀仪器设备、环境无污染等特点。为方便操作，直接使用口服维生素 C 片，每片含维生素 C 100mg。

无水碳酸钠　AR 试剂。

三、实验操作

称取 6.9g（0.05mol）水杨酸置于 100mL 三口烧瓶中，加入 15.5g（0.15mol）乙酸酐❶和 2 片维生素 C（含维生素 C 200mg）。

开动搅拌，水浴加热到 70℃进行反应，同时开始计时。30min 后结束反应❷，将锥形瓶从水浴中取下，使其慢慢冷却至室温。在冷却过程中，有部分阿司匹林渐渐从溶液中析出。

待结晶形成后加入 50mL 水，搅拌均匀，然后将该溶液放入冰水浴中冷却。待大量固体析出，抽滤，固体用冰水洗涤并尽量压紧抽干，得到阿司匹林粗品。

用乙醇-水（1∶4）重结晶提纯，得到白色片状晶体。熔点为 134～136℃。

---

❶ 乙酸酐的摩尔量是水杨酸的三倍，实验证明若乙酸酐用量太少，水杨酸就不能充分酰化，收率下降。

❷ 水杨酸可与三氯化铁溶液发生明显的颜色变化，在其他反应体系中可以依据这一现象取样检验水杨酸是否作用完毕。但是在本反应中不能用该现象来确定反应的终点，原因是维生素 C 为内酯，分子中有双烯醇结构，呈酸性和还原性。在橙黄色的 $FeCl_3$ 溶液中加入维生素 C，溶液颜色逐渐减退生成极浅的绿色 Fe^{2+}。水杨酸的变色与维生素 C 的变色互相干扰，无法判别反应终点。只能用计时来结束反应。

四、产物表征

用熔点仪测定产物熔点，应该为 134～135℃。产品结构经红外光谱确认。谱图特征峰数据：在 1762cm^{-1} 处有 C＝O 吸收峰，1192cm^{-1} 处有 C—O—C 吸收峰，可见酯基已生成。

五、实验时间

实验时间 2h。

参考文献

[1] 陈洪，龙翔，黄思庆. 维生素 C 催化合成阿司匹林的研究 [J]. 化学世界，2004，(12)：642.

实验五十一　治疗胃溃疡原料药丙谷胺的合成

丙谷胺（Proglumide），化学名为 *dl*-4-苯甲酰氨基-*N*,*N*-二丙基戊酰胺酸，是意大利 1964 年首创的治疗消化性溃疡药物。本品为胃泌素特异拮抗剂，疗效高，副作用少，能与胃泌素竞争胃壁细胞膜上的受体，从而可抑制过多的胃液分泌。本品对控制胃酸和抑制胃蛋白酶的分泌效果较好；并对胃黏膜有保护和促进愈合作用。可用于治疗胃溃疡和十二指肠溃疡，对消化性溃疡临床症状的改善、溃疡的愈合有较好的效果。

丙谷胺的合成路线有多种，较早期的工艺路线如下：

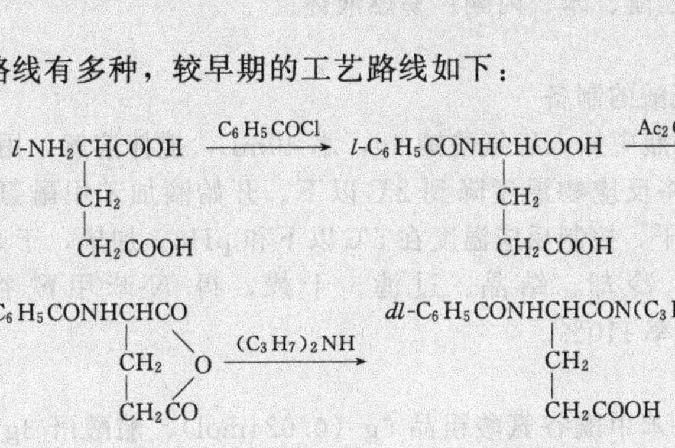

丙谷胺

上述路线起始原料谷氨酸易得，需用的原辅料较少，但总收率低，一般只有 20%。尤其在第二步醋酸酐环合反应，苯甲酰谷氨酸与醋酸酐的摩尔比达到 1：5 以上。由于醋酸酐有严重的催泪作用，给抽滤、干燥等操作造成极大困难，不利于安全保护。

改进的合成方法是采用减少醋酐用量，环合与胺化"一锅煮"的方法，简化操作工序。改进的工艺路线如下：

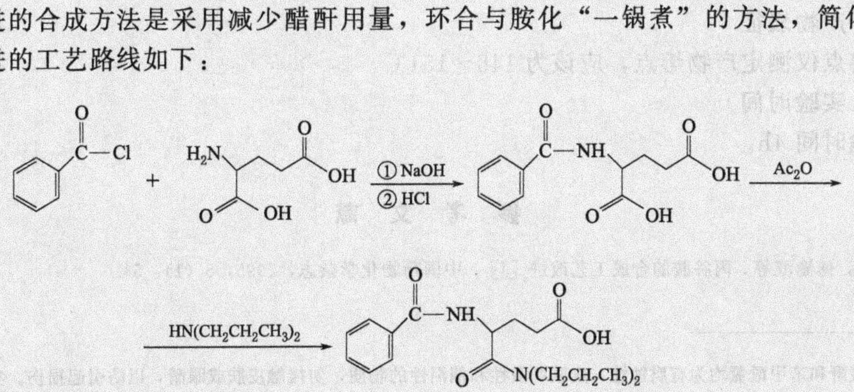

本实验采用上面改进后的工艺路线。

一、实验目的

学习丙谷胺的制备方法，掌握相关的实验技术。

二、原料

乙酸酐❶ 无色透明液体。分子式 $C_4H_6O_3$，相对分子质量 102.09。有强烈的乙酸气味。味酸。有吸湿性。溶于氯仿和乙醚，缓慢地溶于水形成乙酸。相对密度 1.080。熔点 −73℃。沸点 139℃。折射率 1.3904。闪点 54℃。自燃点 400℃。低毒，半数致死量（大鼠，经口）1780mg/kg。易燃。有腐蚀性。勿接触皮肤或眼睛，以防引起损伤。有催泪性。

谷氨酸钠 分子式 $C_5H_8NO_4Na$，摩尔质量 169.1。谷氨酸钠化学名为 α-氨基戊二酸一钠，是一种由钠离子与谷氨酸根离子形成的盐。其中谷氨酸是一种氨基酸。生活中常用的调味料味精的主要成分就是谷氨酸钠。谷氨酸钠外观是白色结晶，熔点 225℃，易溶于水。

苯甲酰氯❶ 分子式 C_7H_5ClO，相对分子质量 140.57。苯甲酰氯是苯甲酸中的羟基被氯原子取代而生成的化合物。无色液体，有刺激性气味。沸点 197.2℃，相对密度 1.2120 (20/4℃)，凝固点 −1.0℃，熔点 −1.0℃，折射率 1.5537，闪点 88℃。蒸气具有催泪性。溶于乙醚、氯仿和苯。遇水或乙醇逐渐分解，生成苯甲酸或苯甲酸乙酯和氯化氢。

二丙胺 分子式 $(CH_3CH_2CH_2)_2NH$；相对分子质量 101.19；无色液体，有氨的气味；可混溶于乙醇、乙醚、苯、丙酮；易燃液体。

三、实验操作

1. N-苯甲酰谷氨酸的制备

于 150mL 三口烧瓶中加入谷氨酸钠 5g，水 40mL，搅拌溶解，用适量稀 NaOH 溶液调 pH7～8，用冰浴将反应物温度降到 2℃以下。开始滴加苯甲酰氯 3.7mL，同时滴加 40%NaOH 水溶液若干，控制反应温度在 5℃以下和 pH8。加毕，于 5℃以下反应 1h。用 30%HCl 调 pH1.5，冷却、结晶、过滤、干燥，得 N-苯甲酰谷氨酸粗品约 7g，m.p.134～140℃，收率 110%。

2. 丙谷胺的制备

取上面制得的 N-苯甲酰谷氨酸粗品 6g（0.024mol）、醋酸酐 3g（0.022mol）、甲苯 20mL，加于 150mL 三口瓶中，搅拌，加热到 85℃反应 30min。常压蒸馏，蒸至无液体馏出为止（甲苯回收）。降温，往反应瓶内加冰水 30mL 和二丙胺 8mL。在 0℃反应 1h。加乙酸调 pH4.5。结晶，过滤。滤饼不经干燥直接加适量蒸馏水、Na_2CO_3 与活性炭于 80℃脱色 30min。趁热过滤，滤液调 pH4.5，冷却，结晶，再过滤，干燥得精品约 4g，总收率大约 50%。

四、产物表征

用熔点仪测定产物熔点，应该为 148～151℃。

五、实验时间

实验时间 4h。

参 考 文 献

[1] 李勤耕，傅渝滨等．丙谷胺的合成工艺改进 [J]．中国药物化学杂志，1995，5 (1)：54.

---

❶ 乙酸酐和苯甲酰氯均为有腐蚀性、皮肤刺激性和催泪性的物质，勿接触皮肤或眼睛，以防引起损伤。实验要在通风橱内进行。

实验五十二　多用途中间体聚 N-乙烯吡咯烷酮的合成

聚 N-乙烯吡咯烷酮（PVP）是性能优异、用途广泛的水溶性高分子化合物，属高科技含量、高附加值产品，是国际倡导的重要化工中间体和医药中间体。

PVP 是由乙烯基砒咯烷酮聚合而得，相对分子质量 5000～700000。PVP 是无臭、无味的白色粉末或透明溶液。具有优良的溶解性及低毒性、成膜性、络合性、表面活性和化学稳定性。可溶于水、含氯溶剂、乙醇、胺、硝基烷烃和低分子脂肪酸。与多数无机盐和多种树脂相溶，不溶于丙酮、乙醚等。

PVP 的单体 N-乙烯吡咯烷酮（NVP）的合成有好几种方法，比较常见的乙炔法和 γ-丁内酯法。乙炔法是最早生产乙烯基吡咯烷酮的方法，目前仍是世界上工业化生产 NVP 的方法之一，优点是原料便宜易得，产品成本较低。但乙炔是易燃易爆气体，对操作十分苛刻，并且工艺流程长，设备要求高。γ-丁内酯法具有反应条件温和、反应步骤少的优点。不足之处是 γ-丁内酯价格比较高，从而提高了产品成本，收率方面也有待提高。

NVP 聚合得到 PVP 可以进行本体聚合和水溶液聚合，本实验采用水溶液聚合，偶氮二异丁氰或过氧化氢为引发剂，采用偶氮二异丁氰为引发剂反应体系适宜温度是 70～75℃，产品 PVP 的分子量较高，而采用过氧化氢为引发剂反应体系适宜温度是 50～55℃，产品 PVP 的分子量较低。反应方程式如下：

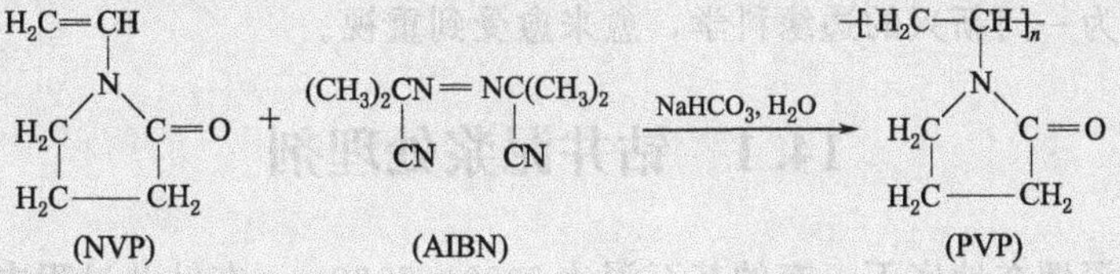

一、实验目的

了解聚 N-乙烯吡咯烷酮的性质和用途，学习自由基聚合合成 N-乙烯吡咯烷酮的方法。

二、实验原料

N-乙烯吡咯烷酮，偶氮二异丁氰（AIBN），化学纯。

三、实验步骤

将 20g NVP 溶解在 80mL 的水里，加入到带有温度计、搅拌器和球形冷凝柱的 100mL 三口瓶中，并加入 0.5g 偶氮二异丁氰，在搅拌下慢慢升温至 75℃，保持搅拌 3h，直到黏度不再增加为止。得到 25％的聚 N-乙烯吡咯烷酮水溶液。采用旋转黏度计测其黏度。

四、实验时间

大约 4h。

第14章 油田用精细化学品

石油的开采是一个十分庞大的系统工程。在石油、天然气的钻探、压井、采集、输送、水质处理等过程中必须使用大量的精细化学品。尤其是对像我国大庆油田这样经过50年开采、已经进入中老年期的油田，容易开采的石油所剩不多，要通过二次、三次采油作业才能从含油地质构造中把原油抽出来。为了提高二次、三次采油作业的采收率，油田精细化学品是必不可少的材料，作用非常重要。

在原油开采过程中，需要使用的化学品数量十分之大。油田用精细化学品的品种繁多，除一部分天然化学品及无机化学品外，有机化工产品占很大比例。

油田化学品按其结构可分为三类：①简单化合物及其混合物，主要是无机物；②有机高分子聚合物；③表面活性剂。按油田施工工艺可分为钻井用化学品，采油用化学品，水处理化学品和油气输送用化学品，近年来增加了深度采油、提高采收率的化学品。

由于各个油田的油藏条件不同，油层深度、原油品质、水质、地层结构、压力、环境温度各异，所用精细化学品品种和配方的针对性很强，属于专用化学品，技术含量很高。油田化学已逐渐形成为一门新兴的边缘科学，愈来愈受到重视。

14.1 钻井泥浆处理剂

石油一般都深埋在地底下，有的甚至深达 6000～7000m。在钻井过程中钻头、转杆要经受岩层阻力、地底高温、高压的考验。钻井泥浆是进行石油勘探钻孔必不可少的钻井帮手。如果把整个钻井生产系统比作一个人的话，井架、设备是它的骨架和四肢，柴油机驱动是心脏，井内是内脏，而泥浆就是血液。泥浆作为钻井的血液，其重要性是不言而喻的。可以说，钻井泥浆直接影响着钻井工程的成败。因此，了解钻井泥浆的类型、功用，在钻探过程中才能针对不同的地层结构特点采取不同的泥浆标准，以满足技术要求，进而达到提高效率降低成本的目的。

钻井泥浆的功用主要表现在以下几个方面。

① 携带和悬浮岩屑。钻井泥浆首要和最基本的功用，就是通过其本身的循环，将井底被钻头破碎的岩屑携至地面，保持井眼清洁，不发生堵塞井眼的事故，确保下钻畅通无阻，并保证钻头在井底始终接触和破碎新地层，不造成重复切削，保持安全快速钻进。

② 提升钻井动力。钻井过程中泥浆在钻头喷嘴处以极高的流速冲击井底，从而提高了钻井速度和破岩效率。在使用涡轮钻具钻进时，泥浆由钻杆内以较高流速流经涡轮叶片，使涡轮旋转并带动钻头破碎岩石。

③ 冷却和润滑钻头钻具。在钻进中钻头一直在高温下旋转并破碎岩层，同时钻具也不断地与井壁摩擦，两者都产生巨大的热量。通过低温钻井液不断进入井下，将钻头和钻杆的热量带上地面释放，可起到冷却钻头钻具的作用，防止因过热而造成强度下降、变形损坏，延长其使用寿命。

④ 稳定井壁和平衡地层压力。钻井泥浆能在井壁上形成一层薄而韧的泥膜，稳固已钻开的地层并阻止液相侵入地层，确保井壁稳定，起钻下钻畅通，测井一次性成功。

⑤ 泥浆有良好的防漏、堵漏性能，防止石油沿地层孔隙流散，有利于保护油层，提高

采油率。

国内钻井用化学剂习惯上分为 18 类（见表 14-1），有超过 300 个商品牌号。钻井用化学品无论是品种、应用量都占整个油田化学品的 60% 左右，是油田化学产业中发展较快、品种较多、水平较高、应用效果较好的一类产品。

表 14-1　钻井液用化学剂及代号

代号	中文名称	英文名称
DF-BA	杀菌剂	Bactericide
DF-CO	缓蚀剂	Corrosion inhibitor
DF-CR	除钙剂	Calcium remover
DF-DFO	消泡剂	Defoamer
DF-EM	乳化剂	Emulsifier
DF-FI	降滤失剂	Filtrate reducer
DF-FL	絮凝剂	Flocculant
DF-FO	起泡剂	Foaming agent
DF-LO	堵漏剂	Lost circulation material
DF-LL	润滑剂	Lubricant
DF-PF	解卡剂	Pipe freeing agent
DF-PH	pH 值控制剂	pH control agent
DF-SAA	表面活性剂	Surface active agent(surfactant)
DF-SC	页岩抑制剂	Shale control agent
DF-TH	降黏剂	Thinner
DF-TS	温度稳定剂	Temperature stability agent
DF-V	增黏剂	Viscosifier
DF-W	加重剂	Weighting material

表 14-1 所列化学品中，对钻井液性能贡献最大，也是精细化工界最感兴趣的是专用化学品，特别是各种合成高分子聚合物更是研究开发的重点。据统计，合成高分子聚合物在中国钻井作业中的年用量超过 10 万吨。

有机精细化学品在增强钻井泥浆性能上发挥了很好的作用。有机絮凝剂（聚丙烯酰胺）和选择性絮凝剂（醋酸乙烯酯与马来酸酐共聚物）的应用，发展了不分散泥浆体系，取得了优良的效果。例如，在加拿大西部地区，应用这种絮凝剂使当时的钻头进尺提高 56%，钻头工作时间延长 45%，机械进尺增加 12%；中国从 1974 年开始推广不分散泥浆体系，使钻速平均提高 20%。为了钻进 7000m（井底温度在 200℃ 以上）的深井和地热井（250℃），可在水基泥浆中添加树脂与褐煤的复配物、苯乙烯马来酸酐共聚物、专门合成的耐高温耐盐的聚合物。用发泡剂（表面活性剂）配成特轻泥浆，能解放低压油气层，解除井漏；用咪唑啉缓蚀剂、聚甲醛杀菌剂可降低腐蚀耗损，延长钻具寿命；用石墨、油、硬沥青等润滑剂能减少泥包卡钻事故；用乳化泥浆能克服复杂地层中的钻井难题；用抗污染聚合物能使钻具钻进大段盐层；用增稠剂（聚丙烯酰胺、羟乙基纤维素、生物聚合物）及稀释分散剂（褐煤、木质素磺酸盐、磷酸盐）可调整流型。

14.1.1　高分子聚合物钻井液

（1）乙烯基单体多元共聚物（PAC-141）　主要成分是丙烯酸钠、丙烯酸钙、丙烯酰胺等多元共聚物。

$$+CH_2—CH\frac{}{x}+CH_2—CH\frac{}{y}+CH_2—CH\frac{}{z}$$
$$\qquad CONH_2 \qquad\qquad COONa \qquad\qquad COOCa$$

该类化学品是一种水溶性离子型共聚物，可溶于水，水溶液呈弱碱性。在泥浆中主要起增黏、降滤失、流型改进和稳定井壁的作用，具有很好的抗高温（200℃）和抗高盐（饱和）能力，已广泛用于中国各主要油田的钻井作业，年用量上万吨。

（2）SK 系列产品　是丙烯酰胺、丙烯酸、丙烯磺酸钠、羟甲基丙烯酸的共聚物或复配物，主要成分包括聚丙烯酰胺（PAM）、部分水解聚丙烯酰胺（PHPA，由聚丙烯酰胺水溶液加碱水解制得）、水解聚丙烯腈铵盐（NPAN，由腈纶废料在高温高压下水解而制得）、磺甲基化聚丙烯酰胺（SPAM，由聚丙烯酰胺与甲醛、亚硫酸氢钠反应制得）等。

$$+CH_2—CH\frac{}{n} \qquad\qquad +CH_2—CH\frac{}{x}+CH_2—CH\frac{}{y}$$
$$\qquad CONH_2 \qquad\qquad\qquad CONH_2 \qquad\qquad COONa$$
$$\qquad\quad PAM \qquad\qquad\qquad\qquad\qquad PHPA$$

$$CH_2$$
$$+CH_2—CH\frac{}{x}+CH_2—CH\quad CH\frac{}{y}+CH_2—CH\frac{}{z}+CH_2—CH\frac{}{w}$$
$$\quad NH_2 \qquad\qquad NH \qquad\qquad\quad COONH_2 \qquad CONH_2$$
$$\qquad\qquad\qquad NPAN$$

$$+CH_2—CH\frac{}{z}+CH_2—CH\frac{}{y}+CH_2—CH\frac{}{x}$$
$$\quad CONH_2 \qquad CONHCH_2OH \quad CONHCH_2SO_3Na$$
$$\qquad\qquad\qquad SPAM$$

产品除含有—CONH$_2$ 以外，还含有不等量的—COONa，—SO$_3$Na，相对分子质量 30万～500 万，对多分散的搬土胶体体系起高分子护胶作用，在大量 Na$^+$、Ca^{2+}、Mg^{2+} 等无机离子的存在下，能有效地维护搬土粒子的稳定性。该系列产品的抗高温能力强（200℃），抗盐可达 40 万～60 万毫克/千克，因此，特别适用于深井、超深井，石膏、盐岩和高矿化度等复杂情况下的钻井作业。已在我国 10 多个油田上应用，年用量超过 5000 吨。

（3）两性离子聚合物系列产品（FA367，FA368，XY27，XY28，JT-888）　该类产品是由多种阳离子、非离子和阴离子单体经共聚作用而形成的水溶性高分子聚合物。其特点是相对分子质量较小（<10000），分子链中同时具有阳离子基团（10%～40%）、阴离子基团（20%～60%）和非离子基团（0～40%），是线性聚合物。因聚合物中单体种类、比例不同及共聚物的分子量不同，它们的理化性能及在泥浆中的作用各异。该系列产品具有很好的抗温（约180℃）、抗钙（达饱和）和很强的抑制性，能有效地防止地层伤害，保护油层产能，已在我国 16 个油田 5000 多口井中使用。

（4）阳离子聚合物产品　包括环氧丙基三甲基氯化铵（泥页岩抑制剂，俗称小阳离子）、阳离子聚丙烯酰胺（CPAM，俗称大阳离子，相对分子质量在 100 万左右）和聚季铵盐产品。

$$\qquad\qquad\qquad\qquad CH_3$$
$$CH_2—CH—CH_2—N^+—CH_3·Cl^-$$
$$\quad \diagdown O \diagup \qquad\qquad\qquad CH_3$$
$$\text{环氧丙基三甲基氯化铵}$$

$$+CH_2—CH\frac{}{x}(CH_2—CH\frac{}{y}$$
$$\qquad\qquad\qquad\qquad\qquad\qquad\qquad CH_3$$
$$\quad CONH_2 \qquad CONH—CH_2CH_2—N^+—CH_3·Cl^-$$
$$\qquad\qquad\qquad\qquad\qquad\qquad\qquad CH_3$$
$$\text{阳离子聚丙烯酰胺}$$

与非离子聚合物复配使用，可形成阳离子泥浆体系。该体系具有强抑制性，适于强造浆、易坍塌井段使用，在我国新疆探区的应用中取得了较好的效果。

14.1.2　其他钻井处理剂

（1）降失水剂　又称降滤失剂，主要有磺化酚醛树脂（SMP）、低黏度羧甲基纤维素钠盐（LV-CMC）、中黏度羧甲基纤维素钠盐（MV-CMC）、羧甲基淀粉钠盐（CMS）、腐植酸钠、硝基腐植酸钠、水解聚丙烯腈钠、水解聚丙烯腈钙和丙烯酸多元共聚物（A-903）等。

（2）增黏剂　又称增稠剂。主要有高黏度羧甲基纤维素钠盐（HV-CMC）、聚阴离子纤维素、羟乙基纤维素（HEC）、磺化聚丙烯酰胺（SPAM）和丙烯酸多元共聚物（PAC）。

（3）页岩抑制剂　主要有磺化沥青钠盐（SAS）、氧化沥青粉、水解聚丙烯腈钾、腐植酸钾、硝基腐植酸钾、硅酸钾钠、有机硅、氯化钾、环氧丙基三甲基氯化铵、有机胺与环氧氯丙烷缩聚物（XA-1）和聚丙烯酸钾（F-5019）等。

（4）降黏剂　又称分散剂、稀释剂，如单宁酸钠（NaT）、磺化单宁（SMT）、铁铬木质素磺酸盐（FC：LS）、磺化褐煤（SMC）、磺化栲胶（SMK）、低分子量聚丙烯酸盐（商品代号 PAC-145，XA-40）、改性磺化单宁（M-SMT）等，是油田常用的降黏剂。

（5）堵漏剂　主要有单向压力封堵剂（DF-1）、暂堵剂 DCL、脲醛树脂（ND-1 型堵漏剂），此外，棉籽壳、花生壳、果壳粒、皮屑、贝壳粉、云母粉和蛭石等也是常用的堵漏材料。

（6）润滑剂　主要有磺化妥尔油、妥尔油沥青磺酸钠、磺化油脚、塑料、玻璃小球、石墨粉以及由不同表面活性剂与煤油、白油等的复合物，如 RH-2、RT-443 和 RH8501 等。

（7）消泡剂　常用消泡剂有甘油聚醚、硬脂酸铝、硬脂酸铅、辛醇以及一些复配产品。

（8）絮凝剂　常用的絮凝剂有聚丙烯酰胺、部分水解聚丙烯酰胺、阳离子聚丙烯酰胺和丙烯酸胺/丙烯酸钠的共聚物（代号 80A-51）。

（9）解卡剂　是一种复合物，通常由氧化沥青粉、石灰粉和表面活性剂组成，国内有 SR-301 和 DJK-1 两种产品。

14.2　采油用化学剂

采油用化学品分为酸化剂、压裂剂和采油用其他化学剂（见表 14-2～表 14-4）。

表 14-2　酸化用化学剂及代号

代号	中文名称	英文名称
AZ-AS	防淤渣剂	Anti-slugging agent
AZ-CI	助排剂	Clean up additive
AZ-CO	缓蚀剂	Corrosion inhibitor
AZ-EM	乳化剂	Emulsifier
AZ-EMI	防乳化剂	Emulsion inhibitor
AZ-FI	降滤失剂	Filtrate reducer
AZ-FO	起泡剂	Foaming agent
AZ-IS	铁稳定剂	Iron stabilizer
AZ-R	缓速剂	Retanler
AZ-TB	暂堵剂	Temporary blocking agent
AZ-TH	稠化剂	Thickener

表 14-3　压裂用化学剂及代号

代号	中文名称	英文名称
FR-BA	杀菌剂	Bactericide
FR-CL	助排剂	Clean up additive
FR-CO	缓蚀剂	Corrosion inhibitor
FR-CR	交联剂	Crosslinking agent
FR-CS	黏土稳定剂	Clay stabilizer
FR-D	转向剂	Diverting agent
FR-EMI	防乳化剂	Emulsion inhibitor
FR-FO	起泡剂	Foaming agent
FR-FR	减阻剂	Friction reducer
FR-FI	降滤失剂	Filtrate reducer
FR-GB	破胶剂	Gel breaker
FR-P	支撑剂	proppant
FR-pH	pH 值控制剂	pH control agent
FR-TB	暂堵剂	Temporary blocking agent
FR-V	增黏剂	Viscosifier

表 14-4　采油用其他化学剂及代号

代号	中文名称	英文名称
PR-BR	解堵剂	Blocking remover
PR-CS	黏土稳定剂	Vlay stabilizer
PR-PC	调剖剂	Profile control agent
PR-PI	防蜡剂	Paraffin inhibitor
PR-PPD	降凝剂	Pour point depressant
PR-PR	清蜡剂	Paraffin remover
PR-SC	防砂剂	Sand control agent
PR-VD	降黏剂	Viscosity depressarfit
PR-WS	堵水剂	Watershut-off agent

14.2.1　采油化学剂

（1）防蜡剂　将某些原油破乳剂加在井底，能防止石蜡在油管壁和井底附近沉积，从而减少清蜡次数和蒸汽锅炉台数，使油井顺利生产。过去曾用含氯、硫的有机溶剂作为清蜡剂，这类溶剂不仅对人体有毒，而且能使炼油催化剂中毒，已不再采用。目前使用的主要有石油磺酸钙，多乙烯多胺聚氧乙烯、聚氧丙烯醚的嵌段共聚物，聚甲基丙烯酸长链烷基酯等。

（2）防砂剂　主要有酚醛树脂、脲醛树脂、环氧树脂包覆砂，氨基甲酸乙酯预聚物。

（3）防水、堵水剂　油井严重出水时会造成水淹，需要使用堵水剂封堵出水层位。堵水调剖剂主要用于调整注水井水的波及系数，提高油井产量。无机类堵水剂主要用水玻璃、氯化钙。有机类堵水剂主要有部分水解聚丙烯酰胺、酚醛树脂、脲醛树脂、水解聚丙烯腈钠、木质素磺酸盐、聚乙烯醇、松香。同层水需要的选择性堵水剂尚在研究当中。

　　(4) 黏土稳定剂　常用的有环氧氯丙烷与二甲胺缩聚物、聚二甲基二烯丙基氯化铵、氯化钾、氯化钠和氯化铵等。

　　(5) 驱油剂　高分子量的聚丙烯酰胺、聚乙烯吡咯烷酮、丙烯酰胺与 2-丙烯酰氨基-2-甲基丙磺酸共聚物、黄原胶以及 HLB 值在 8～18 范围内的非离子型和磺酸盐型表面活性剂。

　　(6) 破乳剂　主要为聚氧丙烯、聚氧乙烯脂肪醇醚和以有机胺、有机醛、苯酚等反应产物为起始剂与环氧乙烷、环氧丙烷嵌段聚合物。常用商品有 SP169 破乳剂、BP169 破乳剂、AS2821 非离子型破乳剂、酚醛 311 破乳剂。

14.2.2　压裂酸化处理剂

　　(1) 压裂液　当油井生产层渗透率低或受到泥浆严重污染时，要进行压裂、酸化等增产作业，提高油气井生产能力和注水井吸水能力。为了压开地层、延伸裂缝、携带支撑剂，根据油藏条件选择使用水基、油基、酸基压裂液。压裂液最早用河水，后改用稠化水，并已发展到用冻胶。冻胶压裂液是用增稠剂配成稠化水，再加交联剂进一步增稠而成，它可改善携砂能力。压裂液中含有酶和（或）过硫酸铵等破胶剂，利于将支撑剂携到目的地后迅速减黏并返排到地面。美国多用瓜胶（瓜耳树胶）作为增稠剂，化学改性的瓜胶中水不溶性残渣很少，溶解速度快。中国的田菁胶与瓜胶有相似的化学成分（半乳甘露聚糖），也作为增稠剂用。用聚丙烯酰胺可配成高黏度低残渣压裂液。

　　(2) 酸化液　压裂用化学剂主要用于中低渗透层、裂缝性地层的改造，目的是扩大油气流通孔道，提高油气井产量。主要为盐酸和土酸（一般用 8%～12% 盐酸加 2%～4% 氢氟酸的混合酸）。最新的延缓措施是用高强度的冻胶酸。为了增加洗油能力和悬浮淤泥的能力，用胶束酸。为抑制酸的腐蚀，用丙炔醇、咪唑啉、季铵盐为缓蚀剂。苯甲酸的溶解速度因温度而异，可封堵高渗透层，能够升华，可用作油、气井酸化转向剂，使酸液进入目的层位。

　　(3) 稠化剂　主要有田菁粉、羧甲基田菁粉、豆胶、羧甲基纤维素钠盐、羟乙基纤维素、亚甲基聚丙烯酰胺、部分水解聚丙烯酰胺和瓜胶等。

　　(4) 交联剂　主要有重铬酸盐、硫酸铝钾、硼酸、十四水硼酸钠、甲醛、有机钛、锆等。

　　(5) pH 调节剂　以无机化合物为主，包括冰醋酸、柠檬酸、磷酸二氢钠、碳酸钠、碳酸氢钠和氢氧化钠。有机酸如富马酸等也有使用。

　　(6) 黏土稳定剂　主要是氯化钾、氯化钠、氯化铵、氧氯化锆和有机季铵盐等。

　　(7) 缓蚀剂　主要有甲醛/季铵盐复合物以及醛/胺缩合物。

　　(8) 乳化剂　以阴离子和非离子表面活性剂为主，如烷基苯磺酸钠、烷基磺酸钠、OP 系列（烷基苯聚氧乙烯醚磺酸钠）。

　　(9) 支撑剂　通常使用无机矿物质，如石英砂、陶粒等，增加压裂剂的强度。

　　(10) 破胶剂　过硫酸铵、水合肼和过氧化氢。

14.3　集输用化学剂

　　我国原油大多属石蜡基原油，石蜡含量大于 10% 的原油约占目前原油总产量的 90%。石蜡多为不带支链的正构烷烃，石蜡的碳数分布多为 C_{13}～C_{40}。我国西部地区的吐哈油田，原油中 C_{36}～C_{70} 的蜡几乎占总蜡量的 50%。高石蜡含量的特点确定了原油在井筒及地面管线中的黏度较高，结蜡严重，给采油及原油集输带来很大困难。尤其在寒冷的北方，以往只能采用输油管线沿线加热工艺进行输送，流程复杂、设备多、能源高。因此，使用化学品，配以其他工艺措施是克服上述困难，保持油井、脱水站及管线正常运转的重要手段。

原油集输用化学剂主要包括原油破乳剂、防蜡降凝剂、减阻剂和降黏剂等，大都是不同类型的表面活性剂、油溶性高分子聚合物或这些化学品与特种溶剂的复合物。用这些化学剂来解决石油油井、处理站及管线中的生产问题。在原油集输过程中配合使用热化学、电化学脱水技术，化学清防蜡技术及化学降凝降黏技术，两者合起来已成为各油田不可缺少的实用技术。

14.3.1 防蜡剂

常用的防蜡剂有水溶型、油溶型及乳液型 3 种，采取连续或间歇加入井底或挤入地层近井地带，以延长清蜡周期。因各油田原油性质及油井的生产方式不同，要求使用不同的防蜡剂，但它们大多是专用表面活性剂、油溶性高聚物和特种溶剂的复配物，针对性较强，因油而异，多由油田内部生产自用。品种主要是石油磺酸钙，多乙烯多胺，聚氧丙烯、聚氧乙烯醚的嵌段聚合物、聚甲基丙烯酸长链烷基酯等。常用商品有 PW8105 防蜡剂、ME8047 防蜡剂等。此外，甘油、乙二醇及一些表面活性剂也具有防蜡效果。

14.3.2 降凝剂

我国输油气管线长约 2 万公里，90％的原油是经管线输往炼油厂和码头，现在主要采用加热输送的办法，若我国东北、华东、西北等主要输油管线采用化学剂实现常温输送，每年可节省燃料油 30 万吨。当前我国的中长输油管线的降凝降黏、减阻剂尚处在开发与试验阶段。主要降凝剂品种有烷基萘、聚甲基丙烯酸甲酯、乙烯-醋酸乙烯共聚物、苯乙烯-马来酸酐共聚物，均可用作原油降凝剂。

14.3.3 破乳剂

我国的大型油田都进入了中期开采阶段，自喷井已经很少了，原油有 90％是靠注水开发的，开采出来的原油与水混在一起形成乳液，影响贮运，必须通过破乳工序，采用破乳剂和（或）高压电脱水实现油水分离。因各油田原油性质不同，使用的破乳剂类型、品种、数量也不同。最早用的破乳剂是土耳其红油，即磺化蓖麻油，主要成分的化学名称为蓖麻酸硫酸酯钠盐，分子式为 $C_{18}H_{12}O_6Na_2$，属于阴离子表面活性剂，具有优良的乳化性、渗透性、扩散性和润湿性。当前，在我国应用较多、效果较好的破乳剂主要是来源于石油的环氧乙烷和环氧丙烷的嵌段聚醚类、酚醛树脂、多乙烯多胺、烷基苯酚醛树脂等非离子型破乳剂；聚酰胺及其复配物，多元线型或体型聚合物，两性离子聚合物及其复配物。上述破乳剂的作用原理有絮凝-聚结、击破界面膜、液珠褶皱变形等。

14.3.4 降黏剂

含蜡原油的凝固点高，不易流动，加入乙烯-醋酸乙烯酯共聚物能改善原油的流动性。含沥青多的稠油黏度很高，采出和输送都有困难，用乳化剂配成水包油型乳化液，黏度显著降低。油溶性高分子如聚 α-烯烃、聚酯能使湍流原油降低流动阻力，增加输量，称为原油减阻剂。使用比较多的主要为聚氧丙烯、聚氧乙烯嵌段共聚物。如 AE 系列原油降黏剂（兼有原油脱水作用）。

14.3.5 阻垢剂

无机盐类：磷酸盐、三聚磷酸钠、六偏磷酸钠。

有机膦酸类：氨基三亚甲基膦酸、1-羟基亚乙基二膦酸、乙二胺四亚甲基膦酸。

高分子聚合物：聚丙烯酰胺、聚丙烯酸、聚顺丁烯二酸、水解聚马来酸酐。

天然高分子：改性淀粉、木质素磺酸盐。

14.4 水质处理用化学剂

世界各国广泛采用油田注水开采石油，我国90％的石油是靠注水开发的，保持了较长时间的高产稳产。但注水用量非常大，可以说是以水换油。所用水多为地表水、油层伴生水、海水甚至工业废水，这些水都要经化学处理后方能使用。尤其是采出的油水乳化液经脱水后，净油输往炼油厂，污水在循环使用之前要经过化学、物理和生物处理，除去其中的微量油、机械杂质等有害物质并达到一定标准后再回注地层，以驱动石油采出。

我国油田每年处理、回注水达十多亿吨，按照万分之一的添加量估算，各种水处理剂年用量为10万吨以上，其中净水剂（絮凝剂）和缓蚀剂占总量的80％。

油田水处理用化学品主要有以下种类：

14.4.1 缓蚀剂

采油废水若矿化度比较高并含硫化氢和二氧化碳，会腐蚀处理系统的管道和机泵，产生结垢和使细菌结膜。常需用缓蚀剂进行处理。无机缓蚀剂通过化学反应消除有害的硫化氢和二氧化碳达到减缓腐蚀的效果，而有机高分子聚合物则主要通过在管道和机泵表面形成吸附膜起保护作用。常用的缓蚀剂主要包括季铵盐类、咪唑啉类、有机膦酸铵类、脂肪胺类、吡啶衍生物类、铵盐与非离子表面活性剂复合物等。油田常用商品有8607高温酸化缓蚀剂、CT1-2型缓蚀剂、8110型和7812型缓蚀剂等。

14.2.2 杀菌剂

（1）杀菌剂1227 商品名也称洁尔灭，化学名称为十二烷基二甲基苄基氯化铵，分子式$C_{21}H_{38}NCl$。1227是一种阳离子表面活性剂，属非氧化性杀菌剂，具有广谱、高效的杀菌灭藻能力，能有效地控制水中菌藻繁殖和黏泥生长，并具有良好的黏泥剥离作用和一定的分散、渗透作用，同时具有一定的去油、除臭能力和缓蚀作用。

（2）聚季铵盐 包括聚季铵盐-7、聚季铵盐-10、聚季铵盐-39等，属于阳离子高分子聚合物。该类化合物在水中有很好的溶解性能。属非氧化性杀菌絮凝剂，具有广谱、高效的杀菌灭藻能力，能有效地控制水中菌藻繁殖和黏泥生长，并具有良好的黏泥剥离作用和一定的分散、渗透作用，同时具有一定的去油、除臭能力和缓蚀作用。

（3）二硫氰基甲烷和表面活性剂复配物 二硫氰基甲烷（MBT）是一种高效杀藻杀菌化学药物。为白色或浅黄色的针状晶体，在酸性条件下稳定，有良好的防腐、杀菌、灭藻效果。MBT微溶于水，水中溶解度约0.4％，一般需要和表面活性剂进行复配以增大其溶解度和分散性。

（4）戊二醛 分子式$C_5H_8O_2$。戊二醛被誉为继甲醛和环氧乙烷消毒之后化学消毒灭菌剂发展史上的第三个里程碑。该消毒剂对微生物的杀灭作用主要依靠双醛基，作用于菌体蛋白的巯基、羟基、羧基和氨基，可使之烷基化，引起蛋白质凝固造成细菌死亡。

14.4.3 絮凝剂

石油开采过程所用的水绝大部分来自于采出污水，需要经过净化处理后才能循环使用。采出污水含有残留的原油和各种颗粒状悬浮微粒，清除这些杂质最简单而又最有效的方法是加入絮凝剂。絮凝剂带有正电（负）性的基团，加入到采出污水中可以与水中难于分离的、带有负（正）电性的颗粒形成离子对，降低其电势，使其处于不稳定状态，并利用其聚合性质使得这些颗粒集聚在一起沉淀下来，再通过物理手段分离出去。

在油田水处理中主要使用以下品种。

无机化合物：聚合铝，聚合铁，硫酸铝等。

阴离子型高分子聚合物：聚丙烯酸钠、水解聚丙烯酰胺。

非离子型高分子聚合物：聚丙烯酰胺、变性淀粉。

阳离子型高分子聚合物：聚乙烯吡啶盐酸盐。

阴离子型表面活性剂：十二烷基苯磺酸钠。

阳离子型表面活性剂：十八烷基三甲基氯化铵。

14.4.4　除氧剂

在注水油田开发中，注入水源主要来自于采出污水和部分补充清水，无论何种水源均含有一定量的溶解氧。水中溶解氧的存在会造成两方面的危害：一方面是在偏酸性环境下溶解氧对注水管道设备及套管会造成严重腐蚀，电化学腐蚀也会加速腐蚀的进行；另一方面是溶解氧对油井和油层的破坏。溶解氧与原油中的胶体物质形成细小的沉淀导致油层孔隙减小，降低原油的采收率。注水管道设备产生的腐蚀产物随注入水一起注入储油层，金属氧化物对地层会造成堵塞，而且水中铁含量的增加还会对渗透率产生很大的影响，日积月累造成储油层堵塞。因此注水油田开发中注入水的除氧问题是油田开发中非常重要的工作之一。

除氧的方式主要包括物理除氧和化学除氧，在其他行业中使用的物理除氧法，例如真空除氧、大气式热力除氧、精馏、吸附、膜分离等，因为装备和能耗的原因，在油田水处理过程中并不适用。油田水处理基本上都是采用添加化学除氧剂的方法除氧。而且主要使用无机化合物如亚硫酸盐、硫脲等。

亚硫酸盐包括亚硫酸钠、亚硫酸氢钠、硫代硫酸钠等都是还原剂，它们与氧接触后容易发生如下氧化还原反应，将水中的溶解氧消耗掉。

$$NaHSO_3 + O_2 \longrightarrow NaHSO_4 \longrightarrow Na_2SO_4$$
$$Na_2S_2O_3 + O_2 + H_2O \longrightarrow NaHSO_3$$
$$Na_2S_2O_4 + O_2 + H_2O \longrightarrow NaHSO_4 + NaHSO_3$$

在 90℃ 以上联氨与氧的反应迅速，可以将氧转化为水：

$$NH_2\text{-}NH_2 + O_2 \longrightarrow N_2 \uparrow + H_2O$$

某些有机化合物，例如丙酮肟，分子结构中不稳定的羟氨基也可以与氧发生反应将氧除去，反应方程式如下：

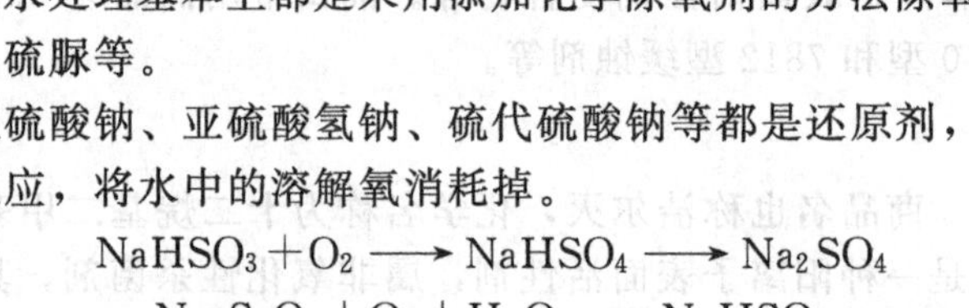

用膦酸盐、聚丙烯酸盐防垢。防垢的主要机理是增溶、静电斥力、晶体畸形及分散作用。

14.5　提高采收率用的化学剂（三次采油助剂）

油田经过长年累月大规模开采后，地下石油储量逐渐减少，积聚在一起的原油基本采完，地层内部压力下降，通过自喷方式采集的石油已经不多了。这样的油田欲继续生产原油，就必须采用二次、三次采油的方式。

依靠地层天然压力让原油自动喷涌出地面的采油方式称为一次采油。随着地层压力下降，使用注水、加气补压的办法把原油逼上地面的采油方式称二次采油。而用化学物质来改善油、气、水及岩石相互之间的性能，把分散在地层缝隙中的原油开采出来，称为三次采油，又称提高采收率（EOR）方法。据统计，一次采油只能达到 20%～30% 的采收率。二次采油一般也只能达到 40%，为了将剩余储量拿出来，尚需用物理、化学及生物学新技术，即 EOR 技术或强化采油技术，进行三次采油。

提高石油采收率的方法很多，主要有以下化学方法：注入表面活性剂驱油；注入聚合物稠化水驱油；注入碱水驱油；注入碱加聚合物驱油；注入烃类混相驱油。二次采油、尤其是三次采油过程需要加入大量的化学品。采用物理方法可以注入 CO_2 驱油、注入惰性气体驱油，甚至火烧油层或直接通入蒸汽加大石油的流动性来驱油。正在试验中的用微生物方法提高采收率或许应该归属四次采油技术了。

EOR 强化采油技术主要是采取五项针对性的技术措施。

① 往油井注入固砂剂、胶结剂、树脂加砾石等化学防砂剂，控制油井出砂。

当疏松砂岩油田进入高含水开发期，地层砂骨架结构遭到破坏，地层亏空严重，套变井逐年增多，油层温度普遍有所降低，一般降至 60℃ 以下，地层产出水矿化度在 10000mg/L 以下，在这样的中低矿化度、低温高含水地层，一般防砂用主剂——黏土稳定剂和防膨抑砂剂已经对砂岩油藏开发后期起不到有效的作用。取而代之的是能够在井下条件下发生聚合的有机单体。常用的防砂胶结剂是环氧树脂、脲醛树脂、聚氨基甲酸酯、沥青等。

环氧树脂：分子结构是以分子链中含有活泼的环氧基团为其特征，环氧基团可以位于分子链的末端、中间或成环状结构。由于分子结构中含有活泼的环氧基团，把它们与多种类型的固化剂按比例混合，然后在流动性尚好的时间段内注入油井内并压入沙层，在地下热的促进下发生交联反应而形成不溶、不熔的具有三向网状结构的高聚物（如下面的反应式所示），把流沙固定住。环氧树脂有 EP-12、EP-13、EP-16 和 EP-20 等品种可供选择。

$$-[CH_2-CH-CH-]_n- \longrightarrow -[CH_2-CH-CH-]_n-$$

② 加入清蜡、防蜡剂，清除或避免油井结蜡，保持原油输送流畅。

清蜡剂：主要是芳烃类化合物，利用芳烃对蜡的溶解性将蜡带走。

清蜡防蜡双效剂：以聚丙烯酰胺及聚乙烯等高聚物为主。

③ 用堵水剂或化学调剖剂控制油田出水。

堵水剂普遍用的是聚丙烯酰胺及聚丙烯等，下文有详细介绍。

④ 往油井中加降黏剂、降阻剂等帮助开采稠油。

降黏剂主要是针对稠油而言，故被称为稠油降黏剂。稠油由于轻组分含量低，沥青质和胶质含量较高，所以很多稠油都具有高黏度。黏度过高流动性能差，给开采和运输带来了极大的不方便，所以通常在开采之前加热稠油或者加入稠油降黏剂把原油的黏度降低。稠油降黏剂主要分为水溶性稠油降黏剂和油溶性稠油降黏剂两种。

原油降黏剂主要为以多烯多胺为起始剂的聚氧丙烯、聚氧乙烯嵌段共聚物。如 AE 系列原油降黏剂（兼有原油脱水作用）。用乳化剂配成水包油型乳化液使用，原油黏度显著降低。

⑤ 通过加入驱油、压裂、酸化、解堵等各种助剂，采取综合措施增加产量。

化学驱油所用的化学剂：a. 聚合物水溶液驱油剂。把少量增稠剂（如部分水解聚丙烯酰胺或生物聚合物）溶于水中，增加水的黏度，改善水在注入时的性能，提高原油采收率。b. 表面活性剂段塞驱油剂。由石油磺酸盐或合成磺酸盐与助活剂（醇类）配成的微乳液，它具有超低界面张力（$<10^{-8}$N/cm），能够将毛细管中的原油驱替出来，提高原油采收率。最大的困难是要克服表面活性剂在油藏中流动时的损失（吸附、捕集、沉淀）。c. 碱水驱油

剂。将烧碱水注入油藏，与原油中的活性组分反应，形成乳化液，以提高原油采收率。从经济观点看，聚合物水溶液驱油剂最经济，但实践证明提高采收率仅 5%～10%；碱/表活剂/聚合物三元复合驱油剂虽然成本较高，但可提高采收率 25%～45%，应用潜力很大。

压裂酸化是世界通用的增产原油的手段，国外大量采用瓜胶及其衍生物以及改性产品，如黄原胶及氨基磺酸化剂等。我国尚无此种产品，现正在研制过程中。

在稠油开采过程中，注蒸汽，即蒸汽吞吐是开采稠油的重要方法，所注蒸汽也要使用化学药剂，如高温发泡剂、薄膜扩展剂、除氧剂、混溶剂、增溶剂、除垢剂、隔热剂、砾石保护剂、蒸汽调剖剂、暂堵/防窜剂、解堵剂、降黏剂、黏土防酸剂和界面性质改进剂等。

14.5.1　聚合物驱技术

聚合物驱是以聚合物水溶液作驱油剂的一种提高采收率的方法。聚合物驱也叫稠化水驱和增黏水驱，它通过降低水油流度比，减少水的指进，提高驱油剂的波及系数，从而提高原油采收率。进行过研究的聚合物主要有三类：①合成聚合物，如聚氧乙烯、聚丙烯酰胺、部分水解聚丙烯酰胺等。②生物聚合物，如黄原胶。③天然聚合物及其改性产物，如瓜尔胶、甲基纤维素钠等。

由于聚合物用于油层，所以油层的特定条件（如温度较高、含盐、表面有吸附作用等）对聚合物有特殊的要求。一种好的聚合物，除要求有好的增黏性能外，同时还要求满足另一些条件，如热稳定性要高、化学稳定性要好、耐剪切、在油层吸附量不太大等。合适的聚合物决定于聚合物的结构，不同的聚合物结构有不同的使用性能。研究结果表明，在一种好的聚合物结构中，主链应为碳链即不含氧桥，有一定数量的阴离子亲水基团（因增黏性能好，在负电表面吸附量少）和有一定数量的非离子亲水基团（因化学稳定性好）。

按照上述标准进行选择，聚丙烯酰胺是油田广泛使用的处理剂之一，它具有良好的交联性能、较低廉的价格和大量的工业化产品。目前，工业化的聚丙烯酰胺种类很多。从相对分子质量看，在 300 万～1800 万之间，从分子结构看，有非水解聚丙烯酰胺、部分水解聚丙烯酰胺、两性离子聚丙烯酰胺和聚丙烯酰胺共聚物等。其中部分水解聚丙烯酰胺（HPAM）是油田三次采油、水处理等领域应用最为广泛的聚合物材料，其结构式可表示为：

$$-(CH_2-CH)_m(CH_2-CH)_n-$$
$$\begin{matrix} | & | \\ CONH_2 & COOM \end{matrix}$$

式中，M 为 Na、K 或 NH_4。驱油用 HPAM 的相对分子质量在 $1×10^6$～$15×10^6$ 范围，水解度（即含羧基的链节在聚合物链节中所占的百分数）在 1%～45% 范围，它的质量浓度与以孔隙体积倍数表示的注入量的乘积在 100～500mg/L 范围。

14.5.2　聚丙烯酰胺

1. 聚丙烯酰胺的类型

（1）阴离子聚丙烯酰胺（APAM）　阴离子聚丙烯酰胺（APAM）外观为白色粉粒，相对分子质量从 600 万～2500 万之间。虽然分子量巨大，但由于分子链上带有羧基，水溶解性好，能以任意比例溶解于水且不溶于有机溶剂。有效的 pH 值范围为 7～14，在中性碱性介质中呈高聚合物电解质的特性，与盐类电解质敏感，与高价金属离子能交联成不溶性凝胶体。

阴离子聚丙烯酰胺适用于工业废水处理。废水中的悬浮颗粒带阳电荷，阴离子聚丙烯酰胺通过静电吸引很容易将悬浮颗粒絮凝下来。而且水的 pH 值为中性或碱性的污水，如钢铁厂废水、电镀厂废水、冶金废水、洗煤废水等污水处理效果最好。阴离子聚丙烯酰胺应用于饮用水处理效果也很好。我国很多自来水厂的水源来自江河，泥沙及矿物质含量高，比较混浊，虽经过沉淀过滤，仍不能达到要求，需要投加絮凝剂。阴离子聚丙烯酰胺的投加量是无机絮凝剂（如氯化铝）的 1/50，但效果却是无机絮凝剂的几倍。

（2）阳离子聚丙烯酰胺　阳离子聚丙烯酰胺（CPAM）外观为白色粉粒，离子度从 20%～55%，由于具有类似于无机盐的结构，水溶解性好，能以任意比例溶解于水且不溶于有机溶剂。阳离子聚丙烯酰胺呈高聚合物电解质的特性，与带阴离子的物质有非常好的结合力。

阳离子聚丙烯酰胺适用于带阴电荷及富含有机物的废水处理。适用于染色、造纸、食品、建筑、冶金、选矿、煤粉、油田、水产加工与发酵等行业有机胶体含量较高的废水处理，特别适用于城市污水、城市污泥、造纸污泥及其他工业污泥的脱水处理。当用于油田化学助剂时，阳离子聚丙烯酰胺主要用于黏土防膨剂、油田酸化用稠化剂等。

（3）非离子聚丙烯酰胺（NPAM）　非离子聚丙烯酰胺系列产品是具有高分子量的低离子度的线性高聚物。由于其具有特殊的基团，便赋予它具有絮凝、分散、增稠、黏结、成膜、凝胶、稳定胶体的作用，是水溶性高分子化合物中应用最为广泛的品种之一。

在油田水处理过程中，悬浮性污水显酸性，采用非离子聚丙烯酰胺作絮凝剂较为合适。这时 NPAM 起吸附架桥作用，使悬浮的粒子产生絮凝沉淀，达到净化污水的目的。也可用于自来水的净化，尤其是和无机絮凝剂配合使用，在水处理中效果最佳。

（4）两性离子聚丙烯酰胺　两性离子聚丙烯酰胺是由乙烯酰胺和乙烯基阳离子单体、丙烯酰胺单体共聚、水解而成。该产品链上不但有丙烯酰胺水解后的羧基阴电荷，而且还有乙烯基阳电荷，构成了分子链上既有阳电荷又有阴电荷的两性离子不规则聚合物。研究表明，分子链上含有相等数目的阴、阳离子基团的两性离子聚合物具有明显的反聚电解质行为，即聚合物在盐溶液中的黏度随外加盐浓度的增加而增大。

水溶性两性聚合物或复合离子聚合物已经在油田驱油中得到一定的应用。两性聚合物分子链上含有阴离子和阳离子两种基团，与仅含有一种离子基团的阴离子或阳离子聚合物相比，其性能十分独特。例如分子间和分子链内作用力，仅含一种离子基团的聚合物为静电斥力、而两性聚合物则既有静电斥力，也有静电引力，静电力的性质取决于分子链中正负电荷的相对数量。因为两性聚合物分子中含有阳离子基团，在砂岩油藏岩石上的滞留性能与阴离子聚合物存在一定的差异，聚合物在多孔介质中的滞留作用导致油层渗透率下降，对驱油显然是有利的。

2. 聚丙烯酰胺的合成

国内生产 PAM 的工艺路线与国外相似，有先聚合、后水解的二步法和丙烯酰胺与丙烯酸钠共聚合的一步法两种技术路线。近来开发的聚合-共水解工艺，简化了生产过程，提高了 PAM 的分子量，改善了溶解性。

阴离子聚丙烯酰胺的合成方法主要有均聚法和共聚法，均聚法常采用均聚共水解或均聚后水解工艺，其工艺流程较长，加之工艺技术本身的限制，水解度波动较大；而共聚法因工艺简单，无需水解工序而成为研究重点。以丙烯酰胺（AM）、丙烯酸（AA）为单体，采用氧化-还原引发体系，连二亚硫酸钠为催化剂，通过水溶液共聚合法可以合成相对分子质量高达 1.9×10^7 的 PAM，转化率在 96% 以上。反应方程式为：

$$CH_2{=}CH + CH_2{=}CH \longrightarrow {-}[CH_2{-}CH{-}]_x{-}[CH_2{-}CH{-}]_y{-}$$
$$\quad\ CONH_2 \qquad COONa \qquad\qquad\qquad CONH_2 \qquad\quad COONa$$

阳离子聚丙烯酰胺的合成一般分为三步进行，先用丙烯酸酯单体与仲胺化合物反应制备叔胺中间体，再与卤代烷反应制得小分子的季铵盐，最后通过均聚或共聚形成不同分子量的阳离子聚丙烯酰胺。以下是一个合成事例的反应式：

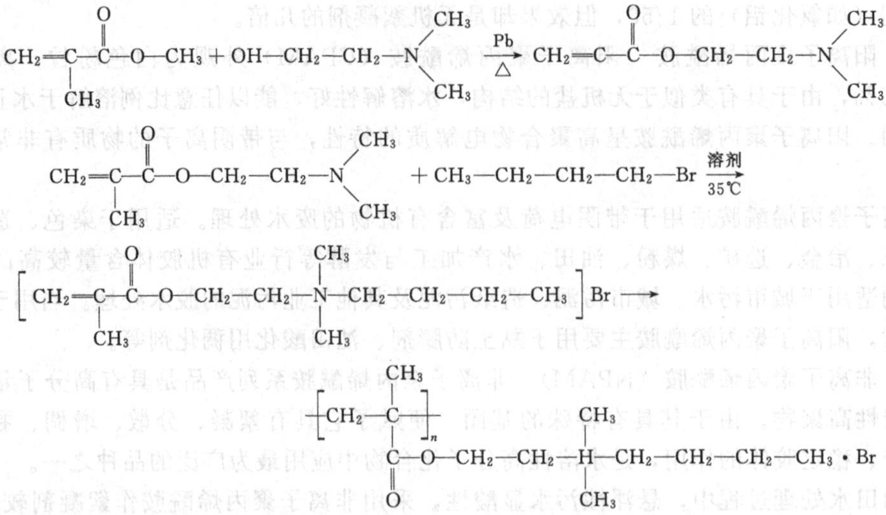

$$CH_2=C-C-O-CH_3 + OH-CH_2-CH_2-N \xrightarrow{\text{Pb} \; \triangle} CH_2=C-C-O-CH_2-CH_2-N$$

$$CH_2=C-C-O-CH_2-CH_2-N + CH_3-CH_2-CH_2-CH_2-Br \xrightarrow[35℃]{\text{溶剂}}$$

$$\left[CH_2=C-C-O-CH_2-CH_2-N-CH_2-CH_2-CH_2-CH_3\right]Br \longrightarrow$$

$$\left[CH_2-C\right]_n$$
$$O-CH_2-CH_2-H-CH_2-CH_2-CH_2-CH_3 \cdot Br$$

非离子型聚丙烯酰胺的合成可以用丙烯酰胺为聚合单体，$(NH_4)_2S_2O_4/NaHSO_3$ 体系为引发剂，采用水溶液自由基聚合的方式进行。得到相对分子质量为 150 万～200 万的非离子型聚丙烯酰胺。反应方程式如下：

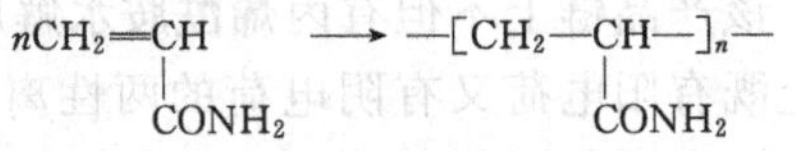

$$nCH_2=CH \longrightarrow -[CH_2-CH]_n-$$
$$\quad\; CONH_2 \qquad\qquad\qquad CONH_2$$

此反应体系是自由基聚合反应，对单个聚合物分子而言，聚合物的分子形成速度很快，在很短的时间内即能完成链的增长。但对整个体系而言，在较短的时间内则不可能使所有的单体均转化为高聚物，因而单体的转化率一般是随着反应时间的延长而增大的，表现为体系的平均分子质量随着时间的延长而增大，达到一定值后增加缓慢，最后几乎恒定。所以单靠延长反应时间很难得到更高分子量的产物。

两性离子聚丙烯酰胺合成的通用方法是将丙烯酰胺、阳离子单体和阴离子单体进行自由基共聚合，依据阳离子单体和阴离子单体比例的改变，得到偏向于正电荷或负电荷的两性离子聚丙烯酰胺。如果先合成出甜菜碱型两性离子单体，再进行聚合，则可制得静电荷为零的两性离子聚丙烯酰胺。以下是一个反应事例：

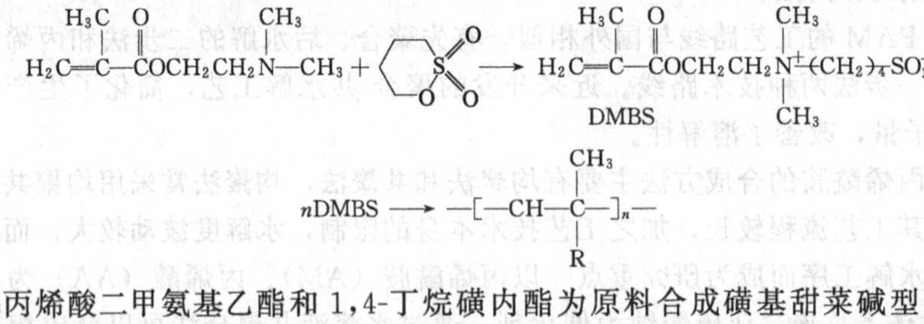

$$H_2C=C-COCH_2CH_2N-CH_3 + \text{(磺内酯)} \longrightarrow H_2C=C-COCH_2CH_2N^+(CH_2)_3SO_3^-$$
DMBS

$$nDMBS \longrightarrow -[-CH-C-]_n-$$
$$\qquad\qquad\qquad\qquad R$$

以甲基丙烯酸二甲氨基乙酯和 1,4-丁烷磺内酯为原料合成磺基甜菜碱型两性离子单体甲基丙烯酰氧基-N,N-二甲基-N-丁磺酸铵盐（DMBS），再将其与丙烯酰胺在氯化钠溶液中进行自由基共聚，得到静电荷为零的两性聚丙烯酰胺。

3. 聚合物处理剂的主要作用机理

（1）桥联与包被作用　聚合物在颗粒上的吸附是其发挥作用的前提。当一个高分子同时吸附在几个颗粒上，而一个颗粒又可同时吸附几个高分子时，就会形成网络结构，聚合物的这种作用称为桥联作用。当高分子链吸附在一个颗粒上，并将其覆盖包裹时，称为包被作用。桥联和包被是聚合物的两种不同的吸附状态。实际体系中，这两种吸附状态不可能严格分开，一般会同时存在，只是以其中一种状态为主而已。吸附状态不同，产生的作用也不同，如桥联作用易导致絮凝和增黏等，而包被作用对抑制钻屑分散有利。

（2）絮凝作用　　离子型聚合物 PHPA、VAMA 属于选择性絮凝类化合物，其作用机理是：钻屑和劣质土颗粒的负电性较弱，蒙脱土的负电性较强。选择性絮凝剂也带负电，由于静电作用易在负电性弱的钻屑和劣质土上吸附，通过桥联作用将颗粒絮凝成团块而易于清除；而在负电性较强的蒙脱土颗粒上吸附量较少，同时由于蒙脱土颗粒间的静电排斥作用较大而不能形成密实团块，桥联作用所形成的空间网架结构还能提高蒙脱土的稳定性。相对分子质量越大，分子链的有效链长度越长，絮凝能力越强。其水解度在 30％左右时絮凝能力最强。

（3）增黏作用　　增黏剂多用于低固相和无固相水基工作液，以提高悬浮力和携带力。增黏作用的机理，一是游离（未被吸附）聚合物分子能增加水相的黏度，二是聚合物的桥联作用形成的网络结构能增强钻井液的结构黏度。

（4）降滤失作用　　降滤失作用主要是通过降低处理对象的渗透率来实现的。聚合物降滤失剂的作用机理主要有以下几个方面：①保持粒子具有合理的粒度分布；②提高黏土颗粒的水化程度；③聚合物本身可对泥饼起堵孔作用；④降滤失剂可提高滤液黏度。

（5）抑制与防塌作用　　聚合物在钻屑表面的包被吸附是阻止钻屑分散的主要原因。包被能力越强，对钻屑分散的抑制作用也越强。聚合物具有良好的防塌作用，其原因有以下两个方面：一是长链聚合物在泥页岩井壁表面发生多点吸附，封堵了微裂缝，可阻止泥页岩剥落；二是聚合物浓度较高时，在泥页岩井壁上形成较为致密的吸附膜，可阻止或减缓水进入泥页岩，对泥页岩的水化膨胀有一定的抑制作用。

（6）降黏作用　　聚合物可吸附在颗粒带正电荷的边缘上，使其转变成带负电荷，同时形成厚的水化层，从而拆散颗粒间以"端-面"、"端-端"连接而形成的结构，放出包裹着的自由水，降低体系的黏度。同时聚合物的吸附还可提高颗粒的 Z 电位，增强颗粒间的静电排斥作用，从而削弱其相互作用。

参 考 文 献

[1]　白文茹．石油化工与油田化学品［J］．齐鲁石油化工，1994，(3)：239-244.
[2]　刘继德等．油田化学品开发应用现状及展望［J］．精细与专用化学品．1999；1-4.
[3]　中国地质大学工程技术学院《钻井液工艺原理》双语教学示范课程课件.

实验五十三　　杀菌剂十二烷基二甲基苄基氯化铵的制备

十二烷基二甲基苄基氯化铵，别名：1227，洁尔灭（90％含量商品名）等，是一种季铵盐型阳离子表面活性剂，属非氧化性杀菌剂，具有广谱、高效的杀菌灭藻能力，能有效地控制水中菌藻繁殖和黏泥生长，并具有良好的黏泥剥离作用和一定的分散、渗透作用，同时具有一定的去油、除臭能力和缓蚀作用。1227 毒性小，无积累性毒性，并易溶于水，并且不受水硬度影响，因此广泛应用于石油、化工、电力、纺织等行业的循环冷却水系统中，用以控制循环冷却水系统菌藻滋生，对杀灭硫酸盐还原菌有特效。1227 可作为纺织印染行业的杀菌防霉剂及柔软剂、抗静电剂、乳化剂、调理剂等。

季铵盐一般可以通过有机胺（伯、仲、叔）的烷基化制备，常用的烷基化试剂有卤代烷、硫酸酯、环氧化合物以及醛等羰基化合物。在本实验中，以十二烷基二甲基叔胺和氯化苄为原料合成 1227。反应方程式如下：

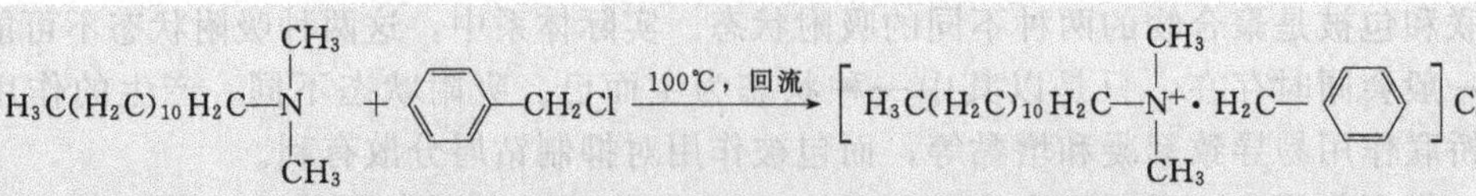

$$H_3C(H_2C)_{10}H_2C-\underset{\underset{CH_3}{|}}{\overset{\overset{CH_3}{|}}{N}} + \text{〈苯〉}-CH_2Cl \xrightarrow{100℃, 回流} \left[H_3C(H_2C)_{10}H_2C-\underset{\underset{CH_3}{|}}{\overset{\overset{CH_3}{|}}{N^+}}\cdot H_2C-\text{〈苯〉} \right]Cl^-$$

十二烷基二甲基胺在工业上以月桂醇和二甲胺在过渡金属催化剂作用下一步合成出叔胺；实验室则常用十二烷基胺与甲醛、甲酸发生还原胺化反应得到十二烷基二甲基叔胺，见本书实验五。

一、实验目的

1. 学习杀菌剂十二烷基二甲基苄基氯化铵的用途。
2. 掌握季铵盐型阳离子表面活性剂的制备原理及方法。

二、实验原料

十二烷基二甲基胺（$M=213.40$）；氯化苄[1]（$M=126.58$）；甲苯。

三、实验操作

将 21.3g 十二烷基二甲基胺和 12.6g 氯化苄与 50mL 甲苯溶剂加入到带有温度计、搅拌器和球形冷凝柱的 150mL 三口瓶中，在 110℃下回流 2h。将反应物冷却到室温，有大量白色固体析出。在通风橱内用布氏漏斗抽滤，滤饼用少量 15mL 甲苯洗涤。将产品转移到表面皿中，放入真空干燥器中干燥[2]。产品称重，计算产率。

四、实验时间

实验时间约 3h。

参 考 文 献

[1]　王巧纯. 精细化工专业实验 [M]. 北京：化学工业出版社，2008：73-75.

实验五十四　非离子型聚丙烯酰胺合成

水溶液聚合是制备聚丙烯酰胺的常用方法，运用广泛，也是主要的合成技术。其一般方法是在氮气的环境下将丙烯酰胺溶于水，持续一段时间，目的是除去溶解氧；当温度在 30～60℃ 时加入引发剂，在几个小时之后就可以得到相对分子质量在 7 万～700 万的胶状物。如果还要得到干粉制剂，则要进行干燥处理。此聚合反应最为重要的就是引发剂，其决定了产物的分子量。目前最为广泛使用的引发剂就是氧化还原体系，国内外的研究大都集中在有机过氧化物和过硫酸盐以及多电子转移还有非过氧化物体系这四大类。

本实验用水溶液聚合法，以过硫酸铵为引发剂制备聚丙烯酰胺。

一、实验目的

学习水溶液聚合法制备聚丙烯酰胺的操作和聚合物分子量的测定方法。

二、原料

丙烯酰胺、氯化钠、无水乙醇、次氯酸钠、间苯二酚，均为化学纯试剂；过硫酸铵、亚硫酸氢钠、氢氧化钠、盐酸等，均为分析纯试剂。

---

❶ 氯化苄对眼睛和皮肤具有强烈的刺激作用，不得直接接触。
❷ 季铵盐容易吸潮，尽量不要暴露在空气中。

三、实验操作

1. 聚丙烯酰胺的制备

在四口瓶中加入 7.1g（0.1mol）丙烯酰胺和 40mL 去离子水，搅拌下使其溶解。水浴加热使反应物温度达到 30℃[❶]，通氮气 30min 以除去溶解氧。加入 0.7g 过硫酸铵引发剂[❷]，保持在 30℃聚合 2.5h[❸]后得到胶体状产品。用乙醇沉淀，真空干燥得聚丙烯酰胺纯品。

2. 分子质量的测定

根据国标 GB 12005.1—89"聚丙烯酰胺特性黏度测定方法"测试聚合物特性黏数 $[\eta]$，再根据国标 GB/T 12005.10—92"聚丙烯酰胺分子质量测定-黏度法"计算聚合物的黏均相对分子质量。分子质量按下式计算：

$$M = 802[\eta]^{1.25}$$

式中，M 为分子质量；$[\eta]$ 为特性黏数，mL/g。

四、实验时间

实验时间大约 4h。

<hr>

参 考 文 献

[1]　杨开吉等. 低分子质量非离子型聚丙烯酰胺合成工艺探讨 [J]. 当代化工，2006，35（1）：14-17.

实验五十五　环烷基磺酸盐驱油剂的制备及性能

在油田三次采油中，主要是通过加入一定量的聚合物、表面活性剂、碱等物质，提高注入水的波及范围、改变原油黏度和降低油水界面张力，达到调节地层表面（岩石）的润湿性、提高毛细管数、增加原油在水中的分散性、改变原油流变性的目的，从而大幅度提高原油的采收率。而表面活性剂在三次采油中起着降低油水界面张力、提高洗油效率的重要作用。三次采油技术已经成为我国提高原油采收率的主要措施。

石油磺酸盐类表面活性剂是近年来研究和应用较多的一类驱油用表面活性剂。与传统驱油剂相比，该类驱油剂降低油水界面张力的能力显著提高，能提高原油采收率 15%～20%。另外，该类产品具有较好的抗盐性能，在盐度低于 50000mg/L 范围内都具有较高的界面活性。

本实验用工业级环烷基油与发烟浓硫酸进行磺化反应，得到环烷基石油磺酸盐，并对产物进行结构表征和性能测试。

一、实验目的

学习工业用烷基石油磺酸盐驱油剂的制备方法并掌握产品性能检测方法。

二、原料

环烷基油：工业级，石油提炼的副产物，由几十种 $C_{10}\sim C_{30}$ 的烃类化合物组成，主要是链烃和环烷烃，有部分芳烃。通常作为润滑油或变压器绝缘油使用。

<hr>

[❶]　丙烯酰胺聚合是一典型的自由基反应，其聚合速率随温度的升高而明显加快。但当反应温度超过 30℃时，分子质量却逐渐降低，主要是由于温度过高，链转移速率增加快于自由基产生的速率，丙烯酰胺不易长成长链的大分子。

[❷]　引发剂作为自由基聚合反应活性中心，引发剂用量过少，链引发反应很难进行；而引发剂用量过高时，会产生过多的自由基，活性中心也愈多，单体主链增长减少，反应速率过快，体系很快由流动态转变成胶体状，聚合物发生交联的概率增加。引发剂用量以 0.1%为宜。

[❸]　体系的平均分子质量随着时间的延长而增大，达到一定值后增加缓慢，最后几乎恒定。在本反应体系下反应 2.5h 已经足够。

发烟浓硫酸，1,2-二氯乙烷，25%氨水均为分析纯试剂。

三、实验操作

1. 合成

向安装有搅拌器、回流冷凝管和滴液漏斗的三口烧瓶中加入 30g 环烷基油和 30g 1,2-二氯乙烷，搅拌溶解。在室温下缓慢滴加 6g 的发烟浓硫酸❶。滴加完毕升温至 40～50℃❷反应 2～4h❸。反应结束后用氨水调 pH 至弱碱性，然后减压蒸去溶剂和水，得到黑色黏稠状产品。

2. 产物性能对比测试

用石蜡油和水等比例配成试样，采用界面张力仪测定油水界面的表面张力，测定温度为 70℃，后在试样内加入自己制备的环烷基石油磺酸盐表面活性剂，使浓度达到 4g/L。再测定油水界面张力。前后测试数据做比较。

四、实验时间

大约 5～6h。

参 考 文 献

[1] 黄毅等. 一种新型环烷基磺酸盐驱油剂的制备及性能 [J]. 北京交通大学学报，2008，32（6）：12-15.

实验五十六 改性淀粉高效破乳剂制备

在油田开采的中后期，普遍进入高含水开发阶段，采出液多为 W/O 型和 O/W 型两种乳液合为一体的多重乳液，油水界面存在中间乳化层，电场不稳，必须加入破乳剂进行处理。问题是如果破乳剂效果不好，则用量多，脱出污水含油高，污水质量达不到回注要求。

有专利技术和文献资料介绍，采用价格相对低廉并且制备步骤简单的季铵盐型阳离子羟乙基淀粉对原油乳化层的破乳效果良好，可用于石油的破乳，废水处理或其他工业。

阳离子淀粉主要是用阳离子化试剂与淀粉在碱催化下反应来制备。阳离子化试剂一般是用叔胺与环氧氯丙烷反应制得，俗称小阳离子。阳离子化试剂与淀粉进行阳离子化反应一种是采用糊法，即在淀粉糊化的同时发生阳离子化，此法反应比较均匀，但反应效率较低。另一种是干法，即将试剂喷到淀粉干粉上，在一定温度下反应，此法反应效率高，但不均一。

现在改进的方法是两步反应法。先用叔胺制备 3-氯-2-羟丙基三甲基氯化铵（小阳离子）备用：

$$(CH_3)_3N + HCl \longrightarrow (CH_3)_3N \cdot HCl$$

$$(CH_3)_3N \cdot HCl + CH_2\underset{O}{-}CH\underset{}{-}CH_2Cl \longrightarrow Cl(CH_3)_3NCH_2CHCH_2Cl$$
$$OH$$

再将淀粉在氢氧化钠催化下与环氧乙烷反应成羟乙基淀粉，然后与上面制得的小阳离

---

❶ 当环烷基油与发烟浓硫酸体积比为 5:1 时，产品的界面活性最好，当比例小于 5 时，环烷基上可能接上多个磺酸基，亲水性过强，影响其在油水界面的分布；当比例大于 5 时，只有部分环烷基油与 SO₃ 反应，亲水性不足。

❷ 反应温度低于 40℃，产物的表面活性值大幅度上升。

❸ 随着反应的进行，反应产物在水里的溶解性呈现不溶→难溶→可溶→易溶的变化，故在反应过程中可以采样检验产物的水溶性，以此确定反应终点。

子反应可得到阳离子羟乙基淀粉。本实验按照该工艺路线制备改性淀粉高效破乳剂。

一、实验目的

学习改性淀粉类高效破乳剂的制备方法。

二、原料

36%浓盐酸，30%三甲胺水溶液，氢氧化钠，95%乙醇，环氧氯丙烷均为 CP 试剂；玉米淀粉和环氧乙烷为工业品。

三、实验操作

1. 3-氯-2-羟丙基三甲基氯化铵制备

将 10g（0.1mol）浓盐酸放入锥形瓶内，加入磁子，用磁力搅拌器搅拌。称取 19g（0.1mol）30%三甲胺水溶液，通过滴液漏斗缓慢滴加到浓盐酸中，边滴加边搅拌，加完后继续反应 0.5h，得到三甲胺盐酸盐。用三甲胺❶调 pH=8❷，用冰水浴冷却❸，往锥形瓶中滴加 9g（0.095mol）环氧氯丙烷❹，反应 1~4h❸，至体系呈均相，停止反应，得到 3-氯-2 羟丙基三甲基氯化铵溶液。

2. 阳离子羟乙基淀粉的制备

将 23g 玉米淀粉、0.5g 氢氧化钠、23g 水及 25g 的 95%乙醇加入反应釜中搅拌均匀，升温至 50℃，通入环氧乙烷 12.5g，在 50~140℃间反应 2h。加入上面制得的 3-氯-2-羟丙基三甲基氯化铵溶液、4g 氢氧化钠、18g 水及 45g 的 95%乙醇，在 70~120℃反应 2h，制得黏稠液状改性淀粉产物。产物固含量 30%左右，应均一透明，有一定的流动性，易溶于水，久储而不霉变。

四、实验时间

大约 7~8h。

参 考 文 献

[1] 徐世美等 . 3-氯-2-羟丙基三甲基氯化铵的合成与纯化 [J] . 精细化工，2002，19（8）：440-442.
[2] 王晓康等 . 醚化剂 3-氯-2-羟丙基三甲基氯化铵的制备 [J] . 应用化工，2010，39（9）：1322.
[3] 徐家业，张群正，邵彤 . 新型阳离子淀粉的研究 [J] . 西安石油学院学报，1997，12（6）：43-46.

---

❶ 在选择调节 pH 的物质时，若用 NaOH，容易造成三甲胺盐酸盐的分解。使用三甲胺来调节，则可避免此问题。

❷ 在酸性条件下，主反应速率慢，副产物的生成量较大，环氧氯丙烷容易水解成 1,3-二氯-2-丙醇，反应收率较低。

❸ 温度越高，反应速率越快。但由于此合成反应为放热反应，温度升高对热力学不利，会使平衡向左移动，使反应的产率降低，因此低温下（<5℃）主反应有利。但受实验时间限制，如果想在较短时间内完成实验，可以把温度提高到室温，收率下降一些。

❹ 环氧氯丙烷的质量过大，生成的副产物 1,3-二氯-2-丙醇量也会增多。三甲胺盐酸盐的质量过大，副产物双季铵盐增多，导致产品收率下降。环氧氯丙烷应比三甲胺略少。

第 15 章 建筑用化学品

从传统的眼光看问题，建筑工程使用的材料主要是钢筋水泥和玻璃，与化学没有多大关系，特别是与精细化学品相距甚远，两者根本沾不上边。在 50 年前或更早的时间，情况确实如此。但是，随着时代的变迁，建筑已经发生了巨大的变化，建筑与化学品不但联系密切，而且已经发展到离不开精细化学品的地步。

高层建筑常常被视为现代化的标志，是城市文明的象征。在国内的中心城市，高层建筑和超高层建筑拔地而起，而且出现了互相攀比的现象，高层建筑越来越多，建设速度也越来越快，逐渐形成了城市森林。有些地方搞地标性建筑，建筑外形标新立异已经超出了传统的建筑规范，产生了很多传统建筑工程技术难以解决的问题。比如，混凝土如何运送到 400m 高的施工平面？如何增加建筑结构的强度而避免"肥梁、胖柱、深基础"等状况？如何加快混凝土的凝固时间提高施工速度？如何避免大体量建筑固有的混凝土干燥不均匀、开裂等弊端？

大城市中地下铁路（又称之为轨道交通）的发展速度也很快，据报道，全国已经在建设地铁和计划要建地铁的城市达到 40 多个。繁华城市里的地铁施工为了减少对交通出行的影响一般只能采取暗挖的方式，也就是开挖隧道。为了防止坑道的坍塌、堵住地下水的喷涌、穿越复杂的断裂地层以及固定流沙，必须对隧道边壁进行快速的加固作业。如何解决水泥浆的凝固速度慢、施工层易出现流挂的问题？如何快速有效堵住大量涌水？如何对付流沙危害？如何安全穿越脆弱多变的复杂地层？如何节省混凝土降低建设成本？如何减轻混凝土喷浆时的回弹率？如何改善粉尘含量高、作业环境恶劣、危害作业者健康的现状？

现代建筑大量采用玻璃外墙或用陶瓷、石材进行装饰，美丽的外表下掩盖着"高空定时炸弹"爆炸的危险。幕墙玻璃、瓷砖等因为安装不牢靠、固定材料老化等原因，遇到大风、震动或内外温差过大、气温急剧变化时有可能发生坠落事故。考虑到物体从高处落下的加速度，一小块玻璃或瓷片足以致命。如何尽量消除隐患、防止事故的发生、加强建筑安全？

高速公路因重车碾压、地基沉降或雨雪侵害，经常出现路面破损的状况，那么如何尽量减少封路对繁忙交通流的影响、又快又高质量地修复破损路面？

建筑节能也是一个日益引起人们重视的问题。

上述种种问题除了靠建筑师的巧妙设计之外，全部要依赖精细化学品来帮忙解决。

15.1 混凝土外加剂

在混凝土、水泥砂浆或水泥净浆的拌制过程中，通过加入某些特殊的化学品能够使混凝土发生改性，浆料的物理力学性能和凝固后的性能指标发生有益的变化。这类型的添加剂统称为混凝土外加剂。当然，外加剂只是配角，掺入量一般不超过水泥用量的 5%。

混凝土外加剂按其主要功能分为六类。

（1）改善新拌混凝土流动性的外加剂　主要包括各种减水剂、引气剂、灌浆剂、泵送剂等。混凝土中添加引气减水剂，一方面可以使混凝土中的微细气泡均匀分布以提高抗冻和抗渗的能力；另一方面由于它的分散作用而增强减水效果，改善新拌混凝土的易混合性，提高混凝土的耐久性。

（2）调节混凝土凝结时间和硬化性能的外加剂　主要包括减水剂、缓凝剂、促凝剂、早强剂等。混凝土中添加高效减水剂、早强减水剂，可使混凝土的 1 天强度提高 1 倍以上，这样就使得配制高强或超高强度混凝土易于实现。而混凝土强度的提高，不仅扩大了混凝土的使用范围，在一定程度上也可改变目前结构设计中存在的"肥梁、胖柱、深基础"等状况，既减轻了房屋的自重，又节省了建筑材料。混凝土中添加缓凝减水剂，可延长混凝土由塑性状态进入固态所需的时间，减慢水泥水化放热速率，减轻内部应力，避免出现不均匀收缩引起的裂纹，可满足大体积混凝土工程（例如水坝或桥梁）的施工及质量要求。混凝土中添加速凝剂，可满足坑道中喷射混凝土和高速公路路面抢修等混凝土工程中的快速施工要求。

（3）调节混凝土含气量的外加剂　主要包括引气剂、加气剂、发泡剂等。混凝土中添加引气剂或加气剂，可以调节混凝土的内部含气量。细微气泡可以提高混凝土抗冻及抗渗能力，大气泡可降低混凝土自重，对生产轻混凝土十分有利。混凝土中添加膨胀剂、灌浆剂，可使混凝土的密实程度提高，从而增加了混凝土的稳定性、抗渗性、抗冻性等性能。

（4）增强混凝土物理力学性能的外加剂　主要包括引气剂、防水剂、防冻剂、灌浆剂、膨胀剂等。混凝土外表喷射养护剂能使新浇的混凝土表面形成薄膜，从而避免水分蒸发，收到保温、保湿的效果。混凝土中添加流化剂，可制备低密度、大流动性混凝土，采用泵送溶流新工艺送上 300～400m 高处，能够大大提高施工效率。

（5）改进混凝土抗侵蚀作用的外加剂　主要包括了引气剂、防水剂、阻锈剂、抗渗剂等。混凝土中添加阻锈剂，可提高对钢筋锈蚀的抵抗力和增加混凝土对钢筋的握裹力。

（6）为混凝土提供特殊性能的外加剂　主要包括发泡剂、着色剂、杀菌剂、碱骨料反应抑制剂等。混凝土中添加复合外加剂，能减少混凝土搅拌和成型过程中的能耗，消除震耳欲聋的噪声危害。混凝土中添加着色剂，可制成各种装饰混凝土。混凝土中添加减水剂，可减少水泥用量，而达到同样的混凝土标号，一般可以节约水泥 15%～25%，同时可以加速模板周转，缩短工期。

应用混凝土外加剂不仅可以改善混凝土的物理力学性能、提高工程质量、节约水泥、节省能源、缩短工期、改善施工条件、满足特种混凝土的技术需要，同时，还具有投资少、见效快、技术经济效益明显、社会效益突出等特点。

自 20 世纪 30 年代美国开始使用引气剂，混凝土外加剂至今已经有 70 多年的历史了。从 20 世纪 60 年代日本和德国研制成功高效减水剂以来，外加剂进入了迅速发展的时代。现在，在发达国家使用外加剂的混凝土占混凝土总量的 70%～80%，有些已达到 100%，外加剂已成为混凝土材料不可缺少的组成部分。近年来，我国外加剂行业的科研队伍不断发展壮大，生产企业不断增加，新产品不断研制开发，应用领域不断拓展扩大，混凝土外加剂行业成为经济建设中一支不可替代的新生力量，与之同时，外加剂的应用技术也得到了迅速发展。

混凝土减水剂

以高流动性、高强度和高耐久性为特征的高性能混凝土成为目前和今后混凝土应用和发展的主体，其中减水剂是高性能混凝土必不可少的重要组分。混凝土中添加减水剂，可以减少水泥用量而达到同样的混凝土标号，一般可以节约水泥 15%～25%，无论是经济效益还是节能减排方面（水泥生产破坏环境而且高耗能）的社会效益都十分显著。

目前得到广泛应用的混凝土减水剂主要有三个系列，分别是萘系高效减水剂、聚羧酸减水剂和木质素磺酸盐系列减水剂。

（1）萘系高效减水剂　有专家认为，由于萘系高效减水剂的应用而出现的高强度、大流动性混凝土是混凝土发展史上继钢筋混凝土、预应力混凝土后的第三次重大革命。此话无论是否准确，都道出了萘系高效减水剂的重要性。事实上在高效减水剂中，无论国内还是国外应用最多的还是萘系减水剂。据称我国萘系减水剂占减水剂用量的比例达到70%以上。

萘系高效减水剂的特点是减水率高，一般可以达到15%～25%；对混凝土凝结时间影响小；与水泥适应性比较好；能与其他各种外加剂复合使用；而且萘系高效减水剂通过几十年发展，生产工艺已经很成熟，能够持续稳定、大量供应，价格相对便宜。

萘系减水剂是一种 β-萘磺酸与甲醛的缩合物，其化学结构如下：

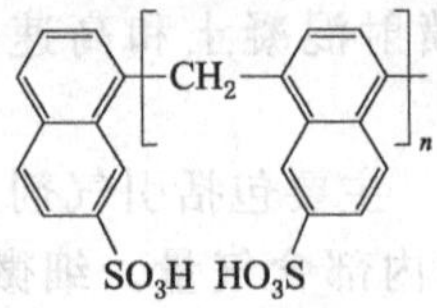

萘系减水剂通用的合成方法是：第一步，以萘作为原料与浓硫酸在160℃高温下进行磺化反应，得到稳定性高的 β-萘磺酸；第二步，在相对温和的条件下加水把稳定性相对较低的副产物 α-萘磺酸水解成为原料萘，在提高 β-萘磺酸含量的同时回收一部分萘；第三步，用 β-萘磺酸与甲醛进行缩合反应，最后加碱中和，生成具有水溶性的 β-萘磺酸甲醛缩合物钠盐。各步的反应方程式如下：

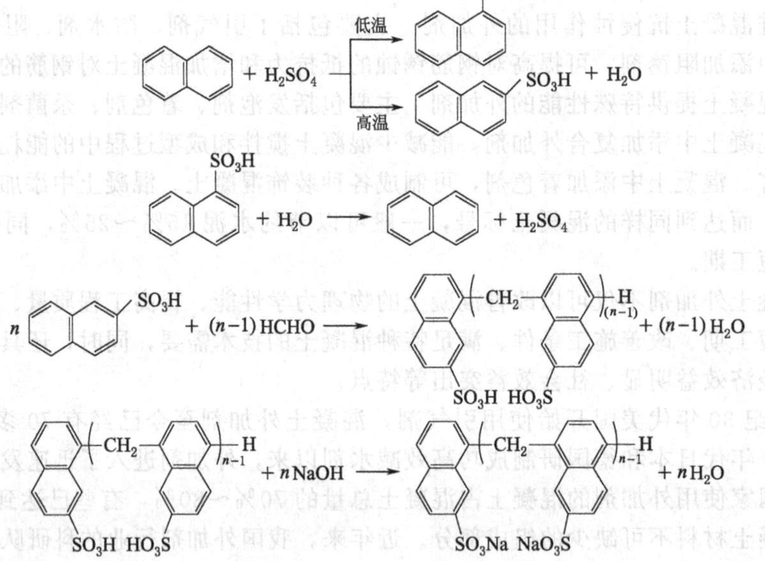

（2）聚羧酸系列减水剂　聚羧酸系列减水剂是萘系高效减水剂之后开发成功的新型高效减水剂。其突出特点是效率高用量少，只要添加量为水泥的0.15%～0.25%就能产生理想的减水和增加混凝土强度的效果。其他优点包括对混凝土凝结时间影响较小、坍落度保持性较好、与水泥和掺合料适应性相对较好、对混凝土干缩性影响较小等。从环保的角度考虑，聚羧酸系列减水剂在生产过程中不使用甲醛，废液中 SO_4^{2-} 和 Cl^- 含量比较低。

我国混凝土工程界逐渐认识聚羧酸系列减水剂，随着铁路系统混凝土工程和越来越多的海工工程、隧道重点工程以及市政重点工程的全面推荐应用，聚羧酸系列减水剂的用量快速递增。

从化学结构来看，聚羧酸系列减水剂并非单纯羧酸的聚合物，而更多的是羧酸或羧酸酯与丙烯酰胺类化合物的共聚物，其结构通式是：

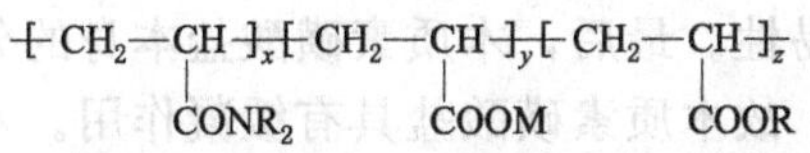

$$\text{+CH}_2-\text{CH}\text{+}_x\text{+CH}_2-\text{CH}\text{+}_y\text{+CH}_2-\text{CH}\text{+}_z$$
$$\quad\quad\text{CONR}_2\quad\quad\quad\text{COOM}\quad\quad\quad\text{COOR}$$

合成聚羧酸系列减水剂的主要单体原料有三部分：①不饱和羧酸，包括马来酸酐、丙烯酸、甲基丙烯酸等，分子中有双键，可以发生聚合反应；②小分子量烯基聚合物，包括聚链烯基烃、醚、醇等物质，该类物质与不饱和羧酸再聚合可产生大分子量的共聚物，提高减水剂的性能；③其他修饰物质，包括聚苯乙烯磺酸盐、烷基丙烯酸盐、酯类、苯二酚、丙烯酰胺等，通过它们在共聚合物碳链中引入不同的官能团，制备不同特性的聚羧酸系列减水剂。

聚羧酸系列减水剂的合成方法大体上有可聚合单体直接共聚、先聚合后功能化、原位聚合与接枝等几种。以下是一个反应事例。

用马来酸酐（MA）与聚乙二醇（PEG）酯化反应生成带—CH_2CH_2O—亲水基的酯类单体。

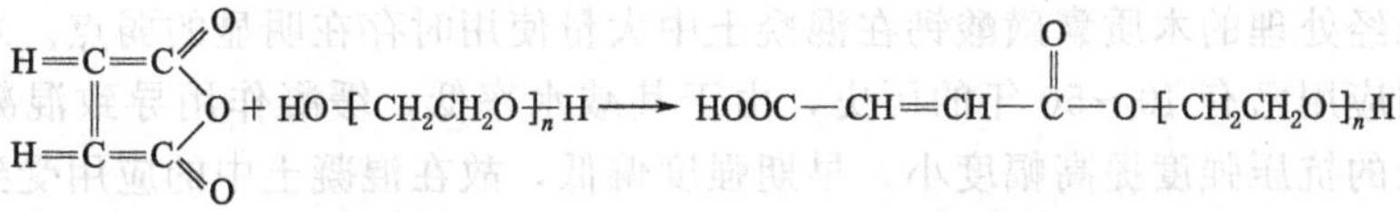

马来酸酐 + 聚乙二醇 → 马来酸聚乙二醇单酯

$$HOOC-CH=CH-C-O+CH_2CH_2O+_nH$$

然后用马来酸聚乙二醇酯大分子单体与甲基丙烯酸（MAA）、2-丙烯酰氨基-2-甲基丙烯磺酸钠（AMPS）共聚得到减水剂成品。

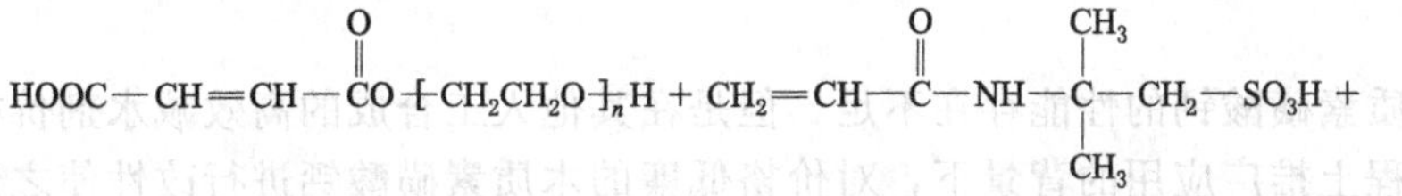

马来酸聚乙二醇单酯 + 2-丙烯酰氨基-2-甲基丙烯磺酸钠(AMPS)

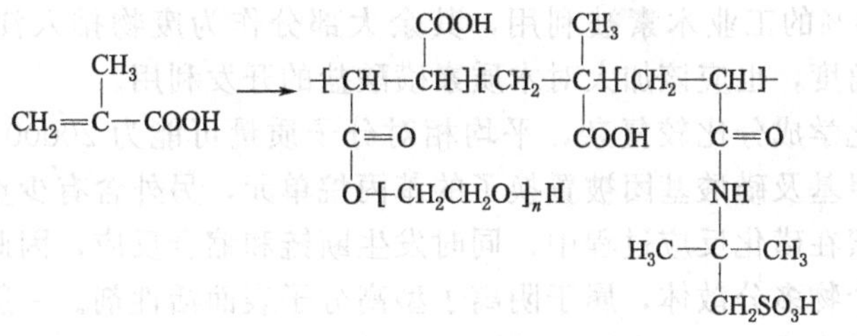

甲基丙烯酸 → 共聚减水剂

（3）木质素磺酸盐系列减水剂 木质素磺酸盐是造纸厂的副产品之一。造纸工业在高温、高压下蒸煮木材时，加入亚硫酸盐使木材中的纤维素和非纤维素分离，所得纤维素即为造纸的原料。溶解在溶液中的非纤维素以木质素磺酸盐为主，伴有少量糖分。这种溶液即为纸浆废液。从废液中提炼出酒精、酵母后，剩余物质再经热风喷雾干燥后成棕色粉末，即为木质素磺酸钙粉，其中木质素磺酸钙含量约为 45%～50%左右，还原物质含量低于 12%。由于木质素磺酸钙来源广泛，价格低廉，人们将其作为普通减水剂广泛使用。

木质素磺酸盐的减水作用机理是：木质素磺酸盐掺入水泥浆后离解成大分子阴离子和金属阳离子（如 Na^+、Ca^{2+}）。呈现较强的表面活性的大分子阴离子吸附在水泥粒子的表面上，使水泥粒子带负电荷，由于相同电荷相互排斥而使水泥粒子分散。同时，由于木质素磺酸盐具有大量亲水性基团，在水泥粒子周围吸附层是一层具有溶剂性质的膜，能阻碍水泥中 C3A 的迅速水化和放热，减缓水泥浆体的凝聚；同时还将水泥粒子和水泥水化产物粒子分散开来，释放出凝胶体中所含的水和空气，导致体系中游离水增多，从宏观上体现在水泥浆体或混凝土的流动性提高。另外，木质素磺酸盐由于能降低气液表面张力，而具有一定的引气性，引入微气泡的直径大约在 20～200μm 之间，这些微气泡的滚动和浮托作用进一步改善了水泥浆体或混凝土的和易性。最后，木质素磺酸盐本身的分子含有缓凝基团——羟基和醚基，另外还含有少量的糖，故木质素磺酸盐具有缓凝作用。木质素磺酸盐这种对水泥水化初期的抑制作用，使体系中化学结合水减少，而相对的游离水增多，使得水泥浆体或混凝土的流动性提高，改善了混凝土的工作性能。概括地说木质素磺酸盐在水泥水化过程中同时具备分散作用、引气作用和初期水化的抑制作用，所以木质素磺酸盐在低掺量时（0.25%左右）具有较好的减水作用。

据文献报道，一般情况下，木质素磺酸钙在混凝土里的添加量是水泥重量的 0.2%～0.3%，在与不掺外加剂的混凝土保持相同的坍落度的情况下，减水率为 8%～10%左右，可以将混凝土 28 天强度提高 10%～15%左右；在保持相同用水量条件时，增加混凝土的流动性，混凝土坍落度可增加 60～80mm；在保持相同强度的情况下，减少混凝土中水泥用量10%左右。

但是，未经处理的木质素磺酸钙在混凝土中大量使用时存在明显的弱点。木质素磺酸盐减水剂在我国应用已有 40～50 年的历史，由于其减水率低，缓凝作用导致混凝土凝固时间延长、混凝土的抗压强度提高幅度小，早期强度偏低，故在混凝土中的应用受到了限制，也影响其自身价值的提高。那些未经过改性处理的木质素磺酸钙减水剂仍主要被用在夏季混凝土施工中，而且主要是作为混凝土缓凝剂使用。木质素磺酸钙使用中对本身剂量和环境气候均比较敏感，冬季施工使用时减水性能不明显，甚至发生混凝土在相当长时间不硬化的现象。

尽管木质素磺酸钙的性能存在不足，但是在其他人工合成的高效减水剂价格昂贵，难以在大范围工程上推广应用的背景下，对价格低廉的木质素磺酸钙进行改性使之成为高效多功能的外加剂，仍是值得努力的方向。况且，有资料说全世界每年可产生 3000 万吨的工业木素，目前我国仅有约 6%的工业木素被利用，其余大部分作为废物排入江河，严重污染环境。光从保护环境的角度，也应该加大对木质素磺酸盐的开发利用。

木质素磺酸盐的化学成分比较复杂，平均相对分子质量可能为 20000～30000。是一种有羧基、羟基羧酸、甲基及磺酸基团被置换了的苯丙烷单元，另外含有少量糖类及游离的亚硫酸和硫酸盐。木质素在磺化反应过程中，同时发生断链和缩合反应，因此木质素磺酸盐是分子量范围很宽的聚合物多分散体，属于阴离子型高分子表面活性剂。一般认为由针叶林木造纸废液中得到的木质素磺酸盐具有较好的表面活性作用，适于作水泥混凝土减水剂。

对木质素磺酸盐的改性以化学改性效果比较好。对造纸废液中回收的木质素磺酸盐进行深入分析研究，发现它的分子结构很复杂，相对分子质量分布较宽，是一系列分子量不同的木质素混合体系。其中因为相对分子质量小的木质素磺酸盐具有引气作用，而相对分子质量大的木质素磺酸盐则缓凝作用强。正是这些相对分子质量大的木质素磺酸盐的缓凝作用造成混凝土早期强度低，在寒冷气候下施工甚至发生混凝土在相当长时间不硬化的现象。

针对木质素磺酸盐相对分子质量分布较宽的状况，可以通过化学改性将其中产生缓凝作用的大分子除掉。其中一种化学改性的方法是氧化改性，在木质素磺酸盐里加入硝酸或重铬酸盐，利用它们的强氧化作用对木质素磺酸钙进行氧化反应。氧化作用使木质素磺酸盐（钙）缓凝基团——羟基、醚链等氧化成缓凝能力弱的羧基；同时氧化反应使木质素磺酸钙分子断链，降低木质素磺酸钙的相对分子质量。这样就能有效减少木质素磺酸钙的缓凝作用，提高其分散作用。经过改性的木质素磺酸盐在混凝土中的添加量可以提高到 0.5%以上，减水效果大幅度增强。另一种化学改性的方法是接枝改性，利用木质素磺酸钙分子中的化学活性基团苯酚基，将木质素磺酸钙与甲基醛、萘磺酸盐或三聚氰胺磺酸盐进行共缩聚反应制备高效减水剂。

通过对木质素磺酸钙改性，木质素磺酸钙在混凝土中的掺量可以提高到 0.5%～0.6%，其减水率达到 15% 以上，对混凝土的施工和耐久性没有其他不良影响，成为一种价廉物美的新型高效减水剂。

15.2　建　筑　胶

建筑胶是建筑化学品的一个分支。与其他建筑材料和外加剂相比较，如果不计算建筑内墙和外墙涂料所使用的胶浆在内，建筑胶的数量显然是很少的。但是，建筑胶都是一些特殊功能的化学品，使用在很关键的部位或场合，起着四两拨千斤的作用，因此地位非常重要，对建筑工程的贡献也不可估量。

建筑胶最大量也是最普通的当然是建筑内墙涂料和外墙涂料所使用的胶浆。除此以外，还有用于钢结构建筑物接缝的防水密封胶，用于外墙瓷砖粘贴的瓷砖胶，用于增强建筑结构、加强钢筋与混凝土连接力的结构胶，用于暗框玻璃幕墙安装的玻璃胶，用于建筑模板连接的模板胶，还有能够隔绝室内外热能传递的节能衬垫胶等，种类十分繁杂。如果把自流平地坪施工所使用的树脂胶浆以及油漆树脂胶浆也包含在内，建筑用胶的"队伍"也是十分庞大的。

建筑内墙涂料和外墙涂料所使用的胶浆、油漆树脂胶浆在本书第 7 章涂料里已经有介绍，自流平地坪使用的树脂胶浆在本章 15.3 节中也有专门介绍。以下只介绍几类上面提到的其他建筑用胶。

15.2.1　建筑结构胶

结构加固是目前对房屋结构、道路、桥梁、水库大坝、涵洞等建筑物或构筑物进行补强加固、延长其使用寿命的最有效手段。建筑业的发展为包括建筑胶黏剂在内的化学建材开拓了广阔的发展空间。建筑胶应用领域也在不断扩大，从一般建筑物补强加固到高层建筑抗震改造、公路修补、桥梁加固等领域的应用均在快速发展。

建筑结构胶就是应用于建筑行业中将建筑材料粘接，并且能够承受较大外力作用的结构型胶黏剂。它广泛应用在建筑物加固如房屋、水库、大坝、道路、桥梁等方面，可单独使用或采用粘-铆、粘-焊或粘-铆-焊等连接方式，使建筑物更牢固，性能更全面，从而达到加固、密封、修复改造的目的。根据不同的应用状态、部位、受力状况，建筑结构胶分为以下几大类。

(1) 粘钢结构胶　用建筑结构胶将钢板直接粘在受损的混凝土结构件上，使钢板承受由混凝土传递的力，达到加固的目的。它是建筑结构胶中的最重要品种之一，国家规范中的建筑结构胶的性能指标主要是指粘钢结构胶，对该胶的粘接强度有相当高的要求。如钢对钢的剪切强度要求≥18MPa，抗拉强度大于 38MPa，钢对混凝土压剪强度≥6MPa（混凝土破坏）等。在胶的性能上要求黏度适中、不流淌、操作方便及耐介质、耐老化性能好。该类结构胶通常使用环氧树脂为基体的胶黏剂。

(2) 粘钢灌注胶　它是采用三重联接加固方式中将建筑结构胶注入围住混凝土钢板与混凝土间隙中将钢板和混凝土粘住的一种建筑结构胶，它对胶粘接强度要求比粘钢胶低一些，如钢对钢，剪切强度大于 15MPa，抗拉强度大于 30MPa。钢对混凝土压剪强度大于 6MPa（混凝土破坏），就可以了。其他性能指标主要是可灌性好，密实性强，黏度较低，适用期要稍长。其他如耐介质、耐老化也都和粘钢胶一样。该类结构胶使用环氧树脂与不饱和聚酯混合胶黏剂比较好。

(3) 植筋胶　它主要用于将钢筋或螺栓，植（裁）在混凝土孔洞中，用植筋胶将钢筋或螺栓固定，使之承受强大的拉拔力。它的主要性能指标是胶接强度大于钢筋或螺栓的屈服强度。即拉拔钢筋或螺栓时，钢筋或螺栓拉伸变形直至断裂，而植（栽）在孔洞中的钢筋或螺栓不被拔出来。其他要求是固化速度快，黏度稍高，不易流淌，使用方便。目前有一种玻璃管状植筋胶，效果较好。它是由内外两支玻璃管组成，内管装固化剂，密封放在外管内，外管装树脂、填料等，也需密封。使用时，将合适规格的植筋胶管放入钻好的孔洞中，然后用电锤反向钻头将玻管击碎，使树脂和固化剂混合均匀。最后植（栽）入钢筋或螺栓，待固化后即可。它具有效率高、使用简单方便、不用配胶、性能可靠等优点。不过价格比散装的稍高，规格也较多，要选择应用。

（4）灌缝结构胶　它是应用压力原理，将配好的胶液压入到混凝土裂缝中，然后固化粘接，达到密封受力的结果。该胶主要性能要求粘接强度大于混凝土本身强度，可灌性要好，要能将胶液灌注于不大于 0.1mm 宽的裂缝中去，这就要求胶的黏度小，可操作时间长（约 2h 以上）。

（5）黏碳纤维胶　碳纤维是最新采用的一种强力材料，通过胶黏剂将碳纤维布紧贴在混凝土结构件上使之受力，达到加强目的。根据应用要求，它分为底胶、修平胶、碳纤维浸渍胶三种，底胶是涂敷在混凝土表面，修平胶在凹凸不平的混凝土填坑补平。碳纤维浸渍胶是浸润碳纤维布里面，然后粘在修复胶表面。要求这些胶的粘接强度大于混凝土的强度，对浸渍胶要求黏度低、渗透力高、粘接强度高、弹性模量也要大。

另外，根据施工环境要求，建筑结构胶可分水下固化胶、常温固化耐受高温胶、低温固化胶、超低黏度胶、快固化胶、慢固化胶等。

以下是使用广泛的几类建筑结构胶的组成及性能特点。

（1）环氧树脂结构胶　这是最早开发、也是应用最广泛的结构胶。它主要由环氧树脂、固化剂、增韧剂、稀释剂、填料等成分复配而成。

① 黏料树脂（或叫基料即黏合物质）。它是环氧树脂胶黏剂的基本组分，是主要的成膜物质，它使胶黏剂具有黏附特性及机械特性。它既可以是纯环氧树脂（E-51、E-44 等），也可以是环氧树脂和橡胶及其他改性的混合物质。使用最多的双酚 A 环氧树脂的化学结构及各官能团的作用如图 15-1 所示。

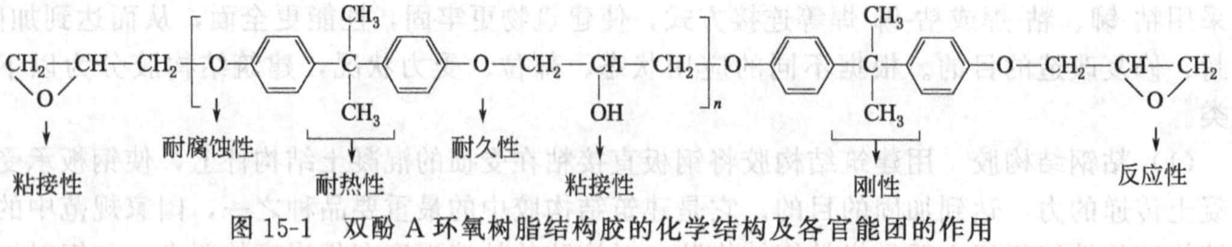

图 15-1　双酚 A 环氧树脂结构胶的化学结构及各官能团的作用

② 固化剂（也称硬化剂）。它可以使线型环氧树脂高分子通过化学反应形成网状或体型结构，从而使胶黏剂固化。固化剂的种类繁多，主要是带—NH—基团的有机胺类，要按不同树脂的固化反应情况和对胶黏剂性能的要求，以及工艺性能等条件进行配置与选择。

③ 增塑剂与增韧剂。一般环氧树脂高分子物固化后胶性能较脆，加入增塑剂或增韧剂，例如邻苯二甲酸二丁酯，可以改善或提高耐冲击的韧性强度。有时也可以改进工艺性能。应适量掺加，否则会降低其他性能。

④ 填料。加入填料可以降低固化收缩率、降低线胀系数、降低成本。加入得当还可以改善冲击韧性、胶接强度、耐热性等。填料的种类很多，要视具体要求进行选择，并要考虑到填料的粒度、形状和填加量等因素。主要填料有活性硅微粉、气相二氧化硅等。

⑤ 其他辅料。为满足胶黏剂的性能要求，还需要加入一些其他组分，如稀释剂（丁基

缩水甘油醚等)、偶联剂 (硅烷偶联剂等)、消泡剂及颜料等。

环氧结构胶有单组分结构胶和双组分结构胶之分。单组分胶把所有材料混合在一起,可以长期保存,需要时取出后直接使用,优点是现场施工方便,容易操作。能够长期保存而不固化,秘诀是使用潜伏性固化剂,例如咪唑盐、二氰二胺、有机酰肼、三氟化硼单胺,在受热时才放出胺来。单组分胶的缺点是固化速度慢,施工时间要 5～7 天才能达到需要的粘接强度,而且需要加热固化。双组分胶把环氧树脂与固化剂分开两个组分保存,使用时把两种组分混合后再施工。优点是固化速度可快慢调整,但是需要熟练的技术人员来操作,配比不当对粘接性能有很大的影响。

(2) 环氧树脂-不饱和聚酯共聚物　K-801 混凝土快速粘接剂属于此类型。它综合了环氧树脂力学性能优良和不饱和聚酯固化速度快的性能,具有明显的"两快一高"(固化速度快、强度增长快、粘接强度高) 的特点,特别适合动荷载情况下快速粘接加固。

环氧树脂是目前广泛采用的结构胶,粘接力强,耐化学品性优良,机械强度高,但强度特别是低温强度增长慢,难以满足快速粘接的要求。不饱和聚酯有很好的操作性和固化性能,但气味大,固化后胶体收缩率大,一般不作为黏结剂使用。乙烯基酯树脂是环氧树脂与含烯键的不饱和酸的加成产物。乙烯基酯树脂的一般结构如图 15-2 所示。

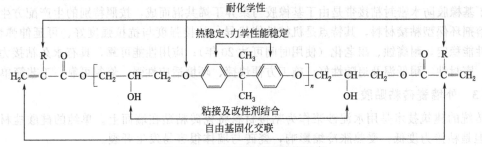

图 15-2　乙烯基酯树脂结构示意

从以上化学结构可以看出,乙烯基酯树脂兼有两种热固性树脂的特点,是环氧树脂和不饱和聚酯的巧妙结合。在环氧树脂部分里,芳香环提供好的力学性能和热稳定性,醚键使产品具有好的化学稳定性,侧羟基赋予树脂优良的黏附力和可供进一步改性的反应基团;分子末端的不饱和聚酯部分提供聚合和交联的反应点,使其具有不饱和聚酯树脂的固化特性。

(3) 环氧-丁腈结构胶　现在多数使用低分子量液体丁腈橡胶对环氧树脂进行改性,如相对分子质量 3000 以下的丁腈-40,也有用无规羧基丁腈橡胶改性的。为了使改性环氧可以室温固化,往往需要把环氧树脂和丁腈橡胶在催化剂存在下进行预聚合,然后再与其他组分混合为甲组分,使用前加固化剂。丁腈改性环氧胶粘接强度为:钢-钢,剪切强度 16～19MPa,拉伸强度 30～31MPa。

(4) 聚硫橡胶改性环氧胶　用相对分子质量 2000～3000 的液态聚硫橡胶对环氧树脂改性,该类胶的典型性能是固化物拉伸强度 39.3MPa,固化物压缩强度 96.8MPa,固化物弹性模量 $1.1×10^4$ MPa,剪切强度 28.0MPa,拉伸强度 50.8MPa,耐介质性:5%NaOH 浸泡 1008h 强度不变。

(5) 聚醚、聚酯改性环氧结构胶　用长链聚醚、聚酯多元醇对环氧改性,但耐疲劳、耐温性稍差。将数种改性剂混合使用有时会得到比单一改性剂更佳的效果。

(6) 其他改性环氧胶　多数建筑结构胶的主黏料仍是双酚 A 环氧树脂,通过加入其他树脂进行改性。例如,为提高耐温性,可用氨基环氧树脂、多官能环氧树脂和酚醛环氧树脂进行改性。将双酚 A 环氧树脂进行羟基化改性，可提高其低温活性，配以低温固化剂可以在−15℃施工和固化。例如 HY-82 低温建筑胶在−15℃施工，28 天之后粘接强度（木-木）为 9.9MPa。

15.2.2　防水密封胶

一些需要大跨度结构的建筑物，例如展览馆、工业厂房等一般都采用钢结构和彩钢板作为屋顶和墙面。钢板结构的房子板与板之间用铆接或螺丝收紧，漏水是一种"通病"。

造成金属板屋面漏水的原因是多方面的。材料特性引发漏水隐患；金属板导热系数大受温度变化造成接口处位移、受风载雪载等外力作用使金属屋面板发生弹性形变、不同材料连接应力变化不同步；压强不平衡引发漏水隐患，雨天屋外压强高于屋内；长期形成的风洞引发漏水隐患；房屋结构设计或板型缺陷引发漏水隐患等，所以金属板屋面防水问题显得非常突出和重要。

解决金属板屋面漏水问题的方案，目前国内大多数钢结构企业采用硅酮胶密封防水，该材料粘接强度低、易老化、施工过程人为隐患多造成防水质量不可靠。部分钢结构企业采用密封胶泥或丁苯橡胶粘接带，这些材料使用寿命较短、易老化。

针对金属板屋面漏水原因，使用丁基橡胶防水密封胶作为轻钢结构屋面防水材料效果比较好。丁基橡胶防水密封粘接带是由丁基橡胶与聚异丁烯共混而成，按照特别的生产配方生产出的无溶剂环保型粘接材料，其特点是机械性能优异，粘接强度与抗拉强度好、可延伸弹性好；化学性能稳定，耐腐蚀、耐老化（使用时间可达 20 年）；应用性能可靠，具有永久粘接力，防水性、密封性、耐低温及追随性好。施工方便快捷、环境适应性强，修复可靠，工艺简单。

15.2.3　外墙瓷砖粘贴胶

传统的建筑技术是用水泥沙浆作为粘接材料将瓷砖粘贴在墙面上。单纯的硅酸盐材料硬度高但是粘接力度低，受热胀冷缩影响，瓷砖与墙体很容易发生开裂。

瓷砖胶取代水泥粘贴，造价节约 40％以上，不仅节约了材料，其施工采用了更科学更方便的铺贴新工艺，保证施工质量和工程进度，也更加科学环保。铺贴瓷砖采用瓷砖胶，将成为建筑装饰施工的潮流。

中国关于"陶瓷墙地砖胶黏剂"的新标准 JC/T 547—2005 已颁布实施。根据标准瓷砖胶的种类可以大致分为以下几种。

水泥为基底的瓷砖胶黏剂：该类产品是由水硬性胶凝材料（水泥）、矿物填料、有机外加剂组成的粉状混合物，使用时需与水或其他液体拌合。

膏状乳液胶黏剂：该类产品主要为水性聚合物分散液、有机外加剂和矿物填料等组成的膏糊状混合物，可直接使用。

反应型树脂类胶黏剂：该类产品是由合成树脂、矿物填料和有机外加剂组成的单组分或双组分混合物，通过加入固化剂进行化学反应使其硬化。

与瓷砖胶相匹配的施工技术是薄层铺装技术。薄层铺装技术是将瓷砖胶用抹子厚度均匀地涂抹在待贴瓷砖的基面上，然后用切口镘刀梳刮，使瓷砖胶的表面形成 6mm 高的条纹状凸凹，放上瓷砖时瓷砖胶受到挤压形成均匀的绝大部分无空腔的 3mm 厚的粘贴层，其厚度与后贴法相比，材耗消耗量少，粘贴牢固，不用间隔条，极大提高了工人的施工效率。

15.2.4　玻璃幕墙安装胶

隐框玻璃幕墙诞生于 20 世纪 70 年代，90 年代引入我国，在很多现代建筑、特别是高层建筑中使用。由于外观的需要，也受到高层建筑施工条件的限制，玻璃幕墙不能用一般的紧固件固定，玻璃与墙面或支撑架之间就靠结构胶粘接。人们对仅仅用一层胶将玻璃固定在框架上的做法一直存在疑虑，甚至形容为城市上空的"定时炸弹"。隐框玻璃幕墙发展对结构胶的力学性提出了更高要求，市场迫切需要新技术、新材料、新工艺的推出来解决这些问题。

建筑结构胶与密封胶的性能要求是有差别的。建筑结构胶用于玻璃幕墙结构装配，将玻璃粘接在主体结构上，承受风荷载及玻璃的自重荷载，结构胶必须有足够的强度来承受这些荷载，而对一般的密封胶没有这样的要求。建筑结构胶另一重要性能是弹性模量。低模量的密封胶不适宜作结构胶，低模量胶在风荷载或自重荷载的作用下会产生大的位移，这是玻璃幕墙建筑不允许的。但结构胶的模量也不应过高，因为结构胶必须适应由温度等原因引起的胶缝变形，必须有一定的弹性。结构胶要在强度、粘接性、弹性模量之间取得平衡。目前，国家对玻璃幕墙结构胶已制定专门的规范，并且对符合规范的产品颁发使用许可证。

符合规范要求的玻璃幕墙结构胶都是硅酮结构胶。硅酮结构胶的主要原料是硅油，其主要成分是聚硅氧烷，分子式为：

$$OH-Si-O-(\ Si-O\ )_x Si-OH$$

$$(CH_3)_2\quad (CH_3)_2\quad (CH_3)_2$$

因为硅胶分子纯粹由硅氧原子组成主链，有机侧链基本上没有不饱和键，所以对紫外线和臭氧的作用都是稳定的。据称，1970 年我国东方红人造卫星上太阳能电池板就是由硅酮结构胶胶接而成，在条件十分恶劣的太空环境中经受住了时间的考验，可见其优良的抗紫外线性、抗老化性、耐候性和时效性。与化工类密封剂相比，硅酮结构胶的最大特点是耐老化。

硅酮结构胶在使用过程中有一个固化过程。不同种类的结构胶固化原理不同，单组分硅酮结构胶属于水性固化物，不需另加固化剂，它靠吸收空气中的潮气而进行水解、缩合反应，由表及里而固化。在相对湿度不低于 60%，温度不低于 20℃ 的环境中，21 天达到使用强度要求；双组分结构胶分为甲、乙两部分，称为胶基和固化剂，硅酮结构胶（甲）必须在使用前向基胶中加入催化剂（乙）并充分搅拌混合以触发胶层表里同时进行固化反应。甲、乙两部分在施工使用前由各自的容器包装，施工使用时将胶基和固化剂按一定比例混合后，整个胶开始发生交联反应，不受湿度的影响而快速固化，固化时间为 7 天，达到使用强度要求。

主体高达 480m，采用全隐框玻璃幕墙的超高层建筑广州西塔，在施工中使用"高性能硅酮结构密封胶"取得成功。历经台风、轻微地震、烈日暴晒和大雨洗刷，玻璃幕墙没有发生明显改变。

15.3　自流平材料

自流平材料是 20 世纪 70 年代发展起来，以无机胶凝或者有机材料为基材，与超塑化剂等外加剂及细砂等混合而成的建筑地面找平材料。使用时只需按规定的水灰比加水拌和均匀，机械泵送或人工施工后，无需人工抹平，靠浆体在自重作用下流动形成平整表面。其最大的特点就是能够在很短的时间内大面积地精找平地面，可以克服水泥砂浆修补或打磨平整技术等方法用工多、技术要求高、要反复找平、工期较长的致命缺点。自流平材料具有良好的流动性及稳定性、施工简便速度快、劳动强度低、光洁平整、强度高、流平层厚度薄及良好的耐水耐酸性等优点。随着低弹性模量的薄饰面材料（如 PVC 地板、橡胶地板卷材等）越来越广泛的应用，自流平材料的应用越来越多，是大型超市、商场、停车场、车间、仓库等地面铺筑的理想材料，也是目前建筑地面施工的一个发展方向，市场潜力很大。

自流平材料按主要基材不同可分为无机系和有机系两大类。

无机系自流平材料主要是指水泥基和石膏基自流平材料。水泥基自流平材料关键是在低水灰比条件下提高材料的流变性能，并且使其具有良好的黏聚性，防止泌水、离析。其主要技术路线一般是采取复合高效的外加剂以降低水胶比，提高流动性，保持适当的勃度系数，使拌合物具有自密实、自流平性能并具有抵抗离析所需的黏度；同时掺入粉煤灰、高炉矿渣、硅灰等活性矿物掺合料，增加流动性，在优化各组分配合比的基础上配制水泥基自流平材料并开发研制单组分的弹性聚合物水泥基自流平材料。石膏基自流平材料主要是以 α-半水石膏、天然无水石膏或 Ⅱ 型无水石膏等为基材，再添加常用骨料及各种性能外加剂配制而成。其特点为流动性高、初凝时间长、终凝时间适当、早期及后期强度较高、与基底粘接力高等。但是，石膏基自流平材料由于石膏的耐水性和抗磨性差、表面强度低，故不能用于阳台、屋面及潮湿的地下室地面；呈中性或酸性。对铁件有锈蚀的危险，因而使得其应用受到限制。

有机系自流平材料主要指环氧自流平材料。由于水泥砂浆容易起灰、难清洗、不耐酸碱腐蚀等缺点，难以满足现代施工条件要求。于是，近年来发达国家已广泛将环氧类高分子有机系自流平地面材料应用于工业车间地面。一般常用具有良好的耐化学品性、耐磨损和耐机械冲击的环氧树脂涂料和聚胺酯涂料。其特点主要为不受施工地面大小形状的限制，色彩、光泽可调配，施工安全可靠。

自流平材料虽然是专门为地坪施工而开发的专用化学品，但是目前的应用领域已经远远超出了地面使用的范围。从地坪施工延伸到水下混凝土浇灌、高铁建设、地铁开挖、GMP洁净实验室、防酸蚀工业厂房等领域。

以下是一些典型的应用例子。

15.3.1 水泥基自流平材料

水泥基自流平砂浆是最复杂的砂浆配方，它是由多种材料组成的非常复杂的系统，其对原材料的品种与用量要求非常严格，只要原材料质量或品种稍有变化，根据同一配方制备的砂浆的品质也会截然不同。水泥基自流平砂浆配方虽各不相同，但归纳起来主要由以下几个部分组成。

（1）胶凝材料　水泥是水泥地面自流平砂浆中的主要胶凝材料。通常采用硅酸盐水泥、高铝水泥和石膏的三元复合胶凝体系。使用部分高铝水泥来提高自流平砂浆的早期强度。石膏对体系的凝结时间、收缩和膨胀性能有很大的影响。

（2）细骨料　砂是水泥基自流平砂浆中的集料，起到骨架的作用，砂的颗粒级配对水泥砂浆的流动性和力学性能有着重要的影响。

（3）外加剂　外加剂是水泥基自流平砂浆必不可少的改性材料，多数属于有机聚合物。水泥基自流平材料其关键是提高材料的流变性能，同时又要防止泌水、离析以及有一个早期和后期强度，防止收缩开裂等。因而，其主要技术路线一般是通过采取复合各种添加剂来改善水泥砂浆的性能来达到。添加剂主要包括高效减水剂、聚合物、保水剂和调凝剂等材料。高效减水剂起到减水作用、提供流动性和找平性能。可再分散胶粉是配制水泥基自流平砂浆的关键材料，其掺入能够改善新拌砂浆的自流平性和工作性，并且对提高砂浆与混凝土基层的粘接力、耐磨性、柔韧性有重要作用。聚合物改善材料的粘接强度、表面耐磨性、拉伸强度、抗折强度和抗冲击性能等。保水剂能保证砂浆在一定时间内的流动性和抗沉降性能以及强度的发展。调凝剂通常是为了调整自流平砂浆的可操作时间和早期强度。另外为了需要还有添加膨胀剂、消泡剂等材料。

（4）矿物填料　水泥基自流平砂浆中常添加粉煤灰、磨细矿渣、硅灰和石灰石粉等矿物掺合料，以便提高砂浆的流动性及体系的稳定性，减少拌和需水量，增进结构的密室性及力学性能。

15.3.2　石膏基自流平材料

主要是以 α 型/β 型半水石膏、天然无水石膏或 II 型无水石膏等为基材，骨料采用河砂、石英砂、矿渣砂等，矿物掺合料采用粉煤灰、矿渣粉等以及常用外加剂为减水剂（木质素磺酸盐、萘系、聚羧酸盐系、氨基磺酸盐系等）、缓凝剂（磷酸盐、糖类、纤维素等）、增稠剂（聚丙烯酸盐、纤维素、天然橡胶等）、pH 值调节剂（水泥、熟石灰等）、消泡剂（有机硅油、非离子界面活性剂等）、表面硬化剂（脲醛树脂、三聚氰胺甲醛树脂等），必要时还可以掺加憎水剂、颜料等。

石膏基自流平材料具有高流动性、初凝时间长、终凝时间适当、早期及后期强度较高、与基底粘接力高等特点。但是，石膏基自流平材料由于石膏的耐水性和抗磨性差、表面强度低，故不能用于阳台、屋面及潮湿的地下室地面；呈中性或酸性，对铁件有锈蚀的危险，因而使得其应用受到限制。

15.3.3　高速铁路自流平注浆材料

我国正大规模兴建高速铁路网。在高速铁路高架桥预制梁架设工程中，支撑垫石顶面与支座底面存在有 20～30mm 间隙，需采用注浆密实。由于不能采用振捣密实，因此使用的注浆材料应具有自密实、自流平功能，同时为加快施工进度，此种注浆材料还应具有快硬早强的特性。国内已研制出高速铁路自流平注浆材料，胶凝材料用快硬硫铝酸盐水泥和 525 级普通硅酸盐水泥；细砂；矿物掺合料是石灰石粉、硅灰和粉煤灰，萘系减水剂，加消泡剂磷酸三丁酯，保塑剂用可再分散乳胶粉，早强剂是碳酸锂，调凝剂用硼酸。制备出初始流动度达到 391mm，30min 流动度达 360mm，2h 抗压强度为 25.3MPa，1 天抗压强度达 34.4MPa，56 天抗压强度达 55.4MPa，28 天自由膨胀率为 0.02% 的高性能高强早强自流平砂浆。

15.3.4　洁净车间自流平地坪

随着现代工业技术和生产的发展，对于清洁生产的要求越来越高，要求车间地坪耐腐蚀、洁净和耐磨，室内空气含尘量尽量的低。其中，洁净地坪的制作便是现代洁净车间生产环境的重要保证条件。经过实践证明，环氧树脂自流平地坪应用于现代洁净车间能较好地满足其要求。环氧树脂自流平地坪以环氧树脂为聚合物面层，按不同要求加入各种固化剂、颜料、填料等辅助材料，照一定比例加工成膜，并以混凝土地面为底层制作而成。与传统普通砂浆、防腐地坪相比，环氧树脂自流平地坪有着洁净、强度较高、耐少量冲击、耐酸耐碱等优点；与其他类型环氧树脂地坪相比又有着无缝平滑、美观易洁、防尘防菌等特点；特别适用于高新电子、医药等需高洁净但抗磨抗冲击性不需太大的车间。

15.3.5　耐硫酸自流平重防腐地坪涂料

在遇到超过 70% 的硫酸（甚至达到 98%）介质腐蚀时，一般的聚合物树脂涂料，包括具有优异的耐化学品性能的乙烯基酯树脂都无法满足防腐要求。用高交联密度酚醛环氧树脂可以解决耐腐蚀的问题。

酚醛环氧树脂每个分子平均具有 2 个以上环氧基，因此固化反应后可达到高交联密度，所以在耐热性、机械强度、耐化学品性能上均优于双酚 A 型环氧树脂（平均每个分子只具有 2 个环氧基）。常温固化酚醛环氧树脂是由甲醛和苯酚制得的酚醛树脂与环氧氯丙烷反应生成的线型结构聚合物，它兼有酚醛树脂和双酚 A 型环氧树脂的优点。用分子量及活泼羟基含量不同的线性酚醛树脂，可以合成出不同分子量和官能度的酚醛环氧树脂。其代表性结构式如下：

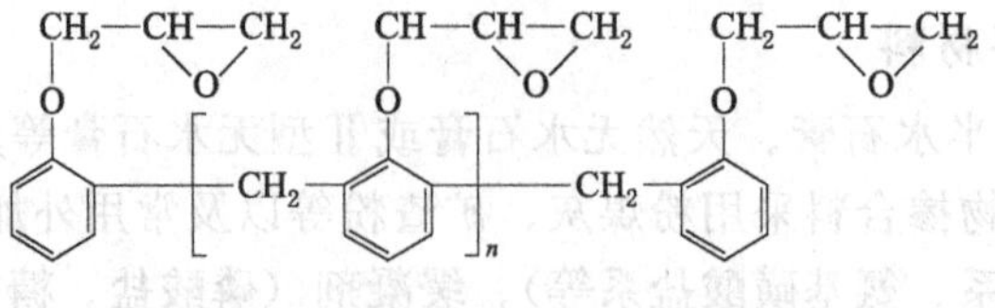

式中n=1～6

制备过程中环氧树脂在固化剂引发下聚合生成三维立体网络结构，所得到的重防腐地坪面可以耐多种介质腐蚀，75%硫酸泡 24 天无变化；98%硫酸泡 36h 无变化，10 天表面变粗糙；37%盐酸泡 14 天无变化；磷酸泡 14 天无变化；10%硝酸泡 24 天无变化。适用于一些对防腐性能有苛刻要求的场所。

15.3.6 水下施工用自流平混凝土

在桥墩沉井封底、钻孔桩灌注、人工筑岛、围堰水下部分浇筑、水下抛石灌浆结构、止水锚固、水下注浆及堵漏等建筑工程中，需要在水下进行混凝土浇筑，而普通混凝土拌合物在水中容易产生离析现象，水泥浆流失于水中，混凝土失去应有的强度和粘接力，影响工程质量。水下不分散混凝土就是针对这一问题而发展起来的，它是在普通混凝土拌合物中加入UWB（丙烯系）絮凝剂拌制而成的混凝土。水下不分散混凝土拌合物遇水后水泥浆不流失、不离析，因此可以进行水中自落浇筑，不需排水施工。混凝土拌合物沉到水底后能够在重力作用下自流平，不需要人工处理。

国内已研制了水下无溶剂自流平混凝土并成功完成了水下基础浇灌作业。选用由 P.O 42.5 水泥、Ⅱ级复合粉煤灰、细度模数 2.5～2.8 的中砂、5～25mm 碎石、5～20mm 碎石、自来水、YZ200 系列高效萘系缓凝减水剂（经试验用聚羧酸系列或聚羧酸系列产品的外加剂都满足要求）进行配制。在 15m 水深下进行浇灌，靠自流平成型，没有人工振捣。结果施工顺利实施，通过水下观察，混凝土平台表面平整，封底无缝，7 天抗压强度达到标准。

15.3.7 隧道工程用自流平混凝土

以往的隧道衬砌施工，大都采用衬砌模板台车，选用混凝土的坍落度为 180～220mm，主要采用外部振捣器振捣。该种振捣方式，只能确保混凝土在模型内流动，而对混凝土密实度不利，易产生蜂窝麻面和内部空洞，尤其是防水混凝土往往达不到抗渗要求。国内在隧道施工过程中成功地使用隧道自流平混凝土解决了问题。

隧道自流平混凝土采用 P.O 42.5 水泥，细骨料用细度模数 3.0 的河砂；粗骨料用表观密度为 2650kg/m³ 的碎石，最大粒径 25mm；粉煤灰采用细度 18.0%Ⅱ级粉煤灰；外加剂采用减水率≥20%的高效减水剂。结果混凝土浇注完毕成型后拆除模板，混凝土表面平整，无任何缺陷。超声波探测断定混凝土内部形成均匀密实的结构，28 天标准抗压强度平均为34.9MPa，结果非常好。

15.4 喷射混凝土添加剂

在地铁工程、人防设施、高速公路建造、高层建筑地基开挖、水电涵洞、铁路隧道、矿山巷道等的施工过程中，为了防止坑道或边坡的坍塌、堵住地下水的喷涌、穿越复杂的断裂地层以及固定流沙，必须对隧道或边坡壁进行快速的加固作业，喷射混凝土技术被广泛采用并得到迅速发展。同时该技术因其独特的效能而被延伸应用于地面工程建筑物中结构的补强、危房的紧急处理、岩土边坡加固、大坝加固等领域。喷射混凝土施工方法包含湿喷、干喷和潮喷等施工技术。

喷射混凝土的主要材料是水泥浆及沙石等骨料，由于硅酸盐材料的特性，喷射施工中不可避免地会出现各种问题。如果是采用湿喷工艺，水泥的凝固速度慢，喷涂层易出现流挂，喷涂厚度小，尤其是遇到涌水、流沙等恶劣状况，施工往往受阻；混凝土浆喷到隧道或边坡壁上时回弹率高、材料消耗大；喷层薄，强度不够；如果是干喷工艺，粉尘含量高，作业环境恶劣，危害作业者的健康。这些问题光从改进混凝土的配方比例入手不能解决问题，影响着喷射混凝土技术的发展。

为解决上述问题，需要在喷射混凝土中加入特种化学品，利用各种添加剂的特性加快凝固速度、降低回弹量，增加早期强度、降低施工粉尘。当然，无论使用什么化学品都必须做到不影响混凝土原来的性能，即后期强度损失小，不损失耐久性，喷层固化后缩性小，不开裂，喷层抗渗水性能好。各种添加剂必须对钢筋无锈蚀作用，对施工人员没有毒害。

目前，在喷射混凝土中加入的特种化学品按照功能来分主要有速凝剂、辅助促凝剂、减弹剂、防尘剂、增黏剂、黏稠剂等。从材料种类来分则是无机材料和有机高分子材料两大类。而事实上，在施工过程中几乎都是上述各种类型的添加剂混合在一起来使用，使喷料能够在边壁上快速凝结，在几分钟的短暂时间内形成具有一定支撑能力的凝固喷层，以满足防坍塌、止水涌、堵流沙、固地层的特殊要求。

需要指出的是，虽然混凝土是无机材料，而且最早开发的喷射混凝土添加剂也是使用无机化合物，但是有机高分子材料添加剂却后来居上，含有机高分子材料的增黏剂或复合型添加剂得到迅猛发展，已经占据了主导地位。新型的增黏剂或复合添加剂中的有机组分本身基本不改变水泥水化反应和水化历程，因而不会或很小损失混凝土各龄期强度。还有不少有机组分多为性能良好的表面活性剂，因其表面吸附或分散作用常具有减水效果，有利于提高早期强度，同时为抑制喷射时产生的粉尘提供可能。

下面介绍一些国内外文献公开报道的喷射混凝土添加剂的品种和应用事例。

(1) 丙烯酰胺-丙烯酸-丙烯腈三元共聚物　化工部晨光化工研究院成都分院研制出以丙烯酰胺-丙烯酸-丙烯腈三元共聚物为主的复合添加剂，该高分子材料的黏度高，5%重量浓度水溶液黏度为 0.6～0.7Pa·s，在喷射混凝土中的添加量只需要水泥重量的 0.003%～0.03%，使用时与粉状 8% 的 782 型速凝剂（由矾泥、铝氧熟料、石灰等无机材料组成）配合，可使回弹减少 46%～56%，粉尘降低 53% 以上。

(2) 聚乙烯醇类黏稠剂　铁道部十八局先后研制成液态和粉状 STC 黏稠剂。该黏稠剂以聚乙烯醇（107 建筑胶）、表面活性剂等组分组成。粉剂克服了液剂冬季易冻而不便于添加的缺点，液剂需与速凝剂配合使用，粉剂无需再加速凝剂，粉剂添加量为 4% 时试喷表明降尘效果较好，粉尘浓度为 4.5～6.9mg/m³，回弹率为 6.7%～14.8%。但是 STC 粉剂未能克服混凝土后期强度的损失问题。

中国科学院武汉岩土所研制过以聚乙烯酸醛缩合物（107 胶）与膨润土等作为添加剂用于增强增塑喷射混凝土技术，效果也令人满意。

(3) 羧甲基纤维素、聚乙烯乙二醇和聚丙烯酸胺水溶性聚合物　煤炭科学研究总院北京建井所研制了喷射混凝土减弹降尘速混凝剂，使用的主要成分是有增稠作用的羧甲基纤维素、聚乙烯乙二醇和聚丙烯酸胺等水溶性聚合物，并添加有机表面活性剂。在喷射混凝土中使用量为水泥重量的 3.5%～5%。试喷试验表明比普通速凝剂回弹下降 40%～60%，425#矿渣水泥喷射混凝土 28 天抗压强度为 20MPa，达到了减弹、降尘、促凝的要求，但是未能克服混凝土后期强度降低的不足。

文献报道前苏联亦有过这方面的研究应用，使用水溶性聚合物如聚乙烯醇、羧甲基纤维素及聚氧化丙烯（乙烯）等作为添加剂用于喷射混凝土和聚合物混凝土中。

（4）铝酸钠-β-萘磺酸甲醛缩合物复合速凝剂　长沙矿山研究院研制过掺有减水剂（FDN 或 NF，主要成分是 β-萘磺酸甲醛缩合物或亚甲基多萘磺酸钠）的减水速凝剂，以粉状矾泥、工业铝酸钠和减水剂按 $2:1:0.3$ 的最佳配合比混合，添加量为水泥重的 4％，结果初凝时间为 80s，终凝时间 141s，减水量 15％～18％，混凝土 28 天抗压强度达到空白对照样的 119％。

冶金部建筑研究总院于 1989 年 9 月研制出 8604 型速凝剂，属低碱性添加剂，pH 值仅为 8。采用这种速凝剂能使硅酸盐水泥在水化开始时便形成大量的钙矾石，并促使 C—S—H 凝胶在水化早期（一天前）就能大量生成，从而达到速凝及获得较高早期强度的目的。而且加入该速凝剂后，能使水泥各水化产物晶粒细化，晶体与凝胶体混生在一起，较大晶粒被絮状凝胶所包裹，结构致密，使混凝土的后期强度较高，并能达到较高的抗渗标号，有利于提高工程质量。8604 型速凝剂添加量为水泥重量 5％，使用后混凝土抗压强度提高 3％～24％，抗拉强度提高 3％～16％，喷射混凝土回弹下降 28％～51％，粉尘抑制率为 22％～37％，一次喷厚有所增加。对喷射混凝土后期强度的影响也较小，其 28 天龄期混凝土抗压强度保存率大于 90％。8604 增黏剂与 8604 速凝剂配合使用效果更佳。

（5）丙烯酸胺-丙烯酸钠共聚物　日本研制的丙烯酸胺-丙烯酸钠共聚物作为喷射混凝土粉尘抑制剂，掺量为水泥重量的 0.05％～0.1％（日本专利，特开昭 59-174554）。

甲基丙烯酸及其酯同丙烯酸胺共聚物部分水解产物，加入聚乙烯醇类非离子型表面活性剂及其硫酸酯粉尘防止剂，掺量 0.05％～1.0％（日本专利，特开昭 61-31335）。

（6）乙烯-醋酸乙烯-不饱和羧酸共聚物　主要成分为乙烯-醋酸乙烯-不饱和羧酸共聚物乳液的回弹降低剂，以固体组分计，掺量为水泥重量的 0.1％～1.5％（日本专利，特开昭 63-2487）。

（7）聚羧酸碱金属盐-聚丙烯酸钠复合物　主要成分为聚羧酸碱金属盐、聚丙烯酸钠等粉尘结合添加剂，掺量为水泥重量 0.5％～2％，试喷结果表明粉尘可降低 22％左右。这类添加剂多与速凝剂一并使用（日本专利，特开昭 69844）。

（8）三乙醇胺-聚丙烯酰胺或聚氧丙烯速凝剂　德国地下交通设施研究会开发了干喷混凝土新型速凝剂由 30％的 $N(CH_2CH_2OH)_3$、部分皂化的聚丙烯酰胺或聚氧丙烯（10％）和水等组成，按水泥重量的 0.1％～0.3％加入，初凝 1.5min，终凝 3min，其 1 天、28 天抗压强度可达 12MPa 和 52MPa，较不掺时的 1 天、28 天强度 12MPa，48MPa 有明显提高（德国专利 207719）。

参 考 文 献

[1] 方乐仁. 混凝土外加剂及其应用 [J]. 黑龙江科技信息，2010，(15)：272.

[2] 曾康生. 喷射混凝土添加剂研究现状与发展趋势 [J]. 中国煤炭，1998，24 (5)：18-22.

[3] 岳鹏飞. 混凝土外加剂的发展及生产工艺 [J]. 河北化工，2010，33 (7)：26.

[4] 熊大玉，王小虹. 混凝土外加剂 [M]. 北京：化学工业出版社，2002：6-9.

[5] 李瑞玲. 常用混凝土外加剂的种类性能及应用 [J]. 中华建设，2008，(12)：176-177.

[6] 唐声飞，李伟雄等. 谈谈木质素磺酸钙的改性与应用 [J]. 混凝土，2003，167 (9)：35-36.

[7] 周啸尘，唐海燕. 地面自流平材料研究及应用 [J]. 科技创新导报，2010，(25)：81-82.

[8] 黎力，吴芳. 自流平材料的应用发展综述 [J]. 新型建筑材料，2006，(4)：7-11.

[9] 李福志. 建筑结构胶黏剂 [J]. 胶体与聚合物，2008，26 (3)：35-37.

[10] 贺曼罗. 建筑结构胶回顾与发展 [J]. 粘接，1999，S1.

实验五十七　萘系减水剂制备

在建筑工程中，高效减水剂的应用越来越普遍，而最常用的品种仍然是萘系减水剂，这类减水剂具有原料成本低、生产方法简单、减水率高的优点。在混凝土配料中加入适当比例的减水剂，可以在一定时间内显著提高混凝土的流动性，增大坍落度。这一特性使浇注困难的混凝土工程的施工难度大为降低，还使混凝土适合泵送，实现浇注的机械化作业，不但提高了混凝土的和易性，而且也减轻了搅拌强度。加入减水剂的混凝土还具有高强和早强的特点，使配置超水泥标号的混凝土成为可能。在保持甚至高于原强度的情况下，可节省水泥。掺入减水剂后，提高了分散能力和塑化效应，使混凝土的抗渗性、抗裂性、与钢筋的结合力、抗冻性等都有明显的提高。

用工业萘生产的减水剂主要成分为 β-萘磺酸甲醛络合物钠盐，其结构式为：

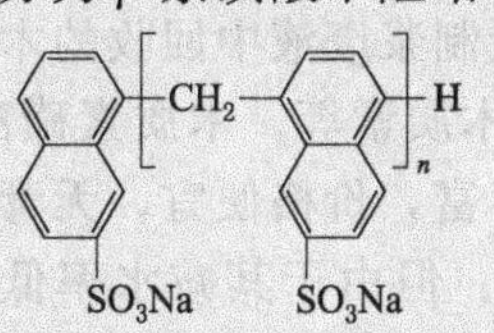

通用的合成工艺是以工业萘为原料，先以浓硫酸进行磺化反应生成中间体 β-萘磺酸，再与甲醛缩合成亚甲基多萘磺酸，最后经中和得到亚甲基多萘磺酸钠盐。反应式见15.1.1 节。

一、实验目的

学习萘系磺酸盐的合成方法和相关操作，了解有关混凝土减水剂的知识。

二、原料

工业萘：分子式 $C_{10}H_8$，相对分子质量 128.17。微黄色片状结晶，有特殊气味，易挥发，能升华。相对密度 1.162，熔点 80.1℃，沸点 217.9℃，闪点 78.89℃。属二级易燃固体。

35%甲醛水溶液：分子式 HCHO，相对分子质量 30.03，熔点 -118℃，沸点 -19.5℃。甲醛是一种无色、有强烈刺激型气味的气体，易溶于水、醇和醚。甲醛在常温下是气态，通常以 35%水溶液形式出现，有刺激性气味。折光率（n_{20}^D）1.3746。闪点 60℃。液体在较冷时久贮易混浊，在低温时则形成三聚甲醛沉淀。蒸发时有一部分甲醛逸出，但多数变成三聚甲醛。本品为强还原剂，在微量碱性时还原性更强。低毒。

98%浓硫酸，化学纯试剂。

三、实验操作

将 12.8g（0.1mol）工业萘投入安装有搅拌器、回流冷凝管和滴液漏斗的 100mL 三口烧瓶中，升温将萘融化❶。搅拌，至料温上升到 130℃时慢慢加入 14g（0.14mol）浓硫酸，加酸时间控制在 30min 内❷，并控制温度平稳上升，加酸完毕时应将温度控制在160℃±2℃❸。在此温度下保温搅拌反应 2～3h❹。保温结束后，降温至 100℃以下，加入

---

❶　萘的熔点是 80.1℃，在熔融之前不要强制搅拌。

❷　通过控制加酸速度，使料温平稳上升，避免温度上升过快再进行降温操作。

❸　磺化反应温度低于 160℃时，生成 α-萘磺酸的副反应增加，超过 165℃时，生成砜二萘磺酸及焦油的副反应增多。

❹　取样分析物料的总酸度，当总酸度达到 33%～35%时判定反应到达终点。

热水 9g（0.5mol），再加热到 120℃水解 30min。将物料温度降至 85℃，在搅拌下于 1.5h 内滴加 7.7g（0.09mol）的 35%甲醛溶液●，加料过程中以缓慢的速度将料温升至 110℃ ±5℃❷，再保温 2～3h，待聚合度达到规定值时❸，加入液碱中和，即得减水剂成品❹❺。

四、实验时间

大约 8～9h。

参 考 文 献

[1] 许宁，李志富，冯文华．工业萘生产减水剂的工艺研究［J］．煤化工，2003，108（5）：20-22.

实验五十八　改性木质素磺酸盐混凝土减水剂

工业木质素的主要来源是造纸制浆废液中回收的木质素，包括木质素磺酸盐（酸法或中性制浆）、碱木质素、硫酸盐浆木质素等。木质素磺酸盐是亚硫酸法生产纸浆或纤维浆的副产物，表面活性较好，来源丰富，价格便宜，无毒，且是一种可再生资源，它用作混凝土减水剂，已有 50 多年的历史。但由于其减水率低，混凝土的抗压强度提高幅度小，在混凝土的应用中受到了限制。因此，有必要通过化学反应改变木质素的结构，提高其性能。

对聚羧酸系减水剂的研究表明，酰胺基团的引入可以很好地改善减水剂在水泥颗粒表面的吸附效果，增加减水剂在水泥颗粒表面的吸附量，使减水剂在水泥颗粒表面拥有较高的吸附速率，具有良好的流动性保持能力和早期增强作用。本实验以木质素磺酸钙为原料，对其先进行氧化改性，然后通过溶液聚合，与丙烯酰胺溶液发生共聚反应，合成一种木质素磺酸钙减水剂改性产品。

一、实验目的

学习改性木质素磺酸钙减水剂的制备方法，通过学习相关知识树立工业废弃物资源化利用的环保概念。

二、原料

木质素磺酸钙：造纸厂亚硫酸法制浆废水的回收副产物。通常是经过脱水烘干的粉状物，内含木质素磺酸钙 60%～70%。本实验直接用工业品作原料。

丙烯酰胺（AM）：别名 2-丙烯酰胺。分子式 $CH_2=CHCONH_2$，相对分子质量 71.08。丙烯酰胺是一种不饱和酰胺，为无色透明片状结晶，沸点 125℃（3325Pa），熔点 84～85℃，密度 1.122g/cm³。能溶于水、乙醇、乙醚、丙酮、氯仿，不溶于苯及庚烷中，在酸碱环境中可水解成丙烯酸。在室温下很稳定，但当处于熔点或以上温度、氧化条件以及在紫外线的作用下很容易发生聚合反应。当加热使其溶解时，丙烯酰胺释放出强烈的腐蚀性气体和氮的氧化物类化合物。

---

❶ 控制甲醛与萘的摩尔比可以得到不同分子量的产物。本实验的摩尔比为 0.9∶1，缩合物的单体聚合数主要集中在 9～10，对应的相对分子质量为 2200～2400。

❷ 反应过程中控制好加料速度和反应温度是防止聚合反应失控造成聚合过度甚至安全事故的重要手段。还要尽量避免温度大幅度波动，影响聚合反应质量。

❸ 可以用取样检测黏度的方式简单控制聚合度。黏度大小根据用途或用户要求制定。

❹ 如果是工业产品，应按照需要加水或浓缩把产品浓度调整到出厂标准。

❺ 原料工业萘可以用萘油（炼焦炭的副产物）代替，萘油中含有萘、甲基萘、萘酚、洗油等多种可用于生产减水剂的成分，因此直接利用萘油代替萘生产减水剂是可行的。萘油的价格远低于工业萘。

　　过硫酸铵：分子式（NH₄）₂S₂O₈，相对分子质量 228.20，相对密度 1.98。白色结晶或粉末。无气味。干燥纯品能稳定存放数月，受潮时逐渐分解放出含臭氧的氧，加热则分解出氧气而成为焦硫酸铵。易溶于水，水溶液呈酸性，并在室温中逐渐分解，在较高温度时很快分解放出氧气，并生成硫酸氢铵。低毒。有强氧化性，与有机物摩擦或撞击能引起燃烧。有腐蚀性。

　　30% H₂SO₄ 溶液，95% 乙醇，30% 过氧化氢（H₂O₂）均为分析纯试剂。蒸馏水。

三、实验操作

1. 氧化木质素磺酸钙的制备

　　称取 20g 木质素磺酸钙放入 100mL 烧瓶中，加入 40mL 蒸馏水，搅拌使木质素磺酸钙充分溶解❶，用硫酸调节溶液 pH 值为 3～4。烧瓶装上回流冷凝管，置于恒温加热磁力搅拌器中，升温至 80℃，加入 2g30% H₂O₂ 溶液，反应 2～3h❷。得到氧化木质素磺酸钙溶液不经提纯❸，直接用于下一步反应❹。

2. 木质素磺酸钙接枝丙烯酰胺

　　将上一步反应得到的反应液放入 250mL 烧瓶中，置于恒温加热磁力搅拌器内。加热，使反应液温度升至 35℃❺，加入 20mL5% 过硫酸铵水溶液，搅拌下缓慢滴入 20g 丙烯酰胺和 60mL 水配成的溶液，滴加时间为 1.5～2.0h，然后保温反应 3～4h❻。反应完毕冷却至室温，将反应液经乙醇沉淀、过滤、洗涤、烘干，磨细得黄色粉末，即是木质素磺酸钙共聚改性后的产品。

3. 产物红外光谱（FT-IR）测试

　　采用 KBr 压片法，用傅里叶变换红外光谱仪测定木质素磺酸钙接枝丙烯酰胺的红外光谱图。红外吸收图谱中，3434cm⁻¹ 处吸收峰为醇羟基、酚羟基和酰氨基 N—H 伸缩振动的叠加，3197cm⁻¹ 是 N—H 反对称伸缩振动吸收峰，1665cm⁻¹ 处为 C═O 的伸缩振动吸收峰，1448cm⁻¹ 处是由于 N—H 的变形振动，1411cm⁻¹ 是 CH₂ 的剪式振动吸收峰，1317cm⁻¹ 处为 C—N 的伸缩振动吸收峰。

四、实验时间

　　大约 8h。

参 考 文 献

[1]　王万林等．改性木质素磺酸钙高效减水剂制备和应用［J］．中国造纸学报，2011，26（3）：44.

---

　　❶　因造纸原料的差异和从造纸废水中回收木质素磺酸钙的工艺差异，木质素磺酸钙的化学成分是不同的，可能有一些不溶物掺杂在其中，不能完全溶解。

　　❷　过氧化氢的用量和反应时间决定了木质素磺酸钙的氧化程度，对最终产物的各项性能有影响。实际生产中要针对所用的木质素磺酸钙进行优化。

　　❸　氧化反应和提纯过程可以除去木质素磺酸钙中的小分子物质和杂质，能够提高木质素磺酸钙的接枝活性，有利于下一步与丙烯酰胺共聚反应的进行。

　　❹　如果要得到氧化产物，可以进行以下操作：反应液经离心除去水不溶物后加入适量乙醇进行沉淀，经多次洗涤后把过滤得到的沉淀放入鼓风干燥箱中，45℃下干燥至质量恒定，粉碎得棕褐色粉末状的氧化木质素磺酸钙。

　　❺　随着温度升高，聚合速率也随之提高，从而在一定的时间内得到较高的黏度。继续提高反应体系的温度，使得解聚反应和链转移等副反应速率增加，最终导致黏度下降。所以反应温度不可过高。

　　❻　随着反应时间的延长，单体转化率不断提高，共聚物的黏度先急剧增大。反应时间继续延长，单体转化率增加缓慢，黏度增加也缓慢。所以可以根据取样检测黏度来确定反应时间长短。

实验五十九　羧甲基淀粉钠的合成及取代度分析

羧甲基淀粉钠（CMS）具有增稠、悬浮、分散、乳化、黏结、保水、保护胶体等多种性能。可作为乳化剂、增稠剂、分散剂、稳定剂、上浆剂、成膜剂、保水剂等，广泛用于石油、纺织、日化、卷烟、造纸、建筑、食品、医药等工业部门，被誉为"工业味精"，是 CMC 的替代产品。在某些领域可替代聚乙烯醇。与 CMC 不同的是，本品水溶液会被空气中的细菌部分分解（产生 α-淀粉酶），易液化，使黏度降低，因此配制的水溶液不宜长时间存放。

在建材行业，羧甲基淀粉钠（CMS）得到了广泛应用。在腻子粉、乳胶漆中作增稠保水剂；在涂料中作悬浮剂、稳定剂、成膜剂，具有乳化、增稠、防沉积等作用。制成水泥胶粉应用于水泥抹灰砂浆、水泥保温抗裂砂浆、瓷砖黏结剂、外墙防水腻子，以及其他与水泥有关的产品中。

用淀粉与氯乙酸反应制备羧甲基淀粉钠的反应方程式如下：

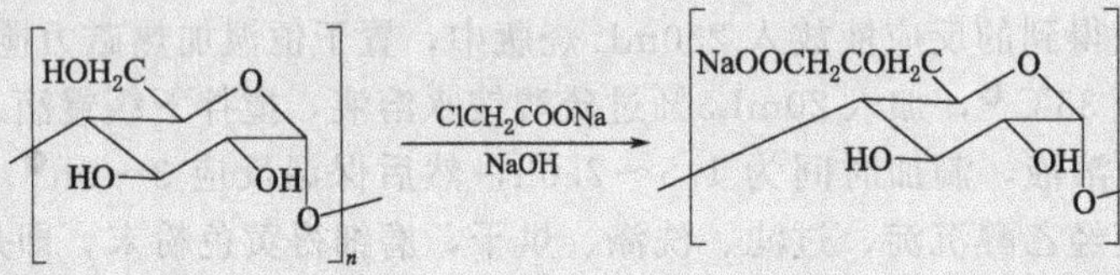

$$\underset{\text{HO}}{\overset{\text{HOH}_2\text{C}}{\bigcirc}}\text{OH} \quad \xrightarrow[\text{NaOH}]{\text{ClCH}_2\text{COONa}} \quad \underset{\text{HO}}{\overset{\text{NaOOCH}_2\text{COH}_2\text{C}}{\bigcirc}}\text{OH}$$

一、实验目的

学习羧甲基淀粉钠（CMS）的基本知识，掌握 CMS 合成方法以及实验操作。

二、实验原料

淀粉，玉米淀粉或其他淀粉，含水量低于 13%；氯乙酸、NaOH、乙醇均为化学试剂。

三、实验操作

在装有磁力搅拌、回流冷凝管、恒压滴液漏斗和温度计的 250mL 三口烧瓶中，加入 70ml 的 95%乙醇、NaOH 溶液（10g NaOH 溶于 20ml 水中）及 16.2g 淀粉（即 0.1mol 葡萄糖单元），充分搅匀后移入恒温槽。先在 35℃碱化反应 1h，然后加入氯乙酸的水溶液（9.45g 氯乙酸溶于 10ml 水），进行羧甲基化反应，控制温度 50～55℃，反应时间为 80min。完毕后冷却到室温，加入 0.1mol/L 盐酸中和至中性。抽滤，滤饼用 95%乙醇溶液洗涤，以硝酸银溶液检验至洗液无白色絮状沉淀，再抽滤。滤饼在 50℃下干燥，粉碎后过筛即为成品。

四、结构表征

采用傅立叶变换红外光谱仪对产物进行结构表征。与淀粉的 IR 图相比，在 3531cm^{-1} 出现吸收峰归属于羧酸分子中—OH 的伸缩振动。当形成羧酸盐时，—COO—的两个 C—O 键是均等的，原来 C═O 的双键特性降低，吸收峰向低频位移，原来的 C—O 键的双键特性增强，吸收频率向高频位移，因此该图中出现的 1600cm^{-1} 的强吸收带归属于羧酸盐中的—COO—伸缩振动，由此可知—CH$_2$—COO—基团已接上。初步证明产物为羧甲基淀粉。

五、取代度测定

分析羧甲基淀粉中的羧甲基含量，从而计算出取代度的方法有酸洗法、灰化法、络合滴定法、沉淀法和比色法等。考虑到可行性和简易性，本实验采用了酸洗法。

将产物样品浸泡在盐酸甲醇溶液中（甲醇与浓盐酸体积比为 7:3），搅拌 3h，使羧甲基钠的钠离子完全被氢离子取代，转变成游离羧甲基酸。抽滤，水洗到洗液中无氯离子存在（用硝酸银溶液检查），用过量标准氢氧化钠溶解（使溶液透明），然后用标准盐酸液反滴定（用酚酞作指示剂），由下式计算取代度：

$$取代度 = \frac{0.162A}{1-0.058A}$$

式中，A 为每克羧甲基淀粉样品消耗的 NaOH 量，mmol。

六、实验时间

约 4h。

实验六十　无溶剂环氧自流平地坪涂料的配制

现代工业技术和生产的发展对于清洁生产的要求越来越高，要求车间、实验室地坪耐腐蚀、洁净和耐磨，室内空气含尘量尽量的低。其中，洁净地坪的制作便是现代洁净车间生产环境和实验室环境的重要保证条件。环氧树脂自流平地坪应用于现代洁净车间和实验室能较好地满足上述要求。

环氧树脂自流平地坪以环氧树脂为聚合物面层，按不同要求加入各种固化剂、颜料、填料等辅助材料，按照一定比例加工成膜，并以混凝土地面为底层制作而成。与传统普通砂浆、防腐地坪相比，环氧树脂自流平地坪有着洁净、强度较高，耐小量冲击，耐酸耐碱等优点；与其他类型环氧树脂地坪相比又有着无缝平滑、美观易洁、防尘防菌等特点，特别适用于高新电子、医药等需高洁净但抗磨抗冲击性不需太大的车间使用。

一、学习目的

学习环氧自流平地坪涂料的配方设计原理和配制技术。

二、配方设计

1. 配方设计的思路

环氧自流平地坪涂料面漆在施工时只能靠自身的重力在地面上铺展，流动性必须要好，因此需要选择低黏度的环氧树脂作为主树脂；但是低黏度树脂往往是分子量（聚合度）不大的聚合物，干燥以后的耐磨性、抗冲击力不一定好，两者是一对矛盾。实际选择上还是倾向于选择分子量大的树脂，加入活性稀释剂赋予体系低黏度和高固含量来解决问题。

环氧自流平地坪涂料面漆施工后在涂层中不允许有气泡，需要加入消泡剂来尽快消除树脂调配和施工过程中产生的气泡。

环氧自流平地坪涂料面漆在施工过程中不用机械或人工的方式铺设地坪，地面的水平度全靠涂料自己流成平面来解决，所以需要加入流平剂帮助漆膜成膜，使地坪平整光滑。

从美观和遮盖原地面缺陷的角度考虑，需要加入少量颜料满足厚涂情况下的遮盖要求。

2. 环氧树脂的选择

在地坪漆树脂中，双酚 A 型环氧树脂比较具有代表性，其较特殊的化学结构使其具有优异的耐化学品性、机械性能及良好的施工性能（黏度低、迅速固化）。但是其在耐高浓度硫酸（≥70%）、耐碱性、耐溶剂性能以及施工后的表观效果等方面不尽人意，而且存在固化成膜收缩性大的问题。

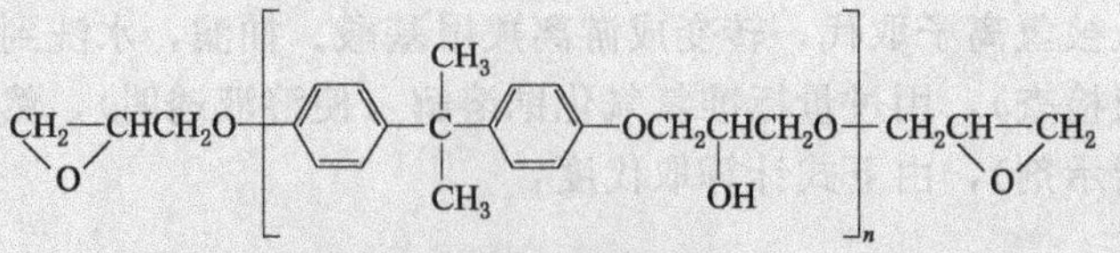

双酚A型环氧树脂结构式

酚醛环氧树脂每个分子平均具有 2 个以上环氧基，因此固化反应后可达到高交联密度，所以在耐热性、机械强度、耐化学品性能上均优于双酚 A 型环氧树脂（平均每个分子只具有 2 个环氧基）。常温固化酚醛环氧树脂是由甲醛和苯酚制得的酚醛树脂与环氧氯丙烷反应生成的线型结构聚合物，它兼有酚醛树脂和双酚 A 型环氧树脂的优点。用相对分子质量及活泼羟基含量不同的线型酚醛树脂，可以合成出不同相对分子质量和官能度的酚醛环氧树脂。

该类树脂含有较多的环氧基，平均每个分子含有 2.6～3.9，与改性胺固化剂常温下反应可以得到结构致密的涂膜，表现为涂膜保护层具有良好的耐化学品性、耐磨性、耐温性等物化性能。通常选择高固含量低黏度的环氧树脂，如 E-51、828、DER331 等牌号。

3. 固化剂选择

环氧树脂必须与固化剂反应以生成三维立体网络结构才具有实用价值。因此固化剂的结构与品质将直接影响环氧树脂的应用效果。常温下胺类固化剂和普通双酚 A 型环氧树脂反应程度并不是很完全。同理，常温下胺类固化剂和酚醛环氧树脂混合反应，部分交联后，由于位阻效应，往往影响其余环氧基的陆续开环，因此固化也是不完全的，固化温度对酚醛环氧树脂涂料性能有较大的影响。固化剂分子量小，与酚醛环氧树脂的交联密度更大，因而形成的涂膜耐介质特别是小分子介质更好。

4. 助剂的选择

环氧自流平涂料由于其几乎没有可挥发的溶剂成分，所以树脂无法和颜料、填料在溶剂混合之下有效分散，此时性能良好的分散助剂是必需加入的，例如分散剂 BYK-111（成分是具有酸性基团的共聚体）。其次，因自流平涂料多为刮涂，剪切力很小，不像喷涂施工那样可以利用喷枪的高速剪切力消除气泡，所以高效的脱泡、消泡剂是非常重要的，可以使用消泡剂 BYK-A530（成分是有机硅聚合物溶液＋烃类）等。再者，需要采用性能良好的流平助剂帮助涂料施工流平，得到良好的表面状态，如流平剂 BYK-354（成分是聚丙烯酸酯溶液＋烷基苯＋二异丁酮）。

5. 填料的选择

地坪涂料应用于工业厂房，长期受到人员、车辆、工件的磨损，所以选用一些硬度高、吸油量低的填料比较合适。这样既可提供强度较好的骨料，也可有效降低成本，并且将填料对涂料施工流平性的影响降低到较小程度。如石英粉、低吸油值硫酸钡等是较理想的选择。

三、实验操作

环氧树脂自流平地坪面漆配方（组分 A） 单位：%

序号	原料名称	用量	序号	原料名称	用量
1	E-51 环氧树脂	40.0～50.0	5	沉淀硫酸钡	25.0～30.0
2	消泡剂 BYK-A530	0.3～0.5	6	丁基缩水甘油醚	7.0～10.0
3	分散剂 BYK-111	0.5～1.0	7	流平剂 BYK-354	0.5～1.0
4	着色颜料粉	5.0～8.0	8	1250 目石英粉	10.0～15.0

环氧树脂自流平地坪面漆配方（组分 B）：环己胺 100%。

产品配制如下。

1. 依次称量组分 A 中的 1～6，放入混合容器，先用搅拌器混合均匀，然后用砂磨机研磨 0.5～1h，取样用细度刮板检验，至颗粒度 40μm 左右为止。

2. 把研磨好的组分转移入混合容器，加入组分 A 中的 7～8，用搅拌器高速混合。

四、产品使用

寻找合适的水泥地面，在现场将上述组分 A 和组分 B 混合在一起，用搅拌机充分混合后，用镘刀刮涂到已经经过基础处理和涂上底漆的干燥地面上，先后刮涂 2～3 次达到指定厚度。一般不使用稀释剂，必要时用 2% 以内配合使用。如发生基材面引起的小气泡，应用消泡辊筒将泡辊破。干燥 24h。已配好的涂料须在可使用时间内使用，剩余涂料应废弃。

五、产品质量检验

厚涂型地坪漆行业标准 HG/T 3829—2006

检 验 项 目	指 标	检 验 项 目	指 标
容器中状态	搅拌后无硬块和沉淀	耐酸性(20%硫酸,48h)	无起泡、无脱落
外观	平整光滑	耐碱性(20%氢氧化钠,72h)	无起泡、无脱落
干燥时间(23℃)/h	<24	耐油性(120# 汽油,7 天)	无起泡、无脱落
邵氏硬度	≥75	耐盐水性(3% NaCl,7 天)	无起泡、无脱落
耐磨性(750g,500r)/g	≤0.060	耐水性(7 天)	无起泡、无脱落

使用上面配方配制的地坪漆，施工前在容器中状态应该是无硬块和沉淀，施工后的地面应该外观平整光滑，干燥时间（23℃）<24h，用硬度计检验，邵氏硬度≥75。

六、实验时间

实验时间 2h。

参 考 文 献

[1] 任旭. 环氧自流平地坪漆的配方设计和应用 [J]. 现代涂料与涂装, 2011, 14 (5): 4-6.

第16章 有机发光材料

发光材料已成为人们日常生活中不可缺少的材料,被广泛地用在各种照明、显示和医疗等领域,如照明灯具、电视屏幕、电脑显示器、X射线透射仪等。早期,发光材料主要是无机发光材料,从形态上分,有粉末状多晶、薄膜和单晶等。最近,有机材料在电致发光上获得了重要应用。

发光是一种物体把吸收的能量不经过热的阶段直接转换为特征辐射的现象。发光现象广泛存在于各种材料中,在半导体、绝缘体、有机物和生物中都有不同形式的发光。常用的发光材料按激发方式分为如下种类。

(1)光致发光材料 发光就是物质内部以某种方式吸收能量后,以热辐射以外的光辐射形式发射出多余的能量的过程。用光激发材料而产生的发光现象,称为光致发光。光致发光材料一个主要的应用领域是照明光源,包括低压汞灯、高压汞灯、彩色荧光灯、三基色灯和紫外灯等。其另一个重要的应用领域是等离子体显示。按照发光性能、应用范围的不同,又分为长余辉发光材料、灯用发光材料和多光子发光材料。硫化锌分子就是光致发光材料的代表。

光致发光粉是制作发光油墨、发光涂料、发光塑料、发光印花浆的理想材料。光致发光材料在安全方面上的应用是其最为普遍的,光致发光材料可用作安全出口指示标记、撤离标记等。还可用光致发光材料制作精美产品、进行装饰印刷,如T恤衫、宣传品、儿童玩具、小标签等。

(2)阴极射线发光材料 由电子束流激发而发光的材料,又称电子束激发发光材料。阴极射线发光是在真空中从阴极出来的电子经加速后轰击荧光屏所发出的光。所以发光区域只局限于电子所轰击的区域附近。阴极射线发光材料的常见分类有:彩色电视发光材料、黑白电视发光材料、像素管材料、低压荧光材料、超短余辉材料。

阴极射线发光材料一般用于电子束管用荧光粉,它是发光材料中产量仅次于灯用荧光粉的一种产量较大的荧光粉。它除用于电视、雷达、示波器、计算机终端显示的荧光屏之外,还用于商用机器、光学字体辨认、照相排版、医学电子仪器、飞机驾驶舱表盘等。

(3)电致发光材料 由电场激发而发光的材料,又称为场致发光材料。电致发光(电场发光,EL)是指电流通过物质时或物质处于强电场下发光的现象,也就是电能转换为光能的现象,在消费品生产中有时被称为冷光。具有这种性能的物质可作为一种电控发光器件。一般它们是固体元件,具有响应速度快、亮度高、视角广的特点,同时又具有易加工的特点,可制成薄型的、平面的甚至是柔性的发光器件。

从发光材料角度可将电致发光分为无机电致发光和有机电致发光。

无机电致发光材料的典型是发光二极管。发光二极管是一种通过电流能发光的二极体,简称为LED(light emit diode)。近几年LED成为彩色影像显示系统的主流器件。LED需要在高压电场下才能发光。有机电致发光器件(organic light-emitting devices),简称OLED。OLED用于平板显示比LED更有优越性。OLED视野角度宽、轻薄、便于携带。OLED亮度和对比度高、色彩丰富、响应速度快。更加独特的是,OLED产品可做成软屏幕,可以卷曲。OLED还有工作温度范围宽、低压驱动、工艺简单、成本低等优点。目前电致发光的研究方向主要为有机材料的应用。

（4）X 射线发光材料　由 X 射线辐射而发光的材料。X 射线激发的特点是作用在发光材料上的光子能量非常大。此时发光材料的发光不是直接由 X 射线本身引起的，而是由于 X 射线从发光材料基质的原子或离子中脱出的一些电子的作用而产生的。X 射线激发效率随发光物质对 X 射线吸收的系数的增大而提高，这个系数随元素的原子序数的增大而增长。因此，作为 X 射线发光材料最宜采用含有重元素的化合物，例如含有 Cd、Ba 和 W 的化合物。

X 射线发光材料主要用在直接观看可见图像的 X 射线透视和荧光透视中，也用在透视照像用的加强屏中。

（5）化学发光材料　两种或两种以上的化学物质之间的化学反应而引起发光的材料。化学发光材料作为一种新型的特殊化学光源，发出的光为"冷光"，其波长范围在 $500\sim1000nm$ 以内，不用电，无热效应、无放射性，安全可靠，实用性极强。将化学发光材料按照各种不同的需要制成化学发光器件，如发光棒、发光灯、发光标记和发光饰品等。也可用作夜间、地下设施、深水、矿井、地质勘探等在缺电缺光的环境下进行应急维护和抢修作业。还可以用于鱼类捕捞、虫害治理等。其应用范围十分广泛。

（6）放射性发光材料　用天然或人造放射性物质辐照而发光的材料。某些同位素，例如氚，放射性核衰变释放的能量可以转换成光，实际上，荧光管是核发光应用的一个实例，只是这种光源很弱，因而没有污染的危险。

根据分子量的大小和化学结构，有机发光材料可分为小分子有机发光材料、高分子发光材料和金属配合物三大类。

16.1　有机小分子发光材料

有机小分子发光材料种类繁多，除了用于各种荧光材料外，现也广泛用于 EL 器件的电子（空穴）传输介质。如二唑衍生物、三苯基胺衍生物、蒽衍生物、苯衍生物、芘衍生物以及 1,3-丁二烯衍生物等。

作为发光材料，小分子有机化合物结构中多带有共轭杂环及各种生色团，结构易于调整，通过引入烯键、苯环等不饱和基团及各种生色团来改变其共轭度，从而使化合物光电性质发生变化。

16.1.1　红光有机小分子材料

在三基色有机发光材料中，红光材料的发光效率较低，色纯度和亮度也有待提高。这是因为红光染料是能隙较小的化合物，易发生非辐射复合。红光染料与掺杂主体间的能级匹配较差，能量转移不完全（效率低），且主体材料的发光难以完全抑制（色纯度差）。红光染料存在较强的 π—π 相互作用，在高掺杂浓度下分子之间易产生聚合，导致浓度猝灭。此外，红光染料多种跃迁机制的存在，使得发光谱往往有 $50\sim100nm$ 的半高宽，色纯度不够好。红光染料的发射波长应大于 610nm，色度坐标在（$x=0165$，$y=0135$）附近，发光效率大于 4cd/A，寿命超过 1 万小时。

目前，只有 DCM 的衍生物，如 DCM、DCJ、DCJT、DCJTB、DCJTI 等能够达到上述指标（化学结构式见图 16-1）。这些化合物多以 AlQ_3（八羟基喹啉铝）为掺杂主体，掺杂浓度控制在 $0.5\%\sim2\%$ 之间。

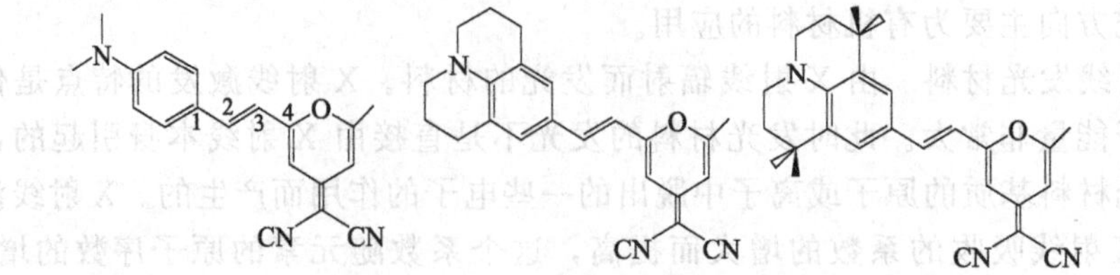

DCM　DCJ　DCJT

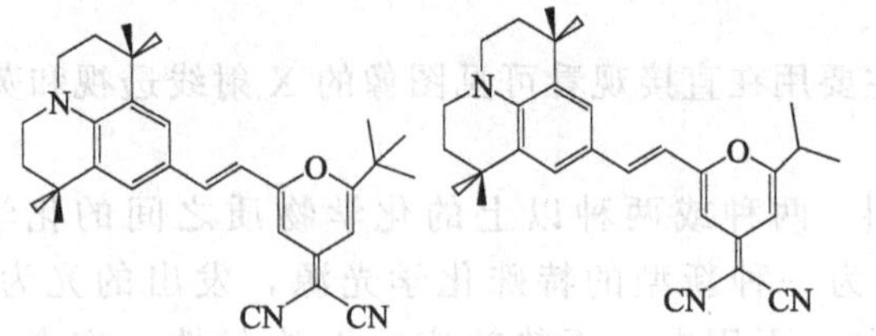

DCJTB　DCJTI

图 16-1　发红光的有机小分子结构式

16.1.2　绿光有机小分子材料

绿光小分子发光材料是目前唯一达到实用化要求的有机发光器件，其荧光效率几乎可达100%，寿命可达10万小时以上。性能较好的纯小分子化合物绿光材料主要是香豆素(Coumarin)系列的C26、C2545T、C2545TB、C2545MT等（见图16-2）。C26的荧光量子效率几乎达到100%，但发光峰在500nm附近，属于蓝绿色，纯度不够，且在高掺杂浓度下存在严重淬灭效应。C2545T染料是目前发光性能最好的绿光材料。C2545T分子结构上的4个甲基起到了空间位阻的作用，能够减弱分子间的相互作用，降低浓度淬灭效应。然而，当C2545T的掺杂浓度大于1%之后，器件的荧光量子效率大幅度下降，这种较小的掺杂浓度增大了工艺困难。将C2545T苯并噻唑环上的H原子用*t*-丁基取代，得到C2545TB，很好地解决了浓度猝灭问题，并将材料的玻璃化温度由100℃提高到140℃，在1%掺杂浓度下器件的效率由1015cd/A提高到219cd/A。C2545MT则是在C2545T的C24位置引入另一个甲基而得到。C2545MT分子C24位置的甲基具有空间位阻效应，导致分子构型发生扭曲，有效阻止了分子之间的聚集，可扩展材料的掺杂浓度范围。实验显示，在很宽的掺杂浓度范围内（2%～12%），器件的效率基本维持在718cd/A左右。此外，在最佳掺杂浓度(1%)时，器件的发光效率在很宽的驱动电流密度范围基本保持不变，这对于无源驱动(PM)的有机显示器件(OLED)非常有利。

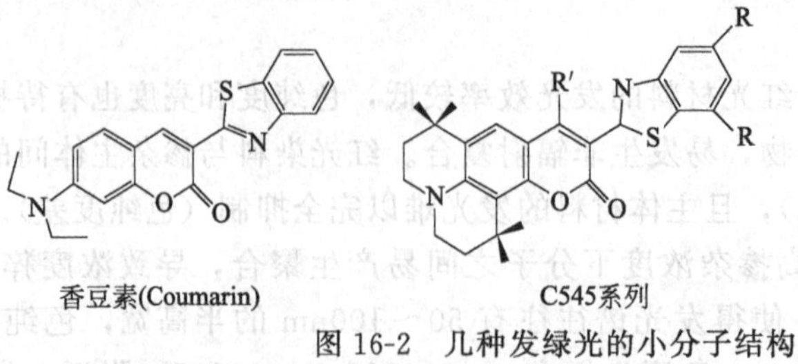

C2545T(R=R′=H)
C2545TB(R=*t*–丁基, R′=H)
C2545MT(R=H, R′=CH_3)

香豆素(Coumarin)　C545系列

图 16-2　几种发绿光的小分子结构式

16.1.3　蓝光有机小分子材料

蓝光材料是实现全彩显示的三基色材料之一，同时由于较宽的能隙，也是红光和绿光染料的掺杂主体材料。此外，蓝光通过色转换介质技术（CCM），还可以获得红光和绿光，实现全色显示。因此，研发高效的蓝光材料具有重要意义。对于全色有机显示，蓝光器件的目标是发光效率 4～5cd/A，CIE 色度坐标（0114～0116，0111～0115）。

目前，蓝光材料无论是纯小分子、一般的金属配合物甚至是磷光染料，其色彩饱和度及寿命均低于绿光器件，特别是色纯度仍未得到满意的发光，多是天蓝色或深蓝色。蓝光材料带隙较宽，阴极电子的注入比较困难，所以器件效率一般不高。此外，由于 AlQ_3 是最常用的电子传输材料，而其本身具有较强的绿光发射能力，影响了蓝光和红光器件的色纯度。解决的办法是在发光层和电子传输层间插入空穴阻挡层，常用的材料 BCP、TPBI、PBD 等。BCP 由于具有较高的 HOMO 能级（614eV），有效阻挡空穴进入 AlQ_3，成为最常用的空穴阻挡材料之一。

蓝光小分子化合物发出的蓝光并不纯正，常偏向于蓝绿色。几种有特色的有机小分子发蓝光材料的结构式见图 16-3。

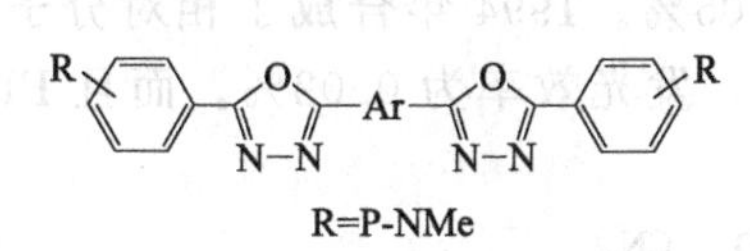

噁二唑类衍生物

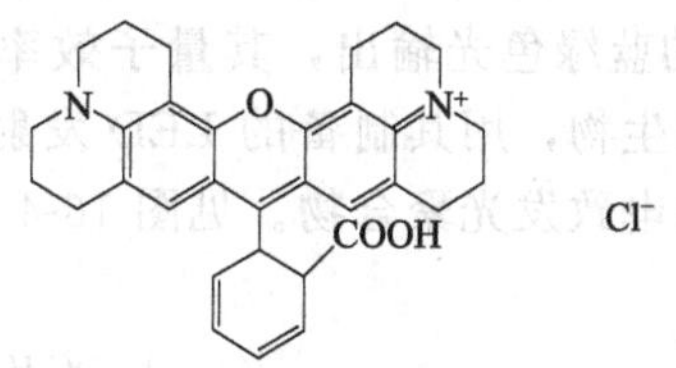

罗丹明101

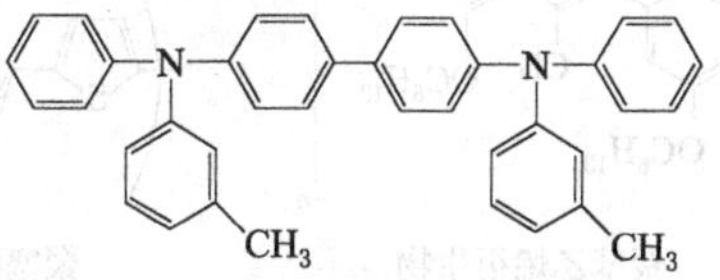

三苯基胺衍生物1

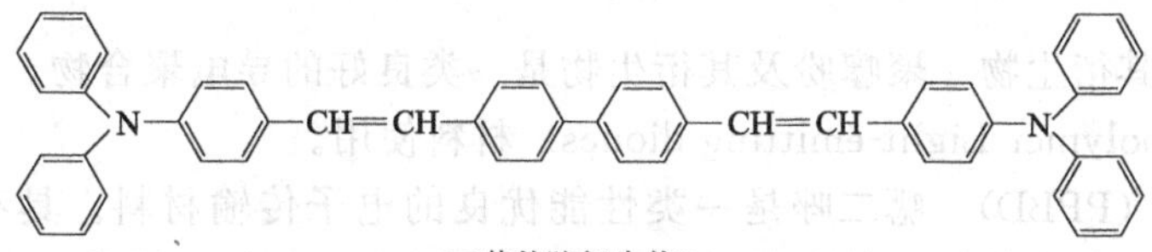

三苯基胺衍生物2

图 16-3　几种发蓝光有机小分子结构式

噁二唑类衍生物随 Ar 分别为邻、间、对取代的苯环，化合物的共轭度有所不同，发光颜色从紫色变到蓝色。它们成膜稳定，器件亮度大于 $1000cd/m^2$，是一种较理想的发蓝光的有机 EL 器件。罗丹明 101 是在罗丹明 B 的基础上通过两个氨基氮原子各自固定在两个环上，其荧光量子产率可达 100％，而且荧光不随温度变化。三苯基胺衍生物 1，又称 TPD，这类化合物结构易于进行调整。通过引入烯键、苯环等不饱和基团及各种生色团，改变其共轭度，从而使化合物光电性质发生变化。当延长其共轭度成三苯基胺衍生物 2 时，便成了发蓝绿光的发光材料。

小分子材料具有良好的成膜性、较高的载流子迁移率以及较好的热稳定性，但发光亮度不如金属络合物，且易发生重结晶，导致器件稳定性下降。所以人们逐渐将注意力转向具有稳定结构的大分子聚合物和金属络合物，以期待提高器件的稳定性及发光亮度。

16.2 有机高分子发光材料

自 1990 年采用高聚物 PPV 制备的电致发光二极管（LED）以来，短短十年中，此领域发展十分迅速。目前已报道的高聚物发光材料的发光范围已覆盖了整个可见区。其制备的发光器件已接近商业化水平。

有机高分子发光材料所以引起人们极大的兴趣是因为以下原因：

① 有机高分子发光材料玻璃化温度高，有高的热稳定性；

② 有机高分子发光材料制作 EL 器件工艺简单，不需要复杂的设备，因而有可能降低器件制作成本；

③ 有机高分子发光材料易于实现大面积器件。

有机高分子发光材料其中一个类型是共轭聚合物发光材料。共轭聚合物中存在由碳原子等的 P_z 轨道相互重叠形成的大 π 键，具有与半导体相似的能带结构，可以用作有机电致发光器件的发光材料或空穴（电子）传输层。

共轭聚合物发光材料主要有以下几种类型。

（1）聚对苯乙炔　1990 年用聚苯乙烯（PPV）制备的发光二极管，得到了直流偏压驱动小于 14V 的蓝绿色光输出，其量子效率为 0.05%。1994 年合成了相对分子质量为 4000 的聚苯乙烯衍生物，用其制备的 LED 发射红光，发光效率为 0.02%。而且 PPV 也是目前研究得最多的电致发光聚合物。见图 16-4。

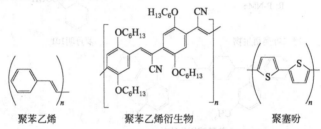

聚苯乙烯　　　　聚苯乙烯衍生物　　　　聚塞吩

图 16-4　几种共轭聚合物发光材料结构

（2）聚噻吩及其衍生物　聚噻吩及其衍生物是一类良好的导电聚合物。近年来，它开始作为一种 PLED（polymer Light-emitting diodes）材料使用。

（3）聚噁二唑（PPBD）　噁二唑是一类性能优良的电子传输材料。具有噁二唑结构单元的聚合物具有良好的耐热性和较高的玻璃化温度。因此，人们开始将 PBD 作为主链或侧链合成 PLED 材料。

值得注意的是，大分子聚合物材料的采用并不是完全排斥小分子材料的利用。实际上，聚合物发光器件常需要添加一些小分子材料。例如，采用染料掺杂的方法来调节发光的颜色。另外，由于聚合物材料一般只传输空穴而阻挡电子，因而常需要在器件中加入起传输作用的小分子，以提高电子、空穴的复合效率。

有机高分子发光材料另外一个类型是稀土高分子化合物。1963 年从研究 Eu（TTA）$_3$ 在聚甲基丙烯酸酯中的荧光和激光性质起开创了稀土高分子研究新领域。近年来，稀土高分子化合物又成为发光材料研究的热点。稀土离子与含吡啶基、β-二酮基、羧基、磺酸基的高分子配位，可制成含 Eu^{3+} 或 Tb^{3+} 的稀土高分子发光材料。前者产生 613nm 的红色荧光，后者发射 545nm 的绿色荧光。此外，Eu^{2+} 与含冠醚的高分子配体作用可获得产生强蓝色荧光材料。

16.3　金属配合物发光材料

金属配合物发光材料介于有机物与无机物之间，同时具有有机物的高荧光量子效率和无机物的高稳定性等优点。有机金属配合物中常用的金属离子有周期表中第 Ⅱ 主族元素的 Be、Zn 和第 Ⅲ 主族元素的 Al、Ga、In 以及稀土元素如铽（Tb）、铕（Eu）、钆（Gd）等。此外，近年来引起广泛关注的磷光染料也属于金属配合物，其中心金属均是过渡金属，如锇（Os）、铱（Ir）、铂（Pt）钌（Ru）等，配位基则是含氮的杂环化合物。磷光材料中存在较强的自旋 2 轨道耦合，能够突破三线态激子（占激子数的 75%）的自旋禁阻限制，从而大幅度提高器件的发光效率。

16.3.1　金属与羟基喹啉配合物发光材料

1987 年，用 8-羟基喹啉铝（AlQ₃）作为发光层制成的有机电致发光器件面世，之后人们不断探索 Al 以外的金属（Ca，Be，Zn，Mg，Ga 等）与羟基喹啉形成的配合物发光材料。GaQ₃ 与 AlQ₃ 两者相比，AlQ₃ 的光致发光光谱强度是 GaQ₃ 的 4 倍。但从驱动电压、电致发光量子效率和稳定性看，GaQ₃ 是更好的显示器件。同时，对配体的改进也可以使配合物的性质发生变化。例如，在 8-羟基喹啉的 5 位上引入—Cl，使膜的稳定性增加，器件寿命延长。表 16-1 列出部分金属-羟基喹啉类螯合物及其发光性能。

表 16-1　金属-喹啉螯合物的发光性能

发光材料	发光颜色	最高亮度/(cd/m²)	发光材料	发光颜色	最高亮度/(cd/m²)
CaQ₂	黄绿	7200	MgQ₂	绿	3700
CaMQ₂	蓝绿	5700	MgMQ₂	黄绿	5600
BeqQ₂	绿	8700	ZnQ₂	黄	16200
BeMQ₂	绿	8800	ZnMQ₂	黄绿	8900
BePrQ₂	黄绿	4600	ZnPrQ₂	黄	2700

注：Q—8-羟基喹啉；PrQ—7-丙基 8-羟基喹啉；MQ—2-甲基 8-羟基喹啉。

这类配合物具有分子内络盐结构，即分子是由含一个酸性基和一个其他配位基的一价二齿配体与金属离子形成的螯合物。配合物为电中性，配位数达到饱和，金属与配体之间形成稳定的六元环。图 16-5 给出 8-羟基喹啉与金属形成分子内络盐后的分子结构。

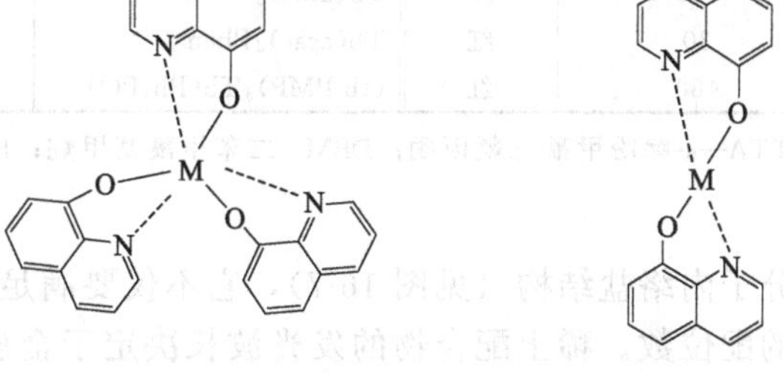

（M=Al, Ca）　　　　　　　　　（M=Be, Mg, Zn）
图 16-5　8-羟基喹啉-金属螯合物分子结构

有关金属配合物发光材料的发光机制极为复杂，这方面虽然进行了一些工作，但尚未形成可以定性和定量解释其发光过程的比较完善的理论体系。此外，还有一类锌-甲亚胺形成的 Shiff 碱类金属络合物，其发光波长都在蓝色范围内，亮度在 1000cd/m² 左右。

AlQ₃ 的发光峰位于 540nm 附近，同时也是很好的电子传输材料和掺杂主体材料。为了改善 AlQ₃ 的色纯度（发射光谱半高宽约 85nm），可用稀有金属铽（Tb）取代金属 Al，获得了 545nm 的尖峰发射。

金属配合物绿光材料还有磷光材料 Ir(Ppy)₃，结构见图 16-6。

Ir(Ppy)₃ 的掺杂主体是 CBP，获得了 8% 的外量子效率，发光效率达到 31lm/W，归因于主体材料与客体之间的有效激子转移。采用新的主体材料改进器件载流子传输层，可以将 Ir(Ppy)₃ 的外量子效率提高到 29%，功率效率高达 133lm/W，创造了迄今为止有机发光效率的最高纪录。

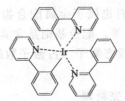

图 16-6　磷光材料 Ir(Ppy)$_3$ 结构

16.3.2　镧系配合物发光材料

无论是有机小分子还是高分子材料，它们的发光峰都比较宽，导致色纯度不好，而稀土配合物其发光峰很窄（10～20mm），色纯度很高，更有利于单色光显示器，因而受到人们的青睐。稀土配合物作为一类光学活性物质，特别是作为高效发光物质早就被人们所认识。1942 年科学家提出紫外光激发稀土有机配合物，通过有效的分子内能量传递过程，可将有机配体激发态的能量传递给稀土离子的发射能级，从而极大地提高稀土离子的特征荧光发射。近年来，关于稀土配合物发光机制的研究不断深入。为提高其荧光强度，选择的有机配体应具有共轭双键或芳香环。稀土离子配位数高是获得良好荧光性能复合材料的一个前提，基于这种思想，人们对稀土配合物的研究从一元配合物逐渐扩展到二元、三元配合物。

（1）稀土-β-二酮类配合物　稀土-β-二酮配合物由于存在着从具有高吸收系数的 β-二酮配体到 Eu(Ⅲ)、Tb(Ⅲ) 等稀土离子的高效能量传递，使得它们在所有稀土有机配合物中发光效率最高，非常适用作发光物质。表 16-2 列出此类配合物及其制成器件后的发光性能。

表 16-2　系列稀土-β-二酮类配合物器件发光性能

配　合　物	最高亮度/(cd/m²)	发光颜色	配　合　物	最高亮度/(cd/m²)	发光颜色
Eu(TTA)$_3$	0.3	红	Eu(DBM)$_3$Bath	820	红
Eu(TTA)$_3$Phen	100	红	Tb(acac)$_3$	7	绿
Eu(TTA)$_3$Bath	30	红	Tb(acac)$_3$Phen	210	绿
Eu(DBM)$_3$Phen	460	红	(tb-PMP)$_3$Tb(Ph$_3$PO)	2000	绿

注：Phen—邻二氮杂菲；TTA—α-噻吩甲酰三氟丙酮；DBM—二苯甲酰基甲烷；Bath—3,8-二苯基邻二氮杂菲；acac—乙酰丙酮；PMP—。

这类配合物也具有分子内络盐结构（见图 16-7），它不仅要满足电中性条件，而且要最大限度地满足稀土离子的配位数。稀土配合物的发光波长决定于金属离子，配体影响较小。一般认为，其发光过程是先将其有机配体激发到单重态能级，然后经最低激发三重态向镧系离子传递能量。

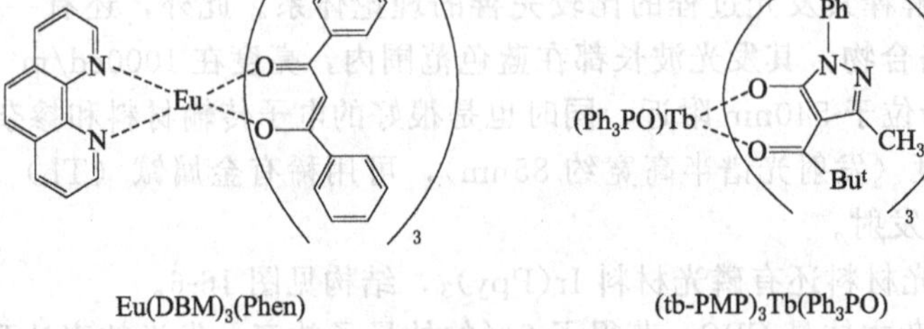

Eu(DBM)$_3$(Phen)　　　　　　　(tb-PMP)$_3$Tb(Ph$_3$PO)

图 16-7　稀土-β-二酮类配合物分子内络盐结构

红光材料有稀土金属铕（Eu）的配合物，如 Eu (DBM)$_3$(TPPO)，但发光效率和亮度均很低。性能较好的是磷光染料，如 PtOEP 和 Btp$_2$Ir (acac)，结构式见图 16-8。

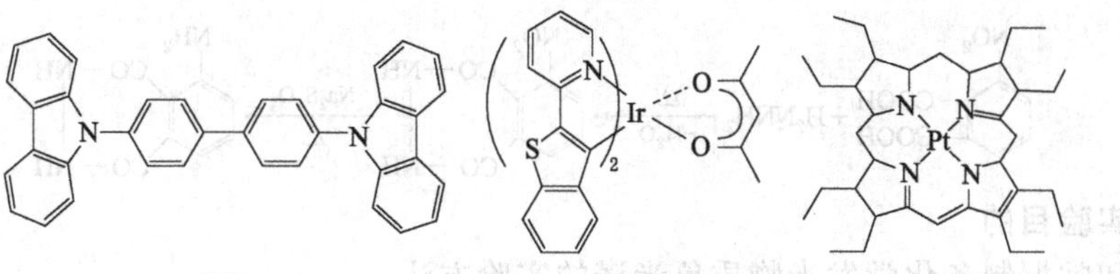

图 16-8　掺杂主体材料和红光磷光染料的分子结构

两者均以 CBP 为掺杂主体材料。PtOEP 在高电流密度下容易发生三线态-三线态湮灭，而 Btp_2Ir（acac）在 $100m A/cm^2$ 电流下仍达到 215％ 的外量子效率，发光波长 616nm，色度坐标（0168，0132），内量子效率 51％。最近，人们还尝试改变金属铱（Ir）的配体，以期获得更好的发光性能。

稀土配合物的发光波长决定于金属离子，配体影响较小。一般认为，其发光过程是先将其有机配体激发到单重态能级，然后经最低激发三重态向镧系离子传递能量。

（2）稀土羧酸类配合物　镧系荧光探针在生物大分子结构中的应用，实际上是起源于多年对镧系羧酸、氨基酸等配合物发光的研究。因此，镧系配合物荧光的基础研究至关重要。对于稀土离子［主要为 Eu(Ⅲ)、Tb(Ⅲ)］与羧酸及 phen、2,2′-dipy 形成单核与双核配合物，虽然没有制成器件，但无论是探讨其结构与发光机制的关系，还是从寻求新型发光材料、离子光谱探针应用等方面来说，都具有重要意义。这类配合物可培养出单晶体，其荧光光谱具有稀土离子明显的特征发射，并体现出配体与中心金属离子能量传递及电子转移过程。关于 Eu(Ⅲ) 和 Tb(Ⅲ) 为中心金属的配合物发光机制与能量传递过程也有专门的报道，下面是几种含 Eu(Ⅲ) 双核配合物的例子：

① Eu(p-ABA)$_3$dipy·H_2O（p-ABA：对氨基苯甲酸，dipy：2,2′-联吡啶）；

② Eu(β-NMA)$_3$phen（β-NMA：β-萘甲酸，phen：邻二氮杂菲）；

③ Eu(p-2MBA)$_3$dipy（p-MBA：对甲基苯甲酸）；

④ Eu(p-2MBA)$_3$ (phen)$_2$。

参 考 文 献

[1]　杨定宇，蒋孟衡，涂小强. 有机小分子发光材料的研究［J］. 化工新型材料，2007，35 (11)：7-11.
[2]　牛淑云等. 有机发光材料研究进展［J］. 辽宁师范大学学报（自然科学版），2001，24 (3)：287.

实验六十一　化学发光物质鲁米诺

化学发光物质是一类比较特别的精细化学品，它具有独特的光化学性能。在某些引发剂的激活作用下，化学发光物质可发生一系列的化学反应，将物质内部的化学能迅速转变为光能，伴随着反应发出持续的亮光。若在反应体系中有选择地添加不同种类的荧光染料和溶剂，则可能改变化学发光的颜色和亮度，甚至可以在短时间内发出像荧光灯般明亮的光芒。因此，这类精细化学品在日用化工和装饰材料等方面有广阔的应用前景。

常用的化学发光材料有草酸酯类和氨基苯二甲酰肼类。本实验选择后一类化合物中的 3-氨基邻苯二甲酰一肼（又称鲁米诺，Luminol）为合成的目标产物，并对其发光性能进行检验。

以 3-硝基邻苯二甲酸为原料与肼反应，生成中间产物 3-硝基邻苯二甲酰一肼，继而把后者分子中的硝基还原为氨基，即得到化学发光物质鲁米诺。反应方程式如下：

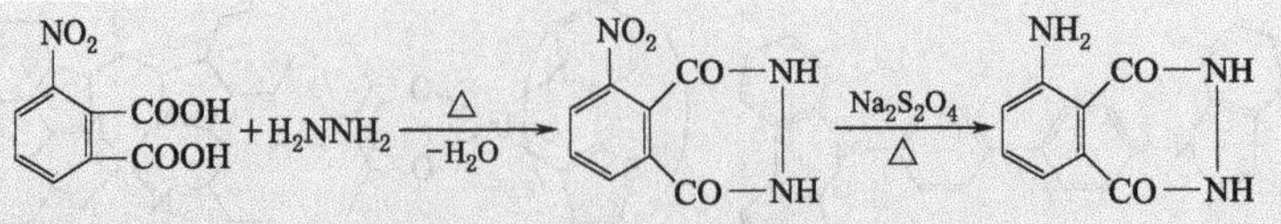

一、实验目的

学习和掌握制备化学发光物质鲁米诺的实验方法。

二、药品

| 3-硝基邻苯二甲酸 | 10%肼的水溶液 | 冰醋酸 | 二甲基亚砜 |
| 氢氧化钠 | | 二甘醇　二水合连二亚硫酸钠 | 氢氧化钾 |

三、实验

步骤（本实验要在通风橱中进行操作）

向装置温度计（没入液面）和回流冷凝管的 100mL 三口瓶中加入 4g（0.019mol）3-硝基邻苯二甲酸[❶]和 6mL（0.019mol）10%肼的水溶液[❷]。小火加热使固体慢慢溶解，放置冷却。

向反应瓶内加入 10mL 二甘醇和数小粒沸石，改装为连接水流喷射泵的减压蒸馏装置。缓慢升温并同时小心地打开水流喷射泵，将瓶内的水蒸气慢慢抽走，逐步升温至约 210℃并且保温反应 10min。停止加热，降温至约 80℃时趁热将反应瓶内的物料转移至 200mL 烧杯中，加入 60mL 60～70℃的热水，搅匀。静置冷却结晶，抽滤，得到黄色的中间产物 3-硝基邻苯二甲酰一肼。

向装有中间产物的烧杯中加入 20mL 的 10%氢氧化钠水溶液，搅拌溶解，再加入 12g（0.057mol）二水合连二亚硫酸钠[❸]，加热至沸腾反应 10min，此期间用玻棒间歇搅拌。反应完毕，降温至 50～60℃，加入 8mL 冰醋酸进行酸化。静置冷却结晶，抽滤，干燥[❹]，得到土黄色的晶体鲁米诺约 2g，产率约 60%，m.p. 319～320℃。

四、化学发光试验

向干燥的 100mL 三角瓶中依次加入 3～5g 氢氧化钾粉末、20mL 二甲基亚砜和 0.2g 经过抽滤但略含水分的鲁米诺（若用干燥的产品，要加 1～2 滴水），剧烈摇动三角瓶片刻，置于暗处便可见到瓶内发出蓝白色的光。发光一般可持续 0.5h，其亮度随摇动的力度和时间的增加而加强。

五、实验时间

实验时间 3～4h。

参 考 文 献

[1] Merenyi G, Lind J, Eriksen TE. *J. Am. Chem. Soc.*, 1986, 108 (24): 7716.

---

❶ 3-硝基邻苯二甲酸是白色或浅黄色的晶体，不溶于水而溶于醇、醚或苯等有机溶剂中。由于能与碱成盐，故它可溶于碱的水溶液中。

❷ 无水的肼不容易获得和保存，市售的肼有它的一水合物和二水合物，也有含肼 35%、51% 和 85% 的水溶液。此外还有的肼无机酸盐。本实验所用的 10% 肼的水溶液，可根据市售产品的含量加蒸馏水配制。10% 的肼有一定毒性，要注意做好个人防护。

❸ 二水合连二亚硫酸钠（$Na_2S_2O_4 \cdot H_2O$）俗称保险粉，是白色粉末，是较强的还原剂。要注意选用未被氧化的、干燥的产品，贮存时应避免受潮和长时间暴露在空气中。

❹ 可在空气中晾干、在烘箱中于较低温度下烘干或置于表面皿上用蒸汽浴加热干燥。用于化学发光试验的产品，可不经干燥就直接使用。

实验六十二　芳基草酸酯类化学发光材料的合成

　　化学发光材料种类很多，本实验要制备的过氧草酸酯类化学发光物质是实用性较强、目前应用较广的一类化合物，可用于制造各种形式的冷光源及用于各种化学发光分析方面。

　　化学发光现象是指在某一反应中化学反应能量转化为光能的现象。过氧草酸酯类物质产生化学发光的基本原理是：在适当催化剂的催化下，由芳基草酸酯与过氧化氢发生反应，反应放出的能量由化学发光染料分子吸收后转化为光能，以荧光形式放出。其最大的特点是无需外界能源，靠自身的反应能量发光，芳基草酸酯在发光系统中起供能物质的作用。双（2,4-二氯-6-羰异戊烷氧苯基）草酸酯具有溶解性能好、发光动力学曲线较平缓的优点，适于制造长寿命的冷光源。

　　本实验以 3,5-二氯水杨酸为起始原料，先通过酯化反应制备中间体二氯水杨酸异戊酯，再与草酰氯反应形成双草酸酯。反应方程式如下：

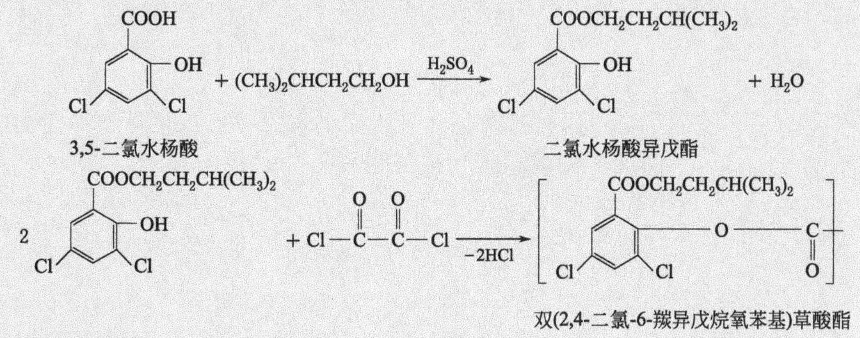

一、实验目的
　　学习和掌握制备芳基草酸酯类化学发光材料的合成方法。

二、药品
　　3,5－二氯水杨酸：白色粉末状晶体，熔点 217～219℃。
　　异戊醇，98%浓硫酸，吡啶，苯，草酰氯，石油醚。

三、实验步骤
　　1. 二氯水杨酸异戊酯的合成

　　取 10.4g（0.05mol）二氯水杨酸加入到 100mL 三口瓶中，加入 30mL 异戊醇，搅拌下滴入 5g 浓硫酸❶。安装分水器和冷凝管❷，加热回流反应 4～6h，直至在分水器中看不到有水分出为反应终点❸。反应产物冷却结晶后抽滤，用冰水洗涤滤饼。干燥后得 10.5g 白色粉末状晶体，熔点 64～66℃，收率约 80%。如果是直接用于下一步实验，可以不经干燥，用抽干的滤饼作为原料。

　　2. 草酰化反应

　　取上面制备的二氯水杨酸异戊酯 10g（折干计，0.035mol），加入到 250mL 三口瓶中，

---

　　❶　催化剂用量是影响反应时间的关键因素。浓硫酸用量增加有利于缩短反应时间。但用量过多易导致产物发黑，纯度下降。硫酸用量以 1：0.5（质量比）为佳，对应的反应时间大约为 6h。如受实验时间限制，可以缩短反应时间，收率相应降低。

　　❷　二氯水杨酸与异戊醇发生的是酯化反应，为使这一可逆反应进行到底，需不断移除反应生成的水。本实验采用过量的异戊醇为溶剂兼作带水剂，效果比加入苯、甲苯等常规带水剂更好。

　　❸　判断终点的另一个检测方法是薄层色谱法，展开剂为苯：甲醇：乙酸＝90：16：8。

加 120mL 苯。连接成蒸馏装置，先加热至沸腾，蒸出水分和部分苯❶，至馏出物不再混浊为止。降温，然后在 40℃左右加入 3.1g（0.04mol）吡啶❷。将仪器改成搅拌回流反应装置，搅拌下通过滴液漏斗滴入 2.5g（0.02mol）草酰氯。滴完继续搅拌 10min，降至室温。在分液漏斗中用水洗至中性，分出苯层。加入适量无水硫酸钠干燥至澄清。干燥后的苯层移入蒸馏瓶，水浴加热，蒸馏回收苯，得到固体粗产物。用 60～90℃石油醚对粗产物进行重结晶，得 6.5g 白色固体，熔点 78～80℃，收率约 60%。

四、实验时间

大约需要 6～8h.

参 考 文 献

[1] 李斌，苗蔚荣，程侣柏. 化学发光材料双（2,4-二氯-6-羰异戊烷氧苯基）草酸酯的合成 [J]. 染料工业，1997，34 (5)：22-24.

---

❶ 因草酰氯易水解，事先应利用苯/水共沸的特性除去体系中的水。

❷ 反应过程不断生成氯化氢，须加入缚酸剂如吡啶或三乙胺等。

第 17 章　其他精细化学品

实验六十三　防水剂 CR

防水剂是指能使织物、皮革等物料不被水润湿渗透而具有防水防潮性能的化学品。这类化合物的分子中通常具有疏水性的长碳链或聚有机硅氧烷链，同时又有能与被处理的物料牢固结合的基团。防水剂 CR 分子的一端含有脂肪酸长碳链，另一端含有能与羟基氧原子（存在于纤维素分子）或酰胺基氧原子（存在于蛋白质分子）形成配价键的三价铬原子。它的制法和应用原理可用下列反应式表示：

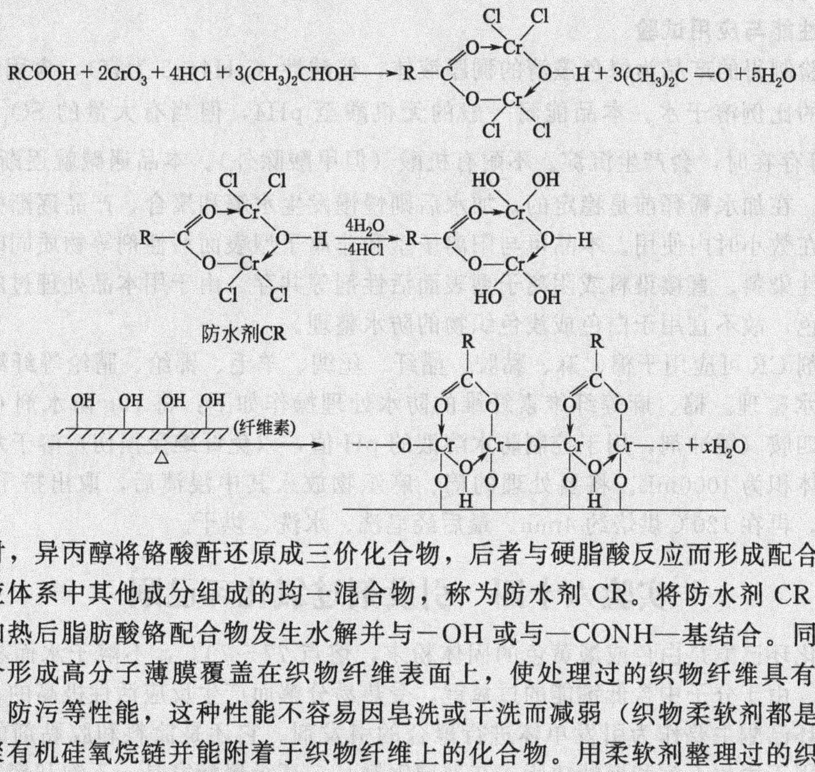
RCOOH + 2CrO3 + 4HCl + 3(CH3)2CHOH
+ 3(CH3)2C=O + 5H2O
4H2O
-4HCl
防水剂CR
(纤维素)
△
+ xH2O

制备时，异丙醇将铬酸酐还原成三价化合物，后者与硬脂酸反应而形成配合物。该配合物与反应体系中其他成分组成的均一混合物，称为防水剂 CR。将防水剂 CR 水溶液浸轧织物，加热后脂肪酸铬配合物发生水解并与—OH 或与—CONH—基结合。同时水解产物自相缩合形成高分子薄膜覆盖在织物纤维表面上，使处理过的织物纤维具有拒水、柔软、透气、防污等性能，这种性能不容易因皂洗或干洗而减弱（织物柔软剂都是具有长的碳氢链或聚有机硅氧烷链并能附着于织物纤维上的化合物。用柔软剂整理过的织物就像用润肤化妆品擦过的皮肤那样具有柔滑的手感）。

防水剂 CR 也可采用其他方法制取，例如将硬脂酸乙醇溶液徐徐滴加到氧氯化铬琨—四氯化碳中，反应完成后以甲醇萃取产物。

一、实验目的

掌握防水剂 CR 的制备原理和实验方法。

二、药品

硬脂酸：一级工业品，凝固点 54～57℃；

三氧化铬（铬酸酐）：含量≥96%；

六亚甲基四胺：又名乌洛托品，学名 1,3,5,7-四氮杂三环［3.3.1.1］癸烷；

异丙醇 30%盐酸：CP。

三、实验

1. 步骤

在一个 100mL 烧杯内加入 7mL 水、16mL30％盐酸和 8.5g（0.085mol）三氧化铬，在室温下搅拌至完全溶解，备用。

在装置有搅拌器、回流冷凝管和温度计的 150mL 三口烧瓶内，加入 21g（0.35mol）异丙醇和 2mL 的 30％盐酸。搅拌混合，加热升温至 60℃左右。通过冷凝管的顶部徐徐加入以上配制好的三氧化铬溶液，然后将温度提高至 70℃，搅拌反应 0.5h。降温❶。

加入 14.5g（0.053mol）硬脂酸❷，重新升温至回流温度，搅拌反应 3～4h。在确定反应已达到终点之后停止加热❸，降温至 30℃以下时再补加 4g 异丙醇❹，搅拌均匀后出料，得到产品 70～75g。

2. 实验时间：

实验时间约 6h。

四、性能与应用试验

本实验制得的产品为绿色澄清的稠厚液体，偏酸性（pH4～5 为宜），含固量约 30％，能按一定的比例溶于水。本品能耐一般的无机酸至 pH4，但当有大量的 SO_4^{2-}、PO_4^{3-}、$Gr_2O_7^{2-}$ 等存在时，会产生沉淀。不耐有机酸（但甲酸除外）。本品遇碱就逐渐发生水解，影响性能。在加水稀释前是稳定的，加水后则慢慢发生水解和聚合，产品逐渐失效，因此加水后应在数小时内使用。本品可与阳离子型和非离子型表面活性剂等物质同时使用，但不能与酸性染料、直接染料或阴离子型表面活性剂等共存。由于用本品处理过的织物可能略带淡绿色，故不宜用于白色或浅色织物的防水整理。

防水剂 CR 可应用于棉、麻、黏胶、醋纤、丝绸、羊毛、锦纶、腈纶等纤维及其混纺织物的防水整理。棉、麻等纤维素纤维的防水处理操作如下：将 70g 防水剂 CR 和 8.4g 六亚甲基四胺（缓冲剂，用于控制防水溶液的 pH 值，以免纤维受损伤）溶于水中，加水稀释至总体积为 1000mL。将要处理的棉、麻织物放入其中浸渍后，取出挤干，在 50～70℃烘干，再在 120℃烘焙约 4min。最后经皂洗、水洗、烘干。

实验六十四　引发剂过氧化环己酮

过氧化环己酮是白色或淡黄色的固体粉末，熔点 77～79℃，不溶于水而易溶于许多有机溶剂。由于分子中含有低键能的过氧键，受热易分解而产生反应活性极高的自由基，所以过氧化环己酮主要作为引发单体进行聚合的引发剂。它还是涂料和胶黏剂的常用固化剂，主要用于固化不饱和聚酯树脂，在玻璃钢制品、高级聚酯家具、不饱和聚酯胶黏剂和不饱和聚酯腻子（原子灰）等产品的制造中起重要的作用。

环己酮在无机酸（一般是硝酸或盐酸）的催化下，被过氧化氢氧化成过氧化环己酮。

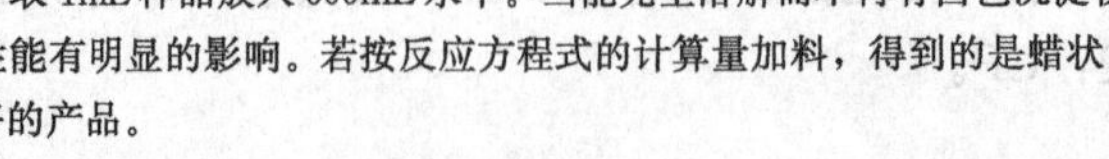

---

❶ 反应到此可告一段落，如果接着反应下去，则不必降至室温，只须冷却至 30～40℃即可投入硬脂酸。

❷ 硬脂酸的量是按所用硬脂酸的酸值为 205 计算得到的。一级工业品的硬脂酸，酸值应为 205～210。

❸ 判断终点简易方法是：取 1mL 样品放入 500mL 水中。当能完全溶解而不再有白色沉淀物时，可认为反应已经完成。

❹ 异丙醇的量对产品的性能有明显的影响。若按反应方程式的计算量加料，得到的是蜡状固体并难溶于水。只有当异丙醇大大过量时才能得到水溶性好的产品。

反应过程放热，为了防止产物过氧化环己酮和试剂过氧化氢受热分解，混合反应物时需在冷却下（在冰浴上或在反应混合物中直接加冰）进行，严格控制反应温度在 20℃ 以下。但要注意不可把温度降得过低，以免反应过于缓慢而导致反应不完全。

一、实验目的

掌握引发剂过氧化环己酮的制备原理和实验方法。

二、药品

环己酮　　无色透明液体，带有丙酮气味，m. p. $-47 \sim -45$℃，b. p. 155.7℃，d_4^{20} 0.9478，n_D^{20} 1.4500，微溶于水，易溶于乙醇和乙醚。环己酮可作溶剂使用。在本反应中是主要的反应物料。最好选用优质试剂。如用工业原料，需经玻璃仪器蒸馏，以避免将有害的金属离子带入反应体系。

双氧水　　使用含 30％ 的双氧水，它是反应的氧化剂。双氧水是无色透明液体，受热时易分解出氧并放热，铁离子或重金属离子加速其分解。双氧水能破坏皮肤组织，保存和使用时需注意。

无机酸　　酸是该氧化反应的催化剂，在酸性介质中过氧化氢的氧化能力增强。使用15％ 的盐酸，氧化反应进行得比较平稳。用稀硝酸代替盐酸时，氧化速度更快，故必须控制在更低的温度下进行反应。不论用何种无机酸，要求是 A. R. 级以上的试剂，以防止溶有铁离子或重金属离子。

邻苯二甲酸二丁酯（DBP）　无色油状液体，有芳香气味，d_4^{20} 1.048，b. p. 340℃。在本反应中 DBP 用作产物的悬浮剂，防止过氧化环己酮在贮存和运输过程中发生危险。要求使用 A. R. 级规格的试剂。

三、实验

1. 步骤

100mL 三口瓶上装置滴液漏斗、电动搅拌和温度计，不可密封。加入 10g（0.1mol）环己酮，用冰水浴冷却至 5～8℃。另外，在小烧杯中加入 13g（0.11mol）的 30％ 过氧化氢（双氧水），用冰水冷却至 5～8℃，备用。

搅拌下将预冷过的双氧水慢慢滴入环己酮中，在滴加过程中瓶内物料的温度上升。需注意用水进行有效的冷却并控制滴加速度，使反应保持在 10～20℃ 间进行。然后慢慢滴加预冷至约5℃的 15％ 盐酸 2g，开始滴加盐酸时温度上升较快，亦需控制滴加速度和进行有效的冷却，使反应温度不高于 20℃。加酸完毕，在 10～20℃ 间继续搅拌反应 0.5h，此期间逐渐有产物过氧化环己酮晶体析出。加入 20mL 温度在 10～20℃ 间的去离子水以稀释反应液，继续反应 0.5h。抽滤，用去离子水洗涤晶体至中性，抽滤，晾干❶。得到过氧化环己酮晶体约 11g，产率约 90％。

干燥过的过氧化环己酮晶体与等质量的邻苯二甲酸二丁酯混合，搅拌成为悬浮浆液，装入瓶内并在低温下保存。

2. 实验时间：3～4h。

四、产品质量标准和使用

晶状的纯过氧化环己酮因含有过氧键，化学性质十分活泼，室温下逐渐分解出氧，受热时分解迅速，容易发生燃烧和爆炸。为了安全，通常加入等质量的增塑剂邻苯二甲酸二丁酯配成浆液，使活性氧含量由纯品时的 13％ 降至 6％ 左右。尽管如此，产品仍需避免在

---

❶　为了节省实验时间，可在洗至中性并经抽滤的含少量水的产物中，加入适量的邻苯二甲酸二丁酯洗涤、抽滤，并重复 2～3次，将水分置换干净，然后再加入等质量的邻苯二甲酸二丁酯，配成悬浮浆液保存。

较高温度下贮存和使用。此外，产品对铁离子和重金属离子敏感，应使用玻璃或塑料瓶包装。

浆状产品应符合以下标准。

外观：白色或淡黄色糊状物；

固体含量：50%左右；

活性氧含量：>6%；

pH 值：6~8；

分解情况：97℃，半衰期 10h；174℃，半衰期 1min。

本品用于固化不饱和聚酯涂料或胶黏剂时，用量一般为主料的 2%~3%，而且要在即将施工时才将二者混合，即混即用。常温下只需数分钟至十余分钟即开始固化并迅速固化完全。混合了固化剂的涂料或胶黏剂要一次用完，不能保存。

实验六十五　固体酒精的配制

酒精的学名是乙醇，易燃，燃烧时无烟无味，安全卫生。由于酒精是液体，较易挥发，携带不便，所以作燃料使用并不普遍。针对以上缺点，做成固体酒精，降低了挥发性且易于包装和携带，使用更加安全。固体酒精特别适用于某些用途，例如用作火锅燃料和室外野炊的热源，受到酒家、旅游者、地质人员、部队及其他野外作业工作者的欢迎。

利用硬脂酸钠受热时软化，冷却后又重新固化的性质，将液态的酒精与硬脂酸钠搅拌共热，充分混合，冷后硬脂酸钠将酒精包含其中，成为固状产品。若在配方中加入虫胶、石蜡等物料作为黏结剂，可以得到质地更加结实的固体酒精。由于所有的添加剂均为可燃的有机化合物，不仅不影响酒精的燃烧性能，而且可以燃烧得更为持久并释放更多的热能。

一、实验目的

掌握固体酒精的配制原理和实验方法。

二、药品

酒精　无色透明、易燃易爆的液体，b. p. 78.4℃，d_4^{20} 0.7893，在本实验中作为主燃料。

硬脂酸钠　在本实验中由硬脂酸和氢氧化钠中和制得。硬脂酸又名十八烷酸，是柔软的白色片状固体，m. p. 69~71℃。工业品的硬脂酸中常含有软脂酸（十六烷酸），但不影响使用。硬脂酸不溶于水而溶于热乙醇。

虫胶片　虫胶是天然树脂，由虫胶树上的紫胶虫吸食、消化树汁后的分泌液在树上凝结干燥而成。将虫胶在水中煮沸，溶去一部分有色物质后所得到的黄棕色薄片即为虫胶片。虫胶的化学成分比较复杂，主要成分是一些羟基羧酸内酯和交酯混合物的树脂状物质，平均相对分子质量约 1000。碱水解物的主要成分是 9,10,16-三羟基十六烷酸和三环倍半萜烯酸，此外还有六羟基十四烷酸等多种长链的羟基脂肪酸。虫胶片不溶于水，受热软化，冷后固化，在本实验中用作黏结剂。

石蜡　是固体烃的混合物，由石油的含蜡馏分加工提取得到。石蜡一般为块状的固体，m. p. 50~60℃，可燃。在本实验中石蜡是固化剂并且可以燃烧，但加入量不能太多，否则燃烧难以完全而产生烟和不愉快的气味。

三、实验

1. 步骤 A

称取 0.8g（0.02mol）氢氧化钠，迅速研碎成小颗粒，加入 250mL 圆底烧瓶中，再加入 1g 虫胶片、80mL 酒精和数小粒沸石。装置回流冷凝管，水浴加热回流，至固体全部溶解为止。

在 100mL 烧杯中加入 5g（约 0.02mol）硬脂酸和 20mL 酒精，在水浴上温热至硬脂酸全部溶解。然后从冷凝管上端将烧杯中的物料加入含有氢氧化钠、虫胶片和酒精的圆底烧瓶中，摇动使混合均匀。回流 10min 后移去水浴，让反应混合物自然冷却。待降温至 60℃时倒入模具中❶，加盖以避免酒精挥发。冷至室温后完全固化，从模具中取出即得到成品。

切一小块产品，直接点火燃烧，观察燃烧情况。

2. 步骤 B

向 250mL 圆底烧瓶加入 9g（约 0.035mol）硬脂酸、2g 石蜡、50mL 酒精和数小粒沸石，装置回流冷凝管，摇匀。在水浴上加热至约 60℃并保温至固体溶解为止。

将 1.5g（约 0.037mol）氢氧化钠和 13.5g 水加入 100mL 烧杯中，搅拌溶解后再加入 25mL 酒精，搅匀。将碱液从冷凝管上端加进含硬脂酸、石蜡和酒精的圆底烧瓶中，在水浴上加热回流 15min 使反应完全。移去水浴，待物料稍冷而停止回流时，趁热倒入模具，冷却后取出即得到成品。

切一小块产品点燃，观察燃烧情况。

3. 实验时间：步骤 A 或步骤 B，约 2h。

实验六十六　甲基橙的制备

甲基橙是常用的酸碱指示剂，通过重氮盐偶合反应得到：

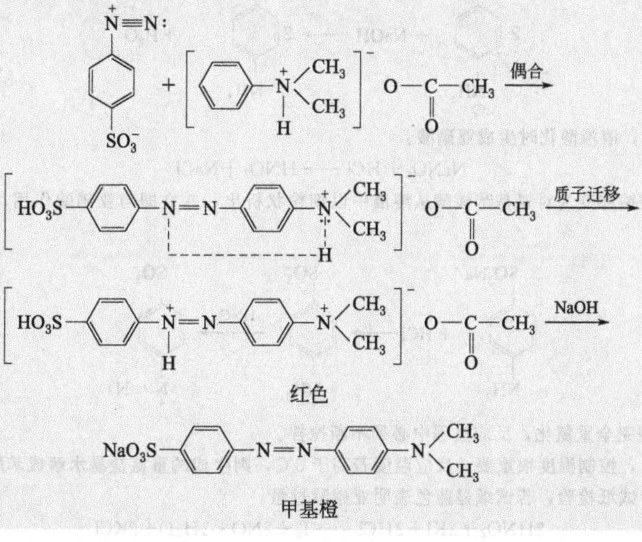

甲基橙

---

❶　可用 200mL 烧杯作为模具。从模具中取出的冷却成型了的固体酒精，可用纸盒包装，但存放中有一定量的酒精挥发损失。用塑料袋密封包装可避免酒精的挥发。从上述的包装中取出的固体酒精，需置于陶瓷或金属器皿中方可点燃。最好是将固化前的物料直接灌入带盖的小铁罐中冷却，盖上盖子密封保存。这种包装除可避免酒精挥发外，使用时十分方便，打开盖子即可直接点燃。

一、实验目的

掌握重氮盐反应的操作，学习甲基橙的制备方法。

二、药品

对氨基苯磺酸，氢氧化钠，亚硝酸钠，浓盐酸，N,N-二甲基苯胺，冰醋酸，饱和氯化钠水溶液，乙醇，乙醚。

三、实验步骤

1. 对氨基苯磺酸重氮盐的制备

在 100mL 烧杯中，放入 2g 对氨基苯磺酸晶体，加入 10mL 5％的氢氧化钠溶液在热水浴中温热使之溶解❶。冷却至室温后，加入 0.8g 亚硝酸钠，溶解后，在搅拌下❷将该混合溶液分批滴入装有 13mL 冰冷的水和 2.5mL 浓盐酸的烧杯中，使温度保持在 5℃以下❸，很快就有对氨基苯磺酸重氮盐的细粒状白色沉淀❹，为了保证反应完全，继续在冰浴中放置 15min。

2. 偶合

在一试管中加入 1.3mL N,N-二甲基苯胺和 1mL 冰醋酸，振荡使之混合。在搅拌下将此溶液慢慢加到上述冷却的对氨基苯磺酸重氮盐溶液中，加完后，继续搅拌 10min，此时有红色的酸性黄沉淀。然后，在搅拌下慢慢加入 15mL 10％氢氧化钠溶液。反应物变为橙色，粗制的甲基橙呈细粒状沉淀析出。

将反应物加热至沸腾，使粗制的甲基橙溶解后，稍冷，置于冰浴中冷却，待甲基橙全

---

❶ 对氨基苯磺酸是一种有机两性化合物，其酸性比碱性强，能形成酸性的内盐，它能与碱作用生成盐，难与酸作用成盐，所以不溶于酸。但是重氮化反应又要在酸性溶液中完成，因此，进行重氮化反应时，首先将对氨基苯磺酸与碱作用，变成水溶性较大的对氨基苯磺酸钠。

$$2\;\begin{array}{c}SO_3^-\\ \\ \\ \stackrel{+}{N}H_3\end{array} + NaOH \longrightarrow 2\;\begin{array}{c}SO_3^- Na^+\\ \\ \\ NH_2\end{array} + H_2O$$

❷ 在重氮化反应中，溶液酸化时生成亚硝酸：

$$NaNO_2 + HCl \longrightarrow HNO_2 + NaCl$$

同时，对氨基苯磺酸钠亦变为对氨基苯磺酸从溶液中以细粒状析出，并立即与亚硝酸作用，发生重氮化反应，生成粉末状的重氮盐：

$$\begin{array}{c}SO_3Na\\ \\ \\ NH_2\end{array} + HCl \longrightarrow \begin{array}{c}SO_3^-\\ \\ \\ \stackrel{+}{N}H_3\end{array} \xrightarrow{HNO_3} \begin{array}{c}SO_3^-\\ \\ \\ \stackrel{+}{N}\!\equiv\!N:\end{array}$$

为了使对氨基苯磺酸完全重氮化，反应过程中必须不断搅拌。

❸ 重氮反应过程中，控制温度很重要，反应温度若高于 5℃，则生成的重氮盐易水解成苯酚，降低了产率。

❹ 用淀粉－碘化钾试纸检验，若试纸显蓝色表明亚硝酸过量。

$$2HNO_2 + 2KI + 2HCl \longrightarrow I_2 + 2NO + 2H_2O + 2KCl$$

析出的碘遇淀粉就显蓝色。

这时应加入少量尿素除去过多的亚硝酸，因为亚硝酸能起氧化和亚硝基化作用，亚硝酸的用量过多会引起一系列副反应。

$$H_2N\!-\!\overset{\displaystyle O}{\underset{\displaystyle \|}{C}}\!-\!NH_3 + 2HNO_2 \longrightarrow CO_2\uparrow + N_2\uparrow + 3H_2O$$

部重新结晶析出后，抽滤，收集晶体。用饱和氯化钠水溶液冲洗烧杯两次，每次用 10mL，并用这些冲洗液洗涤产品❶。

若要得到较纯的产品，可将滤饼连同滤纸移到装有 75mL 热水的烧瓶中，微微加热并且不断搅拌，滤饼几乎全溶解后，取出滤纸，让溶液冷至室温，然后在冰浴中再冷却，待甲基橙结晶全析出后，抽滤。依次用少量乙醇、乙醚洗涤产品❷。产品干燥后，称重，产量 2.3～2.5g。

溶解少许产品于水中，加几滴稀盐酸，然后用稀氢氧化钠溶液中和，观察溶液的颜色有何变化？

四、实验时间

约 4h。

实验六十七　环六次甲基四胺（乌洛托品）的合成

环六次甲基四胺又名乌洛托品，为无色结晶或白色粉末，易溶于水，水溶液呈中性或微偏碱性。难溶于乙醇和乙醚。在 263℃ 开始升华并部分分解，遇酸也易分解为甲醛和氨。乌洛托品有利尿和杀菌作用，在医药上主要作为尿毒消毒剂和利尿剂用，还可用作合成树脂和塑料的固化剂、橡胶的硫化促进剂（促进剂 H）、纺织品的防缩剂。乌洛托品由甲醛和氨经一步缩合反应而成：

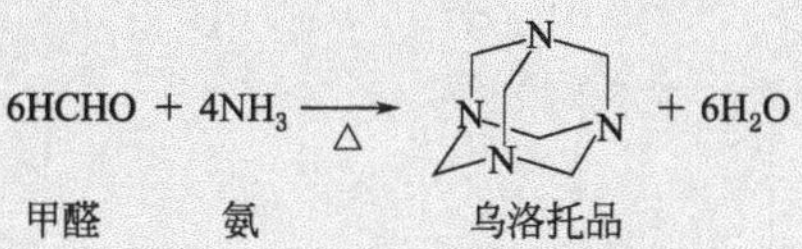

$$6HCHO + 4NH_3 \xrightarrow{\triangle} \text{乌洛托品} + 6H_2O$$

甲醛　　　氨　　　　　乌洛托品

由于甲醛和氨均有很好的反应活性，反应无需催化剂，在加热条件下即可快速进行。因久存的甲醇通常含有一些杂质，会令反应液中产生沉淀，应该在结晶前加以去除以免影响产品质量。乌洛托品的水溶性大，即使是在很浓的溶液中结晶，母液中仍留下不少产物，为了提高收率，可以直接将溶液蒸发至干，得到粉末状产品。当然，若要获得质量好的结晶产品，仍要在浓缩液里冷冻结晶，剩余的母液循环套用。

一、实验目的

学习和掌握制备乌洛托品的实验方法。

二、主要原料及作用

1. 甲醛

在反应中为次甲基的来源与氨缩合成环。本反应使用商品福尔马林液，即含甲醛 37％～40％ 的水溶液。为无色透明的液体，若已浑浊或带有沉淀物者先过滤后再使用。溶液中的甲醛会挥发，产生特殊的刺激性气味，对人的眼鼻等有刺激作用，应小心使用。

2. 氨

在反应中作为反应中心与次甲基缩合成环。为操作方便，本反应采用浓氨水代替气态氨或液氨。浓氨水中一般含 NH_3 25％～28％，大多数以游离态溶于水中，只有少部分形成 NH_4OH。带弱碱性，相对密度小于1。其中的氨易挥发逸出，有强烈的刺激性气味。

---

❶　粗产品呈碱性，温度稍高时易使产物变质，颜色变深，湿的甲基橙受阳光照射亦会使颜色变深，通常可在 65～75℃烘干。

❷　用乙醇、乙醚洗涤的目的是使产品迅速干燥。

三、实验

1. 原料配比

氨水（25%～28%）	16mL	（约 0.2mol）
甲醛（37%～40%）	20mL	（约 0.26mol）

2. 步骤

反应操作应该在通风橱内进行。

量取 20mL 甲醛溶液放入 100mL 烧杯中，在搅拌下将 16mL 氨水慢慢滴入，反应会微微发热，加完后再搅拌 15～20min，至无氨味发出为止。

加热至 40℃ 左右保持 5min，如果有沉淀出现，应立即趁热过滤，将不溶物除去。

将装有反应液的烧杯放在石棉网上加热浓缩，至余下的液体为原来的一半体积时停止蒸发，静置降温冷却结晶，抽滤得结晶状产物。

余下的母液可以转入蒸发皿或大表面皿中，在沸水浴上继续蒸发至干，得到白色粉状产物。

如果要得到精品，可将粗的乌洛托品集中在一起，用适量的水或含水的酒精重结晶。纯品为白色结晶，熔点 128～130℃。几乎无臭。

四、实验时间

约需 3h。

第18章 常用精密仪器及使用方法

18.1 数字旋转黏度计及其使用方法

数字旋转黏度计是一种依托单片微处理机技术开发研制，用于测定液体的黏性阻力与液体的绝对黏度的新型数字化产品。与同类产品相比，具有测量精度高、黏度值显示稳定、易读、操作简便、抗干扰性能好等优点，广泛适用于测定油脂、油漆、食品、药物、胶黏剂及化妆品等各种流体的黏度。

18.1.1 旋转黏度计工作原理

单圆筒旋转式黏度计由一台微型同步电动机带动上、下两个圆盘和圆筒一起旋转（见图18-1），由于受到流体的黏滞力作用，圆筒及与圆筒刚性连接的下盘的旋转将会滞后于上盘，从而使得弹性元件产生扭转，通过测量这个扭转来得到小圆筒所受到的黏性力矩 M，再根据马克斯公式计算得到流体的黏度。

$$\eta = \frac{1}{4\pi h}\left(\frac{1}{R_f^2} - \frac{1}{R_a^2}\right)\frac{M}{\omega}$$

式中，η 为液体动力黏度，Pa·s；h 为测量小圆筒浸于待测液体中的高度；R_f 为小圆筒的半径；R_a 为待测液体容器的半径；M 为黏性力矩；ω 为小圆筒旋转角速度。

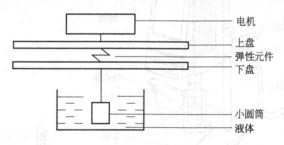

图 18-1 单圆筒旋转式黏度计结构示意

由于传统的旋转式黏度计都是机械式的，主要是利用弹性元件的扭转来获得转筒的扭矩。这种结构不但对弹性元件规定了很高的技术要求，而且也由于所得的数据都属于机械量，使得人们对数据的记录和处理变得困难，因此一般不直接对其进行应用。为了解决这些困难，研究人员发明了数字旋转黏度计。数字黏度仪是基于单圆筒旋转式黏度计的。由于转筒和被测流体的相互作用，转筒在旋转的反方向上产生扭矩，把扭矩信号传递给上面的扭矩传感器，这时扭矩传感器将产生微弱的模拟电压信号，经 A/D 转换器放大并转换成数字信号输入到微机中进行处理，就能在微机中计算出被测物质的黏度。

如图18-2所示，同步电机以稳定的转速旋转带动电机传感片，再通过游丝带动与之连接的游丝传感片、转轴及转子旋转。如果转子未受到液体阻力，上下两传感片同速旋转，保持在零的位置上。反之，如果转子受到液体的黏滞阻力，则游丝产生扭矩与黏滞阻力抗衡，最后达到平衡。光电转换装置将上下传感片相对平衡位置转换成计算机能识别的信息，经过计算机处理，最后输出显示被测液体的黏度值。

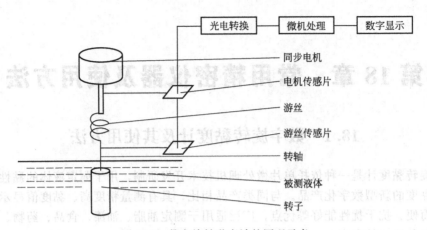

图 18-2 数字旋转黏度计的原理示意

18.1.2 数字旋转黏度计的使用

安装（见图 18-3）

① 从存放箱中取出支架和支柱等，将支柱旋入支架后部之螺孔中，用扳手将支柱拧紧，防止支柱转动并将支柱上的齿形面面向支架正前方。

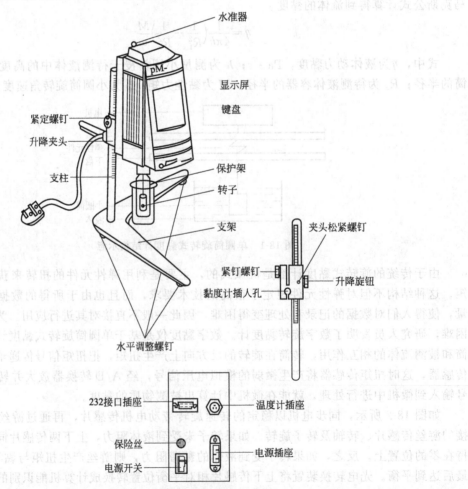

图 18-3 数字旋转黏度计结构

② 从存放箱中取出黏度计，把黏度计的升降夹头装在支柱上，调整夹头紧松螺钉，不要过松，也不要过紧，旋转升降旋钮，使其能上下升降，偏紧为宜，以防黏度计产生自动坠落情况。

③ 旋松仪器下端的保护帽螺钉，取下黄色保护帽。

④ 观察水平泡，调节支架下部的水平调整螺钉，使气泡在水平泡的中间位置，说明产品接近水平。

⑤ 接上电源线。

操作使用

① 准备被测液体，置入直径不小于 70mm 的烧杯或直角容器中，准确地控制被测液体的温度。

② 将转子保护架装在黏度计上（顺时针旋转装上，逆时针旋转卸下）。

③ 将选配好的转子旋入连接螺杆（逆时针旋入装上，顺时针旋出卸下）。装卸转子时，必须用手将连接螺杆微微向上抬起。

④ 旋转升降旋钮，使黏度计缓慢地下降，转子逐渐浸入被测液体中，直至转子液面标志和液面相平为止。

⑤ 再次调整好仪器水平。

⑥ 试样在测试温度下充分恒温，以保持示值稳定准确。

* SNB-2 仪器有八挡不同的转速，分别为 0.3r/min、0.6r/min、1.5r/min、3r/min、6r/min、12r/min、30r/min、60r/min。

上述工作完毕，接通电源，显示屏有如下显示：

操作方法

1. 设置当前测量需用的转子代号

显示屏的右上角"SP：X"为转子代号显示区域。按一次"转速设置"键就可以改变一次转子代号显示区的内容，如果你选用 2 号转子，你只需逐次按动"转速设置"键，直到显示 SP：2 即可，其他类推。

2. 设置当前电机运行的转速

只有当显示屏的左下角转速显示区域为"OFF"时，才可设置转速。此时先按"转速设置"键，这时转速显示区会出现一块闪烁的光标（表示已被选择），可按"↑"键或"↓"键，来改变你所需的转速。按一次"↑"键，表示向高转速方向显示一挡转速值，按"↓"键则反之。例如，你希望仪器的转速为 30r/min，只要显示区显示为 30RPM 即可。

3. 设置当前测量所需用的量程

当显示屏左下角转速显示区域为"OFF"时，可进行量程的设置操作。当按过"量程选择"键后，在显示区域将显示某转子、某转速的满量程值。例如 3 号转子，6r/min 转速的最大量程可达 20Pa·s。用户可根据该功能的帮助选配合适的转子、转速进行测量。

4. 测量运行设置

在确定转子号及转速输入无误后即可按"启动/停止"键，使仪器进入实时测量状态。过一段时间后，显示器的左上角将显示当前被测液体的黏度值，如果你还想读取百分比值，可按一下"黏度/百分比"键，该显示区将显示 XX.X％，当显示器的右下角出现闪烁的读数提示符"＊"时，即可读数。显示屏应有如下显示：

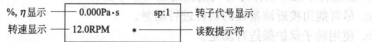

*符号"OVER"为超量程显示，当你在测量过程中显示屏出现该符号，说明被测液体的黏度超出当时仪器的最大测量范围，务请立即关闭马达，变换转子或转速后重新测量。

5. 量程、转子、转速的选择

① 首先大约估计被测液体的黏度范围，然后根据下列量程表选择适合的转子和转速。例如，被测液体的黏度约为 3000mPa·s，可选择下列组合：2 号转子——6r/min 或 3 号转子——30r/min。

转子 \ 转速 \ 量程	60	30	12	6	3	1.5	0.6	0.3
1	100	200	500	1000	2000	4000	10000	20000
2	500	1000	2500	5000	10000	20000	50000	100000
3	2000	4000	10000	20000	40000	80000	200000	400000
4	10000	20000	50000	100000	200000	400000	1000000	2000000

注：转速的单位为 r/min；量程的单位为 Pa·s。

② 当估计不出被测液体的大致黏度时，应视为较高黏度，试用由小到大的转子（转子号由高到低）和由慢到快的转速。原则上高黏度的液体选用小转子（转子号高），慢转速；低黏度的液体选用大转子（转子号低），快转速。

③ 为保证测量精度，测试时数据最好在量程的 20%～90% 之间。

注意事项

① 仪器适宜于常温下使用，被测样品的温度应在 25℃±0.1℃ 以内，否则会严重影响测量的准确度。

② 必须在指定的电压和频率及允许的误差范围内使用，否则会影响测量精度。

③ 装卸转子时应小心操作，应将连接螺杆微微抬起，不要用力过大，不要让转子横向受力，以免转子弯曲。

④ 装上转子后不得将黏度计侧放或放倒。

⑤ 连接螺杆和转子连接端面及螺纹处应保持清洁，否则将影响转子的正确连接及转动的稳定性。

⑥ 黏度计升降时应用手托住，防止黏度计自重坠落。

⑦ 每次使用完毕，应及时清洗转子（不得在产品上进行转子清洗）。清洁后要妥善安放于转子架中。

⑧ 装上转子后不得在无液体情况下"旋转"，以免损坏轴尖。

⑨ 不得随意拆动、调整仪器零件，不要自行加注润滑油。

⑩ 仪器搬动时应套上黄色保护帽，托起连接螺杆，拧紧保护帽上螺钉。

⑪ 悬浊液、乳浊液、高聚物以及其他高黏度液体中很多都是"非牛顿液体"，表观黏度值随着切变速度和时间的变化而变化，故在不同的转子、转速和时间下测定，其结果不一致是属正常情况，并非黏度计不准（一般非牛顿液体的测定应规定转子、转速和时间）。

⑫ 做到下面各点能测得较为精准的数值：

a. 精确的控制被测液体的温度。

b. 保证环境温度均匀。

c. 将转子以足够的时间浸于被测液体并同时进行恒温，使其能和被测液体温度一致。

d. 保证液体的均匀性。

e. 测定时尽可能的将转子置于容器中心。

f. 防止转子浸入液体时有气泡黏附在转子下面。

g. 尽可能用接近满量程的档位进行测量。

h. 使用转子保护架进行测定。

i. 保证转子的清洁。

j. 严格按照使用规则进行操作。

18.2 表面张力仪及使用方法

18.2.1 仪器工作原理

表面张力，是液体表面层由于分子引力不均衡而产生的沿表面作用于任一界线上的张力。通常，由于环境不同，处于界面的分子与处于相本体内的分子所受力是不同的。在液体内部的一个水分子受到周围液体分子的作用力的合力为零，但在表面的一个液体分子却不如此。因上层空间气相分子对它的吸引力小于内部液相分子对它的吸引力，所以该分子所受合力不等于零，其合力方向垂直指向液体内部，结果导致液体表面具有自动缩小的趋势，这种收缩力称为表面张力。表面张力（surface tension）是物质的特性，其大小与温度和界面两相物质的性质有关。表面张力仪是用于测量液体表面张力的专业测量/测定仪器，通过铂金板法、铂金环法、最大气泡法、悬滴法、滴体积法以及滴重法等方法，实现对液体表面张力的精确测量。同时，利用软件技术，可以测得随时间变化而变化的表面张力值。表面张力仪又称界面张力仪。通常可以测试界面张力，也可测表面张力。下面重点介绍铂金板法和铂金环法。

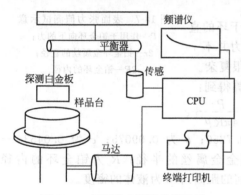

图 18-4 表面张力测量仪器示意

18.2.2 铂金板法

仪器示意图见图 18-4。

测试时先将被测液体放入样品台，当探测铂金板浸入到被测液体后，铂金板周围就会受到表面张力的作用，液体的表面张力会将铂金板尽量地往下拉。当液体表面张力及其他相关的力与平衡力达到均衡时，铂金板就会停止向液体内部浸入。这时候，传感器通过平衡器感测到这个力，传到 CPU 进行处理，CPU 通过一系列的计算，将这个力转化成表面张力。见图 18-5、图 18-6。

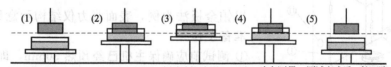

(1)	(2)	(3)	(4)	(5)
开始测试，按上升键，样品台自动向上	铂金板接触到被测样品表面	当测试值达到5mN时样品台自动停止上升	动态测量表面张力值	测试完成后，按下降键，样品台自动向下

图 18-5 铂金板法测试过程示意

由于铂金板的表面张力远大于液体的表面张力，这样液体可以有效润湿铂金板及在板上爬升；液体会在铂金板周围形成一个角度的弧形液面，角度为 θ；表面的分子力发生作用将铂金板往下拉。最终液体表面张力及其他相关的力与平衡力达到均衡。

$$P = mg + L\gamma \cdot \cos\theta - sh\rho g$$

平衡力＝铂金板的重力（向上）＋表面张力总和（向下）－铂金板受到的浮力（向上）

式中，m 为铂金板重量；g 为重力加速度（9.8N/

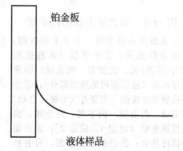

图 18-6 铂金板浸入液体后纵截面示意

kg）；L 为铂金板下底面周长；γ 为液体表面张力；θ 为液体与铂金板间的接触角；s 为铂金板下底面面积；h 为铂金板浸入深度；ρ 为液体密度。

18.2.3 铂金环法

又称 Du Nouy Ring method、Du Nouy 环法、吊环法表面张力仪、脱环法表面张力仪。

① 将铂金环轻轻地浸入液体内；

② 将铂金环慢慢地往上提升，即液面相对而言下降，使得铂金环下面形成一个液柱，并最终与铂金环分离。铂金环法表面张力仪就是去感测一个最高值，而这个最高值形成于铂金环与液体样品将离而未离时。这个最高值转化为表面张力值的精度取决于液体的黏度。由于这个方法很早被使用，故而原有表面张力仪基本均采用这种方法，现有很多数据也是用这种方法测得。缺点：应用于有黏度样品以及表面活性剂的测值时会存在问题，主要体现为，其一，它会将黏度计算在内而导致无法测值精确；其二，它仅能测试一个时间点的表面张力值而无法实现随时间变化表面张力值的测试。

表面张力值测试示意见图 18-7。

表面张力 $$\gamma = \frac{P}{4\pi R} F$$

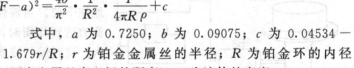

图 18-7　表面张力值测试示意
P—作用于铂金环向下的力；
$2r$—铂金环金属丝的直径；
$2R$—铂金环的内径

上面等式中的 F 是一个修正值，它的大小取决于环的直径与液体的性质。这个修正值很重要，因为向下的力并不一直是垂直的，而且随铂金环拉起来的液体的状况也很复杂。

一般而言，F 值通过 Zuidema&Waters 等式计算得到：

$$(F-a)^2 = \frac{4b}{\pi^2} \cdot \frac{1}{R^2} \cdot \frac{P}{4\pi R \rho} + c$$

式中，a 为 0.7250；b 为 0.09075；c 为 0.04534 − 1.679r/R；r 为铂金金属丝的半径；R 为铂金环的内径（两个金属丝中心间的距离）；ρ 为液体的密度。

18.2.4 操作步骤

以铂金板法为例，表面张力仪结构示意见图 18-8。

准备工作

① 测试前应确保主机已经预热 30min，即在正式测试前先将主机打开 30min，等表面张力仪测量系统稳定后即可使用。

② 根据被测试样的黏度大小，设定修正值（即当铂金测试板接触到被测试样时的张力值达到该值时，升降平台自动停止上升），一般经验参数为：低黏度试样设定为 5.0；高黏度试样设定为 8.0。

③ 使用前应将随机所附的吊钩、铂金板挂好，按"去皮"键做归零处理。

④ 使用前应对张力仪进行满量程校正：

a. 将吊钩和铂金板都挂好；

b. 去"皮重"操作，显示为"0.0"（或"0.00"）；

c. 按"校正"建，显示"CAL"，挂上随机所附的

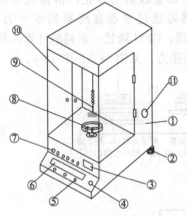

图 18-8　表面张力仪结构示意

①表面张力仪主机；②水平调整脚；③修正值显示；④水平仪（水泡校准仪）；⑤开/关、去皮重、校正键；⑥液晶显示屏（显示测得的数值部分）；⑦主要控制部分按键［主要有六个键：自动/手动键，向上键，向下键，停止键，修正值调整键（设定 1，设定 2）］；⑧自动升降样品台；⑨挂钩及铂金板；⑩有机玻璃门；⑪恒温水管孔

400mN（或 200mN）的标准砝码；

d.5s 左右即出现"400.0"（或"200.00"）mN，听到"嘟"的声音后校正结束。

⑤ 测试前应确保铂金板及玻璃皿的干净。具体方法如下：

a. 在通常情况下先用流水（最好蒸馏水）清洗再用酒精灯烧铂金板，当整个板微红时结束（时间约为 20～30s 左右）并挂好待用（不能时间太长，以免铂金板上吸附潮气）。

b. 在测试前应将玻璃皿清洗并烘干，测试时应先取少许被测样品对玻璃皿进行预润湿，以保持所测数据的有效性。

c. 铂金板未冷却下来之前请不要将它与任何液体接触，以免弯曲变形影响测值准确性。测试步骤如下。

① 接通表面张力仪电源，挂上吊钩及铂金板，并按动"开/关"键，预热 30min。

② 对铂金板做清洗，步骤如下。

a. 用手夹取铂金板钩子，并用流水冲洗，冲洗时应注意与水流保持一定的角度，原则为尽量做到让水流洗干净板的表面且不能让水流使得板变形。

b. 用酒精灯烧铂金板，一般为与水平面呈 45°角进行，直到铂金板变红为止，时间为 20～30s。注意事项：通常情况为用水清洗即可，但遇有机液体或其他污染物用水无法清洗时请用丙酮清洗或用 20%HCl 加热 15min 进行清洗。然后再用水冲洗，烧红即可。

③ 在样品皿中加入测量液体，将被测样品放于样品台上。放之前请一定目测一下铂金板挂的高度，如果可能会浸入样品中时，请按"向下"按键，将样品台向下（注：在取样时，最好用移液管从待测液中部取样，并确保在取样前样品皿的干净度）。

④ 观察液晶屏显示值是否是零。如果不是零，则请按"去皮"按键，做清零处理。准备就绪。

⑤ 观察"手动/自动"按键处指示灯指示情况。如果是自动的，指示灯亮；如果是手动，那么灯是暗的。请按动"手动/自动"按键，将表面张力仪调至自动状态。处于自动状态时，如上升期间铂金板碰到被测试样，且张力值达到修正值设定的数字（比如 5mN），升降平台会自动停下，否则升降平台会升至最高点；如下降时则会过 15s 后自动停下（再按下降键时会再过 15s 后自动停下）。处于手动状态时，上升期间与自动状态一样；下降时则一直到最低点停下。

⑥ 按"向上键"自动测试表面张力，待显示屏的数值稳定后可以读取液晶显示屏上的表面张力值。注意：如果被测样品中含有表面活性剂或被测样品为混合物时，表面张力值会出现一定的变化，且出现最终稳定值的时间会因样品的不同而异。

⑦ 完成测试。按"向下"按键完成一次测值过程。如需重复测值，则按如下方法执行。

⑧ 重复性操作的方法为：按"向下"按键，表面张力仪样品台逐渐下降，铂金板脱离被测样品后，可先按"停止"按键，然后再重新按"向上"按键进行测试，得到测得值后分析重复性效果。

注意，做重复性操作时，一定不用去理会表面张力仪显示出的残留数值，即不要做去皮动作。一般情况下，如果这个值超过 5mN/m 时才会要求重新清洗铂金板。

⑨ 仪器使用完毕，铂金板取下清洗好后放好，挂钩应处于不受力状态。

18.3　激光粒度及 Zeta 电位分析仪使用简介

所谓激光粒度仪是专指通过颗粒的衍射或散射光的空间分布（散射谱）来分析颗粒大小的仪器。根据能谱稳定与否分为静态光散射粒度仪和动态光散射激光粒度仪。动态光散射原理的粒度仪仅适用于纳米级至亚微米级颗粒的测试。它是根据颗粒布朗运动的快慢，通过检测某一个或二个散射角的动态光散射信号来分析纳米颗粒大小，能谱是随时间高速变化的。

18.3.1　仪器原理图（见图 18-9）

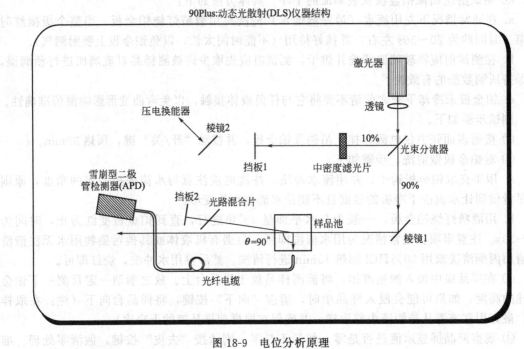

图 18-9　电位分析原理

18.3.2　动态光散射的原理

由于颗粒在悬浮液中的布朗运动，使得光强随时间产生脉动。采用数字相关器技术处理脉冲信号，得到颗粒运动的扩散信息后，进而利用 Stokes-Einstein 方程计算得出颗粒粒径及其分布：

$$C(\tau) = <n(t)^* n(t+\tau)> = <n>2[1+b^* \exp(-2\Gamma\tau)]$$

$n(t)$ 是在 t 时刻的光强；τ 是指弛豫时间，表示系统由不稳定态趋于某稳定态所需要的时间，对于动态光散射技术而言，小颗粒布朗运动快，其弛豫时间 τ 也小，大颗粒布朗运动速度慢，其弛豫时间 τ 相对较大；$<n>2$ 为基线，由测量得出，b 为一个经验常数。

$$\Gamma = DT^* q^2$$

式中，DT 为扩散系数；q 为波动矢量因子。

$$|q| = (4\pi n/\lambda_0)\sin(\theta/2)$$

式中，n 为悬浮液的折射系数；λ_0 为光源的波长；θ 为散射光的角度。

$$DT = KT/(3\pi\eta d)$$

式中，K 为 Boltzman 常数；T 为绝对温度；η 为黏度系数；d 为流体力学直径。

由以上公式可以看出，需要设定的主要参数是溶剂的折光指数 n、绝对温度 T 和黏度，需要用到的仪器硬件主要是激光器、检测器和相关器。

18.3.3　粒度测定（动态光散射原理）

① 打开仪器后面的开关、电脑及显示器，待机器稳定 20min 左右后使用。

② 打开 particlesizing 程序，选择所要保存数据的文件夹。

③ 将待测溶液加入样品池中，将样品池插入样品槽，关上盖子，待仪器自动调整完成，即可测量。

④ 点击程序界面 parameters，对测量的参数进行设置。

⑤ Start 开始测量。

18.3.4　注意事项

① 一般来说，样品测量范围为 1nm～6μm，浓度体积比≤1%，体积 1.5～3mL，测量时间 1～3min/Run。

② 样品放入样品池后需要在仪器中温度稳定 5～10min 左右。

③ Avg. Count Rate 范围维持在 100～500kcps 为佳，光强主要通过控制半衰片（仪器自动调节）和样品的浓度来达到。

18.3.5　电泳光散射（ELS）原理

由于带电颗粒在外加电场的作用下，会发生定向移动，从而引起穿过该体系的光束频率的变化，即多普勒效应。公式如下：

$$\omega s = \mathrm{Vep} * q$$

式中，ωs 为多普勒频移量；Vep 为电泳速度。

$$|q| = (4\pi n/\lambda_0)\sin(\theta/2) \quad 散射因子$$

式中，n 为悬浮液的折射系数；λ_0 为光源的波长；θ 为散射光的角度。

$$\mathrm{Vep} = \mu\mathrm{ep} * E$$

式中，Vep 为电泳速度；μep 为电泳迁移率；E 为外加电场强度。

$$\mu\mathrm{ep} = \varepsilon_r * \varepsilon_0 * \zeta/\eta$$

式中，ζ 为 Zeta 电位；ε_r 为液体的介电常数；ε_0 为真空中的介电常数；η 为悬浮液的黏度。

由以上公式可以看出，需要设定的主要参数是溶剂的折光指数 n、介电常数 ε_r 和黏度，需要用到的仪器硬件主要是激光器、检测器和电极。

18.3.6　Zeta 电位测定（电泳光散射原理）

① 打开仪器后面的开关及显示器，待机器稳定 20min 左右后使用。

② 打开 ZetaPlus 程序，选择所要保存数据的文件夹。

③ 将待测溶液加入样品池中，将钯电极缓慢插入溶液中，连上电极电源插头，关上盖子，待仪器自动调整完成，即可测量。

④ 点程序界面 parameters，对测量的参数进行设置。

⑤ Start 开始测量。

注意事项：

① Zeta 电位量程 −150～+150mV，粒度范围 5nm～30μm，样品体积 1.5mL。

② 要缓慢将电极插入样品池中，避免电极表面有气泡产生。

③ 钯电极用后及时清洗干净（用去离子水清洗，如不能洗净、电极发黑，则用电极清洗工具轻轻擦拭）。

④ 高盐浓度（即高电导率）的样品，浸泡电极，使电极表面饱和，再用低电压测量，防止离子析出。

附　录

一、最常用的酸碱试剂和浓溶液

品　名	相对分子质量	密　度	质量分数/%	g（纯溶质）/L[①]	mol/L[①]
盐　酸	36.5	1.18	36	425	11.6
		1.05	10	105	2.9
硫　酸	98.1	1.84	96	1766	18.0
硝　酸	63.02	1.42	71	1008	16.0
		1.40	67	938	14.9
		1.37	61	837	13.3
磷　酸	98.0	1.70	85	1445	14.7
氢溴酸	80.92	1.50	48	720	8.9
		1.38	40	552	6.8
氢碘酸	127.9	1.70	57	969	7.6
		1.50	47	705	5.5
		1.1	10	110	0.86
氢氟酸	20.01	1.17	55	642	32.1
		1.16	50	578	28.9
高氯酸	100.5	1.67	70	1169	11.65
		1.54	60	924	9.2
冰醋酸	60.05	1.05	99.5	1045	17.4
醋　酸	60.05	1.045	36	376	6.27
氨　水	17.0	0.898	28	251	14.8
氢氧化钠	40.0	1.53	50	763	19.1
		1.11	10	111	2.78
氢氧化钾	56.1	1.52	50	757	13.5
		1.09	10	109	1.94
碳酸钠	106.0	1.10	10	110	1.04

[①] 指每升溶液（不是指每升水）。

1mol 上述试剂溶液的体积（mL）分别如下：

浓盐酸（密度1.18）	85.9	48%氢溴酸	112.4
浓硫酸（密度1.84）	55.5	57%氢碘酸	132
硝酸　（密度1.42）	62.5	70%高氯酸	86
（密度1.40）	67.2	28%氨水	67.7
（密度1.37）	75.3	10%氢氧化钠	360
85%磷酸	67.8	10%氢氧化钾	515
冰醋酸（99.5%）	57.5	10%碳酸钠	963

二、一些酸碱溶液的浓度与密度的关系

1. CH₃COOH（HAC）   相对分子质量 60.05

g(HAc)/100g 溶液	d_4^{20}	d_{20}^{20}	g(HAc)/L(溶液)	mol(HAc)/L(溶液)	g(水)/L(溶液)
0.00	0.9982	1.0000	0.0	0.000	998.2
0.50	0.9989	1.0007	5.0	0.083	993.9
1.00	0.9996	1.0014	10.0	0.166	989.6
1.50	1.0003	1.0021	15.0	0.250	985.3
2.00	1.0011	1.0028	20.0	0.333	981.0
2.50	1.0018	1.0035	25.0	0.417	976.7
3.00	1.0025	1.0042	30.1	0.501	972.4
3.50	1.0031	1.0049	35.1	0.585	968.0
4.00	1.0038	1.0056	40.2	0.669	963.7
4.50	1.0045	1.0063	45.2	0.753	959.3
5.00	1.0052	1.0070	50.3	0.837	955.0
5.50	1.0059	1.0077	55.3	0.921	950.6
6.00	1.0066	1.0084	60.4	1.006	946.2
6.50	1.0073	1.0091	65.5	1.090	941.8
7.00	1.0080	1.0098	70.6	1.175	937.4
7.50	1.0087	1.0105	75.7	1.260	933.0
8.00	1.0093	1.0111	80.7	1.345	928.6
8.50	1.0100	1.0118	85.9	1.430	924.2
9.00	1.0107	1.0125	91.0	1.515	919.7
9.50	1.0114	1.0132	96.1	1.600	915.3
10.00	1.0121	1.0138	101.2	1.685	910.8
11.00	1.0134	1.0152	111.5	1.856	901.9
12.00	1.0147	1.0165	121.8	2.028	893.0
13.00	1.0161	1.0178	132.1	2.200	884.0
14.00	1.0174	1.0192	142.4	2.372	874.9
15.00	1.0187	1.0205	152.8	2.545	865.9
16.00	1.0200	1.0218	163.2	2.718	856.8
17.00	1.0213	1.0231	173.6	2.891	847.6
18.00	1.0225	1.0243	184.1	3.065	838.5
19.00	1.0238	1.0256	194.5	3.239	829.3
20.00	1.0250	1.0269	205.0	3.414	820.0
22.00	1.0275	1.0293	226.1	3.764	801.5
24.00	1.0299	1.0318	247.2	4.116	782.8
26.00	1.0323	1.0341	268.4	4.470	763.9
28.00	1.0346	1.0365	289.7	4.824	744.9
30.00	1.0369	1.0388	311.1	5.180	725.8
32.00	1.0391	1.0410	332.5	5.537	706.6
34.00	1.0413	1.0431	354.0	5.896	687.3
36.00	1.0434	1.0452	375.6	6.255	667.8
38.00	1.0454	1.0473	397.3	6.615	648.2
40.00	1.0474	1.0492	419.0	6.977	628.4
42.00	1.0493	1.0511	440.7	7.339	608.6

续表

g(HAc)/100g 溶液	d_4^{20}	d_{20}^{20}	g(HAc)/L(溶液)	mol(HAc)/L(溶液)	g(水)/L(溶液)
44.00	1.0510	1.0529	462.5	7.701	588.6
46.00	1.0528	1.0547	484.3	8.065	568.5
48.00	1.0545	1.0564	506.2	8.429	548.4
50.00	1.0562	1.0581	528.1	8.794	528.1
52.00	1.0577	1.0596	550.0	9.159	507.7
54.00	1.0592	1.0611	572.0	9.525	487.2
56.00	1.0605	1.0624	593.9	9.890	466.6
58.00	1.0618	1.0636	615.8	10.255	445.9
60.00	1.0629	1.0648	637.7	10.620	425.2
62.00	1.0640	1.0659	659.7	10.985	404.3
64.00	1.0650	1.0668	681.6	11.350	383.4
66.00	1.0659	1.0678	703.5	11.715	362.4
68.00	1.0668	1.0687	725.4	12.080	341.4
70.00	1.0673	1.0692	747.1	12.441	320.2
72.00	1.0676	1.0695	768.7	12.800	298.9
74.00	1.0678	1.0697	790.2	13.158	277.6
76.00	1.0680	1.0699	811.7	13.516	256.3
78.00	1.0681	1.0700	833.1	13.956	235.0
80.00	1.0680	1.0699	854.4	14.227	213.6
82.00	1.0677	1.0696	875.5	14.579	192.2
84.00	1.0673	1.0692	896.5	14.928	170.8
86.00	1.0666	1.0685	917.3	15.275	149.3
88.00	1.0658	1.0677	937.9	15.618	127.9
90.00	1.0644	1.0663	958.0	15.953	106.4
92.00	1.0629	1.0648	977.9	16.284	85.0
94.00	1.0606	1.0625	997.0	16.602	63.6
96.00	1.0578	1.0597	1015.5	16.912	42.3
98.00	1.0538	1.0557	1032.7	17.196	21.1
100.00	1.0477	1.0496	1047.7	17.446	0.0

2. HCl

相对分子质量 36.47

g(HCl)/100g 溶液	d_4^{20}	d_{20}^{20}	g(HCl)/L(溶液)	mol(HCl)/L(溶液)	g(水)/L(溶液)
0.50	1.0007	1.0025	5.0	0.137	995.7
1.00	1.0031	1.0049	10.0	0.275	993.1
1.50	1.0056	1.0074	15.1	0.414	990.5
2.00	1.0081	1.0098	20.2	0.553	987.9
2.50	1.0105	1.0123	25.3	0.693	985.3
3.00	1.0130	1.0148	30.4	0.833	982.6
3.50	1.0154	1.0172	35.5	0.975	979.9
4.00	1.0179	1.0197	40.7	1.116	977.2
4.50	1.0204	1.0222	45.9	1.259	974.4
5.00	1.0228	1.0246	51.1	1.402	971.7
5.50	1.0253	1.0271	56.4	1.546	968.9
6.00	1.0278	1.0296	61.7	1.691	966.1
6.50	1.0302	1.0321	67.0	1.836	963.3
7.00	1.0327	1.0345	72.3	1.982	960.4
7.50	1.0352	1.0370	77.6	2.129	957.5

g(HCl)/100g 溶液	d_4^{20}	d_{20}^{20}	g(HCl)/L(溶液)	mol(HCl)/L(溶液)	g(水)/L(溶液)
8.00	1.0377	1.0395	83.0	2.276	954.6
8.50	1.0401	1.0420	88.4	2.424	951.7
9.00	1.0426	1.0445	93.8	2.573	948.8
9.50	1.0451	1.0469	99.3	2.722	945.8
10.00	1.0476	1.0494	104.8	2.872	942.8
11.00	1.0526	1.0544	115.8	3.175	936.8
12.00	1.0576	1.0594	126.9	3.480	930.7
13.00	1.0626	1.0645	138.1	3.788	924.4
14.00	1.0676	1.0695	149.5	4.098	918.1
15.00	1.0726	1.0745	160.9	4.412	911.8
16.00	1.0777	1.0796	172.4	4.728	905.3
17.00	1.0828	1.0847	184.1	5.047	898.7
18.00	1.0878	1.0898	195.8	5.369	892.0
19.00	1.0929	1.0949	207.7	5.694	885.3
20.00	1.0980	1.1000	219.6	6.022	878.4
22.00	1.1083	1.1102	243.8	6.686	864.5
24.00	1.1185	1.1205	268.4	7.361	850.1
26.00	1.1288	1.1308	293.5	8.047	835.3
28.00	1.1391	1.1411	318.9	8.745	820.1
30.00	1.1492	1.1513	344.8	9.454	804.5
32.00	1.1594	1.1614	371.0	10.173	788.4
34.00	1.1693	1.1714	397.6	10.901	771.8
36.00	1.1791	1.1812	424.5	11.639	754.6
38.00	1.1886	1.1907	451.7	12.385	736.9
40.00	1.1977	1.1999	479.1	13.137	718.6

3. H_3PO_4

相对分子质量 98.00

g(H_3PO_4)/100g 溶液	d_4^{20}	d_{20}^{20}	g(H_3PO_4)/L(溶液)	mol/L(溶液)	g(水)/L(溶液)
0.50	1.0010	1.0028	5.0	0.051	996.0
1.00	1.0038	1.0056	10.0	0.102	993.7
1.50	1.0065	1.0083	15.1	0.154	991.4
2.00	1.0092	1.0110	20.2	0.206	989.0
2.50	1.0119	1.0137	25.3	0.258	986.6
3.00	1.0146	1.0164	30.4	0.311	984.2
3.50	1.0173	1.0191	35.6	0.363	981.7
4.00	1.0200	1.0218	40.8	0.416	979.2
4.50	1.0227	1.0245	46.0	0.470	976.7
5.00	1.0254	1.0272	51.3	0.523	974.1
5.50	1.0281	1.0299	56.5	0.577	971.6
6.00	1.0309	1.0327	61.9	0.631	969.0
6.50	1.0336	1.0354	67.2	0.686	966.4
7.00	1.0363	1.0381	72.5	0.740	963.8
7.50	1.0391	1.0409	77.9	0.795	961.1
8.00	1.0418	1.0437	83.3	0.850	958.5
8.50	1.0446	1.0465	88.8	0.906	955.8
9.00	1.0474	1.0493	94.3	0.962	953.2
9.50	1.0503	1.0521	99.8	1.018	950.5
10.00	1.0531	1.0550	105.3	1.075	947.8

g(H₃PO₄)/100g 溶液	d_4^{20}	d_{20}^{20}	g(H₃PO₄)/L(溶液)	mol/L(溶液)	g(水)/L(溶液)
11.00	1.0589	1.0607	116.5	1.189	942.4
12.00	1.0647	1.0665	127.8	1.304	936.9
13.00	1.0705	1.0724	139.2	1.420	931.4
14.00	1.0765	1.0784	150.7	1.538	925.8
15.00	1.0825	1.0844	162.4	1.657	920.1
16.00	1.0885	1.0905	174.2	1.777	914.4
17.00	1.0947	1.0966	186.1	1.899	908.6
18.00	1.1009	1.1028	198.2	2.022	902.7
19.00	1.1071	1.1091	210.4	2.146	896.8
20.00	1.1135	1.1154	222.7	2.272	890.8
22.00	1.1263	1.1283	247.8	2.528	878.5
24.00	1.1395	1.1415	273.5	2.790	866.0
26.00	1.1528	1.1549	299.7	3.059	853.1
28.00	1.1665	1.1685	326.6	3.333	839.9
30.00	1.1804	1.1825	354.1	3.613	826.3
32.00	1.1945	1.1966	382.2	3.900	812.3
34.00	1.2089	1.2111	411.0	4.194	797.9
36.00	1.2236	1.2257	440.5	4.495	783.1
38.00	1.2385	1.2407	470.6	4.802	767.8
40.00	1.2536	1.2558	501.4	5.117	752.2

4. HNO₃　　　　　　　　　　　　　　　　　相对分子质量 63.02

g(HNO₃)/100g 溶液	d_4^{20}	d_{20}^{20}	g(HNO₃)/L(溶液)	mol/L(溶液)	g(水)/L(溶液)
0.50	1.0009	1.0027	5.0	0.079	995.9
1.00	1.0037	1.0054	10.0	0.159	993.6
1.50	1.0064	1.0082	15.1	0.240	991.3
2.00	1.0091	1.0109	20.2	0.320	988.9
2.50	1.0119	1.0137	25.3	0.401	986.6
3.00	1.0146	1.0164	30.4	0.483	984.2
3.50	1.0174	1.0192	35.6	0.565	981.8
4.00	1.0202	1.0220	40.8	0.648	979.4
4.50	1.0230	1.0248	46.0	0.730	976.9
5.00	1.0257	1.0276	51.3	0.814	974.5
5.50	1.0286	1.0304	56.6	0.898	972.0
6.00	1.0314	1.0332	61.9	0.982	969.5
6.50	1.0342	1.0360	67.2	1.067	967.0
7.00	1.0370	1.0389	72.6	1.152	964.4
7.50	1.0399	1.0417	78.0	1.238	961.9
8.00	1.0427	1.0446	83.4	1.324	959.3
8.50	1.0456	1.0475	88.9	1.410	956.7
9.00	1.0485	1.0504	94.4	1.497	954.1
9.50	1.0514	1.0533	99.9	1.585	951.5
10.00	1.0543	1.0562	105.4	1.673	948.9
11.00	1.0602	1.0620	116.6	1.850	943.5
12.00	1.0660	1.0679	127.9	2.030	938.1
13.00	1.0720	1.0739	139.4	2.211	932.6
14.00	1.0780	1.0799	150.9	2.395	927.1
15.00	1.0840	1.0859	162.6	2.580	921.4

g(HNO₃)/100g 溶液	d_4^{20}	d_{20}^{20}	g(HNO₃)/L(溶液)	mol/L(溶液)	g(水)/L(溶液)
16.00	1.0901	1.0921	174.4	2.768	915.7
17.00	1.0963	1.0982	186.4	2.957	909.9
18.00	1.1025	1.1044	198.4	3.149	904.0
19.00	1.1087	1.1107	210.7	3.343	898.0
20.00	1.1150	1.1170	223.0	3.538	892.0
22.00	1.1277	1.1297	248.1	3.937	879.6
24.00	1.1406	1.1426	273.7	4.344	866.8
26.00	1.1536	1.1557	299.9	4.759	853.7
28.00	1.1668	1.1688	326.7	5.184	840.1
30.00	1.1801	1.1822	354.0	5.618	826.0
32.00	1.1934	1.1955	381.9	6.060	811.5
34.00	1.2068	1.2090	410.3	6.511	796.5
36.00	1.2202	1.2224	439.3	6.970	780.9
38.00	1.2335	1.2357	468.7	7.438	764.8
40.00	1.2466	1.2489	498.7	7.913	748.0

5. H₂SO₄

相对分子质量 98.08

g(H₂SO₄)/100g 溶液	d_4^{20}	d_{20}^{20}	g(H₂SO₄)/L(溶液)	mol/L(溶液)	g(水)/L(溶液)
0.50	1.0016	1.0034	5.0	0.051	996.6
1.00	1.0049	1.0067	10.0	0.102	994.9
1.50	1.0083	1.0101	15.1	0.154	993.2
2.00	1.0116	1.0134	20.2	0.206	991.4
2.50	1.0150	1.0168	25.4	0.259	989.6
3.00	1.0183	1.0201	30.6	0.311	987.8
3.50	1.0217	1.0235	35.8	0.365	985.9
4.00	1.0250	1.0269	41.0	0.418	984.0
4.50	1.0284	1.0302	46.3	0.472	982.1
5.00	1.0318	1.0336	51.6	0.526	980.2
5.50	1.0352	1.0370	56.9	0.580	978.2
6.00	1.0385	1.0404	62.3	0.635	976.2
6.50	1.0419	1.0438	67.7	0.691	974.2
7.00	1.0453	1.0472	73.2	0.746	972.2
7.50	1.0488	1.0506	78.7	0.802	970.1
8.00	1.0522	1.0541	84.2	0.858	968.0
8.50	1.0556	1.0575	89.7	0.915	965.9
9.00	1.0591	1.0610	95.3	0.972	963.8
9.50	1.0626	1.0645	100.9	1.029	961.6
10.00	1.0661	1.0680	106.6	1.087	959.5
11.00	1.0731	1.0750	118.0	1.204	955.1
12.00	1.0802	1.0821	129.6	1.322	950.6
13.00	1.0874	1.0893	141.4	1.441	946.0
14.00	1.0947	1.0966	153.3	1.563	941.4
15.00	1.1020	1.1039	165.3	1.685	936.7
16.00	1.1094	1.1114	177.5	1.810	931.9
17.00	1.1169	1.1189	189.9	1.936	927.0
18.00	1.1245	1.1265	202.4	2.064	922.1
19.00	1.1321	1.1341	215.1	2.193	917.0
20.00	1.1398	1.1418	228.0	2.324	911.9

续表

g(H₂SO₄)/100g 溶液	d_4^{20}	d_{20}^{20}	g(H₂SO₄)/L(溶液)	mol/L(溶液)	g(水)/L(溶液)
22.00	1.1554	1.1575	254.2	2.592	901.2
24.00	1.1714	1.1735	281.1	2.866	890.3
26.00	1.1872	1.1893	308.7	3.147	878.5
28.00	1.2031	1.2052	336.9	3.435	866.2
30.00	1.2191	1.2213	365.7	3.729	853.4
32.00	1.2353	1.2375	395.3	4.030	840.0
34.00	1.2518	1.2540	425.6	4.339	826.2
36.00	1.2685	1.2707	456.7	4.656	811.8
38.00	1.2855	1.2878	488.5	4.981	797.0
40.00	1.3028	1.3051	521.1	5.313	781.7
42.00	1.3205	1.3229	554.6	5.655	765.9
44.00	1.3386	1.3410	589.0	6.005	749.6
46.00	1.3570	1.3594	624.2	6.365	732.8
48.00	1.3759	1.3783	660.4	6.734	715.5
50.00	1.3952	1.3977	697.6	7.113	697.6
52.00	1.4149	1.4174	735.8	7.502	679.2
54.00	1.4351	1.4377	775.0	7.901	660.2
56.00	1.4558	1.4584	815.3	8.312	640.6
58.00	1.4770	1.4796	856.7	8.734	620.3
60.00	1.4987	1.5013	899.2	9.168	599.5
62.00	1.5200	1.5227	942.4	9.608	577.6
64.00	1.5421	1.5448	986.9	10.062	555.2
66.00	1.5646	1.5674	1032.6	10.528	532.0
68.00	1.5874	1.5902	1079.4	11.005	508.0
70.00	1.6105	1.6134	1127.4	11.495	483.1
72.00	1.6338	1.6367	1176.3	11.993	457.5
74.00	1.6574	1.6603	1226.5	12.505	430.9
76.00	1.6810	1.6840	1277.6	13.026	403.4
78.00	1.7043	1.7073	1329.4	13.554	374.9
80.00	1.7272	1.7303	1381.8	14.088	345.4
82.00	1.7491	1.7522	1434.3	14.624	314.8
84.00	1.7693	1.7724	1486.2	15.153	283.1
86.00	1.7872	1.7904	1537.0	15.671	250.2
88.00	1.8022	1.8054	1585.9	16.169	216.3
90.00	1.8144	1.8176	1633.0	16.650	181.4
92.00	1.8240	1.8272	1678.1	17.110	145.9
94.00	1.8312	1.8344	1721.3	17.550	109.9
96.00	1.8355	1.8388	1762.1	17.966	73.4
98.00	1.8361	1.8394	1799.4	18.346	36.7
100.00	1.8305	1.8337	1830.5	18.663	0.0

6. 氨水　　　　相对分子质量　NH₃=17.03，NH₄OH=35.05

NH₃ 质量分数 /%	NH₄OH 质量分数 /%	d_4^{20}	d_{20}^{20}	g(NH₃)/L(溶液)	mol/L(溶液)	g(水)/L(溶液)
0.50	1.03	0.9960	0.9978	5.0	0.292	991.0
1.00	2.06	0.9938	0.9956	9.9	0.584	983.9
1.50	3.09	0.9917	0.9934	14.9	0.873	976.8
2.00	4.12	0.9895	0.9913	19.8	1.162	969.7

NH$_3$ 质量分数 /%	NH$_4$OH 质量分数 /%	d_4^{20}	d_{20}^{20}	g(NH$_3$)/L(溶液)	mol/L(溶液)	g(水)/L(溶液)
2.50	5.15	0.9874	0.9891	24.7	1.449	962.7
3.00	6.17	0.9853	0.9870	29.6	1.736	955.7
3.50	7.20	0.9832	0.9849	34.4	2.021	948.8
4.00	8.23	0.9811	0.9828	39.2	2.304	941.8
4.50	9.26	0.9790	0.9808	44.1	2.587	935.0
5.00	10.29	0.9770	0.9787	48.8	2.868	928.1
5.50	11.32	0.9750	0.9767	53.6	3.149	921.3
6.00	12.35	0.9730	0.9747	58.4	3.428	914.6
6.50	13.38	0.9710	0.9727	63.1	3.706	907.9
7.00	14.41	0.9690	0.9707	67.8	3.983	901.2
7.50	15.44	0.9671	0.9688	72.5	4.259	894.5
8.00	16.47	0.9651	0.9668	77.2	4.534	887.9
8.50	17.49	0.9632	0.9649	81.9	4.807	881.3
9.00	18.52	0.9613	0.9630	86.5	5.080	874.8
9.50	19.55	0.9594	0.9611	91.1	5.352	868.3
10.00	20.58	0.9575	0.9592	95.8	5.623	861.8
11.00	22.64	0.9538	0.9555	104.9	6.161	848.9
12.00	24.70	0.9502	0.9519	114.0	6.695	836.2
13.00	26.76	0.9466	0.9483	123.1	7.226	823.5
14.00	28.81	0..9431	0.9447	132.0	7.753	811.0
15.00	30.87	0.9396	0.9412	140.9	8.276	798.6
16.00	32.93	0.9361	0.9378	149.8	8.795	786.4
17.00	34.99	0.9327	0.9344	158.6	9.311	774.2
18.00	37.05	0.9294	0.9310	167.3	9.823	762.1
19.00	39.10	0.9261	0.9277	176.0	10.332	750.1
20.00	41.16	0.9228	0.9245	184.6	10.838	738.3
22.00	45.28	0.9164	0.9181	201.6	11.839	714.8
24.00	49.40	0.9102	0.9118	218.6	12.827	691.7
26.00	53.51	0.9040	0.9056	235.0	13.802	669.0
28.00	57.63	0.8980	0.8996	251.4	14.764	646.5
30.00	61.74	0.8920	0.8936	267.6	15.713	624.4

7. Na$_2$CO$_3 \cdot$ 10H$_2$O　　　　　　　　相对分子质量 Na$_2$CO$_3 =$ 106.00

Na$_2$CO$_3$ 质量分数 /%	Na$_2$CO$_3 \cdot$ 10H$_2$O 质量分数 /%	d_4^{20}	d_{20}^{20}	g(Na$_2$CO$_3$)/L(溶液)	mol/L(溶液)	g(水)/L(溶液)
0.50	1.35	1.0034	1.0052	5.0	0.047	998.4
1.00	2.70	1.0086	1.0104	10.1	0.095	998.5
1.50	4.05	1.0138	1.0156	15.2	0.143	998.6
2.00	5.40	1.0190	1.0208	20.4	0.192	998.6
2.50	6.75	1.0242	1.0260	25.6	0.242	998.6
3.00	8.10	1.0294	1.0312	30.9	0.291	998.5
3.50	9.45	1.0346	1.0364	36.2	0.342	998.4
4.00	10.80	1.0398	1.0416	41.6	0.392	998.2
4.50	12.15	1.0450	1.0468	47.0	0.444	998.0
5.00	13.50	1.0502	1.0521	52.5	0.495	997.7

Na$_2$CO$_3$ 质量分数 /%	Na$_2$CO$_3$·10H$_2$O 质量分数 /%	d_4^{20}	d_{20}^{20}	g(Na$_2$CO$_3$)/L(溶液)	mol/L(溶液)	g(水)/L(溶液)
5.50	14.85	1.0554	1.0573	58.0	0.548	997.3
6.00	16.20	1.0606	1.0625	63.6	0.600	997.0
6.50	17.55	1.0658	1.0677	69.3	0.654	996.5
7.00	18.90	1.0711	1.0730	75.0	0.707	996.1
7.50	20.25	1.0763	1.0782	80.7	0.762	995.6
8.00	21.60	1.0816	1.0835	86.5	0.816	995.1
8.50	22.95	1.0869	1.0888	92.4	0.872	994.5
9.00	24.30	1.0922	1.0942	98.3	0.927	993.9
9.50	25.65	1.0975	1.0995	104.3	0.984	993.3
10.00	27.00	1.1029	1.1048	110.3	1.040	992.6
11.00	29.70	1.1136	1.1156	122.5	1.156	991.1
12.00	32.40	1.1244	1.1264	134.9	1.273	989.5
13.00	35.10	1.1353	1.1373	147.6	1.392	987.7
14.00	37.79	1.1463	1.1483	160.5	1.514	985.8
15.00	40.49	1.1574	1.1595	173.6	1.638	983.8

8. NaHCO$_3$ 相对分子质量 84.01

g(NaHCO$_3$)/100g 溶液	d_4^{20}	d_{20}^{20}	g(NaHCO$_3$)/L(溶液)	mol/L(溶液)	g(H$_2$O)/L(溶液)
0.50	1.0018	1.0036	5.0	0.060	996.8
1.00	1.0054	1.0072	10.1	0.120	995.3
1.50	1.0089	1.0107	15.1	0.180	993.8
2.00	1.0125	1.0143	20.2	0.241	992.2
2.50	1.0160	1.0178	25.4	0.302	990.6
3.00	1.0196	1.0214	30.6	0.364	989.0
3.50	1.0231	1.0249	35.8	0.426	987.3
4.00	1.0266	1.0284	41.1	0.489	985.5
4.50	1.0301	1.0320	46.4	0.552	983.8
5.00	1.0337	1.0355	51.7	0.615	982.0
5.50	1.0372	1.0391	57.0	0.679	980.2
6.00	1.0408	1.0426	62.4	0.743	978.4

9. KOH   相对分子质量 56.11

g(KOH)/100g 溶液	d_4^{20}	d_{20}^{20}	g(KOH)/L(溶液)	mol/L(溶液)	g(水)/L(溶液)
0.50	1.0025	1.0043	5.0	0.089	997.5
1.00	1.0068	1.0086	10.1	0.179	996.7
1.50	1.0111	1.0129	15.2	0.270	995.9
2.00	1.0155	1.0172	20.3	0.362	995.1
2.50	1.0198	1.0216	25.5	0.454	994.3
3.00	1.0242	1.0260	30.7	0.548	993.5
3.50	1.0286	1.0304	36.0	0.642	992.6
4.00	1.0330	1.0348	41.3	0.736	991.7
4.50	1.0374	1.0393	46.7	0.832	990.8
5.00	1.0419	1.0437	52.1	0.928	989.8
5.50	1.0464	1.0482	57.6	1.026	988.8
6.00	1.0509	1.0527	63.1	1.124	987.8
6.50	1.0554	1.0572	68.6	1.223	986.8
7.00	1.0599	1.0618	74.2	1.322	985.7
7.50	1.0644	1.0663	79.8	1.423	984.6

g(KOH)/100g 溶液	d_4^{20}	d_{20}^{20}	g(KOH)/L(溶液)	mol/L(溶液)	g(水)/L(溶液)
8.00	1.0690	1.0709	85.5	1.524	983.5
8.50	1.0736	1.0755	91.3	1.626	982.3
9.00	1.0781	1.0801	97.0	1.729	981.1
9.50	1.0827	1.0847	102.9	1.833	979.9
10.00	1.0873	1.0893	108.7	1.938	978.6
11.00	1.0966	1.0985	120.6	2.150	976.0
12.00	1.1059	1.1079	132.7	2.365	973.2
13.00	1.1153	1.1172	145.0	2.584	970.3
14.00	1.1246	1.1266	157.5	2.806	967.2
15.00	1.1341	1.1361	170.1	3.032	964.0
16.00	1.1435	1.1456	183.0	3.261	960.6
17.00	1.1531	1.1551	196.0	3.493	957.0
18.00	1.1626	1.1647	209.3	3.730	953.3
19.00	1.1722	1.1743	222.7	3.969	949.5
20.00	1.1818	1.1839	236.4	4.212	945.4
22.00	1.2014	1.2035	264.3	4.710	937.1
24.00	1.2210	1.2231	293.0	5.223	927.9
26.00	1.2408	1.2430	322.6	5.750	918.2
28.00	1.2609	1.2632	353.1	6.292	907.9
30.00	1.2813	1.2836	384.4	6.851	896.9
32.00	1.3020	1.3043	416.6	7.425	885.4
34.00	1.3230	1.3254	449.8	8.017	873.2
36.00	1.3444	1.3468	484.0	8.626	860.4
38.00	1.3661	1.3685	519.1	9.252	847.0
40.00	1.3881	1.3906	555.2	9.896	832.9
42.00	1.4104	1.4129	592.4	10.558	818.1
44.00	1.4331	1.4356	630.6	11.238	802.5
46.00	1.4560	1.4586	669.8	11.936	786.2
48.00	1.4791	1.4817	710.0	12.653	769.1
50.00	1.5024	1.5050	751.2	13.388	751.2

10. NaOH　　　　　　　　　　　　　　　相对分子质量 40.01

g(NaOH)/100g 溶液	d_4^{20}	d_{20}^{20}	g(NaOH)/L(溶液)	mol/L(溶液)	g(水)/L(溶液)
0.50	1.0039	1.0057	5.0	0.125	998.9
1.00	1.0095	1.0113	10.1	0.252	999.4
1.50	1.0151	1.0169	15.2	0.381	999.9
2.00	1.0207	1.0225	20.4	0.510	1000.3
2.50	1.0262	1.0281	25.7	0.641	1000.6
3.00	1.0318	1.0336	31.0	0.774	1000.8
3.50	1.0373	1.0391	36.3	0.907	1001.0
4.00	1.0428	1.0446	41.7	1.043	1001.1
4.50	1.0483	1.0502	47.2	1.179	1001.1
5.00	1.0538	1.0557	52.7	1.317	1001.1
5.50	1.0593	1.0612	58.3	1.456	1001.0
6.00	1.0648	1.0667	63.9	1.597	1000.9
6.50	1.0703	1.0722	69.6	1.739	1000.7
7.00	1.0758	1.0777	75.3	1.882	1000.5
7.50	1.0813	1.0833	81.1	2.027	1000.2
8.00	1.0869	1.0888	86.9	2.173	999.9

g(NaOH)/100g 溶液	d_4^{20}	d_{20}^{20}	g(NaOH)/L(溶液)	mol/L(溶液)	g(水)/L(溶液)
8.50	1.0924	1.0943	92.9	2.321	999.5
9.00	1.0979	1.0998	98.8	2.470	999.1
9.50	1.1034	1.1054	104.8	2.620	998.6
10.00	1.1089	1.1109	110.9	2.772	998.0
11.00	1.1199	1.1219	123.2	3.079	996.7
12.00	1.1309	1.1329	135.7	3.392	995.2
13.00	1.1419	1.1440	148.5	3.710	993.5
14.00	1.1530	1.1550	161.4	4.034	991.6
15.00	1.1640	1.1661	174.6	4.364	989.4
16.00	1.1751	1.1771	188.0	4.699	987.0
17.00	1.1861	1.1882	201.6	5.040	984.5
18.00	1.1971	1.1993	215.5	5.386	981.7
19.00	1.2082	1.2103	229.6	5.737	978.6
20.00	1.2192	1.2214	243.8	6.094	975.4
22.00	1.2412	1.2434	273.1	6.825	968.1
24.00	1.2631	1.2653	303.1	7.576	959.9
26.00	1.2848	1.2871	334.0	8.349	950.8
28.00	1.3064	1.3087	365.8	9.142	940.6
30.00	1.3277	1.3301	398.3	9.956	929.4
32.00	1.3488	1.3512	431.6	10.788	917.2
34.00	1.3697	1.3721	465.7	11.639	904.0
36.00	1.3901	1.3926	500.5	12.508	889.7
38.00	1.4102	1.4127	535.9	13.394	874.3
40.00	1.4299	1.4324	571.9	14.295	857.9

三、溶剂的油/水混溶性次序

在以下序列中，排在前面的溶剂其水溶性最强（前12种溶剂无限溶于水），排在末尾的油溶性最强。溶剂在这一序列中的位置是由它与水形成氢键的倾向决定的，因此排列次序与介电常数的大小次序不完全一致。

溶 剂	介电常数	溶 剂	介电常数
水	81.1	苯甲醇	13
甲酰胺	84	乙酸乙酯	6.1
甲酸	58.5	乙醚	4.4
乙腈	38.8	硝基甲烷	39
甲醇	31.2	二氯甲烷	9.1
乙酸	6.3	氯仿	5.1
乙醇	25.8	二氯乙烷	10.0
异丙醇	26	三氯乙烷	10.4
丙酮	21.5	苯	2.2
对二噁烷	3	三氯乙烯	3.4
四氢呋喃	1.7	甲苯	2.3
叔丁醇	11.2	二甲苯	2.6
2-丁醇	15.8	四氯化碳	2.3
甲乙酮	18	二硫化碳	2.6
环己酮	18.2	十氢萘	2.1
正丁醇	19.3	环己烷	2.1
环己醇	15	己烷，石油馏分	1.9

四、密度-波美度换算表

在精细化工生产中，用测量密度的方法可以简便地确定溶液的浓度。国外有些化工文献常以波美度（°Be'）表示密度。

轻于水的液体的波美度与密度（$d\frac{60°F}{60°F}$，即$d\frac{15.56℃}{15.56℃}$）的换算公式如下：

$$(°Be') = \frac{140}{密度} - 130$$

重于水的液体的波美度与密度（$d\frac{60°F}{60°F}$，即$d\frac{15.56℃}{15.56℃}$）的换算公式如下：

$$(°Be') = 145 - \frac{145}{密度}$$

下面分别把液体的密度-波美度的换算值列表，供查对使用。

密度小于 1 的液体波美度与密度的换算表

密度	°Be'	密度	°Be'	密度	°Be'	密度	°Be'
0.600	103.33	0.700	70.00	0.800	45.00	0.900	25.56
0.605	101.40	0.705	68.58	0.805	43.91	0.905	24.70
0.610	99.51	0.710	67.18	0.810	42.84	0.910	23.85
0.615	97.64	0.715	65.80	0.815	41.78	0.915	23.01
0.620	95.81	0.720	64.44	0.820	40.73	0.920	22.17
0.625	94.00	0.725	63.10	0.825	39.70	0.925	21.35
0.630	92.22	0.730	61.78	0.830	38.67	0.930	20.54
0.635	90.47	0.735	60.48	0.835	37.66	0.935	19.73
0.640	88.75	0.740	59.19	0.840	36.67	0.940	18.94
0.645	87.05	0.745	57.92	0.845	35.68	0.945	18.15
0.650	85.38	0.750	56.67	0.850	34.71	0.950	17.37
0.655	83.74	0.755	55.43	0.855	33.74	0.955	16.60
0.660	82.12	0.760	54.21	0.860	32.79	0.960	15.83
0.665	80.53	0.765	53.01	0.865	31.85	0.965	15.08
0.670	78.96	0.770	51.82	0.870	30.92	0.970	14.33
0.675	77.41	0.775	50.65	0.875	30.00	0.975	13.59
0.680	75.88	0.780	49.49	0.880	29.09	0.980	12.86
0.685	74.38	0.785	48.34	0.885	28.19	0.985	12.13
0.690	72.90	0.790	47.22	0.890	27.30	0.990	11.41
0.695	71.44	0.795	46.10	0.895	26.42	0.995	10.70

密度大于 1 的液体波美度与密度的换算表

密度	°Be'	密度	°Be'	密度	°Be'	密度	°Be'
1.005	0.72	1.040	5.58	1.075	10.12	1.110	14.37
1.010	1.44	1.045	6.24	1.080	10.74	1.115	14.96
1.015	2.14	1.050	6.91	1.085	11.36	1.120	15.54
1.020	2.84	1.055	7.56	1.090	11.97	1.125	16.11
1.025	3.54	1.060	8.21	1.095	12.58	1.130	16.68
1.030	4.22	1.065	8.85	1.100	13.18	1.135	17.25
1.035	4.90	1.070	9.49	1.105	13.78		

密度	°Bé	密度	°Bé	密度	°Bé	密度	°Bé
1.140	17.81	1.355	37.99	1.575	52.94	1.790	63.99
1.145	18.36	1.360	38.38	1.580	53.23	1.795	64.22
1.150	18.91	1.365	38.77	1.585	53.52	1.800	64.44
1.155	19.46	1.370	39.16	1.590	53.81	1.805	64.67
1.160	20.00	1.375	39.55	1.595	54.09	1.810	64.89
1.165	20.54	1.380	39.93	1.600	54.38	1.815	65.11
1.170	21.07	1.385	40.31	1.605	54.66	1.820	65.33
1.175	21.60	1.390	40.68	1.610	59.94	1.825	65.55
1.180	22.12	1.395	41.06	1.615	55.22	1.830	65.77
1.185	22.64	1.400	41.43	1.620	55.49	1.835	65.98
1.190	23.15	1.405	41.80	1.625	55.77	1.840	66.20
1.195	23.66	1.410	42.16	1.630	56.04	1.845	66.41
1.200	24.17	1.415	42.53	1.635	56.32	1.850	66.62
1.205	24.67	1.420	42.89	1.640	56.59	1.855	66.83
1.210	25.17	1.425	43.25	1.645	56.85	1.860	67.04
1.215	25.66	1.430	43.60	1.650	57.12	1.865	67.25
1.220	26.15	1.435	43.95	1.655	57.39	1.870	67.46
1.225	26.63	1.440	44.31	1.660	57.65	1.875	67.67
1.230	27.11	1.445	44.65	1.665	57.91	1.880	67.87
1.235	27.59	1.450	45.00	1.670	58.17	1.885	68.08
1.240	28.06	1.455	45.34	1.675	58.43	1.890	68.28
1.245	28.53	1.460	45.68	1.680	58.69	1.895	68.48
1.250	29.00	1.465	46.02	1.685	58.95	1.900	68.68
1.255	29.46	1.470	46.36	1.690	59.20	1.905	68.88
1.260	29.92	1.475	46.69	1.695	59.45	1.910	69.08
1.265	30.38	1.480	47.03	1.700	59.71	1.915	69.28
1.270	30.83	1.485	47.36	1.705	59.96	1.920	69.48
1.275	31.27	1.490	47.68	1.710	60.20	1.925	69.68
1.280	31.72	1.495	48.01	1.715	60.45	1.930	69.87
1.285	32.16	1.500	48.33	1.720	60.70	1.935	70.06
1.290	32.60	1.505	48.65	1.725	60.94	1.940	70.26
1.295	33.03	1.510	48.97	1.730	61.18	1.945	70.45
1.300	33.46	1.515	49.29	1.735	61.43	1.950	70.64
1.305	33.89	1.520	49.61	1.740	61.67	1.955	70.83
1.310	34.31	1.525	49.92	1.745	61.91	1.960	71.02
1.315	34.73	1.530	50.23	1.750	62.14	1.965	71.21
1.320	35.15	1.535	50.54	1.755	62.38	1.970	71.40
1.325	35.57	1.540	50.84	1.760	62.61	1.975	71.58
1.330	35.98	1.545	51.15	1.765	62.85	1.980	71.77
1.335	36.39	1.550	51.45	1.770	63.08	1.985	71.95
1.340	36.79	1.555	51.75	1.775	63.31	1.990	72.14
1.345	37.19	1.560	52.05	1.780	63.54	1.995	72.32
1.350	37.59	1.565	52.35	1.785	63.77	2.000	72.50
		1.570	52.64				

五、表面活性剂的临界胶束浓度（CMC）

阴离子型

化 合 物	溶 剂	温度/℃	CMC/mol·L^{-1}
$C_8H_{17}SO_3^-Na^+$	H_2O	40	1.6×10^{-1}
$C_{10}H_{21}SO_3^-Na^+$	H_2O	10	4.8×10^{-2}
$C_{10}H_{21}SO_3^-Na^+$	H_2O	25	4.3×10^{-2}
$C_{10}H_{21}SO_3^-Na^+$	H_2O	40	4.0×10^{-2}
$C_{10}H_{21}SO_3^-Na^+$	$0.1mol·L^{-1}NaCl-H_2O$	10	2.6×10^{-2}
$C_{10}H_{21}SO_3^-Na^+$	$0.1mol·L^{-1}NaCl-H_2O$	25	2.1×10^{-2}
$C_{10}H_{21}SO_3^-Na^+$	$0.1mol·L^{-1}NaCl-H_2O$	40	1.8×10^{-2}
$C_{10}H_{21}SO_3^-Na^+$	$0.5mol·L^{-1}NaCl-H_2O$	10	7.9×10^{-3}
$C_{10}H_{21}SO_3^-Na^+$	$0.5mol·L^{-1}NaCl-H_2O$	25	7.3×10^{-3}
$C_{10}H_{21}SO_3^-Na^+$	$0.5mol·L^{-1}NaCl-H_2O$	40	6.5×10^{-3}
$C_{12}H_{25}SO_3^-Na^+$	H_2O	25	1.2×10^{-2}
$C_{12}H_{25}SO_3^-Na^+$	H_2O	40	1.1×10^{-2}
$C_{12}H_{25}SO_3^-Na^+$	$0.1mol·L^{-1}NaCl-H_2O$	25	2.5×10^{-3}
$C_{12}H_{25}SO_3^-Na^+$	$0.1mol·L^{-1}NaCl-H_2O$	40	2.4×10^{-3}
$C_{12}H_{25}SO_3^-Na^+$	$0.5mol·L^{-1}NaCl-H_2O$	40	7.9×10^{-4}
$C_{14}H_{29}SO_3^-Na^+$	H_2O	40	2.5×10^{-3}
$C_{16}H_{33}SO_3^-Na^+$	H_2O	50	7.0×10^{-4}
$C_8H_{17}SO_4^-Na^+$	H_2O	40	1.4×10^{-1}
$C_{10}H_{21}SO_4^-Na^+$	H_2O	40	3.3×10^{-2}
$C_{11}H_{23}SO_4^-Na^+$	H_2O	21	1.6×10^{-2}
$C_{12}H_{25}SO_4^-Na^+$	H_2O	25	8.2×10^{-3}
$C_{12}H_{25}SO_4^-Na^+$	H_2O	40	8.6×10^{-3}
$C_{12}H_{25}SO_4^-Na^+$	H_2O-环己烷	25	7.4×10^{-3}
$C_{12}H_{25}SO_4^-Na^+$	H_2O-辛烷	25	8.1×10^{-3}
$C_{12}H_{25}SO_4^-Na^+$	H_2O-癸烷	25	8.5×10^{-3}
$C_{12}H_{25}SO_4^-Na^+$	H_2O-十七烷	25	8.5×10^{-3}
$C_{12}H_{25}SO_4^-Na^+$	H_2O-环己烯	25	7.9×10^{-3}
$C_{12}H_{25}SO_4^-Na^+$	H_2O-四氯化碳	25	6.8×10^{-3}
$C_{12}H_{25}SO_4^-Na^+$	H_2O-苯	25	6.0×10^{-3}
$C_{12}H_{25}SO_4^-Na^+$	$3mol·L^{-1}$二噁烷-H_2O	25	9.0×10^{-3}
$C_{12}H_{25}SO_4^-Na^+$	$0.01mol·L^{-1}NaCl-H_2O$	21	5.6×10^{-3}
$C_{12}H_{25}SO_4^-Na^+$	$0.03mol·L^{-1}NaCl-H_2O$	21	3.2×10^{-3}
$C_{12}H_{25}SO_4^-Na^+$	$0.1mol·L^{-1}NaCl-H_2O$	21	1.5×10^{-3}
$C_{12}H_{25}SO_4^-Na^+$	$0.1mol·L^{-1}NaCl-H_2O$-庚烷	20	1.4×10^{-3}
$C_{12}H_{25}SO_4^-Na^+$	$0.1mol·L^{-1}NaCl-H_2O$-乙苯	20	1.1×10^{-3}
$C_{12}H_{25}SO_4^-Na^+$	$0.1mol·L^{-1}NaCl-H_2O$-乙酸乙酯	20	1.8×10^{-3}
$C_{12}H_{25}SO_4^-Li^+$	H_2O	25	8.9×10^{-3}
$C_{12}H_{25}SO_4^-K^+$	H_2O	40	7.8×10^{-3}
$(C_{12}H_{25}SO_4^-)_2Ca^{2+}$	H_2O	70	3.4×10^{-3}
$C_{12}H_{25}SO_4^-N(CH_3)_4^+$	H_2O	25	5.5×10^{-3}
$C_{12}H_{25}SO_4^-N(C_2H_5)_4^+$	H_2O	30	4.5×10^{-3}
$C_{12}H_{25}SO_4^-N(C_3H_7)_4^+$	H_2O	25	2.2×10^{-3}
$C_{12}H_{25}SO_4^-N(C_4H_9)_4^+$	H_2O	30	1.3×10^{-3}

续表

阴离子型

化 合 物	溶 剂	温度/℃	CMC/mol·L^{-1}
$C_{13}H_{27}SO_4^-Na^+$	H_2O	40	4.3×10^{-3}
$C_{14}H_{29}SO_4^-Na^+$	H_2O	25	2.1×10^{-3}
$C_{14}H_{29}SO_4^-Na^+$	H_2O	40	2.2×10^{-3}
$C_{15}H_{31}SO_4^-Na^+$	H_2O	40	1.2×10^{-3}
$C_{16}H_{33}SO_4^-Na^+$	H_2O	40	5.8×10^{-4}
$C_{18}H_{37}SO_4^-Na^+$	H_2O	50	2.3×10^{-4}
$C_{12}H_{25}CH(SO_4^-Na^+)C_3H_7$	H_2O	40	1.7×10^{-3}
$C_{10}H_{21}CH(SO_4^-Na^+)C_5H_{11}$	H_2O	40	2.4×10^{-3}
$C_8H_{17}CH(SO_4^-Na^+)C_7H_{15}$	H_2O	40	4.3×10^{-3}
$C_{13}H_{27}CH(CH_3)CH_2SO_4^-Na^+$	H_2O	40	8.0×10^{-4}
$C_{12}H_{25}CH(C_2H_5)CH_2SO_4^-Na^+$	H_2O	40	9.0×10^{-4}
$C_{11}H_{23}CH(C_3H_7)CH_2SO_4^-Na^+$	H_2O	40	1.1×10^{-3}
$C_{10}H_{21}CH(C_4H_9)CH_2SO_4^-Na^+$	H_2O	40	1.5×10^{-3}
$C_9H_{19}CH(C_5H_{11})CH_2SO_4^-Na^+$	H_2O	40	2×10^{-3}
$C_8H_{17}CH(C_6H_{13})CH_2SO_4^-Na^+$	H_2O	40	2.3×10^{-3}
$C_7H_{15}CH(C_7H_{15})CH_2SO_4^-Na^+$	H_2O	40	3×10^{-3}
$C_{10}H_{21}OC_2H_4SO_3^-Na^+$	H_2O	25	1.5×10^{-2}
$C_{10}H_{21}OC_2H_4SO_3^-Na^+$	$0.1mol\cdot L^{-1}NaCl\text{-}H_2O$	25	5.5×10^{-3}
$C_{10}H_{21}OC_2H_4SO_3^-Na^+$	$0.5mol\cdot L^{-1}NaCl\text{-}H_2O$	25	2.0×10^{-3}
$C_{12}H_{25}OC_2H_4SO_4^-Na^+$	H_2O	25	3.9×10^{-3}
$C_{12}H_{25}OC_2H_4SO_4^-Na^+$	$0.1mol\cdot L^{-1}NaCl\text{-}H_2O$	25	4.3×10^{-4}
$C_{12}H_{25}OC_2H_4SO_4^-Na^+$	$0.5mol\cdot L^{-1}NaCl\text{-}H_2O$	25	1.3×10^{-4}
$C_{12}H_{25}(OC_2H_4)_2SO_4^-Na^+$	H_2O	10	3.1×10^{-3}
$C_{12}H_{25}(OC_2H_4)_2SO_4^-Na^+$	H_2O	25	2.9×10^{-3}
$C_{12}H_{25}(OC_2H_4)_2SO_4^-Na^+$	H_2O	40	2.8×10^{-3}
$C_{12}H_{25}(OC_2H_4)_2SO_4^-Na^+$	$0.1mol\cdot L^{-1}NaCl\text{-}H_2O$	10	3.2×10^{-4}
$C_{12}H_{25}(OC_2H_4)_2SO_4^-Na^+$	$0.1mol\cdot L^{-1}NaCl\text{-}H_2O$	25	2.9×10^{-4}
$C_{12}H_{25}(OC_2H_4)_2SO_4^-Na^+$	$0.1mol\cdot L^{-1}NaCl\text{-}H_2O$	40	2.8×10^{-4}
$C_{12}H_{25}(OC_2H_4)_2SO_4^-Na^+$	$0.5mol\cdot L^{-1}NaCl\text{-}H_2O$	10	1.1×10^{-4}
$C_{12}H_{25}(OC_2H_4)_2SO_4^-Na^+$	$0.5mol\cdot L^{-1}NaCl\text{-}H_2O$	25	1.0×10^{-4}
$C_{12}H_{25}(OC_2H_4)_2SO_4^-Na^+$	$0.5mol\cdot L^{-1}NaCl\text{-}H_2O$	40	1.0×10^{-4}
$C_{12}H_{25}(OC_2H_4)_3SO_4^-Na^+$	H_2O	50	2.0×10^{-3}
$C_{12}H_{25}(OC_2H_4)_4SO_4^-Na^+$	H_2O	50	1.3×10^{-3}
$C_6H_{13}OOCCH_2SO_3^-Na^+$	H_2O	25	1.7×10^{-1}
$C_8H_{17}OOCCH_2SO_3^-Na^+$	H_2O	25	6.6×10^{-2}
$C_{10}H_{21}OOCH_2SO_3^-Na^+$	H_2O	25	2.2×10^{-2}
$C_8H_{17}OOC(CH_2)_2SO_3^-Na^+$	H_2O	30	4.6×10^{-2}
$C_{10}H_{21}OOC(CH_2)_2SO_3^-Na^+$	H_2O	30	1.1×10^{-2}
$C_{12}H_{25}OOC(CH_2)_2SO_3^-Na^+$	H_2O	30	2.2×10^{-3}
$C_{14}H_{29}OOC(CH_2)_2SO_3^-Na^+$	H_2O	40	9×10^{-4}
$C_4H_9OOCCH_2CH(SO_3^-Na^+)COOC_4H_9$	H_2O	25	2.0×10^{-1}
$C_5H_{11}OOCCH_2(SO_3^-Na^+)COOC_5H_{11}$	H_2O	25	5.3×10^{-2}
$C_6H_{13}OOCCH_2CH(SO_3^-Na^+)COOC_6H_{13}$	H_2O	25	1.4×10^{-2}
$C_4H_9CH(C_2H_5)CH_2OOCCH_2-$ $CH(SO_3^-Na^+)COOCH_2CH(C_2H_5)C_4H_9$	H_2O	25	2.5×10^{-3}
$C_8H_{17}OOCCH_2CH(SO_3^-Na^+)COOC_8H_{17}$	H_2O	25	6.8×10^{-4}
$p\text{-}n\text{-}C_8H_{17}C_6H_4SO_3^-Na^+$	H_2O	35	1.5×10^{-2}
$p\text{-}n\text{-}C_{10}H_{21}C_6H_4SO_3^-Na^+$	H_2O	50	3.1×10^{-3}
$p\text{-}n\text{-}C_{12}H_{25}C_6H_4SO_3^-Na^+$	H_2O	60	1.2×10^{-3}

阴离子型

化 合 物	溶 剂	温度/℃	CMC/mol·L^{-1}
$C_{16}H_{33}$-7-$C_6H_4SO_3Na$	H_2O	45	5.1×10^{-5}
$C_{16}H_{33}$-7-$C_6H_4SO_3Na$	$0.051mol·L^{-1}NaCl$-H_2O	45	3.2×10^{-6}
含氟阴离子型：			
$C_7F_{15}COO^-K^+$	H_2O	25	2.9×10^{-2}
$C_7F_{15}COO^-Na^+$	H_2O	25	3.0×10^{-2}
$(CF_3)_2CF(CF_2)_4COO^-Na^+$	H_2O	25	3.0×10^{-2}
n-$C_8F_{17}SO_3^-Li^+$	H_2O	25	6.3×10^{-3}

阳离子型

化 合 物	溶 剂	温度/℃	CMC/mol·L^{-1}
$C_8H_{17}N(CH_3)_3^+Br^-$	H_2O	25	1.4×10^{-1}
$C_{10}H_{21}N(CH_3)_3^+Br^-$	H_2O	25	6.8×10^{-2}
$C_{10}H_{21}N(CH_3)_3^+Cl^-$	H_2O	25	6.1×10^{-2}
$C_{12}H_{25}N(CH_3)_3^+Br^-$	H_2O	25	1.6×10^{-2}
$C_{12}H_{25}N(CH_3)_3^+Cl^-$	H_2O	25	2.0×10^{-2}
$C_{12}H_{25}N(CH_3)_3^+F^-$	$0.5mol·L^{-1}NaF$-H_2O	31.5	8.4×10^{-3}
$C_{12}H_{25}N(CH_3)_3^+Cl^-$	$0.5mol·L^{-1}NaCl$-H_2O	31.5	3.8×10^{-3}
$C_{12}H_{25}N(CH_3)_3^+Br^-$	$0.5mol·L^{-1}NaBr$-H_2O	31.5	1.9×10^{-3}
$C_{12}H_{25}N(CH_3)_3^+NO_3^-$	$0.5mol·L^{-1}NaNO_3$-H_2O	31.5	8×10^{-4}
$C_{14}H_{29}N(CH_3)_3^+Br^-$	H_2O	25	3.6×10^{-3}
$C_{14}H_{29}N(CH_3)_3^+Cl^-$	H_2O	25	4.5×10^{-3}
$C_{16}H_{33}N(CH_3)_3^+Br^-$	H_2O	25	9.2×10^{-4}
$C_{16}H_{33}N(CH_3)_3^+Cl^-$	H_2O	30	1.3×10^{-3}
$C_{12}H_{25}Pyr^+Br^-$①	H_2O	10	1.1×10^{-2}
$C_{12}H_{25}Pyr^+Br^-$	H_2O	25	1.1×10^{-2}
$C_{12}H_{25}Pyr^+Br^-$	H_2O	40	1.1×10^{-2}
$C_{12}H_{25}Pyr^+Br^-$	$0.1mol·L^{-1}NaBr$-H_2O	10	2.7×10^{-3}
$C_{12}H_{25}Pyr^+Br^-$	$0.1mol·L^{-1}NaBr$-H_2O	25	2.7×10^{-3}
$C_{12}H_{25}Pyr^+Br^-$	$0.1mol·L^{-1}NaBr$-H_2O	40	2.8×10^{-3}
$C_{12}H_{25}Pyr^+Br^-$	$0.5mol·L^{-1}NaBr$-H_2O	10	1.0×10^{-3}
$C_{12}H_{25}Pyr^+Br^-$	$0.5mol·L^{-1}NaBr$-H_2O	25	1.0×10^{-3}
$C_{12}H_{25}Pyr^+Br^-$	$0.5mol·L^{-1}NaBr$-H_2O	40	1.1×10^{-3}
$C_{12}H_{25}Pyr^+Cl^-$	H_2O	10	1.7×10^{-2}
$C_{12}H_{25}Pyr^+Cl^-$	H_2O	25	1.7×10^{-2}
$C_{12}H_{25}Pyr^+Cl^-$	H_2O	40	1.7×10^{-2}
$C_{12}H_{25}Pyr^+Cl^-$	$0.1mol·L^{-1}NaCl$-H_2O	10	5.5×10^{-3}
$C_{12}H_{25}Pyr^+Cl^-$	$0.1mol·L^{-1}NaCl$-H_2O	25	4.8×10^{-3}
$C_{12}H_{25}Pyr^+Cl^-$	$0.1mol·L^{-1}NaCl$-H_2O	40	4.5×10^{-3}
$C_{12}H_{25}Pyr^+Cl^-$	$0.5mol·L^{-1}NaCl$-H_2O	10	1.9×10^{-3}
$C_{12}H_{25}Pyr^+Cl^-$	$0.5mol·L^{-1}NaCl$-H_2O	25	1.7×10^{-3}
$C_{12}H_{25}Pyr^+Cl^-$	$0.5mol·L^{-1}NaCl$-H_2O	40	1.7×10^{-3}
$C_{12}H_{25}Pyr^+I^-$	H_2O	25	5.3×10^{-3}
$C_{14}H_{29}Pyr^+Br^-$	H_2O	30	2.6×10^{-3}
$C_{16}H_{33}Pyr^+Cl^-$	H_2O	25	9.0×10^{-4}
$C_{18}H_{37}Pyr^+Cl^-$	H_2O	25	2.4×10^{-4}
$C_{12}H_{25}N^+(C_2H_5)(CH_3)_2Br^-$	H_2O	25	1.4×10^{-2}
$C_{12}H_{25}N^+(C_4H_9)(CH_3)_2Br^-$	H_2O	25	7.5×10^{-3}
$C_{12}H_{25}N^-(C_6H_{13})(CH_3)_2Br^-$	H_2O	25	3.1×10^{-3}
$C_{12}H_{25}N^+(C_8H_{17})(CH_3)_2Br^-$	H_2O	25	1.1×10^{-3}

阳离子型

化 合 物	溶 剂	温度/℃	CMC/mol·L^{-1}
$C_{14}H_{29}N^+(C_2H_5)_3Br^-$	H_2O	25	3.1×10^{-3}
$C_{14}H_{29}N^+(C_3H_7)_3Br^-$	H_2O	25	2.1×10^{-3}
$C_{14}H_{29}N^+(C_4H_9)_3Br^-$	H_2O	25	1.2×10^{-3}
$(C_{10}H_{21})_2N^+(CH_3)_2Br^-$	H_2O	25	1.8×10^{-3}
$(C_{12}H_{25})_2N^+(CH_3)_2Br^-$	H_2O	25	1.7×10^{-4}

阴离子-阳离子盐

化 合 物	溶 剂	温度/℃	CMC/mol·L^{-1}
$C_6H_{13}SO_4^-\cdot{}^+N(CH_3)_3C_6H_{13}$	H_2O	25	1.1×10^{-1}
$C_5H_{13}SO_4^-\cdot{}^+N(CH_3)_3C_8H_{17}$	H_2O	25	2.9×10^{-2}
$C_8H_{17}SO_4^-\cdot{}^+N(CH_3)_3C_6H_{13}$	H_2O	25	1.9×10^{-2}
$C_4H_9SO_4^-\cdot{}^+N(CH_3)_3C_{10}H_{21}$	H_2O	25	1.9×10^{-2}
$CH_3SO_4^-\cdot{}^+N(CH_3)_3C_{12}H_{25}$	H_2O	25	1.3×10^{-2}
$C_2H_5SO_4^-\cdot{}^+N(CH_3)_3C_{12}H_{25}$	H_2O	25	9.3×10^{-3}
$C_{10}H_{21}SO_4^-\cdot{}^+N(CH_3)_3C_4H_9$	H_2O	25	9.3×10^{-3}
$C_8H_{17}SO_4^-\cdot{}^+N(CH_3)_3C_8H_{17}$	H_2O	25	7.5×10^{-3}
$C_4H_9SO_4^-\cdot{}^+N(CH_3)_3C_{12}H_{25}$	H_2O	25	5.0×10^{-3}
$C_6H_{13}SO_4^-\cdot{}^+N(CH_3)_3C_{12}H_{25}$	H_2O	25	2.0×10^{-3}
$C_{10}H_{21}SO_4^-\cdot{}^+N(CH_3)_3C_{12}H_{21}$	H_2O	25	4.6×10^{-4}
$C_8H_{17}SO_4^-\cdot{}^+N(CH_3)_3C_{12}H_{25}$	H_2O	25	5.2×10^{-4}
$C_{12}H_{25}SO_4^-\cdot{}^+N(CH_3)_3C_{12}H_{25}$	H_2O	25	4.6×10^{-5}

两性型

化 合 物	溶 剂	温度/℃	CMC/mol·L^{-1}
$C_8H_{17}N^+(CH_3)_2CH_2COO^-$	H_2O	27	2.5×10^{-1}
$C_{10}H_{21}N^+(CH_3)_2CH_2COO^-$	H_2O	23	1.8×10^{-2}
$C_{12}H_{25}N^+(CH_3)_2CH_2COO^-$	H_2O	23	1.8×10^{-3}
$C_{14}H_{29}N^+(CH_3)_2CH_2COO^-$	H_2O	23	1.8×10^{-4}
$C_{16}H_{33}N^+(CH_3)_2CH_2COO^-$	H_2O	23	2.0×10^{-5}
$C_8H_{17}(COO^-)N^+(CH_3)_3$	H_2O	27	9.7×10^{-2}
$C_8H_{17}CH(COO^-)N^+(CH_3)_3$	H_2O	60	8.6×10^{-2}
$C_{10}H_{21}CH(COO^-)N^+(CH_3)_3$	H_2O	27	1.3×10^{-2}
$C_{12}H_{25}CH(COO^-)N^+(CH_3)_3$	H_2O	27	1.3×10^{-3}
$C_{10}H_{21}CH(Pyr^+)COO^-$	H_2O	25	5.2×10^{-3}
$C_{12}H_{25}CH(Pyr^+)COO^-$	H_2O	25	6.0×10^{-4}
$C_{14}H_{29}CH(Pyr^+)COO^-$	H_2O	40	7.4×10^{-5}
$C_{10}H_{21}N^+(CH_3)(CH_2C_6H_5)CH_2COO^-$	$H_2O,pH5.5\sim5.9$	25	5.3×10^{-3}
$C_{10}H_{21}N^+(CH_3)(CH_2C_6H_5)CH_2COO^-$	$H_2O,pH5.5\sim5.9$	40	4.4×10^{-3}
$C_{10}H_{21}N^+(CH_3)(CH_2C_6H_5)CH_2CH_2SO_3^-$	$H_2O,pH5.5\sim5.9$	40	4.6×10^{-3}
$C_{12}H_{25}N^+(CH_3)(CH_2C_6H_5)CH_2COO^-$	$H_2O,pH5.5\sim5.9$	25	5.5×10^{-4}
$C_{12}H_{25}N^+(CH_3)(CH_2C_6H_5)CH_2COO^-$	H_2O-环己烷	25	3.7×10^{-4}
$C_{12}H_{25}N^+(CH_3)(CH_2C_6H_5)CH_2COO^-$	H_2O-异辛烷	25	4.2×10^{-4}
$C_{12}H_{25}N^+(CH_3)(CH_2C_6H_5)CH_2COO^-$	H_2O-庚烷	25	4.4×10^{-4}
$C_{12}H_{25}N^+(CH_3)(CH_2C_6H_5)CH_2COO^-$	H_2O-十二烷	25	4.9×10^{-4}
$C_{12}H_{25}N^+(CH_3)(CH_2C_6H_5)CH_2COO^-$	H_2O-七甲基壬烷	25	5.0×10^{-4}
$C_{12}H_{25}N^+(CH_3)(CH_2C_6H_5)CH_2COO^-$	H_2O-十六烷	25	5.3×10^{-4}
$C_{12}H_{25}N^+(CH_3)(CH_2C_6H_5)CH_2COO^-$	H_2O-甲苯	25	1.9×10^{-4}
$C_{12}H_{25}N^+(CH_3)(CH_2C_6H_5)CH_2COO^-$	$0.1mol\ NaBr$-H_2O	25	3.8×10^{-4}
n-$C_{12}H_{25}N(CH_3)_2O$	H_2O	27	2.1×10^{-3}

续表

非离子型

化 合 物	溶 剂	温度/℃	CMC/mol·L^{-1}
$C_8H_{17}CHOHCH_2OH$	H_2O	25	2.3×10^{-3}
$C_8H_{17}CHOHCH_2CH_2OH$	H_2O	25	2.3×10^{-3}
$C_{10}H_{21}CHOHCH_2OH$	H_2O	25	1.8×10^{-4②}
$C_{12}H_{25}CHOHCH_2CH_2OH$	H_2O	25	1.3×10^{-5}
$C_{14}H_{29}(OC_2H_4)_6OH$	H_2O	25	1.0×10^{-5}
$C_{14}H_{29}(OC_2H_4)_8OH$	H_2O	15	1.1×10^{-5}
$C_{14}H_{29}(OC_2H_4)_8OH$	H_2O	25	9.0×10^{-6}
$C_{14}H_{29}(OC_2H_4)_8OH$	H_2O	40	7.2×10^{-6}
$C_{15}H_{31}(OC_2H_4)_8OH$	H_2O	15	4.1×10^{-6}
$C_{15}H_{31}(OC_2H_4)_8OH$	H_2O	25	3.5×10^{-6}
$C_{15}H_{31}(OC_2H_4)_8OH$	H_2O	40	3.0×10^{-6}
$C_{16}H_{33}O(C_2H_4O)_7H$	H_2O	25	1.7×10^{-6}
$C_{16}H_{33}O(C_2H_4O)_9H$	H_2O	25	2.1×10^{-6}
$C_{16}H_{33}O(C_2H_4O)_{12}H$	H_2O	25	2.3×10^{-6}
$n\text{-}C_4H_9(OC_2H_4)_6OH$	H_2O	20	8.0×10^{-1}
$n\text{-}C_4H_9(OC_2H_4)_6OH$	H_2O	40	7.1×10^{-1}
$(CH_3)_2CHCH_2(OC_2H_4)_6OH$	H_2O	20	9.1×10^{-1}
$(CH_3)_2CHCH_2(OC_2H_4)_6OH$	H_2O	40	8.5×10^{-1}
$n\text{-}C_6H_{13}(OC_2H_4)_6OH$	H_2O	20	7.4×10^{-2}
$n\text{-}C_6H_{13}(OC_2H_4)_6OH$	H_2O	40	5.2×10^{-2}
$(C_2H_5)_2CHCH_2(OC_2H_4)_6OH$	H_2O	20	1.0×10^{-1}
$(C_2H_5)_2CHCH_2(OC_2H_4)_6OH$	H_2O	40	8.7×10^{-2}
$C_8H_{17}OC_2H_4OH$	H_2O	25	4.9×10^{-3}
$C_8H_{17}(OC_2H_4)_3OH$	H_2O	25	7.5×10^{-3}
$C_8H_{17}(OC_2H_4)_6OH$	H_2O	25	9.9×10^{-3}
$(C_3H_7)_2CHCH_2(OC_2H_4)_6OH$	H_2O	20	2.3×10^{-2}
$C_{10}H_{21}(OC_2H_4)_4OH$	H_2O	25	6.8×10^{-4}
$C_{10}H_{21}(OC_2H_4)_6OH$	H_2O	25	9.0×10^{-4}
$C_{10}H_{21}(OC_2H_4)_8OH$	H_2O	15	1.4×10^{-3}
$C_{10}H_{21}(OC_2H_4)_8OH$	H_2O	25	1.0×10^{-3}
$C_{10}H_{21}(OC_2H_4)_8OH$	H_2O	40	7.6×10^{-4}
$(C_4H_9)_2CHCH_2(OC_2H_4)_6OH$	H_2O	20	3.1×10^{-3}
$(C_4H_9)_2CHCH_2(OC_2H_4)_9OH$	H_2O	20	3.2×10^{-3}
$C_{11}H_{23}(OC_2H_4)_8OH$	H_2O	15	4.0×10^{-4}
$C_{11}H_{23}(OC_2H_4)_8OH$	H_2O	25	3.0×10^{-4}
$C_{11}H_{23}(OC_2H_4)_8OH$	H_2O	40	2.3×10^{-4}
$C_{12}H_{25}(OC_2H_4)_2OH$	H_2O	10	3.8×10^{-5}
$C_{12}H_{25}(OC_2H_4)_2OH$	H_2O	25	3.3×10^{-5}
$C_{12}H_{25}(OC_2H_4)_2OH$	H_2O	40	3.2×10^{-5}
$C_{12}H_{25}(OC_2H_4)_3OH$	H_2O	10	6.3×10^{-5}
$C_{12}H_{25}(OC_2H_4)_3OH$	H_2O	25	5.2×10^{-5}
$C_{12}H_{25}(OC_2H_4)_3OH$	H_2O	40	5.6×10^{-5}
$C_{12}H_{25}(OC_2H_4)_4OH$	H_2O	10	8.2×10^{-5}
$C_{12}H_{25}(OC_2H_4)_4OH$	H_2O	25	6.4×10^{-5}
$C_{12}H_{25}(OC_2H_4)_4OH$	H_2O	40	5.9×10^{-5}
$C_{12}H_{25}(OC_2H_4)_5OH$	H_2O	10	9.0×10^{-5}
$C_{12}H_{25}(OC_2H_4)_5OH$	H_2O	25	6.4×10^{-5}
$C_{12}H_{25}(OC_2H_4)_5OH$	H_2O	40	5.9×10^{-5}

非离子型

化 合 物	溶 剂	温度/℃	CMC/mol·L^{-1}
$C_{12}H_{25}(OC_2H_4)_6OH$	H_2O	20	8.7×10^{-5}
$C_{12}H_{25}(OC_2H_4)_7OH$	H_2O	10	12.1×10^{-5}
$C_{12}H_{25}(OC_2H_4)_7OH$	H_2O	25	8.2×10^{-5}
$C_{12}H_{25}(OC_2H_4)_7OH$	H_2O	40	7.3×10^{-5}
$C_{12}H_{25}(OC_2H_4)_8OH$	H_2O	10	1.5×10^{-4}
$C_{12}H_{25}(OC_2H_4)_8OH$	H_2O	25	1.0×10^{-4}
$C_{12}H_{25}(OC_2H_4)_8OH$	H_2O	40	9.3×10^{-5}
$C_{12}H_{25}(OC_2H_4)_9OH$	H_2O	23	10.0×10^{-5}
$C_{12}H_{25}(OC_2H_4)_{12}OH$	H_2O	23	14.0×10^{-5}
$C_{13}H_{27}(OC_2H_4)_8OH$	H_2O	15	3.2×10^{-5}
$C_{13}H_{27}(OC_2H_4)_8OH$	H_2O	25	2.7×10^{-5}
$C_{13}H_{27}(OC_2H_4)_8OH$	H_2O	40	2.0×10^{-5}
$C_{16}H_{33}O(C_2H_4O)_{15}H$	H_2O	25	3.1×10^{-6}
$C_{16}H_{33}O(C_2H_4O)_{21}H$	H_2O	25	3.9×10^{-6}
$p\text{-}t\text{-}C_8H_{17}C_6H_4O(C_2H_4O)_2H$	H_2O	25	1.3×10^{-4}
$p\text{-}t\text{-}C_8H_{17}C_6H_4O(C_2H_4O)_3H$	H_2O	25	9.7×10^{-5}
$p\text{-}t\text{-}C_8H_{17}C_6H_4O(C_2H_4O)_4H$	H_2O	25	1.3×10^{-4}
$p\text{-}t\text{-}C_8H_{17}C_6H_4O(C_2H_4O)_5H$	H_2O	25	1.5×10^{-4}
$p\text{-}t\text{-}C_8H_{17}C_6H_4O(C_2H_4O)_6H$	H_2O	25	2.1×10^{-4}
$p\text{-}t\text{-}C_8H_{17}C_6H_4O(C_2H_4O)_7H$	H_2O	25	2.5×10^{-4}
$p\text{-}t\text{-}C_8H_{17}C_6H_4O(C_2H_4O)_8H$	H_2O	25	2.8×10^{-4}
$p\text{-}t\text{-}C_8H_{17}C_6H_4O(C_2H_4O)_9H$	H_2O	25	3.0×10^{-4}
$p\text{-}t\text{-}C_8H_{17}C_6H_4O(C_2H_4O)_{10}H$	H_2O	25	3.3×10^{-4}
$C_9H_{19}C_6H_4(OC_2H_4)_{10}OH$③	H_2O	25	7.5×10^{-5}
$C_9H_{19}C_6H_4(OC_2H_4)_{10}OH$③	$3mol·L^{-1}$尿素-H_2O	25	10×10^{-5}
$C_9H_{19}C_6H_4(OC_2H_4)_{10}OH$③	$6mol·L^{-1}$尿素-H_2O	25	24×10^{-5}
$C_9H_{19}C_6H_4(OC_2H_4)_{10}OH$③	$3mol·L^{-1}$氯化钡-H_2O	25	14×10^{-5}
$C_9H_{19}C_6H_4(OC_2H_4)_{10}OH$③	$1.5mol·L^{-1}$二噁烷-H_2O	25	10×10^{-5}
$C_9H_{19}C_6H_4(OC_2H_4)_{10}OH$③	$3mol·L^{-1}$二噁烷-H_2O	25	18×10^{-5}
$C_9H_{19}C_6H_4(OC_2H_4)_{31}OH$③	H_2O	25	1.8×10^{-4}
$C_9H_{19}C_6H_4(OC_2H_4)_{31}OH$③	$3mol·L^{-1}$尿素-H_2O	25	3.5×10^{-4}
$C_9H_{19}C_6H_4(OC_2H_4)_{31}OH$③	$6mol·L^{-1}$尿素-H_2O	25	7.4×10^{-4}
$C_9H_{19}C_6H_4(OC_2H_4)_{31}OH$③	$3mol·L^{-1}$氯化钡-H_2O	25	4.3×10^{-4}
$C_9H_{19}C_6H_4(OC_2H_4)_{31}OH$③	$3mol·L^{-1}$二噁烷-H_2O	25	5.7×10^{-4}
正辛基-β-D-葡糖苷	H_2O	25	2.5×10^{-2}
正癸基-β-D-葡糖苷	H_2O	25	2.2×10^{-3}
正十二烷基-β-D-葡糖苷	H_2O	25	1.9×10^{-4}
$n\text{-}C_6H_{13}[OCH_2CH(CH_3)]_2(OC_2H_4)_{9.9}OH$	H_2O	20	4.7×10^{-2}
$n\text{-}C_6H_{13}[OCH_2CH(CH_3)]_3(OC_2H_4)_{9.7}OH$	H_2O	20	3.2×10^{-2}
$n\text{-}C_6H_{13}[OCH_2CH(CH_3)]_4(OC_2H_4)_{9.9}OH$	H_2O	20	1.9×10^{-2}
$n\text{-}C_7H_{15}[OCH_2CH(CH_3)]_3(OC_2H_4)_{9.7}OH$	H_2O	20	1.1×10^{-2}
$C_6F_{13}CH_2CH_2(OC_2H_4)_{14}OH$	H_2O	20	6.1×10^{-4}
$C_6F_{13}CH_2CH_2(OC_2H_4)_{11.5}OH$	H_2O	20	4.5×10^{-4}
$C_8F_{17}CH_2CH_2N(C_2H_4OH)_2$	H_2O	20	1.6×10^{-4}
单月桂酸蔗糖酯	H_2O	25	3.4×10^{-4}
单油酸蔗糖酯	H_2O	25	5.1×10^{-6}
$C_{11}H_{23}CON(C_2H_4OH)_2$	H_2O	25	2.6×10^{-4}
$C_{15}H_{31}CON(C_2H_4OH)_2$	H_2O	35	11.5×10^{-6}

续表

非离子型

化　合　物	溶　剂	温度/℃	CMC/mol·L^{-1}
硅烷基非离子型			
$(CH_3)_3SiO\text{-}[Si(CH_3)_2O]_3$			
$Si(CH_3)_2CH_2(C_2H_4O)_{8.2}CH_3$	H_2O	25	5.6×10^{-5}
$(CH_3)_3SiO\text{-}[Si(CH_3)_2O]_3$			
$Si(CH_3)_2CH_2(C_2H_4O)_{12.8}CH_3$	H_2O	25	2.0×10^{-5}
$(CH_3)_3SiO\text{-}[Si(CH_3)_2O]_3$			
$Si(CH_3)_2CH_2(C_2H_4O)_{17.3}CH_3$	H_2O	25	1.5×10^{-5}
$(CH_3)_3SiO\text{-}[Si(CH_3)_2O]_5$			
$Si(CH_3)_2CH_2(C_2H_4O)_{17.3}CH_3$	H_2O	25	5.0×10^{-5}

① Pyr$^+$ 为吡啶鎓盐$\left(\left\langle\bigcirc\right\rangle N^+\!-\!R\right)$。

② 在克拉夫特（Krafft）点以下，过饱和溶液。

③ 亲水基是不均匀的，但经分子蒸馏已将聚氧乙烯链的分布缩窄。

六、沸腾温度与压力的关系

当气相压力低于液体的蒸气压时液体就沸腾。在水流泵减压系统中，常压沸点为100～400℃的液体，其沸腾温度一般会降低100～160℃。在更低压力下，每当将系统内的压力降低至一半时，液体的沸点可降低约15℃。用克劳修斯-克拉佩龙（Clausius-Clapeyron）方程式，可从蒸发焓ΔH_v估计液体的沸腾温度与压力的关系：

$$\ln p° = 常数 - \frac{\Delta H_v}{RT}$$

下表可供估计常压沸点在0～500℃间的物质在不同压力下的沸腾温度时使用。由于不同的化合物多少会表现出非理想的性质，所以表中数据仅是粗略近似的。下表是偏差举例比较，由表可见，有时偏差在20℃左右。

压力/kPa	下表数据	化　合　物						
		水	甲酸	二噁烷	甲基环己烷	二乙酮	丁酸甲酯	丙酸乙酯
		沸　点/℃						
101（常压）	100	100	100.6	101.1	100.9	102.7	102.3	99.1
13.3	43	51.5	43.8	45.1	42.1	56.2	48.0	45.2
1.33	−2	11.2	2.1	−1.2	−3.2	17.2	5.0	3.4

沸腾温度与压力的关系

常压沸点/℃	压力/kPa								
	0.013 (0.1)	0.133 (1.0)	1.33 (10)	2.66 (20)	6.67 (50)	13.3 (100)	26.7 (200)	53.3 (400)	101.3 (760)
	减压沸点/℃								
0		−100	−76	−67	−53	−42	−29	−16	0
+10			−91	−67	−57	−44	−33	−20	−6	+10
20		−106	−86	−62	−52	−37	−25	−11	+3	20
30		−100	−79	−53	−43	−29	−17	−2	12	30
40		−92	−72	−45	−34	−21	−8	+7	22	40
50		−84	−63	−35	−25	−9	+2	17	32	50

续表

常压沸点/℃	压力/kPa								
	0.013 (0.1)	0.133 (1.0)	1.33 (10)	2.66 (20)	6.67 (50)	13.3 (100)	26.7 (200)	53.3 (400)	101.3 (760)
	减压沸点/℃								
60	−77	−55	−26	−16	−1	12	28	42	60
70	−73	−50	−21	−10	+6	19	35	51	70
80	−69	−44	−14	−3	12	27	44	60	80
90	−65	−40	−8	+3	20	36	53	69	90
100	−61	−35	−2	10	28	43	61	78	100
110	−56	−29	+6	18	37	52	71	88	110
120	−51	−23	13	26	45	60	80	98	120
130	−45	−17	19	33	53	68	88	108	130
140	−39	−12	24	39	59	76	97	117	140
150	−32	−5	31	46	66	84	106	126	150
160	−26	+1	38	52	73	92	114	135	160
170	−21	6	46	60	82	101	124	144	170
180	−13	15	55	70	93	111	134	154	180
190	−4	25	66	82	105	122	144	164	190
200	+3	34	74	90	113	131	154	174	200
210	9	40	80	97	119	139	163	184	210
220	15	47	88	105	128	149	173	194	220
230	21	53	96	112	136	157	181	203	230
240	28	60	106	122	146	166	190	212	240
250	35	67	113	129	155	175	199	221	250
260	40	72	118	134	160	182	206	230	260
270	45	77	123	139	166	189	215	240	270
280	51	84	130	147	176	199	224	250	280
290	57	91	139	156	184	207	233	260	290
300	63	101	152	170	196	216	243	270	300
320	75	114	165	184	211	235	262	290	320
340	86	126	180	198	226	252	280	309	340
360	100	140	194	214	242	268	296	329	360
380	110	153	208	228	259	284	313	346	380
400	125	168	224	245	275	300	331	364	400
420	138	180	238	260	290	317	346	380	420
440	149	192	252	274	306	334	365	400	440
460	159	205	266	288	323	354	384	420	460
480	173	220	282	304	341	372	402	440	480
500	189	236	299	321	361	392	422	460	500

注：括号内压力的数值单位是 mmHg，1mmHg＝133.322Pa。

七、表面活性剂的克拉夫特点

化合物	克拉夫特点/℃
$C_{12}H_{25}SO_3^-Na^+$	38
$C_{14}H_{29}SO_3^-Na^+$	48
$C_{16}H_{33}SO_3^-Na^+$	57
$C_{18}H_{37}SO_3^-Na^+$	70
$C_{10}H_{21}SO_4^-Na^+$	8
$C_{12}H_{25}SO_4^-Na^+$	16
$2\text{-}MeC_{11}H_{23}SO_4^-Na^+$	<0
$C_{14}H_{29}SO_4^-Na^+$	30
$2\text{-}MeC_{13}H_{27}SO_4^-Na^+$	11
$C_{16}H_{33}SO_4^-Na^+$	45
$2\text{-}MeC_{15}H_{31}SO_4^-Na^+$	25
$C_{16}H_{33}SO_4^-NH_2(C_2H_4OH)_2$	<0
$C_{18}H_{37}SO_4^-Na^+$	56
$2\text{-}MeC_{17}H_{35}SO_4^-Na^+$	30
$Na^+{}^-O_4S(CH_2)_{12}SO_4^-Na^+$	12
$Na^+{}^-O_4S(CH_2)_{14}SO_4^-Na^+$	24.8
$Li^+{}^-O_4S(CH_2)_{14}SO_4^-Li^+$	35
$Na^+{}^-O_4S(CH_2)_{16}SO_4^-Na^+$	39.1
$K^+{}^-O_4S(CH_2)_{16}SO_4^-K^+$	45.0
$Li^+{}^-O_4S(CH_2)_{16}SO_4^-Li^+$	39.0
$Na^+{}^-O_4S(CH_2)_{18}SO_4^-Na^+$	44.9
$K^+{}^-O_4S(CH_2)_{18}SO_4^-K^+$	55.0
$C_8H_{17}COO(CH_2)_2SO_3^-Na^+$	0
$C_{10}H_{21}COO(CH_2)_2SO_3^-Na^+$	8.1
$C_{12}H_{25}COO(CH_2)_2SO_3^-Na^+$	24.2
$C_{14}H_{29}COO(CH_2)_2SO_3^-Na^+$	36.2
$C_8H_{17}OOC(CH_2)_2SO_3^-Na^+$	0
$C_{10}H_{21}OOC(CH_2)_2SO_3^-Na^+$	12.5
$C_{12}H_{25}OOC(CH_2)_2SO_3^-Na^+$	26.5
$C_{14}H_{29}OOC(CH_2)_2SO_3^-Na^+$	39.0
$n\text{-}C_7F_{15}SO_3^-Na^+$	56.5
$n\text{-}C_8F_{17}SO_3^-Li^+$	<0

化合物	克拉夫特点/℃
$n\text{-}C_8F_{17}SO_3^-Na^+$	75
$n\text{-}C_8F_{17}SO_3^-K^+$	80
$n\text{-}C_8F_{17}SO_3^-NH_4^+$	41
$n\text{-}C_8F_{17}SO_3^-NH_3C_2H_4OH$	<0
$n\text{-}C_7F_{15}COO^-Li^+$	<0
$n\text{-}C_7F_{15}COO^-Na^+$	8.0
$n\text{-}C_7F_{15}COO^-K^+$	25.6
$n\text{-}C_7F_{15}COOH$	20
$n\text{-}C_7F_{15}COO^-NH_4^+$	2.5
$(CF_3)_2CF(CF_2)_4COO^-K^+$	<0
$(CF_3)_2CF(CF_2)_4COO^-Na^+$	<0
$C_{10}H_{21}CH(CH_3)C_6H_4SO_3^-Na^+$	31.5
$C_{12}H_{25}CH(CH_3)C_6H_4SO_3^-Na^+$	46.0
$C_{14}H_{29}CH(CH_3)C_6H_4SO_3^-Na^+$	54.2
$C_{16}H_{33}CH(CH_3)C_6H_4SO_3^-Na^+$	60.8
$C_{14}H_{29}OCH_2CH(SO_4^-Na^+)CH_3$	14
$C_{14}H_{29}[OCH_2CH(CH_3)]_2SO_4^-Na^+$	<0
$C_{16}H_{33}OCH_2CH_2SO_4^-Na^+$	36
$C_{16}H_{33}(OCH_2CH_2)_2SO_4^-Na^+$	24
$C_{16}H_{33}OCH_2CH(SO_4^-Na^+)CH_3$	27
$C_{18}H_{37}OCH_2CH(SO_4^-Na^+)CH_3$	43
$C_{16}H_{33}OCH_2CH_2SO_4^-Na^+$	36
$C_{16}H_{33}(OC_2H_4)_2SO_4^-Na^+$	24
$C_{16}H_{33}(OC_2H_4)_3SO_4^-Na^+$	19
$C_{16}H_{33}[OCH_2CH(CH_3)]_2SO_4^-Na^+$	19
$C_{18}H_{37}(OC_2H_4)_3SO_4^-Na^+$	32
$C_{18}H_{37}(OC_2H_4)_4SO_4^-Na^+$	18
$C_{18}H_{37}[OCH_2CH(CH_3)]_2SO_4^-Na^+$	31
$C_{10}H_{21}(Pyr^+)COO^{-a}$	<0
$C_{12}H_{25}CH(Pyr^+)COO^-$	23
$C_{14}H_{29}CH(Pyr^+)COO^-$	38

说明：克拉夫特（Krafft）点是指离子型表面活性剂的溶解度达到 CMC 时的温度。这时由于胶束的形成，表面活性剂在水中的溶解度陡增。它降低表面张力及某些其他应用性能，达到或接近极大值。在低于 Krafft 点的温度下，由于表面活性剂的溶解度一般很低，其效能也差。因此，离子型表面活性剂一般是在高于 Krafft 点的温度下使用的。也就是说，离子型表面活性剂的 Krafft 点越低越有利于使用。

八、聚氧乙烯非离子型表面活性剂的浊点

化 合 物	溶 剂	浊点/℃
$n\text{-}C_6H_{13}(OC_2H_4)_3OH$[①]	H_2O	37
$n\text{-}C_6H_{13}(OC_2H_4)_5OH$[①]	H_2O	75
$n\text{-}C_6H_{13}(OC_2H_4)_6OH$[①]	H_2O	83
$(C_2H_5)_2CHCH_2(OC_2H_4)_6OH$[①]	H_2O	78
$n\text{-}C_8H_{17}(OC_2H_4)_4OH$[①]	H_2O	35.5
$n\text{-}C_8H_{17}(OC_2H_4)_6OH$[①]	H_2O	68
$n\text{-}C_{10}H_{21}(OC_2H_4)_4OH$[①]	H_2O	18
$n\text{-}C_{10}H_{21}(OC_2H_4)_5OH$[①]	H_2O	36
$n\text{-}C_{10}H_{21}(OC_2H_4)_6OH$[①]	H_2O	60
$(n\text{-}C_4H_9)_2CHCH_2(OC_2H_4)_6OH$[①]	H_2O	27
$n\text{-}C_{12}H_{25}(OC_2H_4)_3OH$[①]	H_2O	25
$n\text{-}C_{12}H_{25}(OC_2H_4)_4OH$[①]	H_2O	6
$n\text{-}C_{12}H_{25}(OC_2H_4)_5OH$[①]	H_2O	32
$n\text{-}C_{12}H_{25}(OC_2H_4)_6OH$[①]	H_2O	52
$n\text{-}C_{12}H_{25}(OC_2H_4)_7OH$[①]	H_2O	62
$n\text{-}C_{12}H_{25}(OC_2H_4)_7OH$[②]	H_2O	58.5
$n\text{-}C_{12}H_{25}(OC_2H_4)_8OH$[①]	H_2O	79
$n\text{-}C_{12}H_{25}(OC_2H_4)_8OH$[②]	H_2O	73
$n\text{-}C_{12}H_{25}(OC_2H_4)_{9.4}OH$	H_2O	84
$C_{12}H_{23}(OC_2H_4)_{9.2}OH$	H_2O	75
$n\text{-}C_{12}H_{25}(OC_2H_4)_{10}OH$[①]	H_2O	95
$n\text{-}C_{12}H_{25}(OC_2H_4)_{10}OH$[②]	H_2O	88
$n\text{-}C_{13}H_{27}(OC_2H_4)_{8.9}OH$[②]	H_2O	79
$(n\text{-}C_6H_{13})_2CH(OC_2H_4)_{9.2}OH$[②]	H_2O	35
$(n\text{-}C_4H_9)_3CH(OC_2H_4)_{9.2}OH$[②]	H_2O	34
$n\text{-}C_{14}H_{29}(OC_2H_4)_6OH$[①]	H_2O	45
$n\text{-}C_{16}H_{33}(OC_2H_4)_6OH$[①]	H_2O	32
$n\text{-}C_{16}H_{33}(OC_2H_4)_{12.2}OH$	H_2O	97
$(n\text{-}C_5H_{11})_3C(OC_2H_4)_{12.0}OH$	H_2O	48
$C_{16}H_{31}(OC_2H_4)_{11.9}OH$	H_2O	80
$C_8H_{17}C_6H_4(OC_2H_4)_7OH$[②]	H_2O	15
$C_8H_{17}C_6H_4(OC_2H_4)_{9\sim10}OH$[②]	H_2O	64.3
$C_8H_{17}C_6H_4(OC_2H_4)_{9\sim10}OH$[②]	$0.2\text{mol} \cdot L^{-1}NH_4Cl\text{-}H_2O$	60.0
$C_8H_{17}C_6H_4(OC_2H_4)_{9\sim10}OH$[②]	$0.2\text{mol} \cdot L^{-1}NH_4Br\text{-}H_2O$	62.5
$C_8H_{17}C_6H_4(OC_2H_4)_{9\sim10}OH$[②]	$0.2\text{mol} \cdot L^{-1}NH_4NO_3\text{-}H_2O$	63.2
$C_8H_{17}C_6H_4(OC_2H_4)_{9\sim10}OH$[②]	$0.2\text{mol} \cdot L^{-1}(CH_3)_4NCl\text{-}H_2O$	59.6
$C_8H_{17}C_6H_4(OC_2H_4)_{9\sim10}OH$[②]	$0.2\text{mol} \cdot L^{-1}(CH_3)_4NI\text{-}H_2O$	67.0
$C_8H_{17}C_6H_4(OC_2H_4)_{9\sim10}OH$[②]	$0.2\text{mol} \cdot L^{-1}(C_2H_5)_4NCl\text{-}H_2O$	61.0
$C_8H_{17}C_6H_4(OC_2H_4)_{9\sim10}OH$[②]	$0.2\text{mol} \cdot L^{-1}(C_3H_7)_4NI\text{-}H_2O$	78.5
$C_8H_{17}C_6H_4(OC_2H_4)_{10}OH$[②]	H_2O	75
$C_8H_{17}C_6H_4(OC_2H_4)_{13}OH$[②]	H_2O	89
$C_9H_{19}C_6H_4(OC_2H_4)_8OH$[②]	H_2O	34
$C_9H_{19}C_6H_4(OC_2H_4)_{9.2}OH$[②]	H_2O	56
$C_9H_{19}C_6H_4(OC_2H_4)_{9.2}OH$[②]	正十六烷饱和的水	80

续表

化 合 物	溶 剂	浊点/℃
$C_9H_{19}C_6H_4(OC_2H_4)_{9.2}OH$[②]	正癸烷饱和的水	79
$C_9H_{19}C_6H_4(OC_2H_4)_{9.2}OH$[②]	正庚烷饱和的水	71.5
$C_9H_{19}C_6H_4(OC_2H_4)_{9.2}OH$[②]	环己烷饱和的水	54
$C_9H_{19}C_6H_4(OC_2H_4)_{9.2}OH$[②]	乙苯饱和的水	30.5
$C_9H_{19}C_6H_4(OC_2H_4)_{9.2}OH$[②]	苯饱和的水	<0
$C_9H_{19}C_6H_4(OC_2H_4)_{12.4}OH$[②]	H_2O	87
$C_{12}H_{25}C_6H_4(OC_2H_4)_9OH$[②]	H_2O	33
$C_{12}H_{25}C_6H_4(OC_2H_4)_{11.1}OH$[②]	H_2O	50
$C_{12}H_{25}C_6H_4(OC_2H_4)_{15}OH$[②]	H_2O	90

① 单个化合物。

② 不是均一化合物，而是其聚氧乙烯链长有一定分布范围的产物。

九、部分精细化学品的国家标准新旧对照

1. 部分表面活性剂、纺织助剂、洗涤剂的国家标准

旧标准	新标准	标 准 名 称
GB/T 7462—87	GB/T 7462—1994	表面活性剂　发泡力的测定　改进 Ross-Miles 法
GB/T 7463—87	GB/T 7463—2008	表面活性剂　钙皂分散力的测定　酸量滴定法
GB 5549—90	GB/T 5549—2010	表面活性剂　用拉起液膜法测定表面张力
GB 5550—90	GB/T 5550—1998	表面活性剂　分散力测定方法
GB 7381—87	GB/T 7381—2010	表面活性剂　在硬水中稳定性的测定方法
GB 7382—87	GB 7382—1987	表面活性剂　钙皂分散力的测定　酸量滴定法
GB 7385—87	GB/T 7385—1994	非离子型表面活性剂　聚乙氧基化衍生物中氧乙烯基含量的测定　碘量法
GB 11278—89	GB/T 11276—2007	表面活性剂　临界胶束浓度的测定
GB 11543—89	GB/T 11543—2008	表面活性剂　中、高黏度乳液的特性测试及其乳化能力的评价方法
GB/T 11983—89	GB/T 11983—2008	表面活性剂　润湿力的测定　浸没法
GB/T 11985—89	GB/T 11985—1989	表面活性剂　界面张力的测定　滴体积法
GB 6367—90	GB/T 6367—1997	表面活性剂　已知钙硬度水的制备
GB 6369—86	GB/T 6369—2008	表面活性剂　乳化力的测定　比色法
GB 6370—86	GB/T 6370—1996	表面活性剂　阴离子表面活性剂水中溶解度的测定
GB 5557—85	GB 5557—1985	表面活性剂　纺织助剂渗透力测定　润湿法
GB 5554—85	GB 5554—1985	表面活性剂　纺织助剂防水剂防水力测定法　淋水测试法
GB 6371—86	GB/T 6371—2008	表面活性剂　纺织助剂洗涤力的测定
GB 9985—88	GB/T 9985—2000	手洗餐具用洗涤剂
GB 9986—88	GB/T 9986—1988	餐具洗涤剂试验方法
GB/T 13173.6—91	GB/T 13173.6—2000	洗涤剂发泡力的测定
GB/T 13174—91	GB/T 13174—2008	衣料用洗涤剂去污力及循环洗涤性能的测定
GB 12028—89	GB/T 12028—2006	洗涤剂用羧甲基纤维素钠

2. 部分食品添加剂的国家标准

旧标准	新标准	标 准 名 称
GB 8449—87	GB 8449—1987	食品添加剂中铅的测定方法
GB 8450—87	GB 8450—1987	食品添加剂中砷的测定方法
GB 8451—87	GB 8451—1987	食品添加剂中重金属限量试验法
GB 12493—90	GB 12493—1990	食品添加剂分类和代码
GB 1986—89	GB 1986—2007	食品添加剂单、双硬脂酸甘油酯
GB 5175—85	GB 5175—2008	食品添加剂 氢氧化钠
GB 7657—87	GB 7657—2005	食品添加剂 葡萄糖酸-δ-内酯
GB 1886—83	GB 1886—2008	食品添加剂 碳酸钠
GB 1887—90	GB 1887—2007	食品添加剂 碳酸氢钠
GB 1893—86	GB 1893—2008	食品添加剂 焦亚硫酸钠
GB 1894—80	GB 1894—2005	食品添加剂 无水亚硫酸钠
GB 1897—86	GB 1897—2008	食品添加剂 盐酸
GB 1900—80	GB 1900—2010	食品添加剂 二丁基羟基甲苯（BHT）
GB 1901—80	GB 1901—2005	食品添加剂 苯甲酸
GB 1902—80	GB 1902—2005	食品添加剂 苯甲酸钠
GB 1903—80	GB 1903—2008	食品添加剂 冰乙酸（冰醋酸）
GB 1904—89	GB 1904—2005	食品添加剂 羧甲基纤维素钠
GB 3263—82	GB 3263—2008	食品添加剂 没食子酸丙酯
GB 1906—80	GB 1906—1980	食品添加剂 乳化硅油
GB 6225—86	GB 6225—1986	食品添加剂 丙酸钙
GB 6776—80	GB 6776—2006	食品添加剂 乙酸异戊酯
GB 8850—86	GB 8850—2005	食品添加剂 对羟基苯甲酸乙酯
GB 8851—88	GB 8851—2005	食品添加剂 对羟基苯甲酸丙酯

3. 部分胶黏剂的国家标准

旧标准	新标准	标 准 名 称
GB 2790—81	GB/T 2790—1995	胶黏剂 180°剥离强度试验方法
GB 2792—81	GB/T 2792—1998	压敏胶粘带 180°剥离强度试验方法
GB 2794—81	GB/T 2794—1995	胶黏剂黏度的测定
GB 6328—86	GB/T 6328—1999	胶黏剂剪切冲击强度试验方法
GB 6329—86	GB/T 6329—1996	胶黏剂对接接头拉伸强度的测定
GB 7122—86	GB/T 7122—1996	高强度胶黏剂剥离强度的测定 浮辊法
GB 7123—86	GB/T 7123.1—2002	胶黏剂适用期的测定
GB 7124—86	GB/T 7124—2008	胶黏剂拉伸剪切强度的测定（刚性材料对刚性材料）
GB 7749—87	GB/T 7749—1987	胶黏剂劈裂强度试验方法（金属对金属）
GB 7750—87	GB/T 7750—1987	胶黏剂拉伸剪切蠕变性能试验方法（金属对金属）
GB 7751—87	GB/T 7123.2—2002	胶黏剂贮存期的测定
GB 11175—89	GB/T 11175—2002	合成树脂乳液试验方法

4. 部分涂料的国家标准

旧标准	新标准	标准名称
GB 1720—79	GB/T 1720—88	漆膜附着力测定法
GB 1721—79	GB/T 1721—2008	清漆、清油及稀释剂外观和透明度测定法
GB 1722—79	GB/T 1722—1992	清漆、清油及稀释剂颜色测定法
GB 1723—79	GB/T 1723—1993	涂料粘度测定法
GB 1724—79	GB/T 1724—89(79)	涂料细度测定法
GB 1725—79	GB/T 1725—2007	色漆、清漆和塑料　不挥发物含量的测定
GB 1726—79	GB/T 1726—1979	涂料遮盖力测定法
GB 1727—79	GB/T 1727—1992	漆膜一般制备法
GB 1728—79	GB/T 1728—1979	漆膜、腻子膜干燥时间测定法
GB 1729—79	GB/T 1729—1979	漆膜颜色及外观测定法
GB 1730—79	GB/T 1730—2007	色漆和清漆　摆杆阻尼试验
GB 1731—79	GB/T 1731—1993	漆膜柔韧性测定法
GB 1732—79	GB/T 1732—1993	漆膜耐冲击性测定法
GB 1733—79	GB 1733—1993	漆膜耐水性测定法
GB 1734—79	GB/T 1734—1993	漆膜耐汽油性测定法
GB 1735—79	GB/T 1735—2009	色漆和清漆　耐热性的测定
GB 1740—79	GB/T 1740—2007	漆膜耐湿热测定法
GB 1741—79	GB/T 1741—2007	漆膜耐霉菌性测定法
GB 1743—79	GB/T 1743—1979	漆膜光泽度测定法
GB 1748—79	GB/T 1748—1979	腻子膜柔韧性测定法
GB 1762—79	GB/T 1762—1980	漆膜回粘性测定法
GB 1768—79	GB/T 1768—2006	色漆和清漆耐磨性的测定　旋转橡胶砂轮法
GB 1769—79	GB/T 1769—1979	漆膜磨光性测定法
GB 1770—79	GB/T 1770—2008	涂膜、腻子膜打磨性测定法
GB 3181—82	GB/T 3181—2008	漆膜颜色标准
GB 5210—85	GB/T 5210—2006	色漆和清漆拉开法附着力试验
GB 6739—86	GB/T 6739—2006	色漆和清漆铅笔法测定漆膜硬度
GB 6741—86	GB/T 6741—1986	均匀漆膜制备法(旋转涂漆器法)
GB 6742—86	GB/T 6742—2007	色漆和清漆　弯曲试验(圆柱轴)

5. 部分化妆品国家标准

旧标准	新标准	标准名称
GB 11428—89	GB 11428—1989	头发用冷烫液
GB 11429—89	GB 11429—1989	发乳
GB 11430—89	GB 11430—1989	唇膏
GB 11431—89	GB 11431—1989	润肤乳液
GB 11432—89	GB 11432—1989	洗发液

参考文献

[1] [日] 精细化学品辞典编辑委员会编. 精细化学品辞典. 北京：化学工业出版社，1989.
[2] 宋启煌. 精细化工工艺学. 北京：化学工业出版社，1995.
[3] 程铸生，朱承炎，王雪梅. 精细化学品化学. 上海：华东化工学院出版社，1990.
[4] 化学工业部科学技术情报研究所编辑出版. 世界精细化工手册，1982；世界精细化工手册续篇，1986.
[5] Furniss B S et al. Vogel's Textbook of Practical of Organic Chemistry. 5th ed. England. Longman Scientific and Technical，1989.
[6] 李述文，范如霖编译. 实用有机化学手册. 上海：上海科技出版社，1981.
[7] 顾可权，陈光沛，郑国握. 半微量有机制备. 北京：高等教育出版社，1990.
[8] 吴世晖，周景尧，林子森. 中级有机化学实验. 北京：高等教育出版社，1986.
[9] Rosen M J. Surfactants and Interfacial Phenomena 2nd ed. New York：John Wiley and Sons，1989.
[10] 李宗石，徐明新. 表面活性剂合成工艺. 北京：轻工业出版社，1990.
[11] 王载纮，张余善. 阴离子表面活性剂. 北京：轻工业出版社，1983.
[12] 王一尘编译. 阳离子表面活性剂的合成. 北京：轻工业出版社，1984.
[13] 桂一枝. 高分子材料用有机助剂. 北京：人民教育出版社，1983.
[14] 《合成材料助剂手册》编写组. 合成材料助剂手册. 北京：化学工业出版社，1985.
[15] 天津轻工业学院食品工业教学研究室. 食品添加剂. 第2版. 北京：轻工业出版社，1985.
[16] 何坚，季儒英. 香料概论. 北京：中国石油化学出版社，1993.
[17] 范有成. 香料及其应用. 北京：化学工业出版社，1990.
[18] [日] 藤卷正生著. 香料科学. 夏云译. 北京：轻工业出版社，1987.
[19] [苏] 勃拉图斯 ИН著. 香料化学. 刘树文译. 北京：轻工业出版社，1984.
[20] [日] 江藤守総著. 有机磷农药的有机化学与生物化学. 杨石先，张立言译. 北京：化学工业出版社，1981.
[21] 化学工业部农药信息总站. 国外农药品种手册，沈阳：化工部沈阳化工研究院出版社，1994.
[22] 原燃化部涂料技术训练班组织编写. 涂料工艺. 第一分册至第九分册. 北京：化学工业出版社，1975-1983.
[23] 王钧春，姜英涛. 涂装技术. 第一、二、三册. 北京：化学工业出版社，1986.
[24] 战凤昌，李悦良. 专用涂料. 北京：化学工业出版社，1988.
[25] 刘国杰，耿耀宗. 涂料应用科学与工艺学. 北京：中国轻工业出版社，1994.
[26] 苑晴峦. 建筑涂料. 北京：中国建筑工业出版社，1989.
[27] 杨玉崑，廖增琨，余云照，卢凤才. 合成胶粘剂. 北京：科学出版社，1980.
[28] 王致禄，陈道义. 聚合物胶粘剂. 上海：上海科技文献出版社，1988.
[29] 陈道义，张军营. 胶接基本原理. 北京：科学出版社，1992.
[30] 郑瑞琪，余云照. 结构胶粘剂及胶接技术. 北京：科学出版社，1993.
[31] 程兆瑞，李铮国. 塑料粘接技术. 北京：轻工业出版社，1992.
[32] [日] 上田宏主编. 实用化妆品基本知识. 陈琼，麦美彩编译. 贵阳：贵州人民出版社，1988.
[33] [日] 垣原高志著. 化妆品实用知识. 邬曼君译. 北京：轻工业出版社，1985.
[34] 方明发. 化妆品制造学. 台南：人光出版社，1985.
[35] Davidsohn A，Milwidsky BM. Synthetic Detergents. 6th ed. Latimer Trend and Co. Ltd，1978.
[36] 《合成洗涤剂生产基本知识》编写组. 合成洗涤剂生产基本知识. 北京：轻工业出版社，1986.
[37] 施予长等编译. 表面活性剂在纺染加工中的应用. 北京：纺织工业出版社，1988.
[38] 楼益明. 羧甲基纤维素生产及应用. 上海：上海科学技术出版社，1991.
[39] 北京日用化学工业学会编. 化工产品手册. 日用化工产品. 北京：化学工业出版社，1989.
[40] 上海市化工轻工供应公司，上海化工采购供应站技术室编. 化工商品检验方法. 北京：化学工业出版社，1988.